钛白粉
生产技术

Titanium Dioxide Pigment

Manufacture

Technology

龚家竹 编著

U0209924

化学工业出版社

·北京·

内容简介

本书结合作者多年来在钛白粉生产领域的技术研究开发工作与生产实践活动，全面介绍了钛白粉的生产技术，重点阐述了钛白粉的性质与用途、全球生产市场与技术概况、生产原料的来源与加工、硫酸法和氯化法钛白粉生产技术、全球产品标准与控制方法及绿色可持续发展的钛白粉生产耦合资源加工技术等。

本书可供从事钛白粉生产与使用钛白粉的涂料、塑料、油墨及造纸等生产领域的工程技术、科研设计、管理与市场营销人员阅读，也可供无机化工等相关专业的师生参考。

图书在版编目（CIP）数据

钛白粉生产技术 / 龚家竹编著. —北京：化学工业出版社，2022.10（2023.10重印）
ISBN 978-7-122-41462-5

Ⅰ.①钛⋯　Ⅱ.①龚⋯　Ⅲ.①钛白-生产技术　Ⅳ.①TQ621.1

中国版本图书馆 CIP 数据核字（2022）第 085890 号

责任编辑：张　艳　　　文字编辑：王云霞　陈小滔
责任校对：赵懿桐　　　装帧设计：王晓宇

出版发行：化学工业出版社（北京市东城区青年湖南街 13 号　邮政编码 100011）
印　　装：北京建宏印刷有限公司
787mm×1092mm　1/16　印张 34　字数 843 千字　2023 年 10 月北京第 1 版第 2 次印刷

购书咨询：010-64518888　　售后服务：010-64518899
网　　址：http://www.cip.com.cn

定　　价：198.00 元　　　　　　　　　　　　　　　版权所有　违者必究

序一

三十年磨一剑，集龚家竹总工在钛白粉生产技术上的研究成果、经验、精辟见解、创新理念之大成的《钛白粉生产技术》一书面世，其意义深远。

钛白粉作为一种白色无机颜料，由于其物理、化学性质稳定，光学和颜料性能优异，被认为是目前世界上性能最好的白色颜料，主要应用于涂料、造纸、化妆品、电子、陶瓷、医药和食品添加剂等多个领域。钛白粉的人均消费量被认为是衡量一个国家经济发展程度的一个重要标志。

龚家竹先生作为我国国内第一套 4 万吨钛白粉大型生产装置项目建设的总工程师，呕心沥血，勇于探索和创新，开创了中国民营企业以最经济的项目建设成本、因地制宜和集当时最先进钛白粉生产技术之大成建设现代大型钛白粉生产企业的先河；龚家竹先生本人因创新解决了钛白粉质量低下和废酸不能利用的技术难题而获得"四川省科技进步一等奖"。龚家竹先生是 30 年来我国钛白粉工业在世界钛白粉生产行业中，从无足轻重到举足轻重，直到做到全球产量形成美、欧、中三足鼎立的生产市场格局，以生产规模和产量占世界的 40%并雄踞世界第一的发展过程中的先行者和践行者，为中国钛白粉产业和技术的发展做出了重要的贡献。

龚家竹先生学识渊博、研究深入，在钛白粉生产及相关化工生产领域和学术领域具有高深的学术造诣和丰富的研究及工程经验。其 30 多年来在研究和学习钛白粉生产技术上获取了众多研究内容与学习心得体会，尤其是近 20 年来在钛白粉生产技术上的研究与创新工作中收获了丰富的经验，在全国各地各类生产装置技改中得到了充足的实践积累。此次在认真总结国内外钛白粉生产研究技术科研成果的基础上，结合转让技术与实施专利技术的实践活动中在工程技术与设计经验上的得与失，秉持钛白粉绿色可持续全资源矿物利用生产技术理念，编著了《钛白粉生产技术》一书。本书详细、准确地对钛白粉一词给出了全面的定义，既突出了其基体组分二氧化钛固有的物理化学性质，又强调了其经过化学加工达到最佳可见光散射效应（颗粒范围）的技术含义。本书全面介绍了钛白粉的生产技术，系统介绍了钛白粉的性质与用途、全球生产市场与技术概况、生产原料的来源与加工、硫酸法和氯化法钛白粉生产技术、全球产品标准与控制方法及绿色可持续发展的钛白粉生产耦合资源加工技术。该书写作深入浅出，重点突出，预计可为从事钛白粉生产与使用钛白粉的涂料、塑料、油墨及造纸等生产领域的工程技术、科研设计、管理与市场营销人员，及无机化工等相关专业的师生提供全面的现代钛白粉生产技术和知识，将为我国钛白粉生产技术和产业的持续发展做出突出贡献。

　　受龚家竹先生委托，在本书付梓之际，撰写数语，聊以为序，但恐不足表达本书出版之重要意义。

周大利

2021 年仲秋

2019 年 10 月，老友龚家竹再次向我索要钛白粉生产后处理用砂磨机的照片，这才获悉他已经完成《钛白粉生产技术》一书的撰写，这让我大为吃惊和由衷地敬佩。因为，当一个人亲自用心编写过一本专业书籍才能体会到这其中的付出和辛苦劳动。我特别尊重写书的作者。由于爱书的习惯，我向来是不问价格一买为快。一本干货满满的好书不仅让你增长了专业知识，而且使你的实力和身价倍增。人生没有白走的路，每一步都作数；人生更没有白读的书，每一页都算数。总有一天你会发现学过的知识都派上用场了。

很高兴为这本中国钛白粉生产领域内容丰富的书作序，因为，中国钛白粉近 20 年的发展历程中有很多鲜为人知的趣事都是我和老友家竹一起亲眼所见、共同经历的。

认识家竹始于 2001 年，当时我还在德国耐驰精研磨技术有限公司负责研磨设备在中国市场的销售。那时，仅在拜耳公司有几台耐驰砂磨机，但是拜耳公司钛白粉业务早已经被兼并。也就是说，德国耐驰砂磨机已经退出了全球钛白粉市场，在新建装置中已经基本不使用了。

2001 年 8 月份我在重庆参加一个涂料会议，突然接到自称是四川龙蟒钛业股份有限公司总工程师的龚家竹的电话，说要购买大型砂磨机 LME500K 用于钛白粉生产后处理。经我们了解，四川龙蟒钛业股份有限公司主要业务是生产磷肥和猪、鸡饲料添加剂产品。磷肥产品与钛白粉精细化工产品差别巨大，其技术难易程度怎可相提并论？加之当时中国的钛白粉生产技术在欧洲真的不足挂齿，处于可忽略的状态。德国总部认为这样的项目太不靠谱！尽管如此，我还是怀着"撞大运"的念头去了趟远离北京的四川绵竹。由于中国与德国有 7 个小时的时差，得到报价的时候，已经是中国第二天早晨了。双方经过技术交流、讨论，一拍即合，立即签了技术合同和附件。在当时，针对这样的进口大设备，这么快就签订了合同，简直就像做梦一样。

紧接着就是山东东佳集团、河南佰利联公司、镇江钛白粉股份有限公司先后购买了相同型号的砂磨机，从此拉开了中国钛白粉生产大规模使用砂磨机的序幕。2000 年，全中国金红石钛白粉产量不到 4 万吨，2019 年中国钛白粉产量大概 400 万吨，二十年猛增了 100 倍。中国早已超越美国成为世界钛白粉生产第一大国，令世界瞩目。钛白粉作为小康生活的标志因素之一，到 2022 年还有 150 万吨新增产能。

在中国钛白粉产能位居全球第一的时候，我们必须清楚地认识到，我们不是高端钛白粉生产强国，特别是氯化法钛白粉生产所占比例很低，影响其经济效益与社会效益的关键技术还没有彻底过关。正如两个外国钛白粉专家对中国钛白粉的评价所说，很多时候质量好了不知道咋好的，质量坏了不知道咋坏的！我们缺少真正钛白粉生产的技术专家，具有扎实科学素质的工程技术人员仍略显不足；有关钛白粉生产技术的专业著作基本没有，现有的中文书籍也基本是论述和科普读物；国外几本关于钛白粉生产的书籍和论文大部分是英语和德语。

老友家竹这本《钛白粉生产技术》的出版虽然有点晚，但是在中国钛白粉提升产品质量的阶段可以说是及时雨！知其然，知其所以然；没有扎实的理论研究作为生产技术基础，中国很难进入高端钛白粉行列。从生产大国到制造强国任重道远，钛白粉行业同仁还需更上一层楼，再接再厉。

冯平仓

2021 年 12 月

前言

钛白粉是一种重要的无机化工颜料，主要成分为二氧化钛（TiO_2）。钛白粉产品广泛用于涂料、塑料、造纸、化纤、橡胶乃至食品等各种生活及生产领域。从服装鞋帽的化纤钛白粉、各类食品与药品中的食品级钛白粉，到楼堂馆所、高楼大厦、运输工具，甚至航母、军舰及火箭、导弹的装饰与保护，均有钛白粉缤纷靓丽的"身影"。因此，钛白粉在"衣、食、住、行"各个领域无处不在；它是人工色彩的基石，装饰与保护人工制品的"伴侣"，更是人们"半精神、半物质"的视觉"营养品"。有行业友人说，钛白粉是工业的"味精"，笔者不敢苟同，其褒义不够；愚见以为，称之为工业的"食盐"更加形象贴切。至2018年，全球钛白粉年用量750余万吨，市场价值近250亿美元。

1790年，英国牧师和业余矿物学者威廉·格雷戈尔（William Gregor）发现了钛元素。自1916年开始工业化生产钛白粉颜料，钛白粉生产技术已历经100余年的发展。生产技术方法从硫酸法到氯化法，再到为满足化学工业绿色可持续发展的需求而发展起来的新技术和新方法；产品从最早的混合颜料到性能更好的锐钛型钛白粉，再到折射率无与伦比的金红石钛白粉，钛白粉生产技术始终在不断完善与更新，产品也在不断进步。中国钛白粉生产，以1952年广州钛白粉厂和上海钛白粉厂进行钛白粉的研究起步，后原化工部天津化工研究院又开展了金红石和化纤钛白粉生产研究，至今已历时近70年。经过了前50年艰难的生产技术跋涉及之后20年的飞速创新发展，产量现雄踞世界第一，有大量产品出口，形成中、美、欧三大生产市场格局。为总结行业发展成果，笔者将在钛白粉生产技术上的研究成果、对国内外钛白粉先进技术的学习心得体会和一些创新工作中的实践进行积累，整理编写了《钛白粉生产技术》一书。

全书共分八章。第一章为绪论，介绍了钛白粉的性质、用途和商业生产方法等；第二章为全球钛白粉生产概况；第三章为钛白粉生产原料；第四章为硫酸法钛白粉生产技术；第五章为氯化法钛白粉生产技术；第六章为钛白粉生产后处理技术；第七章为钛白粉产品标准与质量规格；第八章为钛白粉生产绿色可持续发展技术。全面介绍了钛白粉的生产技术。

借此书出版之际，首先感谢四川大学李大成教授、博士生导师周大利教授及刘恒教授；感谢周大利教授在百忙之中挤出时间为本书作序，感谢三位教授对笔者从事钛白粉研究工作几十年的无私支持与鼓励。其次，感谢宁波新福钛白粉有限公司董事长陆祥芳先生对此书出版的热情赞助及对我工作上始终如一的支持；我们不仅要分享世界产品市场，更要分享世界技术市场。第三，感谢精研德国精湛工业技术、获取多项德国专利并改写高效低能气流磨德国工业标准的北京瑞驰拓维科技有限公司董事长冯平仓博士为此书作序。冯博士在20年前我俩相识时赠送我一台价值不菲的德国造试验砂磨机，为钛白粉生产灵魂技术之一的"分散与解聚"科研试验工作增色不少。第四，感谢我带领团队的每一位成员，感恩我们一起在技术上走过的万水千山、迈过的艰难险阻，完成的一个又一个钛白粉生产装置改造与建设项目，感谢他们对此书出版的贡献。第五，还要感谢在我从事钛白粉生产技术的研究实践活动中，与我们协同配合相互支持过的各钛白粉生产相关企业的科技人员与生产管理人员，感谢所有支持我从事钛白粉生产技术研究开发的国内外科学家、工程师、同志们和朋友们。最后，感谢我的家人在我一生的学习、研究和工作中给予的无微不至的照顾与亲情上的厚爱和支持。

　　书中技术观点如有相悖，欢迎讨论；不当之处，敬请不吝批评指正。

龚家竹

2021 年 12 月于成都

目录

061　第三章

钛白粉生产原料

第一章
绪论

第一节
钛白粉简介

　　钛白粉，是以二氧化钛为主要成分，经化学加工成粒度尺寸范围为 200～350nm 的微晶体，并由其他一些无机物或有机物的多组分或单组分包覆的超细颗粒材料。它是具有二氧化钛固有的物理化学性质和经过化学加工达到最佳可见光散射效应（颗粒范围）的化工产品，确切的定义应称之为颜料级二氧化钛，其英文名称为 titanium dioxide pigment。

　　二氧化钛具有最高的光折射率，在目前技术条件下还没有可取代的材料；同时，其可加工成对可见光（波长 400～700nm）最大散射的半波长范围内的颗粒，不能被其他同样尺寸的颗粒材料取代。所以，作为其他用途的二氧化钛产品，如其化学加工的颗粒尺寸不在 200～350nm 范围内，则不能称之为钛白粉或颜料级二氧化钛。如市面上生产销售低于上述颗粒尺寸的纳米级"脱硝级钛白粉""光催化钛白粉"，无颗粒尺寸要求的路标反光、陶瓷、电焊条等所谓的"非涂级钛白粉"以及"电子级高纯级钛白粉"等，均是曲解了颜料级二氧化钛"颜料"的含义，即钛白粉"粉"（pigment）的定义。

　　钛白粉作为精细无机化工产品，其应用领域既要满足材料性能的需要，又要满足光学性能（仅指可见光）带给人的视觉与应用需要。在现有技术条件下，钛白粉的商业生产方法，无论是硫酸法，还是氯化法，生产工艺皆冗长，技术皆纷繁复杂，涵盖几乎所有的无机化工生产单元操作，涉及众多科学与技术领域，非简单的单一无机金属氧化物的生产范畴所能企及。将优质的钛白粉产品，称之为生产难度系数高与艺术系数高的"双高"产品，一点不为过。

一、钛元素的发现

　　1790 年，英国康沃尔郡牧师和业余矿物学者威廉·格雷戈尔（William Gregor）发现了钛元素的存在。他在分析了英国康沃尔郡海岸边一种黑色磁铁矿之后，发现这种矿物含有 50% 左右的一种未知白色金属氧化物；1791 年他把此发现发表在了《物理技术》杂志上。1795 年，德国化学家马丁·克拉普罗斯（Martin Klaproth）在研究匈牙利"钛榴石"（天然金红石）矿物的时候，也同样发现了威廉·格雷戈尔曾经提到的未知的白色金属氧化物。希腊神话中统治地球神的 Uranos 和 Gaia 的孩子 Titan 兄弟的故事赋予了马丁·克拉普罗斯创作灵感，将这种未知的元素命名为钛（Titanium，Ti）。因为 Titan 兄弟遭到他们父亲的极端憎恨，被监禁在地壳中，马丁·克拉普罗斯以此来形容提炼钛矿石的困难程度。确实如此，发现钛元素一百多年以后，人类才开始制造出钛白粉和金属钛来满足生产与生活所需。钛白粉或金属钛（海绵钛）的生产技术和工艺非简单的矿物化工产品的化学加工和金属冶炼加工方法所能企及。

不过，中文"钛"这个字，早在两千多年就已出现，它指的是一种刑具。铁的冶炼因战争需要在战国时代取代了青铜器的地位，进入铁器时代。汉朝（公元前202—公元220）遗址出土的刑具，即为铁器制造，出土最多的是钳和钛。钳在当时指的是颈部的刑具，钛这个字在当时指的是铁制的脚镣。对于钳，我们今天十分清楚用它来做什么，而对于钛，已不是原来脚镣的名字了，而成为我们今天基本都知道的金属元素钛的称谓了。钛资源利用最多的就是色彩斑斓、起装饰与保护人工制品作用的钛的氧化物——钛白粉。

二、钛元素资源产品在国民经济中的作用

以钛元素资源加工的产品在国民经济中占有举足轻重的地位，是现代科技与生活中不可或缺的资源化工生产产品，其主要分为三大类：第一类是以钛白粉和二氧化钛系列构成的钛氧化物材料产品，占钛资源消耗量的94%，其中钛白粉占资源消耗量最大，为88%左右；第二类是金属钛与钛合金形成的金属材料产品，占钛资源消耗量的4%左右；第三类是钛酸盐的无机与有机化合物产品，占钛资源消耗量的2%左右。

（一）钛白粉和二氧化钛系列的钛氧化物材料产品

1. 钛白粉

钛白粉为三大无机化工产品之一，号称"白色颜料之王"，是人工制品的色彩基石。钛白粉不仅与人类生活的住与行（建筑和交通工具）产业密切相关，而且在对所有工业领域的材料装饰与保护中不可或缺，具有长久的生命力；且随着人民生活水平的提高与工业发展的需求，用量会日益增加。钛白粉的人均使用与占有量，可衡量一个国家的经济富庶与文明程度。图 1-1 为 2018 年全球具有代表性国家的人均钛白粉消费量和 2013—2018 年钛白粉年均增长率。全球世界著名钛白粉生产商都普遍认为，随着全球经济逐步发展，钛白粉需求增长强劲，在人口众多的中国和印度为代表的亚太地区经济持续高速发展的带动下，亚太地区未来十年尤其是中国的需求增长率将继续强劲，达到10%以上，与 GDP 保持一致甚至高出 GDP 的增长率。

钛白粉具有稳定的物理、化学性质和优良的光学、电学性质以及优异的颜料性能，因此，其用途十分广泛。涂料、塑料、造纸、化纤、油墨、橡胶、化妆品、食品等，几乎所有要用视觉来观察的人工物品，乃至需要进行涂膜保护及装饰效果的工业与生活物品等均要用到钛白粉。因钛白粉具有其他颜料无可比拟的多种优异性能，如折射率高、消色力强、遮盖力大、分散性好、无毒等，以至于当初问世时，很快就取代了传统的铅白、锌白、锌钡白、硫酸钡等经典的白色颜料，成为目前技术条件下不可取代的白色颜料，因此号称"白

色颜料之王"。钛白粉应用与消费领域如下：

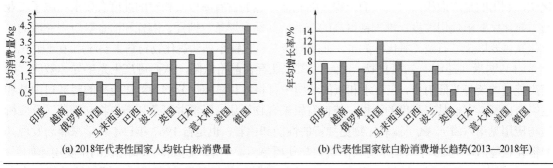

图 1-1　具有代表性国家的人均钛白粉消费量和年均增长率

（1）涂料领域　涂料是钛白粉的第一大消费领域，与社会文明程度息息相关，用量最大，约占颜料钛白粉总量的57%。2018年我国1358家规模以上涂料企业总产量1899.78万吨，同比增长7.2%；2044家规模以上涂料企业主营业务收入达3268.1亿元，同比增长5.6%，涂料利润总额236.48亿元，同比增长15.4%。

2018年我国涂料年产量超过100万吨的省市有6个，分别是广东、江苏、上海、湖南、四川、河南，产量分别为387.35万吨、227.26万吨、211.33万吨、133.86万吨、133.57万吨、107.70万吨。由此不难看出，涂料的生产与经济人口发达程度成正比，钛白粉亦如此。

（2）塑料领域　塑料是钛白粉的第二大消费领域，并且增长较快，是具有活力的行业。约占颜料钛白粉消费总量的20%。

（3）造纸领域　造纸行业是钛白粉的第三大消费领域，因承压装饰纸的大量使用，有很快超过第二大塑料消费行业的趋势，造纸行业约占颜料钛白粉消费总量的17%。

（4）油墨领域　在油墨生产中，钛白粉得以广泛应用。钛白粉是一种很好的着色剂，一般用量为20%~30%，特种油墨可达到40%~50%，油墨用钛白粉可归类于涂料领域，因油墨漆膜薄，相对于其他涂料的分散性与遮盖力要求更高。

（5）化学纤维领域　因化学纤维的高分子排列整齐，具有一定的透明度，使得纤维表面光滑，在光的照射下，反射光线强，可产生极光，视觉上刺激眼睛，加入钛白粉后降低透明度，用作消光剂。

（6）橡胶领域　在橡胶工业中钛白粉是一种很好的着色剂。同时增强其抗臭氧和抗紫外线能力，使橡胶制品老化慢、强度高、伸展率大、不易褪色。

（7）食品与医药领域　食品和医药领域使用钛白粉同样是利用钛白粉优异的颜料性能，以提高食品和医药制品的装饰及视觉效果。食品和医药领域所用钛白粉除了需要较好的颜料性外，最核心的技术质量指标是卫生指标，即其中重金属含量与有害杂质含量。

钛白粉作为涂料、塑料、造纸工业的重要颜料，在国民经济中举足轻重，地位重要。我国已经成为世界钛白粉工业最具发展力的国家。钛白粉的发展，与我国的国民经济发展息息相关，经济的快速发展，必然给我国的钛白粉工业带来巨大的发展空间。目前，我国已经成为世界钛白粉生产第一大国，超过美国统治了半个世纪的第一钛白粉生产大国地位。

2. 非颜料级二氧化钛系列钛氧化物材料

非颜料级二氧化钛指的是在加工时不是围绕颗粒尺寸范围在200~350nm内进行的产品加工。

其根据不同的应用领域则有不同的要求,如利用二氧化钛的光催化效应生产的纳米(超细)二氧化钛,利用的是表面积,对其表面上裸露的光活化点的占有率以及相对的纯度有要求;电子工业级二氧化钛要求使用纯度、堆积密度高的产品;其他电焊条、搪瓷、陶瓷和冶金等应用领域的二氧化钛主要以金红石型二氧化钛为主。非颜料级二氧化钛系列钛氧化物材料主要应用领域如下。

(1)纳米(超细)二氧化钛 由于二氧化钛存在晶格缺陷,从而可产生光半导体效应。即在高能量的紫外光照射下,在有水和氧的环境中可将水和氧催化分解为氧化能高的羟基自由基和过氧自由基,它们具有高度的活性,能使有机聚合物氧化、降解并可杀死微生物与细菌(反应机理与应用见第六章)。赋予钛氧化物更独特的性能和色彩,也是自1967年日本科学家藤岛发现其光催化性能后,近20年内纳米材料的研究与使用热点。纳米(超细)二氧化钛的主要用途如下:

① 紫外光吸收剂。纳米(超细)二氧化钛都具有优异的防有害紫外线辐射的功能。作为紫外线吸收剂,已经被越来越多的化妆品生产商接受,并用于高防晒系数的防晒化妆品的配方。同时,广泛应用于塑料行业,尤其在薄片和薄膜中,例如农用塑料薄膜、食品包装袋等。

② 特殊颜料。用于油漆和涂料工业的超细二氧化钛具有高透明度、均匀的粒径和良好的分散性。特殊超细二氧化钛产品则有特殊性能。例如,在汽车表面金属漆中,特殊超细二氧化钛与铝粉颜料配合使用,可以出现随角异色效应。当正面观察这类涂层时,所看到的是黄色,而当逐渐转向侧面的角度观察时,涂膜的颜色则变成蓝色。

通过把黑色转变成深蓝色,把浅红转变成深红色,在颜料体系中,纳米(超细)二氧化钛能引起颜色转换。酞菁蓝颜料和透明超细钛白粉混合使用,可以消除残余的黄色调。除了这些特殊的色彩效果,通过稳定颜料体系以防止絮凝,超细二氧化钛可以增加涂膜亮度。细小的二氧化钛颗粒吸收在彩色颜料的表面,同时赋予颜料表面静电。这样就提高了表面光泽度,同时影像清晰度(DOI)也得到了提高。而且,还有吸收紫外线的功能。

另外,已经开发出木器专用纳米(超细)二氧化钛,应用的形式包括上光蜡、着色剂、透明清漆、镶木地板涂层等。该产品采用 Al_2O_3 包膜和其他的无机表面处理。由于晶格间掺杂其他元素而大大降低光催化性。紫外线辐射被纳米(超细)二氧化钛转化成热能,使黏结填料和基料的稳定性增强。

③ 化学催化剂。由于二氧化钛在所有 pH 范围不溶解,无论作为催化剂本身,还是作为载体都优于传统的催化剂,如氧化铝、滑石(硅酸镁)、沸石($2MgO \cdot 2Al_2O_3 \cdot 5SiO_2$)等。无论均相催化还是多相催化,二氧化钛均显现其独特的优点,但目前仅有锐钛型二氧化钛用作催化剂。纳米二氧化钛催化剂组分与用途见表 1-1。

表 1-1 纳米二氧化钛催化剂组分与用途

反应	用途	催化剂组成
还原反应	燃烧炉尾气脱氮化物	TiO_2/V_2O_5
	发动机尾气脱氮化物	$TiO_2/Rh/Pt/Pd$
选择氧化	将苯转化成羟基丁二酸酐	TiO_2/V_2O_5
	将丁二烯转化成羟基丁二酸酐	TiO_2/V_2O_5
	将丁烯转化成乙酸和乙醛	TiO_2/V_2O_5
	将甲醇转化成甲醛	TiO_2/V_2O_5
	将邻二甲苯转化成苯二甲酸酐	TiO_2/V_2O_5
	将三甲基吡啶转化成三羧基吡啶	TiO_2/V_2O_5
	将 CO 转化成 CO_2	TiO_2/Pt,TiO_2/Ru
	将 H_2S 转化成单质硫	TiO_2/MoO_3

反应	用途	催化剂组成
环氧化	将丙烯氧化成环氧丙烷	TiO_2/Ag
加氢化	碳液化 将噻吩转化成 H_2S 和丁烷	TiO_2/MoO_3
异构化	将 α-蒎烯转化成莰烯 将丁烷转化成异丁烷	TiO_2 TiO_2
醛醇缩合反应	将乙醛缩合成2-丁基乙醛	TiO_2

a. 脱 NO_x 催化剂。生产原理如下：

$$N_2O_3 + 2NH_3 \longrightarrow 2N_2 + 3H_2O \tag{1-1}$$

减少电厂和燃烧炉尾气中的 NO_x，使雾霾发生率降低，并防止尾气中产生的硫酸铵沉积在催化剂表面上降低活性。

b. 发动机催化剂。汽车发动机为提高效率，过量地应用氧，降低了尾气中 CO 和碳氢化合物的含量，结果氧与空气中的 N_2 反应生成 NO，同时与汽车尾气中的 SO_2 生成硫酸铵使催化剂活性降低，甚至使其中毒。自 2000 年来含 TiO_2 的催化剂产品已经市场化。

c. 光催化剂。自清洁玻璃与表面自洁，在玻璃表面用水玻璃做黏结剂复合一层纳米 TiO_2，借助于紫外光进行光催化分解细菌和脂肪，其后靠雨水淋洗灰尘，减少了玻璃窗户的擦洗与维护。

（2）陶瓷和搪瓷二氧化钛　陶瓷包括建筑陶瓷，尤其是现在的高档耐磨印刷墙地砖，以及室内洁具、厨具陶瓷等使用大量的非颜料级二氧化钛。陶瓷表面的瓷釉具有优良的不透明性和适度的耐酸、耐碱、耐热及耐磨性，起着对陶瓷装饰、美化和保护作用。瓷釉必须具有乳浊性能，才能使烧结的瓷釉不透明。白色瓷釉尤其需要具有更强的乳浊性；为此，在瓷釉中必须加入乳浊剂，非颜料级二氧化钛是瓷釉中最强的乳浊剂。采用二氧化钛作为瓷釉乳浊剂生产的陶瓷制品表面光滑，耐酸性强，色相与光泽最佳，所以，现代建筑陶瓷、洁具等家用陶瓷瓷釉中大量使用二氧化钛产品。随着居住装修环境的改善，现代建筑陶瓷与洁具的大力发展，非颜料级二氧化钛作为瓷釉还有巨大的发展空间。

搪瓷是在金属物体上涂饰一层瓷釉，经过熔烧所得到的制品。与陶瓷表面的瓷釉原理类似，只是制品的骨架体是金属。早期的搪瓷碗、搪瓷茶缸、搪瓷盆就是利用瓷釉的美观与耐碱耐酸性，保护金属骨架。随着现代冶金工业和高分子材料的发展，不锈钢和塑料制品完全替代了搪瓷碗、缸、盆等生活用具，搪瓷在生活中几乎成为历史。但是，在工业中，尤其是化学工业中搪瓷反应釜，因其耐酸、耐高温的特点，至今还是独占鳌头，无可替代。如硫酸法钛白粉的金红石晶种制备的酸溶反应釜，漂洗工段三价钛液的制备，使用的就是搪瓷反应釜。

（3）电焊条与冶金用二氧化钛　电焊条是所有工业与生活中金属之间焊接加工的主要原料。电焊条由焊芯和药皮构成。药皮在焊接过程中起着如下四种作用：形成熔渣，隔绝空气，保护熔化金属，防止空气入侵；脱氧脱氮，改善焊缝金属的力学性能；掺入合金元素，通过焊接使焊缝金属合金化；提高电弧燃烧的稳定性，使焊接操作稳定。

二氧化钛在药皮中既是很好的造渣剂、稀释剂、脱氧剂，也是极好的黏塑剂和稳弧剂。用二氧化钛制造的焊条可以交直流两用，焊接操作时点弧快，电弧稳定，不发生爆溅，熔渣的熔点低，黏度小，流动性好，操作工艺性能优良，非常有利于立焊和仰焊，焊接后易脱渣，焊缝美观且力学性能好；同时，二氧化钛有较强的黏着力，在焊条制造工业中可减少水玻璃的用量，使成品表面光滑，焊接点弧容易。

二氧化钛是电焊条工业的主要原料之一，钛型、钛钙型和钛铁矿型三种电焊条的药皮，都要用到二氧化钛，占焊条总量的70%。

（4）材料级高纯二氧化钛 电子级金红石二氧化钛粉体主要应用于电子元器件制造，应全球无铅化的需要，在玻璃行业中用于替代铅、作食品医药和化妆品助剂等，或用于生产电子级钛酸盐等。

（二）金属钛与钛合金金属材料

金属钛是银白色的金属，外观似钢，具有银灰光泽，密度小（4.51g/cm³），只相当于钢的57%，强度和硬度与钢相近。钛同时兼有钢（强度高）和铝（质地轻）的优点，高纯度钛具有良好的可塑性及耐腐蚀性。此外，在低温下（温度约0.49K），钛还具有超导特性，制成的导线可通过任意大的电流而不发热，是目前输送电能的最佳材料。因金属钛的优良特性、工业价值，若能采用现有电解氧化铝生产金属铝的低成本工艺生产金属钛，改变现有采用四氯化钛以金属镁还原海绵钛的高成本工艺技术，金属钛将成为继铁、铝之后崛起的"第三金属"，全世界的科学家与工程师正在为此努力，有人曾预言21世纪将是"钛的世纪"。尽管如此，现有高成本生产的金属钛，它的广泛使用为社会带来了巨大的经济效益，据统计，在化工、冶金、真空制盐、电力等领域，每使用一吨钛材可获得年经济效益10万元以上。同时，钛的广泛使用，也成为人类文明发展水平的标志，人类从石器时代、青铜器时代、铁器时代、铝合金时代，走向了钛金属时代，金属钛将为人类社会创造出新的奇迹。

1．航空航天工业

由于金属钛兼有钢（强度高）和铝（质地轻）的优点和良好的可塑性及耐腐蚀性等优势，现代航空航天工业更是离不开钛金属及钛合金。在拥有发达的航空航天和军工国防工业的北美和欧盟地区，尤其是美国，大约50%以上的钛制品需求来自航空航天和军工国防领域。

2．海洋工程装备

金属钛及钛合金自身所具备的特性，也使其在船舶以及海洋工程装备的应用上具有较大优势，因而被广泛应用于核潜艇、深潜器、原子能破冰船、水翼船、气垫船、扫雷艇以及螺旋桨推进器、海水管路、冷凝器、热交换器等。

3．医疗领域

金属钛在医疗领域有着广泛的应用。钛与人体骨骼接近，对人体组织具有良好的生物相容性且无毒副作用。人体植入物是与人的生命和健康密切相关的特殊功能材料。同其他金属材料相比，在医疗领域使用金属钛及钛合金的优势主要表现为：质轻、弹性模量低、无磁性、无毒性、抗腐蚀性、强度高、韧性好。外科植入物中的钛合金用量正以每年5%～7%的速度增长。

4．汽车与化工装置领域

现代汽车工业使用金属钛具有减轻质量，降低燃料消耗；改善动力传输效果，降低噪声；

减少振动，减轻部件载荷；提高车的持久性及环境保护等优点。

由于金属钛与钛合金的耐腐蚀性能，尤其是对氯化物的抗腐蚀性，因而广泛应用在氯碱化工、制盐生产、海洋化工、磷化工等装置装备上。

尽管钛金属与钛合金号称是继铁、铝后的第三金属，其应用领域广泛。但是，目前采用四氯化钛与金属镁进行置换反应生产的工艺，生产成本高，是不锈钢的 8 倍，很难普及与经济地用在国民经济的各个领域。1959 年，发明镁热还原四氯化钛的 Kroll 生产金属钛工艺的 Kroll 博士，在美国采矿、冶金和石油工程学院演讲中预言，在未来的 5～10 年内，钛将完全采用生产铝的熔盐电解法生产。全球的科学家与工程师经过 40 余年的努力，直到 2000 年，*Nature* 杂志和 *Science News* 相继报道一种低成本的 FFC 剑桥工艺，成功地解决了这一难点，制得的海绵钛氧含量在 200mg/kg 以下，并在实验工厂生产了 1kg 的金属钛，正在向年产 10～100t 的规模发展。伦敦行业咨询公司 Roskill 信息服务公司预测若用该法，可望将钛金属价格降到 2～4 美元/kg，生产成本降幅将达到 50%，而且生产速度更快，这将成为钛提取史上一种革命性的技术。目前，熔融电解二氧化钛生产金属钛的工业化装置仍旧还未问世，科学家们还在路上。

（三）主要的钛酸盐产品

常见的钛酸盐包括无机钛酸盐和有机钛酸盐。无机钛酸盐主要有钛酸钡、钛酸锶、钛酸铝和新开发新能源电池材料钛酸锂等。钛酸钡和钛酸锶作为介电材料等电子材料广泛用于电子工业领域，钛酸铝是理想的隔热材料，钛酸锂作为蓄电池的负极材料。有机钛酸盐用在填料表面改性上。

1．钛酸钡

钛酸钡（$BaTiO_3$）有五种晶型：六方、立方、四方、斜方和三方。以四方最为重要，其相对密度为 6。具有较高的介电常数，是一种重要的铁电体。

钛酸钡既可作为介电材料，又可作为压电材料。常用于制造非线性元件电介质放大器、电子计算机的记忆元件等，也用于制造体积很小但电容很大的微型电容器、超声波发生器等的器件材料，以及陶瓷电容器和各种换能、储能器件等。

2．钛酸锶

钛酸锶（$SrTiO_3$）是陶瓷界层电容器材料，是高容量、高色散频率、低介电损耗、低温度系数的新型介电材料。

钛酸锶半导体陶瓷晶界阻挡层电容器是一种高电压、低电耗电容器。广泛用于电子产品的高频旁路及稳压、稳流、耦合、滤波等电路中。

3．钛酸铝

钛酸铝[$Al_2(TiO_3)_3$]具有良好的抗热冲击性、非常低的热膨胀系数和高的熔点，是一种用于汽车发动机排气管、排气道的隔热材料。从杆塔制造到排气管、排气道组装于发动机上，可以保持排气的高温，防止热量流失，提高发动机的热效率。这对于沙漠车、军用越野车、坦克车具有特别重要的实际意义。

4．钛酸锂

为弥补燃料汽车排出尾气对城市环境的污染与影响，电动汽车的研发与应用层出不穷。由于现有商业锂离子电池负极材料采用碳材料，电池的充电时间长且续航能力差，加之电解液锂离子析出锂晶枝，会造成电池短路带来安全问题。而钛酸锂（$Li_4Ti_5O_{12}$）作为锂电池的"后起之秀"迅速吸引人们的眼球，钛酸锂"高安全、长寿命、可快充、全天候"的优点恰恰顺应新能源行业的发展趋势，在竞争激烈的锂电池大潮中，前景乐观。因此，钛酸锂的生产需要大量的二氧化钛，将更加刺激对钛白粉的需求。

5．有机钛酸盐

有机钛酸盐多数用作偶联剂，具有阻燃、防锈、耐腐蚀、耐热、耐氧化以及增加黏结性和催化固化多种功效，又兼具分散剂、润湿剂、交联剂等功效。填料表面经钛酸酯偶联剂处理后，形成一层单分子覆盖膜，改变其固有的亲水性质，使填料表面性质发生根本性的变化，可由亲水性变成亲油性。

第二节
钛白粉的性质

一、物理性质

（一）晶体性质

钛白粉的主要成分为二氧化钛，其晶体性质是决定钛白粉作为现有技术条件下不可替代的白色颜料产品的第一要素。二氧化钛是多晶型化合物，自然界中存在三种结晶形态：金红石型、锐钛型和板钛型。板钛型不稳定，尚没有工业用途。金红石型和锐钛型都属于四方晶系，但具有不同的晶格，因而 X 射线图像也不同。锐钛型二氧化钛的衍射角（2θ）位于 25.5°，金红石型二氧化钛的衍射角（2θ）位于 27.5°。金红石型晶体细长，呈菱形晶形，通常是成对的孪生晶体；而锐钛型一般是近似规则的八面体。无论是金红石型还是锐态型，它们每个钛原子都位于八面体的中心，并且被六个氧原子环绕。金红石型的单体晶格含有两个二氧化钛分子，以两个菱形边相连；而锐钛型的单体晶格则含有四个二氧化钛分子，以八个菱形边相接（图 1-2）。所以金红石型比起锐钛型，由于其单位晶格较小而紧密，具有较高的稳定性和相对密度，因此具有较高的折射率和介电常数以及较低的热传导性。

锐钛型在高温下，能够转变为金红石型，同时释放出 $7.5 \times 4.1868kJ/mol$ 的能量。此转化过程除了受温度的影响外，还受到一些能加速或阻止晶型转化的促进剂或抑制剂的影响，转化温度是渐进的，而不是突跃的，且转化是不可逆的。从热力学角度看，晶体能量降低，稳定性增强。从结晶学角度看，晶格表面收缩，体积变小，结构致密，导致金红石型比锐钛型的折射率高,硬度和密度增大,介电常数增大,导热性增强,二氧化钛的结晶特征列于表1-2。

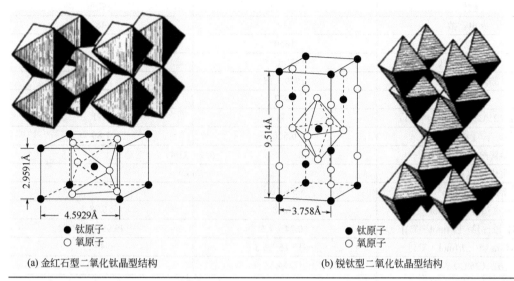

图1-2　二氧化钛的晶体结构　(1Å=10⁻¹⁰m)

表1-2　二氧化钛的结晶特征

结晶特性	金红石型	锐钛型	板钛型
结晶系	四方晶系	四方晶系	斜方
晶型	针型	锥型	板型
晶格常数 a	4.58	3.78	
晶格常数 c	2.95	9.49	

二氧化钛的三种晶型,都能人工合成。在200~600℃的温度下,在热压炉内加热无定型的二氧化钛和苛性钠,可制得板钛型二氧化钛。这个合成反应很慢,要历时数天才能完成。只有热稳定的金红石型才能制成透明的单晶。采用与合成蓝宝石或者红宝石相类似的方法,可制得金红石型二氧化钛的合成宝石,由于金红石的折射率比金刚石要高,所以金红石的色散作用,比金刚石要高20%左右,因而比金刚石更加闪耀夺目和美丽别致。但这种宝石的硬度远不如金刚石,从而失去了使用价值。

目前,工业上制造的钛白粉,都是无味无臭的白色粉末。颗粒尺寸为0.2~0.4μm的原级粒子,1g钛白粉大约有10^{15}个原级粒子。这种原级粒子是由2.7×10^8个O^{2-}和1.35×10^8个Ti^{4+}构成。1g钛白粉晶体中,估计存在着大约100个氧缺陷及肖特基缺陷。

(二) 其他物理性质

二氧化钛的其他物理性质见表1-3。

表1-3　二氧化钛的其他物理性质

物性	金红石型	锐钛型
相对密度	4.2~4.3	3.8~3.9
表观密度/（g/cm³）	0.7~0.8	0.6~0.7
莫氏硬度	6.0~7.0	5.0~6.0

物性	金红石型	锐钛型
介电常数	114	48
熔点/℃	1850	转化成金红石型
空气中熔点/℃	1830±15	
富氧中熔点/℃	1879±15	
沸点/℃	2972	
比热容（25℃）/ [kJ/(kg·K)]	0.71	0.71
热导率/ [W/(m·K)]	0.620	1.80
熔解热/ (kJ/mol)	649±31.4	
生成热/ (kJ/mol)	−944.5	
润湿热/ (J/cm²)	5.5×10^{-5}	
摩尔标准热容/ [J/(mol·℃)]	56.48	56.98
摩尔标准热焓/ [J/(mol·℃)]	50.24±1.5	49.95±0.4
摩尔标准熵/ [J/(mol·℃)]	−917.16±6.3	−944.5
升华热（25℃）/ (J/g)	7264.1	7264.1
摩尔标准自由能/ (kJ/mol)	−889.3	
汽化热/ (J/g)	3768.1±314	
荧光性	强	无

1. 相对密度

在常用的白色颜料中，钛白粉因颗粒范围最小使其密度最小，同等质量的白色颜料中，钛白粉的表面积最大，颜料性能最高。表 1-4 为钛白粉与其他白色颜料的密度对比。

表 1-4 钛白粉与其他白色颜料的密度对比

颜料名称	密度/ (g/cm³)	颜料名称	密度/ (g/cm³)
金红石型钛白粉	4.2～4.3	氧化锌	5.5～5.7
锐钛型钛白粉	3.8～3.9	锌钡白	4.2～4.3
碱式碳酸铅	6.8～6.9	硫化锌	4.0
硫酸铅	6.4～6.6	硫酸钡	4.5

2. 熔点与沸点

锐钛型和板钛型二氧化钛在高温下均会转变成金红石型，锐钛型和板钛型不存在熔点与沸点。金红石型二氧化钛熔点为 1850℃，空气中的熔点为 1830℃±15℃，富氧中的熔点为 1879℃＋15℃，其熔点与金红石的纯度相关。金红石型二氧化钛的沸点为 2972℃。

3. 介电常数

金红石型钛白粉的介电常数平均值为 114，锐钛型钛白粉的介电常数较低，为 48。

4. 电导率

二氧化钛具有半导体的性能，它的电导率随温度的上升而迅速增大，且对缺氧也非常敏感。如，金红石型二氧化钛在 20℃时，还是绝缘体，当加热到 420℃时，其电导率极大增加。稍微减少其氧含量，对其电导率影响极大；按化学组成的二氧化钛（TiO_2）电导率＜10^{-10}S/cm，而氧含量减少成 $TiO_{1.9995}$ 时，其电导率就有 10^{-1}S/cm。金红石型二氧化钛的半导体和介电常数性质是生产陶瓷电容器等电子元器件的基础，同时氧缺陷（肖特基缺陷）导致的光半导体效应是纳米催化材料的应用基础，但也是钛白粉作为颜料需要采用后处理包覆以克服或掩蔽氧缺陷带来的对漆膜、树脂等催化分解的问题。

5．硬度

按莫氏硬度 10 分制标度，金红石型二氧化钛为 6.0～7.0，锐钛型二氧化钛为 5.0～6.0，因此在化纤中用作消光剂的钛白粉采用硬度低的锐钛型钛白粉，以减少对喷丝孔面的磨损。

6．吸湿性

二氧化钛具有亲水性，但吸湿性不强，金红石型比锐钛型小。钛白粉的吸湿性与其表面积的大小有关系，表面积大，吸湿性高；也与其包覆的其他无机和有机组分关系密切，特别是有机包覆剂。

7．热稳定性

二氧化钛属于热稳定性好的物质。

二、化学性质

二氧化钛的化学式为 TiO_2，分子量为 79.866，是一种白色的极为稳定的化合物，常温下几乎不与其他元素或化合物作用，对氧、硫化氢、二氧化碳和氨都是稳定的，不溶于水、脂肪、有机酸、盐酸和硝酸，也不溶于碱，只能溶于氢氟酸，在长时间煮沸的情况下溶于浓硫酸。

$$TiO_2 + 2H_2SO_4 =\!=\!= Ti(SO_4)_2 + 2H_2O \tag{1-2}$$

二氧化钛和焦硫酸钾，或无水碳酸钠、硼砂共熔，得到的熔块可溶于水。以上反应被用来测定钛矿中的组分含量，在高温还原性气氛下可与卤素发生反应，生成卤化钛。

$$TiO_2 + 2Cl_2 + 2C =\!=\!= TiCl_4 + 2CO \uparrow \tag{1-3}$$

若无还原剂存在，即使温度高过 1800℃也不被氯化。表 1-5 列出了常见的白色颜料的化学稳定性。显而易见，钛白粉是最稳定的。

表 1-5　白色颜料的化学稳定性

颜料	化学稳定性		
	盐酸	硝酸	氢氧化钠
二氧化钛（锐钛型）	不溶解	不溶解	不溶解
二氧化钛（金红石型）	不溶解	不溶解	不溶解
氧化锌	可溶解	可溶解	可溶解
铅白	可溶解	可溶解	可溶解
硫化锌	可溶解	可溶解	不溶解

三、光学性质

（一）折射率

折射率又称折光率，是光线在真空中的传播速度与在某一物体中的传播速度之比，直观的定义是光线通过两个在光学上不同介质的界面时，光的速度发生变化而改变入射方向产生折射，这时光线入射角 α 的正弦与折射角 β 的正弦比值（$\sin\alpha/\sin\beta$）称为折射率，见图 1-3。若介质甲与介质乙的折射率相同时，光通过两个介质不发生折射，介质呈现透明状态；若光从折射率低的介质中射入折射率高的介质时，在两个介质的界面处，一部分光通过折射进入后一种介质，而余下部分光则在界面处发生反射，使后一种介质变为不透明，这就起到了遮盖光的作用，这两种介质的折射率相差越大，这种效果就越显著。各种白色颜料与常见的介质或基料的折射率如表 1-6 所示。

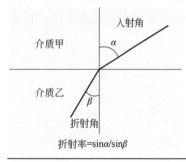

图 1-3　光的折射率示意图

表 1-6　各种白色颜料与常见的介质或基料的折射率

白色颜料	折射率	介质或基料	折射率
硅藻土	1.45	真空	1.0000
白炭黑	141~1.49	空气	1.0003
碳酸钙	1.63	水	1.3330
重晶石	1.64	聚乙酸乙烯酯树脂	1.47
白陶土	1.65	大豆油	1.48
硅酸镁	1.65	精制亚麻仁油	1.48
立德粉	1.84	乙烯树脂	1.48
氧化锌	2.02	亚历克树脂	1.49
碱性碳酸铅粉	1.94~2.09	氧化大豆油醇酸树脂	1.52~1.53
氧化锑	2.09~2.29	苯乙烯丁二烯树脂	1.53
硫化锌	2.37	75/25 醇酸/三聚氰胺	1.55
锐钛型二氧化钛	2.55	聚碳酸酯	1.59
金红石型二氧化钛	2.73	聚苯乙烯	1.60

由表 1-6 可以看出，由于钛白粉的主要成分为二氧化钛，其折射率在白色颜料中最大；因此钛白粉的颜料性能最好，而金红石型的折射率较锐钛型更大，所以其颜料性能更优于锐钛型。锐钛型和金红石型二氧化钛在紫外、可见和红外光区的折射率见图 1-6。

折射率是支配光学性质的首要因素，它是涂料涂层不透明度、遮盖力和着色力的物理基础。折射率是来源于物质内部晶体结构的特性常数，二氧化钛，特别是金红石型二氧化钛，在白色颜料中折射率最高（表 1-6），性能也最优越。将颜料折射率与介质折射率带入 Fresnel 方程 [式（1-4）]，求得金红石型与锐钛型二氧化钛的反射光系数：

$$R = \frac{\left(N_{\mathrm{p}} - N_{\mathrm{b}}\right)^2}{\left(N_{\mathrm{p}} + N_{\mathrm{b}}\right)^2} \tag{1-4}$$

式中　R——反射光系数；

$\quad$ N_{p}——颜料的折射率；

$\quad$ N_{b}——介质的折射率（1.48～1.55）。

将数据代入方程中，可知金红石型钛白粉的反射光系数比锐钛型的高 25%～30%，即同等遮盖力时，金红石型钛白粉的用量可以减少 25%～30%；从资源与能源利用的角度出发，作为涂料颜料的选择，金红石型是最佳的。无论从资源的节约，还是性价比及用户的成本控制上，传统锐钛型钛白粉（除特殊需要外）被金红石型取代是社会进步的必然。

（二）二氧化钛颗粒的粒度与粒度分布

二氧化钛除上述固有的折射率性能之外，涂层颜料的不透明度、遮盖力和着色力均与二氧化钛颗粒的大小（粒径）密切相关，且随颜料颗粒大小（粒径）而变，这是散射和吸收的结果。当二氧化钛颗粒的粒径相当于光波波长 λ 的 1/2 时，光的衍射能最大，为其在全光谱范围得到高的反射率（可见光波长为 400～700nm），钛白粉的粒度分布应控制在 200～350nm。随着粒径的增大，透明性增强，遮盖力越来越差；随着粒径的减小，光的散射作用越来越强，遮盖力逐渐增强。图 1-4 所示为 0.25μm 钛白粉与 10μm 钛白粉颗粒在丙烯酸涂膜中对被涂物的遮盖效果比较，前者遮盖效果显著，而后者效果差，透明性增强。入射光通过二氧化钛结晶颗粒的路径如图 1-5 所示，入射光经过大颗粒晶体时，部分光被折射转换到基层物体再返回，基层物体颜色被看见，涂膜透明性增强；入射光通过钛白粉颜料小颗粒时，全部被散射而没有到达基层物体，从而涂膜没有透明性，不能看见基层物体颜色。

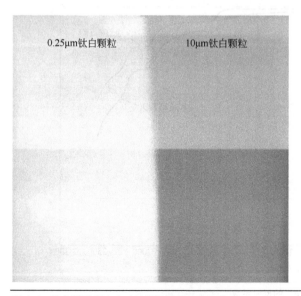

图 1-4　钛白粉粒度大小对被涂物遮盖效果比较

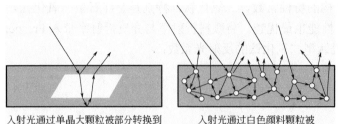

入射光通过单晶大颗粒被部分转换到　　入射光通过白色颜料颗粒被
基层物体再返回的路径　　　　　　　　散射而没有到达基层物体

图 1-5　可见光入射到大颗粒的单个晶体和二氧化钛颜料颗粒时光的路径图

　　无论生产方法如何，其生产技术的核心是控制二氧化钛颗粒粒径，这也就是钛白粉作为最佳颜料的第二大要素。所以，从事生产的科研技术人员，需要充分研究结晶增长速率、晶相结构转变、晶体缺陷结构理论。在硫酸法生产上，优化和严格控制偏钛酸（3～8nm）的集聚体，经过除杂，进入回转窑进行脱水、脱硫，由锐钛型转化成金红石型，经过煅烧控制成为最佳颜料粒径（200～350nm）的金红石型钛白。在氯化法生产上，优化和严格控制氧化生产过程，如精馏净化、氧化炉的科学设计、氧化助剂及四氯化钛与氧气的混合压力，在高温下瞬间（0.1～20ms）使气体钛转化成 200～350nm 固体二氧化钛颗粒。

1．钛白粉粒径和粒度分布与对光的反射系数的关系

　　如图 1-6 所示，在可见光的紫外或近紫外区域（可见光波长 400nm 左右），金红石型比锐钛型拥有较大的吸收，其反射系数更小；因此，金红石型钛白粉和锐钛型钛白粉，即使粒度和粒度分布、分散性和纯度都相同，外观白度也是不同的。前者吸收了少量的紫光，反射出少量的互补光黄光，使其稍带黄色；后者因全反射，则显得更白一些。

　　可见光是由赤、橙、黄、绿、青、蓝、紫颜色光组成，其颜色顺序的波长从 700～400nm 依次变化（图 1-6 中，R、O、Y、G、B、V 顺序所示），不同粒径大小及粒度分布的钛白粉，

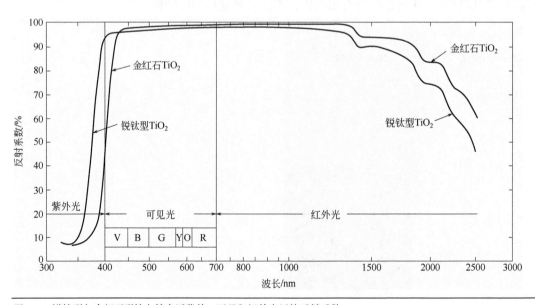

图 1-6　锐钛型与金红石型钛白粉在近紫外、可见和红外光区的反射系数

因吸收而反射互补光使其呈现不同色相，如表 1-7 所示，不同的钛白粉粒径，呈现不同色光。无论是金红石型钛白粉还是锐钛型钛白粉，粒径小吸收长波长的红光散射短波长的蓝光，粒径大吸收短波长的蓝光散射长波长的红光。所以，粒径小的钛白粉色相偏蓝，视觉上看起来更白，粒径大的钛白粉色相偏黄，视觉上带黄相。

表 1-7　颜料最佳粒径

颜料	最佳粒径/μm		
	蓝光（450nm）	绿光（560nm）	红光（590nm）
金红石型二氧化钛	0.14	0.19	0.21
锐钛型二氧化钛	0.16	0.22	0.23

注：表中数据根据 $dopt = \dfrac{\lambda}{\sqrt{2}n_0 M\pi}$ 计算，式中 λ 的单位为 μm，$M = \dfrac{m^2-1}{m^2+1}$，$m = \dfrac{N_p}{N_b}$，N_p 为钛白粉折射率，N_b 为介质折射率。

金红石型钛白粉颗粒粒径分布与相对散射力的关系如图 1-7 所示，粒径分布小的钛白粉相对散射力高，呈蓝相；粒径分布大的钛白粉相对散射力低，且呈红相。

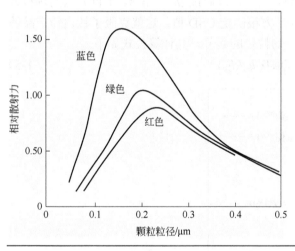

图 1-7　金红石型钛白粉颗粒粒径分布与相对散射力的关系

如图 1-7 所示，在不同波长的可见光范围内，钛白粉产生最大散射能力的最佳粒径也不同。粒径较小的钛白粉颗粒对短波长可见光的散射作用强，粒径较大的钛白粉颗粒对长波长可见光的散射作用强。这从理论上为钛白粉的颜料性能提高指明了方向，生产具有最佳颜料性能粒径和粒度分布的钛白粉，是整个生产技术围绕的中心。在硫酸法生产时，水解手段与煅烧手段及盐处理均是控制二氧化钛原始粒径的关键；而氯化法生产时，氧化手段及氧化助剂的应用也是控制二氧化钛原始粒径的核心。

为了获得最佳的光学特性，设计原级粒子的直径时，应将其视为光波长和介质折射率 N_b 和钛白粉折射率 N_p 之比（N_b/N_p）的函数进行计算，表 1-8 是典型的计算例子。

表 1-8　钛白粉在亚麻油和水中计算的最佳粒径

项目	在亚麻油中最佳粒径/μm		在水中最佳粒径/μm		计算公式
	锐钛型	金红石型	锐钛型	金红石型	
Jaenick 式	0.27	0.23	0.25	0.23	$dopt = \dfrac{0.9\lambda}{N_b\pi}\left(\dfrac{m^2+2}{m^2-2}\right)$
Mition 式	0.21	0.18	0.20	0.18	$dopt = \dfrac{\lambda}{1.414N_b\pi}\left(\dfrac{m^2+2}{m^2-2}\right)$
Weber 式	0.24	0.21	0.21	0.19	$dopt = \dfrac{\lambda}{2.1\left(N_p-N_b\right)}$

注：式中，N_p 为颜料折射率；N_b 为介质折射率；$m=\dfrac{N_p}{N_b}$；$\lambda=550\text{nm}$。

实际生产的颜料总是由一定分布宽度的粒子构成的，通常以标准偏差来表示分布宽度，分布宽度加大时，分布曲线由尖锐变平坦，为了有效地发挥钛白粉的颜料性能，必须以最佳粒径为中心，调整粒度分布，使其分布更为集中。如图 1-8 钛白粉颗粒粒度分布曲线所示，质量差的钛白粉正态分布频率曲线低而宽，质量好的钛白粉正态分布频率曲线高而窄。过去因检测手段落后及研究原理不透，钛白粉粒度通常以平均粒径进行质量评价；现在有了先进的检测手段后，以粒度几何标准偏差值（GSD）衡量，以通过 d_{84}（第 84 个百分点的颗粒直径）除以 d_{16}（第 16 个百分点的直径）之后的平方根确定 GSD 值。这就克服了钛白粉产品的粒度中，大颗粒和小颗粒的极端数据带来的平均粒径的假象。其计算公式如下：

$$GSD = SQRT(d_{84}/d_{16}) \tag{1-5}$$

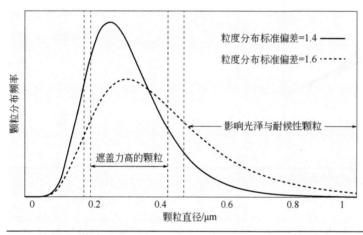

图 1-8　钛白粉颗粒粒度分布曲线

进入 21 世纪，钛白粉生产工艺最重要的改进之一，就是将钛白的平均粒径从 0.3μm 降低到 0.2μm，即尽量提高粒径为 0.2μm 左右的粒子的百分含量。在这种情况下，由于产品反射更多的蓝光和绿光并减少对红光和黄光的反射，不仅显得更白，而且显著提高了钛白粉散射带来的遮盖力和消色力。如图 1-8 中所示，粒度分布标准偏差值 1.6 的分布曲线较宽，既影响钛白粉的遮盖力，又影响颜料的光泽与耐候性。反之粒度分布标准偏差值 1.4 的分布曲线就更窄，钛白粉的颜料性能更强。

2．钛白粉粒度分布与颜料涂膜光泽性的关系

钛白粉粒度大小及粒度分布不仅影响对可见光的散射力，导致涂膜遮盖力低，同时影响其涂膜的表面光泽。如图 1-9 所示，粒度分布均匀的钛白粉在涂膜表面相对光滑，具有高的光泽度；反之，则是粗糙的表面，低的光泽度。

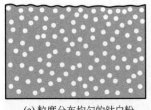

(a) 粒度分布均匀的钛白粉　　　　　　(b) 粒度分布不均匀的钛白粉

图 1-9　钛白粉粒度分布对颜料涂膜光泽的影响

同时，也因粒度大小不均匀，分布宽造成涂膜表面受到紫外光辐射时，光泽保持度下降，很快失去光泽，图 1-10 为钛白粉粒度分布对涂膜光泽保持度的影响。

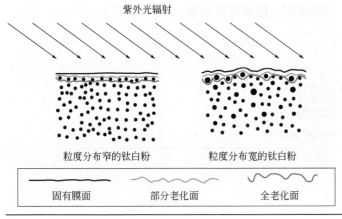

紫外光辐射

粒度分布窄的钛白粉　　　　　　粒度分布宽的钛白粉

固有膜面　　　部分老化面　　　全老化面

图 1-10　钛白粉粒度分布对涂膜光泽保持度的影响

（三）钛白粉颗粒直径和粒度分布与遮盖力、消色力的关系

1．遮盖力

遮盖力（hide power，HP）是指当一种物料涂于某种物料时，涂料中的颜料能遮盖被涂物表面的底色，使底色不能再透过涂料而显露出来的能力。

如果要涂同一块表面，所用颜料的遮盖力愈大，其颜料的用量愈少，遮盖力的表示方法是每平方厘米被涂物体的表面积，在达到完全被遮盖时需用颜料的最低质量。以下式表示：

$$遮盖力（HP）=\frac{颜料质量（g）}{被涂物体表面积（cm^2）} \tag{1-6}$$

涂料的遮盖力可定义为遮盖背景对比颜色的能力。遮盖效应主要是由于钛白粉主要成分

二氧化钛的折射率和颗粒导致的衍射或因有色物质的存在而引起的光吸收以及两种因素使入射光强度减退时，即产生的遮盖现象。钛白粉的最重要作用就是利用它被分散到介质中的不透明性，从而达到遮盖的效果。

遮盖力主要受颜料的折射率、粒度、粒度分布和颜料分散性能的影响。从式（1-7）可以看出，颜料遮盖力与被涂面积、颜料折射率呈正比，颜料折射率与涂膜基料（展色剂）之差愈大，遮盖力愈强。

$$HP \propto m^2 \propto 0.16(N_p - N_b)^2 \tag{1-7}$$

式中　HP——遮盖力；

N_p——颜料折射率；

N_b——基料折射率；

m——为 Lorentz 指数，$m = 0.4(N_p - N_b)$。

根据上式定义，如果颜料与基料两者的折射率相等，涂膜即出现透明。差距愈大，遮盖力愈强。因基料主要是有机高分子，其折射率相差不大（表 1-6），所以金红石二氧化钛的折射率最大，其金红石钛白粉颜料的遮盖力最高。

图 1-11 为涂膜通过对入射光的吸收和散射产生遮盖效应的示意图，颜料中黑色颗粒吸收了入射到涂膜的可见光，白色颗粒散射了入射到涂膜中的可见光。因此，可见光没有透过涂膜达到被涂物体，使被涂物体的本色被遮盖住，达到遮盖效果。

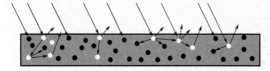

图 1-11　涂膜通过对入射光的吸收和散射产生遮盖效应

2．着色力与消色力

着色力与消色力均是钛白粉的重要特性指标。着色力是指钛白粉与另一种有色颜料混合后，能够使混合物显示它本身颜色的能力，即着色颜料的着色能力为着色力；消色力主要是指白色颜料的着色能力，即白色颜料分散混合到彩色颜料或炭黑膏状物中后，混合物的颜色变浅，这一现象被称为白色颜料的消色力或炭黑底色（CBU）。颜色变化愈大，表示白色颜料的消色力愈强。

钛白粉消色力的测定方法有两种。

（1）相对消色力法　将钛白粉样品和另一种作为标准样的钛白粉分别与展色剂（群青或炭黑）混合后，用亚麻仁油研磨，然后比较样品与标准样品颜色的深浅，样品达到标准样品的百分率。

（2）用雷诺（Reynolds）数表示着色力　将标准蓝浆加入等量的试样和标样中，直到二者的明度一致时，根据试样中加入着色剂的量，在已标定的指数表中读取相应的数值。在用钛白粉与有色颜料进行配色时，着色力（消色力）高的钛白粉用的数量较少。

着色力是颜料对光的吸收和散射的结果。钛白粉是一种白色颜料，对光的吸收非常小，不像有色颜料，光的吸收起着重要的作用；因此，着色力或消色力的大小，主要依赖于它对可见光的散射能力；散射力大，着色力或消色力强。因此它与白度不一样，白度是吸收系数 K 和散射系数 S 两者的函数，而着色力或消色力仅仅是散射系数的函数。由表 1-6 可知，钛白粉在白色颜料中折射率最高，因此，着色力或消色力也最高。

同遮盖力一样，钛白粉的着色力或消色力与钛白粉的颗粒直径（粒径）、粒度分布和分散性密切相关。粒径大小影响散射力导致消色力或着色力差异；粒度分布影响消色力或着色力，在粒度 $200\sim350nm$ 范围均匀性增加而消色力或着色力增强，粒度标准偏差小，消色力或着色力强；消色力或着色力与加工生产钛白粉的分散性有关，分散性好，消色力或着色力强。

（四）钛白粉的白度

颜色是由物体对可见光中不同波长的光波吸收程度不同而产生的。日光是由许多不同波长的光波组合而成，每一种波长的光具有其特定的颜色，各种不同颜色的光组合起来，就成为白色。最早发现日光是由 6 种颜色组成的是科学巨匠牛顿，他用三棱镜将日光分成赤（R）、橙（O）、黄（Y）、绿（G）、蓝（B）、紫（V）六原色光。

颜色测定使用互补色按照国际照明委员会（CIE）制定的标准，任何颜色可以混合不同比例的红、绿和蓝而得到。如图 1-12 各区域颜色所示，当红色、绿色和蓝色混合时，形成白色，图中三种颜色重叠的中间部分；而红色和蓝色混合产生紫色，图中这两种颜色重叠部分；蓝色和绿色混合产生灰色，图中这两种颜色重叠部分；绿色与红色混合产生黄色，图中这两种颜色重叠部分。

而为了对色值进行测定，国际照明协会制定了 CIELab 测定色值的方法，其采用三维空间图对颜色进行表述与测定，如图 1-13 所示。L^* 值代表亮度，从明亮 $L^*=100$ 到黑暗 $L^*=0$ 之间的变化；a^* 值代表颜色从红色（$+a^*$）到绿色（$-a^*$）之间的变化；b^* 值代表颜色从黄色（$+b^*$）到蓝色（$-b^*$）之间的变化。而 C^*_{ab} 值代表色饱和度，从色彩不饱和度到饱和度；H^*_{ab} 代表色彩角，从 0 到 360 度。

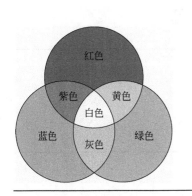

图 1-12　互补色混合法则

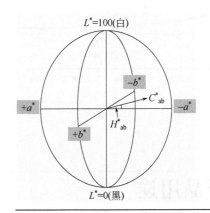

图 1-13　国际照明委员会 CIELab 测定色值的三维表示图

每一个（种）颜色都可以在 CIELab 的三维空间坐标图上找到唯一对应的一个点。据色彩科学家介绍，按 CIELab 的三维空间坐标表面的点，可以有 20 亿种颜色（很难想象）。在 CIELab 颜色坐标上的两个点具有的颜色差异（距离），即色差，用 ΔE_{ab} 表示如下：

$$\Delta E_{ab} = \sqrt{(\Delta L^*)^2 - (\Delta a^*)^2 - (\Delta b^*)^2} \tag{1-8}$$

生产技术的优劣、控制手段及生产装备的效率、对有色离子的去除与颗粒粒径大小变化和粒度分布变化等因素往往造成产品批次色相不稳定，色差 ΔE_{ab} 波动较大，下游用户很难适应。所以，钛白粉产品质量最重要的指标就是稳定，批次生产的色差小，下游用户才不至于改动调色的配方。

物体在可见光（400～700nm 波长）下呈现不同颜色，是物体对可见光中不同波长的光波进行不同程度的吸收和反射后形成的，我们称之为的"白度"，就是物体对可见光的吸收和反射两部分之比。除此之外，还综合了色调和亮度两种光学效果，根据库伯尔卡-芒克（Kubelka-Munk）理论，无限厚的涂膜（不透明膜）的亮度或反射率 R_∞ 与颜料对光的吸收系数 K 和散射系数 S 具有如下函数关系：

$$K/S = \frac{(1-R_\infty)^2}{2R_\infty}$$

（1-9）

从式（1-9）可知，R_∞ 与 K/S 成反比，K 减小，S 增大，白度和亮度就增大。

影响钛白粉白度的因素众多且复杂。在钛白粉的生产中，核心是控制与减少钛白粉中的杂质含量和颗粒直径与粒度分布。因此，为其提高白度，除了尽可能地减少杂质含量，尤其是有色杂质元素的含量，提高化学纯度，避免残留的有色离子元素吸收补色光来降低 K 值外，更重要的是调整和控制钛白粉原级颗粒的粒径及粒度分布，增强分散性，提高 S 值。

从图 1-14 反映了钛白粉的光散射能、光吸收能、反射率和光波波长之间的关系。

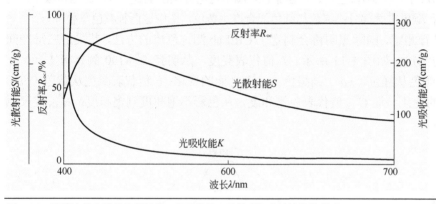

图 1-14　涂膜中钛白粉的光散射能、光吸收能、反射率与光波波长的关系

第三节
钛白粉的产品用途

钛白粉产品广泛用于涂料、塑料、造纸、化纤、橡胶等各种生活及工业领域。钛白粉的生产与使用，在现有的技术条件下还是不可能被取代与淘汰的产业，是具有长久生命力和巨大增长潜力的行业。

图 1-15 是钛白粉产品应用领域与产品用途市场占有率，涉及涂料、塑料、纸张、油墨、化纤、橡胶等诸多领域。尽管因历史及科学技术普及的遗憾，人类科学技术的进步总是伴随

优胜劣汰的创新向前发展，同时利用最新的科技成果，解决传统与惯性带来的技术发展问题。钛白粉生产也一样，总是新技术不断地淘汰旧技术，旧技术暴露的问题不断由新技术改造而提高。现有钛白粉的商业生产方法为氯化法和硫酸法，两种方法各有千秋（参见本章第四节），所得钛白粉产品同样各有优劣，这些缘由受制于广义资源加工钛白粉的认识，需要科学、客观的评价。如在 20 年前中国钛白粉产量与用量还很低的时代，钛白粉的生产主要集中在欧洲和北美两个发达地区，也因历史的缘故，美国作为现代科技工业强国，第二次世界大战后钛白粉生产迅速发展，以氯化法生产为主，而欧洲则以硫酸法为主，这就造成了生产方法带来的产品质量优劣之论战。作为颜料二氧化钛的钛白粉，无论是硫酸法产品，还是氯化法产品，应用领域中产品总量的 90% 均能互用（图 1-15 中间部分），有 10% 左右的产品，却不可相互替代；如汽车面漆，是氯化法产品的天下；化纤、橡胶等又是硫酸法产品的天下。

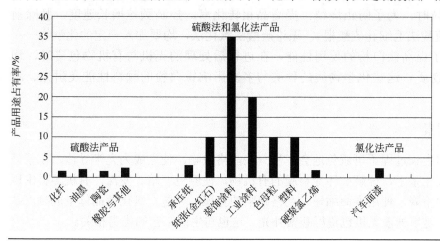

图 1-15　钛白粉（硫酸法/氯化法）产品的应用领域与产品用途市场占有率

一、涂料用途

（一）涂料对钛白粉的性能要求

钛白粉是涂料生产中不可缺少的组成部分之一，其作用除了遮盖和装饰性外，其更重要的作用是改善涂料的物理化学性能，增强化学稳定性，提高涂膜的机械强度、附着力、防腐蚀性，防紫外线和水分透过、防止裂纹、延缓老化、延长漆膜寿命、耐光耐候性；同时，还可节省用料和增多品种。因此，应用钛白粉时除了应从基料、溶剂、助剂方面考虑并要从颜料特性、制漆性能等方面考虑外，同时应合理选择适合涂料性能要求的钛白粉品种及规格型号。涂料使用钛白粉时需要考虑钛白粉的因素，归纳起来有 9 项：

1．颜色因素

在企业生产钛白粉时，因生产技术工艺的优劣不同，造成对有色离子的去除不一，产生颜色上的差异；再就是钛白粉颗粒粒度的大小与分布带来颜色差异。

2．遮盖力因素

生产工艺优劣、钛白粉颗粒粒度与粒度分布的差异以及分散性的优劣影响遮盖力。

3．着色力因素

与遮盖力因素一样，由生产工艺与生产控制决定。

4．吸油量因素

吸油量与钛白粉产品的粒度及粒度分布、分散型和比表面积相关；尤其颗粒的二次结构，如因硫酸法煅烧或氯化法氧化形成的二氧化钛原级颗粒之间出现较强烧结、团聚，造成吸油量偏高，颜料性能下降。

5．化学组成因素

在控制生产颗粒时，为了防止烧结，提高晶相转化率，控制颗粒增长速度，脱除前工序代入的杂质（硫酸法毛细孔硫酸根），无论硫酸法氯化法，均要加入一定的化学物——盐处理剂；加上为了提高钛白粉的使用性能，在进行后处理的无机与有机物包覆时，均要加入不同的化学物质。这些化学物质的种类与多寡影响钛白粉的颜料性能及耐光、耐候性能。

6．耐光、耐候性因素

二氧化钛在晶体生长过程不可避免地会产生一些晶格缺陷，使之成为光半导体，在紫外光的作用下成为光催化杀手，分解破坏涂料膜的有机物，使颜色变暗、变深，有机颜料出现褪色，使涂料耐候性下降，使用寿命缩短。晶格缺陷的克服，一是二氧化钛晶体生成时，盐处理剂尽量克服，二是后处理无机包覆屏蔽紫外光。这也与生产工艺的优劣相关。

7．颗粒形状和粒度分布因素

影响遮盖力、着色力，颜料性能下降。

8．水分因素

钛白粉的水分，与生产工序的后处理气流粉碎工艺有关，还和周围环境的湿度及温度有关。水分超标后的钛白粉容易团聚不易分散，影响涂料的加工及颜料性能。

9．分散性因素

钛白粉的分散性取决于生产工艺的优劣，在硫酸法煅烧或氯化法氧化形成达到颜料级二氧化钛颗粒后，因不可避免带来的烧结，需要继续多次的解聚与分散，以达到理想的单个钛白粉颗粒。由于细颗粒表面积大，因能量最低原理，自然产生团聚，因此除了解聚分散手段外，最后还要包覆有机分分散剂，克服其团聚倾向。钛白粉分散性能优劣，直接反映其应用的颜料性能上，不仅降低钛白粉的颜料性能，而且影响涂料加工的生产成本。

（二）涂料的应用种类

涂料用途几乎包含人造物品的各个领域，简单分为建筑涂料和工业涂料，见图1-16。

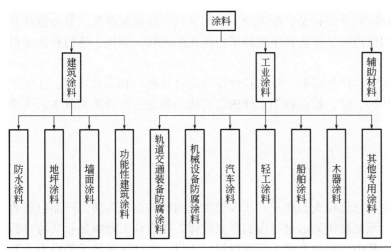

图 1-16　涂料应用领域分类

1．建筑涂料

建筑涂料现有分为防水涂料、地坪涂料、墙面涂料和功能性建筑涂料等四种涂料；也按溶剂型分为常温干燥性瓷漆和水性乳胶涂料。均分为内部与外部用，外部用具有三项性能要求，耐候性、遮盖力、美观性，特别强调耐候性；内部用性能要求，遮盖力和美观性，耐候性次之。

2．工业涂料

工业涂料涵盖广泛，主要包括轨道交通装备防腐涂料、机械设备防腐涂料、汽车涂料、轻工涂料、船舶涂料、木器涂料和其他专用涂料等七种涂料。

交通工具包括汽车、火车、飞机、摩托、电动车等。在涂覆时，分为上涂、中涂、下涂三层，各涂层的涂料钛白粉要求不一，其经济价值也不一。各涂层对钛白粉性能要是：上涂（面漆），耐候性、遮盖力、美观性、分散性；中涂，耐候性、遮盖力、分散性；下涂，分散性。

机械设备防腐涂料对钛白粉的性能要求：耐候性、遮盖力、分散性。

轻工涂料对钛白粉的性能要求：遮盖力、美观性、分散性。

二、塑料用途

就目前技术与市场而言，如图 1-15 所示，色母粒、塑料、硬聚氯乙烯就占钛白粉总使用量的 22%，塑料是继涂料之后的钛白粉第二大市场用户。钛白粉在塑料制品中的应用，除了利用它的高遮盖力、高消色力及其他颜料性能外，还能提高塑料制品的耐热、耐光、耐候性能，使塑料制品免受紫外光的侵袭，改善塑料制品的力学性能和电性能。由于塑料制品比涂料和油墨的涂膜要厚得多，因此它不需要太高的颜料体积浓度，加上其遮盖力高、着色力强，一般用量较之涂料少得多，只有 3%～5%。

用在塑料中的钛白粉产品，还应考虑其在塑料中的分散性，分散性对塑料的着色力具有重要的意义。因其钛白粉的颗粒以原级粒子、凝聚粒子和团聚体三种状态存在，其分散就是团聚体被挤碎成为凝聚粒子和原级粒子继而新生成粒子稳定化的过程，强化了钛白粉的颜料性能。

钛白粉会对塑料的加工流变性产生影响。钛白粉含量愈高，这种影响就愈显著。在生产白色母粒（特别是高浓度的品种）时，钛白粉加工性的优劣成为决定生产效率和成本的关键因素。

三、造纸用途

造纸工业同样是与国民经济息息相关的产业，在人类文化活动与信息传递、产品包装等方面扮演着十分重要的角色。纸制品作为信息传递的重要载体，在现代工业中显示其特有的地位；纸制品作为生产资料，其中一半以上用于印刷材料。所以，生产纸张要求提供不透明性和高的亮度，就需要对光的散射能力强。如前所述，钛白粉因其具有最佳的折射率及光散射指数，因此是纸张生产解决不透明性的最佳颜料。

造纸是钛白粉产品使用量的第三大用户。低档纸生产中因考虑生产成本一般不会使用钛白粉，主要使用瓷土、滑石粉、碳酸钙和硫酸钙粉等，但是它们会降低纸张的强度、增加纸张的质量。使用钛白粉的纸张，白度好、强度高、有光泽、薄而光滑、印刷时不穿透，在相同条件下不透明度比碳酸钙、滑石粉高 10 倍，质量也能减轻 15%～30%。

造纸领域对钛白粉的性能要求，作为颜料性能所包含指标与涂料几乎一样；但是因纸张用途与涂料的差异，增加了某些专门的性能要求，如 Zeta 电位和等电点、耐光色牢度和驻留率等。

1．Zeta 电位和等电点

钛白粉的 Zeta 电位和等电点（IEP）与造纸工艺的相互关系是非常重要的。在造纸行业中，检测纤维和填料表面的 Zeta 电位，可以有效辅助化学品助剂的添加，与 PCD 颗粒电荷测定仪一起配合检测，可以有效分析和控制纸机湿部系统。

（1）Zeta 电位　由于分散粒子表面带有电荷而吸引周围的反号离子，这些反号离子在两相界面呈扩散状态分布而形成扩散双电层。根据 Stern 双电层理论可将双电层分为两部分，即 Stern 层和扩散层。Stern 层定义为吸附在电极表面的一层离子（IHP 或 OHP）电荷中心组成的一个平面层，此平面层相对远离界面的流体中的某点的电位称为 Stern 电位。稳定层（stationary layer）（包括 stern 层和滑动面 slipping plane 以内的部分扩散层）与扩散层内分散介质（dispersion medium）发生相对移动时的界面是滑动面（slipping plane），该处对远离界面的流体中的某点的电位称为 Zeta 电位或电动电位（ζ-电位），即 Zeta 电位是连续相与附着在分散粒子上的流体稳定层之间的电势差。它可以通过电动现象直接测定。

Zeta 电位的重要意义在于它的数值与胶态分散的稳定性相关。Zeta 电位是对颗粒之间相互排斥或吸引力的强度的度量。分子或分散粒子越小，Zeta 电位（正或负）越高，体系越稳定，即溶解或分散可以抵抗集。反之，Zeta 电位（正或负）越低，越倾向于凝结或凝聚，即吸引力超过了排斥力，分散被破坏而发生凝结或凝聚。Zeta 电位与体系稳定性之间的大致关系如表 1-9 所示。

表 1-9　Zeta 电位与体系稳定性之间的关系

Zeta 电位/mV	胶体稳定性
0～±5	快速凝结或凝聚
±10～±30	开始变得不稳定
±30～±40	稳定性一般
±40～±60	稳定性较好
超过±61	稳定性极好

Zeta 电位的主要用途之一就是研究胶体与电解质的相互作用。由于许多胶质，特别是那些通过离子表面活性剂达到稳定的胶质是带电的，它们以复杂的方式与电解质产生作用。与它表面电荷极性相反的电荷离子（抗衡离子）会与之吸附，而同样电荷的离子（共离子）会被排斥。因此，表面附近的离子浓度与溶液中与表面有一定距离的主体浓度是不同的。靠近表面的抗衡离子的积聚屏蔽了表面电荷，因而降低了 Zeta 电位。

（2）等电点（IEP）　在某一 pH 值的溶液中，某一两性物质解离成阳离子和阴离子的趋势及程度相等，所带净电荷为零，呈电中性，此时溶液的 pH 值称为该两性物质的等电点。

两性离子所带电荷因溶液的 pH 值不同而改变，当两性离子正负电荷数值相等时，溶液的 pH 值即其等电点。当外界溶液的 pH 值大于两性离子的 pH 值，两性离子释放质子带负电。当外界溶液的 pH 值小于两性离子的 pH 值，两性离子质子化带正电。当达到等电点时该物质在溶液中的溶解度最小。

在造纸过程中钛白粉颜料经过电荷反转时的 pH 值就是等电点（IEP）。

在造纸过程中钛白粉的 Zeta 电位和等电点是钛白粉在纸浆中的纤维、分散剂之间的相互作用参数，关系到钛白粉的分散与集聚，从而带来钛白粉在纸浆纤维中的留驻率。

2. 耐光色牢度

耐光色牢度是指纸张在阳光的照射下，产生颜色变化，即色差ΔE_{ab}，要求小于 0.3。与钛白粉本身的耐候性指标紧密相关。在装饰纸中对耐光色牢度分成不同等级别，可用褪色临界时间和临界褪色能量比较，如表 1-10 所示。

表 1-10　纸张耐光色牢度对比

ISO105-B02-1997	8 级	3 级	4 级	6 级
褪色临界时间/h	700	10	20	76
单位面积所接受的能量/kJ	2800	26	93	216

3. 驻留率

驻留率是指钛白粉及其他颜料与填充物在纸张上驻留比例；借助驻留剂，驻留率能快速提高，但过量添加，会使钛白粉絮凝而降低光学性能，浪费资源。纸张是由纤维的水悬浮液在细的滤网上脱水形成的所有的柔性纤维胶织网状物和片状物总称。纸张生产加入钛白粉就是为了增加纸张的不透明度，由于钛白粉颗粒细小，在纸张上的驻留率可衡量纸张的不透明度及钛白粉性能。表面处理剂的不同，会影响钛白粉表面 Zeta 电位和等电点（IEP）。

四、油墨用途

油墨使用钛白粉本身应该归为涂料使用的范畴，因油墨无论是书写，抑或印刷，其漆膜相对涂料要薄，所以其油墨用钛白粉较之涂料用钛白粉质量要求更高。如粒度分布窄，即粒度分布标准偏差数值低，具有的高分散性，因而使其达到高遮盖力、高着色力和高光泽度。因此，加工油墨用钛白粉，为了达到其最佳的应用性能，在生产后处理时，采用两级气流粉碎及强化有机包膜剂。

五、化纤用途

由于化纤采用高分子有机材料生产，这些有机材料物质因其对可见光折射率低和光滑表面特点，带来耀眼光泽和半透明的不良感官视觉；因此，钛白粉优异的消色力和遮盖力使其成为化纤最佳的消光剂。

化纤使用的钛白粉，要求具有比油墨用钛白粉更高的分散性，更高的纯度，更高的化学稳定性。金红石型钛白粉的折射率尽管比锐钛型钛白粉高，但是因金红石型莫氏硬度为6.0～7.0，锐钛型为5.0～6.0，在化纤中用作消光剂的钛白粉采用硬度低的锐钛型钛白粉，减少化纤生产时对喷丝孔面的磨损。

六、日化、食品及医药用途

在日用化学品和食用化学品中使用钛白粉，同样是为了带来人的视觉感官作用与保护作用，满足人类色觉的需求。在日用化学品中主要用在护肤化妆品中，用于粉底霜、彩妆、防晒霜等产品中。在食品及药品中用在口香糖、冰淇淋、牛奶及一些人工饮料和药品不透明胶囊、片状药片、制剂糖衣等产品及用品中。

日化与食用钛白粉除了应具有颜料的性能外，还必须满足卫生指标要求，其中对重金属元素的限定，应达到食品药品级安全标准。

第四节
钛白粉的商业生产方法

一、钛白粉商业生产方法简况

因钛白粉固有的光学特质与可加工成最好的颜料性能产品，是现有技术条件还不能被取代和抛弃的材料学性能产品。但随着科技的进步与可持续发展新要求，传统生产工艺在不断完善的同时，也面临愈来愈大的挑战。现有商业生产方法主要为硫酸法和氯化法。

硫酸法是用钛精矿或酸溶性钛渣与硫酸进行酸解反应，得到硫酸氧钛溶液，经水解得到偏钛酸沉淀和稀硫酸；分离进入生产过程中的杂质后，再进入转窑煅烧产出 TiO_2。硫酸法以间歇法操作为主，生产装置弹性大，利于开停车及负荷调整。但其工艺复杂，需要近二十几道工艺步骤，每一工艺步骤必须严格控制，才能生产出质量较好的钛白粉产品，并满足颜料的最优性能。硫酸法既可生产锐钛型产品，又可生产金红石型产品。但是，硫酸法因钛原料是以钛铁矿（$FeTiO_3$）的形式和一系列的其他杂质伴生存在，加工时产生大量的副产物硫酸亚铁和稀硫酸需要利用与处置，当大量生产时，传统生产方式则难以利用，产生为废物或再加工难度及处理成本高。

自 1958 年美国杜邦公司率先将氯化法投入商业化生产以来，氯化法生产至今已有 60 余年的商业生产使用历史。氯化法是用含钛的原料，以氯化高钛渣、人造金红石、天然金红石等与氯气反应生成四氯化钛气体，经精馏提纯，然后再进行气相氧化；在速冷后，经过气固分离得到 TiO_2。该 TiO_2 因吸附一定量的氯，需进行加热或蒸气处理将其移走。该工艺简单，但在 1000℃或更高温度下氯化，会产生许多化学工程问题，如氯、氯氧化物、四氯化钛的强腐蚀等；再加上对原料进行富集加工，比硫酸法投入的技术与资本更高。目前规模化的生产装置几乎集中在欧美等发达地区，尤其是美国自 2004 年关闭最后一条硫酸法生产装置后全部是氯化法生产工艺。氯化法生产为连续生产，生产装置操作的弹性不大，开停车及生产负荷不易调整，但其连续生产，过程简单，工艺控制点少，产品质量易于达到最优。加上没有硫酸法转窑煅烧工艺形成的烧结和固液分离杂质的缺陷，其 TiO_2 原级粒子易于解聚，产品颜色性能更优，所以认为氯化法钛白粉产品的质量更优异。不过，氯化法解决了生产过程中氯气的循环使用问题，但几乎是要利用高钛含量的钛原料，如天然金红石、人造金红石，或经过电炉还原富集的富钛料、钛渣，这就造成生产成本较高，市场竞争力弱。前美国杜邦公司则采用富钛料与钛精矿混配，降低原料成本及满足大型化生产，这就造成大量的氯化渣需要处置，增加费用与环保问题。

无论硫酸法从转窑煅烧出来的 TiO_2，还是氯化法从氧化冷却下来的 TiO_2，均要进行后处理，其目的是提高产品性能，满足下游不同用户的需要，赶上时代科技发展的步伐。近 20 年全球科技文献有两千多项专利均是关于开发钛白粉后处理工艺技术的。由于后处理是对前处理产品的再加工，所以氯化法与硫酸法的后处理工艺技术几乎没有差别。

钛白粉作无机矿物化学加工的产品，从最早仅有的硫酸法产能，到 20 世纪 80 年代末氯化法产能超过硫酸法，进入 21 世纪后，因中国攀西钛资源和中国钛白粉技术市场与生产市场的特色，全球硫酸法产能又扳回一局，超过氯化法产能，如图 1-17 所示。至 2018 年底这两种商业方法均在使用，硫酸法与氯化法工艺比较见表 1-11。

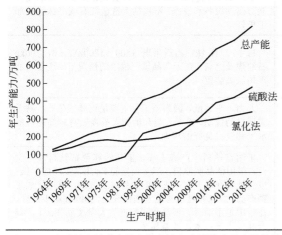

图 1-17　全球钛白粉总产量与氯化法和硫酸法产量发展趋势

表 1-11　硫酸法和氯化法工艺比较表

项目	硫酸法	氯化法
原料	① 钛铁矿，价格低、稳定； ② 酸溶钛渣，价格相对较高、品质较好	① 钛铁矿/白钛石，价格低、稳定，工艺技术要求高； ② 金红石，价格相对较高，工艺技术要求不高； ③ 钛渣、人造金红石，价格更高，工艺技术要求不高
产品类型	既可生产锐钛型钛白粉，也可生产金红石型钛白粉	仅能生产金红石型钛白粉，转变成锐钛型钛白粉需要增加工序，导致增加额外成本
生产技术	应用时间长、资料完备，新厂家易于掌握并采用；但在水解、漂白和煅烧工艺段需要进行精确控制以确保钛白粉所需的最佳粒度和颜色	技术相对较新，优化氧化工艺段仍有很多技术诀窍。据称仅有前杜邦、克朗洛斯其配料 TiO_2 品位低于 70% 原料氯化法技术。如国内至 2016 年，仅有少数几家通过引进技术建立的生产装置可生产，规模小，质量与成本还有较大的提升空间
产品质量	工艺控制和完善的包膜技术已缩小了与氯化法产品质量的差异，产品可与氯化法钛白粉媲美	蒸馏可使 $TiCl_4$ 中间产品达到很高的纯度，因此产品质量通常较好；在涂料工业中可获得更好的"质量效果"，但成本较高
其他原材料	① 硫酸，如果从烟气/黄铁矿有色金属冶炼副产品获得，无论是当地供给还是从外地购进，通常都较便宜。生产商的成本随元素硫原料的价格波动而变化； ② 铁屑（粉），以还原钛铁矿原料中的高价铁，用以促进绿矾的析出	① 氯气，价格随能耗成本和其生产烧碱的需用情况而变化。在以金红石为原料的工厂中，大部分氯气都得以循环使用，所以高成本对其几乎没有影响。而对使用低品位原料配矿的工厂，氯气要多出 10 倍以上，廉价的氯气也是影响成本的关键之一。 ② 石油焦、氧气、氮气和氯化铝
污染与废物处理	① 如以钛铁矿为原料，一般每生产 1t 钛白粉，将产生 3～4t 绿矾（七水硫酸亚铁）、5～6t 20%左右废硫酸和 20～50m³ 酸性废水，废酸已有较好的回收处理方式；如欧洲的传统硫酸法可进行浓缩循环用，国内部分企业与科技公司已进行浓缩回收研究开发并取得了可喜的成绩，可根据钛原料及工艺进行经济利用。 ② 若以钛渣为原料，仅不存在绿矾问题。 ③ 新的与其他硫酸盐生产的耦合技术可将废酸和亚铁作为经济资源予以使用，酸性废水石灰中和达标排放	① 如以金红石为原料，废物排放量很低，但金红石生产商则要承担废物处理重任，所以原料价格较高。 ② 如果使用低品位的原料，每生产 1t 钛白粉，可产生高达 1.6t 含氯气和盐酸的 $FeCl_3$。目前持有该技术的某些公司采用深井埋放处理方式。 ③ 按最新国内专利与肥料工业耦合，回收铁资源和提高钛资源的利用率，几乎可做到零排放，无论投资、成本、废副均具有较大的竞争力。 ④ 废水耦合利用，可做到零排放
工厂安全	安全卫生主要危害来自热浓硫酸的处理和 TiO_2 粉尘，后者涉及呼吸系统损坏和自爆	安全卫生主要危害来源于氯气和高温下的 $TiCl_4$ 气体，还有 TiO_2 粉尘损伤呼吸系统和自爆的危害
投资	生产 1t 钛白粉需 4500～5500 美元，其中废物处理设施费用要占 10%～15%	生产 1t 钛白粉需 4000～5000 美元，需要昂贵的高性能防腐蚀设备和设施，不包括人造金红石或高钛渣矿加工投资
生产和能源成本	每生产 1t 钛白粉需用电 1000～1500kW·h。现场硫酸厂燃烧硫黄或黄铁矿产生的蒸汽价值约每产 1t 硫酸 160 元，相当于每 t 钛白粉 640 元	每生产 1t 钛白粉需用电 1500～1800kW·h，200kg 石油焦及燃料，在无商品氯气供给的情况下，还要另加现场氯碱装置
人力水平	人力水平高，因为该技术主要是间歇式生产，在劳动力成本相对较低的地方，该成本差异不那么明显	人力水平较低，因为该工艺主要是连续式生产，易于实现自动控制，操作人员和维护人员需要有较高的技能水平和受过良好的培训
其他运营成本	需要更多的蒸汽和大量的工艺水，废物处理/处置成本一般较高，但如果废物转化成可销副产品，则成本可降低，尤其是与其他生产技术耦合，废副还可创造更大的经济效益	采用富钛料生产成本高，能耗转移至富钛料加工企业，采用低品质原料，产生大量的 $FeCl_3$，生产成本低。废物处置在深井中，或用船运到海上倾倒，或转化成可销产品，但深井埋填与地方法律有关，如欧洲就不适合，在中国也不适合。低品质原料产生大量废副 $FeCl_2$，耦合其他生产技术，效益显著

二、硫酸法

硫酸法钛白粉生产工艺流程见图1-18。如图所示,生产主流程包括钛原料的酸解、沉淀偏钛酸的水解、净化后偏钛酸的煅烧、煅烧半成品钛白粉的后处理以及所有废副处理共五大主要工序。除浓缩、转窑煅烧、后处理的干燥和气流粉碎是连续生产以外,其余大多数均是采取并联式的间歇操作。

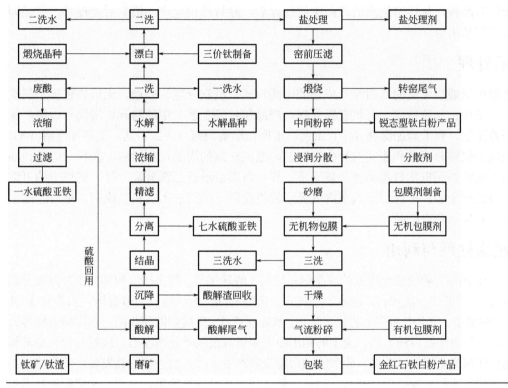

图1-18 硫酸法钛白粉生产工艺流程图

(一)酸解工序

酸解工序包括磨矿、硫酸酸解、沉降、结晶、分离、精滤与浓缩工艺流程。酸解有间歇酸解和连续酸解两种工艺。酸解钛原料也有两种,钛矿酸解和钛渣酸解,钛渣酸解因原料中的铁已被冶炼渣时分离大部分,所以没有亚铁的结晶与分离,也没有浓缩工序。

(二)水解工序

水解工序包括水解析出偏钛酸沉淀、一次水洗、偏钛酸的漂白、二次水洗、晶种制备流程。水解分自身晶种水解和外加晶种水解两种工艺。外加晶种制备也分为水解晶种和金红石晶种两种工艺。采用外加晶种水解时,若是以生产中的硫酸氧钛用碱中和制备晶种,则在水解之后的漂洗中要添加制备的金红石晶种才能生产出金红石钛白粉;若是以自身晶种进行水解,则仅制备添加煅烧金红石晶种即可生产金红石钛白粉。但是,外加晶种水解时若采用四氯化钛作为水解晶种,则煅烧时不需要再加入金红石晶种就能生产金红石钛白粉。

（三）煅烧工序

煅烧工序包括盐处理，窑前压滤、煅烧、冷却与中间粉碎工艺流程。煅烧也有两种产品生产模式：金红石型产品和锐钛型产品。煅烧偏钛酸沉淀为钛白粉时，为了控制生成的二氧化钛颗粒在 200～350nm 范围内，需要加入盐处理剂控制增长与颗粒之间烧结。生产金红石型钛白粉产品时，除要有金红石煅烧晶种外，还要加入盐处理剂和一些金属离子，从转窑烧成后经过磨粉，再进行后处理。若生产锐钛型产品时，仅加入盐处理剂，不加某些金属离子，也不加金红石晶种，从转窑烧成的产品中间粉碎后，除特殊用途产品需要后处理外，包装即可作锐钛型产品出售。

（四）后处理

后处理包括煅烧生成的钛白粉半成品的中间粉碎、浸润分散、砂磨、无机物包膜、三洗分离洗涤、干燥、气流粉碎、有机包膜处理、产品包装等工艺。中间粉碎、浸润与砂磨，结合煅烧磨粉工艺，有干磨加湿磨 1＋1 工艺，干磨加湿磨两级 1＋2 工艺，湿磨加湿磨 1＋1 工艺。无机物包膜分间歇和连续两种生产工艺，根据产品的用途，如涂料、塑料、造纸、油墨等，需要包膜的无机物包覆品种与量均不一样。包膜后进行三洗分离，除去滤饼中的可溶性盐后，再进行干燥，干燥后进入蒸汽气流粉碎机粉碎，同时加入有机包膜剂，最后产品包装即为金红石型钛白粉产品。

（五）废副处理与利用

如图 1-18 所示，硫酸法全流程的废副包括废气（酸解尾气、转窑尾气和其他生产点的无组织逸出废气）、废液（一洗水、二洗水、三洗水、废酸和其他废气吸收及散逸地坪水等）、固体废副（沉降酸解渣、污水中和产生的钛石膏、七水硫酸亚铁、废酸浓缩回收的一水硫酸亚铁等）。因其自身价值相对于钛白粉太低，废副的利用由废副资源市场半径所左右，同时与协同资源耦合的其他行业与产业相关。所以，硫酸法钛白粉废副产生量大，曾经制约其发展。硫酸法钛白粉甚至曾被列入限制发展类工艺产品。但是，只要按循环经济的原则，利用广义资源的技术加工理念及跨行耦合工艺将这些废副进行经济的资源加工，做到"一矿多用，取少做多"，实现绿色可持续化学加工的生态目标，达到投资、成本、环境三重效益，必将有更大的发展。

三、氯化法

氯化法钛白粉生产工艺流程见图 1-19。如图所示，生产主流程包括钛原料的氯化、氧化、氧化半成品钛白粉的后处理以及所有废副处理四大主要工序。

（一）氯化工序

氯化工序包括原料处理、氯化、提纯工艺流程。原料处理包括钛原料和石油焦的磨细；氯化包括氯化反应、氯化气体的固液分离；提纯是去除四氯化钛中的其他氯化物杂质。

（二）氧化工序

氧化工序包括氧气和添加剂的制备、氧化、冷却和二氧化钛与氯气的分离工艺。氧气靠制氧辅助工序提供；添加剂与硫酸法煅烧前的盐处理异曲同工，互为借鉴；氧化是在有添加剂的作用下四氯化钛与氧气反应直接生成颜料级粒度的二氧化钛微晶颗粒；氧化反应后的固气混合物经过冷却后，进行脱气分离，氯气返回氯化工序作氯化原料，固体二氧化钛作为半成品送后处理进行无机和有机物包膜加工。

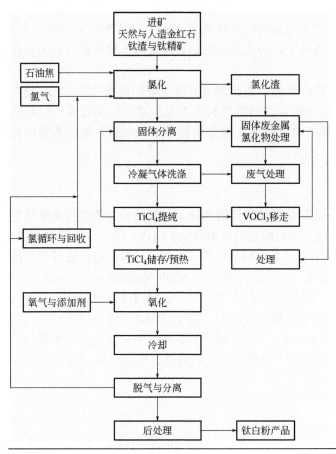

图 1-19　氯化法钛白粉生产工艺流程图

（三）后处理

后处理与硫酸法钛白粉工艺流程和设备几乎雷同。多数厂家用于酸碱中和沉淀无机包膜氧化物的酸为盐酸，也有少数像硫酸法钛白粉生产一样采用硫酸作为沉淀酸。所以，氯化法与硫酸法后处理技术在设备材质上有较大的差异。

（四）废副处理与利用

如图 1-18 所示，氯化法全流程的废副处理包括废气（氯化尾气和其他生产点的无组织逸出废气）、废液（后处理洗水、氯化渣处理废液和其他废气吸收及散逸地坪水等），固体废副（氯化渣，包括其中的氯化铁、未反应的钛原料和石油焦）。

氯化法钛白粉生产废副处理与利用和硫酸法一样，只是采用的钛原料中钛含量高，产物绝对量没有硫酸法多。随着绿色可持续化学生产技术的发展，由传统的被动的环境保护治理钛白粉生产废副的手段和技术开发方式，转向钛白粉生产中全资源开发与跨行业的耦合创新利用，将是今后钛白粉生产技术必然的发展方向与趋势。

四、其他生产方法

如上所述，正因为传统的钛白粉生产无论是硫酸法还是氯化法，均因存在气、液、固等废副需要绿色和经济的处理。目前技术条件下，与人类现有目标仍还有一定的距离，更何况随着社会的发展，还有更高的要求。

因此，从事本行业的科学家与工程师们试图创造比现有方法更好的商业生产方法。创新钛白粉生产技术与耦合工艺技术解决钛白粉生产中资源利用不足，造成废副处置与处理甚至造成环境破坏问题是科学家与工程师们的永恒研究课题和需要不断创新发展技术的内在动力。

（一）盐酸法工艺

顾名思义，盐酸法钛白粉的生产方法就是用盐酸分解钛铁矿，然后多余的铁按硫酸法生产工艺进行结晶分离掉，余下的氯化氧钛（如硫酸法的硫酸氧钛）溶液，经过两段溶剂萃取，第一段萃取分离氯化亚铁，第二段将残余的铁氧化成氯化铁（$FeCl_3$），再用溶剂进行第二段萃取。净化后的氯化氧钛有两种处理方式：一是美国俄特尔（Altair Nanomaterials Inc.）工艺直接喷雾水解成二氧化钛和盐酸，盐酸与氯化铁热解的盐酸循环返回前段分解钛矿，得到二氧化钛和氧化铁产品；水解二氧化钛作为钛白粉产品加工，再经过煅烧后进行后处理。二是加拿大钛工业公司（Canadian Titanium Limited）工艺，净化后的氯化氧钛不是采用喷雾热解分离二氧化钛，而是采用硫酸法的水解方式进行水解沉淀二氧化钛（偏钛酸），再进行过滤、洗涤及煅烧和后处理。

1. 美国俄特尔工艺

2002 年 4 月 23 日，美国俄特尔纳米材料公司（Altair Nanomaterials Inc.）申请了盐酸生产钛白粉及纳米二氧化钛的发明专利。其工艺流程如图 1-20 所示：盐酸浸取钛铁矿，分离不溶的残渣，浸取液进行高价铁还原为低价铁，冷却结晶出氯化亚铁，分离氯化亚铁；分离出氯化亚铁后的含钛浸取液进行第一次溶剂萃取，萃取相为含钛和高铁溶液，萃余相为含亚铁的水溶液，返回工艺用于再生盐酸，回到浸取工序；含钛的萃取相进行第二次萃取，萃取相为含钛的水溶液，萃余相为含高铁的水溶液，返回盐酸再生工序；经过萃取提纯后的氯化钛溶液进行水解，最好的水解是喷雾加热水解，得到偏钛酸，气相的盐酸和水返回盐酸再生系统。水解后的偏钛酸进行煅烧、湿磨、无机包膜、过滤洗涤、干燥、汽粉和包装。该工艺可生产纳米钛白粉、锐钛性和金红石型钛白粉。在冷却结晶分离出的氯化亚铁进行热解得到氧化铁固体，气体为氯化氢和水蒸气返回开始的浸取工序。其特征是盐酸循环使用，副产只产生氧化铁渣。

该公司为美国纳斯达克上市公司，1999 年从总部设在澳大利亚的 BHP 公司购买新工艺技术和实验装置，为加强新工艺的开发，2001 年将参与研究的 15 位科学家聘请到俄特尔继续进行新钛白工艺研究，2002 年第一个专利在美国批准。号称 1910 年代是克洛朗斯硫酸法的时代，1950 年代是杜邦氯化法的年代，21 世纪是俄特尔盐酸法的时代。

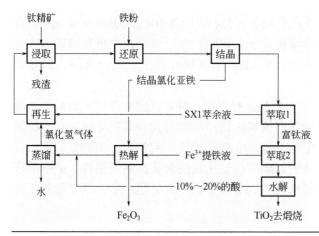

图1-20 美国俄泰尔盐酸法钛白粉生产工艺流程

但是，万变不离其宗，如硫酸法是采用固液分离偏钛酸和钛矿中的杂质，氯化法采用气液精馏分离杂质，而俄特尔采用溶剂萃取的液液分离杂质；其不足是溶剂的互溶性与亚铁与高铁萃取效率问题，还有盐酸循环回用的能耗问题；后来与全球顶级做溶剂萃取的公司以色列贝特曼公司合作，计划在越南进行三万吨生产装置建设，一直没有建成，至今无工业化生产。

该公司称其生产钛白粉的新工艺有如下优点：使用低成本的钛原料；能量消耗低；既可按需要生产锐钛型产品，也可生产金红石型产品和纳米级产品；废物产生少，无须深井埋填；比硫酸法和氯化法生产成本低；而投资费用与其相当。该生产工艺仅完成了每天五吨的中试实验。2005年笔者有幸参观了该公司在美国内华达的研究工厂，图1-21是盐酸分解钛铁矿的实验装置。

图1-21 俄泰尔盐酸法钛白粉生产试验装置

2. 加拿大钛工业公司工艺

位于加拿大的阿克斯（Argex）钛业公司（Canadian Titanium Limited，CTL）的盐酸工艺中试厂位于加拿大安大略省的米西索加，于2005年建成。该厂建立之初的目标是将CTL工艺专有技术加以工业化应用，以此生产出高纯度二氧化钛。2012年，CTL完成了所有能够实现CTL工艺工业化生产的各个试验工作。自2011年12月起，公司应用CTL工艺的高纯TiO_2

中试厂运转正常。在 9 个月内，其生产规模已从每天 0.3kg 增加到 10kg，增幅为 3000%。目前正在研究和优化工艺参数，中试工厂将持续进行一系列的工作，以确定在更长周期内生产的正常运转。当前的工作目标是将现阶段的每天 10kg 逐渐提高到工业生产规模，即年产 100kt/a。

CTL 的工艺流程如图 1-22 所示，钛铁矿与盐酸进行常压反应，过滤分离尾矿渣后溶液进行溶剂萃取除铁，除铁后的溶液再进行溶剂萃取氯氧化钛，萃取得到的氯氧化钛进行水解沉淀，沉淀再经过过滤回收滤饼，滤饼经过煅烧后再进行表面处理（后处理），得到钛白粉。其中分离的氯化铁经过酸再生系统热解回收盐酸，副产品氧化铁铁含量高易于销售，矿中的镁元素进入分解随同萃取分离钛后的溶液再经过第二次酸再生副产氧化镁产品，几乎做到了资源全利用。

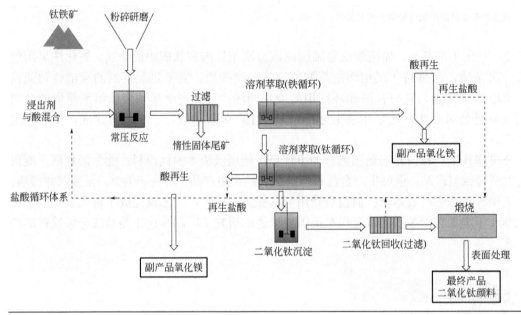

图 1-22　加拿大钛工业公司盐酸法钛白粉工艺流程

CTL 工艺采用价格低廉的二氧化钛原料，既可由常规矿石供应商提供（如钛铁矿），也可使用采矿业的"尾矿"（成本更低），这些原材料是其他工艺不能使用的。作为一种经济有效的工艺，CTL 对环境很友善，因为高效节能、不使用高压或高温和氯气，该工艺也是封闭操作的，且惰性尾矿非常少，也易于回收处理。所有的副产品纯度都很高，在各行各业（如水处理）中再利用都很容易。并代表了环境可持续发展的新技术，同时改善了钛白粉生产工艺的碳排放量但目前仍未投产。

同时国内福建坤彩公司、云南千胜公司、山东枣庄新材料公司及陕西有色矿业总公司也开展了此类盐酸法钛白粉生产工艺的开发工作，停留在实验室试验和小规模生产试验阶段，很难做出正确的技术与经济评价；而作为前者的福建坤彩原有业务生产珠光颜料，采用云母包膜二氧化钛需用大量的四氯化钛，为降低四氯化钛的成本采用盐酸法生产二氯氧化钛取代外购四氯化钛原料，也衍生出盐酸法钛白粉生产工艺，并着手 100kt/a 盐酸法钛白粉生产装置的建设。

(二) 氟化法工艺

由于传统钛白粉生产的硫酸法和氯化法，面临绿色可持续发展及生态文明的挑战，采用钛资源加工生产钛白粉的核心原理，不外乎硫酸法的酸分解、沉淀用的是固液分离；氯化法氯气氯化与氧化，则是气固分离；盐酸法的溶剂萃取采用的是液液分离，再热解分离将钛铁矿的铁作为资源加工。这些工艺均要产生多次中间分离物与废物，分离选择性差，而且钛矿中的铁等杂质共同参与反应在后续工序中很难除去。

为此，笔者与国内世界著名的氟化工产品企业合作，在前人的基础上研究开发氟化法钛白粉生产工艺，其生产原理如下：

$$Fe_2O_3 + 6HF \Longrightarrow 2FeF_3 + 3H_2O \tag{1-10}$$

$$4FeF_3 + 3FeTiO_3 \Longrightarrow 3TiF_4 + 2Fe_3O_4 + FeO \tag{1-11}$$

$$TiF_4 + 2H_2SO_4 \Longrightarrow 4HF + Ti(SO_4)_2 \tag{1-12}$$

$$Ti(SO_4)_2 + H_2O \Longrightarrow TiOSO_4 + H_2SO_4 \tag{1-13}$$

$$TiOSO_4 + 2H_2O \Longrightarrow H_2TiO_3 \downarrow + H_2SO_4 \tag{1-14}$$

$$H_2TiO_3 \Longrightarrow TiO_2 + H_2O \tag{1-15}$$

其概念流程如图 1-23 所示，市售钛铁矿与氟化铁在分解炉（分解工序）中经过加热分解生成四氟化钛气体和氧化铁固体。四氟化钛气体经过冷凝得到固体四氟化钛，加入硫酸生成（沉淀工序）固体硫酸钛和氟化氢气体，氟化氢气体再与从钛铁矿分解炉出来的部分氧化铁经过氟化反应器（氟化工序）生成氟化铁，返回钛铁矿分解炉分解钛铁矿，与钛等量的氧化铁作为副产品出售。分离氟化氢得到的硫酸钛加水进行水解（水解工序），水解得到的偏钛酸经过过滤（过滤工序）分离硫酸，硫酸经过浓缩（浓缩工序）后返回沉淀分解氟化氢和沉淀硫酸钛；过滤得到的滤饼进入煅烧窑（煅烧工序）进行煅烧，根据生产需要煅烧成纳米级、脱硝级、锐钛型和金红石型钛白粉产品或中间产品。从转窑出来的金红石型产品，进入后处理（后处理工序）进行包膜后处理得到市售的钛白粉产品。

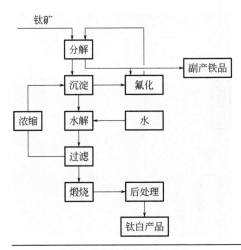

图 1-23　氟化法钛白粉生产的概念流程

采用氟化物分离钛其选择性最高，钛铁矿中的杂质很难生成氟化物与四氟化钛一道从被分离原料中出来，几乎没有多次产生中间分离物与废物。水解产生的硫酸几乎是纯净的硫酸，氟作为媒介仅在生产中循环，结果是投入的钛铁矿原料，仅产出钛白粉和氧化铁两个产品；且需要全生命周期的能量较之氯化法少，无需氯气与四氯化钛的高位化学能的转换。

（三）碱熔法工艺

为寻找绿色生产钛白粉的工艺，2008年由前全球钛白粉生产第二大公司美利联公司出资150万美元，英国利兹大学的 Prof Jha 教授研究并申请专利的绿色萃取工艺，该法用碱和钛铁矿在850～875℃进行焙烧，然后采用有机酸进行浸取，以移走其中的杂质，得到钛化合物含量达95%～97%的人造金红石，产品粒径在150～300μm之间，钙含量0.3%、铁含量1%～1.5%、铝含量0.5%以下。与氯化法生产钛白粉相比氯消耗量大大降低。

国内中科院过程所齐涛教授团队研发的绿色碱熔工艺，也完成了工业性试验，同样没有投入工业化生产装置。

该法的生产原理是将高钛渣原料与碱性物质，可以是氢氧化钾、氢氧化钠进行反应，生成钛酸盐，经过滤、洗涤回收过量的碱返回碱熔工序，钛酸盐再与硫酸反应生成硫酸氧钛，再进行水解，之后按硫酸法钛白粉工艺进行生产；滤液和洗液采用膜进行分离，透过液返回酸解，浓缩液进行中和回收其中金属盐类和硫酸钠副产品。生产流程见图1-24。

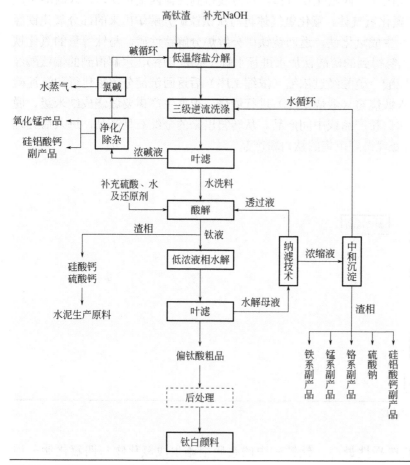

图 1-24　碱熔分解钛原料生产钛白粉工艺流程

参考文献

[1] 龚家竹. 全球钛白粉生产现状与可持续发展技术[C]//2014 中国昆明国际钛产业周会议论文集. 昆明: 瑞道金属网 (WWW.Ruidow.com), 2014: 116-149.

[2] 龚家竹. 氯化法钛白粉生产技术的思考与讨论[C]//2019 年全国钛白粉行业年会暨安全绿色制造及应用论坛会议论文集. 焦作: 中国涂料工业协会钛白粉行业分会, 2019: 25-42.

[3] Oyarzún J M. Pigment processing: physico-chemical principles[M]. Hannover: Vincentz, 1999.

[4] Streitberger H J, Goldschmidt A. Basics of coating technology[M]. Hannover: Vincentz, 2003.

[5] Winkler J. Titanium Dioxide[M]. Hannover: Vincentz, 2003.

[6] 朱骥良, 吴申年. 颜料工艺学[M]. 北京: 化学工业出版社, 1989.

[7] 邓捷, 吴立峰. 钛白粉应用手册[M]. 修订版. 北京: 化学工业出版社, 2004.

[8] 刘国杰. 现代涂料与涂装技术[M]. 北京: 轻工业出版社, 2002.

[9] 吴立峰, 陈信华, 陈德标. 塑料着色配方设计[M]. 北京: 化学工业出版社, 2002.

[10] 龚家竹. 氯化法钛白粉生产"废副"处理技术与发展趋势[C]//第二届国际钛产业绿色制造技术与原料大会会刊. 辽宁锦州: 亿览网(WWW.comelan.com), 2018: 65-85.

[11] 龚家竹. 论中国钛白粉生产技术绿色可持续发展之趋势与机会[C]//首届中国钛白粉行业节能绿色制造论坛. 龙口: 中国涂料工业协会钛白粉行业分会, 2017.

[12] 龚家竹. 化解钛白粉产能的技术创新途径[C]//2016 全国钛白粉行业年会论文集. 常州: 中国涂料工业协会钛白粉行业分会, 2016: 59-78.

[13] 龚家竹. 中国钛白粉绿色生产发展前景[C]//第 37 届中国化工学会无机酸碱盐学术与技术交流大会论文汇编. 大连: 中国化工学会无机酸碱盐专委会, 2017: 14-23.

[14] 龚家竹, 吴宁兰, 陆祥芳, 等. 钛白粉废硫酸利用技术研究开发进展[C]//第三十九届中国硫酸技术年会论文集. 兰州: 全国硫与硫酸工业信息总站, 2019: 36-48.

[15] 龚家竹. 钛白粉生产现状与发展趋势[C]//第十届中国钨钼钒钛产业年会会刊. 厦门: 亿览网 WWW.comelan.com, 2017: 106-125.

[16] 龚家竹. 钛、磷、氯耦合原料生产钛白粉项目前瞻[C]//第三届中国钛氯化技术与原料应用研讨会论文集. 焦作: 中国涂料工业协会钛白粉行业分会, 2015: 153-189.

[17] 龚家竹. 浅析我国钛白粉生产装置的进步与差距[C]//2012 国家化工行业生产力促进中心钛白粉分中心会员大会论文集. 济南: 国家化工行业生产力促进中心钛白分中心, 2012: 72-80.

[18] 龚家竹. 钛白粉现状与生产技术的回顾与展望[C]//2012(第四届)钛产业年会会刊. 苏州: 亿览网 WWW.comelan.com, 2012: 87-110.

[19] 龚家竹. 固液分离在硫酸法钛白粉生产中的应用[C]//2010 全国钛白粉行业年会论文集. 上海: 中国涂料工业协会钛白粉行业分会, 2010: 49-57.

[20] 龚家竹. 分离技术在氯化法钛白粉生产中地位与作用[C]//第一届全国过滤与分离学术交流会暨一届三次过滤与分离产业技术协同创新研讨会论文集. 德州: 中国化工学会过滤与分离专业委员会, 2019: 68-85.

[21] 龚家竹. 硫酸法钛白废酸浓缩技术存在的问题与解决办法[C]//第二届中国钛白粉制造及应用论坛论文集. 龙口: 中国化工信息中心, 2010: 1-17.

[22] 龚家竹. 钛白粉生产工艺技术进展[J]. 无机盐工业, 2003, 35(6): 5-7.

[23] 龚家竹. 钛白粉生产工艺技术进展[J]. 无机盐工业, 2012, 44(8): 1-4.

[24] 龚家竹. 硫酸法钛白粉生产技术面临循环经济促进法存在的问题与解决方法[J]. 无机盐工业, 2009, 40(8): 5-7.

[25] 龚家竹. 硫酸法钛白粉酸解工艺技术的回顾与展望[J]. 无机盐工业, 2014, 46(7): 4-8.

[26] Elzea K J, Nikhil C T, Barker J M, et al. Industrial minerals & rocks: commodities, markets, and use[M]. 7th ed. Colorado: Society for Mining, Metallurgy, and Exploration, Inc (SMC), 2006.

[27] Harben P W. The industrial minerals handybook: a guide to markets, specifications & prices[M]. 4th ed. Blackwood: Industrial Minerals Information, 2002.

[28] 董天颂. 钛选矿[M]. 北京: 冶金工业出版社, 2009.

[29] 宁延生. 无机盐工艺学[M]. 北京：化学工业出版社，2013.

[30] Barksdale J B. Titanium: Its occurrence, chemistry, and technology[M]. New York: The Ronald Press Company, 1966.

[31] 杨宝祥，胡鸿飞，何金勇，等. 钛基材料制造[M]. 北京：冶金工业出版社，2015.

[32] 天津化工研究院. 无机盐工业手册[M]. 2版. 北京：化学工业出版社，1996.

[33] 莫畏，邓国珠. 钛冶金[M]. 2版. 北京：冶金工业出版社，1998.

[34] 杨少利，盛继孚. 钛铁矿熔炼钛渣与生铁技术[M]. 北京：冶金工业出版社，2006.

[35] 龚家竹. 硫酸法钛白生产废硫酸循环利用技术回顾与展望[J]. 硫酸工业，2016, 10: 27-30.

[36] 龚家竹. 中国钛白粉行业三十年发展大记事[C]//无机盐工业三十年发展大事记. 天津：中国化工学会无机酸碱盐专委会，2010: 83-95.

[37] Adam L, Hoed P D. IFSA2002: Industrial fluidization South Africa[M]. Johannesburg: The South African Institute of Mining Metallurgy, 2002.

[38] Doan P. The TiO$_2$ value chain: from minerals to paint[G]//18th Industrial Minerals International Congress, San Francisco: Published by Industrial Minerals, 2006: 92-95.

[39] Alan G. The importance of TiO$_2$ in Chinese economy[G]//18th Industrial Minerals International Congress, San Francisco: Published by Industrial Minerals, 2006: 100-105.

[40] Gesenhues U. Crystal growth and defect structure of Al^{+3}-doped rutile[J]. Journal of Solid State Chemistry, 1999, 143: 210-218.

[41] Duyvesteyn W S, Verhulst D, et al. Process titaniferous ore to titanium dioxide pigment: US6375923[P]. 2002-04-23.

[42] Duyvesteyn W S Verhulst D. Process aqueous titanium chloride solution to ultrafine titanium dioxide: US6440383[P]. 2002-8-27.

[43] Greble W D, Hocken, J, Schulte K. Sulfate process titanium dioxide pigment leads the new millennium[J]. European Coatings Journal, 1998, (1-2): 34-39.

[44] Greble W D, Hocken J, Schylte K. 硫酸法钛白粉引领新千年[J]. 涂料工业，2004, 34(4): 58-60.

[45] 龚家竹，江秀英，袁丰波. 硫酸法钛白废酸浓缩技术研究现状及发展方向[J]. 无机盐工业，2008, 40(8): 1-3.

[46] 龚家竹，于奇志. 纳米二氧化钛的现状与发展[J]. 无机盐工业，2006, 38(7): 1-2.

[47] 龚家竹，池济亨，郝虎，等. 一种稀硫酸的浓缩除杂方法：CN1376633A[P]. 2002-10-30.

[48] 龚家竹，江秀英. 硫酸法生产钛白粉过程中稀硫酸的浓缩除杂方法：CN101214931A[P]. 2008-07-09.

[49] Lasheen T A. Soda ash roasting of titania slag product from rosettailmenite[J]. Hydrometallurgy, 2008, 93(3/4): 124-128.

[50] 刘玉明，齐涛，王丽娜，等. KOH亚熔盐法分解钛铁矿[J]. 过程工程学报，2009, 9(2): 319-323.

[51] 碱法钛白粉生产工艺中硫酸钛溶液的制备和水解[C]//中国选矿技术网. 2011-1-24.

[52] 龚家竹，李家全、池济亨，等. 一种金红石型钛白粉的制备方法 CN1242923C[P]. 2006-02-22.

[53] 邝琳娜，周大利，刘舒，等. TiO$_2$表面致密包覆SiO$_2$膜研究[J]. 四川有色金属，2016(2): 41-44.

[54] 李大成，周大利，刘恒，等. 纳米TiO$_2$的特性[J]. 四川有色金属，2002(3): 46-47.

[55] 任成军，李大成，钟本和，等. 影响TiO$_2$光催化活性的因素及提高其活性的措施[J]. 四川有色金属，2004(4): 36-39.

[56] 任成军，钟本和，周大利，等. 水热法制备高活性TiO$_2$光催化剂的研究进展[J]. 四川有色金属，2004(5): 42-44.

第二章
全球钛白粉生产概况

第一节
钛白粉生产与生产技术回顾

一、国际钛白粉生产发展概况

（一）钛白粉的初次应用

　　将钛化合物作为颜料应用于涂料的最早记录是由瑞兰德（Ryland）博士在发现钛元素 74 年后的 1869 年在英国进行的。次年，美国的 Overton 也做了同样的应用尝试。Ryland 博士是将磨细之后的钛铁矿与亚麻仁油混合生产一种黑色的涂料。Overton 则是用磨得非常细的天然金红石与沥青物质混合作为船用涂料以防止腐蚀。直到 1908 年，法国的冶金学家和化学家 Rossi，他开发了一种冶炼工艺生产钛合金，同时他也意识到了采用化学方法生产的二氧化钛作为一种白色颜料的潜在应用价值。在挪威奥斯陆，独立研究者 Farup、Jebsen 和纽约的 Barton、Rossi 几乎是同时在 1918 年，分别在挪威费德列斯达（Frederikstad）和美国的尼亚加拉瀑布附近进行钛白粉的商业化生产，生产硫酸钡、硫酸钙和含 25%钛白粉的混合颜料。在 1920 年，挪威人和美国人达成了专利产权共享和互相特许的协议，这极大地推动了钛白粉商业化生产的进程。这种由 25%钛白粉与硫酸钡和硫酸钙混和而成的白色颜料，其遮盖力要比铅白强 3～4 倍，从此人们越来越重视钛白粉的应用，其应用范围不断扩大，但是由于当时的工艺限制，生产成本较高，所以钛白粉产品只能应用于较高档的涂料中。

（二）硫酸法工艺的发展

　　直到 1928 年，法国人 Blumenfeld 改进了传统的水解方法，发明了自生晶种水解工艺，不仅提高了水解率，同时让水解出来的沉淀更容易过滤与洗涤，从此钛白粉才真正走上了大规模的商业化生产和应用道路。1930 年，德国人 Meklenburg 发明了采用碱中和制备晶种的外加晶种水解工艺，也取得了同样高的水解率及生产效果。由两种水解工艺生产出的钛白粉质量没有明显的不同，没有任何一种水解工艺具有明显的优势，这两种水解生产工艺从诞生起就相互存在，不断地发展完善，但是基本工艺路线的生产原理没有本质上的变化。

到 1939 年时，世界钛白粉的总产量已经达到了 1 万吨，当时世界上有 8 个国家的 11 家钛白粉工厂在生产。所有的产品都是锐钛型钛白粉。

由于锐钛型钛白粉的耐候性和抗粉化能力不是很强，所以下游涂料生产商希望能够采用折光率和耐候性更高的金红石产品。在 1940 年，生产出了含 30%金红石钛白粉和 70%硫酸钙的混合颜料，到 1942，才生产出了纯度较高的金红石钛白粉。但是，当时所有的钛白粉都没有进行过后处理，即无机物和有机物包覆。

20 世纪 50 年代，由于用户对钛白粉的性能提出更高的要求，要求钛白粉不仅具有更好的光学性能，还要具有更高的耐候性和分散性。各大公司从此展开了包膜技术的研究，极大地丰富了钛白粉的产品种类和应用范围。

同时，由于硫酸法的三废问题日益突出，所以，钛白粉生产厂家也在积极寻求品位更高的钛白粉生产原料。加拿大的 QIT 公司在 20 世纪 50 年代就成功地用电炉冶炼的方法生产出适应于钛白粉生产的富钛料——酸溶性钛渣。从此，很多钛白粉生产业主就以钛渣取代了钛铁矿作为生产钛白粉的原料，其意义在于降低废副的处理量，尤其是副产七水硫酸亚铁过多，带来的市场窘境。与此同时，由于各国的环保标准不断提高，导致很多公司停产，甚至受到政府的处罚。各大钛白粉公司又展开了废酸浓缩技术的研究和投入，特别是芬兰劳玛、德国鲁奇和拜尔都进行了深入的研究，并取得了相当的成果。欧美的钛白粉厂都采用这几种废酸浓缩技术来处理废酸，以求达到环保标准。

自 1928 年以来，硫酸法钛白粉的生产工艺都没有出现本质的改变，只是在工艺设备、后处理和废副处理等方面不断进行创新和改进，从而满足下游厂商不断提高产品性能的要求，以及新的环保法规要求。尤其是欧洲，各个国家的环境资源差异，对废副处理甚至排放不一，带来生产成本及生产效益的差异及不平等；因此，欧盟为了解决各欧盟国家的钛白粉生产企业之间的公平竞争，1992 年出台了硫酸法排放的统一标准，见表 2-1。同时，因技术的发展及消费增长的区域变化，欧美以及日韩等早期的硫酸法生产装置，无论装置效率、废副处理及资源利用已开始老化，逐渐退出市场，产业逐渐转移，由中国钛白粉的生产增长取而代之。特别是中国攀（枝花）西（昌）独特的钒钛资源所选出的高钙镁细粒铁矿，因其与硫酸酸解时的化学反应热高（目前世界最高的钛铁矿）、高价铁含量低、反应引发酸浓度低、可平衡稀酸量最大和还原铁粉用量少等优点；加之，全资源利用耦合生产工艺技术在中国的不断创新，改变了传统生产习惯认识和欧美同行认为的仅是资源优势而不是优势资源的习惯结论；将助推中国硫酸法钛白粉生产技术的更先进发展，赶超欧美老牌钛白粉生产行业。

表 2-1　欧盟对硫酸法钛白粉生产排放标准

排放物	92/112/EEC 法规	BAT 上限	BAT 下限
弱酸/被中和废物	800kg/t		
排入水中总硫酸根		550kg/t	100kg/t
排入水中的悬浮物		40kg/t	1kg/t
排入水中的铁化合物		125kg/t	0.3kg/t
排入水中的汞		1.5g/t	0.32mg/t
排入水中的镉		2g/t	1mg/t
钒、锌、铬、铅、镍、铜、砷、钛、锰		无技术限定-缺乏资料	

排放物	92/112/EEC 法规	BAT 上限	BAT 下限
排入空气的粉尘　主要区域	50mg/m³		
排入空气的粉尘　局部区域	150mg/m³		
排入空气的粉尘总量		0.45kg/t	0.004kg/t
排入空气的粉尘速率		20mg/m³	<5mg/m³
排入空气的 SO₂	10kg/t	6kg/t	1kg/t
从浓缩废酸回收			
工厂排入空气的 SO₂	500mg/m³		
酸雾	0		
NO₂	从煅烧窑控制 NOₓ		
H₂S		0.05kg/t	0.003kg/t
对废物处理焙烧盐	必须有最有效的技术产生的工厂		
废物	避免或减量等		

注：BAT——Best Available Techniques（最佳可用技术）。

（三）氯化法工艺的发展

氯化法主要是由美国杜邦公司开发出来，杜邦进入钛白工业的时间是 1932 年，当时克雷布斯（Krebs）颜料与色彩公司（杜邦的一家分公司）收购了商业溶剂公司，该公司在巴尔的摩附近的帕塔普斯科（Patapsco）河南岸的柯蒂斯（Curtis）湾有一小型的硫酸法钛白厂，于四年之前投产。之后，克雷布斯（Krebs）在埃奇摩尔建了第二个钛白厂。1943 年克雷布斯（Krebs）完全被吸收并入了杜邦集团。到 1955 年，杜邦在埃奇摩尔的钛白粉产能为 55kt/a，在巴尔的摩的产能为 36kt/a。这两个厂都是硫酸法钛白厂。那时，杜邦在美国钛白产能中的份额只有 20%，但是在紧锣密鼓地研究氯化法钛白粉生产。

1958 年，杜邦公司在埃奇摩尔投产了第一个商业级氯化法钛白生产装置，产能为 100kt/a。紧接着，1959 年在新约翰索维尔和 1963 年在安蒂奥克（加利福尼亚）又新建了钛白厂。安蒂奥克钛白厂一直相对较小，其生产量从未超过 40kt/a，并于 1997 年关闭。

另一个对氯化技术的发展做出贡献的公司是克尔-麦吉（Kerr-McGee），1967 克尔-麦吉通过收购美国钾碱化工公司（Ampot）进入钛白行业。美国钾碱化工公司（Ampot）从 20 世纪 50 年代中期开始便与拉波特公司（Lapot）合作开发氯化法钛白生产工艺，并于 1965 年在汉米尔顿投产了一氯化法钛白厂，初始产能为 16kt/a。结果该厂具有很强的获利能力，以致到 1971 年时产能便迅速扩大到 41kt/a。而此时正值氰胺、拜尔、尼尔（NL）工业、匹兹堡玻璃公司（PPG）、塞恩-米芦兹和氧钛（Tioxide）等美国国内外的钛白粉公司，正在为提高其氯化法钛白厂的效率和经济性而努力打拼，以克服其技术障碍。在此背景下，克尔-麦吉将其相当成功的氯化法工艺对外广泛转让。1970 年向美国氰胺公司和英国 SCM 公司、1974 年向日本石原公司、1986 年向印度喀拉拉矿物金属公司、1988 年向蒂奥芬公司出售了技术。同时，在 20 世纪 70 年代中期还向德国的康诺斯 Titan 提供了有偿技术协助，这些技术转让，有力地帮助了其他公司迅速掌握氯化技术而进行商业化钛白粉的生产。

目前全球钛白粉生产排名前 10 位的公司中，仅有 1 家（美国科穆）是全氯化法钛白粉产品，6 家拥有氯化法生产和硫酸法生产钛白粉产品，余 3 家仅有硫酸法生产钛白粉产品。

氯化法钛白粉生产同样有气、液、固三项废副产物质，同样需要处理，欧盟对硫酸法一样也有统一的排放标准，其差别是因所用的原料不同而区别对待，如使用原料为天然金红石、人造金红石和钛渣，每吨钛白粉排出的氯离子分别为 130kg、228kg 和 450kg，见表 2-2。

表 2-2　欧盟对氯化法钛白粉生产排放标准

排放物	92/112/EEC 法规	BAT 上限	BAT 下限
弱酸/被中和废物天然金红石	130kg/t		
弱酸/被中和废物人造金红石	228kg/t		
弱酸/被中和废物钛渣	450kg/t		
排入水中的 HCl		14kg/t	10kg/t
排入水中的氯化物		330kg/t	38kg/t
排入水中的悬浮物		2.5kg/t	0.5kg/t
排入水中的铁化合物		0.6kg/t	0.01kg/t
汞、镉、钒、锌、铬、铅、镍、铜、砷、钛、锰		无技术限定-缺乏资料	
排入空气的粉尘 主要区域	50mg/m³		
排入空气的粉尘 局部区域	150mg/m³		
排入空气的粉尘总量		0.2kg/t	0.1kg/t
排入空气的 SO₂		1.7kg/t	1.3kg/t
日平均 Cl₂ 浓度	5mg/m³		
在任意时间内 Cl₂	40mg/m³		
HCl 排放总量		0.1kg/t	0.03kg/t
废物	避免或减量等		

注：BAT——Best Available Techniques（最佳可用技术）。

二、国内钛白粉生产技术发展概况

（一）生产技术发展历程

1952 年广州钛白粉厂和上海钛白粉厂，首开先河进行钛白粉的研究工作。1958 年建厂投产生产非颜料级二氧化钛，1959 年试制锐钛型钛白粉。

金红石钛白粉研究始于 1962 年，1966 年在天津化工研究院完成日产 50kg 级金红石钛白粉的扩大试验。

20 世纪 70 年代化工部涂料研究院继续进行金红石钛白粉的试验。同时，因四川攀西地区钒钛磁铁矿资源的开发，自 1965 年因资源开发成立四川省渡口市（后改为攀枝花市）起，国家在攀枝花钛资源开采利用所下的功夫不少：一是选铁后的尾矿选钛及硫酸法推广应用；二是因攀西钒钛资源属于岩矿，其中钙镁含量相对较高，在传统氯化法生产工艺中因其熔融堵塞氯化反应炉，而不能进行持续沸腾法氯化生产。因此，进行钛矿预处理除钙镁，并组织进行盐酸法人造金红石的攻关，由冶金部布点 27 家企业进行人造金红石的生产开发，有代表性的是重庆天原化工厂建成 2.0kt/a 人造金红石中试车间，自贡东升冶炼厂建成 1.5kt/a 人造金红石中试厂，由于诸多历史原因，钛白粉生产一直没有形成生产气候。

20 世纪 80 年代中期中国大陆经济随着农村经济体制改革取得的巨大成绩，全面转入城市经济体制的改革，经济发展有了较大的转机。此时，全球钛白粉需求过旺，为了满足日益增长的市场需要，以国家财力投资建立了五套 4kt/a 的硫酸法钛白生产装置。同时，国家计委和化工部在"七五"和"八五"计划内安排一批钛白粉新建和扩建项目，共计 8 家。其中氯化法 5 家：上海钛白粉厂 15kt/a，锦州铁合金厂 15kt/a，南宁化工厂 15kt/a（配 2kt/a 金红石），自贡钛白粉厂 15kt/a（配 20kt/a 金红石），海南钛白粉厂 30kt/a。而硫酸法 3 家：重庆钛白粉厂 15kt/a，济南裕兴化工厂 24kt/a，核工业部 404 厂 10kt/a。硫酸法 3 家相继于 90 年代中后期投产，氯化法锦州铁合金厂投资巨大，于 2000 年投产。

20 世纪 90 年代末因引进捷克、波兰和斯罗维尼亚三家硫酸法工厂的相继投产，尽管投资过大，没有经济效益，但对装置的稍大型化奠定了基础。氯化法靠咨询引进技术，同样是投入与产出比不合理，产能规模没有达标。

公元 2000 年以后，中国经济的快速发展，推动了钛白粉市场需求与生产，尤其是随着一些无机化工技术开发能力较强的民营企业的进入，创新的技术加上创新的思维使钛白生产能力和装置规模迅速扩大，缩小了与西欧和日本的差异。

进入 2014 年中国钛白粉生产一举超越美国成为世界钛白粉生产第一大国，至 2018 年，中国钛白粉生产企业在全球前 10 位排名中，占有 5 席，分别为第四、第六、第七、第八、第十。50 余家企业总计产能 350 万吨，2018 年实际产量 280 万吨。

（二）中国大陆钛白粉提速发展时期

进入 2000 年，中国经济进入一个高速增长期。钛白粉的生产乃至生产技术也进入一个快速发展时期。其主要动力来源：

一是由于 2008 年奥运会、2010 年世博会的申办成功，北京和上海需要借此改变城市面貌，推动城市经济的快速发展和经济结构转变。

二是农村改革开放二十年后，原有的增长模式已经赶不上时代的需要，城市化进程大大加快。

三是中国优质的金红石钛白粉几乎需要进口，高峰时期每年达到 30 万吨。占用国家当时为数不多的外汇。

四是 20 世纪 90 年代国家投资引进和咨询的 3 套硫酸法和 1 套氯化法生产装置，不仅投资高，15kt/a 生产装置，多的花了 11.2 亿元，少的也花了 8 亿多元人民币；而且开车困难重重，仅渝港钛白于 1988 年立项，1990 年建设，1995 年底开车，1998 年才打通生产流程，银行不要说收回投资，连利息收回都难，最后不得以进行债改投，银行成为大股东。这些窘境既有体制的原因，更有技术不到位的问题。同时也制约了国内钛白粉生产向前和向更大的装置规模发展。

五是一些民营企业在 20 世纪 90 年代积累了一定的财富，而一些传统产业的生存空间愈来愈窄，不得不进入技术难度相对较大、投资风险相对较高而前景较好的钛白粉产业。

此时具有代表性的企业产能如表 2-3 所示。

表 2-3　在 2010 年国内主要企业的生产能力

序号	企业名称	钛白总产能/kt	金红石产能/kt	生产工艺	备注
1	四川龙蟒钛业股份有限公司	120	120	硫酸法	
2	河南佰利联化学股份有限公司	100	100	硫酸法	
3	山东东佳集团	100	100	硫酸法	

序号	企业名称	钛白总产能/kt	金红石产能/kt	生产工艺	备注
4	济南裕兴化工总厂	100	100	硫酸法	
5	宁波新福钛白粉有限公司	80	80	硫酸法	
6	南京油脂化工厂	70	70	硫酸法	
7	镇江钛白粉厂	5	5	硫酸法	
8	中核华原钛白粉股份有限公司	50	50	硫酸法	双线
9	重庆攀渝钛白股份有限公司	40	40	硫酸法	双线
10	云南大互通钛白粉有限公司	40	0	硫酸法	锐钛
11	山东道恩钛业有限公司	30	30	硫酸法	
12	安徽安纳大钛白粉有限公司	30	30	硫酸法	
13	中信锦州铁合金集团钛白粉厂	30	30	氯化法	
	合计	830	790		

(三) 中国大陆钛白粉生产超越时期

中国钛白粉生产与技术的发展，由于在2000—2010年的10年时间内突飞猛进的高速发展下，加之市场需求不减，一经跨入21世纪10年代，社会各种力量进入钛白粉生产领域，有实力的企业首次公开募股上市或收购、重组进入股市，借助资本的力量迅猛发展，钛白粉生产产能从2010年的243万吨，到2018年底猛增到359万吨，8年功夫其产能增加48%，生产量全球第一，拥有全球生产量的40%份额。在经过疯狂的产能扩张后，价格波动从2014年底开始价格下滑，整个2015年价格从年初的1.5万元/t，降到年底的1万元/t，多数第三梯队的厂家出现严重亏损，濒临关闭，造成全球钛白粉市场动荡。因价格低或市场过剩，也促使中国大陆出口欧美钛白粉量大幅度增加，进口量逐年压缩与减少，国内过剩产量产生的出口与进口对欧美钛白粉生产商的双重挤压下，致使其不停地重组与关停。2015年7月1日，雄踞全球钛白粉生产行业霸主的巨头美国杜邦公司正式分离钛白粉生产业务，由新公司科慕取而代之，杜邦公司85年的钛白粉生产史，由此画上句号。仅2018年欧美就关停钛白粉生产能力37万吨（其中硫酸法15万吨，氯化法22万吨）。同时，也导致中国钛白粉的出口量大增，2018年达到88万吨。国内在产能与环保双重压力下，规模小的生产企业开工不足，促使全球钛白粉价格迅速回升，到2018年底钛白粉价格重新回到1.5万元/t；加之，欧美经济自2008年经济危机后开始出现复苏，钛白粉出口量加大。

至2018年中国大陆钛白粉生产企业：规模以上企业39家，硫酸法生产35家，氯化法生产4家，既有硫酸法又有氯化法生产1家。

2018年钛白粉生产量：总计产量294.3万吨，较2015年232.3万吨增加62.0万吨，增长26.7%，远高于GDP增长；比2010年的147.2万吨，增加147.1万吨，增幅近100%。

2018年钛白粉产品结构：金红石钛白粉241.4万吨，占总产量的82.1%；锐钛型钛白粉37.6万吨，占总产量的12.78%；非颜料级15.3万吨，占比5.19%。

最可喜的是2018年，拥有的氯化法钛白粉生产装置的四家企业，共计完成了12.53万吨产量，占总产量的4.3%。

2018年中国大陆钛白粉生产具有代表性企业生产能力见表2-4，行业的集中度进一步提高。

表 2-4　2018 年具有代表性的企业产能

序号	企业名称	钛白总产能/kt	硫酸法/kt	氯化法/kt	备注
1	龙蟒佰利联集团	620	560	60	三地
2	中核华原钛白粉股份有限公司	250	250		四地
3	攀钢集团钒钛资源股份有限公司	210	200	10	三地
4	山东东佳集团	170	170		两地
5	中国化工集团有限公司	220	220		两地
6	金浦钛业股份有限公司	140	140		两地
7	宁波新福钛白粉有限公司	120	120		
8	山东道恩钛业有限公司	100	100		
9	山东金海集团有限公司	100	100		
10	广西金茂钛业有限公司	100	100		
11	云南大互通钛白粉有限公司	70	70		两地
12	安徽安纳大钛白粉有限公司	60	60		
13	江苏太白集团有限公司	60	60		
14	攀枝花钛海集团	60	60		
15	广东惠云钛业股份有限公司	60	600		
16	江西添光钛业有限公司	60	60		特诺独资
17	中信锦州铁合金集团钛白粉厂	60		60	
18	云南新立钛业有限公司	60		30	实际产能
19	漯河兴茂钛业股份有限公司	30		30	
	合计	2550	2870	190	

第二节
全球钛白粉生产量与消费量

一、全球钛白粉生产量与区域分布

（一）全球生产量与排名前 10 家生产企业产能占比

　　至 2018 年，全球钛白粉生产能力近 800 万吨（不包括国内没有投产的企业），其主要生产比重如图 2-1 所示，前 5 家生产企业占总产量的 62.65%，而前 10 家生产企业占总产量的 72.27%，产业结构集中度较高。科穆第一占全球产能的 18.40%，紧随其后的是在 2017 年 3 月声明收购前全球排名第三的科斯特（2018 年 3 月完成收购），且钛白粉生产历史悠久、命运多舛的全球第五特诺公司，一举收购从第五跃入第二。全球前十名的钛白粉生产企业中，中国大陆占 5 家，龙蟒佰利联排在第四，不到第一、第二名企业产量的一半；第六、第七、第九及第十的 4 家，尽管进入前 10 名，其加起来的产能 62 万吨，仅相当于排名第四的龙蟒佰利联产能。国内排名进入前十的 5 家，全部产能 124 万吨，与新诞生的第二名特诺的产能旗鼓相当。

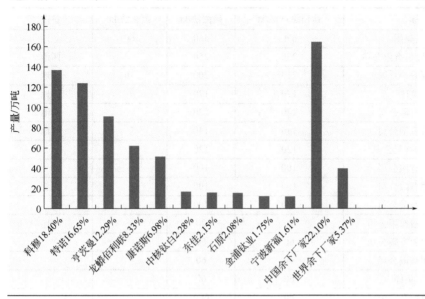

图 2-1　全球钛白粉生产能力与主要生产商产能

（二）全球钛白粉产能区域分布与比率

全球钛白粉生产能力区域分布如图 2-2 所示，至 2017 年底，美洲包括北美与南美，主要以美国为主，生产能力 204 万吨，占世界总产量的 27.44%；欧洲 161 万吨，占世界总产量的 21.68%；澳洲 20 万吨，占世界总产量的 2.74%；余下为亚洲，包括中国、日本、马来西亚、韩国、印度，主要以中国为主，共计总产量 358 万吨，占世界总产量的 48.07%。

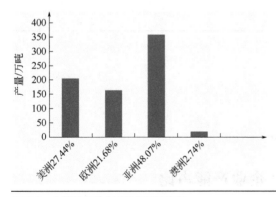

图 2-2　全球钛白粉生产能力区域分布

二、国内钛白粉生产量与区域分布

（一）国内主要钛白粉生产企业产量及排名次序

至 2018 年国内钛白粉生产能力 359 万吨（不包括国内没有投产的企业），2018 年实际年生产量 294.3 万吨，其主要生产比重如图 2-3 所示。从图中不难看出，国内钛白粉行业生产结构与世界相差甚远（图 2-1），集中度低，各企业生产规模较小，生产公司分散，集中度较低，导致技术创新乏力，管理与销售费用高，市场竞争无序，还需要采用技术创新进行改变。

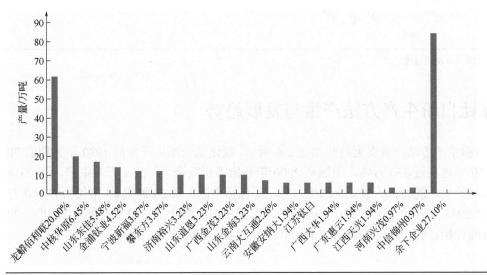

图 2-3　国内钛白粉生产能力与主要生产商产能

（二）国内钛白粉产能区域分布与比率

国内钛白粉生产能力区域分布如图 2-4 所示，至 2018 年底，钛白粉生产省份主要集中在四川、山东、广西、安徽、河南、江苏、云南、浙江和湖北等地。四川既是钛资源大省，又是钛白粉生产大省，主要以四川德阳市和攀枝花市的多个企业构成，生产能力 71 万吨，占国内总生产能力的 19.78%。山东主要有四家钛白粉企业，生产能力 47 万吨，占国内总产能的 13.09%。广西产能 35.5 万吨，占国内产能的 9.89%。安徽省同样有四家钛白粉生产企业，两家上市公司构成产能 29 万吨，占国内产能的 8.08%。河南两家企业，产能 29 万吨，占国内产能的 8.08%。江苏分为五地五套装置三家企业，产能 26.6 万吨，占国内产能的 7.41%。其后云南、浙江和湖北，所占国内产能低于 4%；余下分散产能占 22.95%。由于区域、资源与环保问题，未来几年重组并购将产生较大的变化。图 2-5 为 1998—2018 年中国大陆钛白粉生产能力与产量的增长趋势。

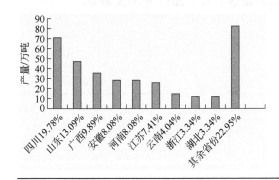

图 2-4　国内钛白粉生产能力区域分布

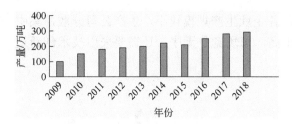

图 2-5　中国钛白粉产量发展趋势

三、全球钛白粉生产方法产量与发展趋势

全球钛白粉生产方法产量发展趋势如图 2-6 所示，氯化法全球生产量从 1980 年初期的 70 万吨，经过 40 年达到近 350 万吨，中国从 2000 年开始锦州铁合金厂的 1 万吨生产，到 2018 年达到 18 万吨的生产能力；硫酸法全球生产量，不包括中国，从 20 世纪 80 年代初的 160 万吨一直徘徊到 2015 年开始下降到 110 万吨产量，反观中国硫酸法钛白粉生产量从 20 世纪 90 年代末 20 万吨开始，约 20 年的增长，2018 年达到 294.3 万吨。

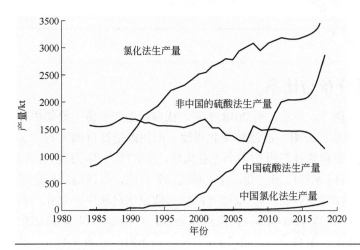

图 2-6　钛白粉生产方法产量发展趋势

因此，不难看出，全球钛白粉的生产与消费几乎随中国钛白粉生产的增长而增长，且几乎为硫酸法生产；氯化法因科穆承接杜邦在墨西哥的新建装置，2017 年增长显著。

第三节
全球钛白粉主要生产商

至 2018 年底，全球钛白粉生产能力近 820 万吨，2018 年全球钛白粉生产量超过 720 万吨，市场价值约 250 亿美元。如本章第一节所述，中国大陆在进入新的世纪后，因加入世贸组织（WTO）、奥运会、世博会的申办以及住房和汽车行业的迅猛发展，钛白粉行业也赶上了最佳发展时期，产能从二十几万吨，增长到三百五十多万吨，在世界总产能中几乎接近一半。也因此造就出不少收获财富的企业家和从事生产技术开发研究的优秀科技创新人员，较大地缩小了整个行业与世界的差距；同时也促使全球钛白行业格局发生较大的变化。稍早期的英国帝国化工（ICI）、德国拜耳、美国氰胺，中近期的美国美利联、科美基，芬兰的克米拉、德国莎哈利本等这些知名的世界钛白粉优秀的企业投资人退出该行业，近几年更是前所未遇的格局变化与调整。2015 年 3 月 1 日欧洲委员会宣布已批准亨兹曼收购洛克伍德（Rockwood）旗下的高性能颜料钛白粉业务，该公司钛白粉业务 340kt/a 产能，全硫酸法工艺三个生产点，包括德国莎哈利本的 105kt/a、克瑞朗斯尤廷根 107kt/a（经过拜耳、科美基、特诺、克瑞朗斯、洛克伍德五次易手）和芬兰克米拉的 130kt/a。美国杜邦公司长期坐在世界钛白粉生产老大的位子上，从全球格局与亚太市场前景视野出发，2002 年，杜邦就计划在山东省东营市建一座年产能达 200kt/a 的氯化法钛白粉工厂，直到 2005 年 11 月与东营市政府正式签订协议，投资 20 亿美元建立 400kt/a 钛白粉生产装置，项目分两期建设，第一期 200kt/a；2007 年 11 月国家环保总局通过环评，因采用深井灌注排放氯化渣及其他的政治经济因素，项目未能获得国土资源部和发改委等部门的批准而流产，前期投入的费用不低。2011 年 5 月杜邦声明，在全球扩大钛白粉产能 350kt/a，其中在墨西哥新建 200kt/a 生产线，其余在 5 个生产基地脱瓶颈增加 150kt/a 能力；2012 年 8 月年卡拉雷投资集团（Carlyle Group）以 49 亿美元购买杜邦特种涂料（DCP）业务，这属于钛白粉下游产业链；2013 年 7 月杜邦考虑分拆或出售钛颜料科技业务。从钛白选点扩产，全球布局，到出售钛白下游业务，再准备拆分出售钛白业务，这像过山车起伏一样的举动，让人大跌眼镜。2015 年 7 月 1 日，全球经营了两百多年的化工巨头杜邦剥离钛白粉业务，以科穆公司独立上市经营钛白及其业务，而正式退出钛白粉生产行业后，这是全球钛白粉行业划时代的变故。继 2016 年中国钛白粉行业河南佰利联收购四川龙蟒一跃进入全球排名第四之后，2017 年 3 月全球排名第五曾为氯化法与杜邦抗衡做出贡献的特诺公司声明以 19 亿美元收购全球第三的科斯特成为比肩科穆的全球钛白粉生产巨头，计划在 2018 年一季度完成收购。如此收购重组后西方钛白粉生产商集中度更高，排名前二位产量接近全球的 50%，达到 47.34%。全球最新排名前十的钛白粉生产商见表 2-5，硫酸法与氯化法生产商几乎是按东西半球所分，前 5 位的公司产量 467.1 万吨，占总产能的 63%，其中氯化法占 68%。前十名生产总量 545.6 万吨，占总产能的 73%。

表 2-5　全球主要钛白粉生产商

序号	生产商	产能/kt	生产方法	生产厂数量	氯化法占比/%
1	科穆（Chemours）	1370	氯化法	5	100%
2	特诺（Tronox）	1246	氯化法、硫酸法	12	90%
3	泛能拓（Venator，原亨兹曼）	915	氯化法、硫酸法	11	25%
4	龙蟒佰利联（Lomon-Billion）	620	硫酸法、氯化法	3	10%
5	康诺斯（Kronos）	522	氯化法、硫酸法	6	77%
6	中核钛白（CHTi）	300	硫酸法	3	0
7	攀钢钛业（PGVT）	230	硫酸法、氯化法	3	13%
8	东佳（Doguide）	170	硫酸法	2	0
9	石原（Ishihara）	155	氯化法、硫酸法	3	51%

序号	生产商	产能/kt	生产方法	生产厂数量	氯化法占比/%
10	金浦钛业（GPRO）	140	硫酸法	2	0
11	宁波新福（Xinfu）	120	硫酸法	1	0
12	克雷米亚钛坦（Crimea Titan）	110	硫酸法	1	0
	合计	5898			

一、科穆（Chemours）

科穆是从原杜邦（Dupont）颜料科技公司独立出来的，是目前全球排名第一的钛白生产企业，也是效益最好的西方钛白粉企业，拥有钛白粉生产装置能力137万吨。

杜邦公司是在20世纪30年代就进入钛白粉生产技术工业。那时，它的子公司克瑞布斯颜料公司（Krebs Pigment and Color Co.）在1928年收购了美国巴尔的摩柯蒂斯贝的硫酸法钛白粉生产厂的商业颜料公司（Commercial Pigment Co.）。1934年该子公司克瑞布斯在特拉华州的埃奇摩尔建立了第二个钛白粉生产厂。1943年杜邦公司收购了克瑞布斯颜料公司。

利用其多年开发的技术，1958年在美国田纳西州的新约翰斯维尔建成了世界首座氯化法钛白粉生产工厂，从此世界钛白生产技术开始了新的转折。其后杜邦再接再厉开发了低钛原料，即60%～70%氧化钛的钛铁矿、红石和钛白石混合原料的氯化生产工艺。到21世纪初杜邦在全球拥有5个生产基地，钛白粉总产能达到1170kt/a，见表2-6。

表2-6 杜邦原有钛白粉产能与工厂

序号	工厂所在地	产能/kt	生产工艺	备注
1	美国田纳西州新约翰斯维尔	380	氯化法	
2	美国密西西比州德塞尔	300	氯化法	
3	美国特拉华州埃其莫尔	200	氯化法	
4	墨西哥坦皮科	150(200)	氯化法	括号为新增
5	中国台湾观音	120	氯化法	
	合计	1170(1370)		括号为新增后的总产能

2007年杜邦在中国东营拟建的40kt/a氯化法钛白生产装置，因大量的氯化渣采用其公司在美国的传统深井灌注填埋方式受阻，项目久拖未决，直到2011年5月杜邦声明，在全球扩大钛白粉产能350kt/a，其中在墨西哥新建200kt/a生产线，其余在5个生产基地脱瓶颈增加150kt/a能力，借以弥补在中国山东东营400kt/a增产项目夭折带来的增产计划。2012年8月年卡拉雷投资集团（Carlyle Group）以49亿美元购买杜邦特种涂料（DCP）业务，杜邦已计划放弃钛白粉产业链上的涂料业务；2013年7月杜邦考虑分拆或出售钛颜料科技业务，直到2015年7月1日，杜邦钛白粉业务正式从杜邦公司分离出来，以全新的公司科穆（Chemours）取而代之。从钛白计划在中国山东基地的扩产，到出售钛白下游业务，再准备拆分出售钛白业务，这像过山车起伏一样的举动，让人大跌眼镜。这不仅是因为，杜邦在中国山东东营项目受阻，而且也是杜邦氯化钛铁矿工艺中大量由钛铁矿带来的铁元素没有被资源利用，以铁元素为主的氯化渣靠深井灌注处理造成的不可持续发展的缺陷所致。1995年12月美国环保署固废办公室（Office of Solid Waste US.EPA）就对杜邦提出的通过氯化钛铁矿生产四氯化钛

的氯化渣为豁免废物或者非豁免矿物加工工艺废物，与杜邦意见不一，最后得出结论：氯化钛铁矿的生产定义为矿加工工艺，由于氯化铁废物产生量不大，它可作为非豁免矿物加工废物处理；并增补专文规定，对新认定的矿物采用深井灌注处理。在此背景文件中，杜邦说其氯化反应分为两个步骤，第一步是氯化钛铁矿中的铁，第二步才是氯化钛铁矿中的钛生成四氯化钛，这更利于生产操作和减少系统的堵塞，利于生产控制。不言而喻，杜邦采用此方法最大的特点不仅是工艺易于控制，沸腾氯化炉可做到世界最大，规模效益好，而且钛铁矿中钛元素的原料成本最低，其生产原料成本较其他同行低近20%。但是，至1998年后杜邦在位于 New Johnsonville 世界最大的氯化法钛白装置深井灌注氯化废物的处置方式逐渐被淘汰，为限制其废物量，只好不断增加其高品位钛原料使用量；其氯化废物用纯碱中和转换成碳酸铁盐就地填埋，产生的副产氯化钠（NaCl）用于冬季路面融雪盐。尽管杜邦所有业务在可持续发展道路上做了大量的扎实工作，从1991到2012年20年间生产增加了45%、CO_2当量下降59%、能耗下降6%、有害废物减少66%、水耗下降12%等取得了辉煌的成绩，而仍不得不对钛白粉业务发展做出重大调整。

作为从杜邦独立出来的科穆公司，钛白粉业务秉承原杜邦的技术优势，其行业的技术与市场地位在现阶段仍无人能够撼动，尤其是在墨西哥（Altamira site）新扩产的能力逐渐投放市场，将达到1370kt/a的生产能力，其氯化废渣较之在美国处理的方式与费用更低。

二、特诺（Tronox）

特诺公司是老牌的钛白粉生产公司，原在全球钛白粉生产行业中排名第五；2017年3月18日宣布19亿美元收购原全球钛白粉生产排名第三的科斯特公司，从自身排名第五，一跃成为仅次于科穆的产能全球第二大的钛白粉生产公司，钛白粉生产装置总产能近1300kt/a。

特诺公司2017年宣布收购的科斯特（Cristal Global）是于1986年经过其自身前辈科美基公司技术许可给沙特阿拉伯国民公司建立的氯化法钛白粉生产公司，因沙特国民公司致力于钛白粉业务的发展壮大，2007年收购当时仅次于杜邦产能的美利联化学公司（Millennium Inorganic Chemicals）的钛白业务，一跃成为全球第二大钛白粉生产商，生产量从全球的2%提高到12%。科斯特将可持续发展作为长期的承诺，是每天工作的重要部分，并深深植入每一个部门。在美国俄亥俄钛白粉生产的1厂和2厂安装复合的尾气排放系统和首创碳管理方法，从2009年开始就大幅度减少了一氧化碳和羰基硫的排放。澳大利亚工厂自1990年以来，吨钛白粉减少了50%的CO_2当量排放，因水是有价值的资源，自2000年其吨钛白粉水耗降低35%，能耗降低25%。在英国的斯德林堡工厂投资3500英镑用于环保项目改造，其目标是节约能耗、水耗，提高压缩空气、氮气、蒸汽利用率；尾气排放自1990以来降低92%，在2004年产量最高时，吨钛白粉固废排放降低6%，从2001年起其吨钛白粉电耗降低10%，2012年获得工业自然保护奖（INCA）。在法国的坦恩工厂自1990年以来二氧化硫排放减少了75%，白石膏用于水泥产品，红石用于屋面材料。在巴西巴赫亚（Bahia）工厂通过用天然气取代重油减少废气排放，从2008年到2012年，吨钛白粉能耗降低12.2%，电耗降低14.9%，蒸汽降低22.4%。值得一提是科斯特为了取得中国钛白粉生产一席之地，2015年收购中国江西添光钛白粉工厂生产规模50kt/a的硫酸法钛白粉生产装置，并计划在江西添光再建70kt/a生产能力。

特诺公司经过收购科斯特后其钛白粉生产装置能力达到1292kt/a，号称世界最大1300kt/a

装置生产能力，共有 11 座工厂，主要工厂见表 2-7；其中硫酸法有 3 个工厂分布在南美、欧洲、亚洲，包括中国江西添光在内，总产能 15 万吨，占总产能的 12%。

表 2-7　特诺收购科斯特后钛白粉的产能与工厂

序号	工厂所在地	产能/kt	生产工艺
1	美国俄亥俄州阿什塔比拉	210	氯化法
2	英国南亨伯赛德郡	150	氯化法
3	澳大利亚佩思班布瑞	96	氯化法
4	巴西巴赫亚	60	硫酸法
5	法国坦恩	40	硫酸法
6	沙特阿拉伯阿布	200	氯化法
7	中国江西添光	50	硫酸法
8	澳大利亚库拉拉	108	氯化法
9	美国佐治亚州萨凡纳	92	氯化法
10	美国密西西比汉密尔顿	214	氯化法
11	荷兰波特莱克	72	氯化法
	合计	1292	

三、泛能拓（Venator）

泛能拓是在全球钛白粉行业比较有名的亨兹曼公司的全资子公司，以经营钛白粉及颜料业务为主。

亨兹曼公司是世界上排名第三的钛白粉生产商之一，旗下英国蒂赛德钛白粉装置，2008年初达到满负荷运行，生产能力达到 150kt/a。到 2008 年底，公司在英国的扩能项目完成，公司在全球的钛白粉生产能力达到 570kt/a。2014 年 9 月宣布收购罗德伍德颜料业务，下辖三个欧洲老牌硫酸法钛白粉工厂，即德国杜塞尔多夫的莎哈利本、尤廷根的克瑞朗斯和芬兰坡里的克米兰，三家产能加在一起 345kt/a，2015 年 9 月 10 日获得欧洲委员会批准，一跃成为此时全球第二大的钛白粉生产企业；但后因特诺 2017 年初宣布收购名列其后的科斯特，亨兹曼从排名第二重新退到第三。现在亨兹曼钛白粉总产量将达到 915kt/a，硫酸法占 75%。其目标要求钛白粉生产副产物 60%转化成对建筑、农业和水处理行业等有价值的产品。其比较成功的案例是将法国加莱（Calais）一个列入关闭的硫酸法钛白工厂改造为世界最强的可持续的化工厂之一，按人、地球和效益的理念，减少 50GJ 的能耗，节约 500 万美元，节约的能耗可供 3000 个家庭一年的取暖和照明，CO_2 排放减少 35kt/a，污染物向海洋的排放量减少 50%；通过将废物转化为富含镁的土壤改良剂硫酸镁，增加产品效益，达到该工厂历史上最好的经济效益。在英国格雷汉姆的热利用项目节约 7900 万瓦特能源，可供 3500 个英国家庭的供电量，减排 $CO_2$15kt/a，获得英国产业环保大奖和英国化学工业联合会低碳奖。再就是不断创新，开发的自流型 DELTIO® 和红外反射 ALTIRIS® 得奖的新产品钛白，有助于全球范围的可持续进步。现有收购加入的莎哈利本钛白，无论是在废物处置，还是废酸回用上，均是硫酸法行业的佼佼者，而在 1989 年就成为世界第一个无废物（no-dumping）钛白粉生产企业；远景实现零排放。

亨兹曼在世界九个国家共有钛白粉生产工厂 11 个，见表 2-8。以硫酸法生产工艺为主，占其生产能力的 81.4%；氯化法生产工厂仅有两个工厂，而其中之一在美国查尔斯湖的生产装置，还是与 LPC 公司各占 50%合资企业。

　　亨兹曼公司于 2017 年 4 月 28 日在英国注册成立泛能拓（Venator Materials PLC）公司。该公司将钛白粉业务分为两大部分，分别由功能添加剂和彩色颜料、木材处理和水处理业务组成。该公司是许多重要产品线，包括二氧化钛，彩色颜料，功能添加剂，木材处理和水处理产品的全球领先生产商。公司经营 27 个设施，在全球雇用约 4500 名员工，并在 110 多个国家销售产品。

表 2-8　亨兹曼在世界各国的钛白粉工厂及产能

序号	工厂所在地	产能/kt	生产工艺
1	法国加莱	95	硫酸法
2	英国格林汉姆	100	氯化法
3	英国格瑞斯比	80	硫酸法
4	西班牙约拉	80	硫酸法
5	意大利斯堪利诺	72	硫酸法
6	马来西亚观丹	60	硫酸法
7	南非昂博杰特维尼	20	硫酸法
8	美国查尔斯湖	71	氯化法
9	德国杜伊斯堡	100	硫酸法
10	德国尤廷根	107	硫酸法
11	芬兰坡里	130	硫酸法
	合计	9150	

四、龙蟒佰利联（Lomon-Billion）

　　龙蟒佰利联公司是由前身河南焦作佰利联（Billion）化学股份公司收购四川龙蟒（Lomon）钛业有限公司重组而建立的股份公司，合二为一，更名为龙蟒佰利联。在 2018 年底拥有钛白粉装置产能 62 万吨，拥有 20 万吨钛渣冶炼装置、钒钛磁铁矿转底炉直接还原实验装置。拥有四川攀枝花红格矿区东段开采权，年开采钒钛磁铁矿 1000 万吨，选出钒钛铁精矿 250 万吨，用于生产钛白粉的钛精矿 60 万吨；钛白粉产量及规模全球排名第四。

　　原四川龙蟒钛业有限公司拥有两个钛白粉生产基地和一个钛矿生产基地，四川攀枝花红格矿东矿区拥有 2500kt/a 的铁精矿和 600kt/a 钛精矿的生产能力。2018 年钛白产量 360kt/a，其中四川绵竹 260kt/a，湖北襄阳 100kt/a，生产工艺为硫酸法。龙蟒集团公司是 1985 年以生产小纯碱建立的乡镇集体企业，最早为绵竹遵道碱厂，因临靠地方的一条叫龙蟒河的小河而得名。在"改革开放"早期，形容为"雨后春笋"的乡镇企业，以解决农村过剩劳动力的转移，这些小纯碱工业如昙花一现，很快就湮没在商品生产发展的大潮中，濒临倒闭；后生产精制氯化铵，改为龙蟒河化工厂；其后因当地拥有丰富的磷矿资源，转产开发生产饲料磷酸盐和肥料磷酸盐生产及禽畜饲料的加工，企业名称再由龙蟒矿物质饲料集团公司演化为四川龙蟒集团。尤其是在 1991 年将原有 2kt/a 饲料磷酸盐生产装置技改扩建为 6kt/a，因产品质量及生产工艺难于过关，与笔者合作采用笔者的两项发明专利，进行技术改造和核心技术实施，一下在原有的规模上产能达到 20kt/a，赶上了 20 世纪 90 年代中国饲料发展爆炸式增长的好时期；其后收购四川德阳磷化工总厂，建立 30 万吨饲料磷酸盐生产装置，再次购买笔者一项发明专利，同时邀请笔者主持该公司的科技创新与技术领导工作，于 1998 年饲料磷酸盐生产能力一举超过日本，夺得亚洲第一，全球排名第四，成为具有中国特色资源与特色技术能力的国际竞争性公司。随着饲料磷酸盐生产市场的壮大，发展空间受限，且与美国全球 500 强的两个公司激烈争夺亚太市场。因充分的科学技术实力与中国特色的生产技术，受到竞争对手的钦佩，并在 2000 年 8 月，笔者与该公司领导受邀访问美国国际矿业公司（IMC），看到了美国公司的强大与现代化之路的无机矿物化学加工发展的轨迹与势力，在返回的飞机上讨论下一个十年及未来的发展，并遵循"市场前景不大的不为，市场份额不大的不为，不怎么熟悉的行业不为"，因硫酸法钛白粉与硫酸法饲料磷酸盐生产均属于硫酸分解矿物资源的湿法无机矿物化学加工，既可借鉴又可与生产进行废副耦合，在当时选择过"纳米、生物和电解铝"等项目后，首选硫酸法钛白粉项目作为企业发展的新业务领域，并着手立即启动。2001年 6 月动工建立钛白粉生产装置，2003 年 40kt/a 装置一期投产进入市场，2004 年 40kt/a 装置产能达到后，盈利颇丰，迅速扩产 40kt/a 改 80kt/a、80kt/a 改 120kt/a 的不停节奏产能发展，钛白粉产品成为该公司主导运营产品，原有的饲料磷酸盐维持不变。因产品质量定位准确，废酸利用效益显著，副产亚铁市场管道畅通，一改硫酸法钛白粉过去质量欠佳、废副难以处理、且处理成本高等不可持续发展的窘境，其经济效益不仅可以与杜邦比肩，甚至略胜一筹，称之为硫-磷-钛产业循环经济耦合的先进模式。钛白粉生产正如原业务饲料磷酸盐一样泡制，首先超过日本最大的钛白粉生产公司石原，成为亚洲生产第一，全球第六。

河南佰利联化学股份公司，原为河南焦作化工总厂，始建于 1958 年，因采煤煤层顶板与底板伴生丰富的硫铁矿，以协同挖掘采出的硫铁矿进行硫酸生产开始，曾生产过普通过磷酸钙，后生产硫酸锆盐、硫酸铝盐等产品。1989 年开始生产硫酸法钛白粉，规模较小，直到 2001年扩大到 10kt/a 装置，2003 年新建 40kt/a 生产装置，2005 年投产因质量与产量未达标，2006年 7 月，邀请笔者技术指导进行"技术改造与装置产量提升"，以达到设计装置生产能力，三个月完成技改优化任务。其后将原有几套小规模的硫铁矿制酸装置关掉，新建高效热利用的两套 30 万吨硫黄制酸装置；由于其具备近 20 年硫酸法钛白粉生产的底子，一旦技术障碍消除，飞速发展并借助资本的力量于 2010 年成功上市，迅速扩大硫酸法钛白粉产能达到 200kt/a；并引进欧洲钛康（Ti-con）的氯化法生产技术，已建成 60kt/a 氯化法钛白粉生产装置和 200kt/a回转窑还原＋电炉熔分的高钛渣装置和钛石膏用于石膏砌块的生产线。2015 年以 90 亿元人民币成功收购中国钛白粉龙头企业四川龙蟒钛业。因此，重组后的公司更名为龙蟒佰利联。正在投资建设 200kt/a 的氯化法钛白粉生产装置及海外开发钛矿资源。

至 2018 年底龙蟒佰利联钛白粉生产分属三个省区，河南焦作 260kt/a（其中 60kt/a 为氯化法），四川绵竹 260kt/a，湖北襄阳 100kt/a，共计 620kt/a，其产能见表 2-9。

表 2-9　龙蟒佰利联钛白粉生产工厂及产能

序号	工厂所在地	产能/kt	生产工艺
1	中国四川绵竹	260	硫酸法
2	中国湖北襄阳	100	硫酸法
3	中国河南焦作	200	硫酸法
4	中国河南焦作	60	氯化法
	合计	620	

五、康诺斯 (Kronos)

康诺斯公司是全球硫酸法钛白粉生产的先驱，自 1916 年开始从事硫酸法钛白粉生产业务，已有 100 多年的历史。在 5 个国家拥有 6 个钛白粉生产基地，以其 564kt/a 生产能力，位于全球第五；其生产工厂分布与产能见表 2-10。其可持续发展在近 100 年来不仅与时俱进，工艺技术不断创新，目前也舍弃传统的硫酸法，大力研发氯化法技术，现氯化法钛白生产占 83%。

表 2-10　康诺斯全球钛白粉生产工厂及产能

序号	工厂所在地	产能/kt	生产工艺
1	德国尼尔库森	165	氯化法
2	德国罗德汉姆	60.0	硫酸法
3	挪威腓特烈斯塔	34.0	硫酸法
4	比利时朗格布鲁格	80.0	氯化法
5	加拿大瓦雷纳	69.0	氯化法
6	美国莱克查尔斯	156.0	氯化法
	合计	564.0	

六、中核钛白 (CHTi)

中核钛白，即中核华原钛白，其前身是核工业部国营四〇四厂，是生产铀核燃料的国防军工企业，1985 年由国家计委、国防科工委国［1985］1304 号文批复"国营四〇四厂建设 1 万吨钛白粉生产装置"，进入军转民的民品生产，这也是 1980 年代国家七五规划的硫酸法项目之一。1990 年从捷克引进 10kt/a 的硫酸法生产线，1995 年开始生产钛白粉，在 2003 年开始扩产 50kt/a 后，2007 年其股票成功发行上市，因技术原因无法达标达产，财务状况不佳，连年亏损，先后与山东东佳、南京金浦等公司进行多次重组未果后，2013 年由安徽金星钛白集团重组收购，金星集团 2014 年关掉江苏盐城 20kt/a 硫酸法生产装置，加速整改优化完善原华原甘肃生产基地和安徽马鞍山基地，形成甘肃 50kt/a 前处理生产装置和马鞍山 150kt/a 全流程装置，无锡后处理 50kt/a 装置，钛白粉全流程产能 200kt/a（表 2-11）。

表 2-11　中核钛白生产工厂及产能

序号	工厂所在地	产能/kt	生产工艺	备注
1	中国安徽马鞍山	150	硫酸法	
2	中国甘肃嘉峪关	50	硫酸法	
3	中国江苏无锡	50	粗品后处理	
4	中国甘肃白银	100	硫酸法	在建项目
	合计	300		全流程工艺

目前，正在建设位于甘肃白银 100kt/a 硫酸法生产装置，该项目是原四川攀枝花东方钛业审批立项而转接项目，投产后合计钛白粉全流程生产装置产能达到 300kt/a。

中核钛白也是目前国内唯一拥有单独的钛白粉后处理工厂，该工厂位于江苏无锡，由原有建立的无锡钛白粉厂演化为无锡豪普公司而来，主要对该公司甘肃嘉峪关原中核华原钛白转窑生产的钛白粉"粗品"进行后处理，同时也采购一些其他非自身的公司半成品如广西、攀枝花和云南等地的"粗品"进行后处理加工。

七、攀钢钒钛（PGVT）

攀钢钒钛业公司是鞍钢所辖的攀钢集团下属的独立子公司，是国内从事钛白粉生产业务命运多舛的中央企业。自 1935 年发现攀枝花拥有丰富钒钛资源开始，到 1965 因钒钛铁资源的开发设立渡口市，再演变到今天攀枝花市的历史进程中，在钛白粉生产技术与装置投资上应该说从 1965 年设市时开始，始终受到新中国各个时期的所有领导人无微不至的关怀与鼓舞，投入了不少的人力、物力及财力，做大做强中国的钛白粉事业也是几代攀枝花钛业人的梦。攀钢钒钛业公司以打造"中国第一、世界知名"钛产业为战略目标，以"科技创效"为中心，紧紧围绕工艺技术装备优化、重大关键技术研发、产品结构调整、技术创新体系建设等为重点开展科技创新及钛业发达之路。其最早建设硫酸法钛白粉生产装置是在 1994 年 10 月建成投产，设计产能为 4kt/a；后来改为 6kt/a，再次改为 8kt/a 生产能力，即"4 改 6，6 改 8"的创新工程，最后该装置因搬迁关闭。值得笔者回忆的是 2000 年 9 月，正值四川龙蟒集团开始投入 40k/a 吨硫酸法钛白粉装置建设时，在四川省化工厅前领导的协调下，双方为打造具有国际竞争力的钛白粉生产企业试图进行合作，为攀西钒钛资源及四川的地方经济秀出重彩的未来前景，经过深入交流，互赠技术情报后，因双方的体制与机制和技术理念上存在较大差异，合作未能进行下去，各自按自己的计划进行 40kt/a 吨硫酸法生产装置的建设。攀钢钛业异地再建 40kt/a 生产装置，通过引进韩国 COSMO 的连续酸解技术，进行卓有成效的技术消化、吸收及不断创新，酸解反应过程得到进一步控制，酸解率达到 97% 以上，各项技术指标超过 COSMO 公司实际生产技术要求，同时针对攀枝花钛原料硫含量高的特点，对尾气处理系统进行了优化，较好地解决了硫酸法钛白生产中酸解尾气治理难题，是国内首家成功应用引进韩国技术的生产企业；因此，该项成果获攀枝花市科技进步二等奖。但后来还是因经营困难及诸多因素再次关掉该 40kt/a 生产装置。其后拟引进美国普富门斯公司 100/kt 氯化法生产装置技术，也因多种原因，项目搁浅延缓。2016 年底，攀钢钛业所属钛白生产装置也因城市发展规划搬迁关闭，异地在长寿化工区再新建 10 万吨硫酸法钛白粉生产装置和 10 万吨氯化法钛白粉生产装置。2009 年入股攀枝花东方钛业 51% 股份建成硫酸法钛白粉 40kt/a 生产装置投产，接着增资股份到 65% 于 2014 年完成 40kt/a 改 100kt/a 的装置扩产能力的建设。至 2016 年底攀钢钛业拥有钛矿生产能力 800kt/a，在辽宁锦州、四川攀枝花米易和重庆长寿三省市共有 3 个钛白粉生产点，拥有名誉生产能力 230kt/a，控股生产能力 180kt/a，其中重庆长寿 100kt/a 硫酸法已开始生产，100kt/a 氯化法生产项目仍然在建设的前期工作准备进程中。同时为占据资源优势，在攀西地区的攀枝花、白马、红格和太和四大矿区中，除已拥有的攀枝花和白马外，正在争取红格矿区的采矿权，为年 800kt/a 万吨钛铁矿打下基础。

八、东佳（Doguide）

东佳集团，原山东淄博钴业，同是地方国企转制，在淄博博山拥有金虹和东佳两个生产装置点，年规模硫酸法 16 万吨，最早从山东济宁二化全套购入因投资与厂址原因未实施的 4kt/a 硫酸法钛白装置，因生产效益较好，2001 年合资金虹公司新建 20kt/a 产能，后改为 40kt/a，并在原老厂迅速扩建发展起来，废酸用于硫酸铵生产是该公司的特色。在环保节能方面多次受到各级政府奖励。并与中科院合作积极投入熔盐硫酸法工艺技术的开发，完成中间试验。与日本富士钛公司合资建立 10kt/a 化纤级钛白粉生产装置，采用连续酸解工艺。共计钛白粉生产装置能力 170kt/a。

九、石原（Ishihara）

日本石原公司于 1920 年 9 月建立，1954 年建硫酸法钛白粉厂，1961 年建硫酸铵装置，1963 年建钛黄粉装置，1971 年采用钛白粉生产废硫酸建人造金红石装置，1974 年使用科美基技术 12kt/a 氯化法生产装置投产，同年建硫黄制酸装置，1983 年建磁性氧化铁生产装置，1989 年新加坡氯化钛白粉生产装置 36kt/a 投产，1993 年扩大到 45kt/a，2012 年宣布将产能扩大到 72kt/a，不幸的是 2013 年 8 月 12 日宣布关闭。其关闭原因是地方流通货币增高、高的基础成本等致命原因。关掉新加坡 50kt/a 氯化钛白生产装置后，其公司钛白粉产量从 205kt/a 降到 155kt/a。现在的钛白粉生产装置在日本四日市。不得不说石原是一个很著名的钛白粉企业，曾经是传统中国钛白粉行业精英高山仰止的优秀企业；这不仅是由于石原的 930 牌号深入中国大陆钛白粉市场，而且其产品质量是国内企业追赶的目标。2003 年笔者研究开发 R996 牌号钛白粉产品，一经问世很快进入日本市场，被日本著名的东洋油墨、新西兰的太平洋油墨及日本韩国多家用户使用，很快挤压石原产品的传统市场，同时其产品质量由其石原内部分析解剖后，受到了贵方的高度评价，因此而建立了友好的关系，彼此多次互访和在国际会议进行愉快的科学交流。石原公司局限在日本的自然资源，在广义资源上做得可以让同行借鉴，在其精细化管理方面让人肃然起敬。在可持续发展上，除颜料级产品钛白粉外，精细化二氧化钛产品共分 5 类：超细二氧化钛、高纯二氧化钛、光催化二氧化钛、脱硝剂二氧化钛、针状级二氧化钛。废副加工利用废硫酸、亚铁等采用一个生产系统生产三个商标的产品：Gypsander®、Fix-All®、MT-V3®。一是石膏砂类土壤调节剂（Gypsander），二是重金属吸附剂（Fix-All - Heavy metal absorber），三是有机挥发物分解剂（MT-V3 - Iron oxide-based VOCs decomposer）。另外还有复合剂（Combined Solution），即 Gypsander® + Fix-All® 和 Gypsander® + MT-V3® 两个产品复合使用。

十、金浦钛业（GPRO）

金浦钛业是由江苏金浦集团全资控股的子公司，江苏金浦集团是以化学品制造为核心，房地产开发为骨干，集研发、生产、销售、商业为一体的大型现代民营企业集团。

金浦钛业的前身——南京油脂化工厂最早开发研制钛白粉始于 1964 年，1969 年生产金红石钛白粉，1976 年研制化纤级钛白粉，1978 年化纤级钛白粉获江苏省科学大会奖，1983 利用天津化工研究院成果生产聚合硫酸铁，1987 年，国家化学工业部"[87] 化计字第 620 号文"同意南京油脂化工厂利用波兰技术，由 4kt/a 扩大到 10kt/a 的钛白粉扩改建工程项目，并纳入江苏省"七五"技改项目规划中。2005 年经资产重组被江苏金浦收购成为民营企业；因城市发展，搬迁到南京化学工业园区异地新建 50kt/a 钛白粉生产装置。2008 年，"50kt/a 硫酸法钛白粉环保搬迁改造项目"在南京化学工业园区建成并投产，因引进技术和进口过滤设备的缺陷，产量未能达标，2010 年笔者主持升级扩能、填平补齐、质量提升技术改造，于 2011 年，"钛白粉质量升级及扩能技术改造项目"完成，产能规模达到全流程 70kt/a 和后处理装置 100kt/a，在原有设计能力上分别提高了 40% 和 50%。

南京钛白全资子公司徐州钛白的"8 万吨钛白粉搬迁一期工程项目"是原金浦北方碱厂，是金浦集团下属的氯碱企业，由于徐州市建设规划的需要进行搬迁，迁入徐州市贾汪经济开发区，于 2012 年底开始建设，建设规模按原南京生产装置 70kt/a，并配套建设 300kt/a 硫酸生产线，2016 年陆续投产。

金浦钛业拥有江苏南京化工园区和徐州贾汪经济开发区两个钛白粉生产工厂，产能 14 万吨。

十一、宁波新福（Xinfu）

宁波新福钛白粉科技有限公司，2000 年 7 月 18 于国家级宁波化工园区建立，起初生产非颜料级二氧化钛，从 4kt/a 增长到 10kt/a。2005 年计划新建 25kt/a 锐钛型钛白粉装置，因具有无机化工产品生产更加广义的资源优势，港口、市场、化工园区、废副销售半径等，后在建设中与笔者进行合作，改变计划进行 70kt/a 能力完善工艺技术与申报手续，2008 年投产达标后，质量、效益与废副销售均还有充分的余量，2010 年再建 50kt/a 生产装置，以便于产品种类的划分和满足客户需要。在可持续发展上，一部分废酸和七水亚铁销售到约 100 公里外的中国印染基地绍兴用作印染工业碱性污水处理剂；一部分废酸经过新技术浓缩返回钛白粉生产系统，吨钛白粉仅需要一吨蒸汽，并且可获利 100 元；浓缩废酸的一水亚铁渣用于聚合硫酸铁水处理剂生产，满足城市污水处理的市场发展需求；2011 收购园区内一路之隔的原起始于 1958 年的宁波硫酸厂（后搬迁改制为聚丰化工公司），关闭原有 100kt/a 硫黄制酸装置；2013 年采用化工园区内镇海炼化的液体硫黄建成投产 600kt/a 中国钛白粉企业最大单体的硫酸装置，采用热电联合体（CHP），配套发电与低温热回收系统（HRS），产生蒸汽近 100 万吨送钛白粉生产，发电 9600 万千瓦时每年，因采用当地镇海炼油厂的液硫原料即节约熔硫蒸汽和硫黄包装，目前钛白粉生产装置能力 120kt/a。

十二、克雷米亚钛坦（Crimea Titan）

克雷米亚钛坦（Crimea Titan），全称乌克兰克雷米娅钛坦私营股份公司（Crimea Titan PJSC），号称东欧最大的钛白粉生产商，1969 年建厂，1971 年生产磷铵肥料，1973 年生产硫酸铝和硫酸铵，1974 年生产铁红颜料，1979 年投产 40kt/a 硫酸法钛白粉，1990 年众所周知的东欧剧变，产量下滑 50%，生产难以为继，1999 年重组，2000 年引入高效管理，半年改造，增加设备，收到很好的效果，利润增长 19.7%，2001 年上市，2002 年质量认证，产品升级换代，2003 后新增硫酸铵装置，关闭改造老硫酸系统，增加磷铵生产。钛白粉生产规模达到 120kt/a，2016 年产量近 110kt/a。

第四节
钛白粉生产技术发展趋势

至 2018 年，钛白粉的商业生产工艺也还是仅有硫酸法和氯化法（图 2-6）两种生产方法。自氯化法生产问世以来两种工艺互为衬托与竞争，最早经历了产品质量的较量，在大部分颜料用途上双方产品不分伯仲均能达到同样的效果；但在特殊用途领域互不相让，如汽车领域使用的罩面漆是氯化法的天下，而化学纤维同样仅是硫酸法的地盘（第一章图 1-15），而这些仅占有不到5%的钛白份额。在经历了废副排放、环境保护的工艺竞争后，成本比较优势则在更加广义的资源定义下需要重新审视。从原有的质量、环保、健康、安全（QEHS）到循环经济和清洁生产，再到低碳和绿色可持续发展，已使得钛白粉这些无机矿物加工对生产提出更高的要求，其对现有工艺技术要求更广更高。尤其是全生命周期的能量消耗，如何科学地利用和调配生产原理中的化学能量和达到最低碳排放量，使其钛矿资源中的元素"榨干吃尽"。全球钛白粉主要生产商无论氯化法还是硫酸法在眼下可持续发展的背景下，正如钛白粉业内亨兹曼公司提出的"人、地球、效益"和康诺斯的主管所说的"取少造多"，以及笔者倡导的"一矿多用，全元素资源加工"，既是减排降耗，提高效益，更是资源用足用尽，值得今天中国钛白粉从业者借鉴。今后其主要生产技术发展趋势为：

① 无论采用硫酸法还是氯化法，在整个钛资源加工的产业链上，如何经济地分离钛铁矿中的铁元素并作为资源加工成市场对路且能消化掉的产品。

② 如何科学地将钛铁矿中的第三大元素镁利用起来，尤其是攀西地区的矿镁、钙含量较高。通常镁在4%～6%，以攀西矿年产40万吨，则按高限计算每年有2.4万吨镁资源进入钛白生产并被当作废物抛弃。

③ 氯化法生产中科学地回收氯化渣中未反应的钛原料和回收并分级利用其中未反应的石油焦，回收液作为产品进行耦合加工。

④ 氯化尾气、硫酸法酸解尾气和煅烧尾气增加脱硫装置，采用经济的脱硫剂。

⑤ 硫酸法废酸浓缩采用低成本高效的手段，调度酸解反应热和酸中的化学能，降低能量消耗，增加效益。

⑥ 将硫酸法硫酸亚铁中的铁和硫元素资源与价值最大化。

⑦ 污水处理效率化、资源化、经济化及中水回用化。

⑧ 生产装置效益化，矿耗、酸耗、电耗、能耗、水耗、人工及成本最低化。

⑨ 传统生产自动化改为智能化、效率化和无人化。

⑩ 钛矿全资源耦合利用与化学能分级利用的绿色可持续的新型钛白粉生产方法。

⑪ 新型的盐酸法工艺开发，同样注重酸解的高位化学能的分级利用、跨行业耦合利用和分别利用。

参考文献

[1] 龚家竹. 钛白粉生产现状及发展趋势[C]//2017 钨钼钒钛产业年会会刊. 厦门：瑞道金属网(WWW.Ruidow.com)，2017: 106-125.

[2] 龚家竹. 氯化法钛白粉生产技术的思考与讨论[C]//2019 年全国钛白粉行业年会暨安全绿色制造及应用论坛会议论文集. 焦作：中国涂料工业协会钛白粉行业分会，2019: 25-42.

[3] 龚家竹. 钛白粉生产工艺技术进展[J]. 无机盐工业，2003, 35(6): 5-7.

[4] 龚家竹. 钛白粉生产工艺技术进展[J]. 无机盐工业，2012, 44(8): 1-4.

[5] Winkler J. Titanium dioxide[M]. Hannover: Vincentz, 2003.

[6] 邓捷，吴立峰. 钛白粉应用手册[M]. 修订版. 北京：化学工业出版社，2004.

[7] 龚家竹. 氯化法钛白粉生产"废副"处理技术与发展趋势[C]//第二届国际钛产业绿色制造技术与原料大会. 锦州：亿览网(WWW.comelan.com)，2018: 65-86.

[8] 龚家竹. 论中国钛白粉生产技术绿色可持续发展之趋势与机会[C]//首届中国钛白粉行业节能绿色制造论坛，龙口：中国涂料工业协会钛白粉行业分会，2017.

[9] 龚家竹. 全球钛白粉生产现状与可持续发展技术[C]//2014 中国昆明国际钛产业周会议论文集. 昆明：瑞道金属网

(WWW.Ruidow.com), 2014: 116-149.

[10] 龚家竹. 化解钛白粉产能的技术创新途径[C]//2016 全国钛白粉行业年会论文集. 德州：中国涂料工业协会钛白粉行业分会，2016.

[11] 龚家竹. 中国钛白粉绿色生产发展前景[C]//第 37 届中国化工学会无机酸碱盐学术与技术交流大会论文汇编. 大连：中国化工学会无机酸碱盐专委会，2017.

[12] 龚家竹，吴宁兰，陆祥芳，等. 钛白粉废硫酸利用技术研究开发进展[C]//第三十九届中国硫酸技术年会论文集. 兰州：全国硫与硫酸工业信息总站，2019.

[13] 龚家竹. 钛、磷、氯耦合原料生产钛白粉项目前瞻[C]//第三届中国钛氯化技术与原料应用研讨会论文集. 锦州：中国涂料工业协会钛白粉行业分会，2015.

[14] 龚家竹. 浅析我国钛白粉生产装置的进步与差距[C]//2012 国家生产力促进中心钛白分中心大会论文集. 济南：国家化工行业生产力促进中心钛白分中心，2012.

[15] 龚家竹. 硫酸法钛白粉生产技术面临循环经济促进法存在的问题与解决办法[J]. 无机盐工业，2009, 40(8): 5-7

[16] 龚家竹. 硫酸法钛白粉酸解工艺技术的回顾与展望[J]. 无机盐工业，2014, 46(7): 4-8.

[17] 宁延生. 无机盐工艺学[M]. 北京：化学工业出版社. 2013.

[18] Barksdale J. Titanium: its occurrence, chemistry, andtechnology[M]. New York: Published by The Ronald Press Company, 1966.

[19] 杨宝祥，胡鸿飞，何金勇，等. 钛基材料制造[M]. 北京：冶金工业出版社，2015.

[20] 天津化工研究院. 无机盐工业手册[M]. 2 版，北京：化学工业出版社，1996.

[21] 龚家竹. 硫酸法钛白粉生产废硫酸循环利用技术回顾与展望[J]. 硫酸工业，2016(1): 67-72.

[22] 龚家竹. 中国钛白粉行业三十年发展大记事[C]//无机盐工业三十年发展大事记. 天津：中国化工学会无机酸碱盐专委会，2010: 83-95.

[23] Adam L, Hoed P D. IFSA2002: Industrial fluidization South Africa[M]. Johanesburg: The South African Institute of Mining Metallurgy, 2002.

[24] Griebler W D, Hocken J, Schulte K. Sulfate process titanium dioxide pigment leads the new millennium[J]. European Coatings Journal[J]. 1998, 1-2: 34-39.

[25] Griebler W D, Hocken J, Schulte K. 硫酸法钛白粉引领新千年[J]. 涂料工业，2004, 4(34): 58-60.

[26] 邓捷，吴立峰. 钛白粉应用手册[M]. 北京：化学工业出版社，2003.

[27] Goldschmidt A, Streitberger H J. Basics of coating technology[M]. Hannover: Vincentz, 2003

[28] Rengarajan R. Titanium dioxide in plastics extrusion injection, blow molding applicatins[C]//TiO$_2$ 2003. Miami: February 3-5, 2003: 1-5.

[29] Fisher J R. An evaluation of TiO$_2$ mineral feedstock operations and projects[C]//TiO$_2$ 2003. Miami: February 3-5, 2003: 6-11.

[30] Duyvesteyn W P C, James S B, Victor V D E. Process titaniferous ore to titanium dioxide pigment: EP1194379A1[P]. 2000-06-14.

[31] Robert L. World TiO$_2$ demand supply and capacity utilisation[C]//17th Indystrial Minerals International Congress. Barcelona: Industrial Minerals, 2004: 103-107.

[32] 龚家竹，江秀英，袁丰波. 硫酸法钛白废酸浓缩技术研究现状及发展方向[J]，无机盐工业，2008, 40(8): 1-3.

[33] 龚家竹，于奇志. 纳米二氧化钛的现状与发展[J]. 无机盐工业，2066, 38(7): 1-2.

[34] 龚家竹，池济亨，郝虎. 一种稀硫酸的浓缩除杂方法：CN1376633A[P]. 2002-10-30.

[35] 龚家竹，江秀英. 硫酸法生产钛白粉过程中稀硫酸的浓缩除杂方法：CN101214931A[P]. 2008-07-09.

[36] Lasheen T A. Soda ash roasting of titania slag product from rosettailmenite [J]. Hydrometallurgy, 2008, 93(3/4): 124–128.

[37] 龚家竹，李家全，池济亨，等. 一种金红石型钛白粉的制备方法：CN1242923C[P]. 2006-02-22.

[38] 朱骥良，吴申年. 颜料工艺学[M]. 北京：化学工业出版社，1989.

[39] Duyvesteyn W S, Verhulst D. Process titaniferous ore to titanium dioxide pigment: US6375923[P]. 2002-4-23.

[40] Duyvesteyn W P, Sabacky B J, Verhulst D E V. Process aqueous titanium chloride solution to ultrafine titanium dioxide: US6440383[P]. 2002-8-27.

[41] 龚家竹. 用盐酸法人造金红石生产废液的综合利用生产方法：CN104016415A[P]. 2014-09-03.

[42] 龚家竹. 氯化废渣的资源化处理. 方法：CN104874590B[P]. 2017-09-26.

[43] 龚家竹. 全球钛白粉生产技术现状与发展趋势[C]//第十九届国际精细化工原料及中间体(铁山港)峰会. 北海：中国化工信息中心，2019.

第三章

钛白粉生产原料

生产钛白粉的原料主要包括钛原料与分解或分离钛原料中其他非钛元素的无机化工产品原料，如氯气与硫酸，以及生产中需要的直接和间接的其他辅助原料。因其商业生产方法的不同，其原料要求与差异也随之不同。氯化法除氯气原料外，几乎使用钛含量较高的钛原料和经过加工富集的钛原料。硫酸法也是除硫酸外，可直接选用钛铁矿和钛铁矿经过熔炼分离大部分铁元素而富集加工后的钛原料。随着绿色可持续发展及生态文明的需要，作为资源型钛矿物加工的钛白粉，因其产品中主要成分为 200～350nm 的二氧化钛颗粒，为其提供化学分解能的氯气或硫酸等原料物质流元素均不进入自身的钛白粉产品中；为此，这些消耗了化学能的原料物质流元素，将其施加化学能重新循环再用，以及耦合利用的废副处理加工生产技术，始终伴随钛白粉生产工艺技术的进步与发展而不断创新。所以，钛白粉生产技术不仅包含其钛原料开采、富集加工、生产工艺、废副的资源利用与再用工艺技术，同时包含产生的废副与分离钛原料所使用的其他无机化学物质流元素的生产工艺技术。如：硫酸法生产中稀硫酸的浓缩回用与再用技术，废酸分离一水硫酸亚铁返回硫酸生产装置技术，七水硫酸亚铁的资源利用技术，乃至氯化法生产中氯化的氯化渣和氯化铁、氧化后的氯气循环使用，稀盐酸等的生产及其相互关联与互相应对的生产技术。这就十分有必要将钛原料及分离钛原料的其他无机化工产品原料的生产技术融会贯通，并与钛白粉生产技术进行耦合衔接，形成钛白粉生产的"复合型"工艺技术，做到资源利用最大化、能源使用最低化、环境影响最小化，穷尽已有的科技力量，创新跟上时代发展步伐的新技术、新装置，以满足钛白粉生产绿色可持续的现代社会发展需求。

第一节
钛原料

一、钛矿资源

钛资源在地球上蕴藏丰富，钛在地壳的丰度为 0.63%，按元素丰度排列位居第九，仅次于氧、硅、铝、铁、钙、钠、钾和镁。海水含钛 $1 \times 10^{-7}\%$，其含量比常见的铜、镍、锡、铅、锌都要高。钛属于典型的亲岩石元素，存在于所有的岩浆岩中，主要集中在基型岩中。钛的分布极广，遍布于岩石、砂土、黏土、海水、动植物，甚至存在于月球和陨石中。尽管现已发现 TiO_2 含量大于 1% 的钛矿物有 140 多种，具备商业生产价值的工业钛资源矿仅有两种，即钛铁矿（$FeTiO_3$）和金红石矿（TiO_2）。世界上具有开采价值的钛矿有原生矿（岩矿）和次生砂矿两种。原生矿基本都是共生矿，有钛铁矿、钛磁铁矿和赤铁矿等不同类型；原生矿的特点是产地集中、储量大、可大规模开采，缺点是结构致密、选矿回收率低、精矿品位低，主要集中于加拿大、挪威、中国、印度和俄罗斯。砂矿是水生矿，在海岸和河滩沉积成矿。砂矿主要铁矿物是钛铁矿和金红石，多与独居石、锆英石、锡石等共生，优点是结构松散、易开采、钛矿物单体解离性好、可选性好、精矿品位高，缺点是资源分散、原矿品位低，主要产于南非、澳大利亚、印度和南美洲国家的海滨和内陆沉积层中。

钛铁矿一般意义上来说指的是原矿（即开采后未经选矿、含有较多杂质的矿），即粗钛矿。因此对应的钛精矿是钛铁矿经过选矿除去一定杂质的钛铁矿，是生产钛白粉、二氧化钛及金属态的初级原料。钛铁矿是铁和钛的氧化物矿物，化学式为偏钛酸铁 $FeTiO_3$（即 $FeO \cdot TiO_2$），可看作是 FeO 和 TiO_2 的混合物。钛铁矿的颜色呈铁黑色或钢灰色、条痕钢灰色或黑色；含赤铁矿包裹体时呈褐色或褐红色，带金属至半金属光泽，不透明。钛铁矿晶体一般为板状，晶体集合在一起为块状或粒状。硬度 5～5.5，性脆，相对密度 4.0～5.0g/cm³。弱磁性，比磁化系数为（2.24～11.73）× 10^{-4}cm³/g，平均 3.15 × 10^{-4}cm³/g。

二、世界钛资源储量与分布

根据 2015 年美国地质调查局（USGS）公布的资料及不同来源的资料综合统计如表 3-1 所示，全球钛资源的基础储量有 25.8 亿多吨；可探明储量 7.8 亿吨，其中钛铁矿储量接近 7.3 亿吨，占全球钛矿的 93.5%，金红石储量约为 5487 万吨，二者合计储量约 7.8 亿吨。

一些国外统计的资源储量主要是砂矿资源，岩矿仅包括加拿大、挪威等国家品位特别高（原矿含钛铁矿 39%～75%）的钛铁矿富矿。钛磁铁矿几乎未统计在内，因为其中的钛铁矿与磁铁矿紧密结合，无法选出含钛较高的钛矿物，因而认为这类钛磁铁矿在现阶段技术条件下不具有利用价值。不过，具有中国资源特色的攀西钒钛磁铁矿资源，尽管属于此类含钛铁矿较低的资源（原矿含钛铁矿在 10%～20%），随着钛白粉工业发展的需求及选矿技术的进步，从钒钛磁铁矿选离铁精矿后的尾矿中，经过不停地解离，将钒钛磁铁矿钛资源回收率由早期仅有的 7% 提高到了 15%，可满足国内钛白粉生产原料的 40% 需要。因此，在表 3-1 中也将其纳入资源基础储量。

关于世界钛资源的统计数据仅具有参考价值，不是十分准确的统计。例如，印度新近发表的资料称印度拥有 3.48 亿吨钛铁矿资源，占世界钛铁矿资源的 35%；还有 1800 万吨的金红石资源，占世界金红石资源的 10%。此外，加拿大和肯尼亚据称发现了世界级的钛矿资源，加拿大魁北克省发现有含重矿物（含 Ti、Zr、Fe）5.9% 的砂矿 21 亿吨；肯尼亚发现世界最大未开发的金红石和锆英石资源。再就是离我国最近的越南，因大部分钛铁矿出口中国，笔者有幸对越南矿的开采进行过考察（见图 3-1、图 3-2），越方号称沿海岸各省拥有 6.5 亿吨的资源储量。另外，俄罗斯、韩国、伊朗、芬兰、莫桑比克等都发现了大型的钛矿物资源。这些都是还没有列入统计数据的，加上探矿技术的提高及选矿技术的进步，世界钛资源数据还将进一步的提高。

表 3-1　世界钛资源储量与分布　　　　　　　　单位：万吨

国家	钛铁矿资源		人造金红石资源	
	储量	基础储量	储量	基础储量
南非	6300	37500	830	2400
挪威	3700	7400	—	—
澳大利亚	16000	32194	2400	4300
加拿大	4000	9800	—	—
印度	8500	21000	740	2000
巴西	1800	17181	350	8500
越南	1500	2000	—	—
美国	2000	5900	40	180
乌克兰	590	1600	250	250
中国	20000	96000	19	28
莫桑比克	1600	2100	48	57
马达加斯加	4000	8300	—	—
其他	2600	7800	810	1700
合计	72590	248775	5487	19415

图 3-1　越南钛矿采矿场

图 3-2　越南钛矿选矿厂

全球有三十多个国家拥有钛资源，主要分布在澳大利亚、南非、加拿大、中国和印度等国。中国的钛铁矿储量占到全球钛铁矿储量的 27.55%，基础储量接近 40%（表 3-1），居第一位；澳大利亚钛铁矿储量占全球的 22.04%，基础储量占 12.94%，但其金红石储量占全球总量 50%，占据了金红石储量的一半。

钛铁矿丰富的国家有：中国（2 亿吨）、澳大利亚（1.6 亿吨）、印度（8500 万吨）、南非（6300 万吨）、南非（6300 万吨）。金红石主要分布于澳大利亚（2400 万吨）、南非（830 万吨）、印度（740 万吨）。越南目前正式统计经初步探明的钛矿储量约 2000 万吨，可开采量约 1500 万吨。主要分布在越南北部地区的太原和宣光（约 600 万吨，山矿，铬含量高）、中部沿海地区的河静省（约 500 万吨）、清化省（约 400 万吨）、平定和平顺两省（约 300 万吨），沿海地区均为砂矿，铬含量低。

世界钛铁矿原生矿的主要产地有：加拿大的阿莱德湖赤铁钛铁矿是目前世界上主要钛铁矿原生矿之一，该矿床是加拿大最主要的也是唯一的开采的钛铁矿山，矿床产于斜长岩体上，赋存的矿体长 1100m、宽 1050m、厚 6～60m，矿石储量 9000 万吨，粗选后的粗精矿含 TiO_2

34.3%。挪威是欧洲铁矿石的最大生产国，其中特尔尼斯矿占有重要的经济地位，矿储存于斜长-苏长岩体中，矿体呈船形，长2300m、宽400m、埋深350m，原矿含$TiO_2$18%，矿石储量3亿吨。勒得撒德矿床的矿石含$TiO_2$30%，矿石储量500万～1000万吨。美国纽约州有4个钛磁铁矿矿床，目前开采的是桑福德山矿山，矿体长1600m、宽270m，矿石储量约1亿吨。芬兰的奥坦梅基矿床，长50m、厚15m，矿石储量1500万吨。南非的布什维尔德矿床储量巨大，矿石储量达20亿吨，但该国砂矿资源丰富，所以该矿床只回收铁、钒，并未回收钛。

国外生产钛铁矿砂矿的矿区主要有7个，即澳大利亚东西海岸、南非理查兹湾、美国南部和东海岸、印度半岛南部喀拉拉邦、斯里兰卡、乌克兰、巴西东南海岸。

国外金红石砂矿区主要有3个，即澳大利亚东西海岸、塞拉利昂西南海岸、南非理查兹湾。同时，印度、斯里兰卡、巴西、美国也有少量产出。

世界各地钛铁矿精矿的化学组成见表3-2。

表3-2　世界各地钛铁矿精矿的化学组成　　　单位：%

国别及地区	矿床类型	TiO_2	FeO	Fe_2O_3	SiO_2	Al_2O_3	P_2O_5
弗吉尼亚（美）	岩矿	44.3	35.9	13.8	2.00	1.21	1.01
阿拉德（加）	岩矿	34.30	27.50	25.20	4.30	3.50	0.015
挪威	岩矿	43.90	36.00	11.10	3.28	0.85	0.03
乌拉尔（俄）	岩矿	48.07	12.21	24.59	1.54	4.66	0.16
乌克兰	岩矿	58.46	—	27.80	0.34	4.04	0.19
攀枝花（中国）	岩矿	47.0	34.27	5.55	2.89	1.34	0.01
印度喀拉邦	砂矿	54.20	26.60	14.20	0.40	1.25	0.12
斯里兰卡	砂矿	53.13	19.11	22.95	0.86	0.61	0.05
马来西亚	砂矿	55.30	26.70	13.00	0.70	0.59	0.19
卡伯尔（澳）	砂矿	54.57	25.15	16.34	0.53	0.10	0.13
巴西	砂矿	61.90	1.90	30.20	1.60	0.25	—
新西兰	砂矿	46.50	37.60	3.30	4.10	2.80	0.22
佛罗里达（美）	砂矿	64.10	4.70	25.60	0.30	1.50	0.21
广西（中国）	砂矿	50.94	28.61	13.68	2.27	1.07	0.071
云南（中国）	砂矿	48.93	31.37	14.86	0.81	0.97	0.03
国别及地区	矿床类型	ZrO_2	MgO	MnO	CaO	V_2O_5	Cr_2O_3
弗吉尼亚（美）	岩矿	0.55	0.07	0.52	0.16	0.27	—
阿拉德（加）	岩矿	—	3.10	0.16	0.90	0.27	0.10
挪威	岩矿	1.09	2.99	0.33	0.18	0.20	0.03
乌拉尔（俄）	岩矿	—	0.75	2.25	0.62	0.084	3.25
乌克兰	岩矿	—	0.98	0.86	0.20	—	3.58
攀枝花（中国）	岩矿	0.80	6.12	0.65	0.75	0.095	—
印度喀拉邦	砂矿	—	1.03	0.40	0.40	0.16	0.07
斯里兰卡	砂矿	0.10	0.92	0.94	0.26	0.19	0.09
马来西亚	砂矿	—	0.02	0.70	0.50	0.07	0.03
卡伯尔（澳）	砂矿	0.07	0.32	1.67	0.30	1.18	0.04
巴西	砂矿	—	0.30	0.30	0.10	0.20	0.10
新西兰	砂矿	—	1.20	1.20	1.40	0.03	0.03
佛罗里达（美）	砂矿	0.35	1.35	0.13	0.13	0.10	—
广西（中国）	砂矿	0.6	2.57	0.07	—	—	—
云南（中国）	砂矿	1.15	0.62	0.23	0.84	—	—

三、我国钛资源概况

（一）钛铁矿概况

我国钛资源及其分布较广，钛矿物资源丰富，占世界钛矿资源的近28%，位居世界第一。全国20多个省或市都有钛矿资源，主要分布在四川攀西、河北承德、云南、海南、广西和广东。我国原生钛铁矿储量最多，TiO_2为2.2亿吨，砂矿钛铁矿为0.2亿吨，金红石储量仅有几百万吨，钛铁矿型钛资源占钛资源总储量的98%，金红石仅占2%。在铁矿型资源中原生矿占97%，砂矿占3%。在金红石矿中原生矿占86%，砂矿占14%。国土资源部2016年公布的我国钛矿资源储量统计数据见表3-3（仅列主要钛矿地区）。而按照国际上以砂矿和高品位岩矿标准来评价钛资源，我国钛矿资源并不属于丰富的资源。

表3-3 我国钛矿资源统计表   单位：万吨

省（区）	矿区数/个	储量	基础储量		资源量	资源储量
			基础储量	经济的基础储量		
四川	27	14979	20799	16579	40822	61612
河北	8	380	572	507	1007	1579
广西	10	226	425	322	334	7585
云南	11	168	256	256	987	1243
广东	11	43	556	445	67	623
海南	42	189	409	236	1696	2105
合计	109	15985	23017	18345	44913	74747

注：固体矿产资源储量分类是根据矿产勘查所获得的不同地质可靠程度和相应可行性评价获得不同的经济意义的矿产资源储量；把固体矿产资源储量分为储量、基础储量、资源量三大类（包括16种小类）。基础储量：它能满足现行采矿和生产所需的指标要求（包括品位、质量、厚度、开采条件等），经详查勘探并通过可行性研究，认为属于经济的或边界经济部分为基础储量。其中，经济的基础储量是指已达到可靠的勘探阶段，通过可行性评价，认为开发该资源技术上可行、经济上合理的那部分资源。储量：储量＝经济的基础储量×可采系数。资源储量：资源储量＝基础储量＋资源量。资源量：是预测和推断的储量。

在我国钛矿资源储量中，占93%以上的是钒钛磁铁矿，因其独特的资源属性被国家列入重大特色的战略资源。在四川攀枝花和西昌地区探明的钒钛磁铁矿储量98.3亿吨，远景储量300亿吨，以TiO_2计9.65亿吨（注：攀西地方数据来源），占国内已探明的钛资源储量的90%，以此计算约占世界钛资源的40%，名列第一位，是我国钛原料市场的立足之本。采矿场与选矿厂见图3-3和图3-4。这种矿虽然选出的精矿TiO_2品位较低，且MgO和CaO杂质含量较高；但是，自20世纪80年代攀枝花的钛精矿应用于硫酸法钛白生产以来，经过钛白生产行业科技人员的不断努力与创新，已颠覆了欧美同行不被认可的优势钛资源的局限认识，逐渐将其传统认为的劣势资源变为优势资源而得到钛白行业与生产商家的广泛认可，成为目前国内最重要的钛白粉优势生产原料的来源。可以预料，在未来相当长的时期内，中国钛白粉企业的生产原料仍将随着攀西钛铁矿开发与利用的提高而更优质地发展，这是未来中国钛白粉生产发展的基础与原料保障。河北承德地区也有钒钛磁铁矿岩矿，但储量较小，精矿中MgO含量较低，可选得质量较好的钛铁精矿；陕西洋县也已发现储量约为1亿吨的钒钛磁铁矿点。

图 3-3 攀枝花钒钛磁铁矿采矿场

图 3-4 攀枝花钒钛磁铁矿钛矿选厂

我国拥有的钒钛磁铁矿，作为钛白粉生产的原料资源，其不被国际上同行看好的原因有三：

一是这种矿如直接作为钛原料开采，采选的技术难度很大，不利于资源的综合利用；目前作为四川攀枝花地区这一国内最大的钛原料供应基地，其生产途径并不是直接从原矿开始，而是以经过选铁和选钒后的尾矿作原料进行选钛；由于受前段选铁和选钒的限制，无法形成更大规模的开采，现在只拥有单个 50 万吨规模钛铁矿的采选能力。

二是这种矿因为其中的钛铁矿与磁铁矿紧密结合，尤其是在铁钛分离形式上，受钛磁铁矿物质组织、工艺矿物学性质所限，难以把高钛铁精矿中钛除到一般钢铁公司的要求；其最终产品品质为：铁精矿含铁仅在 51%～58%，而还含钛 10%～12%，单一用此矿炼钢，高炉利用系数低。

三是从选铁后的尾矿中回收的钛精矿含钛量也低，仅有 43%～46%，且含有相对较高的 MgO 和 CaO；目前技术条件下，用于氯化法钛白粉的生产几乎不能用；用于硫酸法钛白粉的生产在传统习惯势力的技术认识上，其生产难度大，且产品质量也低。

分布在四川攀枝花和西昌地区以及河北承德地区的钒钛磁铁矿，属于钛铁矿中的岩矿。尽管其 TiO_2 绝对总储量高，但是以钛铁矿形式存在的只有百分之十几。按现在的选矿工艺技术，从钒钛磁铁矿中可选出的钛铁矿精矿中的 TiO_2 量，只占原矿中总 TiO_2 量的 10%～15%。所以，如果按真正可回收利用的钛铁矿精矿中的 TiO_2 量计算，其储量只有 1 亿多吨，而且只能从选铁尾矿中回收钛铁矿。可见，此类钛铁矿的产量受铁矿开采规模的限制，且品质低，TiO_2 含量只有 43%～46%，非铁杂质高达 10%～13%，特别是 $CaO + MgO$ 含量达 4%～7%。

云南的钛矿资源较为丰富，根据 2016 年地方矿产资源开发统计，云南省钛矿（钛铁矿）上表矿区 18 处，保有资源储量 1273 万吨，探明储量 5000 万吨，居全国第二位。远期储量达亿吨，遍及全省许多地区，其中昆明、富民、武定、富宁、禄劝、保山板桥等地域较多，大部分为砂矿，少部分为岩矿。云南的砂矿易采易选，经过简单选矿就可获得质量较好的钛铁精矿，一般 TiO_2 含量在 48%～50% 之间，钛铁氧化物（$FeO + Fe_2O_3 + TiO_2$）总量大于 95%，除含 MgO 稍高（1.2%～2%）外，其他非铁杂质较少，是一种质量较好、应用价值较高的钛铁精矿，是冶炼高品位矿氯化法钛白生产用钛渣的较理想的原料。目前拥有 96 家开矿企业，产能达到 150 万吨，年产量已达 50 万吨。但是云南矿点多而分散，规模小，基本上无机械化作业，经销商通过收购各矿点产品的形式提供给市场。所以品位、品质甚至外观颜色都参差不齐。云南是个旅游大省，对环境和景点的保护尤其令人关注，因而对钛矿业的发展约束性很强。图 3-5 所示为云南砂矿 2016 年新近投入采矿场，图 3-6 为 30 万吨钛精矿生产选矿厂局部视图。

图 3-5　云南钛矿采矿场

图 3-6　云南 30 万吨钛矿选矿厂

海南东部和南部 300km 长的海岸线附近的万宁、文昌、琼海、陵水、三亚；广西的北海、藤县、钦州、苍梧、岑溪、巴马、陆川；广东的化州、湛江、电白、徐闻等地都有丰富的高品位、少杂质、易采易选的钛铁矿砂矿，多数伴生有锆英石、独居石、磷钇矿、金红石等，综合利用价值高，提取也容易。但是多数伴生有放射性铀、钍元素。同时这些矿一般埋藏较浅，储量较少，经过数十年的开采，部分矿点可开采量已近枯竭，其余矿点的资源和产量也在下降；加之作为旅游海岛，采矿带来的环境影响也制约了这些矿资源的发展。目前这三个地区钛铁矿年总产量估计在 30 万吨以上。但已难以满足附近用户的需要。例如，广西是全国著名的钛铁矿产地，但也是钛白企业最多的省（区），仅在钛铁矿生产地之一的藤县，就有 5 家钛白企业，邻近还有 2 家较大企业，7 家企业的钛白总装置产能达到 35 万吨/年，年需钛铁矿近 80 万吨/年，而藤县及邻近地区的钛铁矿年产量只有 8 万吨左右。该地区有的企业需从云南和国外尤其是越南采购钛铁矿原料。

此外，在福建、山东和辽宁沿海以及江西部分地区，也有钛铁矿。

上述丰富的钛铁资源，都是发展我国钛白工业乃至钛金属工业的得天独厚的生产原料基础。具有代表性中国钛铁矿精矿的成分和中国钛铁精矿国家标准分别见表 3-4 和表 3-5（YB/T 4031—2015）。此处需要特别说明的是，因攀枝花岩矿选矿技术的进步，细粒级矿的回收率升高，加上硫酸法钛白粉生产工艺技术的进步，基于原料和生产商经济利益的考量，较早标准（YB/T 4031—2006）将岩矿分为 TJK47、TJK46、TJK45 三个等级，因市场商品钛精矿钛含量多数均低于表中 45%TiO$_2$ 等级数据，且云南砂矿也如此，市售几乎在低于二级品等级；这些不仅与市场的经济技术有关，更与钛矿的开采资源利用率有关，现有标准将钛铁矿分为九个等级，最低不低于 40%TiO$_2$。

表 3-4　中国钛精矿成分（质量分数）　　　　　　　　　　　　　　单位：%

成分	钛精矿名称								
	北海氧化砂矿	北海钛铁矿	海南钛铁矿	攀枝花钛铁矿	承德钛铁矿	湛江钛铁矿	富民钛铁矿	武定钛铁矿	藤县钛铁矿
TiO$_2$	61.65	50.44	48.67	47.74	47.00	51.76	49.85	48.68	50.28
Fe	24.87	35.41	35.23	31.75	35.77	30.29	35.06	36.44	36.06
FeO	5.78	37.39	35.76	33.93	40.95	24.4	36.50	36.78	29.11
Fe$_2$O$_3$	29.30	9.06	10.63	7.66	5.60	16.08	9.58	10.97	19.17
CaO	0.10	0.10	0.79	1.16	0.81	0.34	0.24	<0.05	微量

成分	钛精矿名称								
	北海氧化砂矿	北海钛铁矿	海南钛铁矿	攀枝花钛铁矿	承德钛铁矿	湛江钛铁矿	富民钛铁矿	武定钛铁矿	藤县钛铁矿
MgO	0.12	0.10	0.20	4.60	1.54	0.05	1.99	1.18	1.4
SiO_2	0.77	0.79	0.70	2.64	1.67	0.82	0.86	0.67	0.32
Al_2O_3	1.15	0.75	1.05	1.20	1.23	0.79	0.23	0.60	0.5
MnO	1.10	1.30	2.21	0.75	0.85	2.66	0.75		0.17
V_2O_5				0.1	0.14		0.12	0.22	
S	0.01	0.02	0.01	约0.2	约0.3	0.017	约0.02	约0.01	0.009
P	0.036	0.02	0.016	0.01	0.063	0.01	约0.01	0.01	0.028

表3-5 中国钛铁精矿国家标准（YB/T 4031—2015）

产品级别	TiO_2含量（质量分数）/%，不小于	TiO_2+Fe_2O_3+FeO含量（质量分数）/%，不小于	杂质含量（质量分数）/%，不大于					
			CaO	MgO	P	Fe_2O_3	Al_2O_3	SiO_2
一级	52	94	0.1	0.4	0.030	27	1.5	1.5
二级	50	93	0.3	0.7	0.050	27	1.5	2.0
三级A	49	92	0.6	0.9	0.050	17	2.0	2.0
三级B	48	92	0.6	1.4	0.050	17	2.0	2.5
四级	47	90	1.0	1.5	0.050	17	2.5	2.5
五级	46	88	1.0	2.5	0.050	17	2.5	3.0
六级	45	88	1.0	3.5	0.080	17	3.0	4.0
七级	44	88	1.0	4.0	0.080	17	3.5	4.5
八级	42	88	1.5	4.5	0.080	17	4.0	5.0
九级	40	88	1.5	5.5	0.080	17	5.0	6.0

注：U＋Th含量不大于0.015%，Cr_2O_3含量不大于0.1%，S含量Ⅰ类不大于0.02%，Ⅱ类不大于0.2%，Ⅲ类不大于0.5%，需方有要求时，由供需双方协商在订货单（或合同）中注明。

（二）金红石矿概况

我国金红石砂矿资源较少，大多是岩矿，主要分布在河南、湖北、江苏、河北、山西和陕西一带。在河南省西南部西陕、南召、泌阳地区发现有一个总储量达1亿吨的特大型金红石矿，其TiO_2含量在2.0%～4.1%之间，可采资源量达5000万吨，相当于500个大型矿床的规模，而且矿体绝大部分裸露地表，开采十分便利，据悉已有包括国内外公司在内的多家企业对开发该矿有合作意向。山西发现的金红石矿，初步探明其B＋C+D级矿石储量为6934万吨，远景储量2亿多吨，品位2%，该矿埋藏浅，基本可露天开采，可选性好，已建有一个700t/a（TiO_2含量在98%以上）的生产线。在江苏连云港的东海县发现储量130万吨的金红石矿点，TiO_2平均含量达3.5%；湖北枣阳的储量也较大，原矿的TiO_2平均含量达2.31%。此外，在海南、广西、广东、福建、浙江和山东等地也有发现，但储量不多。这些金红石矿的发现和即将商品化，不但可改变我国金红石矿原来严重短缺的局面，而且将为氯化法钛白生产提供优质的原料，有助于促进我国氯化法钛白工业水平的提高。

金红石是一种黄色到红棕色直至黑色的矿物。其主要成分是TiO_2，含有一些铁、铌和钽。

金红石精矿 TiO$_2$ 品位高达 95% 以上，杂质较少，是氯化法生产四氯化钛的优质原料；所以，其大部分被用于氯化法生产钛白粉和金属钛，也可以作为制造电焊条和冶金原料。但是，金红石中的 TiO$_2$ 不能被硫酸分解，因其酸溶性极差而不能用作硫酸法钛白粉的生产原料。同时，金红石矿中的 TiO$_2$ 含量只有 2%～4%，而其结构致密，莫氏硬度为 6.9，相对密度为 4.2～5.2，呈细粒状分布在岩矿中，要经过采矿、破碎和选矿等除杂工序，才能获得金红石精矿，由于获得精矿的难度大、成本高，需要投资大；因此，尚未形成规模化开采。中国金红石精矿的国家标准见表 3-6。

表 3-6 中国金红石精矿的国家标准（YB/T 352—1994）

| 用途 | 质量级别 | 化学成分/% | | | | 粒度 |
| | | TiO$_2$ | 杂质含量 | | | |
			P	S	FeO	
氯化钛白、海绵钛、电焊条、钛铁合金	特级	96	0.03	0.03	0.05	砂矿<0.18mm 岩矿<0.25mm
	一级	92	0.03	0.03	0.05	
	二级	90	0.03	0.03	0.05	

四、钛矿资源的开采与富集

（一）概述

作为钛白粉生产原料，因钛矿资源的自然属性构成与现有钛白粉生产商业工艺技术上存在的差异与特点，使用钛资源的工艺技术也随之差异化；尤其是在今天所处的现代工业文明的飞速发展进程中，可持续发展与生态文明要求强烈，"一矿多用，全资源利用"的矿物化学加工模式将催生更先进的全资源利用的新工艺、新设备、新装置来解决钛矿资源属性不同带来的生产差异和技术难题。

钛矿资源除开采外，因要满足用于钛白粉生产的经济要求，需要进行选矿与生产加工富集钛原料。

选矿工艺过程主要包括粗选、重选（重力选矿）、浮选、磁选、电选等通常的有色金属选矿手段与方法。重选是利用钛矿物颗粒与其他矿物颗粒之间的密度差来分离的，砂型钛矿粗选与重选几乎同为一道，而岩矿的粗选却要复杂得多，需要破碎抛尾、多级磨细解离选铁。浮选是利用各种矿物表面的化学或物理性质的不同，加入具有选择性的浮选药剂（表面活性剂），使其产生大量的泡沫，因不同矿物在空气与水的界面上浸润度的差异，产生有选择性的吸附，某种成分矿物随泡沫浮起而漂出，其他成分则沉淀下来，从而得以将需要的矿物分离，有正浮选（需要矿物浮起）、反浮选（不需要矿物浮起）和正反与反正混合浮选之分。磁选是利用各种矿物的磁导率的差异，经过一个磁场，因不同的矿物对磁场的吸引力的差异，磁导率高的矿物被磁盘吸起，再失磁后脱落，经过集料斗收集磁选矿物，磁导率低的矿物不被吸起，留下作为尾矿分离掉。电选是根据矿物在高压电场内电性的差异，利用两种矿物的整流性不同或其分选电位差值将不同矿物进行选分的分离方法。

多数钛矿资源经过选矿也不能达到某些工艺钛白粉生产技术需要，或者经济的加工需要，就需要采用选矿后的冶炼加工和化学加工进行钛资源富集。如还原电炉高温熔融分离是将钛铁矿中的大部分铁分离掉，在钛白粉生产时进入生产系统的铁元素减少，不仅硫酸法钛白粉生产减少硫酸亚铁，氯化法减少氯化铁，而且可优化生产工艺。

钛矿资源的富集加工流程如图 3-7 所示。岩矿经过两种方式进行富集，一个是重选和磁选，选矿得到 43%TiO₂ 以上的矿，直接用于硫酸法钛白粉生产；二是将 35% 或 45%TiO₂ 的岩矿进行电炉高温还原熔分得到 74% 或 80%TiO₂ 左右的高钛渣，用于硫酸法钛白粉生产。砂矿经过重选、磁选、静电选富集后，可采用四种路径再富集用于不同的钛白粉生产原料，一个是直接将含 35%～80%TiO₂ 的钛铁矿直接用于硫酸法或氯化法钛白粉生产原料；二是经富集选矿选出的含 94%～96%TiO₂ 金红石产品用于氯化钛白粉生产原料；三是将 45%～50%TiO₂ 的钛精矿进行电炉高温还原融分得到 80% 或 85%TiO₂ 左右的高钛渣，用于硫酸法或氯化法钛白粉生产原料；四是采用铁还原与无机酸（盐酸、硫酸）和无机盐浸取分离其中铁生产人造金红石，用于氯化法钛白粉生产原料。除上述六个富集匹配钛白粉生产钛原料的基本流程外，也有一些新工艺在研究开发中，如采用攀枝花钒钛磁铁矿选出的钛精矿，用盐酸浸取沉淀的较细金红石和偏钛酸沉淀用于硫酸法生产工艺，以减少钛精矿直接使用硫酸法带来的七水亚铁分离及副产物没有市场问题；也有如英国利兹大学和中国科学院过程研究所等采用碱溶钛精矿，生成钛酸钠盐分离铁，再加硫酸的工艺，因生产化学能来自高位碱能量和硫酸的酸能量，均没有工业化。因此，钛矿经过不同的富集生产工艺，一些可用作硫酸法和氯化法钛白粉生产原料，而一些仅能用作氯化法生产原料。这与其中的杂质组成、晶型结构，甚至颗粒细度相关。

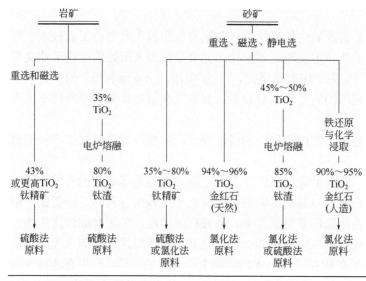

图 3-7　钛矿资源的富集加工流程图

我国钛矿业的发展是伴随钛白和钛金属行业的发展而进行的。海滨砂矿生产从 1964 年开始建设国营矿山。钛铁矿原生矿的选钛厂是从 1959 年开始，首先在河北承德双塔山铁矿建成了选钛厂。1980 年建成了四川攀枝花选钛厂，年产 5 万吨钛铁矿精矿，主要从钒钛磁铁矿选铁尾矿中回收钛铁矿。

1980 年以前，我国的钛原料主要从海滨砂矿中取得，每年约生产 13 万吨钛铁精矿。3 年以后，钛原料的供应已从海滨砂矿转变到原生钛矿。四川攀西地区的选钛厂经过 37 年的不断建设扩产和技术攻关，目前的钒钛磁铁矿开采量已达 3000 万吨/年。在此期间，全国其他地区的原生钛矿也相继得到开发和利用。

经过多年努力，我国的钛选矿技术有了长足的发展，一些高效的采选新设备、新工艺和新的浮选药剂不断出现，并在生产中得到应用。如在海滨砂矿的选矿中，出现了采用干采干运及圆锥选矿机与螺旋选矿机为主体设备的移动式选矿厂；在原生钛铁矿的选矿工艺中成功地应用了湿式高梯度磁选机；多种细粒钛铁矿的有效浮选药剂的问世，使钛的选矿指标有了明显的提高。

我国的原生钛矿包括原生钛铁矿和金红石矿，其存在着品位低、粒度细、矿石性质复杂等缺点，因而选矿指标仍然比较低。原生钛铁矿选矿厂的选矿回收率仅有 26%～40%，原生金红石矿选矿厂的回收率也只有 35%～50%。提高选矿技术指标仍然任重而道远，很多技术难题还需要去攻克，如微细泥中的钛铁矿的有效捕收剂的研究和细泥选矿新工艺的研究等都还没有实质性的突破。

我国原生金红石矿的选矿研究才刚刚起步，选矿工艺需要优化，选矿设备要向有效处理细粒矿方向发展。浮选药剂应具有选择性强、价廉等特点。

可以预料，随着科学和技术的发展以及钛白粉工业的发展，需要大量的钛资源，改变现在一半以上需要进口钛原料的局面，钛矿的选矿技术一定会取得更大的进步。

（二）砂型钛铁矿的选矿

1．砂型钛铁矿的开采与粗选富集

因砂矿型钛铁矿为次生矿，是原生矿在自然条件的作用下经过风化、破碎富集而成的矿。按产出地域分为海滨砂矿和内陆河滨砂矿，这种矿除了少数矿体上部覆盖层需要剥离外，一般无须剥离即可进行机械的船采或干采。船采如图 3-8 所示，采砂船可采用链斗式、搅吸式和斗轮式三种方式将采出矿浆用砂浆泵经管道送至粗选装置进行粗选富集。干采如图 3-9 所示，采用推土机、铲运机、装载机及斗轮挖掘机，采出矿经皮带或运输车送至选矿厂进行富集粗选。

图 3-8　砂矿型钛矿船采场　　　　　　　图 3-9　砂矿型钛矿干采场

粗选主要采用重力选矿，如溜槽、螺旋溜槽、圆锥选矿机等将钛铁矿与其中的砂和泥分离开，由原矿 8%～15%TiO$_2$ 的含量提高到 40%左右，通常得到的毛矿专业术语叫作重矿砂，其中除钛铁矿外，还含有独居石、金红石、锆英石等矿物，需要进行精选分离其中的锆矿和金红石矿。

2. 砂型钛矿中钛精矿选矿工艺

如图 3-10 所示，经过粗选得到的重矿砂（富集原矿），经过烘干后利用矿物中不同矿物组分的导电性和磁性不同，进入磁选机磁选分离，将非磁性性或弱磁性的独居石、锆英石、金红石以及砂子等分离出来，获得钛精矿。

3. 砂型钛矿中锆英石的选矿工艺

如图 3-11 所示，接钛精矿选矿分离流程图 3-10，在粗矿烘干磁选分离钛精矿后弱磁物质加水进行振动筛分，分离出的独居石类（待选）、锆英、金红石和砂子，将砂子排掉，得到的锆英石和金红石再进行烘干后经过磁选分离出导磁矿物，留下的锆英石和金红石再经过电选，选出锆英石产品；留下的金红石和弱磁矿物，送下一工序选出金红石产品。

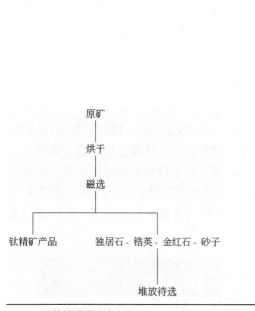

图 3-10　钛铁矿磁选生产流程

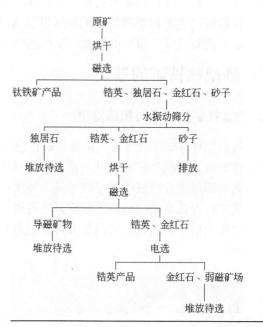

图 3-11　锆英石选矿工艺流程

4. 砂型钛矿中金红石的选矿工艺

如图 3-12 所示，接图 3-11 锆英石选矿流程的最后环节，将混合的金红石与弱磁矿物送入磁选，分离掉弱磁矿物后，再经过电选分离尾砂得到金红石产品。

5. 砂型钛矿中独居石的选矿工艺

如图 3-13 所示，接图 3-11 锆英石选矿流程的水振动筛分环节分离出独居石工序，再经烘干、浮选或磁选选出独居石，尾砂排掉。

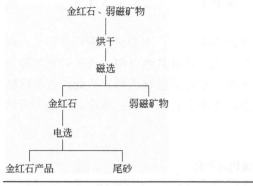

图 3-12 金红石选矿流程图

图 3-13 独居石选矿流程图

（三）岩型钛铁矿中钛精矿的选矿工艺

1. 岩型钛铁矿的特性

攀西（攀枝花-西昌）是中国最大的钛资源基地，钛资源量为 8.7 亿吨，占全国钛储量的 90%。攀西地区的钛资源十分丰富，该地区的钒钛磁铁矿中含有大约 8%～10% 的 TiO_2。攀钢矿山生产钒钛磁铁精矿（年产 588 万吨）时，将同时产出选铁尾矿（年产 726 万吨）。原矿中的钛大约有 48.68% 进入铁精矿，而 51.32% 的钛进入尾矿，几乎各占一半。以此计算，因现有技术的局限，目前最好的技术仅能在尾矿中的选出 40%～50% 左右的钛，这些均由矿的特性所致，其主要特性如下：

（1）矿物组成和晶型　钒钛磁铁矿的主要矿物是钛磁铁矿等，而钛磁铁矿是复合矿物，其主晶矿物是磁铁矿（$FeO \cdot Fe_2O_3$），钛磁铁矿固溶分离的容晶矿物有钛铁矿（$FeO \cdot TiO_2$）、钛铁晶石（$2FeO \cdot TiO_2$）和镁铝尖晶石（$Mg \cdot Fe$）（$Al \cdot Fe$）$_2O_4$。容晶钛铁矿根据其形态和大小可分为片状晶和板状晶，前者因晶粒太细，超出电子探针测量极限，后片宽 0.005～0.05mm，长度多数贯穿钛磁铁矿的颗粒。钛铁晶石片宽 0.005～0.01mm，粒度很细。镁铝尖晶石可分为片状晶（0.001～0.005mm）、粒状晶（0.005～0.05mm）。对红格东矿段而言，其钛磁铁矿的容晶矿物主要是钛铁矿，其次是镁铝尖晶石。

（2）矿物结构　从矿物结构中可看出，因矿粒度太小，难以通过细磨方式使其分离，虽其结构主要为钛铁矿和镁铝尖晶石，易于通过精选使之分离，但无论如何，细磨精选难以除去钛磁铁矿中的片晶状钛铁矿和片状镁铝尖晶石等容晶矿物，所以细磨分离是有限的，同时获取的钛铁矿中 MgO 含量高。

（3）矿物的解离筛选　矿物解离筛选是将矿石经过破碎、磨矿分离成单一矿物颗粒（矿物单体）的过程。矿物粒度是矿物单品或集合体颗粒的大小。在选矿工艺中，有用矿物和脉石矿物的粒度特征，是确定矿石的分选方法和磨矿粒度的主要依据。

（4）硫化物　矿中含种类较多的硫化物，尽管硫化物含量不高，但影响选矿效率，需要增加脱除硫化物的辅助工艺。

（5）脉石矿物　脉石矿物中钛普通辉石和斜长石占其脉石总量 90%，它们广泛分布于矿石及围岩夹石中，颗粒粗大，呈浑圆状，且其中含有数量不等的铁矿物和二氧化钛，因其数量大，在选矿中影响选矿的回收率。

（6）矿物致密性　因钒钛磁铁矿铁钛致密共生，难磨难选。铁精矿中钛含量高，高炉难以冶炼。

（7）主要物理参数　钒钛磁铁矿主要物理参数如表 3-7 所示，主要矿物磁性差别大、密度差异小、矿物硬度除辉石稍大外其余差异小。因此，除磁性外其他可用于选矿的物理参数差异性均不明显，所以，只能分段利用矿物物理性质的微小差异进行选别。故此，致使钒钛磁铁矿铁矿石综合回收资源的选矿工艺变得较为复杂，需用多种选矿工艺和选矿方法方可达到资源开采利用之目的。

表 3-7　钒钛磁铁矿主要物理参数

矿物名称	参数类型	钛磁铁矿	钛铁矿	硫化物	辉石类	长石类
攀西钒钛磁铁矿	密度/（g/cm^3）	4.59	4.62	4.52	3.25	2.67
	比磁化系数/（cm^3/g）	30280×10^{-6}	257×10^{-6}	4100×10^{-6}	114×10^{-6}	18×10^{-6}
	比电阻/（Ω·cm）	1.38×10^6	1.75×10^5	1.25×10^4	3.13×10^{13}	$\geqslant 10^4$
	显微硬度/MPa	6.25	6.15	4.40	6.94	6.28

2．岩型钛铁矿的选矿

比较具有代表性岩型钛铁矿的选矿工艺概括有三种：一是中国攀西地区钒钛磁铁矿的选矿工艺；二是加拿大魁北克阿拉德湖地区的拉克提奥钛铁矿的选矿工艺；三是挪威特尔尼斯矿的选矿工艺。

（1）攀西地区钒钛磁铁矿的选矿工艺　攀西矿属于钛磁铁矿-钛铁矿的矿石类型，其主要矿物平均含量比例如表 3-8 所示。钛磁铁矿与钛铁矿比值在 5∶1 左右，按照表 3-7 所示，钛磁铁矿比磁化系数比钛铁矿、硫化物、钛辉石、斜长石均大得多；采用弱磁选方法选出铁精矿（钛磁铁矿），再在选铁后的尾矿中选钛精矿（钛铁矿）；即现有技术下，钒钛磁铁矿的选钛工艺是在选铁之后的尾矿中选钛。

表 3-8　攀西钒钛磁铁矿主要矿物含量比例

矿物名称	钛磁铁矿	钛铁矿	流化矿物	普通钛辉石	斜长石
含量比例/%	43～44	7.5～8.5	1～2	28～29	18～19

攀西钒钛磁铁矿较早的选矿流程如图 3-14 所示。原矿经过两级破碎进行筛分，大于 10mm 的粗粒采用三段破碎后返回筛分，然后经过两级磨细，达到 70%过 200 目筛后，进行弱磁选得到选出铁精矿（钛磁铁矿）。选铁后磁尾矿再进入强磁选，强磁选选出的矿再加药剂进行浮选，浮选出产品钛精矿，浮选尾渣连同强磁选磁尾渣排入尾矿库堆存。这样钒钛磁铁矿中的 TiO_2 有 53%进入铁精矿中，高炉冶炼后，全部钛几乎进入炼铁渣中，渣中 TiO_2 含量为 22%～25%，这部分钛资源，目前还不能经济地利用。进入钛精矿中的 TiO_2 仅占原矿中 12%～13%，在选钛尾矿中约损失 TiO_2 34%，同样还没有经济利用的价值。其开采钒钛磁铁矿中的代表性的钛资源去向如表 3-9 所示。

其后，经过改进的流程之一如图 3-15 所示，一段破碎后，小于 75mm 的矿石用磁滑轮抛尾，抛弃废物量占总矿物量的 13%～16%，可降低下段碎、磨工作量，降低消耗，三段细碎后小于 10mm 的矿进入磨矿系统，大于 10mm 的返回细碎机。

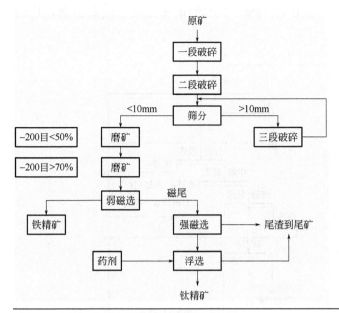

图 3-14　攀西钒钛磁铁矿较早的选矿流程图

表 3-9　攀枝花钒钛磁铁矿中的钛资源走向

产品	产率/%	品位（以 TiO$_2$ 计）/%	金属分布率/%
生铁	24.76	0.186	0.44
高炉渣	24.19	22.69	53.20
钛精矿	2.65	47.48	12.19
尾矿	48.40	7.28	34.17
原矿	100.00	10.32	100.00

选铁部分仍然实行两段磨，第一段磨矿后过 200 目达 38%，第二段细磨后过 200 目达 85%；两粗（磁选）一精（磁选）选铁流程，所选产品（铁精矿）过 200 目达 70%以上，符合氧化球团等生产工艺要求的产品粒度。

用选铁后磁尾选钛，磁尾浓缩脱泥后，强磁粗选抛去部分尾矿经中磁脱铁，选出次类铁矿（TFe30%～40%，生产水泥用）后浮选出硫钴精矿，再进行药剂浮钛（一次粗选、四次精选、二次扫选），选出钛精矿。

据称按此选矿工艺，其铁精矿品质可达 TFe 58%～60%、TiO$_2$ 10.5%～9.65%，回收率达78%；钛精矿 TiO$_2$≥47.5%，磁尾钛回收率达到 60%。

由于攀西钒钛磁铁矿选钛是在选铁尾矿中进行，入选的原料已经是处于细度−0.4mm至 +0.004mm 的微细级范围，且细度小于 40μm 的微细级钛铁矿则随约占入选量 60%的尾矿被抛掉。目前最需要开发的是回收微细粒级钛铁矿的技术。中国工程院咨询研究项目（编号：2013-HG2）介绍的钒钛磁铁矿的高效铁、钛选矿优化基本流程如图 3-16 所示。

钒钛磁铁矿石经过三段磨碎筛分，粗颗粒返回三段破碎工序，细颗粒进入球磨机进行磨细后分级，大于的粗粒子返回再磨，过 200 目 30%～35%的细粒子进入一段弱磁选选铁，一段磁尾进入粗粒子选钛系统。经过一段弱磁选出磁性矿送入二段球磨机将矿石磨细分级，大于的粗粒子返回再磨，过 200 目 70%～75%细矿粉送入二段弱磁选，选出铁精矿。

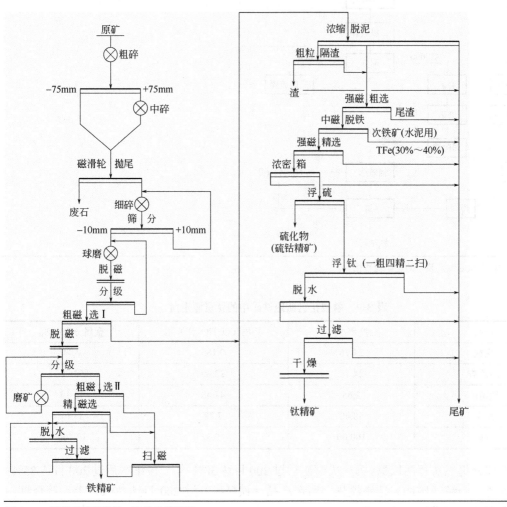

图 3-15　钒钛磁铁矿选铁、选钛工艺流程

　　一段弱磁选铁后的磁尾进入粗粒选钛系统，经过进入重介质分选，细粒子作为尾矿抛掉，大于 0.4mm 的颗粒送入磨机磨细，分级小于 0.1mm 的粒子送入细粒选钛系统；0.1～0.4mm 的颗粒，送入强磁选或重选，非磁性物作为尾矿抛掉，磁性物进行浮选，选出硫精矿后的物料进行干燥，再进行电选得到粗粒钛精矿，电选粗粒钛精矿后的物料，再进入球磨机磨细后，与重选分离后小于 0.1mm 物料和二段弱磁选铁精矿后得到的细颗粒尾矿一道进入细粒选钛系统。

　　细粒选钛系统是将粗粒选钛前分离出的小于 0.1mm 的细粒和粗粒选钛后磨细的尾矿加上二段弱磁选铁精矿后细粒尾矿，然后进行分级，大于 0.038mm 和小于 0.038mm 的颗粒分成两部分。前者大于 0.038mm 的细粒进入立环强磁选机进行磁选，磁选物再经过浮选机浮选出细钛精矿；后者小于 0.038mm 的细粒进入平环强磁选机进行磁选，磁选物再用浮选柱进行浮选出超细钛精矿。

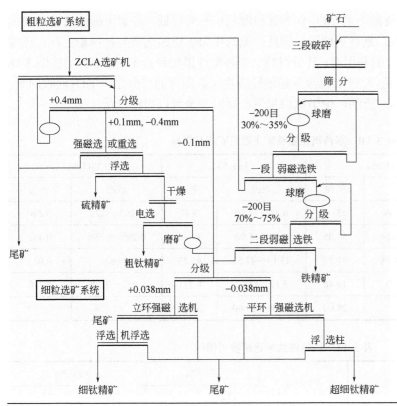

图 3-16　攀西钒钛磁铁矿高效选铁选钛工艺流程

攀枝花不同矿区的钒钛磁铁矿选矿产品主要指标如表 3-10 所示，选矿工艺生产指标（参考）如表 3-11 所示。铁精矿平均铁含量 58%，吨铁精矿需要原矿 2.8t；钛精矿平均 TiO_2 含量 47.5%，吨钛精矿需要原矿 13.3t；钒钛磁铁矿中的 34.3%TiO_2 进入铁精矿，32.5%TiO_2 进入钛精矿，33.2%TiO_2 进入尾矿弃掉。而见表 3-12，按 2016 年攀枝花 14 家企业的生产统计计算，铁精矿产量 1717.7 万吨，钛精矿仅有 239.07 万吨，按表 3-11 所示实际选钛能力计算，铁精矿中 TiO_2 总量 = 1717.7 万吨 × 10.5% = 180.36 万吨；钛精矿中 TiO_2 总量 = 239.07 万吨 × 47.5% = 113.56 万吨，以此计算钛精矿中的钛回收率仅有 21.59%（还是按 TJK 47 标准，若按 TJK 45 还更低；具有代表性的钛精矿组成与含量指标如表 3-13 所示），除去 34.3%进入炼钢厂变为钢渣用于水泥掺和料，其余钒钛磁铁矿中 44.1%的 TiO_2 作为尾矿弃掉，即总资源钛的 78.4%TiO_2 没有作为钛资源得到利用。以龙蟒矿冶公司的红格矿为例，310 万吨铁精矿，需要 2.8 倍的钒钛磁铁矿原矿，868 万吨钒钛磁铁矿 TiO_2 总量 = 868 × 11.5% = 99.82 万吨，钛精矿 TiO_2 总量 = 71.39 × 46% = 32.84 万吨，按此计算进入钛精矿中的 TiO_2 收率为 32.84÷99.82 = 32.89%，同样其余钒钛磁铁矿资源中 67.11%的 TiO_2 没有作为钛资源利用。应该说这是目前钒钛磁铁矿选钛回收率最好的例子，除选矿工艺外，也依赖于红格矿的 TiO_2 较之其他攀西地区含量高，达到 11.5%，高出平均数；再加上原矿中 TiO_2 在钛磁铁矿中的分布率为 23.54%，比攀钢矿（分布率 45.80%～54.66%）、白马矿（分布率 45.43%）、太和矿（分布率 32.29%）都低，即攀钢、白马、太和矿矿石中的 TiO_2 进入铁精矿中的量都比红格矿区矿石 TiO_2 进行铁精矿中的量要高得多；还有就是原矿中 TiO_2 在钛铁矿中的分布率为 69.54%，比攀钢矿（分布率 42.26%～50.39%）、白马矿（分布率 46.17%）、太和矿（分布率 62.72%）都高。所以，中国钒钛磁铁矿资源中的 TiO_2 作为钛资源利用相对较低，若加上硫酸法钛白粉生产中的 TiO_2 回收率仅有 87%，则就更低了；因此，无论作为矿资源选采与钛白粉生产，还需要不断的技术创新，提高资源的利用率；甚至需要一些颠覆性思想及技术理念。若能按图 3-16 钒钛磁铁矿高效选铁选钛工艺，经过细粒级及超细粒级将尾矿抛弃的三分之一 TiO_2 回收回来，加上钛精矿中的三分之一 TiO_2 资源，中国钛白粉生产原料完全可以自给自足。

表 3-10 攀西钒钛磁铁矿主要选矿产品指标

序号	产品名称	TFe/%		TiO_2/%		V_2O_5/%	
		范围	平均	范围	平均	范围	平均
1	原 矿	19.35～35.00	25.05	6.31～14.00	9.47	0.265～0.29	0.280
2	铁精矿	50.48～56.24	54.85	8.52～15.00	11.42	0.290～0.690	0.462
3	钛精矿	27.73～34.38	31.90	43.14～47.53	46.23	0.063	0.063
4	尾 矿	9.71～14.73	12.46	5.13～11.62	8.781	0.052～0.290	0.170
5	钛中矿	28.00	28.00	33.00～39.00	36.00	—	—

表 3-11 钒钛磁铁矿选矿参考指标

产品名称	产量/万吨	产率/%	品位/%		回收率/%	
			TFe	TiO_2	TFe	TiO_2
铁精矿	20	35.7	58	10.5	62.8	34.30
钛精矿	4.2	7.5	32.5	47.5	7.5	32.50
尾矿	31.8	56.8	17.3	6.4	29.7	33.20

表 3-12 攀枝花钛精矿与铁钛精矿 2015—2016 年产能和产量表　　　　单位：万吨/年

企业名称	钛精矿产能	2015 年钛精矿产量	2016 年钛精矿产量	2016 年铁精矿产量
龙蟒矿冶	80	63.1	71.39	310
攀钢矿业	69	63.55	61.37	1100
安宁铁钛	40	45.22	40.1	60
九荣工贸	10		10.51	40
兴鼎选厂	20		10.15	20
立宇矿业	100	17.0403	9.17	4
新九、红格片区	45		17.88	
丰源矿业	50	8.41		
青杠坪矿业	10	11		63.7
钛联	30			120
其他		15.3	18.5	
合计	454	223.6203	239.07	1717.7

表 3-13　具有代表性的攀枝花钛铁矿组成与指标

组分	TiO$_2$	FeO 总	FeO	Fe$_2$O$_3$	MgO	CaO	V$_2$O$_5$
组成/%	47.47	34.62	31.85	5.61	6.18	0.76	0.096
组分	Cr$_2$O$_3$	MnO	Al$_2$O$_3$	Nb$_2$O$_5$	P$_2$O$_5$	ZrO$_2$	SiO$_2$
组成/%	0.005	0.66	1.35	0.001	0.005	0.001	3.03

（2）加拿大魁北克阿拉德湖地区的拉克提奥钛铁矿的选矿工艺　加拿大魁北克阿拉德湖地区的拉克提奥钛铁复合矿的选矿工艺，是加拿大魁北克铁钛公司（Quebee Iron & Titanium Corp，QIT）在索雷尔（Sorel）选矿厂的生产工艺。QIT 是加拿大唯一的一个开采处理钛铁矿的公司。

加拿大拉克提奥矿也是目前世界最大的钛铁矿床之一，储量超过 1 亿吨。该矿为块状钛铁矿和赤铁矿的混合矿，其比例为 2∶1。脉石矿物主要为斜长石，其次还有少量的辉石、黑云母和黄铁矿。矿石平均含 35% TiO$_2$、含 40% Fe。矿石中的赤铁矿呈细粒嵌布在钛铁矿中，不能用选矿的方法分离。黄铁矿遍布在钛铁矿和赤铁矿的晶格间，平均硫含量为 0.3%。矿石中铁和钛氧化物含量平均为 86%，矿石密度 4.4～4.9g/cm^3。其矿的主要成分如表 3-14 所示。

表 3-14　加拿大拉克提奥钛矿化学组成

组成	含量/%	组成	含量/%
TiO$_2$	34.300	P$_2$O$_5$	0.015
CaO	0.900	Fe$_2$O$_3$	25.200
S	0.300	Cr$_2$O$_3$	0.100
FeO	27.500	SiO$_2$	4.300
MgO	3.100	V$_2$O$_5$	0.270
Na$_2$O + K$_2$O	0.350	Al$_2$O$_3$	3.500

拉克提奥矿的选矿工艺见图 3-17 所示，矿石进行露天开采，采出的矿就地进行粗碎和中碎后，运至索雷尔进行选矿和冶炼。在选矿厂原矿先破碎至小于 9.5mm，然后用振动筛进行筛分，大于 1.2mm 的颗粒级物料占 85%，进入重介质旋流器分选，重介质旋流器用磁铁矿作介质。重介质选矿给料中铁和钛氧化物平均含量为 85%，经选别后提高到 94%。小于 1.2mm 粒级物料经过浓缩脱泥，用螺旋选矿机分选。螺旋选矿机给料中铁钛氧化物含量为 75%，经选别后提高到 91.5%；其中含 36.5% 的 TiO$_2$、41.8% 的 Fe，选矿回收率 90%。精矿产品经过煅烧脱硫，在电路中用煤粉还原，生产含 70%～72% 的 TiO$_2$ 钛渣和生铁，即索雷尔高钛渣。

（3）挪威特尔尼斯矿的选矿工艺　特尔尼斯矿位于挪威斯塔万格东北 150 公里的特尔尼斯，由克朗斯的子公司泰坦尼亚（Titania）拥有，距海岸港口 4 公里，是欧洲最大的钛铁矿床，矿床储量 3.5 亿吨。原矿含 TiO$_2$ 17%～18%，露天开采，平均处理能力为 300 万吨/年。

特尔尼斯矿的主要有用矿物为钛铁矿、磁铁矿和少量硫化矿。脉石矿物主要有斜长石、紫苏辉石、磷灰石和黑云母。另外由于矿体的蚀变作用，使得矿石中含有一定量的黏土、绿泥石、滑石、石灰石等裂隙矿物。特尔尼斯矿的平均矿物组成见表 3-15，其原矿化学组成见表 3-16。

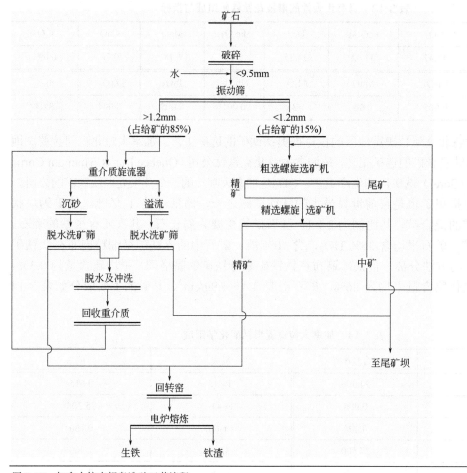

图 3-17　加拿大拉克提奥选矿工艺流程

表 3-15　特尔尼斯矿的平均矿物组成

矿物	钛铁矿	磁铁矿	斜长石	硫化物	紫苏辉石	磷灰石	黑云母	次要矿物
含量/%	39	2	36	<1	15	<1	3.5	2.5

表 3-16　特尔尼斯矿的原矿化学组成

组成	TiO_2	Fe	Fe_2O_3	SiO_2	Al_2O_3	MgO	CaO	S	P_2O_5	Cr_2O_3
含量/%	17～18	16	7.5	31	10	7	4.5	0.25	0.30	0.05

　　原矿经过开采破碎，将矿石碎至小于 12mm，再用皮带机送入选矿厂。选矿厂将送来的矿，经过 4 台球磨机磨细至 0.4mm 后，进入弱磁选机分离出强磁性矿物，进一步浮选选出铁精矿和硫化物精矿；湿式弱磁尾矿经过两级旋流浓缩脱泥后，进入重选得到粗粒钛精矿，细粒级物料在弱酸介质条件下，经过旋流浓缩脱泥、强磁选四次精选获得含 44%TiO_2 的钛精矿，再进行浮选，获得硫化物精矿和细粒钛精矿；钛精矿进过浓缩、过滤、烘干送入码头料仓，装船外运。选矿工艺流程如图 3-18 所示，特尔尼斯钛精矿的化学组成含量如表 3-17 所示。

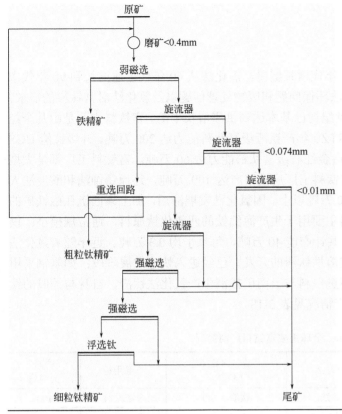

图 3-18 挪威特尔尼斯矿选矿工艺

表 3-17 特尔尼斯钛精矿的化学组成含量

组成	TiO$_2$	SiO$_2$	FeO	Fe$_2$O$_3$	Al$_2$O$_3$	MgO	CaO
含量/%	44.5~45.5	2.5~3.0	33.5~34.5	12.0~13.0	0.5~0.7	4.5~5.5	0.2~0.3
组成	MnO	V$_2$O$_5$	P$_2$O$_5$	Cr$_2$O$_3$	S	U	Th
含量/%	0.2~0.3	0.15~0.17	0.03	0.07	0.04	<1×10^{-4}	<2×10^{-4}

该矿年产钛精矿 85 万～90 万吨，铁精矿 5 万吨，硫化物矿 1.5 万吨，其中有三分之一送去挪威 TTI(Tinfos Titan & Iron)冶炼酸溶高钛渣。

（四）钛矿的加工生产富集

通常经过选矿后的钛精矿就可直接用于钛白粉生产，不过由于生产方法的局限，以至于生产装置所处区域的副产物的市场需求与容量所限，还需要对经过选矿的钛精矿进行加工生产富集，以满足下游钛白粉生产的需要和广义的市场需求。钛矿的加工生产富集，就是将钛矿中的非二氧化钛元素进行预先分离除去，习惯的定义为冶炼（钛渣冶炼）和化学（人造金红石）富集加工法，其实冶炼也是一种化学还原高温熔融分离的化学方法，是以还原金属铁分离富集，其工艺简单，分离副产品金属铁可直接应用；而通常定义的化学法是采用一种铁盐分离钛矿中的非二氧化钛元素，工艺相对复杂，分离副产品的化合物铁盐的利用与循环，以及再用的市场与经济问题是其技术核心；而加拿大 QIT 公司采用冶炼与化学分离方法结合生产的钛渣-盐酸酸浸富钛料，商品名为 UGS(Up Grade System rutil)，却是冶炼与化学酸浸的耦合工艺。

1．全球富钛料生产概况

国外硫酸法钛白粉在 20 世纪 70 年代增长缓慢，氯化法从 60 年代迅速增长到 90 年代末增长开始放缓，而同时期，由于硫酸法环保问题和废物处理问题以及氯化法对富钛料的需求，致使富钛料的生产发展迅速，至 21 世纪初已基本达到供需增长平衡。富钛料主要是由几个经营钛矿物的大公司生产，其中力拓（RTZ）年产钛渣级富钛料能力达 200 万吨，升级钛渣 UGS 20 万吨；Iluka 的还原锈蚀法年产人造金红石级富钛料能力达 60 万吨。富钛料工厂都是大型化或特大型化，其中电炉法钛渣级富钛料工厂规模年产达 100 万吨，还原锈蚀法和酸浸法人造金红石级富钛料工厂规模达年产 10 万吨以上。因氯化法发展滞后，加上攀西钒钛磁铁矿的特殊性，早期中国的高钛渣级富钛料主要用于生产海绵钛的四氯化钛原料，通常规模小；仅云南省号称有 128 家钛渣生产企业，共计产能 40 万吨，每家平均 0.3 万吨。近年随着氯化法项目的发展及攀西钒钛磁铁矿生产酸溶性钛渣的开发，已经进入快速发展阶段；如攀钢采用攀枝花钛精矿生产酸溶性钛渣和利用进口料与云南矿掺混生产氯化法钛渣，自身与控股的钛渣产能达到 27 万吨。全球富钛料生产情况见表 3-18。

表 3-18　全球主要富钛料厂商简况

厂商名称	厂址	生产方法	产品名称及品位（TiO$_2$/%）		产品用途	产能/（万吨/年）
加拿大 QIT	加拿大	电炉法	钛渣	80	S 法原料	100
加拿大 QIT	加拿大	钛渣-酸浸法	UGS	95	C 法原料	20
南非 RBM	南非	电炉法	钛渣	85	S、C 法原料	100
南非 Namakwa	南非	电炉法	钛渣	86	C 法原料	23
挪威 TTI	挪威	电炉法	钛渣	75、85～90	S、C 法原料	20
澳大利亚 Iluka	澳大利亚	还原诱蚀法	SR	92～94	C 法原料	25
澳大利亚 CRL	澳大利亚	还原诱蚀法	SR	92～94	C 法原料	24
澳大利亚 Tiwest	澳大利亚	还原诱蚀法	SR	92～94	C 法原料	20.8
KerrMcGee	美国	盐酸浸出法	SR	94	C 法原料	11
印度 IREL	印度	盐酸浸出法	SR	92～94	C 法原料	10
印度 KMml	印度	盐酸浸出法	SR	92～94	C 法原料	3
印度 BCCL	印度	氯化-氧化	SR	95～97	C 法原料	3
日本 ISK	日本	硫酸浸出法	SR	96	C 法原料	7
独联体	俄、哈、乌	电炉法	钛渣	88～90	海绵钛原料	约 20
攀钢	攀枝花	电炉法	钛渣	70	S 法、C 法	27
河南佰利联	河南	电炉法	钛渣	90	C 法	20
云南新立	云南	电炉法	钛渣	85	C 法	8
云南大互通	攀枝花	电炉法	钛渣	78	S 法	5
总计						446.8

欧洲硫酸法钛白粉生产，其中一半以上是用酸溶性高钛渣级富钛料为原料生产的；而国内除云南大互通以酸溶高钛渣级富钛料生产硫酸法钛白粉产品外，山东道恩建立的 10 万吨全酸溶高钛渣级富钛料生产装置，因成本问题，已经逐步增加结晶与浓缩工艺，可以全流程采

用钛精矿工艺。作为氯化法工艺，除前杜邦掺和使用部分钛精矿外，其余全部使用天然金红石和富钛料（含氯化高钛渣和人造金红石）。

2. 钛矿冶炼富集生产高钛渣

（1）钛矿冶炼富集生产高钛渣的生产原理　将钛铁矿与固体还原剂（无烟煤或石油焦）等混合加入电炉中进行还原熔炼，矿物中铁的氧化物被选择性地还原为金属铁，而钛的氧化物被富集在炉渣中，利用熔融状态下的密度差异实现渣铁分离，获得富集 TiO_2 的炉渣称为高钛渣。

其主要化学反应如下：

$$FeTiO_3 + C \Longrightarrow TiO_2 + Fe + CO \uparrow \qquad (3\text{-}1)$$

其次还伴生一些钛的过还原中间反应，而且钛矿中的其他元素也参与反应：

$$\frac{3}{4}FeTiO_3 + C \Longrightarrow \frac{1}{4}Ti_3O_5 + \frac{3}{4}Fe + CO \uparrow \qquad (3\text{-}2)$$

$$\frac{2}{3}FeTiO_3 + C \Longrightarrow \frac{1}{3}Ti_2O_3 + \frac{2}{3}Fe + CO \uparrow \qquad (3\text{-}3)$$

$$\frac{1}{2}FeTiO_3 + C \Longrightarrow \frac{1}{2}TiO + \frac{1}{2}Fe + CO \uparrow \qquad (3\text{-}4)$$

$$V_2O_5 + 5C \Longrightarrow 2V + 5CO \uparrow \qquad (3\text{-}5)$$

$$SiO_2 + 2C \Longrightarrow Si + 2CO \uparrow \qquad (3\text{-}6)$$

$$MnO + C \Longrightarrow Mn + CO \uparrow \qquad (3\text{-}7)$$

$$Fe_2O_3 + C \Longrightarrow 2FeO + CO \uparrow \qquad (3\text{-}8)$$

$$Fe_2O_3 + CO \Longrightarrow 2FeO + CO_2 \uparrow \qquad (3\text{-}9)$$

$$CO_2 + C \Longrightarrow 2CO \uparrow \qquad (3\text{-}10)$$

根据钛矿的组成或还原与熔分的深度不同，得到的钛渣中钛含量亦不同，从而酸溶性亦不同。作为酸溶性的高钛渣，往往钛含量相对较低，只能够用作硫酸法钛白粉生产的富集原料，称之酸溶高钛渣；反之，作为酸溶性低的高钛渣，不仅钛含量相对较高，而且其中影响沸腾氯化工艺的杂质元素含量低，作为专门用于钛资源氯化，或者生产四氯化钛，以及氯化法钛白粉生产的钛渣，称之氯化高钛渣。

（2）钛矿冶炼富集生产高钛渣工艺技术　钛矿冶炼富集生产高钛渣的工艺原理如上所述，钛铁矿中的二价铁和三价铁在高温下被碳还原成单质铁后，在熔融状态下，铁水比含二氧化钛的物料密度大而被分离出来，上面轻相即为富集的钛渣，其生产工艺技术最核心的是电炉，电炉由炉体与电极组成，与其他冶炼电炉没有太大差异，仅是炉形结构（圆形与矩形）、电极类别（自配电极、碳素电极和石墨电极）、供电类别（交流与直流）、密闭形式（密闭和半密闭以及敞口），乃至炉衬材料等及操作模式上的变化带来的生产工艺不同。

其基本工艺流程如图 3-19 所示，钛铁矿与还原剂经过计量后，进行配料与混料；送入料仓中储存，将料仓中储存的配料送入炉顶料仓中，按设计的生产要求加入电炉中进行冶炼，冶炼放出的铁水经过铸块成型后作为生铁产品，冶炼放出的钛渣经过水冷后，进行人工破碎，破碎后的物料进入颚式破碎机进行中破与除铁，中破后的物料送入锤式破碎机进行细破与筛分，筛上物料进入球磨机进行磨细，磨细的物料连同锤破后的筛下物进入电磁除铁机分离铁，分离铁后的物料包装即为钛矿冶炼富集料高钛渣。

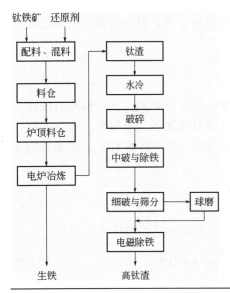

图 3-19　钛铁矿冶炼富集生产高钛渣流程

（3）钛铁矿预还原冶炼富集生产高钛渣技术　预还原冶炼富集生产高钛渣有如下两种技术。

① 回转窑预还原冶炼富集生产高钛渣技术。高钛渣电炉熔分富集生产，直接采用电炉加热还原与熔分，因电能是二次能源，所以存在转化效率问题；一些生产工艺装置采用预还原后再加上电炉深度还原后进行熔分。

② 转底炉预还原冶炼富集生产高钛渣。由于采用回转窑还原铁深度还原（高还原率），易造成回转窑"结圈"，所以，还原率几乎控制在 70%以下，余下 30%多的二价铁还需要进入电炉后再进行还原。为此，以弥补回转窑预还原的缺陷，国内外相继开发了转底炉还原与电炉熔分工艺流程。日本 Kobe 钢铁公司的专利流程如图 3-20 所示。从贮仓送来的还原剂（固定碳 74%、挥发分 15.5%、灰分 10.5%）与钛铁矿（TiO_2 44.4%、总 Fe 31.3%），在混合机按比例煤 10.2%和钛矿 89.8%要求进行混合，再按总量加入 3%糖浆和 1%的石灰作为黏结剂；混合后的物料送入滚压制块机，靠机械压制成 $5.5cm^3$ 小块（近似早期的煤球）；然后送入转底炉，利用布料装置，将物料均匀分布在转底炉的运转格栅上，利用煤气或天然气作为燃烧热源，使炉腔温度达到 1200～1500℃，物料停留时间 5～12min，将氧化铁还原成单质铁，转底炉出来的物料 TiO_2 46.03%、FeO 6.34%、总 Fe 32.45%，还原率 85%。将物料送入电炉在900℃温度下进行熔分，分出生铁含碳 4%，钛渣含 TiO_2 70.0%；每吨生铁耗电 1340kW·h，而直接用电炉还原熔分生产钛渣得到每吨生铁耗电 3430kW·h。

四川龙蟒集团矿业有限公司也曾采用此工艺流程开发攀枝花红格钒钛磁铁矿所选铁精矿的转底炉还原及电炉熔分流程，生产生铁和钛渣，其目的是希望将现有铁精矿中的钛资源进行全利用。其钛渣的矿物组成如表 3-19 所示，黑钛石占 60%左右，其余为辉石和玻璃质、尖晶石等；钛渣产品品级与技术指标如表 3-20 所示，其中钛含量低（47%～52%TiO_2），与钛铁矿中的钛含量比不相上下，较之高炉钢铁渣中的钛提高了一倍，但因其中铁含量低，对应的辉石和玻璃质杂质高，含铝硅高，只能少量掺混钛精矿作为硫酸法钛白粉生产原料用；因此，该产品难于市场推广与应用，而且其生产能耗也不低。

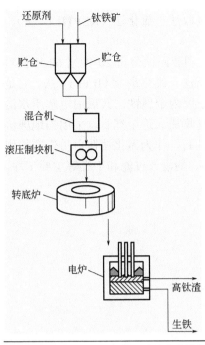

图 3-20　转底炉还原电炉熔分生产高钛渣流程

表 3-19　钛渣的矿物组成

钛氧化物/%		其他矿物/%			
黑钛石	塔基洛夫石	辉石和玻璃质	尖晶石	金属铁	硫化物
58~64	<0.01	26~30	8.5~11	<1	<0.7

表 3-20　钛渣产品品级与技术指标

品级	TiO_2	金红石	TFe	MFe	$V_2O_5 + Cr_2O_3$	粒度（−200 目）
一等品	≥ 52	<1.0	≤ 2	<1.0	≤ 0.6	质量比 ≥70%
二等品	49≤TiO_2<52	<1.0	<3	<1.0	≤ 0.7	
三等品	47≤TiO_2<49	<1.0	<4	<1.0	≤ 0.9	

3．钛矿化学法生产富钛料人造金红石

　　金红石通常用作氯化法钛白粉生产和四氯化钛生产的钛原料，要求其中的杂质含量低，尤其是作为沸腾氯化的钛原料对钙镁杂质含量要求苛刻。因氯化时生成高沸点的氯化物有可能导致沸腾床堵塞（死床），加之氯化钛原料的天然金红石不能满足大量氯化法钛白粉生产的需要，可以冶炼氯化级高钛渣的钛矿有限，所以目前会将钛铁矿中的大部分铁及影响氯化反应的杂质组分，采用化合物的形式分离出去，生产出在组分和结构性能上与天然金红石相同的氯化富钛料，称之为人造金红石。人造金红石的 TiO_2 含量视加工工艺不同在 91%~96%波动。人造金红石是天然金红石的优质替代品，大量用于氯化法钛白粉生产，也用于四氯化钛、金属钛、搪瓷制品和电焊条药皮的生产，还可用于生产人造金红石黄色颜料（商品名曾称为钛黄粉）。早期攀西钛资源因钙镁含量高用于氯化法存在技术障碍，因此由原冶金工业部在全国投入了 27 家试验生产单位进行工业试验。

常用的人造金红石的生产方法有：还原锈蚀法、盐酸浸取法、氯化法（REPTILE 法）、硫酸浸取法、碱熔法、氯化处理法等。

（1）还原锈蚀法　还原锈蚀法生产人造金红石是由澳大利亚西钛公司 20 世纪 60 年代后期因氯化钛白粉快速发展需要开发生产的工艺，又称 Becher 法，或艾路卡（ILuka）法。它是一种选择性除铁的方法，先将钛铁矿中的铁氧化物经固相还原为金属铁，其后用电解质水溶液将还原钛铁矿中的金属铁进行锈蚀并分离出去，TiO_2 被富集成人造金红石。采用当地廉价的褐煤和钛铁矿为原料，生产含 TiO_2 92%～94%的人造金红石，作为氯化法钛白粉生产的优质原料。还原锈蚀法生产人造金红石工艺包括：还原、锈蚀、酸浸、过滤和干燥等主要工序。锈蚀法生产人造金红石工艺流程如图 3-21 所示。

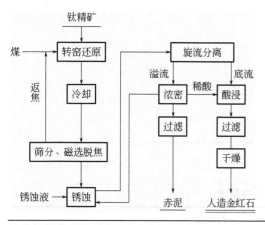

图 3-21　锈蚀法人造金红石生产工艺流程

（2）盐酸浸取法　经典的盐酸浸取法又称为毕尼莱特（Benilite）法，是 20 世纪 70 年代初由美国 Benilite 公司研究成功的，简称为 BCA 法。同时代的还有美国华昌法，均是采用盐酸浸取钛铁矿，工艺上大同小异，差别在于前者采用的盐酸浓度较低，后者采用的盐酸浓度更高。其中应用较广而有代表性的是美国科美基公司采用的 BCA 盐酸循浸取法，这种方法主要是钛铁矿在稀盐酸中选择性地浸取铁、钙、锰等杂质，杂质被除去，从而使 TiO_2 得到富集而提高了品位。其主要化学反应如下：

$$FeO \cdot TiO_2 + 2HCl \Longrightarrow TiO_2 + FeCl_2 + H_2O \qquad (3-11)$$

$$CaO \cdot TiO_2 + 2HCl \Longrightarrow TiO_2 + CaCl_2 + H_2O \qquad (3-12)$$

$$MgO \cdot TiO_2 + 2HCl \Longrightarrow TiO_2 + MgCl_2 + H_2O \qquad (3-13)$$

$$MnO \cdot TiO_2 + 2HCl \Longrightarrow TiO_2 + MnCl_2 + H_2O \qquad (3-14)$$

在浸取过程中，TiO_2 有部分被溶解，当溶液的酸浓度降低时，溶解生成的 $TiOCl_2$ 又发生水解而析出 TiO_2 水合物：

$$FeO \cdot TiO_2 + 4HCl \Longrightarrow TiOCl_2 + FeCl_2 + 2H_2O \qquad (3-15)$$

$$TiOCl_2 + (x + 1)H_2O \Longrightarrow TiO_2 \cdot xH_2O + 2HCl \qquad (3-16)$$

盐酸浸取法因在浸取钛矿之前所进行的前处理工艺方式和盐酸循环利用的方式不一样又将其分为：弱还原-盐酸加压浸取法（经典的 BCA 法）、焙烧（强氧化）-盐酸常压浸取-磁选分离法（ERMS 法）、强氧化-弱还原-盐酸常压浸取法（TSR 法）、钛渣-强氧化-弱还原-盐酸加压浸取法（QIT 法）等。

（3）氯化法（REPTILE 法）　由德国 Hebach GmbH 公司 Wendell Dunn 博士开发的 REPTILE 工艺，也称为"一步氯化法"，是一种制造超高纯度（96%TiO$_2$）人造金红石的方法。该新工艺技术是结合钛白粉生产以及钛铁矿中钛资源和铁资源的综合资源因素开发研究的。此工艺按氯化法工艺对钛精矿进行部分氯化反应，将其中的铁生成氯化铁，氯化铁再氧化生成氧化铁和氯气，氯气返回氯化系统。该工艺从原料处理上得到金红石和氧化铁，尽管解决了钛铁矿资源的两个元素资源属性问题，但其高温氯化材质、生产技术和能耗均不是经济和低碳型的。REPTILE 工艺流程及中试工艺消耗指标如图 3-22 所示。每批进料钛铁矿 15.8t、石油焦 1.535t、氧气 4.505t、氯气 0.40t，得到含 TiO$_2$ 96% 的人造金红石 8.0t、氧化铁 8.4t。

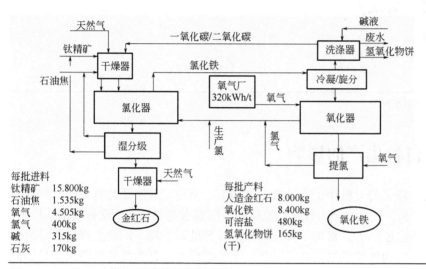

图 3-22　REPTILE 工艺流程及中试工艺消耗指标

（4）硫酸浸取法　酸浸取钛精矿和酸溶高钛渣生产人造金红石富钛料的工艺技术，其研发核心是要利用硫酸法钛白粉生产废硫酸的化学能属性与资源属性。正如盐酸法人造金红石是以氯化铁液体经过焚烧循环使用盐酸和产生氧化铁副产品，其硫酸亚铁视其市场容量及经济处理，乃至硫酸资源循环利用的简易程度而决定。所以，目前研究开发应用的技术仅有两个，最具代表性的是日本石原 ISK 因具有硫酸法钛白粉生产，又具有氯化法钛白粉生产，且副产硫酸亚铁具有一定的市场销售；另一个研究的是加拿大 QIT 的硫酸浸取钛渣生产升级钛渣 USG，但没有工业化产品报道。

（5）碱熔法　顾名思义，碱熔就是用碱浸取钛渣或钛铁矿生产人造金红石的方法。在高温下，氢氧化钠（NaOH）或者碳酸钠（Na$_2$CO$_3$）与钛渣中的硅矿物反应，破坏对杂质铁形成包裹的硅酸盐，经过焙烧后，用水浸取，再经酸浸除铁等杂质，煅烧得到 TiO$_2$ 含量大于 92% 的高品质人造金红石。

四川大学唐大海、周大利采用竖炉还原电炉熔分的钛渣生产富钛料，其工艺流程如图 3-23 所示，熔分钛渣经过磨细后，按 1∶1 加入氢氧化钠进行焙烧，焙烧后进行水洗过滤，部分滤液循环返回焙烧工序作为碱使用，大部分滤洗液作为废碱液；洗涤滤饼加入盐酸进行浸出与水解，水解后的物料再进行过滤洗涤，部分滤液循环返回浸出水解工序作为盐酸使用，大部分作为酸废液与焙烧水洗过滤的碱废液进行酸碱中和后去掉；过滤洗涤滤饼送入干燥机进行干燥得到富钛料，其产品品位 TiO$_2$ 达到 86%，钛的回收率达到 97%。

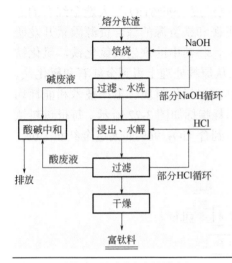

图 3-23　碱熔浸取钛渣生产富钛料流程

五、钛原料对钛白粉生产的影响

钛白粉生产是非简单意义的无机化工产品的生产加工。无论硫酸法还是氯化法，都存在生产操作单元多、工艺冗长、技术复杂、技术对原料的适应要求高等缺点。现有技术条件下，几乎开采的商业钛矿资源经过选矿、富集，抑或前加工（预处理）后，均能生产出优质的钛白粉产品。但是，对于不同的钛矿资源，需要工艺技术的适应与工艺参数的调整来满足不同的矿源特性才可生产出优质的钛白粉。钛原料作为钛白粉生产第一大原料，其资源产地、矿场、采矿加工手段、矿物组成、杂质的多寡、当地能源价格、废副耦合利用等因素，均因资源的不同而不同，随矿的性质变化而变化。作为技术人员有必要了解其中的特性与影响，从而驾驭和掌控经济生产优质钛白粉产品的技术。

（一）氯化法钛白粉生产对钛原料的要求

氯化法钛白粉生产因是以连续生产为主，尤其是氯气直接在生产过程中进行循环使用，气固分离是其核心技术之一，其对钛原料的核心要求是品质规格稳定，满足氯化生产工艺正常及平稳生产。就目前氯化工艺技术而言，包括生产海绵钛（金属钛）的氯化工艺，几乎全是采用沸腾床氯化，而对相应的是固定床氯化（熔盐氯化），其规模与产量少之又少。氯化法钛白粉生产对钛原料的品质核心要求主要有四大指标：二氧化钛（TiO$_2$）含量、碱土金属元素含量、粒度、杂质元素与放射性元素。

1. 二氧化钛（TiO$_2$）含量

根据氯化工艺与装置规模的技术特点，所选用的钛原料中钛含量也各不相同。原料首先是满足作为生产工艺技术可接受的基本条件（指标），其次是不同规格原料价格带来的生产成本影响因素。生产技术的简单与否是由技术先进程度所决定的。作为无机化工生产技术，传统的生产理念认为，原料钛含量越高越好。但众所周知，二次加工的富钛料较之一次开采选出钛铁矿的单位钛原料价格要高两倍多。因此，通常的氯化工艺生产装置需在"广义资源"条件下选择氯化钛原料，即可直接使用高钛料或富集高钛料，也可进行高钛料与低钛料之间的掺混与配合使用，以达到最佳的经济配比和废副处理的区域容量及地方环境法规允许处置的方式等可比因素优势，甚至利于生产的稳定性。所以，现有氯化技术条件下，将氯化原料的工艺原料路线按二氧化钛含量分为以下四类：

一类氯化原料（CP-A）：$TiO_2 \geqslant 90\%$，多为人造金红石、天然金红石。

二类氯化原料（CP-B）：TiO_2 80%～90%，电炉冶炼的高钛渣。

三类氯化原料（CP-C）：TiO_2 70%～80%，以天然金红石、白钛石和钛铁矿掺混。

四类氯化原料（CP-D）：TiO_2 60%～70%，以高品位的钛精矿和电炉冶炼高钛渣掺混为主。

从技术角度看，无论哪一类原料均能作为氯化法氯化的钛原料，这与生产装置和工艺技术，乃至装置所在地的地方法规和副产物的处理分不开。世界上氯化法钛白粉生产装置除中国外，需要采用一类氯化原料（CP-A）的生产装置相对多一些，有200万吨左右；而采用二类氯化原料（CP-B）的生产装置次之，有140万吨左右；其余为掺混氯化钛铁矿三类氯化原料（CP-C）和四类氯化原料（CP-D）生产装置。

其实，就氯化工艺而言，采用三、四类级别的氯化原料，因氯化后的四氯化钛气体中含有大量的氯化亚铁，气体密度、浓度、黏度系数均有所不同，其沸腾氯化装置工艺参数也随之不同，除考虑大量副产物氯化铁的处理去向外，还应考虑"区域"内氯气资源、石油焦及能源的竞争价格。

2. 碱土金属元素含量

氯化法钛白粉生产在沸腾氯化工艺使用的钛原料中，最不利的杂质是碱土金属元素中 CaO、MgO 含量。因在氯化反应时 CaO 生成 $CaCl_2$，其沸点 1900℃，熔点 731℃，MgO 生成 $MgCl_2$，其沸点 1412℃，熔点 714℃。这两类高沸点、低熔点的氯化物，严重影响氯化反应时的生产工况，甚至结焦堵塞沸腾床筛板及小孔或炉壁结焦，造成"死床"而使生产无法进行。经典的沸腾氯化钛原料要求碱土金属元素的含量为 0.02%CaO，1.00%MgO。

尽管自氯化法钛白粉生成问世以来，围绕碱土金属钙、镁元素的研究不少，但回到实际生产均仍不能理想地工业化。如加拿大 QIT 申请的美国专利，将索雷尔钛渣磨细造粒进行氯化时，将 CaO、MgO、Al_2O_3 的含量分别控制在 0.6%～1.0%、3.5%～5.0% 和 5.0% 以下，可以使沸腾氯化炉操作正常进行并可以避免氯化炉筛板堵塞。为防止碱土金属在氯化时黏附于炉壁结焦，氯化炉多采用高温氯化，控制温度在 1000℃ 以上使生成的 $CaCl_2$、$MgCl_2$ 以较小的颗粒被气流带出去。还有如国内的科研人员，在研究无筛板沸腾氯化过程中曾使用过攀枝花冶炼的高钛渣，MgO + CaO 含量 ≥12%，CaO 含量 ≥1.0%，状态稳定，反应良好，排渣顺畅，床层料中 MgO + CaO 含量高达 30%～40%，超过了国外认为的 15% 的"极限浓度"。但均没有投入实际生产，而且无筛板沸腾氯化不能大型化，氯化炉产能放大受其局限：如 ϕ1200～1400mm 的炉日产 $TiCl_4$ 只有 25～40t，无法满足最低经济规模 9 万吨钛白粉生产装置日产 $TiCl_4$ 700t 以上的需要，也与氯化钛白粉装置的大型化和超大型化不相匹配。因此，也造就了历史上早期攀西"得天独厚"的钛资源被外国专家宣称为不能用于氯化的钛资源"劣势"。正因为钙、镁元素对沸腾氯化的影响，所以，在现有技术条件下，才有大量富集富钛料的生产，尤其是各类人造金红石二次加工生产来满足氯化钛原料的需求。

从全球大规模氯化钛白粉生产装置统计，使用的原料氯化钛渣中碱土金属钙、镁元素的总含量约 1%，如南非 RBM 86%TiO$_2$ 的钛渣其 CaO 含量 0.14%，MgO 含量 0.90%；而人造金红石和直接氯化的钛铁矿中的 CaO 含量在 0.03%，MgO 含量在 0.30%，仅有加拿大 QIT 的 USG 稍高一点，CaO 含量在 0.14%，MgO 含量在 0.74%。所以，用于氯化反应的钛原料中碱土金属含量越低越好。

氯化原料高钛渣的化学组成如表 3-21 所示；氯化原料天然金红石的化学组成如表 3-22 所示；氯化法原料钛精矿的化学组成如表 3-23 所示；而随着对直接用于氯化的钛铁矿的需求，非洲塞内加尔和莫桑比克的钛铁矿也逐渐开发出来，其化学组成见表 3-24。

表 3-21　氯化原料高钛渣化学组成　　　　　　　　　　　　单位：%

组成	南非 RBM	中国广西	中国云南	中国攀枝花
TiO$_2$	85.50	96.03	95.07	81.20
Ti$_2$O$_3$	25.0	43.60	—	44.60
FeO	9.40	1.65	—	2.27
Fe	0.2	0.53	∑Fe3.46	0.60
CaO	0.14	0.53	0.22	—
MgO	0.90	0.63	1.19	0.60
MnO	1.40	2.38	0.75	0.4
V$_2$O$_5$	0.40	—	—	0.15
Cr$_2$O$_3$	0.22	—	—	0.13
Al$_2$O$_3$	2.00	2.25	1.83	1.10
SiO$_2$	0.15	1.55	1.13	0.90
C	0.06	0.01	—	0.40
S	0.07	0.15	—	—

表 3-22　氯化原料天然金红石的化学组成　　　　单位：%（除 U、Th 外）

组成	澳大利亚	南非	斯里兰卡	印度	俄罗斯
TiO$_2$	95.20	96.50	98.60	95.5	93.2
FeO	0.90	—	—	—	—
Fe$_2$O$_3$	1.00	0.61	0.89	2.00	1.80
CaO	0.07	—	—	0.01	0.22
MgO	0.18	—	—	0.03	—
MnO	0.01	—	—	0.01	0.18
V$_2$O$_5$	0.01	0.63	—	0.55	0.11
Cr$_2$O$_3$	0.60	0.16	—	0.11	0.27
Al$_2$O$_3$	0.02	—	0.16	0.50	1.10
SiO$_2$	0.20	—	0.64	0.74	2.00
ZrO$_2$	0.20	—	0.38	1.02	2.50
P$_2$O$_5$	0.80	—	0.001	0.07	—
C	0.03	—	—	0.02	—
S	0.10	—	—	—	—
U/($\times 10^{-6}$)	<20	110	20	未分析	15
Th/($\times 10^{-6}$)	350	—	40	未分析	90

表 3-23　氯化法原料钛精矿的化学组成　　　　单位：%（除 U、Th 外）

组成	恩尼巴（Eneabba）	乌克兰	西钛（TiWest）	埃瑞-蔻斯（IRE-QSR）	吉安达普（Jangardup）
TiO_2	60.0	63.9	61.0	60.0	61.6
FeO	4.3	—	3.6	9.7	13.0
Fe_2O_3	28.8	26.0	32.5	25.5	20.0
CaO	0.01	—	0.02	—	0.01
MgO	0.15	0.48	0.23	0.60	0.25
MnO	1.1	0.8	1.06	0.4	0.9
V_2O_5	0.16	—	0.18	0.15	0.22
Cr_2O_3	0.18	1.4	0.11	0.13	0.05
Al_2O_3	0.7	2.9	1.10	1.10	0.90
SiO_2	0.8	1.8	0.85	0.90	0.30
ZrO_2	0.15	0.3	0.25	0.40	0.10
Nb_2O_5	0.17	—	0.16	—	—
P_2O_5	0.03	0.12	0.14	0.20	—
S	—	—	0.01	—	—
$U/(\times10^{-6})$	<20	110	20	未分析	15
$Th/(\times10^{-6})$	350	—	40	未分析	90

表 3-24　氯化法原料的非洲钛精矿组成　　　　单位：%（除 PbO、U、Th 外）

组成	塞内加尔 CP 级	莫桑比克 CP 级
TiO_2	58.2	56.6
FeO	—	7.01
Fe_2O_3	36.9	30.0
CaO	0.06	0.01
MgO	0.50	0.34
MnO	1.0	1.64
V_2O_5	0.29	0.15
Cr_2O_3	0.22	0.46
Al_2O_3	0.90	1.01
SiO_2	0.95	0.70
ZrO_2	0.27	0.11
Nb_2O_5	0.11	0.14
P_2O_5	0.06	0.07
CeO_2	—	0.02
S	—	<0.01
$PbO/(\times10^{-6})$	—	260
$U/(\times10^{-6})$	<10	246(U + Th)
$Th/(\times10^{-6})$	113	

3. 颗粒粒度

因氯化法钛白粉的氯化是气固反应，且钛原料固体是在沸腾状态下消耗至尽的，钛原料的颗粒粒度直接影响氯化效果和生产工艺技术。由于各生产企业的氯化装置技术及采用原料不一，如前所述从 CP-A、CP-B 到 CP-C、CP-D 四种原料均有，其氯化无论是哪一品级原料，都对钛原料粒度有基本要求。

作为钛渣生产，熔融料经过水淬冷后，进行破碎筛分和球磨，可根据破碎与球磨工艺，选择控制钛原料的粒度。表 3-25 为云南高钛渣代表性的粒度分布。

表 3-25　云南高钛渣代表性的粒度分布　　　　　　　　　　　　单位：%

序号	粒级目数			
	−40～+180	−180～+200	−200	+40
1 号	4	69	9	17
2 号	3	69	9	18
3 号	2	70	9	19

人造金红石的粒度，作为锈蚀法几乎依赖开采的钛铁矿原始粒度，作为酸浸或碱浸等，因最后要进行煅烧，其钛原料的粒度可由煅烧进行控制。表 3-26 为国外某公司沸腾氯化金红石钛原料代表性粒度分布。

表 3-26　国外某公司沸腾氯化金红石钛原料代表性粒度分布

美国标准筛目数	筛孔尺寸/mm	天然金红石粒度累计/%	人造金红石粒度累计/%	烧后石油焦粒度累计/%
+14	1.18	—	—	5.0
+60	0.25	2.5	10.10	—
+100	0.15	62.5	84.20	95
+150	0.106	95.8	98.70	—
+200	0.075	99.70	99.80	—

天然金红石和直接使用的氯化钛原料，几乎是开采钛铁矿的粒度；但是选矿厂可根据粒度及化学组成进行钛资源分级出售，满足不同的氯化装置需要。表 3-27 为国内沸腾氯化典型富钛原料粒度分布，表 3-28 为非洲生产沸腾氯化钛铁矿组成与粒度分布表。

表 3-27　国内沸腾氯化典型富钛原料粒度分布

泰勒标准筛目数	筛孔尺寸/mm	高钛渣粒度累计/%	人造金红石粒度累计/%	烧后石油焦粒度累计/%
+60	0.246	—	0.64	96
+80	0.175	—	2.08	—
+100	0.147	38.00	6.39	95
+120	0.104	—	16.77	—
+140	—	—	26.75	—
+160	—	—	30.44	—
+180	—	—	49.35	—
+200	0.075	59.00	99.80	—

表 3-28　非洲生产沸腾氯化钛铁矿组成与粒度分布表

筛孔/mm	塞内加尔 CP 级		筛孔/mm	莫桑比克 CP 级	
	+/%	−/%		+/%	累计/%
0.200	1.3	98.7	0.300	4.6	4.6
0.180	3.8	94.9	0.250	7.8	12.5
0.160	7.5	87.4	0.212	18.5	37.0
0.150	40.3	47.1	0.180	26.0	57.0

筛孔/mm	塞内加尔 CP 级		筛孔/mm	莫桑比克 CP 级	
	+/%	−/%		+/%	累计/%
0.125	31.6	15.5	0.150	26.0	83.0
0.100	10.0	5.5	0.125	13.3	96.3
0.075	5.3	0.2	0.106	2.9	99.2
0.045	0.1	0.1	0.090	0.7	99.9
—	—	—	0.075	0.1	100.0
—	—	—	<0.075	0.0	100.0
—	$D50 = 0.150mm$			$D50 = 0.189mm$	

所以，现有氯化技术条件下，沸腾氯化使用的钛原料颗粒粒度几乎在 0.1～0.2mm 范围。对低于这些粒度的钛原料，加拿大 QIT 曾研究过造粒技术，南非国立冶金研究院与前杜邦的科学家研究循环流化床氯化装置，国内也增研究过快速氯化和无筛板氯化。

4. 杂质元素

通常氯化法钛原料从钛铁矿、金红石到人工富集加工的富钛料中，除了影响氯化工艺生产的碱土金属钙、镁外，主要包含铁、钒、锰、硅、铝、锆、铬、铌、铈、磷与硫等含量不一的杂质元素。其中的有色杂质元素如铁、钒、锰、铬等分离与脱除不足（阈值），直接影响产品的颜色；而另一些无色杂质元素如硅、铝、硫、磷等分离与脱除不足，在氧化时影响晶型转化甚至颗粒大小。尽管现代氯化法钛白粉生产技术除加入铝作为晶型转化剂，还在试图加入硅作为晶种促进剂，但在控制指标上有个量的范围和本底浓度阈值。

因氯化法生产采用的核心原理之一，是利用其钛原料中所生成的金属氯化物沸点的差异进行分离与提纯，即气液分离；除钒以外，钛原料带来的所有杂质均能利用其沸点进行精馏提纯分离除去。因三氯氧钒（127.2℃）与四氯化钛（136.4℃）的沸点相近，所以，采用专门的除钒工艺技术。同样因钛原料中的钒含量高，除钒效率与除钒剂用量增大。

5. 放射性元素

钛原料中的放射性元素主要有铀和钍。其不同钛原料的放射性元素范围及活度（Bq）见表3-29，在钛原料中的放射性元素主要是铀（U）和钍（Th），且主要来自钛铁矿，其中铀含量在 $(6～80) \times 10^{-6}$，辐射活度在 0.1～1.0Bq/g，钍含量在 $(20～500) \times 10^{-6}$，辐射活度在 0.08～2.0Bq/g。

表 3-29　不同钛原料的放射性元素范围及活度（Bq）

钛原料	TiO₂ 含量	铀（U）		钍（Th）	
	%	×10⁻⁶	Bq/g	×10⁻⁶	Bq/g
天然金红石	95～96.5	10～60	0.1～0.74	20～90	0.08～0.36
人造金红石	88～95.5	3～60	0.04～0.80	35～480	0.14～1.9
氯化高钛渣	85～86	0.2～6	0.002～0.08	0.2～30	0.001～0.12
酸溶高钛渣	79～86	0.2～6	0.002～0.08	0.2～30	0.001～0.12
钛铁矿	46～65	6～80	0.1～1.0	20～500	0.08～2.0

用于氯化工艺的天然金红石中的铀含量在 $(10～60) \times 10^{-6}$ 范围，其辐射活度值在 0.1～0.74Bq/g，钍含量在 $(20～90) \times 10^{-6}$，其辐射活度值在 0.08～0.36Bq/g。其他人工加工的富钛料

因其中的铀和钍随加工的方式被转移分离或留在富钛料中。钛渣因电炉高温冶炼铀和钍含量大幅度降低，人造金红石因以液体溶液分离杂质，铀和钍几乎留在分离后的固体钛中，所以，含量稍比钛铁矿中低一点。

（二）硫酸法钛白生产对钛原料的要求

硫酸法钛白粉生产对钛原料的要求和氯化法一样，其核心还是钛原料品质与规格的稳定（杂质含量变化波动范围尽可能小），能满足硫酸法生产工艺正常、平稳生产即可。但硫酸法以间歇生产为主，工艺冗长，固液分离为其核心技术之一。就现有硫酸法工艺技术而言，包括酸解、水解、煅烧等影响产量和质量的因素均与原料组成与杂质指标有相关效应；生产技术的核心就是采用最高的效率将这些杂质元素除去。钛原料的酸解工艺，主要以间歇酸解为主，而对应的是连续酸解，随着对国内攀西钛铁矿的应用开发，已显现出其独特资源利用技术优势。硫酸化法钛白粉生产对钛原料的品质要求主要有二氧化钛（TiO_2）含量、酸溶性二氧化钛含量、总铁含量、其他杂质含量等。

1. 二氧化钛（TiO_2）含量

硫酸法钛白粉生产使用的钛原料中二氧化钛的含量多寡及品位要求，也要从生产装置所在地的"广义资源出发"，即硫酸、能源和副产物的区域价值，乃至环保法规和社会经济要求的比较优势进行取舍，不可一蹴而就。如中国东部与西部之间的差异，西部的云南和四川，作为国内钛资源产地，硫酸价格相对较高，而主要副产物硫酸亚铁市场有限；而东部的山东、江苏和浙江，进口钛资源方便，硫酸价格相对较低（进口硫黄与能源利用），硫酸亚铁市场容量大。再比如使用钛铁矿还是富集钛原料的冶炼酸溶钛渣，前者增加的工艺工序，结晶与浓缩，因用蒸汽，耗量增加，但单位原料二氧化钛的价格相对低；后者没有结晶与浓缩工艺工序，装置投资低，减少蒸汽耗量，但单位原料二氧化钛的价格高出一倍，其全生命周期能耗已包含在冶炼酸溶渣中。所以，硫酸法钛白粉生产的钛原料选择，需要从"全原料"成本与"全产物"市场的容量和环保法规进行统筹兼顾。对传统生产而言，使用的钛原料中二氧化钛的含量高有如下好处：

① 减少能耗。减少磨矿的能耗，增大原矿粉碎的产能效率。

② 降低用矿量。从每吨矿中生产出得到更多的钛白粉，降低单位矿耗。

③ 提高产量。提高酸解设备的单产能力，使单位用矿量产量高。

④ 降低酸耗。可以避免多用硫酸来酸解那些非二氧化钛物质组分，降低单位产品硫酸的单耗。

⑤ 减少绿矾量。副产物七水硫酸亚铁相对减少，提高七水硫酸亚铁结晶与分离的物料产能。

⑥ 降低杂质量。可以减少生产过程中的杂质含量，净化分离工作易于进行，有助于保证产品质量。

2. 酸溶性二氧化钛含量

普通钛铁矿中往往含有金红石成分，尽管在采选时已经分离了金红石，不过因选矿工艺的优劣，总要留一部分在钛铁矿中。钛原料中所含的金红石型 TiO_2 是不溶于硫酸的，若钛铁矿中含金红石成分高，金红石型的二氧化钛靠酸解溶解不出来，钛留存于残渣中，跟残渣一起被排放掉，这样，酸解率降低，总钛含量高也无用。另外，钛铁矿中二氧化钛含量过高，其反应的活性低，即酸解活化能值高，酸解反应的诱导条件难以达到，影响酸解过程，也使酸解率降低。

同理作为富钛料酸溶性钛渣，因其在冶炼加工时的不足，甚至分离铁更多，则造成少量金红石型 TiO_2 生成，在酸解时就不能被硫酸溶解，造成酸解率低。这也是氯化高钛渣与酸溶性高钛渣的差别。

所以，硫酸法钛白粉生产的钛原料中酸溶性二氧化钛占比越高，酸解效率越高。

3. 总铁含量

硫酸法钛白粉生产钛原料中的铁含量包括亚铁（FeO）和高价铁（Fe_2O_3），钛铁矿的分子式用 $FeO \cdot TiO_2$ 表示（也可表示为 $FeTiO_3$），其中的铁元素主要是亚铁氧化物。因钛铁矿在自然过程中的风化作用而形成部分风化钛铁矿，分子式用 $Fe_2O_3 \cdot TiO_2$ 表示（也可表示为 Fe_2TiO_5）。两种矿中的氧化亚铁和三氧化二铁，在生产过程中，完全可以溶解于硫酸中并分离出去。因此，它们对生成过程的影响不是非常显著。但其高价铁含量高，则需要使用更多的铁粉或还原剂，将其还原转化为低价铁才能在生产中予以除去；同时，对应的铁粉或还原剂还要增加硫酸的消耗；两者均带来生成费用的增高。其化学反应原理如下：

$$Fe_2O_3 + 3H_2SO_4 \longrightarrow Fe_2(SO_4)_3 + 3H_2O \tag{3-17}$$
$$Fe_2(SO_4)_3 + Fe \longrightarrow 3FeSO_4 \tag{3-18}$$

假如，钛铁矿含 Fe_2O_3 比正常矿高 8%，经计算生产 1t 钛白粉就需要多消耗硫酸 105kg 和铁屑 77kg。所以，钛原料中的高价铁含量越低越好，若可选择，则应优先选择 FeO/Fe_2O_3 高比率的钛原料。通常砂矿型钛铁矿所具有的高价铁含量比岩矿性钛铁矿高。

4. 其他杂质含量

钛原料中除了钛和铁元素之外，还含有其他一些矿物元素杂质（表 3-2）。尽管硫酸法钛白粉生产除了要将微晶型 TiO_2 按光学材料要求生产成 200～350nm 颗粒尺寸范围的产品技术核心外，最为重要的还有就是要将钛原料中所含的除钛元素之外的其他矿物元素杂质几乎全部分离和脱除掉。因硫酸法生产钛白粉的分离手段（工艺技术），几乎是采用液固分离（液体为半成品）和固液分离（固体为半成品）交替的化工操作单元进行，其分离技术的先进和优劣与否，直接影响生产效率、经济成本和产品质量；同时杂质元素的种类与多寡，也影响分离效率与结果。钛原料中除铁元素杂质外，其他杂质元素对生产效率和产品质量的影响因素概括如下。

（1）磷、硫杂质元素　磷元素既是硫酸法钛白粉生产中钛原料的有害杂质元素，又是生产时需要的低量辅助原料。

由于钛铁矿杂质中的独居石、锆英石和一些重金属元素是以磷酸盐形式存在，独居石中的主要成分稀土磷酸盐和其他磷酸盐，再加上矿石开采化学选矿的一些选矿机包含一些有机磷酸物质。在钛白粉生产中，在浓硫酸作用下进行的酸解过程，独居石分解会生成磷酸及磷酸盐留在钛液中，磷酸在偏钛酸水洗前，由于体系酸度大而不容易与重金属和铁等金属离子起作用生成难溶的磷酸盐沉淀；但在磷酸含量较高时，由于磷酸根离子和钛离子的离子浓度积相对较小，会生成磷酸钛沉淀作为残渣被除去，而造成一定量的钛损失，当然也会使磷酸根减少，达到其沉淀的饱和浓度。剩余的磷酸在水解时被生成的偏钛酸吸附，从而进入煅烧而留在钛白粉产品中。然而，通常在煅烧时，为了控制钛白颗粒的大小或颗粒之间的烧结，需要加入磷酸盐的盐处理剂，需要进行偏钛酸的磷含量本底指标控制，以便进行补加控制的精确计量。所以，钛矿中杂质磷元素含量，对应单位二氧化钛控制在转窑允许指标的范围内，才不影响产品质量的控制。对于钛原料中的磷含量超标，一是从选矿着手，提高选矿效率，把矿石中独居石等含磷的杂质除去，同时也可以将铀、钍放射性元素进一步除去。二是化学选矿选择浮选剂时，尽量少用含磷的浮选剂，或强化选钛矿产品中磷元素残留量少。

硫元素在钛原料中通常以金属硫化物的形式存在，含硫高的钛原料在酸解时产生大量的硫化氢气体，首先，影响酸解、沉降工序操作环境；其次，也因尾气硫含量大，导致尾气处理净化的生产负荷量大，需要大量的碱性物质吸收，保证酸解尾气达标；第三，硫化氢气体在尾气排出管路及处理系统中与压空气体中的氧气氧化析出单质硫，易造成排气不畅或系统堵塞；第四，同时也因酸解中的氧化还原反应产生单质硫留在酸解液中形成胶体，不易絮凝沉降分离，影响生产效率，同时因生成的胶体溶液，将加大过滤的生产负荷，带来生产控制不稳定。

（2）硅、铝杂质元素　硅和铝这两种元素是土壤或泥沙的主要成分，在酸解时与硫酸作用会生成水合硅酸和铝酸盐胶体，影响酸解钛液的净化效率与质量，加大钛液沉降和控制过滤的生产负荷。如表 3-30 代表性的酸解渣组成所示，氧化硅含量为 35.35%。

表 3-30　攀枝花矿的酸解渣典型的组成与含量

名称	含量/%	名称	含量/%	名称	含量/%
TiO_2	22～27	Na_2O	0.76	MgO	2.75
Al_2O_3	4.28	SiO_2	35.35	P_2O_5	0.073
SO_3	10.93	K_2O	0.058	CaO	7.26
MnO	0.18	Fe_2O_3	11.02	NiO	0.027
CuO	0.08	ZnO	0.032	GeO_2	0.005
As_2O_3	0.06	SeO_2	0.011	SrO	0.016
ZrO_2	0.035	Nb_2O_5	0.005	Cl	0.068

正如前氯化钛原料所述，铝作为晶型转化促进剂是钛白粉生产的一个低量的辅助原料。硫酸法生产钛白粉也一样，过去的技术（现在国内某些装置还在用）是在煅烧时加入锌盐作为晶型转化促进剂，因锌对环境的影响，且煅烧时不如铝盐的铝离子特性，不能弥补二氧化钛产生的晶格缺陷，提高耐候性；而现在的硫酸法与氯化法殊途同归，均是采用铝盐作为晶型转化促进剂。但钛原料中的杂质铝元素，影响中间产品铝离子本底浓度与生产控制。

（3）钙、镁杂质元素　硫酸法钛白粉生产钛原料中的钙和镁这两种元素，如前所述，因酸解反应时放热量大（中和反应），不像氯化法在沸腾氯化时是对生产不利的杂质元素；但在硫酸法酸解反应后，形成体积庞大的硫酸盐沉淀，影响残渣的沉降和钛液的回收，增大生成负荷。

如表 3-30 攀枝花矿酸解渣元素组成所示，酸解渣中 CaO 为 7.26%，折合成二水硫酸钙为 22.30%CaSO$_4$·2H$_2$O；MgO 为 2.75%，折合成硫酸镁为 8.25%；最后进入七水硫酸亚铁中生成硫酸铁镁复盐。

所以，硫酸法钛白粉生产钛原料中所含碱土金属的钙、镁杂质元素对生产过程有利有弊。因反应放热量大，有利于为酸解反应提供热量；因产生硫酸盐沉淀，其弊在于钛液沉降负荷与酸解渣分离负荷增大，而持液量带走部分可溶钛，降低钛收率。需要工业生产技术平衡利弊，并根据钛原料中钙、镁的含量大小调整生产控制。

（4）二价与更高价的过渡金属杂质元素　这些元素对钛白粉的颜色影响很大，同时在生产过程中又很难完全分离和脱除掉。这些元素在煅烧时会进入二氧化钛晶格，并使晶格变形，从而使钛白粉呈现微黄、微红或微灰的色彩，直接影响钛白粉产品颜色指标质量。其硫酸法钛白粉生产重要的一环水洗就是尽可能除去这些有色杂质元素离子。往往生产时以沉淀偏钛酸经过一洗、二洗后，滤饼中所含铁离子量为生产控制指标，过去因工艺技术落后，系统技术没有解决，无法将铁含量控制下来，放宽控制在 $100×10^{-6}$。因氯化法进行的气液精馏分离，中间产品铁含量几乎为零，加上后处理辅助原料带入的铁含量总计约 $15\sim20×10^{-6}$；而硫酸法因采用的固液分离手段差异与局限，偏钛酸沉淀产生的毛细孔及封闭毛细孔吸附的铁离子很难洗涤除去，达到氯化法同等的铁含量水平。所以，现有优秀的生产技术极限 Fe 含量在 $20×10^{-6}$ 左右，加上后处理辅助原料带入约 $15×10^{-6}$，总计约 $35×10^{-6}$，这也就是氯化法与硫酸法钛白粉颜色差异的因素之一。

除有色铁离子外，其他二价和更高价的过渡元素杂质离子对钛白粉产品的颜色影响更大。例如，三氧化二铬是钛白粉生产中危害最大的有色杂质元素，当产品中三氧化二铬含量为 $1×10^{-6}$ 时，对产品颜色的影响相当于铁含量 $20×10^{-6}$；五氧化二钒对钛白粉质量的影响仅次于铬，在产品中钒含量 $1×10^{-6}$ 对产品颜色的影响相当于铁含量 $5×10^{-6}$，将使钛白粉呈黄红相；其余氧化镍、氧化铌、氧化锰、氧化钴、氧化铈的含量高，也会严重影响颜料钛白粉的白度。

有色金属离子铁、铬、铜、镍的含量高到一定程度时，还会使钛白粉呈现强烈的光色互变效应，即色变效应；产品在光的照射下，显现某种色调，离开光源后色调消失。

所以，硫酸法钛白粉生产钛原料中的有色与过渡金属杂质元素离子，对钛白粉产品的颜色指标影响十分重要，过去的工艺技术曾提出因这些杂质元素含量过高，不宜生产钛白粉，甚至某些仅能生产锐钛型，而不能生产金红石型钛白粉。如：当钛铁矿中三氧化二铬含量超过 1.5mg/kg 时，就会使钛白粉呈现微黄色，因此含量超过这个范围，就不能用作颜料级钛白粉。然而，从表 3-31 非洲市售硫酸法钛铁矿组成中，Cr_2O_3 的含量在 0.07% 和 0.12%，远远超过此传统的杂质指标含量 $1.5×10^{-6}$，同样可生产出优质的钛白粉产品质量。这需要生产技术的优化与提高。

表 3-31　非洲市售硫酸法钛铁矿组成

组成	肯尼亚钛矿 SP 矿	塞内加尔 SP 矿
TiO_2%	48.2	54.5
FeO%	29.2	14.70
Fe_2O_3%	19.5	29.90
CaO%	0.10	0.01
MgO%	1.00	0.60
MnO%	0.60	1.03
V_2O_5%	0.20	0.27
Cr_2O_3%	0.07	0.12
Al_2O_3%	0.60	0.61
SiO_2%	1.10	0.52
ZrO_2%	0.30	0.10
Nb_2O_5%	0.06	0.09
P_2O_5%	0.01	0.04
CeO_2%	—	0.02

组成	肯尼亚钛矿 SP 矿	塞内加尔 SP 矿
S%	0.01	<0.01
PbO/(×10⁻⁶)	—	260
U/(×10⁻⁶)	<15	10
Th/(×10⁻⁶)	50	50

六、全球钛矿生产消费格局与变化

表 3-32 为 2018 年国际钛原料主要供应商产能与市场份额。前五位分别是：第一位力拓 170 万吨，市场份额 31%；第二位澳禄卡 110 万吨，市场份额 20%；第三位特诺 75 万吨，市场份额 14%，第四位肯梅尔 44.1 万吨，市场份额 8%；第五位泰坦尼亚 40 万吨，市场份额 7%。

表 3-32　2018 年国际钛原料主要供应商产能与市场份额

供应商	所属国	产能/万吨	份额/%
力拓（Rio Tinto）	英国	170	31
澳禄卡（Iluka）	澳大利亚	110	20
特诺（Tronox）	美国	75	14
肯梅尔（Kenmare）	爱尔兰	44.1	8
泰坦尼亚（Kronox）	挪威	40	7
科斯特矿业（Cristal mining）	澳大利亚	27	5
印度稀土公司（IREL）	印度	25.5	5
VVM（V.V.Mineral）	印度	22	4
Irshansky GOK	乌克兰	19	3
联合金红石公司（CRL）	澳大利亚	17	3
合计		549.6	100

2018 年国内钛精矿产量 380 万吨，与 2017 年基本持平。据海关统计，2018 年我国共进口钛矿 254.84 万吨，较去年进口量 188.04 万吨增长 35.52%，进口依存度在 40% 以上。2014—2018 年国内主要钛原料生产省份钛矿产量见表 3-33 所示，2018 年生产钛铁矿 420 万吨，以四川、云南和海南前三位占据市场总量 336 万吨，市场份额的 88.5%；而四川省占据生产总量 280 万吨，市场份额的 74%。

表 3-33　2014—2018 年国内主要钛原料生产省份钛矿产量　　　单位：万吨

地区	2014	2015	2016	2017	2018
四川	266	310	292	298	365
云南	62	61	58	48	45
海南	20	19	12	10	11
河北	5	4	4	4	9
山东	7	6	6	5	4
广西	10	6	5	4	6
其他	12	14	13	11	21
总量	382	420	390	380	461

国内钛白粉生产进口与国产钛矿供应量总量将超过 700 万吨，进口量比例将超过 45%，以 TiO_2 计将平分秋色（因进口原料钛含量高）。

第二节
硫酸

2018 年，在相应的技术发展条件下，国内硫酸法钛白粉生产量占全国钛白粉总生产量的 95%，加上国内钛矿资源性质的独特优势、成本竞争力和技术创新的不断进步，以及在能源消耗和可持续绿色发展的全生命周期评价对比要素条件下，传统硫酸法钛白粉的生产劣势逐渐淡化而变为广义资源条件下的独有优势；尤其是传统生产中废硫酸的循环利用、耦合利用与其中的硫酸亚铁转化成一水硫酸亚铁作为硫酸生产原料予以资源利用的掺烧或直烧生产硫酸技术，不仅减少了废副的产生量和消极的处理成本，而且回收了钛铁矿中的铁资源。因此，硫酸法钛白粉生产装置应尽可能与硫酸生产装置进行技术耦合协同生产，方能达到循环经济模式要求的资源利用最大化，能源利用最大化，废副排放最小化的绿色文明生产。所以，硫酸法钛白粉的生产不仅与硫酸原料生产相关，而且与硫酸生产技术紧密想关，如设备材质的选择、解决不同硫酸浓度的腐蚀问题、酸解与煅烧尾气的硫酸酸雾与二氧化硫气体的处理等工艺技术，无一不是需要相同相近的技术知识与生产装置技术认识，甚至在硫酸法钛白粉生产中产出的废硫酸的循环与再利用技术也与硫酸生产技术紧密相关。硫酸生产，尤其是硫铁矿生产硫酸技术是作为硫酸法钛白粉生产不可或缺的专业技术知识。

一、概述

(一) 硫酸发展史略

据"硫酸工业"杂志早期（1979.1）介绍，中国第一个采用铅室法的硫酸工厂上海江南制造局建于 1867 年，但也有人提出汉阳兵工厂和江苏药水厂的铅室装置为中国硫酸制造的第一套生产装置；遗憾的是没有确切的记载，不得不说，但又无须责怪，我们早期化工技术与社会科技的文明程度不够。

用钛白粉副产硫酸亚铁分解生产硫酸和氧化铁，早期德国拜耳钛白粉生产业务部做了大量的研究工作，而钛白粉副产 25% 的废硫酸经过浓缩后，进行直接高温热解生产硫酸和氧化铁，至今还在硫酸法钛白粉生产装置上运行。德国莎哈利本公司现属于全球钛白粉生产排名第三的亨兹曼公司，10 万吨硫酸法钛白粉副产 25% 的稀硫酸经过蒸发浓缩全部返回钛白粉生产，且配套 40 万吨硫铁矿制酸装置将废酸浓缩后分离的一水硫酸亚铁掺和硫铁矿全部用于生产硫酸和氧化铁副产品。四川龙蟒钛业公司同样将钛白粉副产 23% 的废硫酸经过浓缩或混配硫酸提高浓度后，分离一水硫酸亚铁，硫酸部分循环平衡钛白粉使用，部分用于湿法磷化工生产磷肥和饲料磷酸盐，一水硫酸亚铁与硫铁矿掺烧生产硫酸和氧化铁粉，有四套 30 万吨硫酸装置在运行。同样，攀钢钛业控股的攀枝花东方钛业公司，采用废酸浓缩分离一水亚铁，一水亚铁掺烧生产硫酸，硫酸装置规模能力30万吨。这些装置因循环利用了硫酸法钛白粉副产废硫酸及硫酸中硫酸亚铁，既减少了原料硫酸的用量，又节约了废酸消极中和处理的成本，不仅经济效益显著，环保社会效益明显（所有工艺技术见第八章介绍）。

（二）硫酸的主要用途

① 用于化肥工业制造化学肥料，包括磷酸铵（MAP、DAP）、磷酸钙（SSP、TSP）等多种磷肥和硫酸铵、硫酸钾等各种硫基氮钾肥；

② 用于无机盐工业制造钛白粉、饲料磷酸盐、各种硫酸盐、氟化氢及氟化物等各类无机盐产品；

③ 用于合成纤维、染料、医药和食品工业的原料；

④ 用于石油化工行业精制石油产品；

⑤ 用于国防工业上制造炸药、毒物、发烟剂等；

⑥ 用于冶炼工业上冶炼烟气酸洗；

⑦ 用于纺织行业上印染和漂白等。

二、硫酸的性质

（一）硫酸的物理性质

硫酸的分子量为98.078，分子式为H_2SO_4。从化学意义上讲，是三氧化硫与水的等物质的量化合物，即$SO_3 \cdot H_2O$。在工艺技术上，硫酸是指SO_3与H_2O以任何比例结合的物质，当SO_3与H_2O的物质的量之比≤1时，称为硫酸，它们的物质的量之比＞1时，称为发烟硫酸。硫酸的浓度有各种不同的表示方法，在工业上通常用质量分数表示。

硫酸的主要物理性质为：

20℃时密度为1.8305g/cm³；熔点为（10.37±0.05）℃；沸点100%时为（275±5）℃，98.479%（最高）时为（326±5）℃；汽化潜热（326.1℃时）为50.124kJ/mol；熔解热（100%时）为10.726kJ/mol；比热容（25℃）98.5%时为1.412J/（g·K），99.22%时为1.405J/（g·K），100.39%时为1.394J/（g·K）。

（二）硫酸的化学性质

硫酸是一种强酸。作为二元酸，它有中性盐（硫酸盐）和酸式盐（硫酸氢盐）的性质。

硫酸中的硫原子具有最高原子价+6价，由于硫的原子价趋向于降低，所以硫酸具有氧化剂的性质。同时，依还原剂的不同，硫酸可以还原到SO_2、S和H_2S。根据硫酸浓度的不同，在生成$ZnSO_4$的同时，或者生成SO_2，或者S，或者H_2S。浓硫酸与碳反应时，碳被氧化为CO_2，H_2SO_4被还原为SO_2。H_2SO_4与元素硫反应时，H_2SO_4被还原为SO_2，元素硫也被氧化为SO_2。

稀硫酸中的硫原子通常不具有强烈的氧化性。稀硫酸只能氧化按电动序排列在氢左面的金属。例如，稀硫酸与锌反应，生成硫酸锌和氢。在这个反应中，锌是依靠氢离子的还原而氧化的，不是依靠硫原子价的改变。

浓硫酸是强脱水剂，对于有机物和人的皮肤有强烈的破坏作用。浓硫酸与硝酸混合，组成硝化剂，广泛应用于有机化合物的硝化衍生物及炸药、医药、染料和食品等工业生产。

浓硫酸与发烟硫酸、三氧化氯磺酸都是磺化剂，它们可以反磺酸基引入有机化合物。许多种医药、农药和染料的生产都是基于芳香族有机化合物的磺化。

（三）硫酸产品规格

工业硫酸符合国家标准（GB/T 534—2014）质量要求（表3-34）。

表3-34　工业硫酸国家标准（GB/T 534—2014）

项目		指标		
		优等品	一等品	合格品
硫酸（H_2SO_4）含量/%	≥	92.5 或 98.0	92.5 或 98.0	92.5 或 98.0
灰分/%	≤	0.02	0.03	0.10
铁（Fe）含量/%	≤	0.005	0.010	—
砷（As）含量/%	≤	0.0001	0.005	0.01
汞（Hg）含量/%	≤	0.001	0.01	—
铅（Pb）含量/%	≤	0.005	0.02	—
透明度/mm	≥	80	50	—
色度		不深于标准色度	不深于标准色度	—

三、硫酸生产工艺原理

硫酸生产是将二氧化硫（SO_2）经过催化氧化制成三氧化硫（SO_3），然后用水吸收制成硫酸（H_2SO_4）。实际上 SO_3 是被硫酸所吸收，于吸收酸中不断加入水以维持一定的硫酸浓度，通常是98%。从工业角度来看，硫黄、硫铁矿和冶炼烟气这三种原料生产硫酸，只是 SO_2 产生的方式、其气体净化处理与浓度的差异。因硫酸法钛白粉的生产，无论采用钛精矿和酸溶性高钛渣，均产生相同量的废酸，且废酸浓缩回用及再用时其中分离的一水硫酸亚铁，需要返回硫酸系统进行掺烧分解回收硫酸和其中的氧化铁，或者创新的新工艺将硫酸亚铁直接分解回收硫酸和其中的氧化铁，均需要硫铁矿制酸装置配套，或借用硫酸装置生产技术，所以这里仅对硫铁矿制酸工艺技术进行简要的介绍。

（一）焙烧反应基本原理

硫铁矿焙烧过程中的化学反应很多，但主要的是二硫化亚铁的燃烧反应。

$$4FeS_2 + 11O_2 \longrightarrow 2Fe_2O_3 + 8SO_2 + 3309.0kJ \qquad (3-19)$$

$$3FeS_2 + 8O_2 \longrightarrow Fe_3O_4 + 6SO_2 + 2369.2kJ \qquad (3-20)$$

当掺烧硫酸法钛白粉生产副产的硫酸盐时，还要增加其分解的吸热反应。

$$2FeSO_4 + FeS_2 + 2O_2 \longrightarrow Fe_3O_4 + 4SO_2 + 271.0kJ \qquad (3-21)$$

硫铁矿焙烧是放热反应，可以靠本身的反应热来维持所需的焙烧温度。实际生产中当用于掺烧硫酸盐时，通常采用品位较高的硫铁矿，或采用补充热量的燃料措施。

（二）炉气净化工艺原理

1．炉气净化目的

焙烧工序送来的炉气，除含有大量的氮气（N_2）、二氧化硫（SO_2）和氧气（O_2）外，还含有一些固态和气态的有害物质。固态杂质是指在焙烧工序电收尘器出口没有被去除仍以固态形式存在的物质，通称为尘。气态杂质通常有三氧化二砷（As_2O_3）、氟化物、二氧化硒（SeO_2）、二氧化硫（SO_2），水蒸气（H_2O）、二氧化碳（CO_2）和其他有色金属的氧化物、硫化物及这些金属的硫酸盐。炉气净化的目的就是除掉这些有害杂质。

2．炉气净化的基本方法

对炉气进行净化的方法有两种：一是利用炉气通过液体层或用液体来喷洒气体，使炉气中的杂质得到分离叫液体洗涤法或称湿法气体净化；二是利用炉气通过高压电场，使悬浮杂质粒子获得电荷，荷电粒子移向沉淀极而沉降分离，这叫电净制法气体净化。

液体洗涤炉气的设备有：空塔、填充洗涤塔、动力波洗涤器、干燥塔等。（干燥塔与填充洗涤塔的作用一致。）

（三）二氧化硫转化的工艺原理

二氧化硫转化为三氧化硫，一般情况下是不能进行的，必须借助于催化剂起催化作用。接触法生产硫酸是经过净化的二氧化硫气体，通过催化剂作用，被氧所氧化，生成三氧化硫，再用水加以吸收，即得硫酸。其反应式如下：

$$SO_2 + 1/2O_2 \rlap{=\!=\!=} \quad SO_3 + Q \tag{3-22}$$

$$SO_3 + H_2O \rlap{=\!=\!=} \quad H_2SO_4 + Q \tag{3-23}$$

（四）三氧化硫吸收工艺原理

在生产硫酸的吸收操作中，包括物理吸收和化学吸收。习惯上统称为三氧化硫的吸收。按下列反应进行。

$$nSO_3(g) + H_2O(l) \rlap{=\!=\!=} \quad H_2SO_4 + (n-1)SO_3 + Q \tag{3-24}$$

该吸收过程以化学吸收为例大体按下述五个步骤进行：

① 气体中的三氧化硫从气相主体中向界面扩散。
② 穿过界面的三氧化硫在液相中向反应区扩散。
③ 与三氧化硫起反应的水分，在液相主体中向反应区扩散。
④ 三氧化硫和水在反应区进行化学反应。
⑤ 生成的硫酸向液相主体扩散。

事实上，气体中的三氧化硫不可能百分之百被吸收，只吸收气体中超过硫酸相平衡的那一部分三氧化硫，超过得越多，吸收过程的推动力就越大，吸收速度就越快，吸收率就越高。一般把被吸收的三氧化硫数量和原来气体中三氧化硫的总数量之百分比称为吸收率。

$$n = \frac{a-b}{a} \times 100\%$$ 　　　　　　　　（3-25）

式中　n——吸收率，%；

　　　a——进吸收塔的三氧化硫数量，kmol/h；

　　　b——出吸收塔的三氧化硫数量，kmol/h。

目前，通常吸收率在99.95%以上。

四、300kt/a硫铁矿制酸工艺流程概述

（一）工艺流程

硫铁矿制酸简易工艺流程见图3-24。

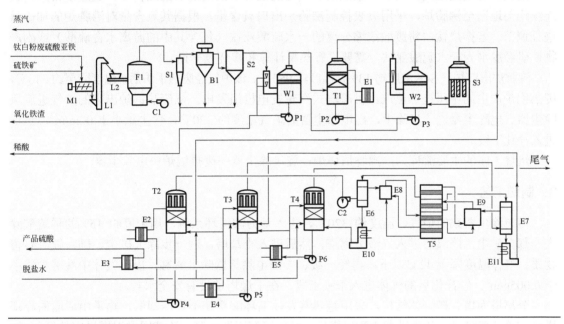

图3-24　硫铁矿制酸简易工艺流程

B1—余热锅炉；C1—沸腾炉炉底风机；C2—二氧化硫风机；E1～E5—板式换热器；E6，E7—冷换热器；E8，E9—热换热器；E10，E11—加热器；F1—硫化物沸腾燃烧炉；L1—斗式提升机；L2—进料螺运机；M1—混料机；P1～P3—净化循环泵；P4～P6—吸收循环泵；S1—旋风除尘器；S2—电除尘器；S3—电除雾器；T1—气体冷却塔；T2—气体干燥塔；T3—一级吸收塔；T4—二级吸收塔；T5—转化器；W1—一级动力波洗涤器；W2—二级动力波洗涤器

（二）流程与特点

硫铁矿制酸的主要工艺流程包括硫铁矿氧化焙烧、酸洗净化、"3+1"四段转化、96%酸干燥、98%酸中温两次吸收、废热回收等工艺，并采用DCS系统进行自动控制。主要技术特点有：

① 采用氧化焙烧技术，可提高硫的烧出率。

② 采用酸洗净化，两级动力波洗涤，可以减少稀酸产出。

③ 采用"3+1"四段转化，可使SO_2总转化率大于99.7%，保证尾气中的SO_2达标排放。

④ 采用 96%酸干燥炉气，98%酸吸收 SO_3。

⑤ 采用中温吸收，可有效以抑制雾粒的形成并增大雾粒粒径以便除雾。

⑥ 沸腾炉出口设置废热锅炉，回收废热产中压过热蒸汽用于发电。

（三）流程概述

1．原料

硫酸生产的原料主要有硫黄、硫铁矿、含 SO_2 的冶炼烟气，或掺烧硫酸法钛白浓缩废酸分离的一水硫酸亚铁。

2．焙烧工艺

硫铁矿与废酸浓缩回收的一水硫酸亚铁经过混合后由焙烧炉的加料斗，通过皮带给料机连续均匀地送至沸腾炉，采用氧表控制沸腾炉出口氧含量，根据其氧含量对沸腾炉的加矿量进行调节。若掺烧钛白粉废酸浓缩分离的一水硫酸亚铁（包含其中的游离水合硫酸）或副产物铁矾经脱水为一水硫酸亚铁，需要进行热量计算和掺烧量平衡。

沸腾炉出口炉气 SO_2 浓度约 13%，温度约 950℃。该炉气经废热锅炉后，温度降至约 340℃，废热锅炉产生的中压过热蒸汽，供凝汽式汽轮发电机组发电。从废热锅炉出来的炉气进旋风除尘器、电除尘器进一步除尘，出电除尘器的炉气温度约 320℃，含尘量小于 $0.2g/m^3$，然后进入净化工段。

焙烧工序的主要流程为：沸腾焙烧炉—旋风除尘器—废热锅炉—电除尘器。

3．制酸工艺

由电除尘器来的炉气，温度约 320℃，进入动力波循环系统，用浓度约 15%的稀硫酸除去一部分矿尘，降温后进入气液分离塔，然后进入冷却塔，进一步除去矿尘、砷、氟等有害物质。气体温度降至 42℃以下，再经一级、二级电除雾器除去酸雾，出口气体中酸雾含量小于 $0.005g/m^3$。经净化后的气体进入干吸工段，在干燥塔前设有安全水封。

分离塔为塔、槽一体结构，采用绝热蒸发，循环酸系统不设冷却器，热量由后面的冷却塔稀酸冷却器带走。分离塔淋洒酸出塔后，经斜管沉降器沉降，清液回增湿塔塔底的循环槽，进入动力波循环系统循环使用，一部分循环液通过分离塔循环泵打入脱气塔，经脱吸后的清液通过脱气塔循环泵全部送入干吸工段作为工艺补充水。斜管沉降器沉降下来的污泥，排入酸沟，可用石灰中和处理后采用料浆泵送至焙烧工段增湿滚筒与热矿渣混合。

冷却塔也为塔、槽一体结构，淋洒酸从冷却塔塔底循环槽流出，通过冷却塔循环泵打入冷却塔循环使用。增多的循环酸串入增湿塔循环系统，整个净化系统热量由稀酸冷却器带走。

生产中，因考虑到因突然停电造成高温炉气影响净化设备，在动力波上方设置了紧急事故用水阀，通过分离塔出口气温与动力波紧急事故用水阀联锁来保护下游设备和管道。

烟气净化采用稀酸洗涤绝热蒸发冷却，现有新建工艺采用动力波洗涤，其烟气净化流程为：焙烧工序出口烟气—一级动力波洗涤器—填料冷却塔—一级电除雾器—二级电除雾器。净化系统热量由填料冷却塔循环酸泵出口设置的稀酸板式冷却器移走；为防止烟尘在洗涤循环酸中的富集而影响烟气冷却净化效果，在一级动力波循环酸泵出口抽出部分循环酸进入斜板管沉降器，进行固液分离，上清液部分通过 SO_2 脱吸后送污水处理工序，部分返回一级动力波洗涤器循环使用。

每一台电除雾器基本上由带气体进、出连接管的壳体，带支承的放电系统和收集管组成。放电系统借助于绝缘子在壳体的上部支承，绝缘子用热空气吹扫并放置在金属壳内以防止意外和偶然的接触。

放电极悬挂于框架的上部，借助底框架分隔，底框架由侧向紧固的绝缘子固定。在必要时清洗，所需的清洗液由消防水进行清洗。

废酸储槽安装在地坑里，收集来自净化工段的废酸以及在净化工序的任何溢出酸、泄漏物或冲洗液。并用废酸输送泵送回到动力波系统或进行处理或进行回收利用。

4．干吸工艺

自净化工段来的含 SO_2 的炉气，补充一定量空气，控制 SO_2 浓度为约 8.5%进入干燥塔。气体经干燥后含水分 $0.1g/m^3$ 以下，进入二氧化硫鼓风机。

干燥塔系填料塔，塔顶装有金属丝网除雾器。塔内用 96%硫酸淋洒，吸水稀释后自塔底流入干燥塔循环槽，槽内配入由吸收塔酸冷却器出口串来的 98%硫酸，以维持循环酸的浓度。然后经干燥塔循环泵打入干燥塔酸冷却器冷却后，进入干燥塔循环使用。增多的 96%酸全部通过干燥塔循环泵串入一级吸收塔。

经一次转化后的气体，温度大约为 180℃，进入一级吸收塔，吸收其中的 SO_3，经塔顶的纤维除雾器除雾后，返回转化系统进行二次转化。经二次转化的转化气，温度大约为 156℃，进入二级吸收塔，吸收其中的 SO_3，经塔顶的金属丝网除雾器除雾后，通过烟囱达标排放。

一级吸收塔和二级吸收塔均为填料塔，一级吸收塔和二级吸收塔共用一个酸循环槽，淋洒酸浓度为 98%，吸收 SO_3 后的酸自塔底流入吸收塔循环槽混合，加水调节酸浓度至 98%，然后经吸收塔循环泵打入吸收塔酸冷却器冷却后，进入吸收塔循环使用。增多的 98%硫酸，一部分串入干燥塔循环槽，一部分作为成品酸经过成品酸冷却器冷却后直接输入成品酸储罐。采用低位高效干吸工艺技术、一级干燥、二级吸收、循环酸泵后冷却工艺与双接触转化工艺相对应。

干燥塔采用 96%硫酸干燥，单独设置循环槽，一级吸收塔、二级吸收塔采用 98%硫酸吸收，共用一个循环槽，循环槽为卧式槽。

循环酸的冷却采用 316L 不锈钢管壳式阳极保护冷却器，干燥循环酸冷却设置一台，一级吸收、二级吸收循环酸冷却设置一台。

5．转化工序

经干燥塔金属丝网除沫器除沫后，SO_2 浓度约为 8.5%的炉气进入二氧化硫鼓风机升压后，经 E3 换热器和 E1 换热器换热至约 430℃，进入转化器。第一次转化分别经一、二、三段催化剂层反应和 E1、E2、E3 换热器换热，转化率达到 95.5%，反应换热后的炉气经省煤器降温至约 180℃，进入一级吸收塔吸收 SO_3 后，再分别经过 E4 和 E2 换热器换热后，进入转化器四进行第二次转化，总转化率达到 99.75%以上，二次转化气经 E4 换热器换热后，温度降至约 156℃进入二级吸收塔吸收 SO_3。

为了调节各段催化剂层的进口温度，设置了必要的副线和阀门。为了系统的升温预热方便，在转化器一段和四段进口设置了两台电炉。

6. 脱盐水及发电装置

脱盐水装置采用一级除盐系统。脱盐水能力为15t/h。

脱盐水流程为：原水 → 原水箱 → 原水泵 → 机械过滤器 → 逆流再生阳离子交换器 → 除二氧化碳器 → 中间水箱 → 中间水泵 → 逆流再生阴离子交换器 → 脱盐水箱 → 脱盐水泵 → 除氧器（除氧器设置在发电厂房）。

再生剂采用盐酸及氢氧化钠溶液，酸碱废水排至硫酸装置外污水处理站。

脱盐水送至锅炉给水除氧器用低压蒸汽进一步加热到105℃进行除氧，由锅炉给水泵加压，一路经过省煤器后，给水温度升高到150℃左右，然后分别送至废热锅炉的汽包。另一路给水供给高温过热器两级之间的喷水减温器。

废热锅炉为单汽包横向冲刷式砖衬水管锅炉，受热面为垂直悬吊式蛇形结构，受热面包括几组蒸发区和高、低温过热器。给水经过和高温炉气换热后，在汽包主蒸汽口产出饱和蒸汽，饱和蒸汽在经过高、低温过热器最终产出3.82MPa、450℃中压过热蒸汽（14t/h）。

由锅炉产生的中压蒸汽经过主蒸汽管道送至发电厂房。由于其他装置没有用汽需求，所以采用3000kW凝汽式发电机组，14t/h中压过热蒸汽可发电2941kW·h。除氧器用蒸汽由汽轮机供除氧器用汽抽汽口供给。

为了保护炉水和蒸汽的品质，本工段配备了一套炉水加药装置以控制水质。

五、硫酸法钛白粉生产中硫资源的循环利用

作为硫酸法钛白粉生产，硫酸作为生产原料用量较大，全流程工艺1t钛白粉需要硫酸用量4t左右，而我国又是硫资源不足的国家，在2016年进口硫酸生产的硫资源为63%，硫酸法钛白粉生产硫酸用量超过$1×10^7$t/a。但是，其钛白粉产品中并没有硫酸根资源，仅是以稀硫酸和硫酸亚铁的形式从生产中排出，由于市场难以消化这些副产物，外排和中和处理既不经济又对环境产生影响，所以，先进的工艺技术是尽可能进行硫资源的循环利用、耦合应用和作为硫酸生产原料协同使用。

第三节
氯气与烧碱

氯气是氯化法钛白粉生产除钛原料之外的第二大原料，它不仅将钛原料中的元素氯化成氯化物，使其将钛原料中的杂质分离；而又是其氯化法工艺生产中因四氯化钛氧化为钛白粉重新生成氯气后，进行直接循环使用的原料氯气。作为氯化法钛白粉生产技术人员和管理者，更有必要了解氯气方面的生产技术知识、设备材质性能与防腐要求、安全管理法律法规等全方位的技术知识。因氯气泄漏甚至发生爆炸等，均较之硫酸法钛白粉生产的硫酸液体或间歇操作具备更高的管理与连锁等级。

烧碱，即氢氧化钠，作为钛白粉的生产原料尽管不如钛原料、硫酸、氯气这类大宗原料使用量那么大，但是，在现有的商业钛白粉生产方法中均要使用大量的烧碱。在钛白粉生产中，不管是氯化法还是硫酸法，因优化钛白粉的颜料性能和克服二氧化钛光催化的"毛病"，均要进行无机膜和有机膜的包膜加工处理，也称之为后处理。为了使无机物沉积包覆在钛白粉颗粒表面，需要进行酸碱度调整，其使用的碱原料在目前技术条件下几乎全部是氢氧化钠；而在氯化法和硫酸法两种生产方法工艺中所排出的尾气，无论含有氧化硫还是氯化氢、氯气等酸性尾气，需用碱性液体进行吸收洗涤，脱除尾气废物元素，满足环境排放标准要求；再就是对硫酸法钛白粉生产，在水解的外加晶种和金红石晶种的工艺生产中均要使用大量的氢氧化钠。所以，烧碱也是钛白粉生产的辅助原料之一。

烧碱生产包括苛化法与电解法两种：苛化法是纯碱与石灰乳用苛化反应生成烧碱而得名，亦称石灰苛化法，随着电解生产烧碱与氯气方法的日臻完善，苛化法烧碱生产目前很难见到；电解法是采用电解食盐水溶液生产烧碱和氯气、氢气的方法，简称氯碱法。

正如硫酸法钛白粉使用的硫酸不仅是生产需用的原料一样，硫酸生产技术是钛白粉生产技术的交叉技术；知道、了解与掌握了硫酸技术，方能进行耦合工艺进行硫资源的循环利用和上下生产链的最佳化学能与热能利用。氯化法钛白粉生产亦如此，氯气与烧碱生产技术不仅是上下游原料供给关系，更是钛白粉生产的交叉与分支技术。作为氯离子与钠离子资源原料的氯碱生产，其生产的氯气与烧碱作为氯化法钛白粉生产原料，而钛白粉产品中并没有这些资源元素产品，使用其化学属性与化学能量后，这些资源是作为废物弃掉，还是作为资源再回来？这是现代社会文明化工生产技术与绿色可持续发展需要回答和研究的重要课题（详见第八章所述）。

故此，钛白粉生产技术与氯碱工业生产技术密切相关，氯碱工业的氯气不仅是氯化法钛白粉生产的主要原料，而且烧碱也是钛白粉生产所需辅助原料；甚至氯碱工业产生的氢气与氯气反应生产的合成盐酸也是钛白粉生产的原料之一，如用在氯化法后处理中作为酸碱调节剂的酸原料，再如用在硫酸法金红石晶种制备工序中钛酸钠的酸溶原料等。所以，氯碱工业生产的产品是钛白粉生产的重要原料组成部分，氯碱工业的生产技术与钛白粉生产技术密切相关。

一、氯气电解法概况

电解法又分为隔膜法（diaphragm process，简称 D 法）、水银法（mercury procesee，简称 M 法）、离子交换膜法［ionexchange membrane process，简称离子膜法（IM）］。

（1）隔膜法　隔膜法是最先用于工业生产的电解方法。在电解槽阳极室与阴极室间设有多孔渗透性的隔层，它能阻止阳极产物与阴极产物混合，但不妨碍阳、阴离子的自由迁移。由于氯和烧碱都是强腐蚀性物质，长期以来人们都在寻找合适的隔层材料。最初找到水泥微孔隔膜，因电阻大，透过率和电流效率都低，只能用于间断操作，后改用石棉滤过性隔膜，不仅可以连续操作，而且适于高电流效率下制取较高浓度的烧碱溶液。此外，对电解槽结构进行改进，美国虎克立式吸附隔膜电解槽可作为 20 世纪 60 年代隔膜电解槽先进水平的代表。到 70 年代，隔膜法发展到了一个先进水平，取得了电解槽容量不断增大、能耗明显降低、电解槽运转周期延长等方面的成绩。其原因为：一方面出于避免水银法的汞害；另一方面由于1969 年制得长寿命和低能耗外涂钌、钛氧化物的金属阳极，以及相应地改进了隔膜材料与阴极材料。

（2）水银法　水银法是 1892 年由美国人卡斯纳（H. Y. Castner）和奥地利人（C. Kellner）同时提出，以食盐水为电解质，所用电解槽由电解室和解汞室组成。其特点是以汞为阴极，在此进行 Na^+ 的放电，生成的金属钠与汞作用得到钠汞齐（是汞和钠的合金，一般以 $NaHg_n$ 表示，常温下为液态而不是固态），反应方程为：

$$Na^+ + e^- \longrightarrow Na \tag{3-26}$$

$$Na + nHg \longrightarrow NaHg_n \tag{3-27}$$

钠汞齐从电解室排出后，在解汞室中与水作用生成氢氧化钠和氢气，方程式如下：

$$NaHg_n + H_2O \longrightarrow NaOH + \frac{1}{2}H_2 \uparrow + nHg \tag{3-28}$$

析出的汞又送回电解室循环使用。

因为在电解室中产生氯气，在解汞室中产生氢氧化钠溶液和氢气，这样就解决了阳极产物和阴极产物隔开的关键问题，所以，水银法电解制烧碱的特点是浓度高、质量好、生产成本低，于 19 世纪末实现工业化后就获得了广泛的应用，但该法最大的缺点为汞对环境的污染。自从 20 世纪 70 年代初先后在美国、瑞典以及日本相继发生汞害问题，造成多人中毒死亡。因此美国决定新建氯碱厂不再采用水银法；日本政府迫于舆论压力，已于 1986 年完成水银法转换成隔膜法和离子交换膜法的计划；西欧各国也制定了新的法规严格控制汞污染，至此，水银法电解生产受到世界性的限制。

（3）离子交换膜法　离子交换膜法电解是为取代水银法而开发的新方法，1975 年首先在美国和日本实现工业化。离子交换膜法电解是一项崭新的电化学技术。该法于 20 世纪 50—60 年代着手开发研究，1966 年美国杜邦公司开发了化学稳定性较好的离子交换膜 Nafion 膜，接着日本旭硝子公司制成了 Flemion 全氟羧酸膜，实现了离子交换膜法电解的工业化生产，为离子膜法电解食盐水工业化奠定了基础。

离子膜法是用有选择透过性的阳离子交换膜将阳极室和阴极室隔开，阳极上和阴极上发生的反应与一般隔膜电解法相同。Na^+ 在电场的作用下伴随水分子透过离子交换膜移向阴极室，而 Cl^- 不允许透过离子交换膜；因此，在阴极室得到纯度较高的烧碱溶液。离子交换膜法在电能消耗、建设费用和解决环境污染等方面都比隔膜法和水银法优越，被公认为现代氯碱工业的发展方向。且钛白粉生产因产品质量的高要求，需用的氢氧化钠尽可能使用离子膜烧碱。

氯碱工厂的主要生产设备电解槽，需由直流电源供电，随着电子工业的发展，硅整流管（硅二极管）、晶闸管（可控硅），以及整流器的过电流和过电压保护、新双直流大电流计量用传感器等新技术的应用，才使高压三相交流电源变换成直流低电压电源得以顺利、安全地完成，为氯碱工业生产的大型化奠定了能源基础。直流供电系统的安全运行为氯碱生产系统经济效益的提高做出了较大的贡献。

二、氯气的性质

（一）物理性质

氯气在通常情况下为有强烈刺激性气味的黄绿色有毒气体。氯气密度是空气密度的 2.5 倍，标况下 $\rho = 3.21kg/m^3$。氯气熔沸点较低，常温常压下，熔点-101.00℃，沸点-34.05℃，常温下把氯气加压至 600～700kPa 或在常压下冷却到-34℃都可以使其变成液氯,液氯是一种油状的液体,其与氯气物理性质不同,但化学性质基本相同。可溶于水,且易溶于有机溶剂(例如,四氯化碳),难溶于饱和食盐水。1 体积水在常温下可溶解 2 体积氯气,形成黄绿色氯水,密度为 3.170g/L,比空气密度大。

(二) 化学性质

氯气是一种有毒气体,它主要通过呼吸道侵入人体并溶解在黏膜所含的水分里,生成次氯酸和盐酸,对上呼吸道黏膜造成损伤:次氯酸使组织受到强烈的氧化;盐酸刺激黏膜发生炎性肿胀,使呼吸道黏膜浮肿,大量分泌黏液,造成呼吸困难,所以氯气中毒的明显症状是发生剧烈的咳嗽。症状重时,会发生肺水肿,使循环作用困难而致死亡。由食道进入人体的氯气会使人恶心、呕吐、胸口疼痛和腹泻。1L 空气中最多可允许含氯气 1mg,超过这个量就会引起人体中毒。

1. 与金属反应

氯气具有强氧化性,加热下可以与所有金属反应,如金、铂在热氯气中燃烧,而与 Fe、Cu 等变价金属反应则生成高价金属氯化物。常温下,干燥氯气或液氯不与铁反应,只能在加热情况下反应,所以可用钢瓶储存氯气(液氯)。氯气与金属反应生成金属氯化物。

2. 与金属氧化物反应

在有还原剂的存在下,氯气与金属氧化物反应生成氯化物。这也是氯化法钛白粉生产的基本反应。

与氧化钛反应:

$$TiO_2 + 2C + 2Cl_2 \xrightarrow{\quad\quad} TiCl_4 + 2CO \tag{3-29}$$

$$Ti_2O_3 + 3C + 4Cl_2 \xrightarrow{\quad\quad} 2TiCl_4 + 3CO \tag{3-30}$$

与氧化锆反应:

$$ZrO_2 + 2C + 2Cl_2 \xrightarrow{\quad\quad} ZrCl_4 + 2CO \tag{3-31}$$

与氧化硅反应:

$$SiO_2 + 2Cl_2 + 2C \xrightarrow{\quad\quad} SiCl_4 + 2CO \tag{3-32}$$

3. 与非金属反应

与氢气反应:

$$H_2 + Cl_2 \xrightarrow{\text{燃烧}} 2HCl \tag{3-33}$$

(工业制盐酸方法,工业先电解饱和食盐水,生成的氢气和氯气燃烧生成氯化氢气体。)

现象:H_2 在 Cl_2 中安静地燃烧,发出苍白色火焰,瓶口处出现白雾。

$$H_2 + Cl_2 \xrightarrow{\text{光}} 2HCl \tag{3-34}$$

现象:见光爆炸,有白雾产生。

需要注意的是:将点燃的氢气放入氯气中,氢气只在管口与少量的氯气接触,产生少量的热;点燃氢气与氯气的混合气体时,大量氢气与氯气接触,迅速化合放出大量热,使气体急剧膨胀而发生爆炸。工业上制盐酸使氯气在氢气中燃烧。氢气在氯气中爆炸极限是 9.8%～52.8%。

与磷反应:

$$2P + 3Cl_2(少量) \Longrightarrow 2PCl_3(液体农药, 雾) \tag{3-35}$$

$$2P + 5Cl_2(过量) \Longrightarrow 2PCl_5(固体农药, 烟) \tag{3-36}$$

现象：产生白色烟雾。

与其他非金属反应：

实验证明，在一定条件下，氯气还可与 S、Si 等非金属直接化合。

$$2S + Cl_2 \Longrightarrow S_2Cl_2 \tag{3-37}$$

与水反应：

$$Cl_2 + H_2O \Longrightarrow HCl + HClO (可逆反应) \tag{3-38}$$

在该反应中，氧化剂是 Cl_2，还原剂也是 Cl_2，本反应是歧化反应。

氯气遇水会产生次氯酸，次氯酸具有净化（漂白）作用，用于消毒——溶于水生成的 HClO 具有强氧化性。

家用 84 消毒液与洁厕液混用会导致氯气中毒的原理就是此反应的逆反应。因为 84 消毒液的主要成分为 NaClO，洁厕液的主要成分为盐酸，两者相遇会产生大量热，并放出氯气。

（三）氯气与烧碱的产品规格

1. 氯气产品质量标准

氯气产品质量的国家标准号为 GB/T 5138—2006，指标要求见表 3-35。

表 3-35　氯气规格与指标（GB/T 5138—2006）

项目	指标		
	优等品	一等品	合格品
氯的体积分数/%　≥	99.8	99.6	99.6
水分的质量分数/%　≤	0.01	0.03	0.04
三氯化氮的质量分数/%　≤	0.002	0.004	0.004
蒸发残渣的质量分数/%　≤	0.015	0.10	—

注：水分、三氯化氮指标强制

2. 烧碱产品质量标准

烧碱产品质量的国家标准号为 GB/T 209—2018，分为固体（IS）与液体（IL）两类指标，指标要求见表 3-36。

表 3-36　工业用氢氧化钠指标　　　　　　　%（质量分数）

项目	型号规格				
	IS		IL		
	I	II	I	II	III
	指标				
氢氧化钠　≥	98.0	70.0	50.0	45.0	30.0
碳酸钠　≤	0.8	0.5	0.5	0.4	0.2
氯化钠　≤	0.05	0.05	0.05	0.03	0.008
三氧化二铁　≤	0.008	0.008	0.005	0.003	0.001

三、氯气的主要用途

（一）消毒

自来水常用氯气消毒，1L 水里约通入 0.002g 氯气，消毒原理是其与水反应生成了次氯酸，它的强氧化性能杀死水里的病菌。而之所以不直接用次氯酸为自来水杀菌消毒，是因为次氯酸易分解、难保存、成本高、毒性较大，用氯气消毒可使水中次氯酸的溶解、分解、合成达到平衡，浓度适宜，水中残余毒性较少。Cl_2 可用来制备多种消毒剂，含 Cl 的消毒剂有 ClO_2、NaClO、$Ca(ClO)_2$ 等。

（二）制盐酸

氯气与氢气反应生产氯化氢，用水吸收。

（三）漂白

工业用于制漂白粉或漂粉精。Cl_2 制成的漂白物很多，一般生活中涉及两种，NaClO 和 $Ca(ClO)_2$。

（四）制农药

制多种农药，如六氯环己烷（俗称 666）、三氯化磷和五氯化磷等。

（五）制有机溶剂

制氯仿、四氯化碳等有机溶剂

（六）生产塑料

制塑料，如聚氯乙烯塑料等。

（七）生产药品

用于生产氯化氧磷，作为药品中间体。

（八）生产钛白粉及金属钛

用作氯化法钛白粉生产的氯化原料及钛金属海绵钛中间产品四氯化钛的原料。

四、氯气与烧碱生产工艺技术

氯气与烧碱的生产工艺技术，是采用氯化钠为原料，利用电解的化学能将其氧化还原分离成氯气与氢氧化钠，同时副产氢气。氯碱生产工艺流程包括四个生产单元：化盐与盐水精制，电解，氯气和氢气处理，液氯、碱液蒸发以及固碱制造等工序。由于离子膜法生产的氢氧化钠纯度较高，是钛白粉生产的优质辅助，此处仅就离子膜法氯碱生产技术进行介绍。

（一）生产工艺原理

1．电解原理

$$2NaCl + 2H_2O \xrightarrow{\text{通电}} H_2\uparrow + Cl_2\uparrow + 2NaOH \tag{3-39}$$

氯化钠溶液在电流提供的电子作用下，产生电化学反应将氯化钠中的负一价氯离子还原成零价氯生成氯气，同时水分子中的 2 个正一价氢离子中的一个被氧化成零价氢生成氢气，剩下的钠离子和水分子分解氢气后留下的氢氧根生成氢氧化钠溶液。

电解槽流出的稀碱液中含有 $NaClO_3$，它不仅影响产品质量，而且会腐蚀蒸发设备。脱除的方法是在稀碱液中加入联氨，其反应式如下：

$$2NaClO_3 + 3N_2H_4 === 2NaCl + 3N_2\uparrow + 6H_2O \tag{3-40}$$

联氨还是腐蚀抑制剂，在高温下可与碱液中的溶解氧结合，起到保护蒸发设备免受腐蚀的作用。

2．离子交换膜作用原理

（1）离子膜电解原理　离子交换膜具有很好的选择性，只有一价阳离子（Na^+、H_3O^+）能通过薄膜进入阴极室，在此放电产生 H_2 和 OH^-，而 OH^- 不能通过薄膜进入阳极室（膜两边 OH^- 的浓度差可达 10mol/L），阳极室仅将 Cl^- 氧化为 Cl_2，Cl^- 和未分解的大部分 NaCl 不能通过薄膜进入阴极室，因此，精制食盐水进入阳极室经电解后，淡盐水仍由阳极室流出。离子交换膜法电解原理见图 3-25。

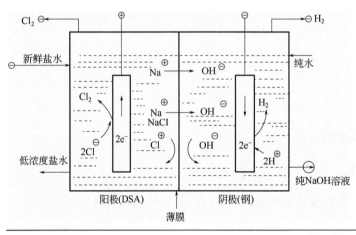

图 3-25　离子交换膜法电解原理图

（2）离子膜电解槽　图 3-26 展示了离子交换膜电解槽单槽结构。单槽由钢制框架 1 构成，阳极面内部用钛覆盖层 2。阳极由贴紧的电极基板（钛板）和外伸阳极 6 的钻孔钛板组成，后者用钛电流引片 5 与电极基板 4 固定，电极基板 4 的另一面用爆炸法与钢板紧密接触后再焊接，其上面用钢制电流引片 8 固定外伸阴极 7，单槽借助支撑榫固定在电解槽上，电解槽是复极式压滤式结构，由 88 个单槽组成。

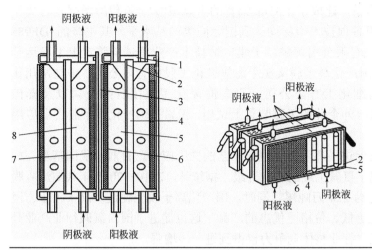

图 3-26　离子交换膜电解槽单槽示意

1—钢制框架；2—钛覆盖层；3—隔膜；4—电极基板；5—钛电流引片；6—外伸阳极；7—外伸阴极；8—钢制电流引片

（3）离子交换膜　用离子交换膜法电解时，当阴极室 NaOH 浓度提高时，OH⁻从阴极向阳极渗透的趋势加强，导致电流效率降低。例如用全氟磺酸膜时，当达到 NaOH 质量分数为20%时，电流效率已降至 80%以下。不同的膜，对阻止 OH⁻渗透的能力有所不同，如用乙二胺改性的全氟磺酸膜，当 NaOH 质量分数为 28%～30%时，电流效率仍能保持在 90%左右。全氟羧酸膜，当 NaOH 质量分数为 40%时，电流效率为 90%；当 NaOH 质量分数为 35%时，电流效率可达 96%。全氟羧酸-磺酸复合膜既有全氟羧酸膜阻止 OH⁻迁移性能好、电流效率高的优点，又具有全氟磺酸膜电阻小、化学性能稳定、氯气中氢含量少、膜使用寿命长等优点，因而是一种优良的离子交换膜。

离子交换膜的微孔中挂着磺酸基团，其上有可交换的 Na^+，阳极电解液（盐水）中有大量 Na^+，通过离子交换将磺酸基上的 Na^+交换下来，后者通过微孔，进入阴极电解液，而带负电的 Cl^- 和 OH^- 因受磺酸根基团的静电排斥作用，很难通过微孔。不过，若精制盐水中含有较多的多价阳离子（如 Ca^{2+}、Mg^{2+}、Al^{3+}、Fe^{3+}等），由于它们很容易占有多个磺酸基团，增加了精制盐水中的 Na^+进行离子交换以及渗过膜微孔的难度。所以，在工业上常将食盐水做二次精制处理，以将多价阳离子脱除至允许含量以内。

离子交换膜是四氟乙烯同具有离子交换基团的全氟乙烯基醚单体的共聚物。制成膜后，再用聚四氟乙烯织物增强。膜的溶胀度、机械强度、化学稳定性需要符合工业生产要求，使用寿命在 2 年以上。离子交换基团有磺酸基团（—SO₃H）、羧酸基团（—COOH）、季酸基团 $\left[\begin{array}{c}|\\-C-OOH\\|\end{array}\right]$、磺酰胺基团（—SO₂NHR）和磷酸基团（—PO₃H₂）。已工业化的离子膜有全氟磺酸膜（如杜邦公司的 Nafion 膜、日本旭化成公司的旭化成全氟磺酸膜等）、全氟羧酸膜（如日本旭硝子公司的 Flemion 膜等）、全氟磺酰膜、全氟羧酸-磺酸复合膜（有用层压法制得的复合膜，如 Nafion901 膜，以及由用化学处理所得的复合膜，如旭化成公司生产的膜和日本德山曹达公司的 NeseptaF 膜等）。

国产膜由山东东岳集团与上海交通大学历经 8 年的联合攻关，成功突破了从原料、单体、聚合到膜成品的一系列关键技术问题，解决了相关理论、技术、装备和工程难题，形成了拥有自主知识产权的技术体系，建成了 1.35m 幅宽的全氟磺酸/全氟羧酸增强复合离子膜连续化生产线。国产化离子膜各项技术指标均达到国际同类产品水平。其生产的 DF988 离子膜在蓝星（北京）化工机械有限公司黄骅离子膜电解技术产业化试验装置上平稳运行 3600h，取得初步成功。随后，国产化离子膜又在上海氯碱化工股份有限公司、中盐常州化工股份有限公司、赢创三征精细化工有限公司、青岛海晶化工集团有限公司以及泰国 SiamPVC 化学公司等近 20 家国内外企业的氯碱装置上试用，积累了国产化离子膜工业应用的重要数据。

国产化离子膜的研发成功还促进了离子膜法烧碱工艺的推广应用。目前，我国基本完成了离子膜技术的全面替代，实现了氯碱工业的产业升级。据统计，2010—2017 年共淘汰隔膜法烧碱产能约 720 万吨，年节能约 220 万吨煤。同时，国产化离子膜也使进口离子膜压力巨大，国外企业加速研发推出能耗更低、价格更优惠的产品，这也促进了国内氯碱行业产业升级成本和运行成本的进一步降低，行业整体竞争力也得到进一步增强。

（二）生产工艺流程

1．离子膜氯碱生产工艺

离子膜法氯碱生产工艺流程见图 3-27。分一次盐水精制、二次盐水精制、电解、碱液蒸发等工序。

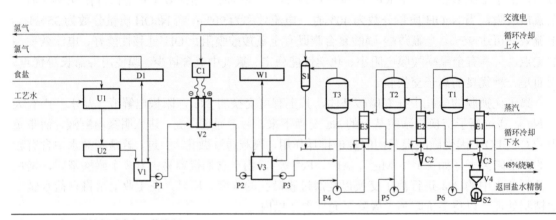

图 3-27 离子膜法氯碱生产工艺流程

C1—整流器；C2、C3—旋流分离器；D1—氯气干燥与输送系统；E1~E3—热交换器；P1—阳极液送料泵；P2—阴极液送料泵；P3—稀碱液送料泵；P4~P6—蒸发浓缩料浆循环泵；S1—冷凝器；S2—离心机；T1~T3—蒸发闪蒸室；U1—溶解与一次精制系统；U2—二次精制系统；V1—阳极液贮槽；V2—电解槽；V3—阴极液贮槽；V4—盐碱高位槽；W1—氢气洗涤与输送系统

如图 3-27 所示，氯化钠经过一次盐水精制 U1 和二次盐水精制 U2 后，送入阳极液贮槽经过泵 P1 送入离子膜电解槽 V2，经过整流器 C1 送来的直流电进行电解，电解槽阳极出来的稀盐水和氯气再回阳极液贮槽 V1，氯气经过氯气干燥与输送系统 D1 处理后，送氯化法钛白粉生产和其他用途使用。从电解槽阴极电解出来的氢氧化钠溶液和氢气进入阴极液贮槽 V3，阴极液贮槽经过泵 P2 不断循环泵回电解槽，在阴极液贮槽中排除的氢气经过氢气洗涤处理系统 W1 处理后，送去氢气柜再送用户使用。

阴极液贮槽 V3 的液体氢氧化钠经过泵 P3 送入三效蒸发浓缩器经过循环泵 P4 与三效蒸

发室蒸发后的料液一道经过热交换器 E3 与二效蒸发闪蒸室 T2 闪蒸产生的蒸汽进行热交换，换热后的料液循环进入三效蒸发闪蒸室 T3 进行三效蒸发，产生的蒸汽进入冷凝器 S1，用循环冷却水进行喷淋吸收冷却；T3 蒸发后的料液除进行循环蒸发外，部分返回阴极液贮槽 V3 维持其氢氧化钠的浓度，部分进入二效浓缩蒸发器。

从 T3 蒸发室出来进入二效浓缩的料液，经过二效循环泵 P5 与二效蒸发闪蒸室 T2 蒸发后的料液一道经过旋流分离器 C2 旋流后，轻相料液进入热交换器 E2 与一效蒸发闪蒸室 T1 闪蒸产生的蒸汽进行热交换，换热后的料液循环进入二效蒸发闪蒸室 T2 进行蒸发，产生的蒸汽进入热换热器 E3；从二效蒸发闪蒸室 T2 蒸发后的料液除大部分进行循环蒸发外，部分进入一效浓缩蒸发器。

从 T2 蒸发闪蒸室出来进入一效浓缩的料液，经过一效循环泵 P6 与一效蒸发闪蒸室 T1 蒸发后的料液一道经过旋流分离器 C3 旋流后，轻相料液进入热交换器 E1 与加入的生蒸汽进行热交换，换热后的料液循环进入一效蒸发闪蒸室 T1 进行蒸发，产生的蒸汽进入二效换热器 E2。

从旋流分离器 C2 和 C3 分离的底流重相，因含有一定量的氯化钠，进入盐碱高位槽 V4 后，再经过离心机 S2 进行离心分离，分离的固体经过打浆返回盐水精制，滤液返回三效蒸发浓缩器中。

2. 盐水精制工艺

（1）化学原理与工艺　原盐有海盐、湖盐、井盐和矿盐 4 种。盐水精制包括化盐、精制、澄清、过滤、重饱和、预热、中和、盐泥洗涤等过程。化盐在化盐桶中进行。化盐用水从底部分布器进入，原盐从顶部连续加入，逆流接触，控制温度 50～60℃，停留时间大于 30min，粗饱和盐水从桶上部出口溢出。精制在精制反应器中进行，在加入的 $BaCl_2$、Na_2CO_3 以及回收盐水中带入的 NaOH 的作用下，粗盐水中的 SO_4^{2-}、Ca^{2+}、Mg^{2+} 等杂质生成 $BaSO_4$、$CaCO_3$ 和 $Mg(OH)_2$ 等沉淀。Na_2CO_3 和 NaOH 加入量应略大于反应理论需要量，$BaCl_2$ 的加入量以反应后盐水中 SO_4^{2-} 小于 5g/L 的标准加以控制。盐水精制工艺流程如图 3-28 所示。

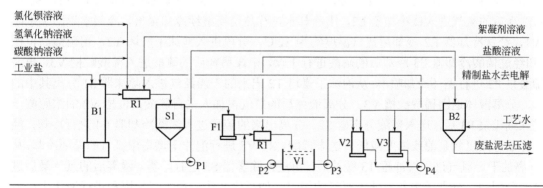

图 3-28　盐水精制工艺流程

B1—化盐桶；B2—三层洗泥桶；F1—砂滤器；P1—泥浆泵；P2—反冲洗泵；P3—精盐水送料泵；P4—洗盐水泵；R1—反应器；R2—中和槽；S1—澄清桶；V1—精盐水贮槽；V2—回收盐水贮槽；V3—洗盐水贮槽

如图 3-28 所示，工业盐加入化盐桶 B1，利用三层洗泥桶 B2 洗盐泥加入的工艺水进行化盐，并在桶底均匀流出，保持盐浓度在 310g/L；流出的盐水进入反应器 R1，与精制助剂碳酸钠、氯化钡及回收盐水中的氢氧化钠进行反应，使盐溶液中的杂质离子沉淀出，反应器 R1 出来带悬浮液的粗盐水进入澄清桶 S1 进行澄清，澄清底流稠浆盐泥用泵 P1 送入三层洗泥桶 B2 用工艺水进行盐泥洗涤，洗涤后的盐泥浆送压滤机压滤，滤液与洗液返回化盐桶 B1。澄清桶 S1 的清液溢流进入砂滤器 F1 进行砂滤以除去其中细小的悬浮物，砂滤清水经过中和槽 R2 用盐酸进行中和至 pH7.5～8.0 后，送入精盐水贮槽 V1 再用泵 P3 送去电解槽前预热。

因从澄清桶出来的一次精制盐水含有一些悬浮物，它们会妨碍二次盐水精制中螯合塔的正常操作（一般要求盐水中悬浮物少于 1mg/L），除采用砂滤外，现在采用涂有助滤剂α-纤维素的碳素管和聚丙烯管过滤器，以及叶片式过滤器。二次盐水精制在两台或三台串联的螯合树脂塔中进行。常用的螯合树脂有氨基磷酸型螯合树脂（如 Duolite ES467，能将 Ca^{2+} 脱至 20μg/L，脱除能力顺序为 $Mg^{2+}>Ca^{2+}>Sr^{2+}>Ba^{2+}$）和亚氨基二乙酸型螯合树脂（如日本三菱化成工业株式会社生产的 CR-10 型）。此外，日本三井东压公司还开发成功 OC-1048 型阳离子交换树脂，可将 Ca^{2+} 脱至 0.05mg/L 以下。

（2）精盐水主要质量指标　　$NaCl \geqslant 315g/L$；$Ca^{2+}+Mg^{2+} \leqslant 6mg/L$；$SO_4^{2-} \leqslant 5mg/L$；无机铵 $\leqslant 1mg/L$；总胺 $\leqslant 4mg/L$；透明度 $\geqslant 900mm$（十字法）；透光率 $\geqslant 95\%$（分光光度法）。

3．湿氯气干燥与输送

电解槽精制盐水入口温度为 75～80℃，电解槽内因部分电能转化为热能而维持在 95℃左右。阳极室保持 20～30Pa 的负压，当系统能保持密封而氯气不致泄漏时，某些工厂也采用正压操作；除控制阳极室的液面高于隔膜外，还必须控制阴极室氢气压力，以免氢气渗漏入氯气，发生电解槽爆炸事故。从阴极上引出的氢气纯度一般可达 99%（干基），为防空气混入，氢气输送管道应保持正压操作。

由电解槽引出的氯气冷却后，用浓硫酸脱水干燥，然后压送至液氯工序或其他氯产品生产工序。为防止氯气外逸，设有氯气事故泄漏洗涤器。

如图 3-29 所示，由电解阳极液槽排出的湿氯气进入氯水直接喷淋的氯水洗涤冷却塔 T1，用大流量冷却氯水进行喷淋冷却并洗涤氯气，喷淋氯水回到氯水贮槽再用氯水泵 P1 送入氯水冷却器 E1，利用冷却水进行热交换冷却，降温后的氯水循环进入氯水洗涤冷却塔 T1，从 T1 冷却洗涤后的氯气进入钛冷却器 E2，用冷却水进行热交换继续冷却氯气，冷凝水返回氯水贮槽 V1，经钛冷却器 E2 冷却后氯气温度约为 12℃，分段进入泡沫干燥塔 T2，用硫酸高位槽 V2 和经过稀酸冷却器 E3 冷却后的硫酸进行干燥，干燥稀释后的硫酸进入稀酸贮槽 V3，再经过稀酸泵 P2 进行循环冷却喷淋；从泡沫干燥塔 T2 出来的干燥氯气进入除沫器 S1 分离其中的液体，分离液体返回稀酸贮槽 V3；分离液体后的氯气再加入来自硫酸高位槽 V2 的浓硫酸一并进入纳氏泵 P3 后，送入气液分离器 S2，分离出的硫酸进入浓酸冷却器 E4 进行冷却，经过冷却后返回氯气泵前或浓度减低后送去稀酸贮槽 V3 进行泡沫干燥塔中氯气的循环冷却。从 S2 分离的干燥氯气进入缓冲罐 T3 缓冲后，再进入除雾器 S3 进行除雾，除雾后的氯气最后进入氯气分配站，分别送去各自使用氯气的用户，如氯化法钛白粉生产使用和进行液化生产液氯及生产聚氯乙烯树脂（PVC）等。

4．湿氢气的洗涤与输送

利用电解槽产生的氢气预热盐水，再经过冷却洗涤后，经氢气压缩机压缩、干燥后外送。

氢气冷却洗涤流程如图 3-30 所示。

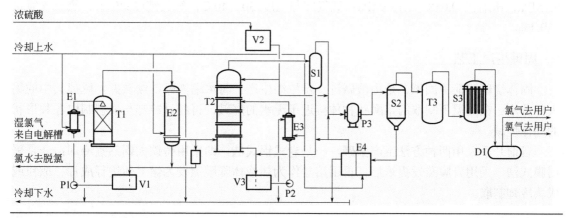

图 3-29　湿氯气的干燥与输送

D1—氯气分配站；E1—氯水冷却器；E2—钛冷却器；E3—稀酸冷却器；E4—浓酸冷却器；P1—氯水泵；P2—稀酸泵；P3—纳氏泵；S1—除沫器；S2—气液分离器；S3—除雾器；T1—氯水洗涤冷却塔；T2—泡沫干燥塔；T3—缓冲罐；V1—氯水贮槽；V2—硫酸高位槽；V3—稀酸贮槽

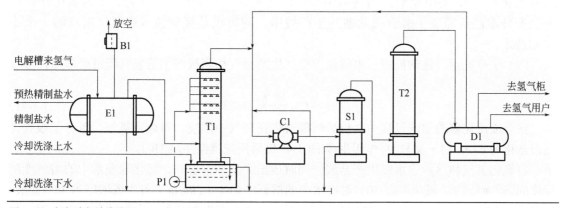

图 3-30　氢气冷却洗涤流程

B1—放空装置；C1—氢气压缩机；D1—氢气分配站；E1—氢气-盐水热交换器；P1—洗涤喷淋泵；S1—除沫器；T1—冷却洗涤塔；T2—缓冲塔

　　如图 3-30 所示，来自电解槽的氢气，进入氢气-盐水热交换器 E1，氢气温度降至 50℃左右，精制盐水的温度能提高 10℃左右，回收了氢气中的热量；冷却后的氢气从热交换器 E1 出来后进入冷却洗涤塔 T1，进行喷淋冷却与洗涤，洗涤水进入塔底液封槽经洗涤喷淋泵 P1 进行洗涤喷淋与冷却，并随时补充冷却水并移走洗涤后的冷却水和电解槽氢气带入的固体及水蒸气。从冷却洗涤塔 T1 冷却后的氢气与氢气压缩机 C1 压缩回流的氢气一道进入压缩机 C1，以确保系统蒸汽的压力稳定，由氢气压缩机 C1 压缩后的氢气除回流外其余氢气进入除沫器 S1 除沫，除沫后的氢气进入缓冲塔 T2 缓冲后再进入氢气分配站 D1 分配送去不同的用户。为使电解槽氢气压力衡定，在分配站 D1 设有回流管与氢气压缩机 C1 的吸入段连接，并设有阀门调节回流量，以适应平衡电解槽来的气量与压缩机吸气量之间的平稳，是安全生产的重要措施。同时，若系统发生意外，压力超过设定值时，要确保电解槽的隔膜不受到过大的压力压迫；因此，在压缩机前设有自动放空装置。

氢气洗涤处理的工艺控制指标：电解槽氢气总管压力 666.6～1333.2Pa；液体循环泵 0.05～0.1MPa；压缩机 0.068～0.136MPa；氢气冷却温度 30～40℃；氢气纯度≥98%；氢气含氧量≤0.4%。

5. 固碱生产工艺

固体烧碱可简称固碱，是由液碱进一步浓缩生产。将浓缩液碱继续蒸煮，脱掉其中的绝大部分水；在高温下制取的熔融状物体接近于无水的烧碱，再经过冷却与成型制取各种形状的固体烧碱。

目前几乎采用两种方法生产固碱，一是老式锅式法，即采用铸铁大锅熬煮冷却；一是采用膜式法，采用升膜蒸发提浓后，再用熔盐作为热载体降膜蒸发为熔融体进行成片、成粒或成块冷却制取。

6. 盐酸生产

由于硫酸法钛白粉生产所需的金红石晶种制备在钛酸钠进行酸溶时需要盐酸作为酸溶剂，再加上氯化法后处理包覆物及氧化物时，为了利用循环资源（见第八章氯化法废副资源化利用），采用盐酸作为酸碱中和沉淀无机氧化物的原料。因此，作为氯化法钛白粉生产技术，也需要了解合成盐酸的生产技术，同时也是氯碱技术中氯气用户的一个小单元技术。

（1）生产原理与化学反应　电解槽阳极产生的氯气和阴极产生的氢气经过处理后，进行下列反应：

$$H_2 + Cl_2 \xrightarrow{\text{燃烧}} 2HCl \tag{3-41}$$

在合成氯化氢的生产过程中，点炉时氢气先在空气中燃烧，再通入氯气。氯分子吸收光能而激化为 Cl·，Cl· 又与 H_2 作用生成 HCl·，然后反应继续生成 HCl。

将氯化氢气体溶解于水即生产盐酸，同时放出大量的溶解热。氯化氢在水中的溶解度随温度的降低而增加。氯化氢在 30℃时在水中的溶解度为 411.5kg/m³，可生成浓度为 36%盐酸，当温度在 50℃时，溶解度降为 361.6kg/m³，可生成 31%左右的盐酸，当温度升到 60℃时，只能生产 30.6%左右的盐酸。

（2）生产工艺流程　作为氯碱工业，氯气与氢气加工成氯化氢可用于多种产品生产，而盐酸是其中之一，现在工业合成盐酸直接用氯气与氢气在三合一炉内合成，所谓三合一就是燃烧、吸收和冷却为一体，减少了原有分开进行的一些工艺环节和设备。

三合一炉盐酸生产工艺流程如图 3-31 所示，来自电解槽电解后且经过气体处理的氯气与氢气分别进入氯气缓冲贮罐 V1 和氢气缓冲贮罐 V2 及管道阻火器后，经过氯气流量计 M1 和氢气流量计 M2 计量的气体，送入三合一盐酸炉 R1 中进行混合燃烧，燃烧产生 HCl 气体，通过冷却以及填料吸收塔 T1 稀酸吸收，生产合格的盐酸进入盐酸液封槽 V3 再进入盐酸成品槽，用盐酸泵 P1 输送至钛白粉生产或外用用户。其中未吸收尽的气体进入尾气吸收塔 T1 被循环吸收槽 V5 送来的循环液吸收为 11.22%的稀盐酸后，再流入三合一盐酸炉 R1 作为燃烧 HCl 的吸收剂。从尾气吸收塔 T1 出来的尾气由文丘里吸收器 S1 抽至循环吸收槽 V5，经过补充工艺水后再用吸收循环泵 P2 送回尾气吸收填料塔 T1 及文丘里吸收器 S1 使用。

（3）盐酸质量标准　合成盐酸国家质量标准号为 GB 320—2006，其指标见表 3-37。

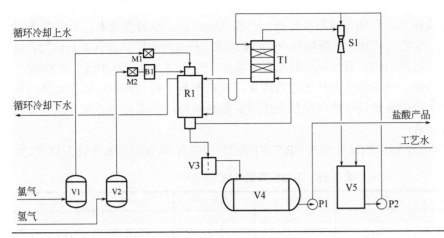

图 3-31　三合一炉盐酸生产工艺流程

B1—阻火器；M1—氯气流量计；M2—氢气流量计；P1—盐酸产品输送泵；P2—吸收循环泵；R1—三合一盐酸炉；S1—文丘里吸收器；
T1—填料吸收塔；V1—氯气缓冲贮罐；V2—氢气缓冲贮罐；V3—盐酸液封槽；V4—盐酸成品槽；V5—循环吸收槽

表 3-37　合成盐酸质量指标　　　　　　　　　　单位：%

项目		优等品	一等品	合格品
总酸度（以 HCl 计）的质量分数	≥	31.0		
铁（以 Fe 计）的质量分数	≤	0.002	0.008	0.01
灼烧残渣的质量分数	≤	0.05	0.10	0.15
游离氯（以 Cl 计）的质量分数	≤	0.004	0.008	0.01
砷的质量分数	≤	0.0001		
硫酸盐（以 SO_4^{2-} 计）的质量分数	≤	0.005	0.03	—

注：砷指标强制。

第四节
石油焦与铁粉

　　石油焦与铁粉是钛白粉生产除去钛原料和硫酸与氯气外的主要辅助生产原料。从两个原料的性质即可明白，其主要用来做还原剂使用。石油焦是氯化法钛白粉生产钛原料氯化时参与氯化的还原原料，否则氯气与钛原料反应达不到工业生产氯化的反应条件。而铁粉作为还原剂是硫酸法钛白粉采用钛铁矿为原料酸解后，因其原料中的高价铁容易吸附沉淀在水解偏钛酸中；因此，需要酸解液中加入铁粉作还原剂将高价铁离子还原成低价，并控制酸解液中三价钛的离子浓度；作为硫酸法钛渣原料，因其中自身有单质铁和三价钛化合物，无须使用铁粉。

一、石油焦

　　石油焦是石油炼制过程中的副产品，含碳 90%～97%，含氢 1.5%～8.0%，是由延迟结焦装置生产的黑色固体或粉末。石油焦具有灰分低、热值高的特点。从外观上看，石油焦为形状不规则、大小不一的黑色块状物（或颗粒），有金属光泽，石油焦的颗粒具有多孔结构，主要元素为碳，还含有一定量的硫、氮、氢和氧元素，以及一些金属元素，其中钒含量较高。

石油焦广泛用于冶金、化工等工业作为电极或化工生产原料。石油焦也可以作为燃料使用，在氯化法钛白粉生产的氯化反应中除提供反应所需的热能外，主要充当还原介质，反应中夺走钛原料中的氧元素。

现有"石油焦（生焦）"标准的标准号为 NB/SH/T 0527—2015，其技术要求如表 3-38 所示。

表 3-38　石油焦质量指标

项目	硫含量	挥发分	灰分	总水分	粉焦量	真密度
	≤	≤	≤	≤	≤	≥
指标	0.5%	12%	0.3%	报告	35%	2.04g/cm³
项目	硅含量	钒含量	铁含量	钙含量	镍含量	钠含量
	≤	≤	≤	≤	≤	≤
指标	300μg/g	150μg/g	250μg/g	200μg/g	150μg/g	100μg/g

二、铁粉

铁粉主要在硫酸法钛白粉生产中用于酸解液还原控制酸解中的三价钛含量，杜绝产生高价的金属离子。早期硫酸法钛白粉生产使的铁来自金属加工厂铁皮铁板生产的废弃铁屑，因铁屑来源不同，其中的有色金属杂质较多且难以控制，且在酸解还原时采用吊篮盛装铁屑压块（饼）浸入酸解液（或连续还原槽中）进行还原后，再提升上来，操作复杂。现在几乎采用铁粉，根据酸解浸取后酸解液中的三价钛或高价铁离子含量的测定结果计算加入的铁粉量，经计量后较准确地分次加入。

现有铁粉生产可以采用一次还原铁粉生产工艺，将高纯铁精矿粉、轧钢铁鳞、还原剂、黏结剂按一定比例进行配料、混合、润磨处理后，经造球压球制得生球。生球经筛分、烘干后，进入还原炉进行一次还原，制得海绵铁。在海绵铁进行破碎、磁选、筛分后，在钢带式还原炉内进行二次还原，所得粉饼经破碎、筛分、合批，制得还原铁粉。

通常的还原铁粉用于粉末冶金、化工催化剂等对质量要求高，单质铁纯度达到 98% 以上，而作为硫酸法钛白粉用作还原剂的铁粉，因酸解液中本身钛铁矿的杂质相对较多，没有必要使用质高价高的铁粉，但是其中的有色金属离子，如 Cr、Mn、V 等则要求尽可能低，同时铁粉中的磷元素也需要含量尽可能低，否则作为转窑煅烧盐处理剂的磷元素背景含量无法控制。所以，硫酸法钛白粉使用铁粉单质铁纯度达 88% 以上。

第五节
其他辅助生产原料

钛白粉生产除了前述的大宗原料外，还有一些相对较少量的辅助原料，其中，如硅铝无机物。同时，由于钛白粉生产并非简单的资源型无机化工产品加工生产，钛白粉属于光学的视觉色彩性能材料，无论是分离杂质还是控制晶型及微晶体颗粒大小，乃至颗粒形貌，均需要使用多种微量助剂与控制剂。同时，由于技术的进步与发展，有不少传统辅助原料随之淘汰，如传统硫酸法曾不可缺的锌（Zn）和锑（Sb），目前几乎不再使用，而铈（Ce）和锆（Zr）已经开始使用。

其他辅料生产原料参见相应国家标准：工业磷酸（GB/T 2091—2008）；工业氢氧化钾（GB/T 1919—2014）；工业硅酸钠（GB/T 4209—2008）；工业铝酸钠（HG/T 4518—2013）；工业硫酸铝（HG/T 2225—2018）；工业硫酸锆（HG/T 3786—2014）；工业八水合二氯氧化锆（氯氧化锆）（HG/T 2772—2012）；硅藻土（JC/T 414—2017）；聚丙烯酰胺（GB/T 17514—2017）。

参考文献

[1] 董天颂. 钛选矿[M]. 北京：化学工业出版社，2009.

[2] Elzea K J, Nikhil C T, Barker J M, et al. Industrial minerals and rocks: commodities, maekets, and use[M]. 7th ed. Colorado: Society for Mining, Metallurgy, and Exploration, Inc. (SMC), 2006.

[3] Harben P W. The industrial minerals handybook: a guide to markets, specifications & prices[M]. 4th ed. Blackwood: Industrial Minerals Information, 2002.

[4] Peter D. The TiO$_2$ value chain: from minerals to paint[C]//18th Industrial Minerals International Congress. San Francisco: Published by Industrial Minerals, 2006: 92-95.

[5] Philip M, David M. TiO$_2$ feedstock overview[C]//17th Industrial Minerals International Congress. Barcelona: Published by Industrial Minerals, 2004: 85-90.

[6] 莫畏，邓国珠，罗方承. 钛冶金[M]. 2版. 北京：冶金工业出版社，1998.

[7] 杨少利，盛继孚. 钛铁矿熔炼钛渣与生铁技术[M]. 北京：冶金工业出版社，2006.

[8] 杨宝祥，胡鸿飞，何金勇，等. 钛基材料制造[M]. 北京：冶金工业出版社，2015.

[9] 龚家竹. 钛白粉生产工艺技术进展[J]. 无机盐工业，2012，44(8): 1-4.

[10] 龚家竹. 硫酸法钛白粉生产技术面临循环经济促进法存在的问题与解决办法[J]. 无机盐工业，2009，40(8): 5-7.

[11] 龚家竹. 硫酸法钛白粉酸解工艺技术的回顾与展望[J]. 无机盐工业，2014，46(7): 4-8.

[12] 龚家竹. 钛白粉生产工艺技术进展[J]. 无机盐工业，2003，35(6): 5-7.

[13] 龚家竹. 氯化法钛白粉生产"废副"处理技术与发展趋势[C]//第二届国际钛产业绿色制造技术与原料大会. 锦州：亿览网 WWW.comelan.com, 2018.

[14] 龚家竹. 论中国钛白粉生产技术绿色可持续发展之趋势与机会[C]//首届中国钛白粉行业节能绿色制造论坛. 龙口：中国涂料工业协会钛白粉行业分会，2017.

[15] 龚家竹. 中国钛白粉绿色生产发展前景[C]//第37届中国化工学会无机酸碱盐学术与技术交流大会论文汇编. 大连：中国化工学会无机酸碱盐专委会，2017.

[16] 龚家竹，吴宁兰，陆祥芳，等. 钛白粉废硫酸利用技术研究开发进展[C]//第三十九届中国硫酸技术年会论文集. 兰州：全国硫与硫酸工业信息总站，2019.

[17] 龚家竹. 钛白粉生产现状与发展趋势[C]//第十届中国钨钼钒钛产业年会会刊. 厦门：亿览网 WWW.comelan.com, 2017.

[18] 龚家竹. 钛、磷、氯耦合原料生产钛白粉项目前瞻[C]//第三届中国钛氯化技术与原料应用研讨会论文集. 焦作：中国涂料工业协会钛白粉行业分会，2015.

[19] 龚家竹. 浅析我国钛白粉生产装置的进步与差距[C]//2012国家化工行业生产力促进中心钛白分中心会员大会论文集. 济南：国家化工行业生产力促进中心钛白分中心，2012.

[20] 龚家竹. 化解钛白粉产能的技术创新途径[C]//2016全国钛白粉行业年会论文集. 德州：中国涂料工业协会钛白粉行业分会，2016.

[21] 龚家竹. 硫酸法钛白废酸浓缩技术存在的问题与解决办法[C]//第二届中国钛白粉制造及应用论坛论文集. 龙口：中国化工信息中心，2010.

[22] 龚家竹. 全球钛白粉生产现状与可持续发展技术[C]//2014 中国昆明国际钛产业周会议论文集. 昆明：瑞道金属网 (WWW.Ruidow.com)，2014.

[23] Schulze A. SAPNE——接近于零排放的硫酸生产工艺[J]. 硫酸工业，2001(1): 6-12.

[24] Kurten M, Weber T, Erkes B, et al. SULFO$_2$BAY$^®$——一种接近零排放硫酸生产新工艺[J]. 硫酸工业，2013(1): 1-5.

[25] 宁延生. 无机盐工艺学[M]. 北京：化学工业出版社，2013.

[26] 龚家竹. 饲料磷酸盐生产技术[M]. 北京：化学工业出版社，2016.

[27] 符德学. 无机化工工艺学[M]. 西安：西安交通大学出版社，2005.

[28] 龚家竹. 硫酸法钛白生产废硫酸循环利用技术回顾与展望[J]. 硫酸工业，2016(1): 67-72

[29] 龚家竹. 用盐酸法人造金红石生产废液的综合利用生产方法：CN104016415A[P]. 2014-09-03.

[30] 龚家竹. 氯化废渣的资源化处理：CN104874590B[P]. 2017-09-26.

[31] 龚家竹，池济亨，郝虎，等. 一种稀硫酸的浓缩除杂生产方法：CN1376633A[P]. 2002-10-30.

[32] 龚家竹，江秀英. 硫酸法生产钛白粉过程中稀硫酸的浓缩除杂方法：CN101214931A[P]. 2008-07-09.

[33] 龚家竹. 一种石膏生产水泥联产硫酸的生产方法：CN103496861A[P]. 2014-01-08.

[34] Griebler W D, Hocken J, Schulte K. 硫酸法钛白粉引领新千年[J]. 涂料工业，2004: 34(4)58-60.

[35] Chao T. Method for purifying TiO$_2$ ore: US 5181956[P]. 1993-01-26.

[36] George I W. Reduction of titaniferous ores and apparatus: . US5403379[P]. 1995-04-04.

[37] Harold R H, Ian E G. Roasting of titaniferous materials: US590040[P]. 1999-05-04.

[38] Harold R H, Halil A, Ian E G. Treatment of titaniferous materials: US5910621[P]. 1999-06-08.

[39] Michael J H, Brian A O, Ian E G. Production of synthetic rutile: US5427749[P]. 1995-06-27.

[40] Gerald W E, Donald E K. Synthesis of rutile from titaniferous slags: US3996332[P]. 1976-12-07.

[41] Wendell E. D. Fluidized bed cooler: US3960203[P]. 1976-06-01.

[42] Dokuzoguz H Z, Roberts Jr G L. Process for upgrading of titaniferous materials: US3860412[P]. 1975-01-14.

[43] Oster F. Process for preparation of titanium concentrates from iron-containing titanium ores: US3787139[P]. 1974-01-22.

[44] Willams F R, Whitehead J, Marshall J. Beneficiating iron-containing titaniferous material: US3649243[P]. 1972-03-14.

[45] Ruter H, Haerter M. Method of treating titanium ores with hydrochloric acid to priduce titanium tetrachloride There from: US3407033[P]. 1968-10-22.

[46] Dunn W E. Process for recycle beneficiation of titaniferous ores: US4085189[P]. 1978-04-18.

[47] Chen J H, Huntoon L W. Benefication of ilmenite ore: US4019898[P]. 1977-04-26.

[48] Jarish B. Upgrading Sorelslag for production of synthetic rutile: US4038363[P]. 1977-07-26.

[49] Shiah C D. Production of rutile from ilmenite: US4085190[P]. 1978-04-18.

[50] Davis B R, Rahm J A. Process for manufacturing titanium compounds: US4288416[P]. 1981-09-08.

[51] Rahm J A, Cole D G. Process for manufacturing titanium dioxide: US4288417[P]. 1981-09-08.

[52] Palmquist G. MECS$^®$SULFOXTM 技术的应用[C]//第三十三届中国硫酸工业技术交流年会论文集. 呼和浩特：全国硫酸工业信息站，2013.

[53] 钟文卓，魏属刚，张华，等. 基于循环经济的 40 万 t/a 单系列硫酸亚铁和硫磺、硫铁矿混合制备硫酸工程设计[C]//第三十三届中国硫酸工业技术交流年会. 呼和浩特：全国硫与硫酸工业信息总站，2013.

[54] 罗修才，朱全芳. 龙蟒集团基于循环经济的硫酸亚铁制酸实践与装置特点[C]//第三十三届中国硫酸工业技术交流年会. 呼和浩特：全国硫与硫酸工业信息总站，2013.

[55] 龚家竹. 钛白粉和磷化工生产过程中硫酸的耦合与循环利用方法[C]//第三十八届中国硫酸工业技术交流年会. 杭州：全国硫与硫酸工业信息总站，2018.

[56] 廖康程，李崇. 2018 年硫酸行业运行情况及 2019 年展望[C]//第三十九届中国硫酸工业技术交流年会. 兰州：全国硫与硫酸工业信息总站，2019.

第四章
硫酸法钛白粉生产技术

第一节
技术概述

    硫酸法钛白粉的生产就是用硫酸与含钛原料（包括钛铁矿或经过冶炼加工富集的酸溶性钛渣）进行复分解反应分离钛原料中的其他元素而生产钛白粉的方法。自 1918 年开始，迄今有 100 多年的生产发展与技术进步历史。其生产工艺技术，从表观上看已基本定型，但随着技术、材料与应用领域的不断进步、拓展，以及人类社会经济及生态环境的要求，要跟上并满足低碳绿色可持续发展的现代化学工业前进的步伐，还有许许多多的生产设备及工艺技术细节需要完善与发展，甚至需要某些颠覆性的技术创新。

    作为硫酸法钛白粉的生产技术，因其工艺冗长，仅除没有化工精馏单元操作外，几乎涵盖了所有无机化工生产的单元操作；加之钛白粉作为颜料级产品，也不是普通无机化工产品加工的单一生产技术所能企及。如通常的无机化工产品或无机氧化物产品的生产，仅需要其产品化学含量指标或杂质含量指标阈值；而钛白粉产品的质量指标，需要体现在其光学和材料学的性能上。前者光学的核心是颜料的颜色，包括去除有色金属离子的影响与粒度大小对可见光不同波长的吸收与散射产生的色相优劣；后者既要讲究颗粒尺寸大小分布对光的色散作用（遮盖力或消色力）的最大程度，切实展现其"粉"的风采，还要克服其颗粒表面的晶格缺陷（光活化点）确保抗光催化活性带来的耐候性等，这些均要靠先进的生产工艺技术与设备技术来解决和完成。

    硫酸法生产钛白粉，由原料准备、酸解与钛液的制备、水解与偏钛酸的制备、煅烧与煅烧中间产品的后处理，以及"副产物"的利用或"三废"治理五大生产单元工段联合构成。每个单元工段又由若干工序和子项生产工序联合而成。也有习惯按加工工艺物料流的直观颜色来分，分成黑区与白区。黑区包括磨矿、酸解、浸取还原、沉降、真空结晶、亚铁分离、钛液浓缩（若用酸溶钛渣省掉此前三个工序）、水解等工序；白区包括一洗、漂白、二洗、金红石晶种制备、盐处理、煅烧、湿磨、包膜、三洗、干燥、汽流粉碎等；黑白两区计 19 个更为细分的工序，再加上所谓的"三废"治理或"副产物"的共整耦合加工，共计有二十几道或更多工序及单元操作。如此众多的工序与化工操作单元，将硫酸法钛白粉生产工艺技术称之为集无机化工生产技术之大成，甚至工艺技术之"王"，一点也不为过。因传统的"三废"治理是建立在过去被动的环保要求下所衍生出的技术内容，但目前，绿色可持续发展的目标是要将"三废"作为资源进行加工，节约自然资源，满足人类的可持续发展，达到逼近"零排放"的生态文明更高要求，这些赋予了作为钛资源加工的硫酸法钛白粉生产技术更深、更高的技术内涵。鉴于"一矿多用，取少做多"的更广义技术内容与创新技术产业领域，硫酸法钛白粉生产过程中的废副及其利用在本书第八章中进行专门叙述。

要生产出优质的硫酸法钛白粉，获得优异的生产投资回报率，对硫酸法钛白粉生产装置的技术模式，可以概括为"四大关键（酸解、水解、煅烧和后处理）、三大灵魂（固液分离、晶相控制和分散解聚）、两大命根（质量和环保）、一个核心（广义资源下的装置规模）"。前两项必须遵从化工过程的"三传一反"特征，即动量传递、热量传递、质量传递和化学反应过程，是决定生产装置技术经济性的市场竞争力指标；后两项直接关系钛白粉生产装置的经济效益与社会效益，是决定生产企业经济技术性的社会生存力指标。

第二节
原料制备

硫酸法钛白粉生产原料可分为主要原料和次要原料。主要原料包括钛原料和硫酸原料，次要原料包括各种辅助原料。次要原料几乎来自其他领域化工生产，使用时进行配制既可，无须进行特殊冗长的工艺制备。而主要原料中，不仅钛原料需要在生产进料时进行磨粉制备，以满足酸解工艺需要对应的细度；作为用量最大的硫酸，除具有硫酸装置或外部供应外，现代先进的硫酸法钛白粉生产装置，均设有对副产稀硫酸的使用与循环利用辅助装置，需要与酸解系统及酸解工艺技术配合进行稀硫酸的专用制备和硫酸浓度的调控。

一、主要原料

（一）钛原料制备

硫酸法钛白粉生产的钛原料主要是经过富集采选的钛铁矿，包括砂矿与岩矿。因副产七水硫酸亚铁的市场容量问题，也使用经过冶炼富集的酸溶性钛渣，如欧洲多数硫酸法钛白粉生产装置采用经过冶炼富集的高钛渣和钛铁矿混合使用，减少副产七水硫酸亚铁的生产量。

采用高钛渣混合原料，因进料 TiO_2 品位的提高，硫酸的消耗和产生的废副产物也相应减少。以 TiO_2 含量74%的高钛渣和钛矿混合原料，硫酸用量将减少三分之一，没有七水硫酸亚铁副产，从而也没有分离七水硫酸亚铁需要的真空结晶或冷冻结晶单元操作和分离七水硫酸亚铁的固液分离的过滤操作，更没有钛液的真空浓缩单元操作，可以省去三个单元工序。这是由于高钛渣使用冶炼的方式代替了湿法化学的固液分离方式将钛铁矿中的铁含量除去了大部分，因而省了这些冗长的工序。需要阐明的是，这并不减少硫酸法钛白废酸的量。

1．钛铁矿干燥

从钛原料产地运到钛白粉生产装置的散装储运和露天堆放的钛铁矿，含水量通常在 2%～4%之间，在磨细之前需要进行干燥；否则，这些水分将使磨细的矿粉黏合成块，不仅降低粉碎设备的生产能力，而且会使酸解反应不能有效地进行。

钛铁矿的干燥，过去通常采用回转干燥窑，材质为钢衬高铝砖。现在因生产规模的大型化，普遍采用矿库堆放风干。由于矿砂颗粒较粗，质地致密，存在于矿砂表面的水分很容易蒸发出去。国内的攀西矿和承德矿，因是超细粒级湿磨磨矿选矿，选矿产品钛精矿是在生产的最后工序经过干燥后的干矿粉（见第三章图3-16）。

钛铁矿和钛渣国际运输均是散装运输、露天堆放，不用包装，也不需要庞大的库房，是很经济的。国内由于运输条件，过去进口矿到了港口后以小袋包装转运，现在几乎采用吨袋包装转运，离港口较近的生产装置也有采用散装汽车运输形式。国内本地矿过去也是以小袋包装运输为主，现在也采用吨袋包装运输。对那些离钛矿原料选矿生产近的生产装置，如攀西、云南、广西等地完全可采用专用粉体罐车从选矿厂直接装卸运输，既可节约上下装卸费用及人工，又可节约包装袋的消耗，清洁运输且提高效率。

2．钛原料的研磨

（1）研磨原理　所谓钛原料的研磨，主要是指研磨机。早期采用的雷蒙磨因故障率高和产能低，几乎逐渐退出生产领域；国内少数厂家借用水泥行业的立磨进行钛铁矿研磨，立磨的原理与雷蒙磨几乎雷同（磨辊的摆放方式不一），但没有见到在钛原料研磨方面更好的推广应用报道。

磨矿作业是在球磨机筒体内进行的，筒体内的研磨钢球（介质）随着筒体的旋转而被带到一定的高度后，钢球由于自重而下落，形成冲击与挤压摩擦合力将钛原料磨细。当在筒体旋转时研磨钢球被带起并升到一定高度，由于钢球本身的重力作用，最后沿一定的轨道下落。在区域内的钢球受到两种力的作用：一是旋转时自切线方向施于钢球的作用力；一是与钢球直径相对称一面与上述作用力相反的力，这个作用力的产生是由钢球本身自重而向下滑动所引起的。这两种作用力，对于钢球会构成一对力偶，由于钢球是被挤压在筒体与相邻钢球的中间，所以力偶会使钢球之间存在大小不等的摩擦力，钢球随筒体轴心做公转运动时在区域内自上而下抛落，就在区域里对筒体内的钛原料产生强大的冲击与摩擦作用，将钛原料破碎研磨细。

当钢球的充填率（全部钢球的容积占筒体内部容积的百分数）占 40%～50%，球磨机以不同转速回转时，筒体内的钢球可能出现如图 4-1 所示的三种基本运动状态。

第一种情况如图 4-1（a）所示，转速太慢，物料和钢球沿磨机旋转才升高至 40°～50°（在升高期间各层之间也有相对滑动，称滑落），当钢球和钛原料与筒体的摩擦力等于动摩擦角时，钢球和钛原料就下滑，称为"泻落状态"。对物料有研磨作用，但对物料没有冲击作用，因而使粉磨效率差。

第二种情况如图 4-1（b）所示，转速太高，离心力使钢球随着筒体一起旋转，整个钢球形成紧贴筒体内壁的一个圆环，称为"周转状态"，钢球对钛原料起不到冲击和研磨作用。

第三种情况如图 4-1（c）所示，磨机转速比较适中。钢球随筒体提升到一定高度后，离开圆形轨道而沿抛物线轨迹做自由落体下落，称为"抛落状态"，沿抛物线轨迹下落的钢球，对筒体下部的钢球或筒体衬板产生冲击和研磨作用，使物料粉碎和磨细。

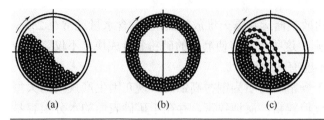

图 4-1　钢球在球磨机运动状态

　　这三种钢球的运动状态与磨机筒体直径、转速、钢球的大小乃至密度均有关系。这种通用的矿石球磨机中钢球的运动状态应该是第三种情况 [图 4-1（c）]，是研磨与冲击破碎交互作用的结果。不过，这是指通用的矿石研磨状态。由于通用的矿石进料粒度远大于钛原料的进料粒度，如表 4-1 所示的通用矿石进料粒度规格在 1～18mm 之间，按球磨机经典不同球径装球配比选择方法，经过计算与调整，其各种钢球的装填质量百分比如表 4-2 所示，球径在 100～120mm 的占 75%。这与钛原料进料粒度在 0.2mm 以下，甚至攀枝花矿在 0.075mm 左右的进料条件相差甚远，研磨效率低，存在较大的缺陷；若采用传统的球磨机转速与钢球规格进行钛原料的研磨，能效比不足，无用功消耗大。当你站在球磨机生产现场，周期性钢球砸钢球的声音，不绝于耳。

表 4-1　全给矿筛析结果

粒级/mm	产率/%	粒级/mm	产率/%
18～12	20	6～4	5
12～10	40	4～2	4
10～8	15	2～1	4
8～6	8	1～0	4

表 4-2　调整后各种钢球的装填质量百分比

球径/mm	质量比例/%	球径/mm	质量比例/%
120	30	80	13
100	45	60	12

　　同时，如图 4-2 所示，小直径研磨钢球比大直径研磨钢球具有更大的曲率半径，在相同的作用力下在物料颗粒表面造成的局部应力更大，物料更易研磨细。研磨过程是通过研磨钢球之间的挤压、碰撞、剪切和摩擦完成的，任何一个物料颗粒只有在位于有效粉碎区域才能得以粉碎。一个直径为 $2r$ 的物料在两个相互接触半径为 R 的钢球之间，才能粉碎，亦即当这两个钢球的间距小于 $2r$ 的这个范围之间才是粉碎区域，两钢球之间的粉碎有效区域的体积为

$$V = 2\pi r^2(R + r/3)$$

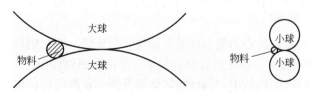

图 4-2　研磨球弹的曲率半径对局部应力的影响

整个磨机中的有效粉碎区域是两个研磨钢球之间有效粉碎体积与接触点数量的积。因此，使用小直径钢球时单位体积的有效粉碎区域成指数倍率增大（约 $1/R^2$）。所以，针对钛原料进料粒度本身就很细的研磨，需要较小的钢球直径，同时考虑钢球重力与磨机筒体转速带来的离心力的矛盾，防止图 4-1（b）所示的"周转状态"，增大筒体直径，降低转速，节约研磨能耗，是提高研磨产量的有效途径。

尽管现有钛原料研磨工艺与设备，在过去引进装置的基础上已有长足的进步，仍然还有不足，工艺需要开发创新。

（2）钛原料研磨工艺　钛原料的研磨，通常是在锰钢衬的风扫球磨系统中进行，这种方法使干燥、粉碎研磨和分级同时在球磨系统中进行，由配套的热风炉提供热源。磨细后的矿粒伴随热风一道进入分级机，在分级机中将达到磨细合格的矿粉随风分出，进入矿粉储仓储存，为酸解备料。从分级机中分离的未合格的矿粒，连同分离合格矿粉后的循环风一同回到球磨机中，继续磨矿；其中也有部分热风经过滤袋后排入大气，以湿气的形式带走矿中的水分，循环风与排除风可以进行调节。矿粉中含水量要求控制在 0.50% 以下。现在我国仅存的一些小规模工厂仍旧采用悬辊式磨粉机（雷蒙磨），这种研磨机不仅要对钛矿进行干燥，而且产量低，噪声大，故障率相对较高。

磨矿工艺流程如图 4-3 所示，由配矿工序经链式输送机输送来的钛原料（砂矿、岩矿或钛渣），向磨粉系统的磨前储斗供料，通过星形下料器送入球磨机，钛原料在球磨机内粉碎干燥，热空气由热风炉燃烧的燃气提供，由干燥气流带出的钛原料粉，经过选粉机，粒径合格的钛铁矿粉随干燥气流进入旋风分离器，收集得到合格产品。大颗粒不合格料经选粉机收集后通过链式输送机返回球磨机进料口再次粉碎。由旋风分离器分离后的气流经球磨机主风机回到球磨机进风口，平衡风进入球磨机的出风口，余风经布袋除尘器除尘后，由排风机排空。旋风分离器收集的合格矿粉通过链式输送机进入斗式提升机，经提升后进入矿粉储仓，最后经由仓泵气力输送到酸解工序的矿粉仓中，经计量仓计量后进入预混合槽。

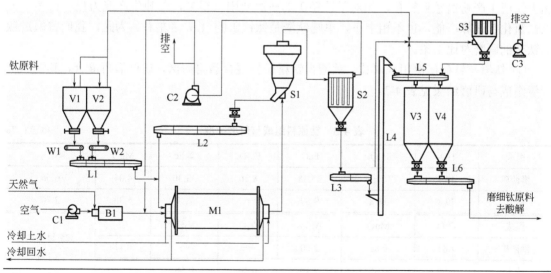

图 4-3　磨矿细工艺流程

B1—热风燃烧器；C1—燃烧器助燃风机；C2—风扫磨循环风机；C3—卫生收尘风机；L1—进料刮板机；L2—返料刮板机；L3—矿粉刮板机；L4—矿粉提升机；L5—进仓刮板机；L6—送料刮板机；M1—球磨机；S1—选粉机，S2—旋风分离器；S3—矿粉储仓；V1，V2—原料进料仓；V3，V4—矿粉出料仓；W1，W2—钛原料进料计量称

矿粉细度：200 目（75μm）～325 目（45μm）筛余 10%～20%。矿粉水分：≤0.50%。矿粉细度是研磨工序最重要的技术经济指标，直接影响到酸解反应的速度和酸解率。各钛白粉厂规定的矿粉细度差别很大，从 200 目筛余 10% 到 325 目筛余 1%，这不仅取决于钛矿的种类、反应性能及反应热量，也与酸解的工艺技术、循环酸使用方式以及酸解罐的设备尺寸有关，如使用钛渣、砂矿、岩矿钛原料的不同，其磨矿细度不同，差异较大。尤其是采用连续酸解工艺，对矿的细度要求更高，否则酸解率大打折扣。所以，生产企业必须根据自身的设备和用矿条件用试验选择制定适合的矿粉指标。

（3）钛铁矿的研磨操作条件　某厂球磨机操作条件如下（供参考）。

① 热风炉出口为正压，风机出口为正压，其余部分均为负压。

② 球磨机参数：

规格ϕ2.6m × 5.1m；转速 19.8r/min；

主传动电机电压 10kV，功率 450kW，电流 30～34A，额定电流 36A，转速 750r/min；

主风机电压 10kV，电流 ≤12A，功率 280kW；

排风风机电压 380V，功率 37kW；

除尘风机电压 380V，功率 30kW；

选粉机分析机转速，120～370r/min；

主传动减速机，速比 4.5；

参考钛精矿产能，产能 13～15t/h。

③ 压缩空气压力≥0.6MPa。

④ 天然气压力≥10kPa，热值≥8500kcal/m^3（1kcal = 4.186kJ）。

⑤ 热风温度：入磨≤150℃，出磨≤80℃。

⑥ 矿砂细度：200～80μm。

（4）钛渣钛矿研磨对比　因酸溶性钛渣组成主要为黑钛石与钛铁矿，因钛酸铁性质不同，加上钛渣生产粉磨颗粒较粗，相对于钛精矿的研磨要困难得多，单吨生产能力也小得多，但以二氧化钛计算产能，也不相上下，单吨钛渣是钛铁矿的 1.6 倍左右。为此，我们曾做过钛渣钛矿的研磨对比结果。

① 钛渣与钛矿研磨组成对比。钛渣与钛精矿先混合后再研磨，研磨后再混合，其钛原料含量组成与研磨结果见表 4-3。

表 4-3　钛原料组成与研磨细度　　　　　　　　　　　　　　　　单位：%

组成	TiO$_2$	Ti$_2$O$_3$	FeO	Fe$_2$O$_3$	ΣFe	MgO	SiO$_2$
攀西矿	47.7	—	35.38	8.26	33.30	4.04	6.66
钛渣	79.8	18.8	9.09	—	7.30	5.30	2.70
组成	CaO	MnO	Al$_2$O$_3$	Cr$_2$O$_3$	V$_2$O$_5$	Cl	325 目筛余 <1%
攀西矿	1.81	0.62	2.60	—	—	0.11	
钛渣	0.60	0.30	2.40	0.20	0.60	—	

② 钛渣与钛矿研磨控制结果。由于钛渣研磨能力低，同规格磨粉系统仅有攀西矿的 54% 磨矿能力。其运行参数见表 4-4。

表 4-4 钛渣与钛矿研磨工艺条件

序号	控制项目	高钛矿指标	钛精矿指标
1	风扫磨进料量/（t/h）	7	13
2	循环风机进风阀开度/%	40	40
3	循环风机电机电流/A	9～10	9～10
4	热风炉出口温度/℃	200～300	—
5	布袋除尘器排风机进风阀开度/%	40	40
6	风扫磨进风阀开度/%	60	60
7	磨后矿粉筛余/%	≤8	10～15

3．钛原料研磨主要生产设备

现有硫酸法钛白粉生产钛原料磨粉设备主要是球磨机，见图 4-4 所示，再加上工艺系统需要的分级选粉机、旋风分离器、布袋除尘器和系统中的引风机。作为研磨钛原料的球磨机因产量设计和矿源不同，所选规格也不同。

图 4-4　钛原料球磨机

球磨机型号、转速、给矿量、钢球数量、钢球大小这些参数，往往是球磨机制造厂商按通用条件给出的，且几乎是作为通用矿石经过传统的破碎、粉碎，再进入球磨机进行研磨；而现代研磨设备工艺为了节能降耗，已经采用多种粉碎、磨粉方式进行串联生产。所谓的"多碎少磨"是对磨矿效率的经验总结。然而，钛原料的研磨，因钛原料（钛渣、砂矿和岩矿）的特性各有不同，与传统的磨矿生产相差较大。其主要表现为：一是钛原料本身的粒度细小，几乎在 0.25～0.07mm；二是钛渣因是冶炼加工产品，出厂时已经磨细到接近 200 目（0.075mm）；三是作为岩矿的攀西钒钛磁铁矿，因磁铁矿和钛铁矿分布致密，采取多次研磨原矿，才能进行细粒级解离后进行浮选，几乎选出的钛精矿产品细度低于 200 目（0.075mm）。如此细小的原矿颗粒按通用的球磨机装球配比、规格（长径比）和转速均不能达到最佳的效能比，甚至浪费了大量的能耗。

早期钢球的装填量与级配（大小规格），均参照 20 世纪 90 年代引进球磨机和装填级配指标，产量低，单位研磨钛原料的电耗高、钢球消耗量大，钢球直径在 90～50mm 范围。后经过生产摸索与试验筛选，将钢球直径缩小，收到了很好的生产效果，单位研磨钛原料产量提高了 30%～50%，电耗和钢球消耗都大幅度下降，较之欧美经典硫酸法钛白粉钛原料研磨技术大跨了一步。

作为参考，某一传统球磨机参数的钛原料研磨钢球装填量与钢球级配加入方法及生产结

果如下:

① 球磨机规格:$\phi 2.6m \times 5.1m$,转速 19.8r/min。

② 磨机额定钢球加填量:31t。

③ 第一次实际加填量:34t。

④ 钢球级配:

钢球直径/mm	$\phi 50$	$\phi 40$	$\phi 30$	$\phi 20$
重量配比/t	11.3	3.8	6	12.9

⑤ 钢球补加与钢球消耗 磨机原始加钢球后,约经过半年运行时间补加一次钢球,补加量约 2.5t,钢球规格直径$\phi 50mm$。磨钛精矿时,当磨机电流减小 2~3A 时,不补加;磨高钛渣时,磨机电流减小 4A 时,要补加。钢球消耗:每吨钛精矿消耗钢球 0.05~0.1kg(视钢球质量而定)。

⑥ 钢球的质量:低铬钢球。

成分	C	Si	Mn	Cr	S	P
含量/%	2.6~2.8	0.8~1.2	1.8~1.0	1.8~2.2	≤0.1;	≤0.1
硬度(HRC)	表面硬度≥46		中心硬度≥44			

⑦ 磨机能力:

钛原料来源	攀枝花 10 矿	攀枝花 20 矿	米易矿	钛和矿
球磨机产量/(t/h)	13~14	16~17	13~14	16~17

⑧ 装填级配管理:每年分筛一次钢球磨。小于 16mm 的球不用。

正如图 4-1 所示,球磨机转速与直径(周长)的线速度密切相关,因钛原料入球磨机粒度太小,需要降低钢球直径,但其重量随之减轻,为了不形成"周转状态",尽量按"泻落状态"和接近"抛落状态"的运动方式,则需要增大球磨机的直径,延长钢球的泻落高度,降低球磨机转速带来的圆周速度,使其小钢球泻落,提高研磨钢球之间最大的挤压、碰撞、剪切和摩擦效果。

对攀西钒钛磁铁矿选出的钛精矿,因为提高选矿的钛收率,选矿分离粒度愈来愈小,其中有大部分已经满足酸解进料细度(45μm),毫无必要再进入球磨机研磨;因此,可采用进料前进行分级,省掉细粒钛原料的磨矿工序,起到节能降耗之功效。

(二)硫酸原料

硫酸法钛白粉生产的硫酸原料主要是来自硫酸生产装置生产的硫酸原料,包括硫黄生产的硫酸(俗称磺酸)与硫铁矿生产的硫酸(俗称矿酸)。因其与钛白粉副产稀硫酸的循环利用与耦合利用废酸浓缩后分离的一水硫酸亚铁,在第三章第二节已有介绍。但作为硫酸法钛白粉废酸的循环与经济利用,应当说国内生产技术较之传统的国外硫酸法配制与利用方法大有进步,其硫酸原料的配制方法有如下几种。

1.传统的配制方法

钛原料采用钛精矿时,原引进技术采用 98%浓硫酸,加水配制成 91%的硫酸浓度,因产生稀释热,需要采用换热器进行降温操作,否则在以酸矿预混的工艺中,容易在预混槽提前反应,造成生产事故。钛原料采用钛渣时,因反应酸的浓度较高,几乎不需要配制硫酸浓度。这些配制方式将浓硫酸的稀释热量白白浪费掉了,且还要投资混酸设备和移走稀释热量的大换热器设备及操作费用等。

2．循环稀硫酸配制方法

因硫酸法钛白粉生产按水解的 F 值（H_2SO_4/TiO_2）1.8 计算，每吨二氧化钛（不考虑收率）产生 1.85t 游离硫酸，折合成 25% 的硫酸浓度为 7.4t，因水解滤饼过滤持液量带走约三分之一，几乎有 5t 稀硫酸需要循环利用或再用。根据稀酸浓缩的方式不同在酸解时利用方式或再用方式也不同，无论是采用钛精矿还是采用钛渣酸解工艺，国内根据硫酸厂的硫酸浓度，无论是大于 93% 还是 98% 的硫酸浓度，几乎不再进行浓硫酸原料的配制，先进的生产工艺均省去了硫酸配制生产系统和设备以及运行费用，并将硫酸中的稀释热利用到了酸解稀酸的蒸发水量中，一举两得，是世界硫酸法钛白粉生产的一大进步。

二、主要辅助原料

硫酸法钛白粉生产主要辅助原料如表 4-5 所示。生产中根据工艺要求进行配制与制备。

表 4-5　硫酸法钛白粉生产主要辅助原料

序号	名称	规格	备注
1	铁粉	Fe≥92% 还原铁粉	钛渣原料不用
2	石灰石粉	CaO≥40%	用于污水处理
3	石灰	CaO≥80%	用于污水处理
4	聚丙烯酰胺	固体分子量≥1200 万	
5	磷酸三钠	一级	
6	六偏磷酸钠	工业一级品	
7	工业盐	工业级	
8	铝粉	活性铝≥90%	
9	氢氧化钾	工业一级品	
10	磷酸	工业一级品	
11	浓碱	NaOH≥42%	液碱、固碱均可
12	盐酸	HCl≥30%	
13	硫酸铝	工业一级品	
14	偏铝酸钠	工业一级品	
15	硫酸锆	工业一级品	
16	硅酸钠	工业一级品	
17	氢氟酸	工业级 HF≥40%	

第三节
酸解与钛液的制备

硫酸法钛白粉的酸解与钛液制备是为了将钛原料中的钛元素经过与硫酸反应生成硫酸氧

钛溶液，与钛原料中的其他元素或杂质元素分离。因酸解是一个复分解的化学反应过程，现有商业生产的酸解方法以间歇酸解为主，连续酸解除中国外，国外仅有三家工厂应用；而国内因从不同的渠道引进酸解工艺技术，经过不断摸索，改进了连续酸解反应器故障率高和酸解率低的问题，到目前，全连续酸解的工厂有两家，既有间歇酸解又有连续酸解的工厂三家。

一、酸解工艺技术的原理

（一）酸解的化学反应原理

酸解是将钛原料中的成分转化为溶液后，适用于后续工艺从杂质中分离出 TiO_2 的过程。硫酸法钛白粉生产的酸解过程，其原料中各元素化合物发生的化学反应式如表 4-6 所示。

表 4-6　原料中各元素化合物发生的化学反应

反应物	生成物	反应式序号
$TiO_2 + H_2SO_4$	$TiOSO_4 + H_2O$	（4-1）
$Ti_2O_3 + 3H_2SO_4$	$Ti_2(SO_4)_3 + 3H_2O$	（4-2）
$FeO + H_2SO_4$	$FeSO_4 + H_2O$	（4-3）
$Fe_2O_3 + 3H_2SO_4$	$Fe_2(SO_4)_3 + 3H_2O$	（4-4）
$Al_2O_3 + 3H_2SO_4$	$Al_2(SO_4)_3 + 3H_2O$	（4-5）
$CaO + H_2SO_4$	$CaSO_4 + H_2O$	（4-6）
$Cr_2O_3 + 3H_2SO_4$	$Cr_2(SO_4)_3 + 3H_2O$	（4-7）
$MgO + H_2SO_4$	$MgSO_4 + H_2O$	（4-8）
$MnO + H_2SO_4$	$MnSO_4 + H_2O$	（4-9）
$Nb_2O_3 + 5H_2SO_4$	$Nb_2(SO_4)_5 + 5H_2O$	（4-10）
$ZrO_2 + H_2SO_4$	$Zr(SO_4)_2 + H_2O$	（4-11）
$P_2O_5 + 5H_2SO_4$	$P_2(SO_4)_5 + 5H_2O$	（4-12）
$V_2O_5 + 5H_2SO_4$	$V_2(SO_4)_5 + 5H_2O$	（4-13）

（二）钛原料对酸解的影响

对于硫酸法生产企业，影响经济效益的主要因素是钛原料成本、硫酸成本、能源成本、废副处理和投资费用的固定成本；当然还有一项最重要的多数企业忽略掉的成本，即产品质量与工艺优劣的技术成本。硫酸法生产企业目前普遍使用两种原料：TiO_2 含量为 40%～60% 的钛铁矿和 TiO_2 含量为 70%～80% 的酸溶性钛渣。既有单独用钛矿和酸溶钛渣的生产装置，也有两种原料相互配搭的生产工艺装置，以及两种原料分别进行酸解后再混合的工艺。原料的选择直接影响工厂的投资费用、维护费用和公辅工程费用。

当硫酸法钛白生产企业采用钛铁矿和钛渣的混合物作原料时，由于混合的比例不同，在实际生产中也有所限制。如果混合料中含较多的钛铁矿，就要求采用使用钛铁矿的生产装置，即还原工序、亚铁结晶工序和钛液浓缩工序等化工单元操作。但从全球的钛原料市场看，钛矿与钛渣中单位钛的价值相差 2～3 倍，最核心的选择由采用钛铁矿副产的七水硫酸亚铁的市场出路所决定。

由于钛原料的不同，对硫酸的酸浓度要求也不同。生产企业，还要考虑的因素是硫酸消耗、酸解反应热与水蒸发平衡。主要酸解反应热如下：

$$TiO_2 + H_2SO_4 \xrightleftharpoons{} TiOSO_4 + H_2O \qquad (4\text{-}14)$$

$$\Delta H_f = -41800J/mol \text{ 或}-522.5J/g\ (TiO_2)$$

$$FeO + H_2SO_4 \xrightleftharpoons{} FeSO_4 + H_2O \qquad (4\text{-}15)$$

$$\Delta H_f = -120129J/mol \text{ 或}-1672J/g\ (FeO)$$

$$Fe_2O_3 + 3H_2SO_4 \xrightleftharpoons{} Fe_2(SO_4)_3 + 3H_2O \qquad (4\text{-}16)$$

$$\Delta H_f = -172759J/mol \text{ 或}-1083J/g\ (Fe_2O_3)$$

$$MgO + H_2SO_4 \xrightleftharpoons{} MgSO_4 + H_2O \qquad (4\text{-}17)$$

$$\Delta H_f = -131867J/mol \text{ 或}-3260J/g\ (MgO)$$

作为一个重要的因素，如果钛原料铁含量较高（因而 TiO_2 含量较低），在酸解时不仅需要更多的硫酸，而且化学反应产生的热量大，需要兼顾大量热量的移走和水的平衡。在硫酸法生产酸解中使用钛原料时，钛原料中铁的氧化状态对反应活性有很大影响。如果钛精矿中大部分铁为二价铁（Fe^{2+}），则可以提升原料的反应活性，见上述反应式（4-15）；三价铁（Fe^{3+}）则反之，见反应式（4-16）。因此应优先选择 FeO/Fe_2O_3 高比率的钛原料，而且因三价铁（Fe^{3+}）的还原还需要增加酸量与还原剂用量。对于四川攀西地区矿因其中氧化镁的存在，见反应式（4-17），其反应热焓几乎是二价铁（Fe^{2+}）2 倍，较其他钛原料酸解反应产生的热量更大。

（三）钛原料中杂质对酸解的影响以及对最终钛白粉产品质量的影响

硫酸法钛白粉生产除了后续工艺对产品进行材料学性能的加工外，前面大部分生产技术的目的是为了分离来自钛原料中的所有杂质。所以硫酸法工艺对原料的质量要求是相对较为宽松的，也就是说还没有哪一种商业钛原料不能生产优质钛白粉产品，尽管多数业内技术人员抱怨产品质量上不去是钛原料质量不好所致，但究其原因是因为原料质量指标（包括杂质）的变化或不稳定。所以，根据某些种类杂质可调整工艺对整个原料的适宜性，获得最佳的控制指标，生产出优质的产品。

除钛之外，铁是原料中最重要的元素，它以二价铁（Fe^{2+}）或三价铁（Fe^{3+}）的形式存在。铁会对最终颜料产品的颜色和亮度有负面影响，因此必须在水解前除去物料中的元素铁。

现有的间歇酸解工艺因靠压缩空气搅拌反应料浆进行反应和溶解，倾向于将原料中的二价铁氧化成三价铁，随控制工艺的优劣可将溶液中 8%～15%二价铁氧化成三价铁，甚至更高。在后面的操作中，三价铁溶解度低，能和氧化钛一起沉淀，从而进入产品，影响产品颜色。在使用具有高铁含量的钛精矿作原料的装置中，要求加入铁屑以还原三价铁。然后通过冷却和过滤，以绿矾（$FeSO_4 \cdot 7H_2O$）的形式将大部分铁除去。当生成少量三价钛时，意味着还原过程结束。由于 Fe^{3+} 优先于 Fe^{2+} 氧化，因此，少量的 Ti^{3+} 可以确保铁不会伴随 Ti^{4+} 沉淀，从而进入产品。Ti^{3+} 和残余的 Fe^{3+} 之间的平衡必须小心维持，因水解时剩余的 Ti^{3+} 会从最终产品中失去，进入废酸中，降低生产中钛元素产率，增加原料消耗成本。

在使用酸溶钛渣作原料时，有时需要在水解前添加一些氧化物以避免三价钛的损失。

原料中的一些微量元素在酸解时不易溶于硫酸，最重要的是硅土和锆石。这些杂质和酸解时形成的固体很容易除去，不会对后面的操作和颜料的质量产生影响。

由于对中间产品（$TiOSO_4$）的纯度要求，因此硫酸法生产必须关注其可影响产品颜色的杂质金属离子，特别重要的金属离子包括 Cr、V、Cu、Mn、Ni。这些金属可赋予钛白粉其他的颜色。据实验研究，1mg/kg 的 Cr_2O_3 相当于 10mg/kg Fe_2O_3 对产品颜色的贡献率。

铌元素是硫酸法生产企业需要关注的对象。它会导致产品晶格缺陷的增加，因此生产要求原料中的铌含量要低于 0.05%。据称在这样的条件下，硫酸法生产的钛白粉可与氯化法钛白粉竞争。其实在当今的技术条件下，已将有色离子减少并控制到极致，而强化钛白颜料粒径标准偏差的技术控制完全可以如氯化法一样左右产品的蓝相和高亮度。一些生产企业使用高铌含量（0.1%～0.2%）的原料，因为铌能产生蓝色，可以屏蔽其他元素产生的颜色。铌也和铝相互作用影响最终产品的亮度。与铝比较，如果铌含量太低，会降低颜料的亮度。相反，如果铌含量太高，同样会降低颜料的亮度。如图 4-5 所示，铌和铝的比例为 1 时产品的亮度最低。

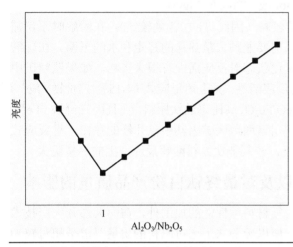

图 4-5　铌与铝的比率对产品颜色亮度的影响

多数工艺生产中，磷元素以 P_2O_5 的形式在煅烧前加入，防止晶体颗粒增长过快和晶体间的互相烧结（这些均会导致产品变黄以至颜料性能降低）。但在钛原料中，某些岩矿选矿时为了提高选矿效率，使用含磷选矿剂，增加了钛原料中的 P_2O_5 含量。酸解时倾向于生成钛的磷酸盐且大部分进入沉降渣中，钛原料中磷含量过高将降低钛收率。因此，在产品煅烧前的盐处理剂加入量应扣除背景磷含量。

钛原料中的稀土元素也十分重要，如铈和钍。当颜料生产企业用废酸生产白石膏作副产品时，这些元素能改变石膏的晶体结构，降低石膏板的适应性。

通常在原料中发现的放射性元素包括铀和钍。含有这些元素的化合物在酸解时一般不会溶解，并且很容易从酸解液体中分离。对原料中的这些元素进行检测评价，主要是职业安全和健康安全原因，明确这些放射性物质的处置方法。

（四）酸解钛液的质量要求

生产上，用于控制酸解钛液的质量指标通常有如下七项。

1．酸度系数

酸度系数即生产上常用的 F 值，它是钛液中有效酸浓度和 TiO_2 浓度的比值（H_2SO_4/TiO_2）。所谓有效酸，是指钛液中的游离酸和与钛结合的酸，这是钛液中七大指标中反映钛液本质的指标，它直接影响水解速率与聚集粒子的聚集速率，从而影响钛白生产后工序的效率与质量。

此外，酸度系数不同，硫酸氧钛的聚合程度不同，影响水解产物的空间结构，即聚集粒子的大小。

工业上生产的硫酸氧钛溶液，不论生产操作如何精细，酸度系数总在一定的范围内波动，为了保证最终产品质量的稳定，常在酸解浸取还原时进行调节。为此，在确定酸解反应的酸矿比和加废酸水浸取时，要使钛液的酸度系数比最佳值略低些，留有进行调节的余地。

2．钛液浓度

钛液浓度是指钛液中二氧化钛的浓度，以 g/L 表示。其主要影响水解产品聚集粒子的大小，以及后工序的水洗效率和煅烧工艺条件的颜料性能。大量的研究工作和工业实践表明，钛液浓度高低，可根据选取的水解条件确定。如自身晶种就需要较高的钛液浓度，在 220～240g/L；而外加晶种则可需要钛液浓度低一些，在 180～210g/L，甚至更低。

钛液中硫酸氧钛的聚合度，主要取决于酸度系数，但也和钛液浓度有一定的关系，对采用的加压水解来说，由于水解后期不加水稀释，当钛液浓度高于 230g/L 时，水解率显著下降，但对于水解后期加水稀释的常压水解来说，钛液浓度对水解率虽有影响，但不像酸度系数影响那样显著。

3．钛液稳定性

硫酸氧钛液是亚稳定的，工业上用"稳定性"来衡量其稳定程度，用 25℃水稀释 1.0mL 钛液至发生水解所需要的水量，称之为"稳定性"。工业上要求用于水解的钛液的"稳定性"在 500mL 以上。

钛液的"稳定性"从本质上看，是由钛液的有效酸浓度和二氧化钛的浓度所决定的。因此，酸解的工艺条件，如酸矿比、预热温度、矿粉细度等必须满足"稳定性"的要求。其次，从制造上看还有三个重要因素影响"稳定性"：一是浸取到浓缩的全过程温度必须控制在 65℃以下，浓缩后期可上升到 70℃。二是在此过程中，钛液不能和水接触，特别是浸取、洗涤、沉降泥浆、清洗绿矾和拆洗滤布等，都必引起重视。因为与水混合时产生的初期界面，易造成钛液开始水解，在此条件下反应是不可逆的。三是控制过滤必须最终除去钛液中的胶体杂质。这部分胶体杂质在水解时，将起晶种的作用，干扰水解晶种控制指标，扰乱水解沉淀偏钛酸的速率，使偏钛酸粒子大小不均，从而影响过滤洗涤的生产效率并导致煅烧时的产品质量难于控制。

4．铁钛比

铁钛比是钛液中铁离子浓度和二氧化钛浓度之比（Fe/TiO_2）。控制铁钛比的主要意义首先在于，保证水解产物在冷却、存储过程中不析出 $FeSO_4 \cdot 7H_2O$ 结晶。因为水解母液中游离酸浓度很高，亚铁溶解度降低，容易析出，这种情况在冬季特别突出。其次，硫酸亚铁浓度高，母液的黏度和密度提高，这使偏钛酸的水洗速率放慢。再者铁钛比的稳定，能保持水解过程中，离子总浓度的稳定，这对保持水解速率的稳定和水合二氧化钛的粒度都是十分必要的。从而为硫酸氧钛水解析出优质的水合二氧化钛聚集与聚合粒子创造更稳定的条件和控制指标。

5．澄清度

控制过滤的主要任务是保证钛液澄清度合格，使钛液中不溶性固体杂质降至最低限。因为水解以后的净化作业只能除去可溶性杂质。如果钛液澄清度不合格，其中所含有的固体悬浮杂质将全部进入水解，恶化水解初期晶种的形成环境，影响水解产物的质量，造成后工序如过滤、洗涤效率下降，指标不稳定，甚至带到产品中影响产品的颜料性能。

6．三价钛

钛液中要保持 $1\sim3g/L$ 的三价钛离子（Ti^{3+}）浓度，是为了防止在水解、水洗过程中，二价铁离子氧化成三价铁离子，形成高价的铁氢氧化物（沉淀 pH 值低）而不能除去，吸附在水解产物上而影响最终产品的颜料性能。

7．钛液密度

钛液密度是由酸度系数、钛液浓度、铁钛比和钛原料中的其他可溶性硫酸盐杂质（如硫酸镁、硫酸铝等）等主要指标决定，同时也互为依托，并决定水解条件的一致性。

二、间歇酸解技术

（一）间歇酸解技术来源

现有间歇酸解商业生产技术，最早是采用硫酸与矿混合，然后用外来热源进行直接或间接加热反应而得到固相反应物，后来原杜邦公司 Cofflt 的发明专利技术更为引人关注，将 76% 的硫酸加入钛矿中，制成一个浆状混合物；然后加入 95% 的硫酸，利用酸的稀释热提高温度使其发生完全反应，得到一个多孔性的易溶性的固体物。发明自身水解晶种工艺的法国人 Blumenfeld 在间歇酸解时向其中加入 $2\%\sim10\%$ 的泥炭（peat moss），得到易溶解的多孔性固体物，泥炭将 Fe^{3+} 还原为 Fe^{2+}，消除了金属铁做还原剂。全球现有的硫酸法钛白生产的间歇酸解工艺技术均是以此为起点发展而来的。

国内现有年产近 300 万吨的硫酸法钛白粉生产装置中，采用间歇酸解工艺技术的占 92%，其余为连续酸解工艺。

（二）间歇酸解技术概述

酸解是制造硫酸氧钛溶液过程中最重要的一个关键工序。间歇酸解工艺包括钛原料与硫酸的混合、钛铁矿的分解反应、固相物的浸取、三价铁的还原、溶液的沉清等过程。

1．间歇酸解主要设备

（1）预混槽　预混槽是一个带有搅拌装置，配有水冷夹套冷却功能，由碳钢制作的混合容器。与经典的酸解反应罐配套，体积 43m³。

（2）酸解罐　酸解罐是碳钢制成经防腐衬里的圆筒加圆锥形底反应罐，在罐底部专门设有压缩空气的分布器。国内最早开发较小体积仅有几个立方米，随着规模的发展，经过 15m³、30m³、50m³ 体积的演变，最大做到 60m³。而引进年产 1.5 万吨生产装置的酸解罐为 130m³ 容积，每个罐产能仅为年产 5000t 产品。后来在建立的大规模生产装置上增加了圆筒体的高度，体积增大到 150m³ 左右，产能可达年产 10000t 产品，基本成为国内硫酸法钛白粉酸解工艺的定型设备。罐内过去施工是搪铅并衬两层耐酸瓷板防腐，但铅对施工人员的危害较大，而现在是采取衬耐酸橡胶再衬耐酸砖结构。

2．间歇酸解工艺

间歇酸解工艺参数与控制指标见表 4-7（采用攀西矿，仅供参考）。

表 4-7　间歇酸解工艺指标与参数

序号	指标名称		指标数值	备注
1	酸矿比		1.60～1.63	质量比
2	91%酸浓度/%		91.0～93.0	
3	91%酸温度/℃		35±3	
4	矿粉用量/（t/批）		27～30	
5	初始反应酸浓度/%		85	
6	废酸浓度/%		20～25	
7	预混时间/min		1～10	
8	预混槽物料温度/℃		≤40	
9	主反应时压空/（m³/h）		900～950	
10	熟化时压空/（m³/h）		100～200	
11	熟化时间/min		90～120	
12	浸取时压空/（m³/h）		1000～1300	
13	第一次浸取水加量/m³		20	
14	第一次浸取水流量/（m³/h）		20	
15	第二次浸取水加量/m³		～50	
16	第二次浸取水流量/（m³/h）		40～50	
17	小度水加量/（m³/次）		8～10	
18	浸取水加完后 1h 压空流量/（m³/h）		～300	
19	还原时压空流量/（m³/h）		250～300	
20	第一次铁粉加量/kg		600	
21	第二次铁粉加量/kg		600～800	
22	Ti^{3+}出现后压空流量/（m³/h）		50～100	
23	浸取、还原温度/℃		58～65	
24	还原时间/min		90～120	
25	放料时压空流量/（m³/h）		50～80	
26	酸解钛液	TiO_2 含量/（g/L）	120.0～140.0	以 TiO_2 计
27		F 值	1.75～2.00	
28		Ti^{3+}浓度/（g/L）	1.5～4.0	
29		稳定性/mL	≥325	
30		酸解率/%	≥95.0	

　　注：为简化工艺节约能耗，传统的配酸冷却工艺取消，根据配套硫酸的条件，几乎采用 93%～98%H_2SO_4 直接预混，不同浓度稀酸引发，其压空流量根据实际调整。

间歇酸解工艺流程如图 4-6 所示。

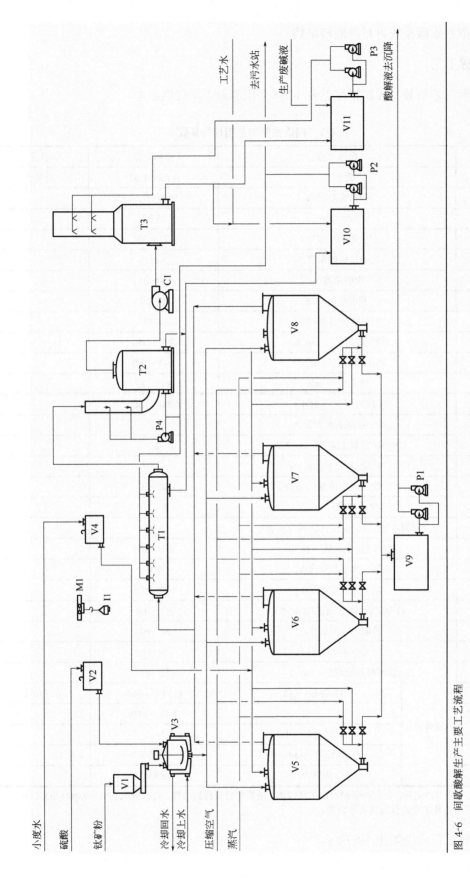

图 4-6　间歇酸解生产主要工艺流程

C1—尾气风机；I1—还原铁粉斗；M1—单梁车；P1—酸解液输送泵；P2—尾气喷淋循环水泵；P3—尾气喷淋循环液泵；P4—动力波循环喷淋泵；T1—尾气喷淋管；T2—尾气动力波洗涤塔；T3—尾气碱喷淋塔；V1—矿粉称量罐；V2—硫酸称量罐；V3—预酸解混料槽；V4—小废水槽；V5～V8—酸解罐；V9—酸解液转料槽；V10—尾气喷淋循环水池；V11—尾气碱液循环喷淋槽

（1）预混　预混是将参与反应的硫酸和钛矿粉进行混合，使其矿粉被硫酸浸润并均匀地分散在酸中。常用的有三种工艺：

① 浓酸预混工艺。将计量需用约80%的硫酸量放入带搅拌并设置冷却夹套的钢制预混罐内，在搅拌条件下加入计量的磨细合格的钛矿粉，进行搅拌混合，同时冷却夹套通入冷水冷却，防止混合料浆温度升高产生早期反应，搅拌均匀后，放入酸解罐中。剩余约20%的计量硫酸在放完混合料后，用于冲洗预混罐后，再倒入酸解罐。

② 稀酸预混工艺。也有少数几家工厂如前述最早的杜邦技术一样，将计量的相对低浓度稀酸放入带搅拌的衬耐酸砖的钢制预混罐内，在搅拌条件下加入计量的钛铁矿粉，混合均匀后，放入酸解罐中。

③ 非预混工艺。也有不用预混罐的工艺，直接将计量硫酸倒入酸解罐中，用压缩空气搅拌，加入矿粉混匀。全球过去硫酸法酸解技术多数为此工艺。

尽管酸矿混合理论上讲是一个简单的物理过程。三种酸矿混合工艺都有存在的特点，但在生产效率、运行成本和操作难易程度上差别较大，各自的优劣如下：

第③种非预混工艺，直接在酸解罐中混合，用空气搅拌混合效率低，能耗大；矿粉下料时，与从酸中逸出的压缩空气接触，将矿粉扬起，细粒矿粉从尾气中被带走，导致矿粉损失，使环境恶劣。引发稀酸或水往浓酸体系加，不仅混合不好，且稀释热释放太快。国内原多数工厂使用此工艺，现欧洲著名的莎哈利本工厂还是使用此种工艺，但其下料和酸解罐盖的设计更科学。

第①种浓酸预混工艺，克服了第③种工艺混合效率低、能耗大、矿粉损失大的不足；但带来新麻烦是在罐壁边缘搅拌和不搅拌时的变化界面位置上，大量矿粉粘接和不完全混合，逐渐积累成半固相物而难于清理。同理搅拌轴变化液体界面位置上也粘接成一个较大的难于清理的由软变硬的固相物。尽管有多种方式进行定期人工清理，但费时、费工，影响生产效率。其次，因气候、温度和矿粉湿度的变化，甚至设计不周造成放料不畅或还未放料就在预混罐中提前反应而固化，约七八十吨物料需要人工清理并移走，笔者曾经经历过某企业用雷管爆破的艰苦场面。再者如第③种工艺一样，浓酸混合后在酸解罐中，引发稀酸或水往浓酸体系加，有悖稀释原理，不仅混合不好，且稀释热释放太快；空气搅拌存在的死角，使其混合不匀，造成浸取不佳，罐内遗留固相物的趋势增加，需要频繁清理，甚至需要煮锅溶解、排除。

第②种稀酸预混工艺，正如A. T. Cofflt首先发明沿用至今的间歇酸解一样，尤其是对反应活性极高的矿种，其优点不言而喻。

（2）酸解　将经酸矿预混合均匀的物料，放入酸解罐中，用压缩空气搅拌，加入计量的稀释水或稀酸（若稀酸预混工艺是加入浓硫酸），把硫酸调到工艺要求的浓度，工艺上称之为初始反应浓度。浓硫酸和水（稀酸）混合稀释放出大量的热量，可使反应物的温度升高到80～130℃。

当原始硫酸的浓度较低，或初始反应硫酸的浓度要求较高时，稀释热还不能满足反应需要时，需补加蒸汽，把反应物预热到80～90℃，酸解反应开始缓慢进行，温度逐步升高，料浆也逐步由稀变稠，继而变成膏状物。当温度达到160℃时，发生激烈的放热反应，而反应一开始所释放出来的热量使温度迅速升高到180～200℃。

主反应是很激烈的，因此要精心操作，否则会变得过于剧烈而无法控制。在180～200℃的温度下，反应物中所含的水和反应生成的水，在短时间内迅速蒸发，加上由底部吹入的压缩空气，在酸解罐内形成大量的泡沫，物料体积迅速增大。若两股气体汇合产生的高速气压迅速膨胀，来不及从酸解烟囱排出，而携带物料从人孔盖等处冲出，则会造成安全事故，生产上常称之为"冒锅"。

主反应结束之后，物料恢复到原来的体积，几分钟之后凝固成土黄色固相物。为了制成空气和水容易渗透的固相物，必须在固化期间向黏稠的反应物中压入强烈的空气流，否则会生成紧密而无孔的熔块，很难用酸性水浸取。因此，为了得到易被水和空气渗透的疏松而多孔的固相物，在反应物即将凝固之际，吹入强烈的空气流是十分必要的。

反应物固化之后，停止或减少吹入空气，放置 2～3h，使物料"熟化"和冷却。钛铁矿的酸解率通常在 94%～97% 之间，其中 85%～87% 是在主反应期间完成的，其余 7%～10% 是在熟化期间实现的。

在固相物中钛既以 $Ti(SO_4)_2$ 的化合物质形式存在，又以 $TiOSO_4$ 的形式存在。因为在主反应时，在 180～200℃ 的温度下，除反应物中与硫酸盐水合生成的结晶水外，其余的水都已蒸发出去，具备生成 $Ti(SO_4)_2$ 的条件，但酸解工艺确定的酸矿比 [（1.5:1）～（1.7:1）]，不足以将钛全部变为钛的二硫酸盐，所以在固相物中还存在 $TiOSO_4$。在硫酸法制钛白的工艺过程中，钛的二硫酸盐，即 $Ti(SO_4)_2$ 只存在于固相物体中，而在浸取以后的溶液中，均以硫酸氧钛的形式存在。在水溶液中，硫酸氧钛（$TiOSO_4$）是四价钛化合物能够亚稳定存在的唯一形式。

在固相物经过熟化和冷却，温度降到 90～110℃ 时，加入 1%～2% 的水洗废酸和小度水（洗硫酸亚铁和从下道工序的沉降泥浆中回收的含钛酸性水），进行浸取，酸性水是先从酸解罐的底部加入，逐步向上渗透直到把固相物浸没，然后再从酸解罐顶盖上的加水管加入，并用压缩空气进行搅拌。在浸取期间，溶液的温度应该保持在 55～65℃ 之间。温度过低时，浸取速度慢，温度过高时，则会降低溶液的稳定性，甚至会引起早期水解。浸取得到的溶液，通常含有 TiO_2 110～150g/L，酸度系数在 1.8～2.1 之间。浓度过低会增加后续的浓缩工序的负担，由于黏度和大量的硫酸亚铁存在，进一步提高钛液的浓度会在工艺上增加困难。而在用钛渣酸解时，因硫酸亚铁的大量减少，浸取钛液的浓度可大幅度提高，而省略后续的浓缩工序。

酸解反应是硫酸氧钛溶液制备阶段最为重要的工序，即"四大关键"之一。为了严格掌握酸解反应，得到酸解率、酸度系数符合工艺要求的钛液，必须严加控制四个重要的工艺参数：

第一是酸矿比。酸矿比的确定，经济上要综合考虑酸解率和水解率，技术上要有利于提高产品的质量。因此，对不同的钛矿原料，可按表 4-8 中的氧化物含量及硫酸系数换算计算后，确定所用矿的酸矿比，再在生产上用试验的方法校对和确定。作为攀西钛铁矿，如表中 ☆ 号所示，氧化镁硫酸系数为 2.431，吨矿因氧化镁消耗的硫酸为 150 公斤。大量的研究工作和实践经验表明，经济上合算，技术上比较先进的矿酸比约在（1:1.5）～（1:1.7）之间。

表 4-8 钛铁矿氧化物含量与硫酸系数换算的酸矿比参考值

氧化物	攀枝花矿	硫酸系数	需酸量
TiO_2	47.47	2.0	0.9969
FeO 总	34.62		
其中 FeO	31.85	1.364	0.4344
其中酸解时氧化的 FeO（视工艺定）	2.77	2.046	0.0567
Fe_2O_3	5.61	1.841	0.1033
Fe（铁屑）			0.0228

氧化物	攀枝花矿	硫酸系数	需酸量
Cr$_2$O$_3$	0.005	1.934	0.0001
V$_2$O$_5$	0.096	1.616	0.0026
CaO	0.76	1.748	0.0133
MgO ☆	6.18	2.431	0.1502
MnO	0.66	1.381	0.0091
Al$_2$O$_3$	1.35	2.883	0.0389
Nb$_2$O$_5$	0.001	1	0.001
P$_2$O$_5$	0.005	2.071	0.0001
ZrO$_2$	0.001	0	0
SiO$_2$	3.03	0	0

注：总酸矿比，1.8285；TiO$_2$回收率，96.0%；需要的理论酸矿比，1.7371；实际的酸矿比，1.56。

第二是硫酸浓度。硫酸浓度是指与钛矿粉混合的浓度，有的钛矿反应放热量大，需要将硫酸浓度稀释，如攀枝花矿；而有的钛矿原料反应放热小，则不需要稀释硫酸浓度，如高钛渣。硫酸浓度对其钛铁矿酸解速度和酸解率起着十分重要的作用。在酸矿比一定时，提高反应酸浓度有助于加快酸解速率和提高酸解率，当硫酸浓度从87%提高到96%，能将酸解放热效应增加到几倍。这是因为酸解过程中酸浓度高，稀释热大，引发水和水稀释硫酸导致放热效应增加。

第三是反应的热量。反应热量，包括钛原料中各元素化合物的反应热，浓硫酸稀释释放出的热量和补充蒸汽追加的热量，后者综合反映在预热温度上。它影响反应的剧烈程度，对酸解率也有一定的影响，在酸解率能够满足工艺要求的时候，预热温度低些为好。这样有利于安全操作，避免爆锅现象产生。

硫酸浓度和预热温度两者都和钛铁矿的组成、风化程度、反应性能有关，和酸矿比一样，也是在实践的基础上确定的。尤其是现在废酸浓缩回用的技术提高，为了全部利用硫酸的稀释热，已不再需要将硫酸浓度轻度稀释，既节能又省掉混酸冷却工序，同时有助于降低废酸浓缩成本。

第四是矿粉细度。矿粉应有适应生产要求的细度，矿粉的细度不仅与酸解率和酸解速率有关，而且与反应的剧烈程度相关。所以，不同的矿粉来源除选择与之匹配的磨矿工艺和设备操作条件外，一定要选择不同的酸浓度和对应的初始反应浓度。比方说，攀枝花矿曾经为提高选矿收率，原仅有10牌号矿，后增加了20牌号矿，众多厂家不愿意使用。究其原因，因20牌号矿更细，比表面积大，活性更高，按过去工艺指标操作，反应剧烈，主反应时易产生爆锅现象。这就要求使用者调整反应条件及指标。其实，攀西地区的钛原料与其他地区钛原料比较，所具有的反应热焓最高，如表4-9所示。由于矿越细表面化学能越高，其初始硫酸反应浓度完全可以更低，酸矿比也应降低。这样既可节约大量的磨矿能耗，又可节约废酸回用的浓缩能耗，能显著降低黑区钛液生产成本。

表4-9 全球不同地区钛铁矿的反应热焓

钛铁矿	挪威	比纳普	艾卢卡	魁隆	攀枝花	云南
ΔH_{f}/(J/g)	−1070	−986.5	−861.1	−772.5	−1104	−1018

（3）酸解生产主要操作与控制

① 生产操作。间歇酸解生产主要工艺流程如图4-6所示，将矿粉计量仓送来的定量的研

磨钛原料粉（钛铁矿或高钛渣矿粉）与浓硫酸（根据工艺要求，确定硫酸浓度91%～98%），并按需要的矿酸比将硫酸总量的80%加入预混罐内进行预混合，混合均匀后料浆放入酸解罐内，再将余下总量20%的硫酸倒入预混罐，冲洗残留的料浆。在酸解罐内用压缩空气搅匀料浆后，加入一定量的废酸或水作为启动酸，将硫酸浓度调配成83%～91%（视钛原料而定），与此同时，由于废酸中的水与浓硫酸发生水合作用而产生大量的稀释热用以引发酸解反应，若稀释热过低，则用低压蒸汽直接加热，提供引发酸解主反应所需的热量。主反应结束后，经过一段时间的固相熟化，当物料冷却到一定的温度时，即加入淡废酸、小度水、工艺水进行浸取，浸取过程中加入计量的铁粉进行还原（单使用高钛渣为原料时需要加入氧化剂进行氧化），即得到含有一定量三价钛的硫酸氧钛液。将酸解钛液泵送到澄清槽，同时按比例计量加入配制稀释的絮凝剂，静置沉降一段时间后得到澄清的钛液。

② 钛铁矿为原料操作条件。

反应矿酸比	（1∶1.56）～（1∶1.65）（视矿变化调整）
硫酸稀释浓度/%	83～88
固相物成熟时间/min	120～180（根据季节、矿源调节）
浸取温度/℃	60～65（浸取结束温度：(65±2)℃）
浸取液浓度（放料时）/°Be′	47±2（满足真空结晶要求为准，可适当调整）
浸取时间/h	≥4.0（浸取2.5h，还原不低于1.5h）

③ 钛渣为原料操作条件。

矿酸比	(1∶1.70)～(1∶1.90)(视原料组成调整)
硫酸稀释浓度/%	91～94
固相物成熟时间/min	240～360
浸取温度（夏季）/℃	78～85
浸取温度（冬季）/℃	75～80
浸取液浓度（放料时）/°Be′	45～50
浸取时间/h	≥4

（4）浸取和还原　将酸解熟化反应完成后的固相物浸取溶解并进行还原，以维持一定量的三价钛含量。

① 浸取。浸取是将酸解熟化后的反应固相物加入浸取水（包含回用低浓度稀酸或工艺水）进行浸取，使其固相物全部进入溶液中，得到所需的酸解钛液。浸取所制取的溶液中含有硫酸钛盐，以硫酸氧钛形式存在。铁的硫酸盐、铁盐又有二价和三价两种形式：游离硫酸以及其他杂质的硫酸盐，如硫酸镁、硫酸铝和硫酸钙等；加上酸解带来的少量没有分解的钛原料和原料中固有的酸不溶物。

② 还原。硫酸氧钛溶液中不允许有三价的铁离子，因为它生成的氢氧化物沉淀pH值低且溶解度较小，对水解生成的偏钛酸的吸附能力很强，水洗无法除去。所以要用金属铁将三价的铁离子还原成二价，以便于工艺中除去铁离子。现有的还原操作大部分是在浸取快结束时和浸取之后，分别在酸解罐中进行粗还原和控制还原，还原的控制点以钛液中的三价钛在1.5～4g/L为止。这样可以保证在漂白之前的加工过程中，铁始终以亚铁的形式存在，其反应原理如下：

$$Fe_2(SO_4)_3 + Fe \stackrel{}{=\!=\!=} 3FeSO_4 \qquad (4-18)$$

$$2TiOSO_4 + Fe + 2H_2SO_4 \stackrel{}{=\!=\!=} Ti_2(SO_4)_3 + FeSO_4 + 2H_2O \qquad (4-19)$$

若采用铁削进行还原生产，则采用金属钛制作的吊篮放入酸解罐中进行循环溶解还原过程。

连续还原是在浸取之后增设一个还原塔，无论用铁粉，还是铁屑，含三价铁的钛液，从还原塔的底部泵入，而从塔的顶部溢出，采用铁屑作为还原剂时，通过控制流量来控制三价钛含量。还原所用的金属铁屑表面积要适中，以 $0.5\sim1.0\mathrm{mm}$ 厚的铁片为好。太厚则还原周期过长，太薄则反应过于剧烈，三价钛不易控制；采用铁粉作为还原剂时，通过控制钛液流量和铁粉加入量来控制三价钛含量。连续还原由于没有在酸解罐中还原所采取的压缩空气搅拌，也就没有在过程中其搅拌空气对亚铁和三价钛的再氧化；因此，可节省低效率压缩空气搅拌的动力能耗，减少铁屑或铁粉使用量以及造成的硫酸多用量。

在还原塔中进行还原操作，容易实现自动化控制，三价钛的含量可以控制到恰到好处。为防止钛液的早期水解，还原操作的温度要控制在 65℃ 以下。以钛渣为原料制成的钛液，不需要还原操作。因钛渣生产靠还原熔分过程，其中没有三价铁，且还含有一定量的三价钛（Ti_2O_3）和单质铁。但在生产经验中，使用钛精矿，浸取早期加入少量的铁粉，利于对固相物的浸取速度。

因现有的间歇酸解工艺靠压缩空气搅拌反应料浆进行反应和溶解，倾向于将原料中的二价铁氧化成三价铁，随控制工艺的优劣可将溶液中 8%～15%二价铁氧化成三价铁，甚至更高；尤其是在还原工序，空气氧化是还原反应的逆反应过程，不必要的增加还原铁屑或铁粉及硫酸的消耗。再加上国内早期还原技术或引进技术均是采用间歇酸解和与之配套的间歇还原，且在酸解浸取后直接在酸解锅中进行间歇还原，还原时间约 2h，尽管空气流量相对较小，但其中的氧化反应始终存在：

$$Ti_2(SO_4)_3 + 0.5O_2 + H_2O \rule[0.5ex]{2em}{0.4pt} 2TiOSO_4 + H_2SO_4 \qquad (4\text{-}20)$$
$$2FeSO_4 + 0.5O_2 + H_2SO_4 \rule[0.5ex]{2em}{0.4pt} Fe_2(SO_4)_3 + H_2O \qquad (4\text{-}21)$$

即不断地将还原的三价钛重新氧化为四价钛，甚至少量二价铁再氧化为三价铁。所以，在还原时采用空气搅拌无为地增加了还原剂的用量和硫酸用量，见反应式（4-20）和反应式（4-21）。

为此，我们率先在国内进行了连续还原实验室试验研究，最后应用到 4 万吨硫酸法钛白生产的连续还原生产装置上。采用串联方格搅拌槽进行连续还原工业试验，可节省大量的压空搅拌电耗与空气氧化对还原产生的逆反应所带来的还原铁粉和硫酸消耗；而且，连续还原与连续沉降结合，可提高酸解后的生产效率。

（5）间歇酸解生产中存在的问题

① 滞留于酸解罐中难以浸出的固相物。在酸解中产生难以浸取的固相物质滞留在酸解罐中，致使酸解操作条件恶化，影响生产。有经验的操作人员，可经过后一次酸解调整操作再进行浸出补救；有时候越积越多，导致生产无法进行，不得已停产；而采用加入稀酸用蒸汽加热煮溶，处理液视为操作事故物料贮存，然后分多次作为稀酸代替部分浸取液消化掉。难以浸取的固相物构成与产生，除与之使用钛精矿的客观因素有关外，与许多工艺控制指标不准确和控制不到位关系密切，主要表现概括如下：

a. 高的酸矿比。在偶尔的情况下，因计量或阀门的故障泄漏造成硫酸加入过量，生成比硫酸氧钛 $TiOSO_4$ 的溶解度低的硫酸钛 $Ti(SO_4)_2$。其结果是形成的硫酸钛浸取效率低。为了消除或减少硫酸钛的生成，需要理论计算与生产试验结合，验证选择最佳的酸矿比，以完全浸取固相物和最大地回收 TiO_2。

b. 混合不足。矿酸混合不均匀，局部硫酸浓度过高造成局部产生过量硫酸钛 $Ti(SO_4)_2$；酸稀释引发时还未完全混匀就已发生反应，造成不均衡反应。废酸回用中硫酸亚铁铁含量太高，反应时产生过多的一水硫酸铁。

c. 浸取欠佳。有时固相物的构成不是由于酸矿比高的反应结果，而是浸取循环中最初时间内的浸取液加入太少导致固相物增多；最好 95%的浸取液在最初加入。

d. 浸取空气速率或温度太低。钛液的液体密度太大，以及浸取时间太短也可产生固相物。

e. 压缩空气分布器故障。压缩空气分布不佳或固相物堵塞气体分布器，导致气体偏流，造成浸取死角，也易产生固相物。

② 酸解钛回收率低。生产操作有时出现酸解工艺钛矿中的钛（TiO_2）回收率低，导致 TiO_2 回收率低的原因主要有：

a. 磨矿筛余高。矿粉细度不够，造成酸解率低，磨机负荷低，研磨体级配不科学，分级机出故障。

b. 酸解条件变化。矿粉计量、硫酸浓度、温度变化引起酸解率低。

c. 混合不充分。反应时没有足够的空气使其有效的混合，反应不均衡，降低酸解率。

d. 熟化时温度降低过快。熟化时因过量的空气降低物料温度后反应不充分酸解率下降。

③ 爆炸反应。爆炸现象在生产中习惯被称为"爆锅"，引起爆炸反应的原因如下：

a. 反应温度太高。反应温度太高会在最初产生激烈的反应，蒸汽的逸出将比系统流体动力学的更大，以致系统不能承受，爆炸反应产生，并且固相物喷出。因此需要重新评价酸解的热力学条件。

b. 酸浓度太高。实际上，一个高活性的钛矿的反应酸浓度太高会增加爆炸反应的概率与危险。甚至，反应酸浓度高是引起爆炸的原因，因此必须检查酸的浓度和酸量。

c. 引发水或蒸汽的加入不当。在反应前和反应中通过阀门的泄漏、前一批酸解料未完全放出等事故造成反应不均衡的爆炸。

d. 管线堵塞。酸解罐的底部管线堵塞有两个主要原因，第一个是在酸解罐进料前阀门未关，其次是在熟化时关空气太久或气量太低所致。

④ 早期水解。有许多原因产生早期水解：不正确的浸取液加入方式；低的酸钛比（F 值）；高的铁削还原温度；循环稀酸的固含量高等。

⑤ 酸解尾气的环保治理。现有 130m^3 的酸解罐，以投矿量约 30t 计，反应需要约 8t 水，除约 3.5t 的水以水合硫酸氧钛和亚铁盐留在反应固相物中外，近 5t 的水要在主反应的 20～30min 内以蒸汽蒸发出去，伴随大量的硫酸液滴、硫酸酸雾和二氧化硫等逸出酸解罐。传统的循环水喷淋冷凝蒸汽仅是将蒸发水冷凝下来，而其中的超细酸雾和二氧化硫脱除效果差，需要耦合工艺技术低成本消除其中的氧化硫，以期满足新的氧化硫排放标准和节约环保治理成本（见第八章）。

(三) 连续还原的实验研究

1. 实验目的

将间歇酸解后的待还原钛液取出，在连续还原实验装置中进行连续还原工艺实验，摸索钛液在连续还原槽中适宜的停留时间和铁粉加量，以及连续还原操作的稳定性，为 40kt/a 钛白粉装置的连续还原工业应用提供相关工艺参数，缩短酸解锅占用周期，降低压缩空气搅拌带来的氧化副反应，减少还原铁粉和还原硫酸的消耗，减少副产硫酸亚铁，并提高装置产能。

2. 实验原料及仪器

① 生产车间酸解未还原钛液；
② 还原性铁粉（生产用）；
③ JA12002 电子天平；
④ DS-788 电子计价称；
⑤ JJ-1 大功率电动搅拌器；
⑥ 2004-21(501)超级恒温水浴；
⑦ 5000mL 烧杯若干、玻棒、秒表；
⑧ 连续还原槽（$V_总$=18L）。

模拟实验按两种结构串联装置安装如下：

装置 1：如图 4-7 所示，分 A、B、C、D 四个槽，钛液从 A 槽顶部由一半圆柱导管溢流到 B 底部串通，B 到 C、C 到 D 均与 A 到 B 相同方式串通，钛液由 D 槽顶部溢流出串联还原槽，还原结束。

装置 2：如图 4-8 所示，分 A、B、C、D 四个槽，A、B 槽底部连通，钛液从 B 槽顶部不经导管直接溢流到 C 槽，C、D 槽亦底部连通，钛液由 D 槽顶部溢流出还原槽，还原结束。

3. 实验方案

（1）确定合适的停留时间　以理论计算量（Ti^{3+}2.25g/L 计）及车间铁粉加入方式（先加总铁粉量的 60%，还原 45min 后将余下的 40%加入）加入铁粉还原 2h。用 NH_4SCN 做指示剂监测 Ti^{3+} 出现的时间，并间隔一定的时间检测 Ti^{3+} 的含量，记录 Ti^{3+} 的含量随时间变化情况。

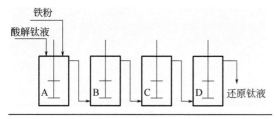

图 4-7　模拟连续还原实验装置 1

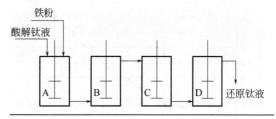

图 4-8　模拟连续还原实验装置 2

（2）找出铁粉加量与钛液质量的关系　于 12 个 2000mL 烧杯中取同一批钛液各 1L，加入铁粉 1g、2g、3g、4g、5g、6g、7g、8g、9g、10g、11g、12g，经 1.5h 充分还原后，检测钛液中的三价铁或三价钛，确定铁粉加量与钛液质量的关系。

（3）模拟连续还原工艺进行连续实验　选择实验停留时间，从而确定钛液进料量，再根据（2）中的数据确定铁粉加入量，于连续还原槽中进行连续还原。钛液以恒流泵泵入 A 槽，铁粉人工由 A 槽均匀加入。钛液在 A、B、C、D 槽中停留一定时间，同时被铁粉还原。钛液从 D 槽流出后，每 10min 检测一次三价钛。根据三价钛含量的波动制作变化曲线图，确定连续还原工艺条件。

4. 结果与讨论

① 根据实验结果数据绘制出 Ti^{3+} 含量随时间变化的曲线（图 4-9）。

从铁粉还原的实验及分析数据和它们各自的 Ti^{3+} 含量随时间变化的曲线（图 4-9）来看：在实验室条件下，加铁粉还原 80～90min 时，Ti^{3+} 含量最高且趋于平稳。90～120min 时由于氧化作用，Ti^{3+} 有微小下降趋势。确定在后期的连续还原实验中，还原停留时间为 90～120min。

② 在 90min 还原时间条件下，铁粉加量还原效果见图 4-10。铁粉活性：91.41%。

图 4-10 中曲线可分成铁粉还原三价铁成二价铁和铁粉还原四价钛成三价钛两段，在三价钛含量为零之下，即负值是三价铁对应需要的三价钛含量，负值越大三价铁含量越高，从 8g/L 降到 0g/L。按曲线两段分别拟合：

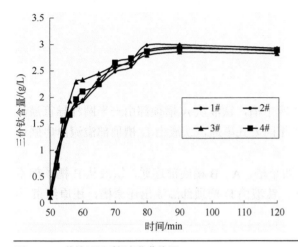

图 4-9 三价钛还原时间变化曲线图

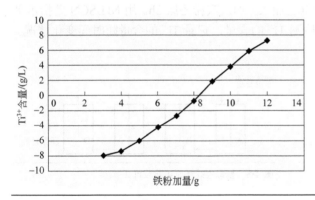

图 4-10 铁粉量与还原效果曲线

铁粉还原三价钛：

$$y = 1.846x + 0.4292 \tag{4-22}$$

回归系数 $R = 0.9973$

铁粉还原三价铁：

二次拟合：

$$y_0 - y = 0.0544x^2 + 1.2137x + 0.0089 \tag{4-23}$$

回归系数 $R = 0.9998$

直线拟合：

$$y_0 - y = 1.5994x - 0.3133 \tag{4-24}$$

回归系数 $R = 0.9967$

式中 y_0——未还原钛液中三价铁的原始浓度，g/L；

   y——三价铁或三价钛含量，以正值计，g/L；

   x——铁粉质量，以活性铁100%计，g/L。

由于三价钛的控制指标为2～4g/L，以4g/L计，依式（4-22）计算出将三价铁完全还原后加入100%铁粉1.93g/L即可达到要求。未还原钛液中三价铁变化较大，完全还原所需铁粉的量可由式（4-23）或式（4-24），在其值$y=0$时计算得出；其中，精确计算用式（4-23），估算用式（4-24）。从未还原钛液还原至工艺要求所需铁粉为上述二者之和。注意，所得出的数值为活性铁，实际加量须除以铁粉活性。

从表4-10看出，由于直线拟合式（4-24）的回归系数只有0.9967，线性不好，计算值基本上无法与实验值相比。二次曲线拟合则计算值与实验值相差略小，故用二次曲线拟合，得到铁粉加量（m）与三价铁的关系式为：

$$m = \left[\frac{-1.2137 + \sqrt{1.4731 + 0.2176 y_0}}{0.1088} + 1.93 \right] / w(Fe) \qquad (4-25)$$

式中，y_0为三价铁含量，g/L；$w(Fe)$为铁粉活性。

表4-10   实验中铁粉加量与三价钛的浓度及计算值

Fe^{3+}浓度/（g/L）	17.55	20.10	21.15	18.3	13.05	14.85	11.1	12.9
Fe粉加量/（g/L）	12	13	14	12.5	11	12.5	9	10
实验Ti^{3+}/（g/L）	3.04	2.83	2.33	3.45	6.85	5.00	2.00	2.30
依式（4-23）Ti^{3+}/（g/L）	2.13	1.93	2.82	2.48	3.13	3.87	2.79	2.45
依式（4-24）Ti^{3+}/（g/L）	无	无	无	无	无	无	无	无

③ 对装置1，根据实验数据绘制出Ti^{3+}含量随时间变化的曲线（图4-11）。

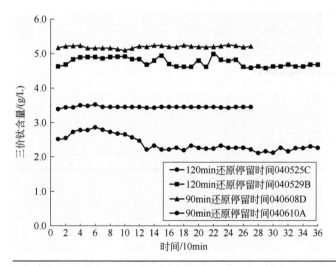

图4-11   三价钛与时间的变化曲线图（装置1）

铁粉的加入量依式（4-23）和式（4-24）计算得出。计算值与实际略有偏差，偏差在1～2g/L之间。出现偏差的原因主要是由于三价铁的测定误差较大，而还原三价铁所需的铁粉占铁粉总量的80%以上，故工业生产中无论用何式，计算值仅供参考，需要实际生产校正。

从图 4-11 可以看出，对于装置 1，当停留时间为 90min 时，还原曲线相当平稳，与期望的"连续进料连续出料三价钛达到工艺要求"十分吻合。停留时间为 120min 时，曲线波动较大，估计是停留时间过长，三价钛不可避免地被空气中的氧气氧化，而这种氧化无确定的定量关系，使得曲线波动很大。但从整体来看，120min 停留时间也可基本上达到生产控制要求。从工业生产考虑，缩短还原时间可提速扩产，故而选适宜的还原时间为 90min。

④ 对装置 2，根据实验数据绘制出 Ti^{3+} 含量随时间变化的曲线（图 4-12）。

由图 4-12 可看出，对于装置 2，当停留时间为 90min 时，曲线有明显的上升趋势，还原不稳定。原因是装置 2 设计工艺缺陷所致，在连续还原槽内钛液的反应与流动容易出现短路现象，新加入铁粉在搅拌作用下，从 A 反应槽底部短路进入 B 反应槽，随着钛液中三价铁的减少，粗颗粒铁粉反应不足，90min 的停留时间不能使铁粉完全反应（视铁粉的细度关系），使得铁粉不断聚积，三价钛逐步上升。90min 的停留时间连续还原反应铁粉未反应完全。当停留时间为 120min 时，曲线相对较平稳，出来的钛液三价钛含量变化不大，可以实现"连续进料连续出料三价钛达到工艺要求"，指导生产控制指标完成。与装置 1 的 90min 连续还原相比，曲线的波动较大，还原结束的钛液放置半小时后三价钛含量有微小的上升趋势，约上升 0.05g/L。主要原因还是钛液流动有短路现象，有少量的铁粉未反应完全即从 D 槽溢出。装置 2 的 120min 连续还原效果不如装置 1 的 90min 连续还原，但二者都达到了连续还原要求。

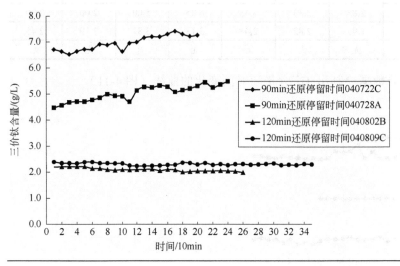

图 4-12　三价钛与时间的变化曲线图（装置 2）

5．实验结论

在连续还原槽中，控制钛液的停留时间和铁粉加入量，能够获得稳定的三价钛含量的钛液，达到工艺要求，连续还原工艺可行。

其获得的工业参数如下：

物料反应（停留）时间：装置 1 为 90min；装置 2 为 120min。

钛液流速：v = 连续还原槽总体积/停留时间。

6．工业生产装置实施

在 40kt/a 硫酸法钛白粉生产装置中，采用连续还原工艺技术，设计 8m×8m 方格水泥槽，底层和墙壁下部衬耐酸砖，墙壁衬玻璃钢；按田字格组成 4m×4m 四个方格槽，每个小方格槽安装有双层浆叶搅拌器，格子间钛液物料以溢流方式进入下一串联方格搅拌槽，最后一级用泵送入沉降槽。

每吨钛白粉产品所需还原铁粉（同等钛原料的基础上），由原来的 100kg，降到 65kg，节约近三分之一；同时生产系统少副产七水硫酸亚铁约 200kg，节约硫酸用量 62kg。

（四）钛渣酸解的生产实验研究

1．钛渣酸解实验过程

（1）配料　为了印证获取钛渣的酸解反应参数及与钛铁矿混合酸解的性能，借鉴欧美使用钛渣原料与钛铁矿混合配料的先进经验，采取单独钛渣酸解和钛渣与钛铁矿混合酸解两种原料进行实验。钛渣与钛铁矿的组成和研磨细度见表 4-3。

① 钛渣酸解。单独使用 100%钛渣原料酸解。

② 渣矿混合酸解。90%钛渣与 10%钛精矿混合料酸解。

（2）酸解过程操作

① 钛渣或混合原料预混。根据原料使用的酸矿比，将总用量 80%硫酸加入酸解预混槽中，再加入研磨细的钛渣粉或混合原料进行混合，混合好后将混合物料放入酸解槽，用余下总量 20%的硫酸清洗预混槽。

② 酸解反应步骤。

a．压控搅拌。待酸解槽加料完毕后，用压缩空气搅拌再混合物料 10min。

b．通蒸汽反应。通入蒸汽，蒸汽流量控制 1.6～1.9t/h，蒸汽压力 0.6～0.7MPa，当酸解槽液相温度≥135℃或气相温度≥85℃时停止加热。

c．主反应。酸解主反应达到最高温度后 20min，将压空流量调整至 150～250m³/h 并开始进入熟化阶段，记录熟化时间。

d．控制压空。继续过 10min 后，关闭压空手动阀（压空流量 0m³/h）。

e．进入熟化反应阶段。保证 300min 的熟化时间。

③ 浸取步骤。

a．浸取。待酸解物料熟化 360min 后开始浸取，开浸取水阀加入浸取水。首先不通压缩空气，浸取水量按照 60m³/h 的速度加入 20m³，再将压缩空气流量调整至 200m³/h，浸取水量按照 60m³/h 的速度加入 52～55m³。

b．数据采集。

ⅰ.加完浸取水后每 30min 取样一次，在岗位检测三价钛含量、钛液密度。

ⅱ.每 1h 取样一次送化验室分析总钛浓度、F 值、稳定性、三价钛含量、钛液密度、铁钛比、酸解率等并作好记录。

c．根据检测结果，对总钛浓度、F 值进行调整。

④ 氧化或还原步骤。

a．Ti^{3+}浓度低于控制范围：加入计算量的铁粉进行还原。

b．Ti^{3+}浓度高于控制范围：增大压空流量进行氧化。

⑤ 放料步骤。酸解料浆调整合格后送入沉降岗位。

2．钛渣酸解实验结果与讨论

（1）酸解的过程控制条件和结果　钛渣与钛铁矿单独酸解和钛渣与钛铁矿混合酸解的过程控制条件与比较结果见表4-11所示。

表4-11　钛渣与钛铁矿酸解及混合酸解控制条件

指标名称	纯钛渣	90%钛渣与10%钛精矿	纯钛精矿
高钛矿用量/t	34	34	—
其中钛精矿重量/t		3.3～3.5	30
酸矿比	1.88	1.84	1.63
硫酸浓度/%	95.5～96.5	94.5～95.5	91.5～92.5
进混合料时压空流量/（m^3/h）	800	800	1000
进清洗酸时压空流量/（m^3/h）	800	800	1000
混合时间/min	10	10	10
蒸汽加热压空流量/（m^3/h）	500	500	
主反应时压空流量/（m^3/h）	500	500	1200
主反应最高温度后20min压空流量/（m^3/h）	200～300	200～300	1200
蒸汽流量/（t/h）	1.6～1.9	1.6～1.9	—
通蒸汽时间/min	40～45	40～45	—
停蒸汽时物料温度/℃	≥135	≥135	—
熟化时压空流量/（m^3/h）	0	0	150
熟化时间/min	360	360	90
浸取时压空流量/（m^3/h）	150～200	150～200	1200
第一次浸取水加量/m^3	20	20	20
第一次浸取水流量/（m^3/h）	60	60	20
小度水浸取水加量/m^3	8～10	8～10	8～10
第二次浸取水加量/m^3	51～53	50～52	53～55
第二次浸取水流量/（m^3/h）	60	60	45
酸解放料数据			
F值	1.80～1.90	1.80～1.90	1.80～1.90
TiO_2/（g/L）	220.0～230.0	220.0～230.0	125.0～135.0
Ti^{3+}/（g/L）	2.0～3.0	2.0～3.0	2.0～3.0
稳定性	≥500	≥500	≥300
酸解率/%	≥95.0	≥95.0	≥95.0

（2）酸解各阶段压空流量　酸解反应时各阶段压缩空气控制流量如图4-13所示，最高为混料与加引发水800m^3/h，主反应流量为500m^3/h，浸取流量为150m^3/h。

（3）钛渣及混合原料浸取时间TiO_2浓度与变化　钛渣级混合钛原料TiO_2浓度随浸取时间的变化如图4-14所示，两者变化不明显。

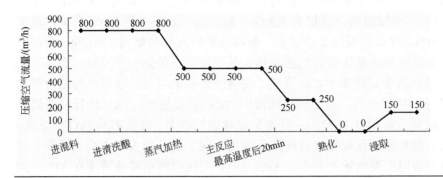

图 4-13　酸解各阶段压缩空气流量

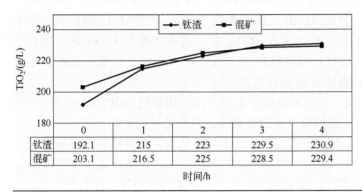

图 4-14　钛渣与混合钛原料 TiO$_2$ 浓度随浸取时间的变化曲线

（4）钛渣及混合钛原料 Ti^{3+} 与时间变化　钛渣及混合钛原料 Ti^{3+} 含量与时间变化见图 4-15 所示。三价钛含量随时间升高后开始下降，主要是受压缩空气的影响。因钛渣中含有 Ti$_2$O$_3$ 和少量的单质铁，酸解物料中本身存在约 15% 含量的三价钛。

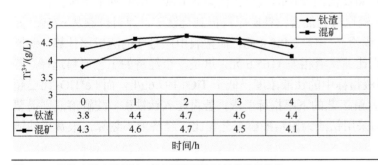

图 4-15　钛渣及混合钛原料 Ti^{3+} 含量随浸取时间的变化曲线

（5）反应温度对比　在实际生产中钛精矿酸解主反应最高温度在 190℃ 左右，而采用钛渣的主反应最高温度达到 200℃ 以上。

因此，钛白行业的科技人员甚至一些公开发表的文章及书籍，以此想象推论认为，钛渣反应热量大于钛矿。就其表面温度记录现象看，钛渣酸解反应的热量大，而钛精矿反应热量小。而实际上作为钛渣，因其中大量的铁在冶炼钛渣时被分离出去，如表 4-3 所示，攀西钛铁矿的总铁为 33.30%，而钛渣的总铁仅有 7.30%，对其反应热量大的 MgO 含量，钛矿为 4.04%，钛渣为 5.30%。以此按反应热焓计算，攀西钛矿的反应热焓为 1104J/g，而钛渣仅有 739J/g；钛矿的酸解反应热量比钛渣的酸解热大是不可否认的热力学基础。但是，酸解表象反映的主反应最高温度记录显示，钛渣就是要高于钛矿的温度；这似乎与热力学结论相悖，该作何解释呢？其实不然，这是因为钛渣中 TiO_2 的含量高，TiO_2 的反应热焓仅有 522J/g，而 FeO 的反应热焓却有 1672J/g；后者是前者的三倍多，钛铁矿的 FeO 含量高，自然应该反应热量大，但其酸解反应最高温度却反而更小呢？这从引发酸浓度来分析，就不难明白。攀西钛精矿酸解引发酸浓度几乎在 84% 左右，而钛渣的引发酸浓度在 91%，酸矿比为 1.63、酸渣比为 1.88；1t 矿加入 1.63t 硫酸，按引发酸浓度 84% 计算，按整个反应计算钛矿需要带入 310kg 稀释水；而 1t 渣加入 1.88t 硫酸，按引发酸 91% 计算，整个反应需要带入 186kg 水，再加上用蒸汽升温 45min，蒸汽流量 1.9t/h，均摊计 1.43kg 水，合计 187.43kg 水。一个要蒸发 310kg 水，一个才蒸发 187kg 水，两者之差为 123kg 水。所以，钛矿酸解主反应时，其主反应最高温度，因吨钛矿多蒸发出 123kg 水，多蒸发水则消耗或带走更多的热量，是主反应最高温度较之钛渣低之故。

（6）钛渣与钛铁矿的原料混合比　因钛渣是钛铁矿经过冶炼熔融耗掉电能和还原炭分离生产的富集钛原料，制取的单位 TiO_2 价值按市场价格类比，几乎是钛铁矿的一倍。

在满足后工序不经过结晶分离七水硫酸亚铁和钛液浓缩的基本生产指标的前提条件下，如何采取最佳的钛渣与钛矿原料配比，与后工序的生产工艺模式直接相关，即水解采用的是"自身晶种"还是"外加晶种"，前者需要的酸解钛液浓度高，后者相对较低。如表 4-11 所示，单独钛渣酸解液浓度在 TiO_2 220～230g/L，单独钛矿酸解钛液在 TiO_2 125～135g/L。笔者参观过欧洲多家钛白粉厂，根据其自身的工艺指标与经济配比，钛渣与钛铁矿混合使用的重量比值在（0.70～0.75）∶（0.30～0.25）。国内矿因考虑冶炼酸溶钛渣的成本及进料原料，其酸溶性钛渣比进口钛渣的钛含量低，如表 4-12 所示，再加上多数采用外加晶种水解工艺，对钛液的浓度要求相对较低，若采用钛渣与钛矿分别或混合酸解，其钛渣酸解原料结构与钛液的经济技术指标参如表 4-13 所示，可将钛渣与钛矿的重量比值降到 0.60∶0.40 的上下范围，如表中序号 6 和序号 7 所示。从纯钛渣原料到混合钛铁矿原料再到全钛矿，原料价额从 6759.0 元降到 3273.2 元（参照 2017 年市场价），相差 3485.8 元；而按表中序号 7 的渣矿比计算，钛原料价额为 5593.4 元，其原料费用比纯钛渣相差 1165.6 元，这是一个经济的工艺原料选择。若再往下降（表中序号 8）因酸解液指标中的钛液浓度已低于 TiO_2 197.6g/L，而 Fe/TiO_2 比已超过 0.312，几乎达到了外加晶种水解工艺的下限指标要求，若再配入钛铁矿，酸解溶液则需要结晶分离铁和进行钛液浓缩，与采用钛渣为原料酸解工艺相比，经济上不划算，浪费了钛渣所蕴藏的化学能。

表 4-12　国内与国外酸溶性钛渣组成

类别	TiO_2	FeO	CaO	MgO	SiO_2	V_2O_5	Al_2O_3	Cr_2O_3
攀西钛渣	74.37	8.85	1.48	7.32	5.11	0.12	2.32	0.013
云南钛渣	75.16	12.59	1.16	1.64	4.8	0.32	2.43	0.02
进口钛渣	79.2	10.7	0.45	5.3	2.8	0.59	3.2	0.18

表 4-13 钛渣酸解原料结构与钛液的经济技术指标

序号	钛原料结构			原料价额/元	Fe/TiO₂	酸解钛液浓度 TiO₂/（g/L）
	钛渣/t	钛矿/t	钛渣比例/%			
1	1.502	0.000	100	6759.0	0.122	265.0
2	1.500	0.002	99.87	6752.8	0.123	264.3
3	1.400	0.158	89.86	6521.2	0.161	247.8
4	1.300	0.314	80.56	6289.6	0.199	232.9
5	1.200	0.469	71.88	6056.6	0.237	219.8
6	*1.100*	*0.652*	*63.76*	*5862.8*	*0.274*	*208.1*
7	*1.000*	*0.781*	*56.15*	*5593.4*	*0.312*	*197.6*
8	0.914	0.915	49.98	5394.0	0.344	189.4
9	0.900	0.937	49.00	5361.8	0.349	188.1
10	0.800	1.092	42.28	—	0.387	179.6
11	0.760	1.155	39.69	—	0.401	176.3
12	0.750	1.170	39.69	—	0.401	175.6
13	0.749	1.171	39.03	—	0.405	175.5
14	0.700	1.248	35.93	—	0.424	171.7
15	0.600	1.404	29.94	—	0.461	164.6
16	0.500	1.560	24.28	—	0.498	158.1
17	0.400	1.715	18.91	—	0.535	152.0
18	0.300	1.871	13.83	—	0.572	146.4
19	0.200	2.027	8.98	—	0.608	141.3
20	0.100	2.182	4.38	—	0.645	136.5
21	0.00	2.338	0.00	3273.2	0.682	132.0

注：钛渣 4500 元，钛矿 1400 元。

钛渣与钛矿是混合酸解工艺还是分别酸解工艺的利和弊，主要取决于渣矿比例、工艺设计和设备布置等技术因素。采用混合原料酸解：其利在于，黑钛液易于控制，以钛原料进行配比，只需一套磨料送料设施即可；其弊在于，不能随心所欲配比例。采用分别钛原料酸解：其利在于，可随心所欲配黑钛液比例；其弊在于，黑钛液调节相对麻烦，需两套以上的磨料送料及酸解设施。

3．钛渣及渣矿混合钛原料酸解实验结论

（1）酸解产能 同规格酸解罐，使用钛渣 34t/批，生产周期 12h，同等投原料重量的条件下，按酸解率 97%计算，吨钛铁矿含 TiO₂ 47%计算，投矿 30t，总 TiO₂ 量 14.1t；而钛渣含 TiO₂ 78%计算，投矿 34t，总 TiO₂ 量 26.5t；可以提高酸解二氧化钛的生产能力 88%，提高接近一倍的产能。

（2）酸解反应热 由于钛渣中铁含量低，铁不能为钛提供足够的反应热，所以钛渣反应需要蒸汽补加热量提高反应能进行反应。

（3）蒸汽加热温度 蒸汽加热至液相温度≥135℃，气相温度≥85℃，主反应就开始进行。因蒸汽提供的总热量大，加热时间在 40min 左右，蒸汽流量在 1.5～2.0t/h，不宜过快，否则

易引起剧烈的爆锅事故。

（4）三价钛控制　因钛渣中存在一定量的 Ti_2O_3 和 0.7%左右的单质铁，其中的三价钛含量已很高，不需要像钛精矿因其中的三价铁存在还需要还原剂进行还原；但其压空流量（压缩空气流量）需要控制，否则已有的三价钛易被氧化，影响生产指标和效率。在实验初期 Ti^{3+} 含量偏低（接近于零），分析认为是压空流量大将部分 Ti^{3+} 氧化。通过调节压空流量，Ti^{3+} 恢复正常。使用 100%高钛矿和 90%高钛矿与 10%钛精矿混矿进行酸解对 Ti^{3+} 造成的差异不明显。

（5）钛渣与钛矿最佳混合原料比值　因酸溶钛渣的单位 TiO_2 的价额较之钛铁矿的单位 TiO_2 的价额高出一倍，经济的原料配比为钛渣 + 钛矿 = 1.0 + (0.7~0.9)，视水解工艺参数和产品品种而论。若钛矿掺和比例小宜采用混合酸解制备合格的水解钛液，反之，先采用分别酸解方式，再混配酸解液。

三、连续酸解技术

（一）连续酸解商业生产技术来源

作为硫酸分解钛铁矿生产钛白粉的酸解技术，连续酸解正如间歇酸解一样，始终处在技术的研究与发展中，20 世纪 50 年代至 70 年代，是欧美硫酸法发展的高峰阶段，具有许多优秀的连续酸解工艺技术的发明。而真正投入到生产装置的连续酸解商业技术，同样来源于原杜邦公司的 F. H. McBerty 发明的专利技术。将每小时 1516kg 含 53%TiO_2 的磨细钛铁矿和 2269kg 104.5%的发烟硫酸加入预混罐中混合，从混合罐中溢流进入一个捏合螺旋输送机中，通过加水引发反应后，切换为每小时 817kg 的 24%稀废硫酸，通过反应捏合机连续排出固体反应物，进行连续浸取和还原。对钛渣的连续酸解工艺曾采用回转窑方式进行，将 1.5 份 93%浓度的硫酸与 1 份酸溶性钛渣混合后，送入转窑中，通过燃烧室燃烧天然气维持温度在 300~375℃，转窑中物料达到 200℃后，反应产物进入另一转窑，维持熟化温度 200℃，物料停留时间 1.5~2.0h，钛渣酸解率大于 95%。

全球采用连续酸解工艺技术的生产企业屈指可数，如今仅有八家，国外三家，国内五家，见表 4-14。

表 4-14　已知的国内外连续酸解生产企业

序号	所述公司与装置地点	装置能力/万吨	连续酸解器个数	备注
国外				
1	克瑞斯托 巴西萨尔瓦多	6	6	一工厂
2	亨兹曼 马来西亚观丹	6	4	一工厂
3	韩国 COSMO 仁川、蔚山	3 + 3	2 + 2	两工厂
国内				
4	山东东佳 淄博博山	1.5	1	日本（技术来源）
5	攀钛公司（渝港）	8(10)	7	韩国（技术来源）
6	广东惠云钛业 云浮	5	3	韩国（马来西亚）（技术来源）
7	河南佰利联 焦作中站	6	3	韩国（技术来源）
8	山东金海钛业 山东无棣	10	7	—

（二）连续酸解生产技术详述

1．连续酸解生产原理与工艺

生产原理：与间歇酸解技术原理一样，如前所述（见表4-6）。

生产工艺：见工艺流程图（图4-16）。

如图4-16所示，连续酸解工艺可分为四个单独的操作单元或关键步骤，并在四个单独的运行装置完成。首先是混合：将钛矿粉与浓硫酸在混合罐中混合。然后是酸解反应：将混合好的料浆连续送入连续酸解器中部进行引发、连续反应、熟化与固化，经双螺旋捏合推动从反应器两端排除反应完全的固相物。第三是溶解：从酸解器排出的反应固相物连续进入溶解罐中进行浸取溶解。第四是连续还原：浸取溶解后的钛液再连续送入多级还原罐用铁屑还原而得到合格酸解液。与间歇酸解的差别是将混合、反应、溶解或还原的四步工序由一个或两个设备间歇完成的工作，分别由混合罐、酸解罐、溶解罐和还原罐四个（套）独立设备连续完成。

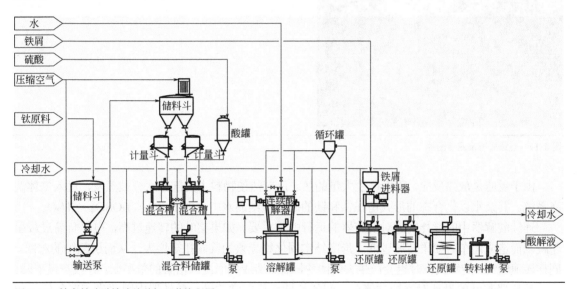

图4-16 钛白粉硫酸法连续酸解工艺流程图

2．连续酸解生产步骤

（1）钛原料和硫酸的混合　根据所使用的钛原料，经矿粉仓用泵送入高位储料斗，再经计量斗计量进入混合槽中，每一批原料都经称重计量后加入已知数量的酸中。连续酸解器需要至少两套计量斗和混合槽。当一套计量斗与混合槽向酸解器进料储罐进料时，另一个则进行混料，这样就可以保持连续进料。

为了在酸解反应时获得最佳的产率，所有原料颗粒都要求被硫酸完全润湿。如果原料颗粒聚集，就不会被硫酸完全润湿，在连续酸解器中就不会完全反应。

为避免在混合罐中提前发生反应，采用冷却夹套对料浆的温度进行控制。实际温度由原料的细度和环境空气条件确定，34~36℃为典型液体温度。40℃应设定为高温警戒温度。

基本操作：根据质量平衡，计算出混合罐中的硫酸和所需原料之间的比率。加入混合罐中硫酸直接按比例与原料混合，二者的比率与预定的一致。进料到酸解器进料贮罐中的料浆相对密度一般在2.3～2.5之间。

（2）酸解反应　包括连续酸解的核心设备酸解反应器和过程控制。

① 连续酸解反应器。连续酸解反应器是以双螺旋捏合机为基础进行设计，采用双螺旋布置，包括两套平行轴桨叶；螺旋搅拌轴为中间对称，同一旋向产生正反螺旋，桨叶以合理的角度安装，便于物料从中间反应并往两端输送出固体物料。而早期的酸解器仅从一端进一端出，生产能力小，如巴西钛公司的第一家，其后从中间进两端出的结构提高了单台酸解器的产能一倍；而要再提高单台产能，将酸解器直径放大有不可逾越的技术与经济障碍。将混合料贮罐中的料浆送入连续酸解器的中部进口，并加入回收稀酸引发反应。酸解器中的螺旋桨叶从酸解器的中部推动反应物质到两端的卸料口。连续酸解反应器如图4-17所示。

图4-17　连续酸解反应器图片

由于反应是放热反应，因而产生大量的热。反应热使物料中的部分水分被蒸发，进入气体洗涤系统。其余水以化合态的形式留在钛和铁的硫酸盐结晶水中，如$(FeSO_4)3TiOSO_4 \cdot 5H_2O$。

连续酸解器中的搅拌转速对反应器的运行非常重要。如果桨叶的转速过高，电机负荷过载引起跳闸而造成停车。如果转速过低，形成结实固化物导致的桨叶扭矩增大，从而引起轴的弯曲。同样转速较慢，酸解反应时也会产生大的团块固体，造成后面浸取溶解的效率低，导致产量下降。

反应器桨叶的设计对维护与停车之间的长期运行非常关键。酸解器中因恶劣工况条件，如高温、高酸浓度变化、高腐蚀环境限制了桨叶的材质选择与寿命。搅拌反应器见图4-18所示。

图4-18　连续酸解反应搅拌器

② 连续酸解反应。通过钛原料组成确定酸的加入量，既保证在还原溶液中获得合格的酸钛比，又期望得到最大的钛矿酸解率。同样，反应器桨叶的更新替换也是为了满足酸解反应最好的生产工况，以期获得最佳的酸解率。

连续酸解的主要控制是料浆进料速度。典型流量为 $5.5m^3/h$；但是，只有依据所使用原料的特性，通过生产测试后才能科学合理地确定。料浆和回收的稀硫酸（约 $15\% \ H_2SO_4$）一起进入反应器的中心。稀酸的流量与料浆流量按一定比例混合，体积比一般为 $0.20\sim0.25$。

反应物最初在反应器中心混合，稀释浓硫酸时产生的热量引发料浆开始酸解反应。在反应过程中，原料中的金属氧化物形成金属硫酸盐，料浆开始增稠，且固体量逐渐增加，同时多余的水分以蒸汽的形式释放溢出。在混合区形成的固体屑通过螺旋桨叶的旋转推动向前移动，因而更多的新鲜料浆进入反应段。固体屑向反应器两端的移动过程中熟化，完成反应后进入溶解罐中。

反应器中的酸矿比为预定的酸解条件，该比率由混合罐中的酸矿比加上进料料浆中稀酸的比率控制。该比率应该通过实验室和中试测试确定后才能在实际生产中采用，尤其是矿种与矿的搭配。要求对原料质量进行连续监测以保证每次酸解时具有正确的反应条件。

如前所述，在间歇操作中，为了获得希望的酸矿比和反应酸浓度，浓硫酸和回收稀酸之间的比率，在反应时对不同的原料矿有较大的变化。如与风化的原料相比，未风化的原料因 FeO 的含量较高，或者氧化镁等物质含量较高，其需要的反应硫酸浓度要低。如果使用的硫酸浓度过高，在酸解器中的反应就会非常强烈，产生"爆锅"现象，导致损坏容器。在连续酸解反应器中，由于瞬时反应物料的总量小，没有明显"爆炸"的风险，但是热量的聚集或温升不仅对反应不利，而且也会加速转动部件的更换周期，不利于长周期平稳生产。

与间歇酸解技术相比，连续酸解设计的固有优点就是安全性高。与间歇操作中酸解罐的 70t、80t 左右的物料相比，在任何时候，连续酸解器中的物料只有 1t 左右。由于反应是连续的，蒸汽和 SO_x 气体不会发生变化，因此需要的尾气洗涤系统明显比间歇操作装置的规模小，热量移走速率均衡。

除进料的酸矿比之外，其他三个因素对反应器中的产率均有影响：

第一个是物料在反应器中的停留时间。由于反应器的体积固定，增加料浆的流量将减少停留时间和反应时间。虽然酸解反应最初非常快，但是最后部分的原料转化为硫酸盐也需要一定时间。因而，随着进入酸解器物料流量的增加，TiO_2 收率将降低。在间歇酸解中，通过熟化可以获得稳定的高收率，达到 97%。在连续酸解中，国外最高收率只能达到 93.5%，这也是那些老牌硫酸法企业没有大规模推广改造旧有的间歇酸解工艺的原因之一。而国内使用攀西矿的连续酸解工艺据说也有达到 97% 的酸解率的，也据说采取磨矿细度更高一个等级后，达到 99% 的酸解率均能实现，但变化衰减造成的平均数就要视搅拌器与叶片使用周期和材质优劣决定。

第二个影响连续酸解收率的关键因素是反应器的使用时间。当使用新酸解器时，可以获得较高的收率。随着使用时间的增加，收率将降低，在正常运行条件下，酸解器运行约 200 天后，收率将下降到 89%。这是因为桨叶受到腐蚀，降低了反应物混合的效率。

第三个影响连续酸解收率的关键因素是正常的开车频率，开始投料时，达到反应正常需要的时间或投入物料，起初反应时工况指标造成酸解率低，甚至废弃料，若停车频繁，产生废弃料的概率更大。

③ 固相物的溶解。连续酸解工艺的第三个步骤是采用回收稀酸溶解在反应器中形成的固体金属硫酸盐，使其成为溶液。溶解罐的基本作用是将反应器排出的物料完全溶解制成钛液。需要几个小时才能完全溶解完反应形成的固体，溶解时间与溶解罐的结构和搅拌方式密切相关。将溶解罐直接安装在酸解器的下方，固体沿着卸料槽直接进料到溶解罐中。搅拌器的作用是将固体保持悬浮状，并提高固体物的溶解速率。从溶解罐顶部溢出的液体或用泵收集的液体送入存储槽。

在溶解罐中有两个关键的控制参数，酸钛比和钛浓度。这两个值可以通过计算加入溶解罐中的溶解液体量来确定。最大一部分溶解液为工艺水，它对上述的参数没有影响。为了提高钛回收率和降低成本，回收稀酸包括部分工艺水回收液（小度水）也加入溶解罐。这些回收稀酸包括过滤偏钛酸的滤液的浓废酸和酸解沉降渣的滤液洗液。如果溶解钛液的浓度偏高、密度较大，固体物质就会在溶解罐的底部沉积形成结垢性淤块，降低溶解效率；溶解钛液的浓度应当适中，并尽可能地减少后续蒸发工段的蒸汽能耗。还有如果钛液浓度太大，造成后续钛液的净化效率下降，从而影响最终产品的质量。

为保证钛液的稳定性不受影响，使用冷却盘管或冷却套使溶解液体温度保持在 65℃以下。

④ 溶解液的还原。连续酸解工艺的第四个步骤是对经过溶解得到的钛液进行还原，使其溶液中有一定量的三价钛存在。其目的和操作与间歇酸解连续还原类同，可参见间歇酸解连续还原过程。

连续加入金属铁屑是为了将三价铁还原成二价铁，以确保在后面的水解过程中铁不会发生沉淀并影响颜料质量。测定三价钛是为了确保所有的三价铁被还原。

⑤ 尾气系统。在连续酸解反应器中，在温度为 180℃左右时，原料和浓硫酸之间发生放热反应，产生大量含有酸性气体（SO_x）的蒸汽。连续酸解反应器中的酸解尾气连续排放，与间歇酸解装置比较，它的瞬时流量相当低。连续酸解的尾气洗涤装置规模相当小，相比于间歇酸解，这是它的一个重要优点。

离开反应器的尾气首先通过喷射冷凝器或文丘里洗涤器冷凝蒸汽和吸收尾气中的颗粒物料。喷射冷凝器也吸收部分 SO_x 气体。离开喷射冷凝器的气体经过电除尘后，通过增压风机并入煅烧尾气净化装置。酸解/煅烧工序中的剩余 SO_x 气体，通过泡沫反应器处理后达到法定的环保排放标准，再经过主烟囱排放。实际的气体处理配置由使用的原料类型确定。使用钛精矿的酸解废气主要是 SO_3 气体，可以用水吸收。使用钛渣的酸解废气主要是 SO_2 气体，它难溶于水，需要用碱性溶液进行吸收。

（3）连续酸解的物料平衡 连续酸解的物料平衡见图 4-19。

3. 钛原料对连续酸解的影响

钛原料组成与矿种特性对连续酸解的影响与对间歇酸解的影响几乎类同。但目前国外三家连续酸解工厂均是采用的混合钛原料模式，见表 4-15～表 4-17。

由此可见，连续酸解工艺对矿的选择与搭配是比较固定的。这是建立在对原料适应的连续酸解器的操作模式和特定装置上的。这值得国内拥有同类连续生产装置的厂家借鉴。其控制的 Fe^{2+}/Fe^{3+} 在 1.2～1.73。

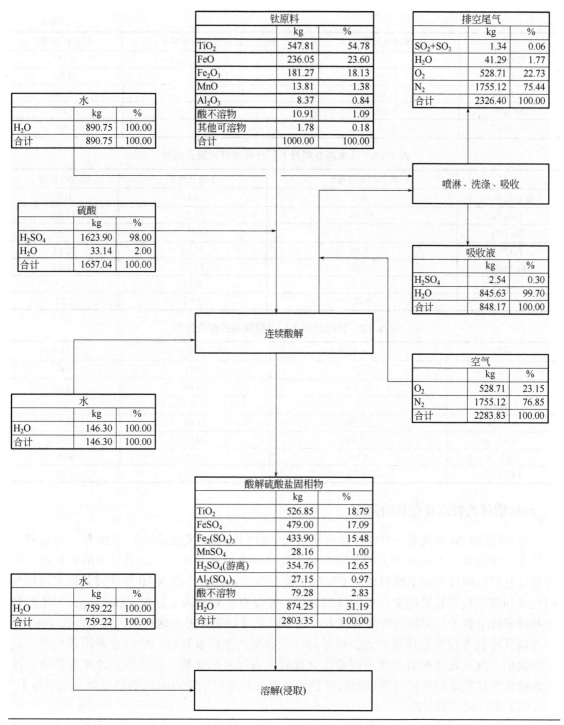

图 4-19　连续酸解的物料平衡图

表 4-15　巴西萨尔瓦多工厂连续酸解的混合原料

项目	本地钛精矿	钛渣（氯化渣超细弃粉）	混合料组成
混合比率/%	84	16	100
TiO₂/%	54.30	57.17	54.76

项目	本地钛精矿	钛渣（氯化渣超细弃粉）	混合料组成
Ti_2O_3/%		21.47	3.43
FeO/%	24.50	10.50	22.26
Fe_2O_3/%	17.60		14.78
SiO_2/%	0.20	3.50	0.73
Fe^{2+}/Fe^{3+}	1.55	无	1.67

表 4-16 马来西亚观丹工厂连续酸解的混合原料

项目	澳大利亚钛精矿	本地钛精矿	混合料组成
混合比率/%	36	64	100
TiO_2/%	55.80	52.20	53.50
Ti_2O_3/%	无	无	无
FeO/%	18.00	31.30	26.51
Fe_2O_3/%	23.00	13.70	17.05
SiO_2/%	0.50	0.74	0.65
Fe^{2+}/Fe^{3+}	0.87	2.54	1.73

表 4-17 韩国蔚山工厂连续酸解的混合原料

项目	印度 A 钛精矿	印度 B 钛精矿	混合料组成
混合比率/%	63	37	100
TiO_2/%	55.00	53.00	54.26
Ti_2O_3/%	无	无	无
FeO/%	20.90	21.90	21.27
Fe_2O_3/%	18.90	19.90	19.27
SiO_2/%	0.90	0.90	0.90
Fe^{2+}/Fe^{3+}	1.23	1.22	1.23

4．连续酸解的特点及存在的问题

自 20 世纪 70 年代第一套连续酸解装置商业投产以来，虽然经过了近 50 年，可是其生产装置屈指可数，不论是过去的氧钛公司，还是现有亨兹曼公司，以及过去的美礼联公司等都没有把这项技术用于他们其他工厂的扩能与改造；而且，作为 70 年代时就拥有连续酸解技术和该项技术开发的参与者的拜尔公司，并没有在它德国尤廷根（Uerdingen）工厂和比利时安特卫普工厂采用连续酸解技术。还有就是杜邦率先提出这类工艺技术，在 1963 年与德国莎哈利本技术合作建设该公司最后一个硫酸法生产装置时，也没有采用该技术。这至少说明，现有连续酸解工艺与间歇工艺比较不占显著的优势，除尾气治理稍好些外，排出的酸性气体物质同样需要等量的碱性物质吸收。其生产的特点与问题笔者个人见解如下：

（1）生产成本相对高

① 设备单台产能低。连续酸解最大的成本来自于装置生产能力和产量之间的平衡。比如国外某公司装置生产能力 4 万吨，实际生产量 90～96t/d，仅有 3 万吨的产量。在连续酸解装置中，酸解产率是随酸解器螺旋搅拌桨叶使用时间而逐渐下降的，产率越高意味着反应温度越高，而桨叶使用寿命则减少，产量与酸解率下降趋势加快。

② 电耗量大。国内安装的连续酸解工艺每吨钛白耗电 200kW·h 左右，其中酸解反应 130kW·h，浸取溶解 40kW·h。是间歇酸解电耗的 4 倍之多。

③ 生产维护成本偏高。连续酸解的主要维护成本集中在反应器的轴和浆叶上，由于处于腐蚀环境中，且螺旋浆叶对反应过程有重要的影响。使用具有腐蚀与磨蚀损害的浆叶会大大降低钛白粉产量，从而增加生产成本。

（2）装置费用高

① 搅拌装置昂贵。连续酸解器螺旋搅拌浆叶在现有技术下属于生产易耗材，尽管都采用高质量的不锈钢合金制作，使用周期还是短，且价格昂贵。

② 比间歇酸解设备费用高。现有连续酸解生产装置，因辅助设备较多，装机功率高，设备投资费用较间歇酸解高。

③ 技术引进费用高。客观讲，总共几千万的费用与 20 世纪 90 年代三套引进东欧的 1.5 万吨硫酸法生产装置有异曲同工之嫌。

④ 国产化。国内在引进技术上，经过消化吸收，并做了一些改进，有一定的提高，但投资仍然不少。

5．现有连续酸解工艺的优化与创新

连续酸解生产技术在国内可统计有 5 家企业在使用，因理解或管理问题，其差异性较大，相互交流存在较大的障碍，且相互技术信息不对称，不能共享正面信息。连续酸解工艺技术还需要从如下几个方面优化与创新。

（1）工艺流程优化　缩短工艺流程，省掉不必要的工艺。如预混工艺中料浆储罐不能像间歇酸解一样做那么大，因间歇酸解预混作业是每次放料清理，再接着进行新料预混，因天气、矿粉水分、温度控制的"闪失"，也易引起"座锅"，连续酸解预混与储罐不能做得太大，需要进行优化调整；甚至采用间歇酸解中的稀酸预混，除省去冷冻降温外，更利于反应，稀释与黏度的变化与现有逆向进行。

（2）开发采用新材质　开发采用新材质解决连续酸解螺旋搅拌轴和浆叶耐腐耐磨的不足，从而延长使用周期，降低生产维护与设备更换成本。

（3）优化设备结构　浸取溶解设备结构优化，提高效率，降低动力消耗。对酸解器、预混罐、供料罐、溶解罐、还原罐结构进行优化与简化。

（三）连续酸解工艺技术的新发展

由于现有经典的商业化酸解工艺技术，无论是拥有多数生产装置的间歇酸解工艺，还是占有小部分的开发相对晚一些的捏合连续酸解工艺，均存在上述的不足并需要挖掘更高更好的生产效率予以弥补。所以，生产行业的专家与科学家没有停止过对新工艺技术的探索与研发，尤其是投资人为了降低生产成本，获取最大的收益，不乏投入巨资进行深入研究。以下介绍几个有代表性的连续酸解开发工艺。

1．钛矿多级循环多段连续酸解工艺

图 4-20 是克洛朗斯的母公司美国国立铅业公司（NL Industries，Inc.）开发的三级循环三段连续酸解工艺技术方法。其流程如下：

钛矿从矿仓与新鲜浓硫酸和循环返回的约 25%浓度废酸连续加到第一连续酸解槽中，维持温度在 110℃，反应生成的酸解物料连续进入旋流分离器 1，将反应物料进行旋流分离，重相以未反应的钛矿为主，经旋流分离器 1 的管线回到第一酸解槽中继续反应。旋流器 1 分离

获得的轻相进入第二连续酸解槽，在第二连续酸解槽中继续酸解。其酸解温度较之第一连续酸解槽的反应温度低，控制在 100℃。从第二连续酸解槽中酸解后的物料进入旋流分离器 2 进行分离，重相经旋流分离器 2 的管线循环回到第二连续酸解槽中继续酸解，轻相进入第三连续酸解槽中，其温度维持在 70℃。从第三酸解槽连续排出的反应物进入旋流分离器 3，在旋流分离器 3 中未反应的钛矿经分离后一部分循环未分解返回第一连续酸解槽中，一部分（虚线）返回第三连续分解槽中。从旋流分离器 3 中分离的液体进入沉降槽沉降除去胶体残渣，再进入亚铁结晶器结晶七水硫酸亚铁并进行分离，分离得到的钛液进入水解槽中进行水解，以沉淀偏钛酸，过滤洗涤浓废酸返回第一连续酸解槽用于酸解钛矿，中间虚线为辅助稀酸浓缩工序（在需要浓缩时），其后按传统钛白生产进行煅烧。为维持酸解钛液中的三价钛含量，还原剂如铁粉从铁粉仓分别加入到第一和第二连续酸解槽中。

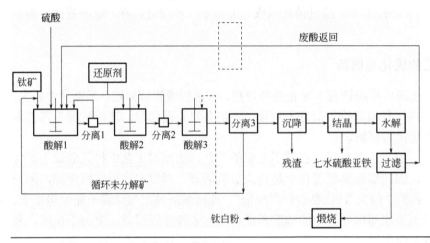

图 4-20　钛矿三级循环三段连续酸解工艺流程图

该工艺采用三级循环三段连续酸解工艺，满足了钛矿粒度和反应时间的动力学关系条件，提高了酸解的反应效率，能够以较低浓度的硫酸完全分解钛铁矿。

该连续酸解工艺获得的钛液指标为：酸钛比，2.025；钛液浓度，136.2g/L。

该技术采用稀酸连续液相酸解工艺，可全部利用水解产生的浓废酸，酸解产率达到 95%；而且酸解硫酸浓度反而不能大于 60%，一是因为酸浓高酸解得到的钛液黏度大，不利钛液的净化，影响产品质量；二是水解分离浓废酸无须浓缩，降低能耗节约生产成本；三是酸浓度高，易促成一水硫酸亚铁的形成，难以净化过滤并堵塞滤布。

2. 钛矿双循环两段连续酸解工艺

图 4-21 为 BHP 公司提出的双循环两段连续酸解工艺技术方法。其流程如下：

将硫酸、钛铁矿和二段酸解罐分离酸解渣后的液体连续加入一段酸解罐进行酸解，并加入还原剂铁屑保持溶液处于还原态。酸解物料进入固液分离器分离，分离的固体为未分解钛矿循环到二段酸解罐，分离得到的液体经过换热器降温冷却结晶器结晶为硫酸亚铁，再进入分离器分离，分离出硫酸亚铁；分离硫酸亚铁后的液体经换热器加热后进入硫酸氧钛沉淀器，加入浓硫酸沉淀硫酸氧钛。沉淀出的硫酸氧钛物料经由固液分离器分离，液体经过换热器加热后，与铁屑和从一段酸解罐中酸解后分离的未分解固体钛矿一并加入到二段酸解罐中进行连续酸解，在二段酸解罐中酸解后，再经过沉降分离出含硅的酸解渣，分离渣后的液体再进入一段连续酸解罐中完成矿与酸的两段双循环连续酸解工艺任务。分离后的固体硫酸氧钛进入溶解罐中加水进行溶解硫酸氧钛,溶解好的钛液进入水解罐中进行水解,水解产物按以后的工序过滤洗涤后送下部工序加工钛白粉。

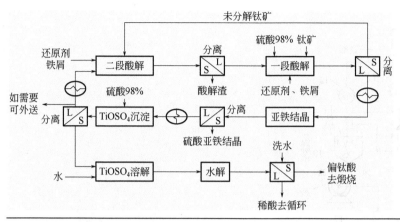

图 4-21　钛矿双循环两段连续酸解工艺流程

该连续酸解工艺的特点是,钛矿进行一次循环两次酸解。而硫酸尽管是分两次不同点加入,但是按硫酸进行的一个方向循环,一次加入用于直接酸解矿,而二次加入是为了沉淀硫酸氧钛,完成沉淀后与一次加入的过量硫酸一道循环回到二段酸解罐分解钛矿,这样的目的是将钛从高酸度系数酸液中分离出来。其原理如下:

钛矿分解　　　　　　$FeTiO_3 + 2H_2SO_4 \Longrightarrow FeSO_4 + TiOSO_4 + 2H_2O$　　　　（4-26）

沉淀硫酸氧钛　　　　$TiOSO_4 + 2H_2O \Longrightarrow TiOSO_4 \cdot 2H_2O \downarrow$　　　　　　　　（4-27）

在沉淀硫酸氧钛时加入硫酸氧钛晶种,将得到的硫酸氧钛沉淀分离,并溶解得到钛液浓度为 160g/L(Ti) 和 8.3g/L(Fe),可用于自身晶种和外加晶种的水解合格钛液。其后进行煅烧和后处理完成钛白粉的全生产。

3. 钛矿两级循环一段连续酸解工艺

图 4-22 为英国 Kemicraft 公司提出的两级循环一段连续酸解工艺技术方法。其流程如下:

钛矿或钛渣由进料管线 2 进入连续酸解罐 1 中,热空气由管线 4 导入酸解罐 1 中的空气分配管 5 以提供空气搅拌,硫酸和从转鼓过滤机 36 分离回收的喷雾浓缩酸 42 经过管线 6 并入管线 3 加到连续酸解罐 1 中与钛矿进行连续酸解反应,酸解反应后的物料经过管线 7 进到转鼓过滤机 8 中进行过滤;滤饼经过管线 14 的水进行洗涤,滤液和洗液送入管线 3 循环回到连续酸解罐 1 中。滤饼经由管线 9 送入溶解罐 10,从连续酸解罐溢出的酸性蒸汽 11 经过冷凝器 12 冷凝后由管线送入溶解罐 10 中;废酸浓缩喷雾其产生的水蒸气经过冷凝器冷凝后经过管线 15 也引入溶解罐 10 中;还原剂铁粉或铝粉由管线 23 加入溶解罐中。在溶解罐 10 中溶解后的钛液经过管线 16 送入过滤机 17 进行过滤,滤饼为不溶性残渣经管线 22 送去固废处置;滤液即为净化钛液由管线 18 送入加热器 19 进行加热,从加热器加热后的液体经过管线 20 进入水解罐 21,进入的热水从管线 24 送来,蒸汽由管线 25 引入,在水解罐 21 进行水解反应;水解后的偏钛酸物料经由管线 26 送入莫尔过滤机 27 进行过滤与洗涤。从过滤机 27 出来的滤饼经管线 29 进入流化床煅烧器 30 进行煅烧,获得钛白粉初品 39。煅烧尾气经旋风除尘器 32 除尘后从管线 33 进入喷雾浓缩器 34 作为浓缩热源;从过滤机 27 出来的滤液经管线 28 也进入喷雾浓缩器 34，浓缩的物料经管线 35 进入过滤机 36 过滤，滤饼 37 即为一水硫酸亚铁，滤液为浓缩废酸经由管线 41 并入管线 3 返回连续酸解罐 1 中用于钛矿的酸解；喷雾浓缩器 34 浓缩蒸发产生的蒸汽经管线 39 到冷凝器 40 冷凝后由管线 15 加入溶解罐 10 作为溶解水。

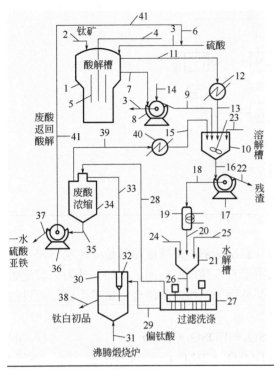

图 4-22　连续两级循环一段酸解工艺流程图

1—酸解罐；2—钛原料进料管线；3—循环液管线；4—热空气管线；5—空气分配管线；6—混酸管线；7—反应物；8—转鼓过滤机；9—滤饼；10—溶解罐；11—酸解蒸汽管线；12—冷凝器；13—酸解冷凝液管线；14—洗水管线；15—废酸浓缩冷凝液管线；16—溶解钛液管线；17—过滤机；18—净化钛液管线；19—加热器；20—加热钛液管线；21—水解罐；22—残渣；23—铝粉（铁粉）；24—热水管线；25—蒸汽；26—偏钛酸；27—莫尔过滤机；28—滤液管线；29—滤饼；30—流化床煅烧器；31—煅烧高温气体；32—旋风除尘器；33—高温气体；34—喷雾浓缩器；35—浓缩酸；36—转股过滤机；37—一水硫酸亚铁滤饼；38—钛白粉初品；39—废酸浓缩蒸发蒸汽；40—冷凝器；41—浓缩酸

　　该工艺采用两级循环一段连续酸解工艺。第一级循环为分离硫酸氧钛沉淀后的过量酸溶液，第二级循环为经过脱出一水硫酸亚铁后的浓缩废酸，前者仅是连续酸解后经过一次固液分离就循环回连续酸解反应；后者几乎与现有的浓废酸浓缩除杂回用一样，进入了生产工艺的水解、废酸浓缩、亚铁分离。其中废酸浓缩蒸发冷凝酸性水液在工艺中进行循环，用于硫酸氧钛滤饼的溶解有其独特的特点。

　　该工艺最大的特点是：一是克服了间歇酸解尾气处理难的缺点；二是原料无论钛矿或钛渣均不需干燥和磨细，节约了磨矿成本与投资；三是维持了生产体系的热平衡，没有钛液的浓缩与七水硫酸亚铁结晶消耗的能量；四是使用的硫酸浓度在 65%，大部分水解废酸不需要浓缩；五是煅烧含氧化硫的尾气热量予以利用，浓缩蒸发水也予以循环；六是没有七水硫酸亚铁的分离，原料中的铁全是以一水硫酸铁形式从酸浓工艺移走。

　　该连续酸解工艺获得的钛液指标为：酸钛比为 1.90；钛液浓度为 14.3%TiO$_2$，4.4%FeSO$_4$，26.5%H$_2$SO$_4$。

四、酸解液的沉降与酸解渣的分离

沉降就是借助重力作用，除去酸解钛液中的不溶性残渣，进行酸解钛液的初步净化。经过沉降分离不仅可以除去酸解钛液中的酸不溶杂质，还可提高后工序副产品硫酸亚铁的结晶质量，并加快其过滤速度。沉降操作是在连续沉降槽和间歇沉降槽中进行，为加快自然沉降的速度，提高沉降效果，需向悬浮有杂质的钛液中投放有机或者无机絮凝剂，早期采用动物胶作为絮凝剂。

酸解、浸取与还原后制得的酸解钛液，除含钛铁矿被酸解后形成的各种可溶性盐以外，还有 10%～20% 的不溶性残渣，视其钛原料来源的不同，主要是硅石、锆石、金红石、难溶的硫酸盐（硫酸钙）和未反应的矿粉，它们之中的大部分呈粗分散状态，很容易沉析出来，但还有一部分是细分散的具有较高稳定性的胶体杂质悬浮体（如硅胶）。

早期工艺在酸解过程中加入三氧化二锑和硫化亚铁，利用硫化锑与硅酸、铝酸盐胶体杂质的电性中和作用，使其凝聚并在澄清时加速沉降；也因硫化氢能与钛液中的铜、铅等重金属离子发生反应，生成不溶性的重金属化合物，在澄清时随残渣一并除去，据称可优化钛白粉产品的颜色，防止转窑烧出产品的光致色变效应。但是，因三氧化二锑的市售价格远高于钛白粉的价格，不仅增加成本，且二硫化物在酸性环境中产生大量的硫化氢气体，对生产环境和人员健康不利。笔者在某著名企业技术服务时，主张去掉这些不必要的辅助原料，可节约不少的费用，曾引起供应商及采购员的不愉快，但结果可想而知，既节约成本又有利于操作环境。为了沉降分离其中的大部分胶体杂质，传统方法采用氨甲基改性的聚丙烯酰胺化合物作为絮凝剂进行絮凝固体杂质，因要采用辅料二甲胺和甲醛，给生产带来不便，且还要增加改性的制备反应装置。经过生产实践，现在几乎省掉了此工序，直接采购聚丙烯酰胺固体或胶体产品，要求分子量≥1200 万，将其配制成 10% 的溶液作为絮凝剂使用。聚丙烯酰胺是水溶性的大分子化合物，具有很多极性基团，对悬浮的胶体表面有很高的亲和力，其吸附固体颗粒和悬浮胶体后，彼此连接，把细分散的微粒子网络起来，形成大的聚凝体而加快沉降速度。

将钛液中未反应的钛铁矿等化合物和其他不溶性的杂质在沉降槽内以泥浆的形式沉降到沉降槽的底部，沉降槽上部澄清度合格的清钛液转入钛液储槽。沉降槽底部的泥浆中所持有的液体，含有一定量的可溶性钛化合物，为了回收利用这些泥浆中的可溶性钛化合物，用泥浆泵将泥浆稀释后打入过滤机中，过滤后得到的滤液，生产上称为小度水，并送至小度水储槽作为酸解浸取液备用。过滤机卸除的滤饼，外排卸运至泥浆堆场或进行钛资源回收利用。

现代硫酸法钛白粉生产装置的酸解钛液与酸解渣的分离工艺包括酸解钛液的沉降，沉降酸解渣（泥浆）的分离及分离酸解渣中钛资源的回收三个部分。

(一) 酸解钛液的沉降

酸解钛液的沉降又分为连续沉降与间歇沉降。连续沉降的原理是沉降清液与沉降渣（浓浆）可同时由上而下连续排出，而间歇沉降确是沉降结束了先排出上层沉降清液，然后排出下层沉降渣（浓浆）。因多数酸解工艺是采用间歇酸解，与之对应的连续沉降工艺，实际是半连续的作业形式。

1.影响钛液沉降分离的因素

在生产中，影响酸解钛液沉降效率的因素主要如下几个方面：

（1）钛液 TiO_2 浓度　钛液 TiO_2 浓度高，黏度相应提高，悬浮物颗粒沉降速度下降，影响沉降效率。

（2）钛液的密度　钛液密度是由酸度系数、钛液浓度、铁钛比和钛原料中的其他可溶性硫酸盐杂质（如硫酸镁、硫酸铝等）等些主要指标决定，与所用钛原料相关。同样道理，钛液密度增大，悬浮颗粒沉降速度下降，影响沉降效率。

（3）钛液温度　钛液温度既影响钛液的黏度，又影响粒子布朗运动的速度。温度高时，颗粒做无规则运动的速度加快，絮凝剂捕集悬浮颗粒的机会增加，沉降速度加快。整个沉降过程中，钛液的温度应保持在55~65℃。温度过低时，可析出硫酸亚铁结晶，使工艺操作复杂与困难。

（4）钛液的酸度系数　即钛液的 F 值，F 值低，细小的悬浮体形成胶体的机会增多，引起沉降困难。同时，也因使用的钛原料差异与水解工艺控制的差异，不同的装置 F 值略有不同。

（5）絮凝剂性能　絮凝剂的种类、浓度和加量也直接地影响沉降效果。使用浓度要适中，以能迅速分散开为原则，黏度大者，浓度低些，黏度小者，浓度则可高些。各种絮凝剂都有一个最佳量范围，过高过低都达不到预期的效果。如图 4-23 所示，絮凝剂的最佳经济用量应处于最大沉降速度对应的絮凝剂浓度左侧。

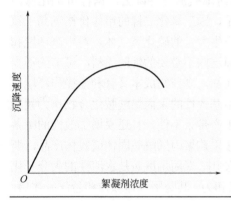

图 4-23　最佳絮凝剂用量

2．连续沉降

连续沉降工艺流程如图 4-24 所示，其操作是将待沉淀的钛液由酸解罐或中间储罐均匀地加入沉降的布液管中；同时按比例在管道中加入絮凝剂，使其混合后进入沉降器连续澄清。

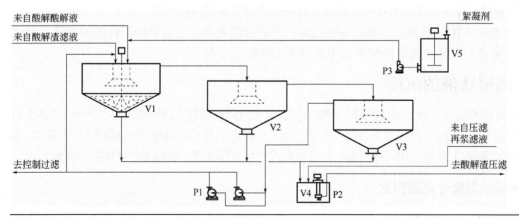

图 4-24　酸解钛液连续沉降工艺

P1—澄清钛液送料泵；P2—沉降稠浆转料泵；P3—絮凝剂计量泵；V1~V3—连续沉降槽；V4—沉降稠浆转料槽；V5—絮凝剂槽

从沉降器上部连续溢出来的澄清钛液，多数厂家是直接将其送至亚铁结晶的下一工段，有部分厂家将其送入压滤机以除去残存在其中的细分散的固体颗粒和部分胶体杂质。压滤机的操作是先上一层硅藻土作过滤助剂，然后过滤钛液，待到压滤速率降低时，打开压滤机卸下残渣；这在生产上俗称为热过滤。但是在一些温差较大的地区，由于在过滤时钛液降温快，加之密度相对较大，过滤效率低，很容易在压滤机滤布上析出七水硫酸亚铁结晶，堵塞滤布使过滤无法进行。从工艺简化操作看，因后工序亚铁结晶后还要进行控制过滤，以保证浓缩水解进料中细微胶体降到最低，不影响水解结晶晶种的操作。

但是，作为使用钛原料是高钛渣或渣矿混合酸解制备的酸解钛液，以及渣矿分别酸解后混合沉降的钛液，因没有后工序的亚铁结晶，在此进行的热过滤就是控制过滤，以保证直接水解钛液的质量，确保水解钛液指标合格。

从沉降器底部连续排出的沉降渣（泥浆），可按间歇酸解的分离渣进行过滤回收其中的可溶性钛。而国外，包括欧洲、日本，甚至韩国的硫酸法钛白粉生产是进行串联的三次连续沉降回收酸解渣中的可溶性钛，具有代表性的工厂图片见图 4-25。第一级沉降槽最大，主要分离钛液，其沉降渣送入第二级连续沉降槽，与第三级沉降分离的清液混合进行沉降，第二级沉降清液送入第一级沉降槽与酸解罐送来的钛液混合进行沉降，第二级沉降分离的渣送入第三级沉降槽与生产的工业水混合后进行沉降，沉降渣送入泥浆贮槽为沉降酸解渣的分离备用。

图 4-25　酸解钛液连续沉降槽

3．间歇沉降

间歇沉降工艺如图 4-26 所示，其操作是将待沉淀的钛液从酸解罐或中间储罐均匀地加入沉降槽中，同时按比例在管道中加入 0.1%的聚丙烯酰胺或一些专用牌号的絮凝剂，使其混合后进入沉降槽。根据沉降槽的体积大小，可放一个钛液酸解罐或依次多个钛液酸解罐，进入沉降槽沉降，静置沉降 2～3h，待沉清后，由安装在沉降槽内的溢流胶管倾泻出上层沉降清液，如连续沉降工艺一样，多数厂家直接将沉降的清钛液直接送至亚铁结晶的下一个工序。部分厂家也有如连续沉降工艺所述，进行热过滤。如酸解采用钛渣或渣矿混合酸解制取的钛液，以及分别酸解制取的钛液再混合后沉降的清液，必须进行热过滤，以保证水解钛液的质量。

沉降在沉降槽底部的沉降渣，用水冲洗从沉降槽排出，送入泥浆储槽为沉降酸解渣分离备用。

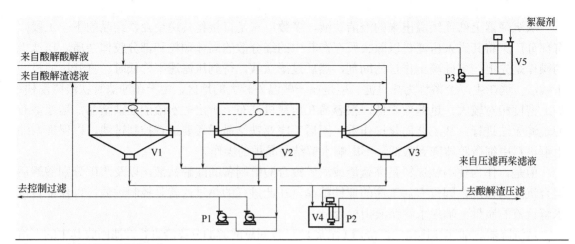

图 4-26　酸解钛液间歇沉降工艺

P1—澄清钛液送料泵；P2—沉降稠浆转料泵；P3—絮凝剂计量泵；V1～V3—间歇沉降槽；V4—沉降稠浆转料槽；V5—絮凝剂槽

（二）沉降酸解渣的过滤分离

　　无论是连续沉降的逆流再浆分离沉降渣，还是间歇沉降冲水排出分离的沉降渣，均送入酸浆渣（泥浆）储备。如图 4-27 所示，在泥浆储槽储备的沉降泥浆用压滤泵送入压滤机中进行压滤，分离出滤液送入小度水槽作为酸解浸取液备用。从压滤机分离出的滤饼，加入 2%水解一洗后的废酸废水进行再浆，再浆后的料液，进入压滤机进行固液分离。两次压滤分离的含钛（60g/L 左右）液体和后工序的结晶亚铁分离洗水合并，统称为小度水，返回酸解用于浸取。

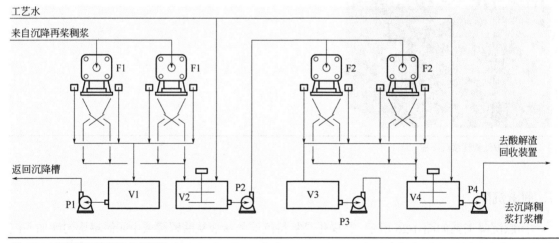

图 4-27　沉降酸解渣过滤分离流程

F1—酸解渣一次压滤机；F2—酸解渣二次再浆压滤机；P1—酸解渣一次转料滤液泵；P2—酸解渣再浆压滤泵；P3—酸解渣二次滤液转料泵；P4—酸解渣二次再浆送料泵；V1—酸解渣一次滤液槽；V2—酸解渣再浆槽；V3—酸解渣二次再浆滤液槽；V4—酸解渣二次再浆转料泵

　　经压滤机固液分离残渣滤饼，传统的方法是送去固废堆场或打浆送入污水处理站，并入稀废酸废水一道进行中和处理，进入中和废渣钛石膏中或堆放与再用。

在欧洲因没有中国这种独特的钒钛磁铁矿，通常送到炼钢厂用于高炉的炉壁护炉材料。

因分离出的酸解渣中含有大量的不溶性钛（未分解钛矿）和部分残存的可溶钛。按传统的酸解产率 95%，有很少量的机械损失，即在分离渣中含有总投矿量的 3%～5% 的钛资源，因此，可以进行回收再利用，提高钛资源酸解产率，节约原料成本（见第八章第二节）。

五、硫酸亚铁的结晶与分离

因采用钛铁矿作为硫酸法钛白粉生产的钛原料，通常钛铁矿中的 TiO_2 含量在 45%～54%，个别风化矿会更高。攀西矿 TiO_2 含量 47.47%，总铁含量在 34.62%，其中 FeO 含量 31.85%，以 Fe_2O_3 组成的高价铁含量 5.61%，对应的还要用 2%～3% 左右铁粉作还原剂。以此计算酸解后钛液中的铁钛比（Fe/TiO_2）为 0.613，远高于需要水解钛液的 0.25～0.32 铁钛比指标。为此，需要在制取的酸解钛液中除去一部分铁，经典的方法是以七水硫酸亚铁的结晶形式分离除去多余的铁。七水硫酸亚铁的结晶与分离，包括从酸解钛液中结晶析出七水硫酸亚铁的结晶工艺技术和从结晶后的钛液物料中分离出七水硫酸亚铁的生产工艺技术。

（一）七水硫酸亚铁的结晶

酸解钛溶液中的钛和铁均是以硫酸盐的形式存在于钛液中，无法直接进行分离，需借助于结晶和水解才能使它们分离。结晶是将钛液中大部分的铁离子以七水硫酸亚铁的固体形式从其中分离出来，而水解是将钛液中的钛以水合氧化钛即偏钛酸的固体沉淀形式与硫酸和硫酸亚铁水溶液分开。七水硫酸亚铁的结晶是将酸解钛液进行冷却逐渐从钛液中结晶析出，分离七水硫酸亚铁结晶固体，满足钛液后工序水解需要的铁钛比指标。冷却酸解钛液结晶析出七水硫酸亚铁的生产工艺分为两种，一种是用冷媒进行热交换，使钛液冷却降温，其中硫酸亚铁以七水硫酸亚铁的形式结晶析出一大部分；一种是通过真空泵和蒸汽喷射泵形成的真空将经过酸解沉降澄清的钛液（热过滤或不热过滤）靠蒸发移走热量降温而进行的冷却，使其中的硫酸亚铁以七水硫酸亚铁的形式结晶析出一大部分。

1．生产原理

纯净的硫酸亚铁在水中的溶解度取决于水溶液的温度，随温度的降低其溶解度减小；而钛液中含有硫酸亚铁的结晶析出温度不仅随温度变化，而且与钛液中有效酸、TiO_2 含量、液体密度及其他杂质浓度有关。七水硫酸亚铁随温度变化在水中的溶解度曲线如图 4-28 所示，水溶液中硫酸亚铁浓度在 0%～17.5% 的含量范围，其结晶曲线在 0～−1.82℃，其后随温度的升高溶解度增大，结晶曲线上升，直到溶液温度为 64.4℃，溶液中硫酸亚铁浓度达到 40% 时；不过在温度进入 61℃ 时，已有少量二水和四水硫酸亚铁结晶析出；到达 67.5℃ 时，已有一水硫酸亚铁结晶析出；继续升高温度，一水硫酸亚铁继续析出；直到 100℃ 结晶析出曲线全为一水硫酸亚铁结晶。根据该原理，经过降低钛液的温度，使其七水硫酸亚铁结晶析出并分离获得符合水解需要的钛液指标铁钛比。

由于，钛液中的 Fe/TiO_2 是按体积浓度测量计算，加之结晶分离获得的钛液中铁含量相对较低，我们按表 4-18 所示对硫酸亚铁在 30℃ 以下的各温度的溶解度表进行说明。从表中说明，硫酸亚铁的溶解度受温度的影响很大，降低温度可以把硫酸亚铁从钛液中结晶出来。30℃ 时，硫酸亚铁溶解度为 240g/L；20℃ 时，硫酸亚铁溶解度为 190g/L；15℃ 时，硫酸亚铁的溶解度为 130g/L。按钛精矿酸解、浸取与还原制取的钛液其 TiO_2 浓度在 125～135g/L，按前述 Fe/TiO_2 比在 0.613 计算其中的硫酸亚铁（$FeSO_4$）浓度为 227g/L。由于钛液中含有大量的游离硫酸与硫酸氧钛，其溶解度还要降低，所以，采用钛矿生产的沉降钛液进行热过滤以降低钛液中的胶体杂质含量，需要相对较高的物料温度，否则在过滤中易结晶析出七水硫酸亚铁堵塞滤布，影响生产效率。

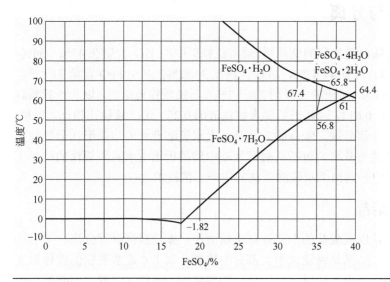

图 4-28　硫酸亚铁在不同温度下水中的溶解度曲线

　　根据水解钛液需要的 Fe/TiO_2 比为 0.25～0.36，工艺要求如下：

　　已知条件：$Fe/TiO_2 = 0.25～0.36$；酸解液浓度：$TiO_2 = 125～135$g/L

　　则需要钛液中的 Fe = 0.25 × (125～135) = 31.25～33.75g/L(下限)；

　　或 Fe = 0.36 × (125～135) = 45～48.6g/L(上限)；

　　即 Fe = 31.25～48.6g/L 之间的含量。

　　换算成硫酸亚铁($FeSO_4$)= 85.8～133.4g/L。

　　因此，对照表 4-18，要达到结晶钛液控制的 Fe/TiO_2 比，结晶温度需要降低到 15℃以下。

表 4-18　硫酸亚铁在不同温度下的溶解度

温度/℃	30	20	15	10	5	0	-2	-6
$FeSO_4$ 溶解度/(g/L)	240	190	130	117	95	79	59	38

2．生产方法

　　（1）生产工艺　工业上采用两种方法降低钛液的温度：一种是真空绝热蒸发制冷，靠蒸发潜热带走热量降温制冷，称为真空结晶，目前多数大、中型生产装置均是采用该方法。另一种是冷冻盐水制冷，靠冷冻介质换热制冷，也称为冷冻结晶，一些较老的小生产装置及少部分企业使用此方法。

　　① 真空结晶。真空结晶生产工艺如流程如图 4-29 所示，生产装置是钢衬橡胶的圆柱形加圆锥底上带搅拌的真空蒸发结晶器，通常是间歇式的。

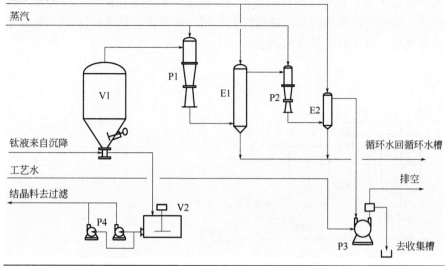

图 4-29 真空结晶生产工艺流程

E1—一级冷凝器；E2—二级冷凝器；P1—一级蒸汽喷射器；P2—二级蒸汽喷射器；P3—水环式真空泵；P4—结晶转料泵；
V1—真空结晶器；V2—结晶料浆槽

将 20～30m³ 的钛液送入真空结晶器中，开启搅拌器，用水环式真空泵进行抽真空，钛液沸腾降温，达到一定的温度和真空度后，再开启蒸汽喷射真空系统，直至钛液温度降到 15～20℃，真空度在绝压 1.20kPa 压力之下，达到钛液理想的铁钛比，关闭真空系统，放空后将真空结晶的钛液料浆送入亚铁分离过滤机储槽，为分离七水硫酸亚铁备用。真空结晶是靠较低的真空度，使钛液沸点温度降低带走蒸发潜热而使其中的水分迅速蒸发，既降低了钛液的温度，又提高了钛液的浓度。致使钛液中七水硫酸亚铁的溶解度显著降低，钛液中的铁便以七水硫酸亚铁的形式结晶出来。结晶后的七水硫酸亚铁悬浮液用泵送到真空盘式过滤机进行固液分离。在盘式过滤机上分离并用水进行逆流洗涤，尽量减少七水硫酸亚铁带走的钛液量。分离亚铁后的滤液去下道工序进行控制过滤，七水硫酸亚铁送成品库，或包装出售或用作他途。由于水分的蒸发，以及硫酸亚铁是以七水合物的形式结晶出现，也吸收一部分水，所以真空过滤分离后，钛液中的 TiO_2 的浓度由 120～140g/L 提高到 145～175g/L，有效酸从 220～300g/L 提高到 300～380g/L，铁钛比则降至 0.27～0.31 左右。

真空结晶的最大优点是，设备的生产效率高，容积为 50m³ 的真空结晶器，足以满足年产 1.5 万吨钛白的需要，而且能耗低，维修工作量极小。

② 冷冻结晶。冷冻结晶七水硫酸亚铁是采用钢衬橡胶的带有搅拌的圆锥形槽，内设盘管通入冷冻盐水或制冷剂构成的制冷装置，盘管采用紫铜管和钛管制成。

原有小规模生产装置，采用间歇生产工艺。温度为 55℃ 以上钛液一次投入冷冻罐，温度降至 5～8℃ 放料，送入亚铁分离机进行钛液与七水亚铁结晶分离。后随着规模的扩大与技术进步，采用串联冷却结晶生产工艺，如图 4-30 所示。高温钛液（温度 55℃）送入一级结晶槽，采用工艺冷水（常温）进行冷却降温；二级结晶槽采用分离结晶七水亚铁的冷钛液（约 8℃）进行冷冻降温结晶，也使冷钛液温度升高，便于净化控制过滤；最后一级采用冷冻剂（氯化铵-氯化钙冰盐水）进行冷冻结晶，结晶物料送亚铁分离工序进行七水硫酸亚铁的分离。这种结晶方式的优点是操作简单，易于掌握。缺点是硫酸亚铁牢固地附着于盘管的外表面，设备的传热系数和生产效率迅速下降。其次，是钛制盘管造价昂贵，铜制盘管维修工作量大，且铜的腐蚀还会污染产品。再就是钛液中的高温热能没有利用，不像真空结晶那样55℃钛液是靠蒸发其中的钛液带走热量，且提高了钛液的浓度。

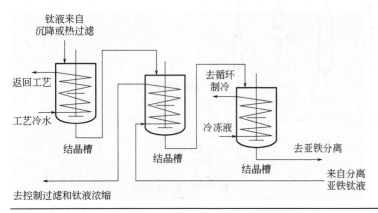

图 4-30　冷冻结晶生产工艺

不过随着现代制冷技术的进步，采用冷冻结晶钛液中的七水硫酸亚铁，从钛液中移走的热量用于硫酸法钛白粉生产其他低温热利用工序，有助于降低生产的能源消耗，进一步降低生产能耗。

（2）生产操作与工艺控制

① 主要生产控制指标。生产控制指标是根据各自不同的生产装置、需要的水解钛液指标（Fe/TiO$_2$）及装置位置（海拔高度）等制定自身的结晶工艺生产控制指标。

表 4-19 为真空结晶操作工艺参数与指标，表 4-20 为冷冻结晶工艺参数与指标。这些指标仅供参考，因不同的装置，采用水解工艺需要钛液指标差异，尤其是 Fe/TiO$_2$ 比，则需要结晶的最终温度不一。

表 4-19　真空结晶工艺参数与指标

指标名称	指标数值	备注
清钛液温度/℃	45~60	
钛液 TiO$_2$ 含量/（g/L）	120~140	以 TiO$_2$ 计
进料量/（m³/批）	26~30	
进料时间/min	约 15	
降温时间/min	120~150	
结晶终温/℃	12~20	根据 Fe/TiO$_2$ 调整
开一级蒸汽喷射泵时真空度/MPa	−0.085	
开二级蒸汽喷射泵时真空度/MPa	−0.088	
放料时间/min	约 10	
循环上水温度/℃	≤25	
循环下水温度/℃	≤32	

表 4-20　冷冻结晶工艺参数与指标

指标名称	指标数值	备注
清钛液温度/℃	45~60	
钛液 TiO$_2$ 含量/（g/L）	120.0~140.0	以 TiO$_2$ 计
进料量/（m^3/批）	26~30	视结晶槽规格
进料时间/min	约 15	
降温时间/min	40~80	
结晶终温/℃	12~20	根据 Fe/TiO$_2$ 调整
高温冷冻工艺水/℃	10~20	
低温冷冻盐水/℃	<-10	
放料时间/min	约 10	

② 生产操作。通过真空泵和蒸汽喷射泵形成的真空，将经过沉降或沉降后热过滤的钛液进行蒸发移走热量冷却钛液，使其中的二价铁以七水硫酸亚铁的形式从钛液中结晶析出来。

根据装置规模能力，通常是由若干个真空结晶器并联组成的生产系统，由 DCS 系统控制。沉降澄清的钛液或热过滤的钛液被定量泵入真空结晶器中，利用水环式真空泵形成真空沸腾钛液蒸发冷却，降低钛液的温度，其后利用蒸汽喷射器 I 和蒸汽喷射器 II 形成的更高真空沸腾钛液，继续降低钛液的温度，使七水硫酸亚铁从钛液中结晶析出，根据最终降低的温度确定钛液中结晶析出的硫酸亚铁浓度，待钛液温度达到工艺温度后放入结晶钛液贮槽。蒸发气体由冷却水喷淋吸收，不凝气经真空泵排出，喷淋水经水封排入回水总管循环冷却。

③ 主要设备

真空结晶器：规格 ϕ3600mm，锥体 H3115mm，体积 V = 56m^3；含侧进搅拌器，电机 7.5kW。

水环式真空泵：型号 2BEA-253-0，35m^3/min，电机 55kW。

蒸汽喷射器 I：规格 ϕ630mm/600mm，H6993mm。

蒸汽喷射器 II：规格 ϕ133mm/120mm，H1560mm。

冷凝器 I：规格 ϕ1416mm × 5455mm。

冷凝器 II：规格 ϕ325mm × 2070mm。

结晶钛液贮槽：规格 ϕ4800mm × 3500mm，V = 85m^3，带搅拌器电机 Y160-6，11kW。

3. 钛液七水硫酸亚铁结晶的优化

现有真空结晶因靠绝热沸腾移走热量而冷却钛液，使其钛液中的硫酸亚铁约一半以七水硫酸亚铁的形式结晶析出，随温度下降效率降低，结晶时间延长，消耗大量的蒸汽；且结晶产品细小，溶液过饱和度大。而采用冷冻结晶，钛液高温热量没有利用，且因传热不均，导致冷冻介质换热盘管结晶，降低传热效率，影响生产。所以，为克服现有真空结晶与冷冻结晶控制钛液铁钛比生产效率与能量利用不足的问题，对现有结晶工艺进行改进与优化，提高效率，降低结晶能耗。

一种优化方案如图 4-31 所示，首先将沉清钛液加入真空结晶器中，尽可能保留钛液相对高的温度，采用水环真空泵进形成真空使其料液沸腾降温，温度降到 30~35℃后，放入冷冻结晶循环泵进口，与冷冻结晶器中结晶循环料液经循环泵一并送入换热器，与冷冻液进行换热进一步降低钛液温度，并与循环料浆中的循环晶浆一道进入冷冻结晶器进行结晶析出大颗粒七水硫酸亚铁，维持结晶器温度在20℃。从冷冻结晶器排除的结晶料浆，部分送去过滤分离，部分与真空结晶器降温后送来的钛液混合进入循环泵循环冷冻。其优点如下：

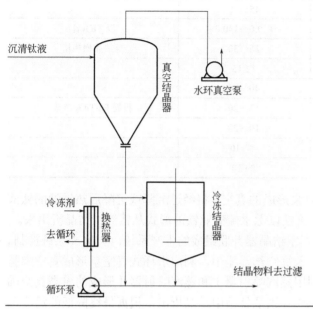

图 4-31 复合七水硫酸亚铁结晶工艺

① 利用钛液高温段热焓，省掉现有的蒸汽消耗。视装置的先进性而论，传统的真空结晶蒸汽吨产品耗量在2.0t左右，如早期引进的真空结晶器，设置的侧搅拌转速太高，运转一段时间后，密封性能下降，漏气影响真空度，结晶降温时间拉长，蒸汽耗量大；后经过改进降低转速增大搅拌浆径，维持原有线速度不变，提高较大，吨产品蒸汽消耗在1.5t左右，下降了25%。而采用这样复合优化后，在真空降温阶段，仅在钛液高温段（60~35℃），用水环真空泵形成真空而沸腾降温，省去了真空结晶的蒸汽用量。

② 大幅度缩短真空沸腾降温时间。钛液温度从约55℃降到35℃仅需30min，是采用全部真空结晶时间的四分之一，并利用了钛液中的热焓。

③ 减少真空结晶器个数，节约设备投资。除去进料与放料时间，真空结晶的结晶操作时间减少到40%，可减少一半的真空结晶器，减低投资。

④ 节约能源，减少制冷量与制冷时间。在冷冻结晶阶段，进料温度低，节约了制冷量，同时也减少了冷冻结晶时间。如采用溴化锂制冷机，循环冷介质没有显热损失（循环制冷），而不像蒸汽喷射的真空结晶，使用的蒸汽压力的动能和体积变化形成真空绝热蒸发降低钛液冷却温度，其中的热焓（相变热）没有利用，且还要用大量的循环冷却水进行循环冷却。

⑤ 冷冻换热面积大，效率高。取消盘管换热，采用外置换热器；换热面积大，效率高。

⑥ 循环晶浆制冷，结晶料浆过饱和度低。循环晶浆换热降温，利于结晶颗粒生长，结晶浆料过饱和度低，利于后工序分离；并且换热面在循环泵的作用下，晶浆料液湍流度高，消除滞留层，在换热面结晶概率减少，冷冻降温效率高。

另一种优化方案即采取等梯度降温结晶工艺。此工艺采用机械压缩机蒸发抽汽方式，利用蒸发蒸汽潜热循环利用的节能措施，减少蒸汽用量。而等梯度降温对钛液硫酸亚铁结晶的降温，采取的是蒸汽压缩机代替图4-29上的两级蒸汽喷射器抽出的蒸汽直接与串联的冷凝器进行冷凝，再接真空泵进行低温蒸发降温。与喷射泵比较，同样是消耗动能，一个采用蒸汽喷射产生极限真空蒸发降温，一个是采用机械压缩的动能；前者蒸汽的潜热白白浪费掉了。但是，由于机械压缩机正如真空器一样很难达到开两级蒸汽喷射器造成的−0.088MPa的负压，即料液温度降到17℃，达到亚铁分离后钛液中需要的铁钛比，需要对水解操作指标进行系统的调整，否则影响水解偏钛酸质量，造成系统生产效率低下。

（二）结晶七水硫酸亚铁的分离

在结晶后，含有七水硫酸亚铁结晶颗粒的悬浮钛液，采用固液分离方式用过滤机进行分离，并洗涤滤饼，以尽量减少七水硫酸亚铁分离固体的持液量带走的钛液量。分离七水硫酸亚铁后的滤液去下道工序进行控制过滤，为钛液浓缩工艺备料。七水硫酸亚铁送成品库，或包装出售或用作他途。

1. 过滤分离机理

过滤是在外加推动力的作用下，使固液两种混合物流过多孔介质，固体颗粒被介质截留，液体则通过介质的空隙，从而实现固液分离的目的。通常，将固液两相混合物称为料浆，被截留的固体称为滤饼，通过多孔介质及滤饼的液体称为滤液，其多孔介质为过滤介质（硫酸法钛白粉生产使用的是纤维编织过滤介质，亦为滤布）。过滤过程是两相流体在多孔介质的毛细管通道内做层流流动的过程，过程的推动力是作用在过滤介质两侧的压强差。它是通过重力作用（液位差）、抽真空、加压或离心力作用来提供，以克服流动过程中的阻力。真空过滤分离就是通过抽真空作用来克服流动过程的阻力，离心分离就是通过离心力来克服流动过程的阻力。

2. 生产方法

从七水硫酸亚铁本身的溶解度与结晶颗粒性质上论，它属于结晶颗粒粗大、比表面积小、分离的固相滤饼具有不可压缩性的晶体固体颗粒；从固液分离的原理与经验上来表述，它是最适合离心脱水的物料。但是，因其不是在水溶液中结晶析出，而是在硫酸、硫酸氧钛以及在硫酸亚铁不完全析出的特定溶液中进行的结晶析出，颗粒尺寸相对其他方法生产的七水硫酸亚铁要小许多，且不均匀，其分离的固相滤饼介于可压缩与不可压缩滤饼之间，具有半可压缩性质。所以，早些年多数采用真空过滤分离七水硫酸亚铁，并洗涤滤饼回收更多滤饼带走的钛。因真空过滤推动力不大（低于101325Pa），滤饼持液量大（游离水），分离的七水硫酸亚铁在湿度较大的南方或夏天，容易潮解，轻则结块，重则溶解溶蚀渗出饱和液体，造成堆存与运输环境恶劣。为此，七水硫酸亚铁结晶的过滤分离正如降温冷却结晶一样，除有两种分离工艺外，近年发展的第三种复合工艺很快得到生产认可。第一种是采用真空过滤机进行分离工艺；第二种是采用离心过滤机进行分离工艺；而第三种复合工艺采用真空过滤洗涤后的滤饼直接进入离心机脱除其中的游离水。

（1）生产工艺与操作 包括真空过滤和离心脱水两个工序。

① 真空过滤。早期小规模钛白粉生产采用的真空过滤是间歇式的，与实验室的布氏漏斗过滤原理一样，即称为亚铁抽滤池。现在商品真空过滤机几乎是连续过滤分离与洗涤，标准种类有：转台圆盘真空过滤机、转台翻盘真空过滤机、水平带式真空过滤机，其过滤原理几乎一样，其差别在设计布置、进料、卸料、真空密闭机构或设备运动方式上。

在硫酸法钛白粉生产中的七水硫酸亚铁真空过滤分离，几乎是采用转台圆盘真空过滤机。

其过滤分离工艺流程见图 4-32 所示，将经过真空结晶的钛液浆料泵入转台圆盘真空过滤机中，通过真空泵形成的真空将钛液在滤布上进行抽滤，滤后钛液经分离器流入滤液槽，再泵入稀钛液储槽，供给控制过滤岗位。分离后硫酸亚铁经过多次逆流洗涤后通过螺旋输送机送到亚铁库。

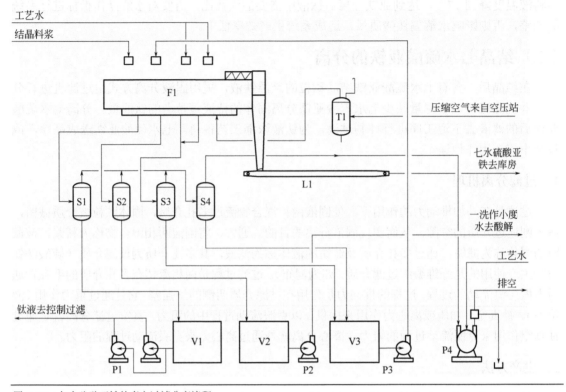

图 4-32　七水硫酸亚铁的真空过滤分离流程

F1—转台圆盘真空过滤机；L1—七水硫酸亚铁输送皮带机；P1—钛液输送泵；P2—洗液转料泵；P3—二洗液送料泵；P4—水环式真空泵；S1～S3—气液分离器；S4—除沫器；T1—压缩空气储罐；V1—滤液液封槽；V2—一洗液液封槽；V3—二洗液液封槽

　　② 离心过滤。离心分离是利用离心力将钛液中的结晶七水硫酸亚铁进行过滤分离。其过滤分离工艺流程如图 4-33 所示，将经过真空结晶的钛液浆料泵入离心机中，通过离心机转筒将七水硫酸亚铁固体分离，滤液送入稀钛液储槽，供给控制过滤岗位。离心分离后硫酸亚铁晶体用喷淋水洗涤，洗液并入滤液储槽。滤饼再次进行离心脱水后通过螺旋输送机送到亚铁库。

　　（2）生产控制指标　包括串联的真空过滤和离心脱水控制指标。

　　① 真空转台过滤。七水硫酸亚铁真空转台过滤机过滤分离主要生产控制指标如表 4-21 所示，因装置规模大小、钛液指标铁钛比（Fe/TiO_2）的差异，也带来分离料浆中七水硫酸亚铁结晶多寡，即固液比的不同。过滤机主要运行操作条件参考如下：

圆盘转速　　　　　　　　　0.2～1.2r/min
圆盘电机转速　　　　　　　940r/min
螺旋出料装置电机转速　　　1150r/min
空压压力（反吹）　　　　　≤0.2MPa
洗涤水压　　　　　　　　　≤0.1MPa
水环真空泵真空度　　　　　−0.02～−0.06MPa

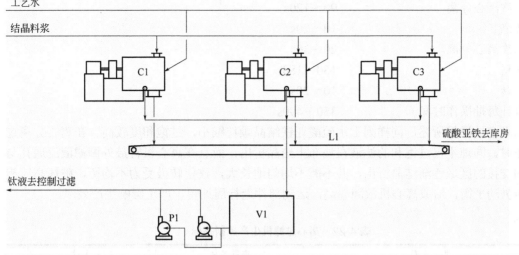

图 4-33　七水硫酸亚铁的离心过滤分离流程

C1～C3—自动离心机；L1—皮带输送机；P1—钛液转料泵；V1—钛液槽

表 4-21　真空转台过滤机生产控制指标

指标名称	指标数值	备注
进料钛液温度/℃	45～60	
进料钛液 TiO_2 含量/（g/L）	120.0～140.0	以 TiO_2 计
过滤料浆密度/（kg/m³）	～1545	
进料量/（m³/min）	0.40	35m² 过滤机规格
进料时间/min	连续	
出料钛液 TiO_2 含量/（g/L）	160.0～170.0	以 TiO_2 计
滤液密度/（kg/m³）	约 1430	
铁钛比（Fe/TiO_2）	0.25～0.30	根据调整
三价钛/（g/L）	2～3	
滤饼硫酸亚铁含量/%	≥80	$FeSO_4 \cdot 7H_2O$
滤饼钛含量/%	≤0.5	以 TiO_2 计
游离水分/%	≤20.0	

　　因真空结晶产生的结晶颗粒细小，过饱和度较高；在过滤操作中因抽滤时，在滤布上产生的真空降温造成高饱和的滤液在滤布上结晶析出，致使滤布结垢堵塞严重，甚至诱导卸料螺旋与滤布之间的间歇层全面结晶形成薄薄的板结面，循环进入反吹时也无法消除滤布的结垢堵塞，严重影响生产效率。我们在生产操作时，采取在加结晶料浆进入过滤机前的布料槽中，补加一股十分小的工业水，使其过滤料浆在进入滤布时，瞬间消除过饱和度，即在微观上达到不能自身成核的介稳区；不让其在滤布上成核结晶积累析出，形成结垢和板结。所以，生产能力成倍增长；但要十分注意加水量的控制，否则带来生产的不稳定，影响分离钛液的浓度和铁钛比指标。

　　② 离心机过滤。七水硫酸亚铁离心机过滤分离主要生产控制指标如表 4-22 所示，主要生产控制参数如下：

　　加料时间　　　　　　　　　　70～120s

一次离心分离	90～120s
洗涤	10～20s
二次离心分离	20～30s
卸料	150～180s
空转	10～20s
合计每批操作时间	350～490s

如真空过滤机所述，同样因七水硫酸亚铁结晶颗粒细小，过饱和度较高。在离心分离过滤操作时，同理不仅过饱和的滤液在滤布上结晶析出，而且在离心机转鼓外侧滤液流通孔与孔之间交接的区域逐渐结晶析出，并不断不均匀地长大，致使转鼓受力不均衡，破坏高速旋转的转鼓动平衡，造成离心机故障率高，运动部件运行周期短，严重影响生产效率。

表 4-22　离心过滤机生产控制指标

指标名称	指标数值	备注
进料钛液温度/℃	45～60	
进料钛液 TiO_2 含量/（g/L）	120.0～140.0	以 TiO_2 计
过滤料浆密度/（kg/m³）	约 1545	
进料量/（m³/批）	1.0	视过滤规格
分离时间/（min/批）	6～8	
出料钛液 TiO_2 含量/（g/L）	160.0～170.0	以 TiO_2 计
滤液密度/（kg/m³）	约 1430	
铁钛比（Fe/TiO_2）	0.25～0.30	根据调整
三价钛/（g/L）	2～3	
滤饼硫酸亚铁含量/%	≥85	$FeSO_4 \cdot 7H_2O$
滤饼钛含量/%	≤0.5	以 TiO_2 计
游离水分/%	≤5.0	

（3）主要生产设备

① 真空过滤。

a. 圆盘转台过滤机。规格 HDZP-T(S)18-00，括号内的 S 代表面积，从 12m² 到开始，最大的可以做到 380m²。用于硫酸法钛白粉亚铁分离，最早是进口欧洲的过滤机，采用金属钛板材作为过滤制作材料，价额十分昂贵；一个配套 1.5 万吨的钛白粉装置能力 18m² 的钛材过滤机，需要 130 万英镑，按当时的汇率近 1700 万元人民币。经过认真分析与研究后，我们大胆采用国产 25m² 的 316L 材质的转台真空过滤机，其生产钛白粉的能力达到 4 万吨，价格在同比时间仅有 25 万元，是钛材的七十分之一。这其中的缘由，至今国内外同行也不理解。如酸解所述，钛液的酸度系数 F 值（H_2SO_4/TiO_2）在 1.8～2.0，即以硫酸氧钛（$TiOSO_4$）结合的硫酸外，其钛液中含有大量的游离稀硫酸，理论上 316L 材质的不锈钢是不能耐的。究其原因，一是酸解沉降钛液中含有大量的低价金属硫酸盐，促使酸蚀能力下降，尤其是三价钛（Ti^{3+}）的存在，还原电位高，较之金属铁更容易失去电子被氧化为四价钛，保护了 316L 材质；二是经过冷却降温结晶后的料浆温度低，硫酸的腐蚀活性降低，从而保护了过滤机相对较低的材质。现在中国用在硫酸法钛白粉生产的最大为 45m²。

b. 水环式真空泵。规格：2BEA-353-0，70m³/min，电机132kW。

c. 分离器。规格：0.25m³，材质FRP，数量4只。

d. 空气缓冲包。规格0.2m³，材质Q235。

② 离心机过滤。规格：Alfa-Laval，转鼓直径φ2050mm，转速650r/min，电机90kW，液压系统油压，2.5~2.2MPa。

（4）七水硫酸亚铁分离复合生产工艺　鉴于上述真空过滤与离心过滤分离钛液中结晶七水硫酸亚铁的不足，现在规模以上硫酸法钛白粉生产装置，几乎均采用真空过滤与离心过滤复合工艺对七水硫酸亚铁进行分离与脱水。

最早笔者在开发此工艺的目的是将硫酸法法钛白粉生产的七水硫酸亚铁（$FeSO_4 \cdot 7H_2O$）用于生产一水饲料级硫酸亚铁（$FeSO_4 \cdot H_2O$）。因将真空过滤机分离出的七水硫酸亚铁游离水较高达20%~25%，加上干燥要赶走6个结晶水，几乎滤饼中含有约55%的干燥水分。

采取直接进行干燥生产饲料级一水硫酸亚铁，存在两点不足：一是因水分含量高，直接采用传统的气流干燥器干燥，产生熔融堵塞，生产无法进行下去；二是加入干燥返料后可降低入料水分，但是靠采用相变热的热力学干燥脱水的方式，一吨产品需要烘干移走一吨水，能耗太高。

目前采用真空过滤生产七水硫酸亚铁，直接进行结晶浆料的高温晶浆湿法转晶成一水硫酸亚铁，再分离进行干燥生产饲料级一水硫酸亚铁；即节约了干燥移走6个结晶水的能耗，又解决了因钛矿中的镁元素因生成部分硫酸铁镁复盐而满足不了饲料级一水硫酸亚铁的铁含量指标的问题，延伸扩大了副产硫酸亚铁的用途，取得了很好的经济效益。复合工艺过滤分离七水硫酸亚铁，是在现有真空过滤分离不变的工艺条件下，从转台过滤机经过过滤、逆流一洗和二洗的七水硫酸亚铁，从螺旋卸料下来的含游离水较高的滤饼，经过皮带直接送入连续离心机的进料螺旋，再经过离心机进行连续脱水和连续卸料，送入仓库贮存。复合分离工艺流程见图4-34。

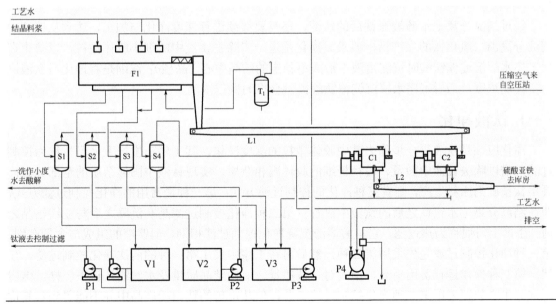

图4-34　七水硫酸亚铁复合连续分离脱水流程

C1，C2—离心机；F1—真空转台过滤机；L1—转台亚铁皮带输送机；L2—离心冶铁皮带输送机；P1—钛液输送泵；P2—洗液转料泵；P3—二洗液送料泵；P4—水式真空泵；S1~S3—气液分离器；S4—除沫器；T1—压缩空气储罐；V1—滤液液封槽；V2—洗液液封槽；V3—二洗液液封槽

所以，在传统硫酸法钛白粉副产七水硫酸亚铁过滤分离不足的基础上，采取复合工艺过滤分离钛液结晶的七水硫酸亚铁，是国内硫酸法钛白粉生产技术的一大进步。首先，发挥了转台真空过滤机处理量大、运行平稳、易于滤饼洗涤的优点；其次，离心机只用于滤饼脱水，亚铁滤饼游离水几乎降低了 90%，其持液量中的钛不仅得到回收，同时七水亚铁产品纯度也大幅地提高；第三，离心脱水后的母液返回真空过滤并入洗水，也呼应了真空转台过滤指标（真空过滤滤饼指标可适度降低）；第四，七水硫酸亚铁因游离水的大幅度降低，因天气湿度潮解溶蚀现象几乎没有，便于运输储存；前后对比见图 4-35。

图 4-35　复合工艺与真空过滤七水硫酸亚铁堆场比较

六、钛液的净化与浓缩

经过结晶分离七水硫酸亚铁后的钛液，还需要继续进行深度净化与加工，达到从钛液中沉淀分离出二氧化钛的生产指标要求。净化是进一步除去钛液中的细小胶体微粒，以防止在后工序水解沉淀偏钛酸时沉淀溶液中形成不稳定的结晶中心（晶核）；浓缩是将净化后钛液进一步提高浓度，为后工序水解沉淀偏钛酸提供合格的操作浓度。

（一）钛液净化

净化应该是钛液进一步除去其中胶体微粒的深度净化，其工序在生产上又习惯称为控制过滤，借以除去钛液中微量、粒径极细的胶体固相杂质，实现钛液中固体杂质的全部分离；采用钛精矿为原料生产，则有三种净化的控制过滤方式：第一种最常用的净化控制过滤方式，即在结晶分离七水亚铁之后的钛液中进行；第二种净化控制过滤是在沉降之后与亚铁结晶之前，生产上习惯称为热过滤，它与酸溶渣沉降净化控制过滤相同，但钛液的组成与含量有别；第三种净化控制过滤是先采用第二种，然后再在工序中采用第一种的两次净化控制过滤。显然，第三种操作运行费用更高，但因对钛液质量、亚铁结晶质量及水解的认识不一样，国内有部分生产装置采用第三种净化控制过滤工艺，但从市售的钛白粉产品中并不能得到对其优点的认同（也许弥补了其自身水解技术缺陷的不足）。

1．净化原理

由于钛液中存在的胶体固体微粒，采用现有的固定介质滤布过滤，因过滤压力升高与滤布堵塞，很难进行分离和达到净化质量要求。一是胶体颗粒较小，纤维滤布难以阻挡，不易分离；二是一旦在滤布上形成胶体固体膜（薄层滤饼），阻塞纤维之间的通道，过滤性能下降，压力升高，甚至堵死液体流道无法过滤。所以，常采用助滤剂来扩大过滤的有效利用范围和提高被过滤物料的浓度限度。

"助滤剂"一词在大多数情况下实际上是一种误称，因其含义仅是有助于过滤作用。但事实上，助滤剂是过滤介质，即借助于助滤剂将胶体固体物质从钛液中分离出来。它是一种分散的颗粒物质，它能悬浮在钛液中并能作为隔板的支撑材料形成一个薄层或过滤介质。助滤剂能有效提高微粒固体颗粒的截流量，并能"持留"大量的微粒胶体颗粒，提供高的过滤流量率。为使助滤剂具备这些性能，其主要性能参数有渗透率、孔隙大小、刚性（不可压缩行）等。表 4-23 为钛白粉净化控制过滤常用的助滤剂。

表 4-23　钛白粉生产用助滤剂性质

性质	助滤剂		
	硅藻土	珍珠岩	木质纤维素
相对渗透性	1.0～30	0.4～6	0.4～12
平均孔径/μm	1.1～30	7～16	—
湿密度/（kg·m^3）	260～329	150～270	60～320
可压缩性	低	中等	高

助滤剂有两种使用方式：

第一种是在过滤介质上预敷形成一层助滤剂滤饼。预敷层应该在没有渗漏或穿透滤布的情况下迅速过滤，并且对于可再生的过滤表面具有均一厚度。悬浮液依靠表面和深层过滤机理通过预敷层实现过滤。

第二种是助滤剂粉末与悬浮液混合过滤，又称为"掺浆"过滤。目的是使被过滤滤饼的空隙充分打开并提供快速过滤。

尽管工业上用的助滤剂品种较多，但硫酸法钛白粉生产钛液的净化控制过滤所用助滤剂主要为硅藻土和木质纤维素。主要采用第一种预敷助滤剂涂层过滤。

2. 生产方法

早期净化控制过滤是采用真空抽滤涂覆助滤剂的方式，因真空形成压差的过滤推动力小，现在均是采用压滤过滤方式。现有硫酸法钛白粉生产的净化控制过滤采用的工艺技术可分为两种：一种是采用板框压滤机工艺技术，一种是采用管式过滤机工艺技术。前者是国内主要生产工艺流程，后者因欧洲瑞士 DrM 公司推出烛状管式过滤机，本身是兼顾压滤机与莫尔真空过滤机的功能，曾在水解偏钛酸和稀硫酸浓缩中推广，因存在一些缺陷，后用于净化控制过滤，效果较好。现在一些新建或改造生产装置几乎采用此类工艺设备。

（1）生产工艺　经过真空结晶和过滤分离除去七水硫酸亚铁结晶体后的钛液，其中尚含有一些沉降不完全和热过滤时穿过滤布而存留在钛液中的微量胶体固相杂质，为了将这些有害的固体杂质除去，必须进行深度净化控制过滤。净化控制过滤工艺过程是先把助滤剂硅藻土（或木炭粉）用钛液调成悬浮状，搅拌均匀之后打入装好滤布的压滤机内，进行循环过滤预敷助滤剂涂层，在压力的作用下使助滤剂在滤布表面形成一层均匀的助滤层，然后通入待过滤的钛液进行过滤，即可得到澄清度合格的钛液，送入合格钛液储槽。

采用板框压滤机进行净化控制过滤的生产工艺流程如图4-36所示，将经过换热的钛液在硅藻土配制槽内配成一定的浓度，送入压滤机中进行循环过滤预敷助滤剂涂层，待循环滤液合格后，停止预敷助滤剂；将压滤机切换为钛液净化控制过滤，直到压滤机压力升高到0.5MPa时，说明过滤层阻力增大，助滤剂层已被钛液中胶体微粒颗粒饱和，需要重新更换助滤剂；停止净化过滤，用压缩空气吹出压滤机积存的钛液，最后卸除助滤剂层滤饼，送去处置。清洗后重复预敷助滤剂层，继续进行净化控制过滤操作。

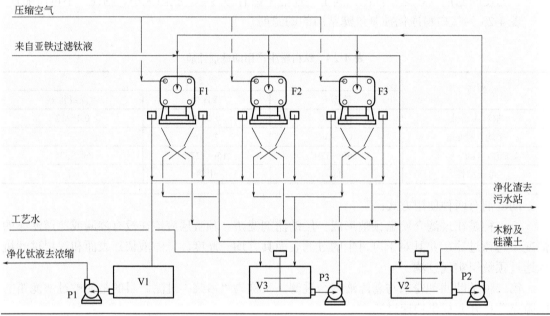

图4-36　净化过滤的板框压滤机流程

F1～F3—控制过滤压滤机；P1—净化钛液转料泵；P2—助滤介质上料泵；P3—净化滤渣转料泵；V1—净化钛液转料槽；V2—助滤剂配制与循环上料槽；V3—净化滤渣打浆输送槽

采用烛状管式过滤机进行净化控制过滤的生产工艺流程如图4-37所示，如同板框压滤机工艺流程一样，同样进行助滤剂的循环过滤预敷涂层，达到过滤压力0.5MPa时，重新更换助滤剂层。

（2）生产操作与控制指标

① 生产操作。将分离七水硫酸亚铁后的钛液，送入换热器用热水进行热交换，将钛液加热达到30～40℃，送入硅藻土浆配制槽；加入计量约200kg硅藻土后并搅拌约30min。启动硅藻土浆循环泵，向过滤机送料进行循环预敷硅藻土涂层，循环10min后，检验滤液是否合格，当滤液合格后，关闭循环泵，启动钛液泵向过滤机进料，净化控制过滤的净化钛液送浓缩工序备料。当控制过滤压滤机进口压力达到0.5MPa时，停止进料并用压缩空气对滤饼中的残余钛液进行吹扫，吹扫完毕后关停压缩空气。开启压滤机液压装置，将滤板松开，进行卸料，含助滤剂的卸料滤饼转运至渣场处理。用高压清洗机清洗压滤机滤布、滤板。洗水进入收集水槽，送结晶分离用作洗水。在过滤机上继续预敷助滤剂，重复操作。

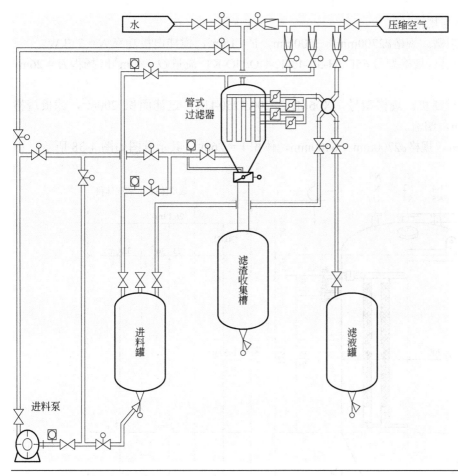

图 4-37　净化过滤的管式过滤机流程

　　② 操作控制指标。净化钛液生产控制指标见表 4-24。因水解采用外加晶种还是自身晶种各厂家略有差别，仅供参考。

表 4-24　净化钛液生产控制指标

指标名称	指标数值	备注
进料量/（m³/h）	16～20	
（TiO）₂浓度/（g/L）	155～165	
F 值/（H₂SO₄/TiO₂）	1.8～2.0	
三价钛/（g/L）	1.5～2.5	
铁钛比（Fe/TiO₂）	0.26～3.0	
稳定性/（mL/mL）	≥375	
钛液密度/（kg/m³）	1490～1510	
加热后钛液温度/℃	30～40	
硅藻土粒度/μm	20～150	细度（150目筛于物）≤2%
助滤剂搅拌时间/min	30	
过滤压力/MPa	0.2～0.5	
精钛液固含量/（mg/L）	≤20	

（3）主要设备与规格

① 硅藻土调浆槽。规格 $\phi2700mm \times 2600mm$，$V = 15m^3$，搅拌电机功率 $N = 7.5kW$。

② 硅藻土调浆泵。规格型号 65FUH-30-40/42-UO/UO-K1，流量 $Q = 40m^3/h$，扬程 $H = 26m$，功率 $N = 7.5kW$。

③ 隔膜厢式过滤机。规格型号，X06MGZF200/1250-UK，过滤面积 $200m^2$，滤板规格 $1250mm \times 1250mm$，明流。

④ 管式过滤机。规格 $\phi2700mm \times 6400mm$，体积 $V = 26m^3$；其示意图如图 4-38 所示，由

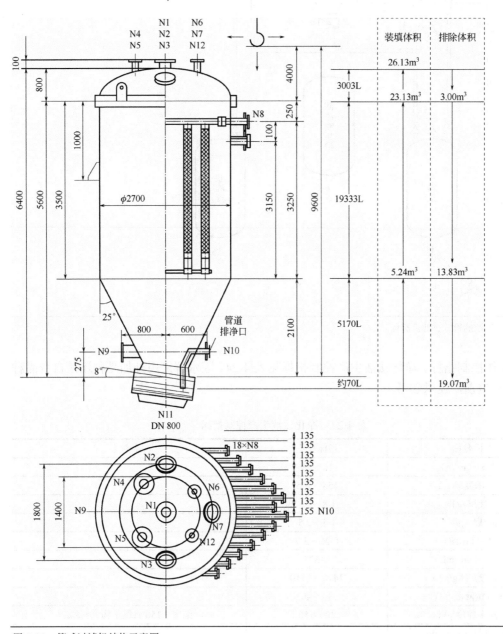

图 4-38　管式过滤机结构示意图

N1—DN 100 喷料口；N2, N3—DN 150 视镜；N4—DN 200 空气进口；N5—DN 150 安全卸压口；N6, N12—DN 50 仪表口；N7—DN 150 视镜灯；N8—DN 80 滤液出口；N9—DN 250 进料口；N10—DN 50 排净口；N11—DN 800 卸料口

若干组过滤滤管组成，上面套上一层固定的滤布，在上端靠抱箍扎紧固定。被净化控制过滤钛液，从底部的 N9 口进料，直到过滤机中的体积充满，并开始过滤；每组滤管由中心一根滤液管四周捆绑多根规则整齐排列开孔组成，增大了过滤面积，滤液从滤布穿过后，进入捆绑的滤管向下流动到底部，再由中心管连接的 18 根 N8 管流出。当过滤压力增高，助滤剂饱和后，从 N10 排净口将过滤机中的液体排回进料罐中，在靠空气进口 N4 吹干滤饼，其后打开卸料口 N11，再从 N8 滤液出口管反吹压缩空气，进行滤饼卸除。在洗涤喷水洗涤滤布，完成一个周期的运行。

管式过滤机最早在钛白粉生产中用来过滤水解偏钛酸。其出发点是建立在偏钛酸真空叶片（莫尔）过滤机和压滤机的基础上，试图兼顾其两种过滤方式的特点。其优点在于：一是采用烛式管（candle）占地小，过滤面积大；二是全密封与全自动过滤。其缺点突出：一是使用的滤布管套密封，在上端采用抱箍扎头（与很多除尘袋滤器类似），不仅需要特殊的合金材料制作，而且因管套上的滤饼剥落卸料时，黏附滤饼的重量带动滤布下拉，频繁造成滤布扎头处受力而破损，引起穿滤短路现象，导致过滤效率低。二是过滤与洗涤终止时，容器中充满的料液在排净时，因液面逐渐下落，滤饼如"崩岸"一样脱落，尽管可以采用真空吸住滤饼，但不能达到叶片过滤机的效果。所以，管式过滤机在硫酸法钛白粉生产的水解偏钛酸的应用上，没有完全兼顾传统的叶片真空过滤机和压滤机的优点，且引进投资高，运行费用更高。后来，将其改用在净化控制过滤工艺上，因物料和过滤方式改变，没有过滤与洗涤的交叉作业造成上述问题，其不利因素减少了。这是由于净化控制过滤，过滤周期长，助滤剂形成滤饼薄、重量轻，滤布扎头受下坠拉力几乎可忽略。其实，作为管式过滤机，现在的陶瓷膜管、发泡聚乙烯管及聚四氟乙烯膜均与此类似，属于深层过滤，过滤介质难于再生，尤其是胶体氧化硅，不能用酸洗，而碱洗溶解温度受限，过滤效率衰减较快；加之价格昂贵，笔者开发过多种设备，均没有更经济的应用；反而管式过滤机因靠助滤剂带走胶体，更适宜净化控制过滤操作，已逐渐开始在钛液净化控制过滤中使用。

（4）净化控制过滤操作注意事项

① 滤布的选择。一定要符合滤浆的过滤技术要求，新滤布制作前应先缩水，开孔直径应小于滤板孔径，配套滤板时布孔与板孔应相对同心，进料孔布筒应贴紧筒壁，否则会造成过滤不清、过滤速率低、布筒破裂，达不到预期过滤效果。

② 过滤压力和过滤温度范围。过滤压力与温度范围必须在规定范围之内，过滤压力过高会引起渗漏，过滤温度过高塑料滤板易变形。加料时悬浮液要浓度均匀，不得有混杂物，否则会影响进料畅通，从而引起因滤板两侧压力不平衡，导致滤板变形损坏。

③ 检查滤布与滤板孔的适合度。压滤机在压滤初期，滤液较浑浊，当滤布上形成一层滤饼后滤液就会变清。如滤液一直浑浊或由清变浑，则可能是滤布破损或布孔与板孔偏差，此时要关闭该阀或停止进料，更换滤布。滤板间允许有滤布毛细现象引起的少量渗漏。

④ 保护好滤板。动滤板时，用力应均匀适当，不得碰撞、摔打，以免损坏密封面及滤板手把。

⑤ 更新清洗滤布。滤布使用一段时间后会变硬，性能下降，为此需作定期检查，若发现有变更影响过滤速率的现象，则可用相应低浓度的弱酸弱碱进行中和清洗，使滤布恢复功能，无法恢复则及时更换。

⑥ 正确操作。浆料、洗液或压缩空气阀门，必须按操作程序启用，不能同时启用。

⑦ 压滤机液压系统保养。液压油一般每年更换一次，更换时应对液压系统作一次全面清洗。

（二）钛液浓缩

钛液的浓缩就是将经过净化控制过滤后的稀钛液进行浓缩，以达到最适宜水解沉淀偏钛酸所选生产指标的浓度条件。若水解沉淀采用自生晶种工艺进行，溶液中的 TiO_2 含量应浓缩到 $220\sim240g/L$；若水解采用外加晶种进行，溶液中的 TiO_2 含量应浓缩到 $185\sim200g/L$，三价钛在 $1.4\sim4g/L$。同时，也因产品的类型不同（如锐钛型和金红石型），或水解技术的优劣，其浓度控制上下限范围和浓度精度、生产装置各有特点。

钛液浓缩温度较高会对钛液的性质产生严重的不利影响，不仅会直接影响最终产品的质量，而且导致水洗的效率低下。因此，为了在较低温度下提高钛液的浓度，通常都是在真空沸点较低的情况下完成蒸发以提高钛液的浓度。经典的钛液浓缩是采用真空薄膜蒸发浓缩器进行浓缩。

为此，利用蒸汽蒸发的相变潜热、减少蒸发浓缩能耗的蒸发技术总在不断创新与优化，如双效蒸发浓缩工艺和机械蒸汽再压缩（MVR）浓缩工艺，尽量利用二次蒸汽的相变潜热，节约能源与蒸汽用量。

1．生产原理

（1）钛液浓缩原理　因钛液主要含有硫酸氧钛，它与其他盐类溶液存在较大的差异，用水进行稀释时，低于一定的浓度硫酸氧钛即会发生水解，析出偏钛酸沉淀；而相反在不稀释时，对其进行加热则会发生硫酸氧钛的水解，析出偏钛酸的同时析出硫酸。

常压下钛液的沸点在 $105\sim112℃$，但当温度高于 $75℃$ 时，钛液的稳定性已经开始松动且急剧下降，温度继续升高，钛液就已经开始水解了。为了避免这一现象的发生，使其浓缩后钛液稳定性合格，钛液的浓缩必须在低温下进行，所以，采取真空措施降低钛液浓缩的沸点。钛液的沸点与真空度的关系见表 4-25 所示，真空度的高低和钛液沸点的变化呈线性关系，真空度愈高钛液沸点就愈低。由于钛液高于 $75℃$ 时，钛液稳定性急剧下降，因此，钛液浓缩温度不能超过 $75℃$，按表所示，钛液浓缩系统的真空度最低要保持在 $0.065MPa$ 以上。生产装置还要考虑系统的密封性，实际控制真空度需在 $0.075MPa$ 以上，确保浓缩钛液的温度不高于 $70℃$。

表 4-25　质量浓度为 $155\sim165g/LTiO_2$ 的钛液真空度与沸点的对应关系

真空度/MPa	0.050	0.055	0.060	0.065	0.070	0.075	0.080	0.085	0.090	0.095
沸点/℃	81.5	78.9	76.0	73.1	69.7	66.0	62.2	55.3	48.4	41.5

注：表中使用钛液数据为特定实验数据，因钛液中各项指标的差异，也带来沸点变化的差异。

净化控制过滤合格的钛液，从钛列管薄膜浓缩器的底部进入列管，管外用蒸汽加热，在温度和两级蒸汽喷射泵产生的负压下，钛液中的水分迅速汽化为蒸汽，高速上升的气流把钛液拉成膜，沿管壁上升，经汽化分离后得到浓钛液。

经蒸发浓缩得到的浓钛液，酸度系数为 $1.8\sim2.1$，因水解工艺的差别，采用外加晶种和自身晶种水解沉淀偏酸工艺钛液浓度分别为 $185\sim200g/L$ 和 $210\sim240g/L$，稳定性在 $500mL$ 以上，铁钛比为 $0.25\sim0.32$，三价钛含量 $1.5\sim3g/L$，澄清度合格。

按净化控制过滤后的钛液平均浓度 $160g/L$，浓缩 $1t$ TiO_2 需要 $6.25m^3$ 钛液；按外加晶种平均 $195g/L$ 计算，需要浓缩到 $5.13m^3$，蒸发水量为 $6.25-5.13=1.12m^3$，加上热效率几乎需要 1.30t 蒸汽；而采用自身晶种水解，按平均 220g/L 浓缩浓度计算，需要浓缩到 4.55m³，蒸发水量 6.25 – 4.55 = 1.70m³，加上热效率几乎需要 1.90t 蒸汽。

（2）蒸发浓缩节能工艺优化原理简述　蒸发装置的运行成本主要取决于能耗，即加热蒸汽的消耗量；在稳定的操作条件下，进出系统的能量一定是平衡的。

由于单效蒸发浓缩能耗高，蒸汽消耗量大，被浓缩蒸发带出的蒸汽中相变潜热占比大，且没有被利用还要消耗冷却水冷却，能源被白白浪费掉。因此，通过对蒸发装置智能化的热配置，可以使系统的能耗满足用户不同的需求，减少蒸汽用量和循环冷却水用量。通常采取三种基本技术来达到减少蒸汽耗量与节能的目的：一是多效蒸发（MEE）技术；二是热力蒸汽再压缩（TVR）技术；三是机械蒸汽再压缩（MVR）技术。单独采用其中的一种技术就能大大降低能耗。为了将投资和运行成本降到最低，经常同时采用其中的两种技术。对于非常成熟的蒸发装置，可能同时使用三种技术。

理想条件下，生蒸汽及冷却水消耗量与蒸发效数的关系如表 4-26 所示。当溶液低于饱和温度进料，有热损失情况时，会低于表中数据。尽管效数增加，浓缩的蒸汽与冷却水消耗量同时下降，但效数受设备投资与折旧和液体蒸发温度差等限制。

表 4-26　生蒸汽和冷却水消耗量与蒸发效数的关系

项目	单效	双效	三效	四效	五效
单位蒸汽消耗量/（kg/kg）	1.1	0.57	0.40	0.30	0.27
冷却水消耗量/（kg/kg）	13.5	6.75	4.5	3.38	2.7

总温差是第一效的最大允许加热温度和最后一效的最低沸点之差，这个温差在其中各效间分配，所以每效的温差随着效数增加而减小。由此，为了达到要求的蒸发量，各效的加热表面积必须相应增大，但温差较低。如图 4-39 表明，随着蒸发装置的效数增加，全部各效的总加热表面积也呈线性比例增加。因此，投资费用大幅上涨，而节省的能量却越来越少。同时，也与被蒸发浓缩的料液自身性质有关。

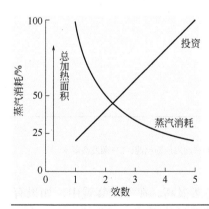

图 4-39　蒸汽消耗、总加热面积、蒸发装置效数和投资的关系曲线图

① 热力蒸汽再压缩技术（thermal steam vapor re-compression，TVR）。热力蒸汽再压缩时，根据热泵原理，来自沸腾室的蒸汽被压缩到压力较高的加热室，即能量被加到蒸汽上。由于与加热室压力相对应的饱和蒸汽温度更高，使得蒸汽能够再用于加热。为此，可采用蒸汽喷射压缩器。它们是根据喷射泵原理来操作，没有活动件，设计简单而有效，并能确保最高的

工作可靠性。

使用一台热力蒸汽压缩器与增加一效蒸发器具有相同的节省蒸汽与节能效果。热力蒸汽压缩器的操作需要一定数量的生蒸汽，即所谓的动力生蒸汽。这些动力生蒸汽必须被传送到下一效，或者被送至冷凝器作为残余蒸汽。包含在残余蒸汽中的剩余能量大约与动力蒸汽所提供的能量相当。

② 机械蒸汽再压缩技术（mechanical vapor re-compression，MVR）。机械蒸汽再压缩时，通过机械驱动的压缩机将蒸发器蒸出的二次蒸汽压缩至较高压力，因此，再压缩机也作为热泵来工作，给蒸汽增加能量。与用循环工艺流体（即封闭系统，制冷循环）的压缩热泵相反，因为蒸汽再压缩机是作为开放系统来工作，故可将其视为特殊的压缩热泵。在蒸汽压缩和随后的加热蒸汽冷凝之后，冷凝液离开循环。加热蒸汽（热的一侧）与二次蒸汽（冷的一侧）被蒸发器的换热表面分隔开来。

开放式压缩热泵与封闭式压缩热泵的对比表明：在开放系统中的蒸发器产生的蒸汽基本取代封闭系统中工艺流体膨胀喷射的外加蒸汽。通过使用相对少的能量，即在压缩热泵情况下的压缩机叶轮的机械能，能量被加入工艺加热介质中并进入连续循环。在此情况下，不需要一次蒸汽作为加热介质；但启动时需要蒸汽加热。钛液浓缩因温差小，所以运行时也要补充少量的生蒸汽热源。

机械蒸汽再压缩加热蒸发器的热流图如图4-40所示，被浓缩料液A在加热蒸发器中蒸发，产生二次蒸汽B和B1，机械蒸汽压缩机M将二次蒸汽B压缩并重新进入蒸发器换热器对料液A进行加热蒸发浓缩，产生的二次蒸汽B再循环返回，产生的冷凝水为E，得到浓缩料液产品为C，B1作为残余蒸汽进入循环冷却水，V为系统热损失。

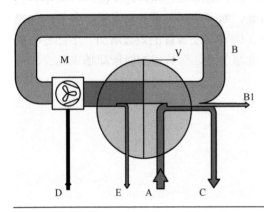

图4-40　机械蒸汽再压缩加热蒸发器的热流图

A—被浓缩料液；B—二次循环蒸汽；B1—二次蒸发残余蒸汽；C—浓缩料液产品；D—动力压缩电能；E—蒸发冷凝水；
M—机械蒸汽压缩机；V—热损失

在热力蒸汽再压缩（TVR）系统中，待释放的冷凝热仍然很高。在多效装置中，如果有 n 效，冷凝热约为一次能量输入的 $1/n$。而且，蒸汽喷射压缩器只能压缩一部分的二次蒸汽，动力蒸汽的能量必须作为余热释放给冷却水。然而，开放式压缩热泵的使用可以显著减少甚至消除通过冷凝器释放的热量。为达到最终的热平衡，可能需要少量的剩余能量或残余蒸汽的冷凝，因此允许恒定的压力比和稳定的操作条件。采用机械蒸汽再压缩的优点：a.单位能量消耗低；b.因温差低使产品的蒸发温和；c.由于常用单效使产品停留时间短；d.工艺简单，实用性强；e.部分负荷运转特性优异；f.运行成本低。

国内硫酸法钛白粉已开始使用 MVR 钛液浓缩工艺技术。

2. 生产工艺

将净化控制过滤合格的清钛液送入蒸发系统，在真空条件下用蒸汽间接加热蒸发其中的水分以提高二氧化钛溶液的浓度，供下一工序水解生产使用。

（1）单效蒸发浓缩工艺

① 浓缩生产工艺。单效钛液蒸发浓缩工艺流程见图 4-41 所示，在电脑 DCS 自动控制系统的引导下，首先手工开启混合冷凝器 E3 的喷淋水阀门，然后手工开启带混合蒸汽喷射器的脱盐水加热器 E2 和水环真空泵 P1，待系统真空度≤−0.08MPa 时，启动精钛液高位槽 V1，进料经预热器后进入薄膜蒸发器 E1 的加热器。然后启动加热开始升温。在系统一定的真空度和温度条件下，精钛液在较低的温度下即达到沸腾状态。此时，经蒸发后的钛液及水蒸气等在分离器中进行分离，其中液体部分即提高浓度后的浓钛液通过蒸发液封槽 V2 收集并溢流至浓钛液转料槽 V3 经浓缩钛液转料泵 P2 送去水解工序。而浓缩蒸发产生的二次蒸汽被带喷射器的脱盐水加热器换热 E2 进行冷凝，冷凝水去亚铁过滤洗涤。从脱盐水加热器 E2 出来的气体则直接进入混合冷凝器 E3 加入循环冷却水冷却；经过冷却后的不凝性气体被水环式真空泵 P1 抽出排空。

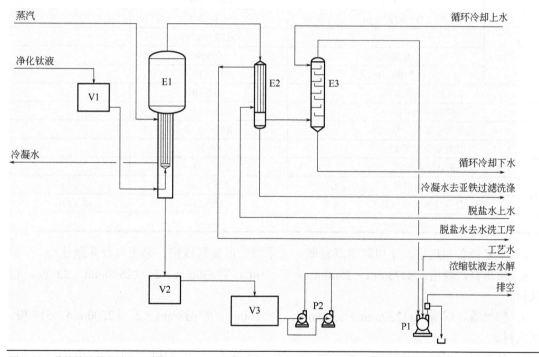

图 4-41 单效钛液蒸发浓缩工艺流程

E1—薄膜蒸发器；E2—脱盐水加热器；E3—混合冷凝器；P1—水环真空泵；P2—浓缩钛液转料泵；V1—精钛液高位槽；
V2—蒸发液封槽；V3—浓钛液转料槽

② 工艺操作条件与操作控制指标。

a. 工艺操作条件。单效工艺操作条件按如下要求：

预热前温度　　　　　（20±2）℃

预热后温度　　　　≥32℃

加热器温度　　　　≤135℃

分离器温度　　　　55～75℃

冷凝器上水温度　　≤32℃

冷凝器下水温度　　32～42℃

冷凝器真空度　　　≤−0.08MPa

喷射泵蒸汽压力　　≥0.3MPa

清钛液流量　　　　10～20m³/h

浓钛液流量　　　　10～15m³/h

蒸汽流量　　　　　≤4.1t/h

　　b. 操作控制指标。钛液蒸发浓缩生产操作控制指标见表4-27。因水解采用外加晶种或自身晶种工艺，因此有两种最终浓缩钛液浓度，且因各厂家水解装备与控制略有差别，仅供参考。

表4-27　钛液蒸发浓缩生产操作控制指标

指标名称		指标数值	备注
浓缩前钛液	TiO_2 含量/（g/L）	155.0～165.0	以 TiO_2 计
	F 值	1.85～2.00	
	Ti^{3+} 浓度/（g/L）	1.4～3.0	
	Fe/TiO_2	0.27～0.31	
	稳定性/mL	≥350	
	固含量/（mg/L）	10～15	
浓缩前钛液温度/℃		20～40	
进料量/（m³/h）		15～25	
进分离室蒸汽压力/MPa		0.02～0.08	
浓缩器真空度/kPa		8～25	
浓钛液温度/℃		55～65	
浓钛液	TiO_2 含量（自身晶种工艺）/（g/L）	215～235	以 TiO_2 计
	TiO_2 含量（外加晶种工艺）/（g/L）	185～210	以 TiO_2 计
	稳定性/mL	≥500	

　　③ 主要设备与规格。使用降膜蒸发器，通常按生产装置规模，采用多台并联使用。

　　a. 预热器。规格：ϕ273mm × 2500mm，$F = 5m^2$，管ϕ30mm × 2，L2500mm，22 根，材质钛材。

　　b. 加热器。规格：ϕ1220mm × 2500mm，$F = 150m^2$，管ϕ38mm × 2，L2500mm，516 根，材质钛材。

　　c. 分离器。规格：ϕ1828mm × 4500mm，$V = 14.3m^3$，材质 316L。

　　d. 冷凝器。规格：ϕ1200mm × 3077mm，材质碳钢。

　　e. 汽水分离器。规格：ϕ325mm × 750mm，$V = 0.19m^3$，材质 316L。

　　f. 蒸汽喷射泵。规格：系列型号 X7401-X7405，PY40-0.02/0.04-0.4，PY86-0.04/0.12-0.4，PY436-0.02/0.04-0.4，PY1018-0.02/0.04-0.4，PY1455-0.02/0.04-0.4；材质均为 316L/CS。

　　（2）双效蒸发浓缩工艺

　　① 浓缩生产工艺。双效蒸发浓缩工艺流程如图 4-42 所示，由 4 部分组成。第一部分为

钛液两级预热：一级预热的热源是二效蒸发和闪蒸二次蒸汽，二级预热的热源是一效加热器出来的生蒸汽凝结水。第二部分两级蒸发：一效蒸发热源是外来 0.4MPa 的生蒸汽，二效蒸发热源是一效蒸发系统提供的二次蒸汽；二效蒸发与闪蒸系统的真空由冷凝二次蒸汽的大气冷凝器及真空泵提供。第三部分闪蒸系统：采用多级卧式闪蒸器，闪蒸面积大，效率高。第四部分为大气冷凝与真空系统。

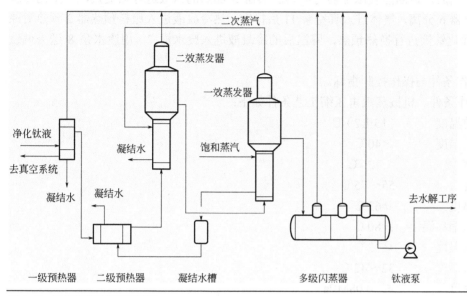

图 4-42　双效蒸发浓缩工艺流程

② 生产操作条件与操作控制指标

a. 生产操作条件。双效浓缩工艺条件按如下要求：

钛液预热前温度　　　　　（15±2）℃
钛液预热后温度　　　　　≥40℃
二次蒸汽温度　　　　　　≥62℃
一效加热器温度　　　　　≤135℃
一效分离器温度　　　　　55～75℃
冷凝器上水温度　　　　　≤32℃
冷凝器下水温度　　　　　32～42℃
冷凝器真空度　　　　　　≤-0.08MPa
喷射泵蒸汽压力　　　　　≥0.3MPa
清钛液流量　　　　　　　10～20m³/h
浓钛液流量　　　　　　　10～15m³/h
蒸汽流量　　　　　　　　≤4.1t/h

b. 操作控制指标。参见表 4-27。

③ 主要生产设备。薄膜蒸发浓缩器与单效蒸发浓缩规格相当。

（3）机械蒸汽再压缩工艺

① 浓缩生产工艺。机械蒸汽再压缩钛液蒸发浓缩工艺流程如图 4-43 所示，净化控制过

滤后的钛液经原料泵 1 送入原料预热器中与蒸发器 4 来的冷凝水进行预热，预热后的钛液送入原料加热器 3 中用生蒸汽进行开车启动加热蒸汽进行加热成正常运行后的补充蒸汽加热，也可以进行电加热（这样可以不采用蒸汽）；加热后的钛液进入蒸发器 4 进行蒸发浓缩，蒸发浓缩获得的浓缩钛液进入成品储槽后，送去水解工序。蒸发浓缩产生的二次蒸汽经罗茨风机进行二次蒸汽压缩，也可在压缩前喷入少量的水进行汽化。经罗茨风机压缩后的二次蒸汽，其温度与压力提高后，返回蒸发浓缩器与原料加热器 3 加热的钛液进行热交换，产生的冷凝水进入气液分离器 6 分离，气体进入真空泵 11 后排空，热冷凝液进入原料预热器 2 预热对原料泵 1 送来的净化钛液进行换热预热，降温后的冷凝液进入废水槽 7，用废水泵 8 送去偏钛酸水洗工序。

② 生产操作条件与操作控制指标。

a. 生产操作条件。机械蒸汽再压缩工艺条件如下：

钛液预热前温度　　　　（15±2）℃
钛液预热后温度　　　　≥40℃
加热器温度　　　　　　≤135℃
蒸发器温度　　　　　　55～75℃
二次蒸汽温度　　　　　≥62℃
二次蒸汽压缩后温度　　≥80℃
冷凝器上水温度　　　　≤32℃
冷凝器下水温度　　　　32～42℃
冷凝器真空度　　　　　≤-0.08MPa
喷射泵蒸汽压力　　　　≥0.3MPa
清钛液流量　　　　　　10～20m³/h
浓钛液流量　　　　　　10～15m³/h
蒸汽流量　　　　　　　≤4.1t/h

b. 操作控制指标。参见表 4-27。

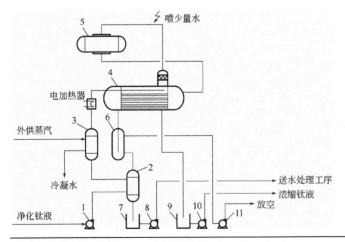

图 4-43　机械蒸汽再压缩钛液蒸发浓缩流程

1—原料泵；2—原料预热器；3—原料加热器；4—蒸发器；5—罗茨风机；6—气液分离器；7—废水槽；8—废水泵；9—成品储槽；10—成品输送器；11—真空泵

③ 主要设备与规格。离心式高速蒸汽压缩机叶轮见图 4-44，离心机高速蒸汽压缩机见图 4-45，其规格型号要求根据生产能力匹配与设计选型。

图 4-44 离心式高速蒸汽压缩机叶轮

图 4-45 离心式高速蒸汽压缩机

由于压缩蒸汽与钛液沸点温差小，所以使用的降膜蒸发器，按单效或双效的换热面需要增大较多。

（4）薄膜浓缩器的清洗　由于在浓缩过程中，因换热效率的控制不严，薄膜浓酸蒸发器有结垢现象产生，因此需要进行清洗。通常清洗是在检修安排时间或定期清洗，既可保证生产效率，又可保证浓酸钛液质量指标。

由于薄膜浓酸器材质是由钛材制作，不能像莫尔过滤机滤布那样采用氢氟酸洗涤。通常采用碳酸钠溶液进行循环洗涤，去除垢层满足换热器的效率。

第四节
水解与偏钛酸的制备

硫酸法钛白粉的生产过程中，水解与偏钛酸（水合二氧化钛）的制备是将前述第三节酸解净化制备的合格浓钛液，经过水解沉淀出偏钛酸再进行过滤分离与洗涤，将钛液中的其他元素或杂质元素几乎完全分离，制取颜料性能合格的纯净中间产品偏钛酸的工艺过程。因水解沉淀非简单的化学结晶沉淀过程，其结晶沉淀的化学反应机理复杂，传统生产认识对工艺参数难以控制，造成一些生产认识误区与技术障碍。也因对反应机理认识不足，缺乏深入的实验室研究与生产实验等应用性实际研究。水解沉淀偏钛酸过滤与洗涤方式层出不穷，从真空过滤机的叶滤机和转鼓过滤机，再到压力过滤机的厢式隔膜压滤机和管式过滤机等，均没有统一性的优劣的评价体系与结论。所以，有必要进行深入研究与总结。

为了在水解过程中获得理想的微晶沉淀的胶束化粒子产物，需要在水解时的沉淀反应中拥有成核剂，即水解晶种。现有商业生产水解方法包括外加晶种和自身晶种两种成核剂的水解工艺。顾名思义，外加晶种是在水解反应过程之外，单独制备水解成核剂晶种的水解工艺，而自身晶种是在水解反应过程同时制备晶种的水解工艺。水解工艺技术的优劣，不仅要为最终产品的颜料性能提供质量保证，而且还要为分离杂质元素的过滤洗涤效率提供保障，使水解偏钛酸沉淀"出污泥而不染"，得到十分纯净的偏钛酸中间品。因此，水解与偏钛酸制备的工艺技术是硫酸法钛白粉生产核心关键技术之一。

水解与偏钛酸的制备工艺技术包括两大工序：一是沉淀偏钛酸的水解工艺和水解所需晶种与煅烧金红石晶种的制备工艺；二是水解沉淀制取的偏钛酸料浆的过滤与洗涤及加入三价钛还原高价有色金属离子的漂白及漂白料浆的过滤与洗涤。

一、水解沉淀偏钛酸

钛液中的硫酸钛盐经过水解沉淀出的二氧化钛为钛的氢氧化物沉淀，即氢氧化钛[Ti(OH)4]，可以表示为水合二氧化钛（$TiO_2 \cdot 2H_2O$），通常称之为偏钛酸以分子式 $H_2TiO_3 \cdot H_2O$ 表示。水解是从钛液中分离二氧化钛的步骤，水解沉淀得到的晶体大小和组成决定洗涤和漂白效果以及后面煅烧时颜料微晶颗粒的质量。水解沉淀偏钛酸工艺技术是硫酸法钛白粉生产中最重要的技术组成部分与关键核心技术之一。在该工艺过程中，从含大量杂质的钛液中用加热水解的方式，沉淀分离出偏钛酸絮凝胶团颗粒的中间产物，既要满足后序加工获得最终的钛白粉产品颜料与光学性能的质量要求，又要满足沉淀的固液分离效果与效率。水解的目标是为了制备大小和组分都最优化的 TiO_2 微晶胶束化粒子颗粒，以满足后序洗涤和漂白以及煅烧等工序的质量要求与生产效率。

（一）生产原理

1．水解的化学反应原理

硫酸法钛白粉生产水解的目的是为了从含杂质的钛液中将钛以 TiO_2 固体的形式从溶液中沉淀出来，以得到水合偏钛酸[$Ti(OH)_4 \cdot nH_2O$]，也称为"水解产物"，其反应原理如下：

$$Ti(SO_4)_2(aq) + H_2O + 热量 + 晶种 \longrightarrow TiOSO_4(aq) + H_2SO_4(aq) \qquad (4-28)$$

$$TiOSO_4(aq) + 3H_2O \longrightarrow Ti(OH)_4(s) + H_2SO_4(aq) \qquad (4-29)$$

如化学反应式（4-28）和式（4-29）所示，有四种反应机理可使水解向右发生反应：

（1）稀释　提高钛液中水的浓度，加水稀释降低酸浓度。通过质量（浓度）作用原理使反应向右进行。

（2）降低酸浓度　用碱进行中和，降低酸度，使反应向右进行，与水稀释具有相同的效果。

（3）提高钛液的温度　由于该反应是吸热反应，遵从勒夏特列（Le Chatelier）原理，即化学平衡移动原理，加热使其反应产物向右进行。这就是钛白粉加热水解的基本原理。钛液处于过饱和状态，经水解加热后，其分解反应被引发。当凝结和沉淀开始时，结晶颗粒长大，直到形成胶状物。该过程将继续，直到大部分钛以不溶解的水合氧化物形式出现，直到沉淀的最后，当耗尽溶液中的硫酸氧钛时，再次达到平衡状态。

（4）添加晶种　为加速加热水解，需要成核剂。以一定的比例在事先的钛液中加入晶种进行水解的工艺称为外加晶种技术；而在水解于水解槽中预先加入一定量的底水，再在加入钛液过程的最初时间中，因底水的稀释作用产生晶种的工艺称为自身晶种技术。随着水解的进行，这些晶种成为积聚的中心。

2．水解沉淀过程中偏钛酸的粒子发育与构成

水解时，偏钛酸沉淀过程中的粒子发育与构成十分重要，也是在工艺中控制其基本变化的关键，偏钛酸沉淀粒子的基本发育构成如下：

（1）基本晶体　基本晶体是锐钛型的微晶，微晶体中的原子几乎呈规则分布。晶体大小约 5～8nm，锐钛型钛原子之间短键为 3.758Å($1Å = 10^{-10}$m)，长键为 9.514Å。这些基本晶体在沉淀过程中晶粒尺寸基本保持恒定，新产生的晶体是一个接一个地从钛液中产生并生长发育出来的。

（2）胶束化粒子　胶束化粒子是由键合在一起的基本晶体近似排列聚合形成。胶束化粒子的大小约 40nm × 13nm，每个胶束化粒子通常含 50～200 个基本晶体。胶束化粒子的结构决定了煅烧时获得晶体形态和晶体大小的难易程度。在胶束化粒子成长发育时，一些杂质截留或包裹在基本晶体之间，靠后面的洗涤工序很难除去这些杂质。这要靠水解速率、加热速率和搅拌速率三个控制因素来控制。

（3）絮凝胶团　絮凝胶团颗粒是胶束化粒子间的松散键能结合而形成絮凝胶团颗粒。每个絮凝胶团颗粒的胶束化粒子数量在 1000～10000 个之间。水解偏钛酸颗粒的比表面积约为 300m²/g，由胶束化粒子构成的絮凝胶团颗粒，其胶束化粒子接触之间的空间间隙形成的孔隙率，占絮凝胶团颗粒体积的 60%～70%。以此计算，絮凝胶团的粒子尺寸处在 1～2μm 之间。微孔间截留的杂质在固液分离工序中可以除去，如过滤、洗涤和漂白。絮凝胶团颗粒中微孔的大小，以及絮凝胶团颗粒间的空间体积与封闭或半封闭微孔，既由絮凝胶团颗粒的大小决定，也与絮凝胶团颗粒的均匀分布关系密切。若絮凝胶团颗粒微分分布百分率较低，说明大小絮凝胶团颗粒直径相差较大，即最大絮凝胶团颗粒之间的间隔空间被最小絮凝胶团颗粒充填，则过滤通道变小，甚至堵塞微孔，增大了流体过流阻力。

（二）水解条件及影响水解工艺的因素

水解是在一个搅拌槽反应器中间歇运行的，采用预定的时间与温度变化进行。其水解条件与影响水解的因素概括如下。

1．水解条件

（1）钛液预热　在钛液预热槽中将钛液间接加热到90℃以上，若采用外加晶种水解，此时在放料之前加入制备的外加水解晶种，也可以在进料钛液之后，再计量加到水解槽中，尽快使加入的晶种均匀分散。

（2）钛液进料　预热钛液分批进料到水解槽。钛液为从酸解工序制取的合格钛液，包括采用钛铁矿原料酸解净化和浓缩后的钛液或采用酸解渣原料净化后的钛液。若采用自身晶种水解工艺，在加入预热钛液之前预先在水解锅中加入底水。

（3）搅拌　为了使所有的钛液与水解微晶体处于相同的控制条件，水解槽中的钛液被施以搅拌以保持料液固液间的均匀和加热物料的平衡均匀，以尽可能减小质量传递和热量传递梯度。另一个目的是为了阻止偏钛酸局部沉淀。

（4）加热　溶液按照预设的时间与温度曲线进行加热，直至达到沸腾温度。加热时间与温度对实际的生产控制至关重要，加热点的分布同样不能忽略，尤其是物料的高黏度带来的传热传质效率差异。

（5）控制检测三价钛　在水解过程中，通常要对 Ti^{3+} 的浓度进行检测，对保证溶解铁处于亚铁（Fe^{2+}）状态非常重要。三价铁（Fe^{3+}）将按照反应式（4-24）进行化学反应，从而影响最终产品的白度。

$$Fe_2(SO_4)_3(aq) + 2H_2O(l) \longrightarrow Fe_2(OH)_3(s) + H_2SO_4(aq) \tag{4-30}$$

（6）维持沸点温度　溶液温度维持在沸点，同时保持恒压，开始发生沉淀。在这期间，溶液的颜色发生改变，约在 30min 后开始絮凝，继续维持沸点温度一段时间。

（7）稀释　按规定的加料速度将热水加入水解锅中，直到获得预设的密度，同时使溶液保持恒温。

（8）水解完备放料　当达到水解平衡终点，沉淀的 $Ti(OH)_2$ 浆料排放到储罐中，虽然在这些存储罐中没有加热，这些浆料仍接近恒温以提高澄清速度。

2．影响水解工艺的因素

在生产高品质颜料的过程中，严格控制偏钛酸胶束化粒子十分重要，因此对主要工艺参数的控制和监测非常关键。水解质量和效率的主要影响因素有：a. 钛液的组成；b. 晶种的组成和数量；c. 水解时对热量的控制；d. 搅拌速率；e. 稀释介质。

（三）外加晶种水解工艺

1．外加晶种水解工艺

外加晶种水解工艺的晶种制备包括两种晶种工艺。一种是不含金红石型的煅烧晶种工艺，采用自身水解的钛液为晶种原料，其相对简单；但要单独制备煅烧的金红石型晶种，满足煅烧生产金红石型产品的需要。而另一种是包含金红石晶种的工艺，在目前技术条件下基本是采用四氯化钛为晶种原料，晶种制备过程相对复杂些，所制备的晶种既包含水解沉淀偏钛酸的晶种，又包含煅烧时的金红石型晶种。尽管两种外加晶种制备工艺技术存在诸多差异，但其水解沉淀偏钛酸的工艺与装置差异并不大。

外加晶种水解装置示意图见图 4-46，包含带加热、晶种加料口、钛液加料和稀释水加料装置的水解槽。预热钛液加入后，迅速加入晶种，并进行加热升温沸腾水解，其后加热稀释水（根据控制可加可不加），水解完成后放入水解料储槽用于过滤洗涤备用。

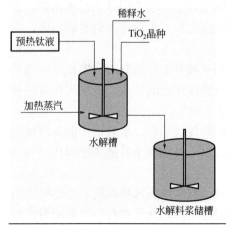

图 4-46　外加晶种水解工艺示意图

典型的水解时间与温度变化趋势如图 4-47 所示，预热到 96℃的钛液放入水解槽，并同时开启搅拌和一并加入晶种，钛液加完后开始加热升温至沸点，加热升温至沸点一定时间后，进入变灰点，停加热蒸汽一定的时间后，继续加热沸腾约 3.5h 后，根据水解料浆密度及浓度加水稀释。

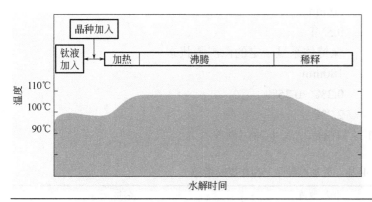

图 4-47　典型的外加晶种水解时间与温度变化示意图

2．外加晶种水解工艺操作与控制指标

（1）工艺操作　已净化浓缩的钛液按计量送入钛液预热槽中，开启搅拌和加热盘管的蒸汽，将钛液提前预热至设定的温度后，将预热浓钛液放料至已启动搅拌的水解槽内，同时，准备放入预先制备和设定比例的晶种与水解浓钛液。当浓钛液放料结束后，迅速将晶种直接放料至该水解槽内。晶种放料结束后，搅拌 20～30min 后，用 0.5MPa 直接蒸汽进行加热，蒸汽加热大约 20～25min 后溶液开始沸腾。然后关闭蒸汽阀门停止加热 30min（同时检验水解的一致性），同时搅拌减速。30min 后再启动搅拌（常规设定转速），同时开启直接蒸汽阀门对物料加热，15～25min 左右，物料再次沸腾。调节蒸汽阀门保持体系呈一定的微沸腾状态，180min 后水解过程结束，加入定量的纤维素（视过滤形式决定），泵送至下一工序。送料结束后，必须严格清洗水解槽及晶种制备槽残余物料，以备下一次使用。

（2）水解钛液参考指标　因地区海拔高度的差异，同一钛液指标的沸点也有差异；加上过去曾经使用过加压水解，现在几乎因业主喜好，海拔较高的地区，部分采用微压水解；再有以七水硫酸亚铁的区域市场消化难易，钛液铁钛比也略有不同。此处水解使用的工艺参数及原料规格，仅供参考。

钛液指标：

总钛	192～198g/L
铁钛比	0.26～0.28
F 值	1.85～1.95
三价钛	1.5～2.0g/L
稳定性	≥500mL/mL
净化等级	合格

（3）工艺操作条件与操作控制指标

① 工艺操作条件。

浓钛液预热温度　　　　　　　　96℃
晶种放料时间　　　　　　　　　≤5min
浓钛液自水解罐放料时间　　　　（15±2）min
一次升温时蒸汽压力　　　　　　0.5MPa
停蒸汽时间　　　　　　　　　　30min
二次升温时蒸汽压力　　　　　　0.5MPa
保压压力　　　　　　　　　　　保持体系呈一定的微沸腾状态
保沸时间　　　　　　　　　　　180min
纤维素加量　　　　　　　　　　0.3%～0.35%
晶种加量　　　　　　　　　　　2.2%

② 操作控制指标。主要操作控制指标见表4-28（供参考）。

表4-28　外加晶种生产操作控制指标

	指标名称	指标数值	备注
浓钛液	TiO$_2$含量/（g/L）	192～198	以TiO$_2$计
	Fe/TiO$_2$比	0.26～0.28	
	F值	1.85～1.95	
	Ti^{3+}浓度/（g/L）	1.5～2.0	
	稳定性/mL	≥500	
	浓钛液密度/（g/L）	1500～1510	
浓钛液加热时间/min		70～90	
浓钛液加热温度/℃		96.0	
钛液放料时间/min		17.5～18.5	搅拌转速15～25r/min(25)
一沸点温度/℃		约108	搅拌转速15～25r/min(25)
一沸点升温时间/min		（20±1）（20min升温107℃，107℃以后，每3.5～4min升1℃）	搅拌转速15～25r/min(25)
一沸点微压/mmH$_2$O		约40	搅拌转速15～25r/min(25)
观察采样时间/min		5～10（测水解率）（从升温时计时为25～30min）	搅拌转速15～25r/min(25)
蒸汽停止时间/min		30	搅拌转速4～8r/min(4)
二沸点温度/℃		110	搅拌转速15～25r/min(25)
二沸点升温时间/min		20	搅拌转速12～20r/min(20)
二沸点保沸温度/℃		110	搅拌转速12～20r/min(20)
二沸点保沸时间/min		20	搅拌转速12～20r/min(20)
二沸点微压/mmH$_2$O		约40	搅拌转速12～20r/min(20)
后沸腾升温时间/min		10	搅拌转速12～20r/min(20)
后沸腾升温温度/℃		约112	搅拌转速12～20r/min(20)
后沸腾时间/min		120～180(180)	搅拌转速12～20r/min(20)
保沸温度/℃		约112	搅拌转速12～20r/min(20)
后沸点微压/mmH$_2$O		30～80	搅拌转速12～20r/min(20)
加水稀释/m³		2	搅拌转速12～20r/min(20)
加纤维素混合时间/h		0.5	搅拌转速12～20r/min(20)

指标名称		指标数值	备注
水解料浆	TiO₂含量/（g/L）	170.0～180.0	以 TiO₂ 计
	Ti³⁺浓度/（g/L）	0.60～1.5	以 TiO₂ 计
	沉降高度/mm	90～100	mm/30min
	过滤时间/s	约 80	s/200mL
	一沸水解率/%	30～50	
	水解率/%	≥96.0	
	粒径分布 D(4,3)/μm	1.8～2	
	粒径分布 D50/μm	1.8～2	
偏钛酸缓冲槽水解料浆温度/℃		约 60	

注：1mmH₂O＝9.81Pa。

3．主要设备

经典的水解槽体积在 110m³ 左右，每批水解可投入 70m³ 净化浓酸钛液，日产钛白粉 40～50t，由于是间歇操作，通常采用并联组合；而辅助的晶种与预热槽，因需要操作的时间短，与水解槽配套，往往采用 1＋3 的方式间歇设备配置。

（1）钛液预热槽　规格：ϕ5500mm×4000mm，V＝94m³，Q235-A＋橡胶＋耐酸瓷砖。

加热盘管钛管 DN50　换热面积 F＝80m²，

搅拌器电机：N＝11kW，Y160L-6

（2）水解槽　规格：ϕ5m×5.6m，V＝112m³，Q235-A＋橡胶，底部耐酸瓷砖。

搅拌转速：7.5～60r/min，视搅拌浆径和蒸汽加热管分布而定。

搅拌器电机：N＝18.5kW，n＝1450r/min。

（3）偏钛酸贮槽　规格：ϕ5400mm×5400mm，V＝123.6m³，Q235-A＋橡胶，底部耐酸瓷砖。

搅拌转速：8r/min。

搅拌器电机：N＝15kW，n＝1450r/min。

4．外加晶种的制备

（1）锐钛型外加晶种的制备

1）工艺操作。将符合工艺要求的浓钛液在钛液预热槽中预热到设定的温度，将需要的碱液量加入晶种制备槽，并将碱液加热到设定的温度，然后在较短的时间内放入预热的浓钛液到晶种制备槽中，中和碱液生成溶胶，并对该溶胶体系进行保温和熟化，直至该体系的稳定性到达一定的指标范围后即完成了水解晶种的制备。

2）晶种操作条件与控制指标。

① 制备原料。

晶种钛液：与水解钛液一致。

氢氧化钠：离子膜法，固碱与液碱均可。

② 操作条件。

碱液浓度　　　　　　　　　　7.8%～8.5%

液碱预热温度	90℃
钛液预热温度	95℃
钛与碱的加入比例	见计算
中和加料时间	约4min
晶种熟化温度	96℃

③ 晶种质量指标。

晶种稳定性   80~120mL/10mL

3）主要设备。

a. 晶种钛液预热槽。规格：ϕ1600mm×1600mm，$V=3\text{m}^3$；加热盘管：$F=4\text{m}^2$，钛管 DN25；搅拌电机：$N=3\text{kW}$。

b. 晶种制备槽。规格：ϕ1600mm×2400mm，$V=4.8\text{m}^3$。

c. 碱预热槽。规格：ϕ1400mm×1600mm，$V=2.4\text{m}^3$。

d. 水预热槽。规格：ϕ1000mm×1200mm，$V=0.9\text{m}^3$。

4）专有指标的测定与计算。

① 晶种稳定性的测定方法。量取晶种10mL，迅速置于500mL三角烧瓶内，在不断摇匀的情况下，以30mL/次加入自来水。至加入90mL后，以10mL/次加入自来水，直至烧瓶内出现明显浑浊。计加入的水量，即为此晶种的稳定性。

② 晶种加碱量的计算。

a. 需加入氢氧化钠配制罐内的氢氧化钠固体质量 m_1

$$m_1 = \frac{V_1 \times c_2}{c_1 \times c_3} \tag{4-31}$$

式中　V_1——氢氧化钠稀溶液配制体积，m^3；

      c_1——氢氧化钠的检测浓度，g/L；

      c_2——氢氧化钠配制设定的浓度，g/L；

      c_3——氢氧化钠固体的百分含量，%。

b. 晶种浓钛液体积 V_2

$$V_2 = V_1 \times 2.2\% \tag{4-32}$$

式中　V_1——浓钛液水解预先设定的体积，m^3；

   2.2%——晶种加入比例。

c. 晶种制备所需氢氧化钠总量 m_2

$$m_2 = \frac{V_2}{28.9 \times 1000} \tag{4-33}$$

式中　V_2——浓钛液水解预先设定的体积，m^3；

  28.9——比例常数，m^3/kg；

  1000——单位转换常数。

d. 晶种制备所需已配制好的液体氢氧化钠的体积 V_3

$$V_3 = \frac{m_2}{8\% \times \rho} \tag{4-34}$$

$$V_3 = \frac{m_2}{c_2} \tag{4-35}$$

式中　m_2——晶种制备所需氢氧化钠总量，kg；

　　　8%——晶种制备所设定的氢氧化钠溶液质量分数；

　　　ρ——8%氢氧化钠溶液的相对密度，g/cm³；

　　　c_2——氢氧化钠配制设定的浓度，g/L。

　e. 晶种制备所需的水的体积 V_4

$$V_4 = \frac{m_2}{8\%} - V_3 \tag{4-36}$$

式中　m_2——晶种制备所需氢氧化钠总量，kg；

　　　V_3——晶种制备所需已配制好的液体氢氧化钠的体积，m³；

　　　8%——晶种制备时预先设定的氢氧化钠溶液质量分数。

早期德国克朗斯的 Edgar Klein 等采用氢氧化钾制备外加锐钛型晶种（US4073877），晶种的活性可以保持一周不下降，而且水解加入的晶种量仅有 0.06%。

（2）金红石型外加晶种的制备　金红石型水解晶种中含有 30%左右的金红石晶核，其余为锐钛型晶核，其中包含板钛（见第一章介绍）和无定形 TiO_2（锐钛型）。按外加晶种水解工艺将这一晶种悬浮液加入到水解槽钛液中，进行水解沉淀制备偏钛酸。锐钛型偏钛酸沉淀中含有金红石型晶核，这些金红石型晶核作为在转窑煅烧中形成金红石产品的晶种。

晶种加入量占每批水解沉淀偏钛酸总量的 2%（以 TiO_2 计），其中约 0.5%是金红石晶核。经过物化检测分析，这种外加金红石晶种水解沉淀的偏钛酸主其要结构仍然是锐钛型结构形式。

这种通过向钛液加入金红石晶种、加热沸腾水解和稀释过程来进行控制，其预设温度与时间的水解偏钛酸的沉淀速率在 1%/min～1.5%/min 之间。

① 制备原理。由四氯化钛（$TiCl_4$）和碱性溶液，一般为 NaOH 溶液反应分批制备晶种。通过提高 pH 值制备金红石型晶核，为其获得可接受的沉淀率，可提高其 pH 值。因此，$TiCl_4$ 必须首先在碱性环境中生成金红石型晶核，然后转变为酸性环境促进晶体成长，最后在碱性状态终止。

无水 $TiCl_4$ 和水进行水解，为一个放热的水解反应：

$$TiCl_4 + H_2O \longrightarrow TiOCl_2 + 2HCl \tag{4-37}$$

反应获得的"水合 $TiCl_4$"可与碱性溶液，如苛性钠（NaOH）、碳酸钠（Na_2CO_3）或者氨（NH_3）混合进行中和反应。因此，$TiCl_4$ 是在严格的碱性条件下制备成金红石型晶种。总反应式如下：

$$3TiCl_4 + 10NaOH \longrightarrow 3TiO_2 + 10NaCl + 2HCl + 4H_2O \tag{4-38}$$

迅速高碱度混合将提高水解料中金红石型晶种的比例。

由反应（4-37）产生的酸没有被完全中和，但是反应（4-38）中残余的 HCl 会导致料浆 pH 值有所降低，促进了锐钛（板钛）的沉淀和已经形成的金红石型晶种晶体的长大。控制液体的加热和稀释促进了固体 TiO_2 的沉淀。由于反应是放热反应，因此加热必须被仔细控制。

进一步加入碱性溶液，提高料浆 pH 值到 8～10 之间，使反应停止并获得最好的晶种活性。形成的金红石、锐钛和板钛晶体不再长大。

② 生产工艺操作与控制。含金红石晶核的晶种水解工艺示意图如图 4-48 所示，包含一个带冷却系统的四氯化钛水解槽和一个带蒸汽加热、水解二氯氧钛加料口、碱液加料和稀释水加料装置的晶种制备槽。四氯化钛与水加入水解槽进行水解反应，反应热量靠冷却盘管循环冷媒带走，水解生成的二氯氧钛和盐酸的混合液放入晶种制备槽中，用碱液进行中和并加入升温沸腾水解，其后加入稀释水。制备好晶种进行冷却储存用于水解备用。

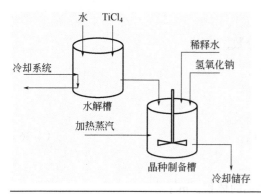

图 4-48　含金红石晶核的晶种水解工艺示意图

典型的晶种制备时间与温度变化趋势如图 4-49 所示，将四氯化钛慢慢加入预先计量加入水的水解槽中进行水解制备 TiOCl₂ 溶液，开启冷却系统移走反应热，维持温度在 45℃，制得的氯氧化钛溶液含 TiO_2 为 60g/L。得到的氯氧化钛溶液放入晶种制备槽，迅速加入 5% 氢氧化钠溶液进行中和并加热到 80℃，沸腾进行胶溶，形成胶溶浆料。胶溶结束后，将与胶溶料等体积的纯水加入到胶溶浆料中进行冷却，同时开启循环水进行冷却，使胶溶料温度降至 30℃，再用碱液将胶溶浆料的 pH 值调节为 9.0。然后，向经调节 pH 值的胶溶浆料中加入纯水，使浆料浓度为 20g/L，静置沉降 3h 后，倾滗出上清液，得到浓度为 40g/L（以 TiO_2 计）的晶种。

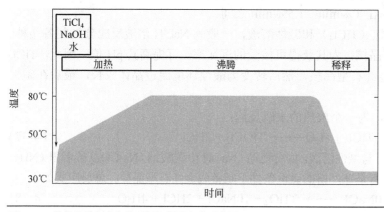

图 4-49　外加晶种制备加热时间与温度变化示意图

③ 外加晶种制备的主要参数监测和控制系统配置。

a. TiCl₄ 溶液的温度；

b. TiCl₄ 溶液的密度；

c. 碱性溶液的密度；

d. 碱性溶液的加入量和加入速度；

e. TiCl₄ 的加入量和加入速度；

f. 蒸汽的温度和量；

g. 晶种制备罐的液位监测；

h. 稀释物质量的监测（水或稀酸）；

i. 水解时的 pH 值测定。

早期意大利的 Luigi piccolo 采用蒸汽水解四氯化钛气体（US4021533），并加入碱液进行吸收，获得的金红石晶种料浆 pH 值为 3.8，二氧化钛的浓度在 20g/L，用于水解外加晶种，水解率高，产品质量好。

（四）自身晶种水解工艺

1. 自身晶种水解工艺

自身晶种水解工艺的晶种不在外部制备，而是在水解槽水解开始时，因初期加入的钛液被已预先加入的水稀释产生的晶种。

通常经典的自身晶种水解方法是预先将热水加入到水解槽中（生产上俗称底水），加入水和钛液的体积比为（5~30）:（95~70），启动搅拌。并将净化预热的钛液在 1~20min 内加到水解槽中，在钛液加到水中的最初 1min 内，出现轻微的白色浑浊，说明胶体二氧化钛已经生成；继续加入钛液，浑浊消失。这是因为在搅拌下，胶体二氧化钛均匀分散在不断加入的钛液中，肉眼无法分辨，此时可适当地把温度提高到 103℃ 左右，大约再经过 10min，浑浊又重新出现，说明已经生成大量的胶体二氧化钛晶种。随着钛液的加入使浓度升高，晶核的形成继续进行。当胶体悬浮液发出乳光而不产生沉淀，胶体二氧化钛含量达到最高值，活性也最高。但此时胶体二氧化钛也不是最稳定的，极易析出沉淀，必须继续连续加入待水解的主体钛液。由于反应是处于硫酸盐环境，因此水解晶体属锐钛型。直到水解计量的钛液加完，开启蒸汽进行加热水解，其后的控制过程与外加晶种水解并无多大的差别。选择加热为 TiO_2 沉淀速度为 1.0%/min~1.5%/min，最终得到锐钛型悬浮浆料。

还有一种自身晶种水解方法是在先在水解槽中，加入总量为 20% 的经预热槽加热的温度为 96℃ 的钛液，然后通过加相同量的经预热槽加热到 96℃ 的水进行混合，通入蒸汽到混合液沸腾后，再将剩余 80% 的钛液加入水解槽中，继续沸腾水解，水解速率为 1%/min~2%/min。水解完后为提高总钛的产率，补充水至二氧化钛浓度为 110~160g/L。

自身晶种水解工艺示意图见图 4-50，包含带蒸汽加热、底水加料口、钛液加料和稀释水加料装置的水解槽。预热底水加热后，放入水解槽中，再加入预热的钛液，并进行加热升温沸腾水解，其后加入稀释水（根据控制可加可不加），水解完成后放入储槽用于过滤洗涤备用。

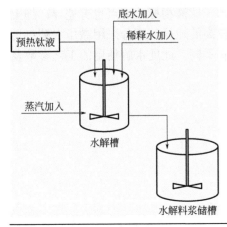

图 4-50 自身晶种水解工艺示意图

典型的自身晶种水解时间与温度变化如图 4-51 所示，将计量的预热到 96℃的底水倒入水解槽中，然后再将预热的钛液倒入水解槽，并同时开启搅拌，保持温度上升，钛液加完后开始加热升温至沸点，加热升温至沸点一定时间后，进入变灰点，停加热蒸汽一定时间后，继续加热沸腾约 2.5h 后，根据水解料浆密度及浓度加水稀释。

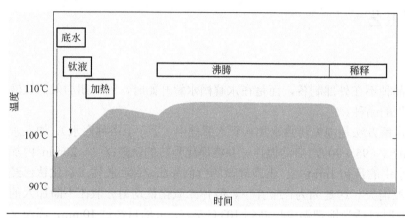

图 4-51　典型的自身晶种水解时间与温度变化示意图

2. 自身晶种水解工艺操作与控制指标

（1）工艺操作　在底水预热槽将计量的底水预热到 96℃后，倒入水解槽中，开启搅拌的同时将底水维持在 96℃，将提前预热至设定温度的 96℃的钛液放料至已启动搅拌的水解槽内，控制加入钛液的量（加入时长为 4min），4min 后开启蒸汽加热至所有钛液放料完时，水解槽中钛液温度为 102℃，总放料时间约 18min，开启蒸汽在 20min 内至钛液沸腾，保持沸腾状态，并观察变灰点，达到变灰点时，停蒸汽 30min，停搅拌或降低搅拌速率（同时检验水解的一致性）。30min 后再启动搅拌（常规设定转速），同时开启直接蒸汽阀门对物料加热，15～25min 左右，物料再次沸腾。调节蒸汽阀门保持体系呈一定的微沸腾状态，加入稀释水（视浓度情况）时间控制在 20min，保沸 120min 后水解过程结束，加入定量的纤维素（视过滤形式决定），泵送至下一工序。送料结束后，必须严格清洗水解槽及晶种制备槽残余物料，以备下一次使用。

（2）水解钛液参考指标　因地区海拔高度的差异，同一钛液指标的沸点也有差异；加上过去曾经使用过加压水解，现在几乎因业主喜好，海拔较高的地区，部分采用微压水解；再有七水硫酸亚铁的区域市场消化难以，钛液铁钛比也略有不同。此处水解使用的工艺参数及原料规格，仅供参考。

钛液指标：

总钛	210～230g/L
铁钛比	0.26～0.28
F 值	1.9～1.95
三价钛	1.5～2.0g/L
稳定性	≥500mL/mL
净化等级	合格

（3）工艺操作与生产控制指标

① 工艺操作条件。

浓钛液预热温度	96℃
底水预热温度	96℃
浓钛液自水解罐放料时间	(18±2)min
一次升温时蒸汽压力	0.5MPa
停蒸汽时间	30min
二次升温时蒸汽压力	0.5MPa
保压压力	保持体系呈一定的微沸腾状态
保沸时间	70min
稀释水加入时间	120min
纤维素加量	0.3%～0.35%
底水/钛液体积比	1/4

② 操作控制指标。自身晶种水解操作指标见表4-29（供参考）。

表4-29　自身晶种水解操作指标

指标名称		指标数值	备注
浓钛液	TiO_2含量/(g/L)	210～230	以 TiO_2 计
	Fe/TiO_2比	0.27～0.31	
	F 值	1.80～1.95	
	Ti^{3+}浓度/(g/L)	1.5～3.0	
	稳定性/mL	≥500	
浓钛液体积/m³		约 60.0	根据水解槽容积
底水体积/m³		15.0	与被水解钛液比值
水解罐底水浊度/(mg/L)		≤100	
浓钛液加热时间/min		70～90	
浓钛液加热温度/℃		96.0	
钛液放料时间/min		17.5～18.5	
稀释后浓度/(g/L)		175.0～190.0	以 TiO_2 计
放完钛液后温度/℃		102	
一沸点温度/℃		105.8～106.0	
一沸点升温时间/min		20	
观察采样时间/min		5～8	仅供参考
搅拌变速时间/min		30	
二沸点温度/℃		108	
二沸点升温时间/min		20	
二沸点保沸温度/℃		107.5～108.2	
二沸点保沸时间/min		20	
加稀释水时间/min		120	
加稀释水量/m³		2.0	
保沸时间/min		70	
保沸温度/℃		约 107.5	

指标名称		指标数值	备注
水解料浆	TiO$_2$含量/(g/L)	160.0～180.0	以 TiO$_2$ 计
	Ti^{3+}浓度/(g/L)	0.60～2.00	
	沉降高度/mm	30～60	
	过滤时间/s	40～130	
	一沸水解率/%	30～50	
	水解率/%	94.0～97.0	
	粒径分布 $D_{(4,3)}$/μm	2～3.0	
	D_{50}/μm	2～3.0	
偏钛酸缓冲槽水解料浆温度/℃		约 60	

3．主要设备

水解槽与外加晶种几乎同一个规格，其水解产量也相差不离。自身晶种要求钛液浓度较外加晶种高，为 210～230g/L TiO$_2$，而外加晶种时 185～200g/L；所以，钛液投入体积有差别。同时，减少了外加水解晶种那一套制备设备。

4．煅烧金红石晶种的制备

由自身水解晶种和外加锐钛型水解晶种水解工艺制得的偏钛酸，属于锐钛型结构。这与水解环境中有硫酸根存在相关，硫酸根离子团比氯离子的空间位置大，在水解初级晶体发育过程中，对其空间影响较大。为了得到颜料性能更高的金红石型钛白粉，需要单独制备金红石晶种，并在煅烧前的偏钛酸中加入，又称煅烧金红石晶种。在煅烧时，因金红石晶种的诱导，锐钛型二氧化钛微晶体将转化成金红石型微晶颗粒。煅烧金红石晶种的质量（活性）和加入偏钛酸中的比例，直接影响煅烧产品的金红石转化率和产品的颜料性能。除要与煅烧金红石产品需要的盐处理剂相互配合外，通常加入的制备金红石晶种在净化后偏钛酸中占比为 5%～8%，比外加金红石水解晶种的偏钛酸比例要大一些。因为，外加金红石水解晶种采用四氯化钛为原料制备，水解与加碱时处在氯离子环境中，产生的金红石晶种占 30%。而煅烧金红石晶种是采用净化的偏钛酸经过碱溶沉淀、分离洗涤，再用盐酸胶溶制得，其金红石晶种活性达到 98%。

（1）制备原理　经过洗涤漂白的偏钛酸，打浆并预热后，加入热氢氧化钠溶液进行碱溶，生成钛酸钠固体，同时，偏态酸中残留的硫酸也参与反应，生成少量的硫酸钠。其生产原理如下：

$$H_2TiO_3 + 2NaOH \longrightarrow Na_2TiO_3 + 2H_2O \qquad (4-39)$$

$$H_2SO_4 + 2NaOH \longrightarrow Na_2SO_4 + 2H_2O \qquad (4-40)$$

碱溶结束之后，冷却至 60℃，用压滤机进行过滤和水洗，洗去过剩的 NaOH 和少量 Na$_2$SO$_4$。经过水洗后的钛酸钠，进行加水打浆，料浆浓度调到以约 200g/L（以 TiO$_2$ 计），再加入盐酸进行胶溶，得到煅烧金红石晶种，也有称之为正钛酸一说。其生成原理如下：

$$Na_2TiO_3 + 2HCl + H_2O \longrightarrow H_4TiO_4 + 2NaCl \qquad (4-41)$$

同时残留在钛酸钠滤饼中的碱液也参与反应：

$$NaOH + HCl \longrightarrow NaCl + H_2O \qquad (4-42)$$

酸溶后晶种的浓度调 TiO₂ 为 90～120g/L，制成的金红石型煅烧晶种，工业上常在漂白时按控制剂量加入偏钛酸中，随同漂洗将其中的氯化钠洗掉，最后进入煅烧工序，作为金红石煅烧产品的晶种。如果在盐处理时加入，则必须事先洗尽其中的可溶性杂质。

（2）工艺操作条件与操作控制指标

① 工艺操作条件。煅烧金红石晶种制备工艺流程示意图如图 4-52 所示，包含一个偏钛酸配浆槽、碱溶槽、过滤分离压滤机、钛酸钠滤饼再浆槽和胶溶槽及晶种储槽。经过水解、过滤洗涤与漂白洗涤后的偏钛酸滤饼，放入配浆槽，加水进行调浆到 TiO₂ 浓度为 300～320g/L，并预热到 55～60℃，然后将预热到 110℃的碱液放进碱溶槽，碱液浓度 650g/L，并开启搅拌，将预热的偏钛酸料浆在 30min 内加入碱溶槽，打开碱溶槽加热蒸汽，对物料进行加热升温到 105～108℃，保沸 120min，其中补充适量脱盐水，防止干锅。将钛酸钠料浆冷却到 60℃后，送入压滤机进行过滤后用脱盐水进行洗涤，洗涤滤饼中残余的碱，以洗涤水计算其中碱含量 NaOH 低于 1g/L，则打浆后的浓度低于 3g/L。将滤饼卸入再浆槽中，加入再浆水将物料 TiO₂浓度调到 190～230g/L；经过再浆配制好的钛酸钠浆料计量放入胶溶槽中，开启搅拌后，加入预设量的盐酸进行中和，边加边测定料浆 pH 值，当 pH 值至达到 2.8～3.0 时，停止加酸酸中和；设定酸溶温度计，控制升温速度为 1℃/min，温度 60℃，物料搅拌 30min 后，再测 pH 值，并调整到 pH 值为 2.8～3.0。复测 pH 后，继续按预设比例加入盐酸进行胶溶，加完盐酸后，继续升温到 102℃，保沸 90min。保沸完成后，取样测晶种浓度，以所测浓度值计算加水量，以胶溶槽液位计控制加水量，加一定量工艺水稀释到 100g/L（以 TiO₂ 计）。然后送入晶种储槽备用。

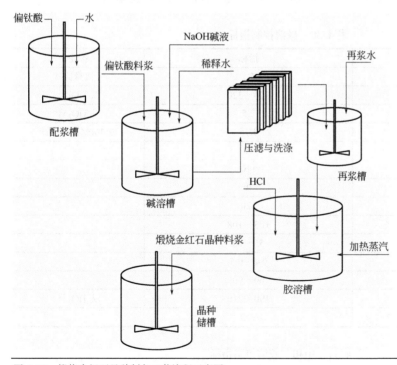

图 4-52　煅烧金红石晶种制备工艺流程示意图

典型的煅烧晶种溶胶时间与温度变化示意图如图 4-53 所示，经过再浆槽配制好的 190 ～

230g/L TiO$_2$ 浓度料浆计量倒入胶溶槽中，开启搅拌后，按 HCl∶TiO$_2$ 为（0.15～0.17）∶1 加入盐酸进行中和，边加边测定料浆 pH 值，pH 值达到 2.8～3.0 时，物料搅拌 30min 后，再测 pH 值，并调整 pH 值为 2.8～3.0；中和时设定酸溶温度计，控制升温速度为 1℃/min，升温到 60℃。复测 pH 后，继续按 HCl∶TiO$_2$ 为（0.20～0.25）∶1 比例加入盐酸进行胶溶，加完盐酸后，继续升温到 102℃，保沸 90min。保沸完成后，取样测晶种浓度，以所测浓度值计算加水量，以胶溶槽液位计控制加水量，加一定量工艺水稀释到 100g/L（以 TiO$_2$ 计）。然后送入晶种储槽备用。

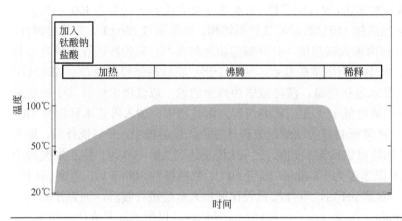

图 4-53　煅烧晶种胶溶时间与温度变化示意图

② 操控制指标。碱溶控制指标见表 4-30，中和与胶溶控制指标见表 4-31。

表 4-30　碱溶控制指标

名称	指标	备注
NaOH∶TiO$_2$	1.5∶1	质量比
偏钛酸浓度/（g/L）	300～320	以 TiO$_2$ 计
偏钛酸加量/（t/批）	2.5	以 TiO$_2$ 计
NaOH 加量/（t/批）	3.75	以 100%NaOH 计
偏钛酸预热温度/℃	60	
NaOH 预热温度/℃	110	
偏钛酸放料时间/min	30	
熟化时间/min	120	
碱溶沸腾温度/℃	105～108	
钛酸钠料浆冷却温度/℃	55～60	
过滤压力/MPa	0.4～0.5	
洗涤时间/min	60～90	
钛酸钠稀释浓度/（g/L）	190～210	以 TiO$_2$ 计
钛酸钠含碱量（NaOH）/（g/L）	≥3	

表 4-31　中和与胶溶控制指标

名称	指标	备注
中和钛酸钠浓度/（g/L）	190～230	以 TiO$_2$ 计
钛酸钠加量/<t	1.8	以 TiO$_2$ 计

名称	指标	备注
盐酸浓度/%	≥31	
HCl：TiO$_2$	(0.15～0.17)：1	质量比
混合时间/min	20	
中和 pH 值	2.8～3.0	
加热到 60℃速度/（℃/min）	1	
胶溶盐酸加量/（m^3/批）	1.0～1.1	
HCl：TiO$_2$	(0.20～0.25)：1	质量比
沸腾温度/℃	99～101	
保沸时间/min	90	微沸状态
稀释晶种浓度/（g/L）	90～120	以 TiO$_2$ 计
晶种盐酸浓度/（g/L）	15～30	
晶种活性/%	≥98.5	

（3）主要生产设备

① 偏钛酸预热槽。规格：$V = 15.4m^3$，$\phi2800mm \times 2500mm$，$N = 7.5kW$。

② 碱溶槽。规格：$V = 19.7m^3$，$\phi2800mm \times 3200mm$，$N = 7.5kW$。

③ 厢式压滤机。规格：过滤面积 $F = 305.4m^2$；滤板（厢式）外形尺寸 1500mm × 1500mm，每台 82 腔室，电机功率 $N = 5.5 + 0.75 + 0.37 + 0.25 = 6.87(kW)$。

④ 再浆槽。规格：$V = 19.7m^3$，$\phi2800mm \times 3200mm$，$N = 11kW$。

⑤ 胶溶槽。规格：$V = 20m^3$，直段$\phi3500mm \times 2200mm$，$N = 7.5kW$ 锥段高 1050mm，锥角 45°。

⑥ 晶种贮槽。规格：$V = 19.2m^3$，$\phi3500mm \times 2000mm$，$N = 5.5kW$。

二、过滤与水洗净化偏钛酸

过滤与水洗净化偏钛酸是将水解沉淀得到的偏钛酸料浆通过固液分离的方式从水解料浆中分离出来，并将酸解净化钛液中还残留在其中的杂质通过过滤与水洗方式，使偏钛酸中的所有杂质元素分离净化，几乎达到分离净化杂质的极限，满足后工序煅烧优质钛白粉产品的需要。

过滤与水洗净化偏钛酸，包括水解沉淀制得的偏钛酸料浆的过滤与洗涤，也包括再浆加入三价钛补充和还原残余的高价有色金属离子漂白后的再次过滤与洗涤。

白度是钛白粉最重要的质量指标之一，除粒度和粒度分布外，产品中有色金属离子的含量也是影响白度的最重要的因素。过滤与水洗净化偏钛酸不得不说是将水解偏钛酸中所有杂质除净的最为关键的工序。硫酸法钛白的生产正如本章第一节所说，固液分离乃其生产之三大"灵魂"之首。

水解沉淀生成的偏钛酸料浆，还含有相当数量的以铁为主的可溶性盐，必须尽可能彻底地除去。工业上采用多种形式的过滤机，如用真空叶片（莫尔）过滤机、转鼓真空过滤机和厢式压滤机等，对水解料浆进行第一次过滤与洗涤，即生产上的一洗。偏钛酸过滤分离的滤液含有 15% 左右的硫酸亚铁盐类和 23% 左右的硫酸，即稀废酸（视钛液组成而定）。滤液送去废酸浓缩回收、再用或处理。过滤分离的滤饼以持液量的形式还含有与滤液同等浓度的杂质量,然后用水对滤饼进行洗涤,洗出持液量中的杂质,通常至洗液中的硫酸亚铁浓度降到200~500mg/L（以Fe计）时,结束洗涤。在洗涤过程中,随着硫酸浓度的降低与滤饼中持液量被大量置换,跟随酸解还原制得的三价钛逐渐消失,少量的亚铁被水中的溶解氧氧化成高价铁离子;再加上滤饼中残留在毛细孔中的杂质靠置换洗涤已经不可能进入扩散洗涤过程。所以,将滤饼进行打浆洗涤,同时补充适量的硫酸,弥补一洗时酸度的消失和加入制备的三价钛对高价有色离子进行还原和防止氧化,尽可能将毛细孔和吸附在偏钛酸沉淀上的杂质扩散到溶液中。所进行的再浆漂白工艺,漂白是在带有搅拌的衬瓷砖反应釜中进行。一洗滤饼再浆漂白后,再用过滤机对漂白料浆进行过滤与洗涤,即生产上的二洗。直到偏钛酸中干基铁含量低于20~30mg/L为合格（几乎是洗涤的极限）。生产金红石型钛白粉时,若是采用锐钛型水解晶种和自身水解晶种水解沉淀生产的偏钛酸,则要在漂白时加入工艺生产需要的煅烧金红石型晶种。因在碱溶和盐酸酸溶时会带入金红石晶种的氯离子和钠离子,在二洗的过滤与洗涤时应一同分离出去。同时,煅烧晶种也更容易均匀分散混合到偏钛酸中。

水解工艺和操作对生成的偏钛酸的过滤性能和水洗速度有很大的影响。就水洗工艺本身而言,温度和酸度则是影响偏钛酸水洗速度和水洗质量的两个重要因素。同时,水洗工艺流程及采取的设备布置也是水洗效率不可忽略的影响因素。

在实际的工业生产中,一洗通常用40~60℃的普通工艺水洗涤,漂白用除盐水,漂白后的二洗则用40~60℃的除盐水洗或含有0.1%~2%的酸性水洗涤。现有生产工艺,为提高效率,降低水耗,多数采用洗水复用与梯级使用。如后处理洗水分段用于二洗,二洗水用于一洗。

（一）过滤与水洗技术的基本原理

1．过滤过程基本原理

（1）过滤推动力　过滤是化工生产中经常采用的两相分离的单元操作之一,在硫酸法钛白粉生过程中尤为突出与重要。固液分离的过滤是在施加外在推动力的作用下,使固液混合物流过多孔介质,固体颗粒被介质截留,液体则通过介质的孔隙,从而实现液固两相分离的目的。通常,将液固混合料称为浆料,被截留的固体颗粒称为滤饼,通过多孔介质及滤饼的液体称为滤液,多孔介质为过滤介质,偏钛酸的过滤与洗涤的过滤介质几乎采用的是编制纤维的滤布。

过滤过程是两相流体在多孔介质的毛细管通道内作层流流动的过程。过程的推动力是作用在过滤介质两面的压强差。过滤推动力主要有四种类型:重力、真空度、压力和离心力。偏钛酸过滤与水洗的压强差是通过抽真空或泵送压力来提供,以克服流动过程的阻力。

过滤推动力要根据被过滤的固体物料或滤饼特性所决定。普通滤饼分为不可压缩滤饼和可压缩滤饼,前者过滤推动力在过滤机可承受的条件下,越大越好,如过滤离心机以分离因素衡量,对结晶颗粒粗大和比表面积小的滤饼特别适用;而后者对那些颗粒细小、比表面积大的固体,过滤推动力过大将会让初期滤层滤饼压缩致其密实,所有滤饼孔隙流道堵塞,过滤无法进行,水解偏钛酸则属于可压缩滤饼范畴之内。然而,实际生产中,多数被过滤滤饼处在不可压缩与半可压缩之间,且其处于不可压缩与可压缩区间的比重不一。因此,不同分离工艺与分离设备需要的过滤推动力不一样,而颗粒粒度与分离料浆的浓度均对其影响较大。图4-54以图解的方法给出了不同颗粒粒度所适用的固液分离装置的参考范围。

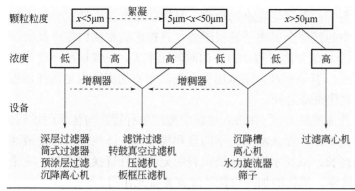

图 4-54　依据颗粒粒度选择固液分离设备

（2）偏钛酸过滤原理　当料浆通过滤布时，固体颗粒被截留在滤布表面并形成厚度为几毫米到几十毫米的滤饼层，这种过滤过程称为滤饼过滤。偏钛酸的过滤与洗涤即是滤饼过滤。滤饼过滤开始后，由于有渗透性较薄的滤布介质的筛滤作用，使颗粒沉积在滤布介质的表面，当有一层滤饼在滤布介质表面形成，沉积作用即转移到滤饼本身，随后滤布介质仅起支撑作用。

滤饼过滤的阻力包括工作状态下的滤布阻力和滤饼层阻力两部分。过滤刚开始时，滤布的阻力是主要的，随着过滤过程的进行，滤饼厚度不断增加，滤饼层阻力就逐渐加大并成为主要阻力。随着滤饼的形成，固体颗粒随着滤液进入滤饼的间隙和滤布的纤维编制孔隙内，因此其过滤机理包含了表面过滤（滤饼截留颗粒）和深层过滤（滤布截留颗粒）两种方式。

（3）滤饼过滤分类　滤饼过滤按操作方式分为恒压过滤、恒速过滤和先升压后恒压过滤等方式。

① 恒压过滤。恒压过滤是维持过滤压强不变的过滤过程。随着滤饼的增厚，过滤阻力增大，过滤速率逐渐下降。工业上常用液位保持恒定的高位槽供料或料浆槽用压缩空气稳压供料的过滤。偏钛酸采用叶片（莫尔）真空过滤机过滤和转鼓过滤机过滤即属于恒压过滤。

② 恒速过滤。恒速过滤是维持过滤速度不变的过滤操作。料浆压力及滤布介质两侧压强差均会逐渐加大。工业上采用定量泵给料的过滤即是恒速过滤。

③ 先升压后恒压过滤。工业上用离心泵供料的过滤即属于这种过滤。偏钛酸采用压滤机过滤的工艺即是先升压后恒压过滤。

（4）滤饼过滤分离机械设备

① 滤饼过滤机械设备分类。滤饼过滤设备主要包括：重力过滤机、真空过滤机、加压过滤机、压榨过滤机和过滤离心机等五类。除重力过滤外，其余四类硫酸法钛白粉生产均要用上。

② 偏钛酸滤饼主要使用过滤设备。

a. 真空过滤机：最常用的是间歇式真空叶滤机，部分使用连续式转鼓真空过滤机。

b. 压滤过滤机：常用的有厢式隔膜压榨过滤机和不带隔膜的厢式压滤机。

2．滤饼的洗涤原理

（1）滤饼洗涤的目的与洗涤过程　在固液分离的滤饼过滤中，洗涤滤饼的目的是用不含杂质（或接近于不含杂质与滤液杂质含量更低的）的液体穿过滤饼层，使之将残留在滤饼上的滤液置换出来，除去滤饼内残存的杂质溶质，或回收滞留在滤饼中的有价值的母液。偏钛酸滤饼的洗涤在水解与偏钛酸的制备中占有举足轻重的地位，是钛白粉产品质量优异与否的关键一环，尤其是分离洗去偏钛酸中的残存金属离子的极限值，直接影响到钛白粉产品的颜色与"卖相"。尤其是滤饼洗涤在整个过滤分离过程中占有的时间比重大，在偏钛酸净化分离过程中洗涤时间几乎要占去 70%以上，甚至更高。洗水用量和洗涤效率的高低也是洗涤过程的关键。洗涤过程有置换洗涤和再浆化洗涤之分。

① 置换洗涤。置换洗涤是直接洗涤滤饼表面，并渗入滤饼空隙间进行置换与传质的过程。置换洗涤过程的计算以洗涤动力学为基础，而洗涤动力学的直观描述即洗涤曲线。若洗液通过滤饼的阻力过大，导致洗涤时间过长，或脱水造成滤饼龟裂而无法进行置换洗涤时，应采用新鲜的洗涤液将滤饼进行再浆化洗涤。偏钛酸加三价钛漂洗就兼有此作用。

② 再浆化洗涤。通常置换洗涤比再浆化洗涤效率高。当单级洗涤由于洗涤液用量大，洗涤浓度低而不能达到预期的目的时，需要采用多级洗涤，多级洗涤又分为并流和逆流洗涤。偏钛酸的一洗、再浆漂白和二洗，既包含了置换的多级洗涤，又包含了再浆化洗涤操作。

（2）滤饼洗涤原理的数据表示法

① 洗涤比 R。洗涤比 R 是洗涤液体积 V_w(m^3)与过滤结束时保留在滤饼空隙中滤液体积 V_v(m^3)之比。

$$R = \frac{V_w}{V_v} = \frac{V_w}{AL\varepsilon} \tag{4-43}$$

式中，A 为过滤面积，m^2；L 为滤饼厚度，m 为滤饼空隙率，%。

洗涤排除液中的相对溶质浓度 Y（%），定义为：

$$Y = \frac{y - y_w}{y_0 - y_w} \tag{4-44}$$

式中，y 为某个洗涤时刻排除的洗液中的溶质浓度；y_w 为洗液中原有溶质浓度（常假定 $y_w = 0$）；y_0 为初始洗涤时排出的洗液中溶质浓度（一般 y_0 即为滤饼中滤液浓度）。

当 $y_w = 0$ 时，则 $Y = y/y_0$，称为洗涤液排除液相对溶质浓度。

同理，以滤饼残存滤液的相对溶质质量浓度 X（%）表示：

$$X = \frac{x}{x_0} \tag{4-45}$$

式中，x_0 为滤饼滤液的初始浓度（显然 $x_0 = y_0$）；x 为某一时刻滤饼中滤液的溶质浓度。

以横坐标为 R，纵坐标为 Y（或者 X）作图，即为洗涤曲线，见图 4-55。由图可知，理想的置换洗涤应是在 $R = 1$ 时 $Y = 1$，即滤饼空隙体积中的滤液被完全置换。实际上由于滤饼空隙大小、形状不一，又有一些是不贯穿的孔，不可能完全置换。

置换洗涤的机理是洗液取代滤饼空隙中的滤液。洗涤时，洗液以活塞流形式挤出滤液（其溶质浓度恰与滤饼中残存滤液的溶质浓度相等），置换洗涤是否彻底与滤饼结构、可压缩性、残留滤液的黏度、洗液黏度等因素有关。

② 通用洗涤曲线。当洗涤比为 R 时，某个时刻从滤饼中排出的溶质分数为 f，残留在滤饼中的溶质分数则为 $1-f$，假设固体颗粒没有对溶质产生吸附，则 $X = 1-f$。滤饼洗涤就是用洗涤液置换其内的溶质，洗涤时能够置换出的溶质与洗液量有关，而与其是否含溶质基本无关，因此滤饼中残液的溶质浓度可表示为：

$$x = x_0 X(R) + y[1 - X(R)] \tag{4-46}$$

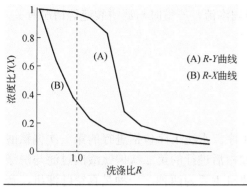

图 4-55　滤饼洗涤曲线

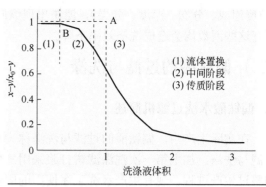

图 4-56　通用洗涤曲线

式中，右边第一项表示由滤液初始浓度 x_0 而形成现有滤液的溶质浓度；第二项表示溶质浓度为 y 的洗液带入滤液中的溶质浓度，由上式得：

$$X(R) = (x-y)/(x_0-y) \tag{4-47}$$

以 $X(R)$ 与 R 的关系可作出洗涤曲线，由于它消除了初始洗液溶质浓度的影响，称之为通用洗涤曲线，见图 4-56。

如图 4-56 所示，在曲线 A 区域内，从滤饼中排出杂质所需洗涤液的体积，等于滤饼的空隙体积，在其初期形成活塞流，实现最佳的置换；而因滤饼孔隙大小不等，洗涤液会较快地穿过较大的孔隙，且在洗涤液一个孔隙体积用完之前，如图所示的 B 区，洗涤液浓度开始下降。在滤饼洗涤过程中洗涤液分为三个阶段：序号（1）为流体置换阶段，洗涤液以活塞的形式顶出残留在滤饼中的杂质溶质。序号（2）为中间阶段，洗涤液通过滤饼的较小孔隙，从而置换出一定量的杂质溶质。由于较小孔隙中流出的液体被大的孔隙中流出的液体所稀释，大空隙中的洗涤速率是由传质机理控制；序号（3）为传质阶段，经过流体置换和中间阶段之后，一些残留液仍未被洗涤流体置换出来，而滞留在滤饼的细小孔隙中，仅能靠扩散与混合过程排出。偏钛酸因水解胶化后与絮凝胶团形成滤饼，其中除了存在大量小孔隙外，还有较多毛细孔和半封闭的毛细孔存在，其单位比表面积达到 $300m^2/g$。在这种复杂的情况下，传质阶段包含如下几种基本机理：a.固体中的内部扩散；b.由固体孔隙中传递到液相中；c.由颗粒微孔中扩散到颗粒表面；d.在颗粒周围液体中的扩散；e.颗粒间的孔隙内涡流混合；f.滤饼在洗涤过程中的结构变化。

因此，偏钛酸洗涤过程的现象较为复杂，洗涤工艺优劣直接影响生产效率与产品质量。

③ 洗涤效率。根据物料衡算，洗涤后滤饼内残留溶质的百分数 X 为洗涤效率 E 与洗涤比 R 的函数，可表达为：

$$X = (1 - \frac{E}{100})^R \tag{4-48}$$

式中，E 为洗涤效率，%。

当 $R=1$ 时，洗涤液被带出的溶质的质量分数为 $X = (1 - \frac{E}{100})$，则：

$$E = 100(1 - X)\% \tag{4-49}$$

若以 $R=1$ 为基准，则洗涤效率也可以按式（4-49）表示。

洗涤效率与设备的结构、操作、洗涤方式、洗涤分布均匀程度有关，同时与滤饼的构成

（粒度组成、分布、厚度、分层），滤饼出现纵向、横向沟流，严重时与滤饼裂缝等情况有关，所有这些因数均会造成洗涤效率下降。

（二）偏钛酸的过滤与洗涤

1．偏钛酸水洗过滤机简述

在实际生产中，偏钛酸的过滤与洗涤称为水洗工序。水洗工序包括进行的第一次偏钛酸过滤与洗涤，加上第一次洗涤滤饼打浆采用三价钛漂白后进行的第二次偏钛酸的过滤与洗涤的整过生产过程。现有生产水洗工序使用的固液分离机主要为两种，一种是真空叶滤机，音译名称又叫作莫尔过滤机（Moore filter）；而另一种是隔膜压滤机，即在厢式压滤机基础上增加了压榨橡胶隔膜，又称之为厢式隔膜压榨过滤机。因偏钛酸水洗速率低，通常操作时间在2～4h，需要的过滤面积大，无论采用真空叶滤机还是厢式隔膜压滤机，因其结构1组（台）叶滤机是由若干滤片垂直紧靠并列排在一起，而一台厢式压滤机也是由若干滤板垂直排列在一起（立式压滤机为平行叠在一起），叠放并列组成使其过滤面积大，占地小。

（1）真空叶滤机　真空叶滤机的作业方式是先将由多个过滤叶片组合成一组构成的（单台）过滤机放入预先送入水解料浆的过滤槽（上片槽）中，至水解料浆完全浸没叶滤机后，开启真空进行抽滤，即进行过滤（上片槽），并将需要过滤的料浆继续加入，达到规定的过滤滤饼厚度后，用行车将叶滤机吊出并放入预先注有洗水的洗涤槽（洗片槽）进行洗涤，维持槽中洗涤水的液位，洗涤水中的铁含量经检测合格后，再将叶滤机吊出放入卸片槽，用水将叶滤机上的滤饼冲脱卸下，并进行打浆送下一个工序。经过三价钛还原的偏钛酸料浆二洗工序也是如此操作。现有硫酸法钛白粉生产水洗工序的真空叶滤机每组规格几乎为 $200m^2$，由 $1.6m×2.0m$ 规格的 30 片组成。

（2）隔膜压滤机　压滤机现场安装一般为上悬梁式，它便于滤布再生洗涤时，高压洗布机紧贴滤板，可有效洗涤及清除板与板之间密封面的残余固体。此外还有横梁式的压滤机，国内多数厂家使用后者。隔膜压滤机又称为厢式隔膜压榨过滤机，是从最早的由安装在适当支架上的一组开孔滤板和一组开有沟槽的滤框交替排列组成；每块滤板两面均附有滤布，形成一些以滤布为壁的滤室，在压力作用下迫使滤浆进入滤室而进行过滤。而厢式压滤机的滤室是由两块凹板上的凸棱形成，因而不再需要滤框，即将板框压滤机滤室的框"一分为二"，结构在板上形成所谓的"厢"；再将厢式滤板一面改为隔膜滤板形式，可用液压水或压缩空气鼓压隔膜对滤饼进行挤压操作；同时，隔膜对过滤滤饼进行预压，保护（托住）滤饼在洗涤时，不因空隙中滤液被置换后引起的变形或体积减小带来的洗涤液短路的洗涤效率下降问题。

2．真空叶片过滤机与厢式隔膜压滤机的对比

现有硫酸法钛白粉生产装置，其偏钛酸水洗工艺的过滤设备，在国外除亨兹曼马来西亚工厂采用厢式隔膜压滤机外，几乎仍采用真空叶滤机，唯一的差异是日本、韩国和乌克兰等部分硫酸法钛白粉生产装置在偏钛酸漂白洗涤（二洗）中仍然采用转鼓真空过滤机。而国内按 2017 年统计生产钛白粉 287 万吨，除去 10 余万吨氯化法外，其余硫酸法 275 万吨，水洗工序采用厢式隔膜压滤机装置能力约 100 万吨，占总产量的 36%，而叶滤机占 64%。其中有些老一点的企业原来使用真空叶滤机，后来扩产后新增装置采用厢式隔膜压滤机，再后来继

续异地增产装置又改为真空叶滤机；也有一些企业在水洗装置产能几倍增长后，仍然使用厢式隔膜压滤机。这充分说明，水解沉淀偏钛酸的技术进步，将提高过滤与洗涤分离杂质的生产效率，克服传统认识与技术手段的不足。

作为偏钛酸过滤与水洗工序使用的真空叶滤机和厢式隔膜压滤机，其生产方式均是间歇操作，过滤分离得到滤饼，再进行水洗，再卸除滤饼，完成偏钛酸水洗净化制备作业操作。而洗涤除去偏钛酸滤饼中的残留滤液及杂质是水洗工序分离的操作指标的重中之重。真空叶滤机与隔膜压滤机在水洗过滤与洗涤偏钛酸中的综合性能比较见表4-32。

表4-32　水洗偏钛酸过滤机的综合性能比较

比较内容	真空叶滤机	隔膜压滤机	比较内容	真空叶滤机	隔膜压滤机
占地面积	同等	同等	生产的可控性	好	一般
楼层高度	三层	三层	洗水量	适中	高
能量利用率	高	低	洗涤时间	适中	长
维修	低	高	滤布选择性	好	一般
辅助设施	少	多	滤布再生	简单	困难
投资费用	低	高	滤布使用寿命	长	中等

(三) 偏钛酸的过滤与洗涤生产操作

偏钛酸的过滤与洗涤俗称水洗工序，包含偏钛酸的过滤与洗涤的一洗和一洗滤饼打浆再加入制备的三价钛进行漂白后再进行过滤与洗涤的二洗操作。现有生产技术条件下主要有真空叶滤机与厢式隔膜压滤机两种生产操作方式。

1．真空叶滤机的过滤与洗涤生产操作

（1）生产工艺概述　生产工艺流程流程见图4-57。

（2）一洗生产操作

① 生产工艺操作。一洗的目的首先是过滤分离水解的偏钛酸沉淀和稀硫酸（过滤母液），分离获得的滤饼再进行洗涤。如图4-57真空叶滤机过滤与洗涤流程所示，将水解料浆注入一洗上片槽（过滤槽）中，待料浆达到槽内体积60%左右时，用行车将叶片过滤机放入槽中，至浆料浸漫过滤机至控制溢流液位处，开启料浆循环浆泵和真空抽滤系统。随着滤饼的增厚，偏钛酸很快覆盖过滤机滤布，而最初几分钟排出的滤液含有穿过滤布的细小偏钛酸的滤液，返回循环泵进入上片槽，其后的滤液经过气液分离器进入液封槽再转入滤液（废酸）收集槽后再送去沉降或增稠器回收其中残余的偏钛酸，清液作为废酸浓度在20%~25% H_2SO_4 之间，送废酸处理装置进行浓缩回用或其他方式的再用。

当过滤机叶片上滤饼达到足够厚度时，在真空条件下用行车将叶滤机吊起转入预先注有约60%体积二洗水的一洗洗涤槽中，至洗液浸漫过滤机至控制溢流液位处，开启洗水循环浆泵和真空抽滤系统，对滤饼进行洗涤；洗液经过气液分离器进入液封槽再转入洗液收集槽后送去沉降或增稠器回收其中残余的偏钛酸，清液送污水处理站中和处理或其他应用处理。随着洗涤的进行，对洗涤液进行检测，洗涤液达到控制指标数值要求后，保持真空条件，用行车将叶片过滤机转入卸片槽中。

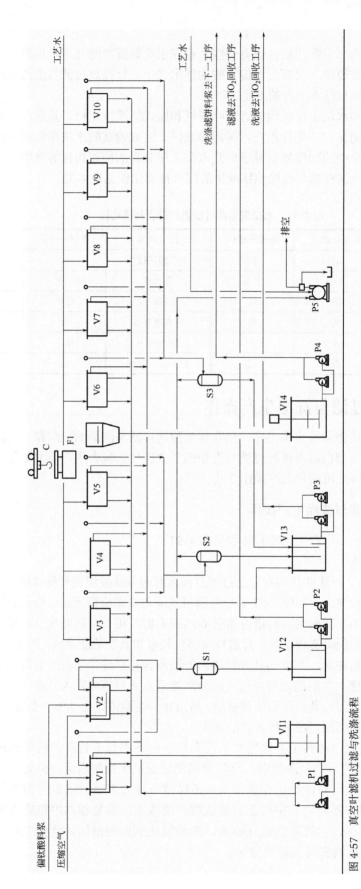

图 4-57 真空叶滤机过滤与洗涤流程

C—行车；F1—真空叶片过滤机；P1—上片清槽回料泵；P2—滤液废酸输送泵；P3—洗涤液输送泵；P4—洗料浆转料泵；P5—水环式真空泵；V1、V2—洗上片槽；V3～V10—洗洗涤槽；V11—清池受料槽；V12—洗洗液槽；V13—洗洗液槽；V14—洗料浆打浆槽

在卸片槽中，偏钛酸滤饼通过人工喷水方法从压滤机叶片上冲脱清除到卸料槽底部进入打浆槽中打浆，并控制打浆加水量调整浆料浓度，为漂白工序供料。

由于随着过滤的进行，细小粒径的偏钛酸，作为深层过滤，进入滤布的纤维微孔，阻塞滤液与洗液通道，过滤效率下降。因次，经过一定次数过滤后的叶片过滤机，需要在稀释的氢氟酸中清洗叶片（滤布）。氢氟酸清洗槽与洗涤槽同一个规格，在氢氟酸配制槽配制好的稀氢氟酸，根据需要的量预先放入清洗槽中，将需要清洗的叶滤机用行车吊入槽中，让稀氢氟酸溶液浸没过滤机，时间约2h，并根据氢氟酸的消耗量，定时补充或排到废液回收或处理站。

② 生产操作主要控制指标。

a. 主要原料规格。

水解率	≥96%
抽速	≤2min/200mL
沉速	80～100mm/30min
总钛（以 TiO_2 计）	160～180g/L
氢氟酸	≥45%

b. 主要生产指标。

一洗主要生产控制指标见表4-33。

表4-33　一洗生产操作控制指标

序号	指标名称	指标数值	备注
1	浆液温度/℃	≤70	
2	上片时间/min	50～60	
3	水温/℃	60±5	
4	洗涤时间/min	90～120	
5	洗水检测/mL	≤10	0.1mol/L 高锰酸钾溶液
6	打浆铁含量/（mg/L）	≤200	以单质铁计
7	打浆浓度/（g/L）	300～320	以 TiO_2 计
8	稀释氢氟酸/%	2～3	以 HF 计
9	叶片清洗周期/次	12～15	视生产情况而定
10	真空度/MPa	≤-0.05	

③ 主生产设备

a. 一洗上片槽。规格：6290mm × 2440mm × 2200mm，$V = 33.5m^3$。

b. 一洗料浆收集槽。规格：$V = 120m^3$。

c. 废酸收集槽。规格：$V = 200m^3$。

d. 一洗水洗槽。规格：6290mm × 2440mm × 2200mm，$V = 33.5m^3$。

e. 废水收集槽。

f. 一洗卸片槽。规格：6250mm × 2800mm，$V = 54m^3$，$N = 5.5kW + 5.5kW$。

g. 一洗打浆槽。规格：$\phi4200mm × 5200mm$，$V = 72m^3$，$N = 11kW$，$n = 31r/min$。

h. HF 槽。规格：6290mm × 2440mm × 2200mm，$V = 33.5m^3$。

i. 一洗叶滤机。规格：2100mm × 1600mm（30 片），$F = 200m^2$，叶片规格 2140mm × 1630mm，$n = 30r/min$。

j. 真空泵。规格：$Q = 5200m^3/h$，$P = 33hPa$，$N = 160kW$。

k. 水分离器。规格：$\phi1000mm \times 2630mm$。

l. 总分离器。规格：$\phi1000mm \times 2630mm$，$\phi1400mm$，$H = 3050$。

m. 双梁桥式起重机。规格：$Q = 2 \times 16t$，起吊高度6m。

（3）漂白生产工艺操作

① 漂白生产原理。在偏钛酸一洗过程中，随着滤饼中的洗液被大量置换及硫酸浓度相应的降低，跟随酸解钛液还原制得的三价钛逐渐消失，少量的亚铁易被水中的溶解氧氧化成高价铁离子，反应式如下：

$$4FeSO_4 + O_2 + 2H_2SO_4 \longrightarrow 2Fe_2(SO_4)_3 + 2H_2O \tag{4-50}$$

三价铁离子对偏钛酸的吸附能力强，洗涤无法将其除去；再加上絮凝偏钛酸粒子中存在大量的毛细孔，不仅吸附铁的高、低价两种离子，而且也吸附一些对产品颜色影响更大的有色金属离子，如 Cr、Cu、V、Mn、Ni 等。因此，在第一次洗涤结束，将偏钛酸滤饼重新打浆，并用三价钛溶液进行漂白，将所有高价有色金属离子还原成易溶易扩散的低价离子，比如高铁再次还原成亚铁，其反应式如下：

$$2Fe_2(SO_4)_3 + Ti_2(SO_4)_3 + 2H_2O \longrightarrow 2FeSO_4 + 2TiOSO_4 + 2H_2SO_4 \tag{4-51}$$

漂白是在带有搅拌和加热的衬有耐酸瓷砖的反应釜中进行。首先将一洗滤饼打浆，料浆浓度调整到 300～320g/L；然后，按每升料浆含 40g/L 硫酸和 0.5g/L 三价钛的浓度量，加入硫酸和制备的三价钛溶液，在 40～60℃温度下，搅拌 1～2h，漂白不仅是还原高价金属离子，而且是让偏钛酸絮凝粒子中因毛细管吸附的有色金属离子，在酸的作用下进行扩散和交换到漂白溶液中的再浆洗涤过程，同时，经过二次洗涤，达到工艺去除有色离子浓度的极限值，满足钛白粉白度颜料性能指标。

关于制备三价钛的钛原料来源主要有三种：一是水解经过一洗的偏钛酸，其中的铁含量低，按一洗指标单质 Fe 为 ≤200mg/g TiO$_2$；二是分离七水亚铁后的净化钛液（包括钛渣原料净化钛液），其中 Fe/TiO$_2$ 质量比为 0.3 左右，铁含量高，达到以 TiO$_2$ 计含量的 30%；三是酸解未分离亚铁的沉降钛液，其中铁含量最高，达到 60%（钛矿 TiO$_2$ 含量 47%，FeO 含量包括高价铁还原使用铁粉共计约 36%）。所以，为了在漂白时，不随三价钛加入过多的铁，影响洗涤效率，几乎采用第一种方式制备三价钛溶液。

② 三价钛制备。

a. 工艺操作。根据一洗打浆的偏钛酸浓度（以 TiO$_2$ 计），计算设定的偏钛酸体积量，向由标准规格的搪瓷构成的三价钛制备槽加入定量的偏钛酸，并启动搅拌。在搅拌 10min 后，停搅拌取样分析料浆中 TiO$_2$ 含量，取样后启动搅拌。根据化验结果计算硫酸加量，向三价钛制备槽加入定量的硫酸。加完硫酸 15～20min 后，用蒸汽将料浆间接加热至（140±5）℃左右，溶液呈茶褐色透明后，再保温搅拌 30min。10min 后用循环水将槽内反应物冷却至 60～65℃后，向三价钛配制槽加入计算好的脱盐水量，用加入脱盐水将物料浓度调节至 70.0～90.0g/L（以 TiO$_2$ 计）。在 10min 内，分 3～4 批向三价钛制备槽内均匀加入计算量铝粉进行还原，加完铝粉后保温 30min。保温结束后，在循环下将反应物冷却到 25～30℃。停搅拌，取样送化验室分析溶液 Ti^{3+} 含量、还原率。检验合格后，将制备好的三价钛溶液放入三价钛储槽备用。

b. 工艺操作指标。工艺操作指标见表 4-34 所示。

表 4-34 三价钛生产操作指标

序号	指标名称	指标数值	备注
1	一洗合格打浆料/（g/L）	300～320	以 TiO_2 计
2	浓硫酸/%	95.0～98.5	以 H_2SO_4 计
3	酸溶温度/℃	130～150	
4	酸溶保温时间/min	30	
5	铝粉用量（Al/TiO_2）	(1.3～1.5)∶1	质量
6	还原温度/℃	70～80	
7	还原保温时间/min	30	
8	Ti^{3+}浓度/（g/L）	70.0～90.0	以 TiO_2 计
9	硫酸加量（H_2SO_4/TiO_2）	5∶1	质量
10	冷却温度/℃	25～30	

c. 三价钛制备主要设备。

i. 三价钛制备槽。规格：夹套加热搪瓷反应釜，$V=5m^3$，$\phi1750mm$，$L_总=4725$，$N=5.5kW$，加热面积 $F=13.8m^2$。

ii. 三价钛储槽。规格：材料 PP，$V=10.5m^3$，$\phi2600mm×2200mm$。

iii. 三价钛计量槽。规格：材料 PP，$V=3.5m^3$，$\phi1500mm×2000mm$。

③ 漂白。

a. 工艺操作。将一洗料浆加入密度控制槽，当液位淹没下层浆叶时启动搅拌，当液位达到仪表高限时，停止一洗料浆供料。搅拌 30min 后，取样测 TiO_2 含量，并按料浆浓度 300～320g/L 计算出工艺水加量，进行浓度的调整；加入计算量的工艺水，搅拌混合均匀。

漂白槽的进料：设定批量控制器定量为 40m^3，向漂白槽加入在密度控制槽调好密度的偏钛酸料浆，当液位达到搅拌浆叶时启动搅拌，料浆放到 40m^3 后，停止进料。

计算金红石煅烧晶种和硫酸的加入量：按批量设定好硫酸加入量，按工艺规定的比例设定金红石煅烧晶种的加入量。若生产锐钛型钛白粉产品或非颜料级二氧化钛产品，在漂白时不加入煅烧金红石晶种。

硫酸的加入：向漂白槽料浆中加入蒸汽，开始升温。将设定量的硫酸缓慢加入漂白槽中。

升温和晶种的加入：将加入硫酸后的漂白槽中的料浆升温至 60℃。设定并开启晶种批量控制阀，向漂白槽中加入煅烧金红石晶种。

三价钛（Ti^{3+}）的加入：保温搅拌 10min 后，按 0.3～0.5g/L 计算三价钛的加入量，向漂白槽中加入三价钛。

保温取样：加入三价钛后保温搅拌 60min。取样送分析室测 Ti^{3+}、TiO_2、游离酸的量。检测合格后，将漂白后的浆料送入二洗进料储槽为二洗供料。

b. 漂白主要生产操作指标。漂白生产主要操作指标见表 4-35。

表 4-35 漂白生产主要操作指标

序号	指标名称	指标数值	备注
1	一洗合格打浆料/（g/L）	300～320	以 TiO_2 计
2	浓硫酸/%	95.0～98.5	以 H_2SO_4 计
3	漂后 Ti^{3+}浓度/（g/L）	0.3～0.6	以 TiO_2 计
4	反应温度/℃	60～65	
5	晶种加量/%	5.0～7.0	TiO_2/TiO_2

c.漂白不正常现象与处理。漂白不正常现象与处理见表4-36。

表4-36　漂白不正常现象与处理

序号	不正常现象	产生原因	处理措施
1	料浆中三价钛含量过低	偏钛酸中含 Fe^{3+} 量较高	应补加三价钛溶液
		还原剂的加量不足	
2	料浆中三价钛含量过高	所加还原剂过量	准确计算还原剂加量
		搅拌不均匀，一部分还原剂还未与偏钛酸混合均匀	延长搅拌时间，使还原剂与料浆混合均匀
3	三价钛制备时冒罐	铝粉加入速度过快，反应剧烈，反应温度太高	铝粉应减慢加入，开冷却水降低物料温度
4	三价钛还原率偏低	还原剂质量差；加入铝粉速度过快；反应温度过高	补加铝粉；更换铝粉；延长还原保温时间

d. 漂白主要生产设备。

ⅰ. 密度控制槽。规格：$\phi5400mm \times 5400mm$，全容积 $V = 123.6m^3$，附搅拌电机 $N = 15kW$。

ⅱ. 漂白槽。规格：$\phi4000mm \times 5400mm$，$V = 62.4m^3$，附搅拌器电机 $N = 15kW$。

ⅲ. Ti^{3+}贮槽。规格：$\phi2800mm \times 3200mm$，全容积 $V = 19.7m^3$。

ⅳ. Ti^{3+}计量槽。规格：$\phi1000mm \times 1800mm$，全容积 $V = 1.4m^3$。

（4）二洗生产操作

① 生产工艺操作。二洗的目的首先是过滤分离漂白后的偏钛酸料浆，分离获得的滤饼再进行洗涤。二洗工艺流程几乎与一洗工艺流程一样，详见真空叶滤机的过滤与洗涤工艺操作所述，但不含氢氟酸清洗叶片过程。

② 生产操作主要控制指标。

a. 主要原料规格。见漂白料浆指标。

b. 主要生产指标。二洗主要生产控制指标见表4-37。

表4-37　二洗主要生产控制指标

序号	指标名称	指标数值	备注
1	浆液温度/℃	≤70	
2	上片时间/min	30～50	
3	水温/℃	60±5	
4	洗涤时间/min	90～120	
5	洗水检测/mL	≤10	0.1mol/L 高锰酸钾溶液
6	TiO_2干基铁含量/（mg/L）	≤30	以单质铁计（金红石）
7	TiO_2干基铁含量/（mg/L）	≤60	以单质铁计（锐钛型）
8	打浆浓度/（g/L）	330～350	以 TiO_2 计
9	稀释氢氟酸/%	2～3	以 HF 计
10	叶片清洗周期/（次/d）	12～15	视生产情况而定
11	真空度/MPa	≤-0.05	

③ 主要生产设备。

a. 二洗上片槽。规格：$6290mm \times 2440mm \times 2200mm$，$V = 33.5m^3$。

b. 二洗料浆收集槽。规格：$V = 120m^3$。

c. 二洗水洗槽。规格：$6290mm \times 2440mm \times 2200mm$，$V = 33.5m^3$。

d. 洗水收集槽。规格：$200m^3$。

e. 二洗卸片槽。规格：6250mm×2800mm，$V=54m^3$，$N=（5.5+5.5）kW$。

f. 二洗打浆槽。规格：$\phi4200mm×5200mm$，$V=72m^3$，$N=17kW$，$n=31r/min$。

g. HF 槽。规格：6290mm×2440mm×2200mm，$V=33.5m^3$。

h. 二洗叶滤机。规格：叶片规格 2140mm×1630mm，$F=200m^2$，$n=30r/min$。

i. 真空泵。规格：$5200m^3/h$，$P=33hPa$，$N=160kW$。

j. 水分离器。规格：$\phi1000mm×2630mm$。

k. 总分离器。规格：$\phi1000mm×2630mm$，$\phi1400$，$H=3050mm$。

l. 双梁桥式起重机。规格：$Q=2×16t$，起吊高度 6m。

2．厢式隔膜压滤机的过滤与洗涤生产操作

厢式隔膜压滤机的过滤与洗涤生产操作原理，除一洗和二洗的叶滤机改为厢式隔膜压滤机外，其余水解料浆的备料、滤液与洗液、打浆、漂白等与叶滤机水洗工艺完全相同，此处不再赘述。

（1）生产工艺概述　隔膜压滤机过滤与洗涤流程见图 4-58。图中为单台流程，通常根据生产装置能力的需要多台并联，除高压滤布洗涤供水泵、滤液与洗液收集转料槽和泵可共用外，进料泵，尤其是洗水进料泵不能够共用。

（2）一洗生产操作与控制指标

① 生产操作。一洗的目的与任务与真空叶滤机一样。如图 4-58 隔膜压滤机过滤与洗涤流程所示，将水解料浆用泵定量地经过厢式隔膜压滤机 F1 中心进料口送入压滤机中进行进料过滤，最初 1～2min 的滤液返回进料槽中，其后的滤液经过滤液转料槽 V1 后送去沉降或增稠器回收其中残余的偏钛酸，清液作为废酸浓度在 20%～25% H_2SO_4 之间，送废酸处理装置进行浓缩回用或其他处理方式的再用。

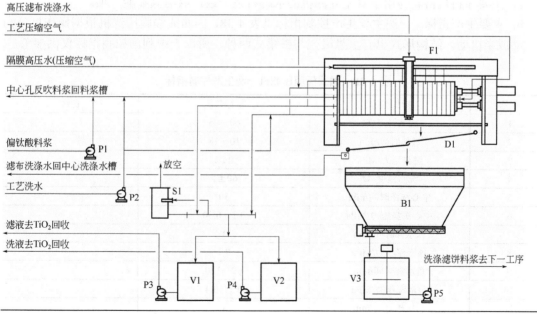

图 4-58　隔膜压滤机过滤与洗涤流程

B1—滤饼料斗；C1—螺旋输送机；D1—滤布洗水收集盘；F1—自动箱式隔膜压滤机；P1—过滤料浆进料压滤泵；P2—工艺洗水进料泵；P3—滤液转料泵；P4—滤液转料泵；P5—洗涤滤饼浆转料泵；S1—气液分离器；V1—滤液转料槽；V2—洗液转料槽；V3—滤饼打浆转料槽

当预设定的进料量完成后，用压缩空气从反吹口对压滤机滤板中心孔（洗涤死区）进行反吹，反吹出来的料液返回进料槽。反吹结束后，洗水泵将洗水送入中心进料口进行中心洗涤，洗液经过滤饼后穿过滤布而流出压滤机进入洗液转料槽 V2。中心洗涤结束后，用压缩空气或压力水（因设备配置选定压榨介质）对隔膜滤板施压进行滤饼的预压，并维持预压压力，防止滤饼受重力影响变形产生洗涤短路现象；然后进行交叉侧水洗，即从滤板侧面上下分布的进水孔进入洗水，洗水经过本侧滤板的滤布后，穿过滤饼层，再经过滤饼另一侧板的滤布，进入另一侧滤板的对称侧面出水孔排出，洗液与中心洗液一并进入洗液转料槽收集后，送去沉降或增稠器回收其中残余的偏钛酸，清液送污水处理站中和处理或其他应用处理。随着洗涤的进行，对洗涤液进行检测，洗涤液达到控制指标数值要求后，关停洗水，再施加压缩空气或压力水对隔膜鼓压，挤压滤饼与压滤机腔室中的积水；压榨结束后，用压缩空气吹滤饼与滤板及中心孔和洗涤液死区的积水；吹饼结束后，松开压滤机压紧液压系统，压滤机滤板之间少量的积水，落入压滤机下面设置的滤布洗水收集盘 D1，收集液进入洗液转料槽 V2；卸液完毕，放下 D1，开启压滤机机械拉板装置，板一拉开，滤板与滤板之间的滤饼，掉落在 D1 放下后在下面的不锈钢格子栅，靠滤饼自身重力大块被破成小块，同时人工辅助清理滤布上残留或粘住的滤饼。滤饼掉进螺旋输送机送入打浆槽转料槽 V3，经过洗涤滤饼浆转料泵 P5 送漂白密度控制槽，控制其浆料固体浓度，为漂白供料。

由于随着过滤的进行，细小粒径的偏钛酸，作为深层过滤，尤其是过滤压力较大和压榨作用，进入滤布的纤维微孔，阻塞滤液与洗液通道，过滤效率下降，以致滤布发硬。因此，经过一定次数过滤洗涤后用压滤机配置洗布装置，采用高压水对滤布进行洗涤再生，或定时拆换滤布。

② 生产操作主要控制指标。

a. 主要原料规格。与用于真空叶滤机的水解料浆一致，取消氢氟酸一项。

b. 主要生产指标。一洗主要生产控制指标见表 4-38，因厢式隔膜压滤机根据操作可分为全自动或半自动，结构形式也有上悬梁式与横梁式两种，所以表中列出控制指标仅供参考。

表 4-38　厢式隔膜压滤机一洗生产控制指标

序号	指标名称	指标数值	备注
1	浆液温度/℃	60～65	
2	进料时间/min	10～18	
3	进料压力/MPa	0.22	
4	洗水温度/℃	60±5	
5	中心洗涤时间/min	30	
6	中心洗涤压力/MPa	0.2～0.30	
7	预压榨时间/min	1	
8	预压榨压力/MPa	0.2	
9	角水洗时间/min	60～120	
10	角水洗压力/MPa	0.3～0.4	
11	后压榨时间/min	1	
12	后压榨压力/MPa	0.6	
13	吹饼时间/min	1	
14	吹饼压力/MPa	0.6	

序号	指标名称	指标数值	备注
15	吹中心管时间/min	1	
16	吹中心管压力/MPa	0.6	
17	逼气时间/min	1	
18	逼气压力/MPa	0.6	
19	压滤机打开/压紧/撤压时间/min	4	
20	压滤机打开/压紧/撤压压力/MPa	0.6	
21	卸饼时间/min	15～20	
22	洗水检测/mL	≤10	0.1mol/L 高锰酸钾溶液
23	打浆铁含量/（mg/L）	≤200	以单质铁计
24	打浆浓度/（g/L）	300～320	以 TiO_2 计
25	叶片清洗周期/（次/d）	12～15	视生产情况而定

③ 主要生产设备。

a. 厢式隔膜压滤机。

ⅰ. 进口（德国）。规格型号：AEHIS M 1520；滤板尺寸：1500mm × 1500mm；腔室数目：82；滤饼厚：40mm；过滤面积：$F = 305m^2$。

ⅱ. 国产（景津）。规格型号：XAZG320-1500 × 1500；滤板尺寸：1500mm × 1500mm；腔室数目：84；滤饼厚：40mm；过滤面积：$F = 320m^2$。

b. 洗布加压泵。规格型号：3DP-3，卧式高压泵 $Q = 16.92m^3/h$，$P = 7MPa$，$N = 55kW$。

c. 压榨水泵。规格型号：D46-30，$Q = 46m^3/h$，$P = 150m$，$N = 37kW$。

e. 一洗料浆收集槽。规格：$V = 120m^3$。

f. 废酸收集槽。规格：$V = 200m^3$。

g. 废水收集槽。规格：$V = 200m^3$。

（3）二洗生产操作与控制指标

① 生产操作。二洗的目的与任务同样和真空叶滤机一样，如图 4-58 隔膜压滤机过滤与洗涤流程所述，将漂白料浆用泵定量地经过二洗厢式隔膜压滤机中心进料口送入压滤机中进行进料过滤，最初 1～2min 的滤液返回进料槽中，其后的滤液经过滤液转料槽 V1 后送去沉降或增稠器回收其中残余的偏钛酸，清液经过洗液转料槽 V2 后，用滤液转料泵 P3 送入一洗中心洗水供料槽，作为一洗中心洗水复用。

当预设定的进料量完成后，用压缩空气从反吹口对压滤机滤板中心孔（洗涤死区）进行反吹，反吹出来的料液返回进料槽。反吹结束后，洗水泵将洗水送入中心进料口进行中心洗涤，洗液经过滤饼后穿过滤布而流出压滤机进入中心洗液转料槽收集和回收其中穿滤的细小偏钛酸。中心洗涤结束后，用压缩空气或压力水对隔膜滤板施压进行滤饼的预压，并维持预压压力；然后进行交叉侧水洗，即从滤板侧面上下分布的进水孔进入洗水，洗水经过本侧滤板的滤布后，穿过滤饼层，再经过滤饼另一侧板的滤布，进入另一侧滤板的对称面出水孔排出，洗液进入洗液转料槽收集后，送去沉降或增稠器回收其中残余的偏钛酸，清液送一洗洗水供料槽作为一洗洗水复用。随着洗涤的进行，对洗涤液进行检测，洗涤液达到控制指标数值要求后，关停洗水，再施加压缩空气或压力水对隔膜鼓压，挤压滤饼与压滤机腔室中的积水；压榨结束后，用压缩空气吹滤饼与滤板及中心孔和洗涤液死区的积水；吹饼结束后，松开压滤机压紧液压系统，压滤机滤板之间的少量积水，落入压滤机下面设置的滤液洗水收集盘，收集液进入洗水收集槽；卸液完毕，放下收集盘，开启压滤机机械拉板装置，板一拉开，滤板与滤板之间的滤饼，掉落在收集盘放下后在下面的不锈钢格子栅上，靠滤饼自身重力大块被破成小块，同时人工辅助清理滤布上残留或粘住的滤饼。滤饼从格子栅掉入打浆转料槽，配水进行打浆，控制其浆料固体浓度，为下一道煅烧与钛白粉粗品制备的盐处理工序供料。

滤布洗涤与一洗一样，靠配置在厢式隔膜压滤机上的洗布装置，用高压水进行冲洗再生。直到滤布再生效率下降，停机拆卸更换新滤布。

② 生产操作主要控制指标。

a. 主要原料规格。与真空叶滤机的漂白料浆一致。

b. 主要生产指标。二洗生产控制指标见表 4-39，因厢式隔膜压滤机根据操作可分为全自动或半自动，结构形式也有上悬梁式与横梁式两种，所以表中列出操作指标仅供参考。

表 4-39 厢式隔膜压滤机二洗生产控制指标

序号	指标名称	指标数值	备注
1	浆液温度/℃	60～65	
2	进料时间/min	10～18	
3	进料压力/MPa	0.22	
4	洗水温度/℃	60±5	三洗洗水＋工艺水
5	中心洗涤时间/min	30	
6	中心洗涤压力/MPa	0.2～0.30	
7	预压榨时间/min	1	
8	预压榨压力/MPa	0.2	
9	角水洗时间/min	60～120	
10	角水洗压力/MPa	0.3～0.4	
11	后压榨时间/min	1	
12	后压榨压力/MPa	0.6	
13	吹饼时间/min	1	
14	吹饼压力/MPa	0.6	
15	吹中心管时间/min	1	
16	吹中心管压力/MPa	0.6	
17	逼气时间/min	1	
18	逼气压力/MPa	0.6	
19	压滤机打开/压紧/撤压时间/min	4	
20	压滤机打开/压紧/撤压压力/MPa	0.6	
21	卸饼时间/min	15～20	
22	洗水检测/mL	≤10	0.1mol/L 高锰酸钾溶液
23	打浆铁含量/(mg/L)	≤30	以 TiO$_2$ 干基单质铁计
24	打浆浓度/(g/L)	300～320	以 TiO$_2$ 计
25	滤布清洗周期/(次/d)	1	视生产情况而定

③ 主要生产设备。与一洗同一配置。

a. 厢式隔膜压滤机。

ⅰ. 进口（德国）。规格型号：AEHIS M 1520；滤板尺寸：1500mm×1500mm；腔室数目：82；滤饼厚：40mm；过滤面积：$F = 305m^2$。

ⅱ. 国产（景津）。规格型号：XAZG320-1500×1500；滤板尺寸：1500mm×1500mm；腔室数目：84；滤饼厚：40mm；过滤面积：$F = 320m^2$。

b. 洗布加压泵。规格型号：3DP-3，卧式高压泵 $Q = 16.92m^3/h$，$P = 7MPa$，$N = 55kW$。

c. 压榨水泵。规格型号：D46-30，$Q = 46m^3/h$，$P = 150m$，$N = 37kW$。

e. 一洗料浆收集槽。规格：$V = 120m^3$。

f. 废酸收集槽。规格：$V = 200m^3$。

g. 废水收集槽。规格：$V = 200m^3$。

3．压滤机与膜过滤结合的生产操作

该技术对水解偏钛酸的一洗与二洗，采用压滤机进行过滤与再浆洗涤。再浆洗涤液采用反渗透膜进行膜分离；膜分离的浓液（硫酸和硫酸亚铁）与 20%左右的废酸滤液合并做废酸处理，膜分离清液代替工艺洗水返回压滤滤饼进行再浆洗涤。

此工艺号称没有洗涤废水排放，目前正在硫酸法装置中进行工业试验。不过再浆洗涤需要充分考虑滤饼持液量多寡，如一洗偏钛酸持液量达到近三分之二（滤饼含固量百分之三十几），且其中的铁含量在 4%，要降到 200mg/L，即 0.02%，需要为原来的 1/200(0.02/4 = 1/200)，再浆倍数按三倍操作，需要再浆 5 次（$4/3^5 \approx 0.0165$），不仅增加了压滤机的操作次数，而且再将洗水同样不少。按偏钛酸过滤后的滤饼含固量 30.0%，滤饼持液量 66.6%，再浆一次洗水为 7.0t 水（1/0.3-1）×3≈7.0，5 次则需要 35t 洗水，与不再浆直接洗涤未能节约水。然而，膜分离是靠分子与离子的大小经过反渗透压力迫使洗液中的水分子与硫酸和硫酸亚铁分离，但是洗液中含有饱和的硫酸氧钛和饱和的硫酸钙杂质，是否会在膜表面及膜孔径中，在分离时因压力、温度、浓度波动等条件变化所致，膜分离两溶质的过饱和度变化，致其析出结垢物堵塞膜的过滤通道而带来的能力衰减和效率下降及经济投入与产出问题，还需要连续的工业试验验证技术数据与经济数据。

第五节
煅烧与钛白粉初级品的制备

通过水解与水洗制备的偏钛酸，仍然是由约 5nm 粒径的初生锐钛型微晶体颗粒胶化并絮凝成团的聚集体，要让其达到颜料性能的粒子与粒径范围的晶体颗粒，只有通过高温煅烧经过初生微晶熔融使晶体增长到 200～350nm 的微晶体颗粒，才是具有颜料性能的二氧化钛颗粒初级产品，亦称之为钛白粉粗品。粗品需再经过进一步的后处理加工，才能称之为真正意义上的钛白粉正式产品。

煅烧是偏钛酸经过脱水、脱硫、晶体增长与晶型转化的固态化学反应结晶过程。为了控制获得的单个晶体颗粒在 200~350nm 的颗粒粒径范围内和需要的晶型品种及晶型转化率，除水解或漂白需加入金红石晶种外，还需要加入不同的晶体增长促进剂和晶体增长抑制剂，促使晶体按颜料性能要求的颗粒范围增长和防止晶体过快增长带来微晶体颗粒间熔融黏结（烧结），达到生产最佳颜料性能的钛白粉初级产品。

二洗净化制取的偏钛酸经过打浆加入盐处理剂后，尽可能地除去料浆中的水分，节约转窑煅烧的能耗。早期经典的方法是用转鼓真空过滤机脱水之后，再调浆，用往复式泵送入内燃式回转煅烧窑进行煅烧，用液体或气体燃料作为煅烧能源。因能量利用率低，转鼓真空过滤机脱水后通常滤饼持液量含有 70%~80% 的水分，即煅烧 1t 钛白粉需要 3~4t 左右料浆，在转窑中要脱去 2~3t 水。现在优化应用非热力学脱水即机械脱水，采用厢式隔膜压滤机进行过滤压榨与挤压脱水，滤饼直接用送料螺旋送入回转窑进行煅烧，滤饼含水量可降到 50% 以下，转窑脱水负荷降低到 30%~40%，统一规格的转窑生产能力比传统的脱水方法提高了 2~3 倍。由于早期引进技术采用转鼓真空过滤机脱水，进转窑料浆游离水含量较高，加之其中的盐类或少量酸渗进窑尾干燥段耐火砖，因转窑的周期性旋转，耐火砖表面产生干燥与浸湿周期变化及汽化，造成耐火砖一层一层剥落和脱落，既影响产品质量，又缩短耐火砖的使用寿命，其生产运行 1~2 年就需要重新衬里耐火砖。而改为隔膜压榨脱水后，几乎杜绝了这些技术劣势。笔者在全国首先使用的非热力学脱水的厢式隔膜压榨工艺技术，不仅 1t 产品煅烧能耗（天然气）下降 40%，煅烧窑耐火砖 16 年也没有更换过，这是中国硫酸法钛白粉生产技术继水解技术进步之后的又一标志性进步。不过，由于压滤机压榨与挤压造成滤布纤维过滤微孔被进入的偏钛酸堵塞，滤布的再生与过滤性能衰减，造成滤饼水分的波动，引起盐处理剂量的变化，需要仔细控制压滤机及滤布效能的稳定。

回转窑是钢壳内部衬里耐火砖的圆筒，早期也有衬里两层内衬砖的尝试，即与钢壳接触的第一层是绝热层，第二层衬耐火砖及耐酸砖。目前已有为此目的而生产的复合衬砖，与钢壳接触层为隔热保温层，与煅烧料接触的里面层为耐火层。含有盐处理剂和煅烧晶种的偏钛酸在重力作用下，随着回转窑的旋转向窑头移动，从窑尾到窑头物料经历以下几个阶段。

① 干燥阶段。物料依次脱去游离水和结晶水。

② 脱硫阶段。水解沉淀生成的偏钛酸中，含有大量的硫酸，硫酸大部分是游离的，通过水洗已经除去；但少量的，尤其是毛细孔中的硫酸，与偏钛酸结合得很牢，系化学吸附，需要在煅烧的高温下，才能使其解吸与分解。

③ 晶型转化阶段。锐钛微晶向金红石微晶转化，可测得最低转化温度为 700℃ 左右，这种转化不是突跃式的，而是渐进的、不可逆的，转化时放出的能量为 12.6kJ/mol。转化速度受温度和其他能加速或阻止转化的添加物影响较大。偏钛酸在煅烧之前，加入盐处理剂正是为了控制转化的速度。

④ 晶体成长阶段。微晶体成长为粒径在 200~350nm 的二氧化钛微晶体粒子，这样的粒子才具备最佳的颜料性能，对光的衍射能最大，不透明度最好，做成产品的遮盖力最强。

从窑尾排出的煅烧尾气，温度约为 300~400℃，主要由水蒸气、氧气、氮气、二氧化碳、三氧化硫和少量的二氧化硫组成，还有少量含偏钛酸、锐钛型或金红石型的二氧化钛固体细粉状物。尾气先通过干式收尘器回收部分固体物，然后通过多种方式回收尾气中的显热，再用洗涤器喷水，蒸汽被冷凝，温度降至 45℃ 左右，其中未收完的夹带的固体二氧化钛被再次回收，其次气体再进入静电除雾器，将尾气中的三氧化硫除去，使排出的尾气达到排放标准。

煅烧与钛白粉粗品制备的工艺技术包括三大工序：一是盐处理与盐处理后的料浆脱水（压滤）；二是煅烧偏钛酸生产钛白粉初级产品；三是煅烧尾气的显热利用和排放处理。

一、偏钛酸盐处理与脱水

（一）盐处理

1. 盐处理的作用

现有硫酸法钛白粉生产使用的盐处理剂主要包括磷（P）、钾（K）、铝（Al）、锌（Zn）和镁（Mg）等元素的盐类。尽管有不少科学文献与发明专利技术，在控制钛白粉颗粒粒径方面进行了大量的研究，不仅硫酸法偏钛酸的煅烧，而且氯化法四氯化钛的氧化均生产出粒度分布较窄的颗粒，其盐处理剂可互为借鉴。现有技术条件下，使用前三种盐处理剂比重最大，包括氯化法生产钛白粉；而国内继续沿用锌的不少，还有折中使用铝与锌盐混合的，或者分别先进行盐处理煅烧再进行粗品混配。

盐处理剂也可称为煅烧偏钛酸生成颜料级二氧化钛的"颗粒控制剂"。其盐处理的作用，首先是为了保证煅烧粗品达到所需颜料粒子的粒径、晶型和颜色。如前水解所述，水解得到的偏钛酸是由 3～8nm 最原始初生粒子经过胶化和絮凝聚集而成为 1～2μm 的偏钛酸胶团粒子，即不是具有颜料性能的锐钛型和金红石型的 200～350nm 微晶体颗粒，需要使用煅烧工艺将初生粒子的胶团离子在"颗粒控制剂"的作用下达到颜料级微晶体颗粒。煅烧过程包含脱去结合水的脱水过程、脱去毛细孔中吸附的硫酸的脱硫过程、锐钛型二氧化钛的晶体长大过程和锐钛型向金红石型晶型的转化过程。在水解时加入的锐钛型晶种或金红石型晶种以及漂白时加入的金红石煅烧晶种，使偏钛酸具有锐钛型或金红石型的潜在增长结构，但还不能保证煅烧所得产品全是金红石型或锐钛型，也为了防止晶体颗粒增长过快和晶体间的互相烧结（这些均会导致产品变黄以至颜料性能降低）。因此，生产锐钛型钛白粉时，要向水合二氧化钛中加入晶型转化抑制剂；而要生产金红石型钛白粉，则要向水合二氧化钛中加入晶型转化促进剂（如金红石型煅烧晶种等）以及颗粒增长及烧结抑制剂，过去用得最多的是氧化锌，而现在大部分产品采用含铝离子的铝盐。

其次，盐处理是为了降低煅烧强度和温度。在水洗合格的偏钛酸中，除含有大量的游离水之外，还有结合得很牢的结合水和硫酸根。结合水在 200～300℃ 可以脱除，大部分硫酸根可以在 500～800℃ 除去。但在 800℃ 时，还有大约 0.3% 的硫酸根没有除去，使产品呈酸性，只有在更高的温度下，才能除去全部的硫酸根，得到完全中性的产品，但这样高的温度将使产品明显黄变，并烧结，造成颜料性能低劣，分散性能差，烧出的半成品质量大打折扣。在偏钛酸中加入少量的盐类，加 KOH 和 K_2CO_3 等，有利于从水合二氧化钛中脱除 SO_3，达到降低煅烧温度的目的。

金红石煅烧晶种，除能促进晶型转化外，还能调整粒子的形状及粒径大小，提高产品的消色力。

磷和钾化合物虽能阻止锐钛型向金红石型转化，但它们是良好的金红石晶型调整剂，从而制得粒子较小、白度较高和吸油量偏低的金红石型钛白粉。

氧化铝或水合铝不仅可在金红石晶型的转化率、颗粒的粒度分布、颜色等烧结的矛盾统一体中起到充分地调节作用，而且可为金红石型的颜料颗粒核心粒子提高耐候性作出贡献。笔者多次与研究转窑煅烧结晶造诣颇高的德国 Gesenhues 博士进行交流，也收到他赠送的不少发表与未发表的科学论文，也从中吸取了不少转窑煅烧科学知识，尤其是采用铝离子作为金红石钛白粉煅烧的添加剂，因其离子半径与钛离子更接近，它更能弥补煅烧时二氧化钛微晶体颗粒表面的晶格缺陷，较之过去使用氧化锌的锌盐减少光活化点（晶格缺陷）40%，从而可相对提高产品耐候性 40%。

颗粒控制剂中的抑制剂、促进剂和调整剂的合理选择和科学配比，能使晶型转化的速度和晶体成长的速度以及产品颜色三者对立统一起来。

盐处理是比较简单的物理混合过程，以处理剂在偏钛酸浆中混合均匀为原则，工业上一般搅拌 2h 即可放料。盐处理尽管加料简单，但精心控制、稳定指标操作是为煅烧提供有利条件及生产优质钛白粉的保障。

此处需要说明的是，如果生产非颜料级二氧化钛，就不需要加入盐处理剂；但是，若生产纳米级如脱硝催化剂或其他专用的超细粉体二氧化钛，可根据专门特殊用途配方加入催化剂成分。

2. 盐处理实验对比

煅烧作为硫酸法钛白粉四大关键技术之一，又是三大灵魂中继固液分离之后的第二大灵魂。晶相控制技术包含晶体成长与长大到控制长大和晶型转化两大固体结晶技术内容。晶相控制技术在硫酸法钛白粉生产工艺中扮演着使产品达到优异的颜料与材料性能的核心角色，它决定着最终产品的颜料性能与耐候性能的优异程度，作为钛白粉颜料生产的技术灵魂，它不仅操纵一个数量级纳米（3~8nm）二氧化钛向三个数量级较窄范围的纳米（200~350nm）微晶体颗粒增长，并且控制增长的速度与强度（改变结晶增长的速率常数，但不改变速率定律的动力学形式）。而且，作为主流金红石产品生产，还要肩负着从锐钛型到金红石型的晶型转化，达到最大转换率，展现更高的颜料性能；同时，还要减少增长过程带来的晶格缺陷，降低二氧化钛的光催化特性，以及减少颗粒之间互相烧结等。所以，有必要充分了解盐处理化学元素与配方在煅烧生产中对钛白粉初级产品质量的影响与作用，即盐处理剂各元素的加入量、煅烧温度与停留时间之间的作用与关系。

（1）盐处理剂对金红石转化率的作用

① 实验方法。在实验条件下，取一定量来自实际生产中的净化偏钛酸料浆，按磷、钾和铝的生产配方 $P_2O_5 : K_2O : Al_2O_3 = 0.22 : 0.22 : 0.33$，以二氧化钛的干基百分量加入，或按比例加入其中一种或两种盐处理剂，经烘干、煅烧，测不同温度和不同时间条件下的转化率。

② 试验设备。电阻炉、电子台称、X 荧光衍射仪。

③ 实验数据。实验数据略。

④ 实验结果与讨论。

a. 空白实验。磷、钾、铝三种盐处理剂均不加的空白条件下，金红石的转化率如图 4-59 所示。不加盐处理剂，在 770℃时，金红石转化率已经 70%，在 800℃时，就已经达到 100%。也就是说，偏钛酸在什么盐处理剂均不加的情况下，很容易转化成金红石。但其颗粒粒度没有颜料性能，已远远大于 200～350nm 的粒径范围。这也是生产非颜料级二氧化钛的基本原理与操作。

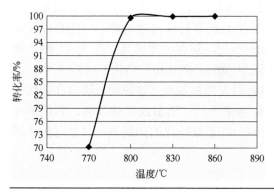

图 4-59　空白试验中金红石转化与温度的关系

b. 加钾温度和时间与转化率关系。见图 4-60 和图 4-61 所示，单独加入钾盐，在温度860℃条件下，煅烧时间 30min，转化率 84%，煅烧时间 60min，转化率 98%，煅烧时间 90min，转化率 97%，煅烧时间 120min，转化率 99.7%，在 60～120min 之间存在一个缓冲区；同样设定时间 120min 不变的情况下，随着温度提高，在 770℃时，转化率才 45%，到 800℃产生突跃，转化率达到 96%，直到 920℃时转化率达到 100%，在 800℃之后，转化率随温度增加放缓。这说明，钾盐在金红石转化率达到 95%之后，是阻止锐钛型向金红石型转化的抑制剂，并且可防止转化中烧结。

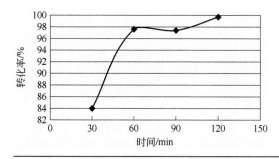

图 4-60　单加钾盐在 860℃时，时间与金红石转化率的关系

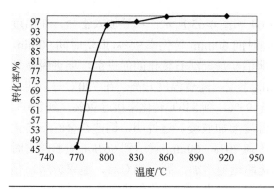

图 4-61　单加钾盐在 120min 时，温度与金红石转化率的关系

c. 加磷温度和时间与转化率的关系。如图 4-62 和图 4-63 所示，单独加入磷盐，在温度 860℃条件下，煅烧时间 30min，转化率仅有 17%，煅烧时间 60min，转化率 77%，煅烧时间 90min，转化率 87%，煅烧时间 120min，转化率 98%，而在 830℃时，在 90min 时，转化率仅 30%，直到 120min，转化率 77%，即磷盐是金红石转化的抑制剂，可阻止锐钛型二氧化钛向金红石型转化。同样，时间设定 120min 不变，随着温度提高，在 770℃时，转化率仅 10%，到 800℃，仅 30℃温差，转化率突跃至 70%，到 830℃转化率接近 80%，到 890℃达到 100%的转化率，在 800℃之后，转化率随温度增加放缓。这说明，磷盐在金红石转化率作用上，同一温度，随着时间的延长，转化速率降低；随着温度的升高，转化速率迅速提高，到 800℃后，速率放缓，是阻止锐钛型向金红石型转化的抑制剂，并且可防止转化中烧结。

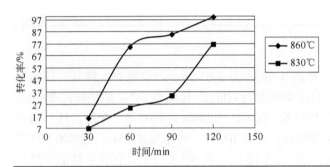

图 4-62 单加磷盐在 860℃和 830℃时，时间与金红石转化率的关系

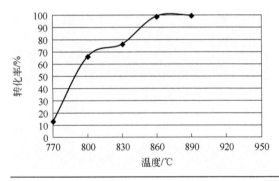

图 4-63 单加磷盐在 120min 时，温度与金红石转化率的关系

d. 加铝温度和时间与转化率的关系。如图 4-64 和图 4-65 所示，单独加入铝盐，在温度 860℃条件下，煅烧时间 30min，转化率为 70%，煅烧时间 60min，转化率 96%，煅烧时间 90min，转化率 98%，煅烧时间 120min，转化率 99.7%，即铝盐是金红石转化的促进剂，促进锐钛型二氧化钛向金红石型转化。同样，时间设定 120min 不变，随着温度升高，在 770℃时，转化率仅 39%，到 800℃时，仅 30℃温差，转化率突跃至 95%，到 830℃转化率接近 96%，到 890℃时达到 99%的转化率，在 800℃之后，转化率随温度增加放缓。这说明，铝盐在金红石转化率作用上，同一温度，在 30min 时间，转化率就达到 70%，60min 就达到 96%，随后随着时间的延长，转化速率降低；随着温度的升高转化速率迅速增加，到 800℃后，速率放缓，是促进锐钛型向金红石型转化的促进剂，这也奠定了铝盐作为晶型转化促进剂在钛白粉生产中的牢固地位。

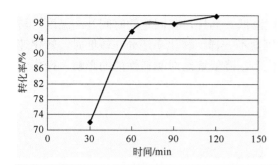

图 4-64　单加铝盐在温度 860℃时，时间与金红石转化率的关系

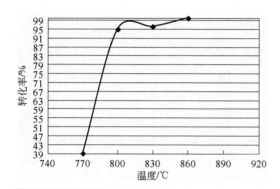

图 4-65　单加铝盐在 120min 时，温度与金红石转化率的关系

　　e. 加钾和磷混合盐温度和时间与转化率的关系。如图 4-66 和图 4-67 所示，加入钾和磷的混合盐，在温度 890℃、920℃和 950℃条件下，煅烧时间 30min，转化率随温度的高低差异较大，在 120min 时，达到转化率 90%以上后，转化速率放缓，起到了延缓锐钛型向金红石转化，抑制快速增长与烧结的作用。因采用钾和磷的混合盐处理，其最后转化时间延长，在 60min 左右，有足够时间控制钛白粉烧结颗粒增大，避免了影响颜料的性能。

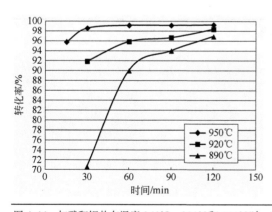

图 4-66　加磷和钾盐在温度 960℃、920℃和 890℃时，时间与金红石转化率的关系

　　f. 加铝和钾混合盐温度和时间与转化率的关系。如图 4-68 和图 4-69 所示，加入铝和钾的混合盐，在温度 890℃条件下，煅烧时间 30min，转化率就达到 96.5%，60～90min 之间有一个小平台，转化率在 98.5% 左右，其后 120min 时达到 99.7%，这是促进剂与抑制剂混同效

应的结果，在转化率提高的同时，可防止颜料性能降低。同样，在固定的时间升高温度，转化率逐渐升高，达到98%之后速率放缓。与单加钾盐不一样，转化率还处在较低时，转化速率就开始放缓。因此加铝和钾的混合盐可提高转化率，降低烧结对颜料性能的影响，操作弹性更大，更便于生产操作。

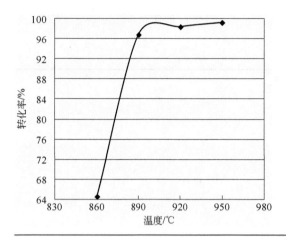

图4-67 加磷和钾盐在120min时，温度与金红石转化率的关系

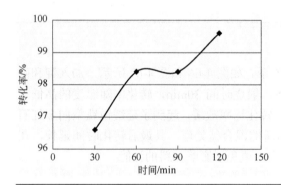

图4-68 加铝和钾盐在温度890℃时，时间与金红石转化率的关系

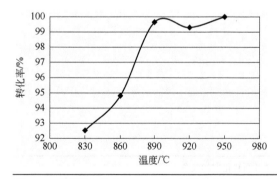

图4-69 加铝和钾盐在120min时，温度与金红石转化率的关系

g. 加铝和磷混合盐温度和时间与转化率的关系。如图4-70和图4-71所示，加入铝和磷混合盐，在温度890℃和920℃条件下，煅烧时间30min，转化率差异特别大，温度920℃时，

已达到近98%，而温度仅差30℃的890℃就仅为88%，说明铝、磷混合盐处理剂转化率对温度更敏感，反之磷作为抑制剂，温度低时更显著，但随着时间延长到90min，其转化率开始接近。同样，同一时间条件下，830℃到860℃转化率增长最快，说明在铝盐促进剂与磷盐抑制剂混合作用下，温度对转化率影响显著。由于有铝盐的促进转化作用，磷盐的抑制效果下降。

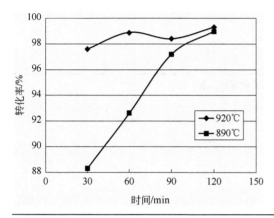

图4-70　加铝和磷盐在温度890℃和920℃时，时间与金红石转化率的关系

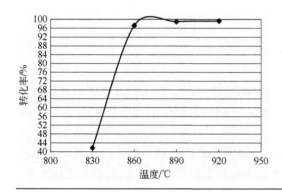

图4-71　加铝和磷盐在120min时，温度与金红石转化率的关系

　　h. 加钾、磷和铝三种混合盐温度和时间与转化率的关系。如图4-72和图4-73所示，加入钾、磷和铝的三种混合盐，在温度920℃和950℃条件下，煅烧时间30min，转化率差异特别大，温度920℃时，仅有91%，而温度仅差30℃的950℃就有97.5%，延长到60min，转化率差值没有明显的变化，到90min时，950℃的转化率几乎不变，而920℃的转化率达到95%以后也变化减缓。这表明，钾、磷、铝三种混合盐处理剂转化率对温度比对时间更敏感。同样由图4-55所示，同样的时间，温度从860℃至890℃转化率提高非常快，从47%陡然提高到95%。

　　磷和钾化合物不仅能阻止锐钛型向金红石型转化，而且它们是抑制钛白粉微晶颗粒快速增长的抑制剂，是良好的颗粒调整剂与控制剂，在锐钛型钛白粉生产和金红石型钛白粉生产中均要使用磷与钾的盐处理剂，才能生产出具有颜料级颗粒粒径的钛白粉产品。而利于金红石型钛白粉微晶体颗粒的增长，用金红石促进剂铝盐与晶种组成晶型的调整剂，从而制得粒子较小、白度较高和吸油量偏低的金红石型钛白粉。

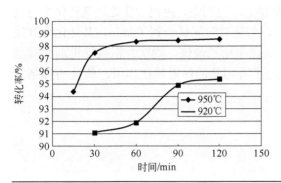

图 4-72　加钾、磷和铝盐在温度 920℃和 950℃时，时间与金红石转化率的关系

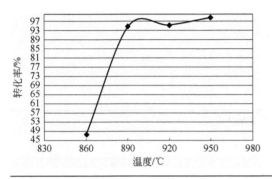

图 4-73　加钾、磷和铝盐在 120min 时，温度与金红石转化率的关系

抑制剂、促进剂和调整剂的合理选择和科学的配比，能使晶型转化的速度和晶体成长的速度相配合，还能在煅烧期间稳定产品的颜色。因此，了解盐处理剂的这些作用，在生产中，可根据实际粗品颜料性能优劣来确定工艺指标。

（2）盐处理对颜料性能配方工艺影响的研究　早期国外硫酸法钛白粉生产的盐处理剂，除采用钾与磷外，几乎采用锌（Zn）离子作促进剂，在最早引进国外生产装置的工艺技术中，也是采用锌离子作为金红石晶型转化促进剂。

由于，锌离子导致结晶在转相过程中增长过快和烧结，并相对难以掌控产品质量，即金红石转化率与颜料性能的矛盾。新装置建成投产时，先要生产锐钛型钛白粉（其颜料性质与资源利用见第一章所述）一年后，因金红石的转化率严重影响产品的颜料性能，然后再生产金红石型与锐钛型混合的产品（金红石型占 75%，锐钛型占 25%）半年，最后才生产金红石型钛白粉粗品。市场将金红石型钛白粉称为高档钛白粉，锐钛型称为低档钛白粉，占 21 世纪初期钛白粉产量的 80%，金红石型钛白粉加上引进技术装置总共占有率不到 20%。引进技术软件包合格产品要求金红石转化率为 97%～98%，而实际生产却很难达到，不得已将金红石转化率指标降低到 96%，也带来了国内金红石型产品的质量低劣与落后之名声，为进口钛白粉让出大量的市场，合格的金红石钛白粉产品严重依赖进口。所以，采用锌盐作为金红石转化促进剂，在煅烧晶体增长与晶相转化过程中，金红石转化率、消色力与白度这三个矛盾统一体，与煅烧窑体内温度、停留时间、进料量等参数很难和谐一致，致使操作范围小，根本难以控制，产品颜料性能差。其引进技术配方与笔者研究开发配方如表 4-40所示。

表 4-40　代表性生产装置盐处理剂配方

盐处理剂	引进装置 1	引进装置 2	笔者开发配方
K_2O	0.2~0.23	0.21	0.22
P_2O_5	0.13	0.06	0.22
ZnO	0.2~0.25	0.2	—
Al_2O_3	—	—	0.33
MgO	0.05		

为此，笔者带领的团队专门就盐处理剂配方工艺进行了大量的实验室研究，并参照原有配方进行优化，获得了满意的结果，并可科学地解决盐处理配方的适用性。

盐处理作为硫酸法钛白粉生产过程中晶型与颗粒粒径的控制手段，与水解、表面处理一样，是设计生产不同类型、不同规格钛白粉颜料的三个主要手段之一。盐处理配方是一项科学性、实用性很强的工作，它与水解和晶种制备一样，都是各工厂根据自身工艺技术认识与掌控程度及生产装备水平而制定的。所以需要在实验室根据盐处理配方进行实验评价，再到生产实际中进行工业生产实验，根据不同的产品型号，确定最佳的盐处理配方与添加量。

① 实验方案。以借鉴国外最先进盐处理配方和我们的研究配方为基础，采用正交法对各盐处理成分的用量进行优化实验，如表 4-41 所示。不考虑因子之间的交互作用，采用 $L_{16}(4^5)$ 正交表。

表 4-41　正交试验中三种盐处理剂加入量表

因子	水平			
	1	2	3	4
A．磷酸（以 P_2O_5 计）	0.15	0.20	0.25	0.30
B．硫酸铝（以 Al_2O_3 计）	0.20	0.25	0.30	0.35
C．氢氧化钾（以 K_2O 计）	0.15	0.20	0.25	0.30

②试验步骤。

a．取车间二洗合格的偏钛酸料浆，分析并计算其中总 TiO_2 含量。

b．准确称取偏钛酸料浆 16 份，每份含二氧化钛 600g 左右，按正交表中各因子的水平搭配加入预先配制好的盐处理剂，充分搅拌混匀。

c．将样品放入烘箱中于 105℃干燥脱水，将干燥后的物料磨细备用。

d．将厢式电阻炉的温度升到预定温度。

e．将步骤 c 中磨细后的不同盐处理剂用量的偏钛酸各称 20g，装入对应的刚玉坩埚中。再将坩埚放入预先升好温的厢式电阻炉中，煅烧 60min。

f．同步骤 e，只是煅烧时间分别为 30min、90min（实验过程中根据实际情况决定是否缩短或延长时间）。

g．将以上煅烧后的样品磨细，测转化率，对于转化率大于 97% 的样品分析消色力（TCS）、干粉白度及 pH 值。

h．根据步骤 g 分析结果，决定升高或降低煅烧温度（以 10℃为单位升降），每种盐处理剂配方的偏钛酸必须至少在三个不同温度下煅烧，以寻求合适的煅烧温度和煅烧时间。将煅烧后测得的样品消色力和白度作为该盐处理剂配方的实验结果列于正交表的实验结果一栏中，考察各因子及相应水平对消色力和白度指针的影响。

将正交实验选出的优化配方和与现有盐处理配方进行比较，以确定选出的优化方案是否真正比原有配方更优。

③ 主要设备及原辅材料。

a. JJ-1 大功率电动搅拌器，常州国华电器厂。

b. DS-788 电子计价秤。

c. JA12002 电子天平。

d. 10-13 厢式电阻炉，沈阳市节能电炉厂。

e. 取生产车间二洗合格的偏钛酸料浆。

④ 实验记录。在正交实验过程中，根据偏钛酸转化为金红石型的转化率确定的煅烧条件，如表 4-42 所示。

表 4-42 正交实验过程中偏钛酸的煅烧条件表

条件编号	煅烧条件	条件编号	煅烧条件
A	950℃，120min	B	940℃，120min
C	940℃，90min	D	940℃，60min
E	940℃，30min	F	950℃，90min
G	950℃，60min	H	950℃，30min
I	930℃，120min	J	960℃，60min
K	970℃，45min	L	910℃，150min

对国内各厂家盐处理剂配方的横向比较：按各厂家盐处理配方对二洗合格的偏钛酸进行盐处理后，在适当的温度下煅烧，磨细，检测颜料性能。

⑤ 实验结果与讨论。

a. 盐处理剂用量对煅烧过程转化率的影响。用 X 射线衍射仪检测了不同盐处理剂用量处理的偏钛酸煅烧后的转化率，即金红石型钛白粉的百分含量，根据正交实验法的数据处理规则，对数据进行处理，检验各因子对偏钛酸煅烧转化率影响的显著性。转化率方差分析见表 4-43，因子 A 磷酸、因子 C 氢氧化钾对转化率的影响高度显著，因子 B 硫酸铝对转化率的影响显著。在实际生产中，通常是控制物料在回转窑中的停留时间和改变回转窑的温度和温度梯度来控制偏钛酸的转化率，相对来说我们更关心的是在一定转化率条件下产品的消色力、白度等颜料性能指标，故不能从转化率方面来评价各因子取哪个水平最优。

表 4-43 转化率方差分析表

方差来源	偏差平方和	自由度	平均偏差平方和	F 比	显著性
A	305.04	3	101.68	4.10	**
B	280.27	3	93.42	3.76	*
C	511.05	3	170.35	6.86	**
$Se = Se_1 + Se_2$	4517.29	182	24.82		

注：$F_{0.10}(3, 182) = 2.12$；$F_{0.05}(3, 182) = 2.65$；$F_{0.01}(3, 182) = 3.90$。

b. 各盐处理剂用量对煅烧后产品白度的影响。由于样品的白度和消色力要在转化率相当的条件下才能比较，在同等转化率的条件下，白度方差分析见表 4-44。因子 A 磷酸、因子 C 氢氧化钾对偏钛酸煅烧后所得产品白度的影响高度显著，因子 B 硫酸铝不显著。白度是钛白粉的重要颜料性能之一，产品白度高能极大提高产品的市场竞争力。为了取得尽可能高的产品白度，根据正交实验的分析结果，对因子 A 磷酸，应该选择水平 $A_2(0.20)$；因子 C 氢氧化钾应该选择水平 $C_4(0.30)$；对于因子 B，可选择水平 $B_4(0.35)$。

表 4-44　白度方差分析表

方差来源	偏差平方和	自由度	平均偏差平方和	F 比	显著性
A	0.67	3	0.22	7.98	**
B	0.16	3	0.05	1.92	
C	2.98	3	0.99	35.69	**
$Se = Se_1 + Se_2$	4.62	166	0.03		

注：$F_{0.10}(3,166) = 2.12$；$F_{0.05}(3,166) = 2.65$；$F_{0.01}(3,166) = 3.90$。

c．各盐处理剂用量对煅烧后产品消色力的影响。煅烧产品的消色力直接反映煅烧晶体颗粒尺寸在 200～350nm 的正态分布及粒子之间的结合程度。消色力方差分析见表 4-45，因子 A 磷酸、因子 B 硫酸铝、因子 C 氢氧化钾对偏钛酸煅烧后所得产品消色力的影响都高度显著。

表 4-45　消色力方差分析表

方差来源	偏差平方和	自由度	平均偏差平方和	F 比	显著性
A	6061.07	3	2020.36	51.44	**
B	560.41	3	186.80	4.76	**
C	3438.78	3	1146.26	29.18	**
$Se = Se_1 + Se_2$	6519.95	166	39.28		

注：$F_{0.10}(3,166) = 2.12$；$F_{0.05}(3,166) = 2.65$；$F_{0.01}(3,166) = 3.90$。

综合以上分析数据，选择正交实验的结果为：因子 A 磷酸选择水平 $A_2(0.20)$；因子 B 硫酸铝选择水平 $B_4(0.35)$，C 氢氧化钾选择水平 $C_4(0.30)$。

3．盐处理的生产与控制指标

① 盐处理原材料规格。

工业氢氧化钾　　　符合 GB/T 1919—2014 标准　　　KOH≥95.0%

工业碳酸钾　　　　符合 GB/T 1587—2016 标准　　　K_2CO_3≥98.5%

工业磷酸　　　　　符合 GB/T 2091—2008 标准　　　H_3PO_4≥85.0%

工业硫酸铝　　　　符合 HG/T 2225—2018 标准

氧化锌　　　　　　符合 GB/T 3185—2016 标准　　　ZnO≥99.5%

② 盐处理剂液的配制。作为颗粒控制剂的盐处理包括铝盐、钾盐和磷盐，按如下配制：

a．铝盐的配制。由硫酸铝$[Al_2(SO_4)_3 \cdot 18H_2O]$配制 100g/L（以 Al_2O_3 计）浓度：

将脱盐水加入盐处理液配制槽，加入热脱盐水计算量的 2/3，开启盐液配制槽搅拌。将计量的固体 $Al_2(SO_4)_3 \cdot 18H_2O$，经敞口漏斗加入盐液配制槽中，搅拌 2h，待固体全部溶解。停盐液配制槽搅拌测量盐液的体积，计算需加热脱盐水量，加入所需量的热脱盐水，启动搅拌；搅拌 30min 后，取样送化验室分析 Al_2O_3 的浓度，检验合格后备用。

b．钾盐的配制。钾盐采用原料产品直接称重加入，固体与液体氢氧化钾均可。

c．磷盐的配制。磷盐采用工业磷酸直接称重加入，因是液体，可采用体积计量加入。

③ 盐处理生产工艺与操作指标如下：

a. 生产工艺。将二洗过滤洗涤净化的偏钛酸，加入密度控制槽，当液位到淹没下层浆叶时启动搅拌，当液位达到设定的高限时，停止加料。搅拌 30min 后，取样送中控室分析 TiO_2 含量。加入脱盐水量进行浓度（密度）调整达到控制的偏钛酸浓度指标。

设置预设定量的偏钛酸，向盐处理混合槽加入合格浓度指标的偏钛酸，至预设定量加完后，依据加入的 TiO_2 总量，再根据二洗偏钛酸料浆的本底盐分含量（特别是磷盐本底），计算出加入的盐处理剂量。搅拌 20min 加入计算量的 KOH；加完 KOH 后，搅拌 10min；加入计算量的 H_3PO_4，搅拌 30min；再向混合槽加入计算量经过配制的铝盐处理液，在加完盐处理剂搅拌 1.5h 后，通知窑前压滤岗位接料进行压滤脱水。

b. 生产操作控制指标。盐处理生产控制指标见表 4-46 所示。

表 4-46　盐处理生产控制指标

序号	指标名称	指标数值	备注
1	盐液配制 Al_2O_3/（g/L）	100 ± 10	以 Al_2O_3 计
2	偏钛酸浓度/（g/L）	$300 \sim 320$	以 TiO_2 计
3	处理后料浆浓度/（g/L）	$300 \sim 320$	以 TiO_2 计
4	处理后 P_2O_5 比例/%	$0.19 \sim 0.21$	质量比
5	处理后 K_2O 比例/%	$0.22 \sim 0.25$	质量比
6	处理后 Al_2O_3 比例/%	$0.29 \sim 0.31$	质量比

④ 盐处理主要生产设备。

a. 密度控制槽。规格：全容积，$V = 98m^3$，$\phi5000mm \times 5000mm$，$N = 30kW$。

b. 盐液配制槽。规格：全容积，$V = 17.7m^3$，$N = 7.5kW$。

c. 盐处理槽。规格：全容积，$V = 44m^3$，$\phi3800mm \times 3900mm$，$N = 18.5kW$。

（二）盐处理后的偏钛酸料浆脱水

1．脱水生产原理

盐处理后的偏钛酸料浆进行脱水的目的就是过滤除去料浆的水分，减少进入转窑煅烧时的游离水分含量和稳定进转窑偏钛酸中的盐处理剂量，达到稳定的进窑料指标，保证转窑煅烧工艺参数稳定及煅烧钛白粉粗品质量稳定。

早期盐处理后的偏钛酸脱水基本是采用转鼓真空过滤机，因进转窑含水量大，盐处理剂含量不稳定；不仅造成煅烧生产能耗高和转窑进料段耐温砖因浆料水分浸湿带来剥落及使用寿命短的缺陷，而且造成煅烧工艺指标难以稳定、煅烧钛白粉粗品质量低下等工艺技术落后问题。

现在几乎全部使用厢式隔膜压滤机，由于脱水工艺不需要像水解偏钛酸过滤净化那样需要进行水洗，仅是在盐处理料浆进行过滤脱水后，再进行压榨挤水，以最大限度减少进入转窑的偏钛酸滤饼持液量。自笔者在国内首先使用一来，采用"非热力学脱水"带来的工艺技术优点不言而喻，再次印证"固液分离之灵魂"的技术理念。目前技术条件下，已成为盐处理偏钛酸脱水不可替代的分离技术与设备。由于厢式隔膜压滤机在盐处理偏钛酸料浆脱水工艺中扮演重要角色，以保证脱水滤饼的固含量稳定和固含量尽可能高；同时，滤饼持液量中滞留的可溶性盐处理剂的绝对加入量与持液量紧密相关，也是保证过滤滤饼中盐处理含量稳定的重要指标之一。因此，在现代硫酸法钛白粉生产工艺技术中，盐处理偏钛酸料浆采用厢式隔膜压滤机进行压滤脱水和压榨脱水，其带来的生产与经济效率足以完全论证；但其运行生产过程中，滤布因挤压造成细微颗粒堵塞纤维孔引起的过滤性能衰减及指标下降，导致煅烧粗品质量波动与质量下降问题，也不可忽视。这也是硫酸法钛白粉生产中采用厢式隔膜压滤机滤布洗涤再生最为频繁的工艺所在，生产技术人员不可掉以轻心。若要控制稳定的滤饼盐处理剂量稳定，需要每个生产班 8～12h 高压清洗滤饼一次，一旦滤饼持液量发生 1%～2% 变化，必须更换新滤饼，方能稳定生产质量稳定的煅烧钛白粉粗品。

笔者因工作和技术兴趣，经常与不同生产装置和不同生产企业的技术人员交流，表面看盐处理后的偏钛酸料浆脱水是一个十分简单的固液分离过程，然而实际正如前面盐处理所介绍那样，其分离过滤压榨后滤饼中的游离水分（持液量）稳定与否，不仅直接影响 5nm 的二氧化钛基本晶体在煅烧时增长发育成钛白粉微晶颗粒的钛白粉粗品质量，以及能否获得在 200～350nm 范围内具有最佳颜料性的微晶体颗粒，还影响煅烧效率及能耗。假如经过滤压榨的滤饼含水量增加或减少 2 个百分点，结果会怎样呢？不妨计算比较如下。

（1）含水量变化对能耗与产量的影响　假设滤饼固含量 54%，则含水量为 46%，转窑煅烧 1t 粗品钛白粉需要 1÷0.54 = 1.8519t 滤饼，转窑需要赶出 0.852t 水；

若固含量减少 2 个百分点，滤饼含固量 52%，则含水量 48%，转窑煅烧吨粗品钛白粉需要 1÷0.52 = 1.923t 滤饼，转窑需要赶出 0.923t 水；

若含固量增加 2 个百分点，滤饼含固量 56%，则含水量 44%，转窑煅烧吨粗品钛白粉需要 1÷0.56 = 1.786t 滤饼，转窑需要赶出 0.786t 水。

滤饼固含量减少 2 个百分点，转窑吨粗品需要多赶出滤饼游离水 0.923 − 0.852 = 0.071t 水，占 1t 粗品被赶出水的 0.071÷0.852×100% = 8.33%；若按正负 2%，绝对值 4% 的固含量差别计算，转窑吨粗品需多赶出水分 1.923 − 1.786 = 0.136t，占高限干基滤饼水分的 17.43%，可节约烘干能耗也远不止是 17.43%，因干燥热量传递速率会发生变化；反之，可同样地提高转窑生产能力。所以，盐处理后的料浆压滤与压榨脱水非常重要，滤饼固含量的波动将带来生产工艺与效率的波动，滤布再生洗涤因素切记不能忽略。

（2）含水量变化对盐处理剂剂量的影响　通常盐处理剂中的磷加入偏钛酸中后几乎形成不溶性物质，仅有少量的浓度留在滤饼持液量中，其余在过滤与压榨中留在滤饼上；而盐处理剂中的钾盐因是可溶解性的，它以持液量的形式留在滤饼中；同样作为铝盐，因偏钛酸含有约 2% 的硫酸，呈酸性，硫酸铝也如钾盐一样是可溶的，也以持液量的形式留在脱水滤饼中。假设配入的钾盐浓度一致，滤饼持液量的变化必会带来钾盐量的改变与不稳定。假如按配方钾盐含量以 TiO_2 计算为 0.23%，则因过滤压榨脱水带来的波动从 0.23% 降到 0.19%[0.23%×(1 − 17.43%) = 0.19%]，反之则达到 0.27%；严重影响需要煅烧的盐处理指标，不仅带来工艺生产操作的不稳定性，而且煅烧钛白粉粗品质量难以控制。滤饼固含量（对应持液量）的盐处理配方余量对比生产结果如表 4-47 所示，P_2O_5 从脱水前 0.30% 降到 0.22%；Al_2O_3 从 0.55% 降到 0.33%。

表 4-47　脱水前后盐处理剂在偏钛酸中的含量

序号	脱水前盐处理剂含量/%				脱水后盐处理剂含量/%			
	P_2O_5	K_2O	Al_2O_3	浆料中	P_2O_5	K_2O	Al_2O_3	固含量
1	0.21	0.33	0.60	—	0.21	0.22	0.33	56.82
2	0.21	0.27	0.50	—	0.21	0.22	0.33	56.43
3	0.22	0.30	0.53	—	0.22	0.21	0.33	56.82
4	0.21	0.32	0.58	—	0.21	0.22	0.33	56.91

2．脱水生产工艺与操作控制指标

（1）生产工艺　盐处理偏钛酸脱水工艺流程如图 4-74 所示，将盐处理料浆用泵定量地经过脱水厢式隔膜压滤机中心进料口送入压滤机中进行过滤，最初 1～2min 的滤液返回进料槽中，其后的滤液经过滤液转料槽后送去沉降或增稠器回收其中残余的偏钛酸，清液作为偏钛酸过滤水洗的二洗洗水复用，送入二洗洗水供料槽。

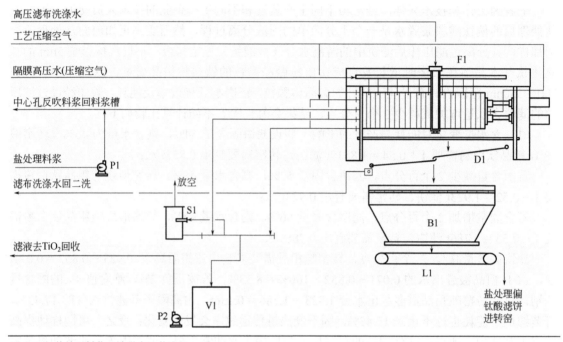

图 4-74　盐处理料浆压滤脱水工艺流程

B1—滤饼料斗；D1—滤布洗水收集盘；F1—自动箱式隔膜压滤机；L1—盐处理滤饼送料皮带机；P1—过滤料浆进料压滤泵；P2—滤液转料泵；S1—气液分离器；V1—滤液转料槽

当预设定的进料量完成后，用压缩空气从反吹口对压滤机滤板中心孔（过滤死区）进行反吹，反吹出来的料液返回进料槽。反吹结束后，施加压缩空气或压力水对隔膜鼓压，挤压滤饼与压滤机腔室中的积水；压榨结束后，用压缩空气吹滤饼与滤板及中心孔和洗涤液死区的积水；吹饼结束后，松开压滤机压紧液压系统，压滤机滤板之间的少量积水落入压滤机下面设置的收集盘，收集液进入滤液收集槽；卸液完毕，放下收集盘，开启压滤机机械拉板装置，板一拉开，滤板与滤板之间的滤饼，掉落在收集盘放下后的位于下面的不锈钢格子栅上，靠滤饼自身重力大块被破成小块，同时人工辅助清理滤布上残留或粘住的滤饼。滤饼从格子栅掉入滤饼收集料斗，料斗下设有承重皮带运输机，缓慢向转窑进料螺旋机送料。

由于过滤挤压脱水的进行，过滤压力大和压榨作用，使得滤渣进入滤布的纤维微孔，堵塞滤液通道，过滤压榨效率下降，以致滤布发硬，造成滤饼持液量（游离水）增高及盐处理剂变化。因次，经过一个生产班过滤脱水后用压滤机配置洗布装置，采用高压水对滤布进行洗涤再生，并定时拆换滤布。

现代厢式隔膜压滤机几乎是全自动脱水操作过程，操作程序设定好后，一经启动全过程进行自动操作。

（2）主要生产操作控制指标　盐处理料浆脱水操作控制指标见表4-48。

表4-48　盐处理料浆脱水操作控制指标

序号	指标名称	指标数值	备注
1	进料偏钛酸浓度/（g/L）	300～320	以 TiO$_2$ 计
2	进料量/m^3	6.5	根据压滤机容积预设
3	终点进料压力/MPa	0.4	
4	压榨压空压力/MPa	1.1～1.3	
5	吹饼、吹进料管压力/MPa	0.6～0.8	
6	进料过滤时间/min	15～20	
7	压榨时间/min	6	表示总压榨时间
8	吹饼时间（同时压榨）/min	1	
9	反吹时间（同时压榨）/min	1	
10	吹角孔时间（同时压榨）/min	3	
11	去压榨时间/min	2	
12	打开压滤机时间/min	1	
13	卸滤饼时间/min	10～15	
14	关闭压滤机时间/min	1	
15	洗布时间/min	45	每班一次
16	滤饼厚度/mm	25～30	
17	滤饼含固量/%	54～56	以 TiO$_2$ 计

3. 主要生产设备

（1）厢式隔膜压滤机　可采用国产和进口成套标准设备。

① 进口（德国）。规格型号：AEHIS M 1520；滤板尺寸：1500mm × 1500mm；腔室数目：82；滤饼厚：40mm；过滤面积：$F = 305m^2$。

② 国产。规格型号：XAZG320-1500 × 1500；滤板尺寸：1500mm × 1500mm；腔室数目：84；滤饼厚：40mm；过滤面积：$F = 320m^2$。

（2）洗布加压泵　规格型号：3DP-3 卧式高压泵，$Q = 16.92m^3/h$，$P = 7MPa$，$N = 55kW$。

（3）压榨水泵　规格型号：D46-30，$Q = 46m^3/h$，$P = 150m$，$N = 37kW$。

（4）压滤泵　规格：$Q = 58m^3/h$，$H = 70m$。

二、煅烧偏钛酸生产钛白粉初级产品

（一）煅烧原理及生产概述

1. 煅烧生产原理

水解净化后的偏钛酸在所有盐处理剂均不加的情况下，到 800℃时，就已全部转化成金红石型二氧化钛，煅烧晶体颗粒毫无颜料性能；而要将净化偏钛酸煅烧成具有颜料性能的钛白粉，必须是控制煅烧获得的晶体颗粒粒径在 200～350nm 的可见光半波长范围内。煅烧生成的二氧化钛微晶体颗粒如图 4-75 所示，煅烧反应的基本化学反应见反应式（4-52），颜料晶体颗粒是在盐处理和晶种的作用下，水解沉淀的约 5nm 的基本晶体一次粒子，再胶化为二次粒子，最后絮凝为约为 1000nm 的胶团絮凝粒子（如图 4-76 所示），经过脱水排除其中约 70% 水合体积，在半熔融状态下小晶体絮凝团键合链接成长起来的颜料颗粒晶体；同时在煅烧中，吸附在偏钛酸胶化絮凝胶团粒子水合及毛细孔中的硫酸在温度干燥脱水接近完时，达到硫酸的沸点温度 338℃，开始分解为 SO_3 和 H_2O，见反应式（4-53）；直至更高温度部分超细毛细管中的硫酸被分解为 SO_2 和 O_2，见反应式（4-54）。脱硫效果的好坏，与小晶体半熔融晶体增长快慢有关，并影响钛白粉粗品的分散性能。

图 4-75　煅烧生成的钛白粉微晶体

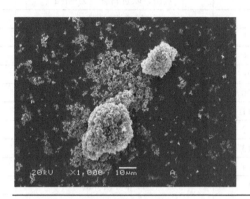

图 4-76　水解偏钛酸胶化絮凝粒子

$$H_2TiO_3 \cdot H_2O \xrightarrow{\text{煅烧}} TiO_2 + 2H_2O \tag{4-52}$$

$$H_2SO_4 \xrightarrow{\triangle} SO_3 \uparrow + H_2O \tag{4-53}$$

$$2H_2SO_4 \xrightarrow{\triangle} SO_2 \uparrow + O_2 \uparrow + H_2O \tag{4-54}$$

煅烧偏钛酸生成钛白粉初级产品，是在回转煅烧窑中进行的。将盐处理经过窑前压滤压榨脱水后的偏钛酸滤饼从回转煅烧窑的窑尾送入窑中，与窑头燃烧室燃烧的高温气体在转窑中随着转窑的转动进行逆流接触，并向前翻滚移动，逐步提高温度进行加热煅烧。

煅烧回转窑与其他工业煅烧回转窑大同小异。由筒体、滚圈、托轮、大齿圈与小齿轮啮合的转动传动装置，窑头出料和窑尾进料的密封室（又称窑头窑尾灶），燃烧室及混合室，热风系统与尾气处理系统等构成，筒体内和燃烧室及混合室内衬耐温砖及耐火材料。由于偏钛酸煅烧生成钛白粉粗品的最高温度在 1000℃ 左右，相较于其他工艺窑炉如水泥回转窑最高温度要达到 1600℃，需要耐火材料熔融（挂窑皮）；而钛白粉煅烧温度却相对较低，但是因其产品的价值与质量要求高，不能容许耐温材料剥落混入产品中。

2．煅烧工艺概述

盐处理脱水之后的偏钛酸滤饼物料在回转窑的煅烧中，首先是经历干燥脱去游离水和结晶水阶段；其次是脱除大部分微孔吸附的硫酸或硫酸盐中的硫的脱硫阶段；第三是偏钛酸基本晶体经过表面聚合熔融成长为粒径在 200～350nm 范围内具有颜料性能的二氧化钛微晶体粒子的固溶体结晶增长阶段。如果仅是生产锐钛型钛白粉，在水解或水解偏钛酸漂洗过程中没有利用或加入金红石晶种，到此即结束煅烧工序，得到锐钛型钛白粉粗品。而要生产金红石型钛白粉粗品，即在水解或水解偏钛酸漂白过程中利用了或加入了金红石晶种，煅烧物料还要经历第四个阶段。第四是锐钛微晶体向金红石微晶体的转化阶段，可测得最低转化温度为700℃左右，这种转化不是突跃式的，而是渐进的不可逆的，转化时放出的能量为12.6kJ/mol。煅烧偏钛酸基本晶体成为二氧化钛颜料级微晶颗粒的钛白粉粗品，是生产钛白粉"四大关键"之一，也是"三大灵魂"中晶体长大控制与晶相转化核心的灵魂之一。

煅烧偏钛酸中基本晶体熔融长大和金红石转化速度如前盐处理所述，受温度与盐处理剂组合成的颗粒控制剂的控制和影响。煅烧偏钛酸反应生成钛白粉粗品的转窑生产操作，主要受煅烧温度、物料在窑中的停留时间、窑中温度场（温度梯度分布）及风量风压相互平衡关系等指标控制，最终根据煅烧窑头出来的钛白粉粗品的颜料性能进行调节和控制。转窑属于连续生产操作形式，现有生产几乎是采用自动控制，因物料在转窑中的停留时间长，不宜人工干预频繁调节。为了保证从回转窑生产出来的钛白粉粗品物料的物理化学变化充分而又恰到好处，确保煅烧的产品具有最佳的颜料性能，物理化学性质稳定，尤其是代表颜料优异性能的消色力、金红石转化率、白度指标三者的对立统一，煅烧操作必须对以下三个因素严加控制。

（1）窑内的温度和温度梯度　转窑内的温度和温度梯度是根据品种来决定的，对同一品种而言，温度及温度梯度要保持稳定，特别是窑头的温度至关重要，因为只有在窑头附近的几米之内，金红石微晶才能达到最高的转化率与颜料性能。为了保证颜料粒子不产生烧结，在窑头前部设置燃烧空气混合室，直接火焰不进窑，用燃烧空气混合室产生的高温气体加热物料，通过自动调节装置控制燃料和空气的比例，保证燃烧完全。窑内的风量、风压及风速是由三台不同规格的风机协同调整和调配：第一台风机是燃烧燃料的助燃风机；第二台风机是把经冷却器预热过的空气吹入窑内，向窑内鼓入二次风，以节省能源，并进行混合室风量调节；第三台风机为转窑尾气风机，不仅作为系统抽风之用，而且作为窑头窑尾及窑内压力调节之用。所有风机都是为了调整和控制回转窑内的给热量和温度梯度，这样使全部进窑的气体都在控制之下。

（2）物料在窑内的停留时间　物料在窑内的停留时间要保持稳定，一般在5～10h之间，这主要由配套设计的回转窑规格所决定，包括直径与长度、转窑斜度（坡度）和转窑转速。

（3）进料量与水分的稳定　被煅烧的偏钛酸的进料量及含水量必须保持稳定，从而才能保证给热量、空气量、盐处理剂、空气量等的稳定控制。

（4）煅烧料的冷却　从转窑排出的煅烧钛白粉粗品，因处在高温条件下，需要进行冷却和回收其中的热量。

从冷却窑冷却后的煅烧钛白粉粗品，送入后处理工序进行进一步加工。

（二）煅烧生产操作与控制参数

1．生产操作

煅烧工艺流程如图4-77所示，在煅烧工序准备就绪后，当窑头温度达700～800℃（或窑尾温度达到350℃左右）时，将盐处理压滤压榨脱水后的偏钛酸经过皮带计量后，通过进料螺旋输送机C1送入回转煅烧窑K1内。在进料后靠近窑头的取样孔有样后，启动窑下粗品转筒冷却机K2及煅烧粗品冷却螺旋输送机C2与储存系统或中间粉碎系统，进入生产状态。当窑头有料流出时取窑头和取样孔的样品进行样品的白度、消色力、pH值、转化率指标的检测，每1h取样一次。当各指标合格稳定后，按《半成品技术标准》规定取样分析。煅烧钛白粉粗品物料送中间粉碎系统储仓存放。窑尾排出的尾气经过旋风分离除尘后，进入尾气处理系统；旋风除尘回收物料返回进料皮带运输机送入进料螺旋输送C1。

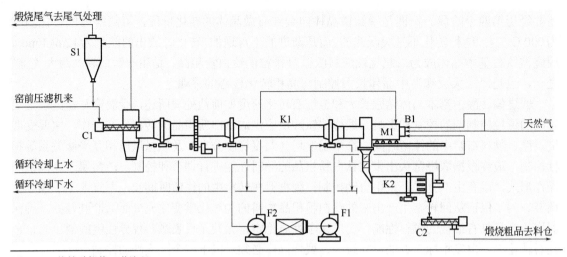

图 4-77 偏钛酸煅烧工艺流程

B1—燃烧器；C1—进料螺旋输送机；C2—煅烧粗品冷却螺旋输送机；F1—燃烧器助燃风机；F2—冷却风机；K1—回转煅烧窑；
K2—窑下粗品转筒冷却机；M1—燃烧混合室；S1—尾气旋风分离器

2．控制参数

偏钛酸煅烧主要生产控制指标见表 4-49，因转窑规格参数与盐处理剂的差异，该指标仅供参考。

表 4-49 偏钛酸煅烧主要生产控制指标

序号	指标名称	指标数值	备注
		煅烧指标	
1	窑头罩温度/℃	1000～1100	
2	窑尾罩温度/℃	350～430	
3	窑头负压/Pa	−30～−10	
4	天然气减压后压力/MPa	0.08～0.12	
5	回煅烧窑转速/Hz	18～22	按变频调速
6	进复喷温度/℃	≤90	视尾气系统热回收而定
7	进铅电温度/℃	≤75	
		煅烧窑下物指标	
8	金红石转化率/%	98.5～99.5	
9	pH 值	8.5～10.0	
10	白度/%	≥98.0	
11	消色力/%	≥98.0	
12	∑Fe/（mg/kg）	≤40	

（三）煅烧偏钛酸的主要设备

1．回转窑

规格：ϕ3.2m × 55m；转速 19.8r/min；现多数为 ϕ3.6m × 58m。

2．冷却窑

规格：ϕ2.6m × 5.1m；转速 19.8r/min。

三、煅烧尾气的显热利用和尾气排放处理

煅烧尾气的经济处理与其中的能源和废物资源利用是现代硫酸法钛白粉生亟须解决的问题，也是钛白粉生产技术的创新研究课题之一。首先是伴随偏钛酸水解留在沉淀中的硫酸杂质，在煅烧时的脱硫阶段进行分解生成氧化硫气体，并随着尾气进入大气，严重影响大气环境。尽管采取了不同的尾气处理与治理手段，但随着社会发展及人口的增长，无论是能源以及磷化工，还是钛白粉生产规模与生产能力愈来愈大，含硫尾气排放量有增无减。因此，原有环境保护标准中的保护指标 SO_2 和酸雾 SO_3，已不能满足社会发展的要求，排放标准将愈来愈严格，从最早的 $850mg/m^3$，已经降到 $400mg/m^3$，个别地方要求 $200mg/m^3$。其次是为满足生产指标及尾气的特性，从煅烧窑排出的尾气温度在 $300\sim400℃$ 范围，其中大量的显热需要回收利用。所以，不仅需要现有煅烧尾气治理技术的提高，更需要创新更好的尾气废物资源回收与热能利用的技术，提高生产竞争力。

(一) 煅烧尾气的资源量及回收利用问题

1. 煅烧尾气中废副资源量

煅烧尾气中的废副资源成分主要是煅烧时的脱硫物质，包括酸雾与二氧化硫。如煅烧原理反应式（4-53）和反应式（4-54）所示，在脱水快结束时，于 $338℃$ 偏钛酸中吸附的硫酸开始分解，大部分分解成 SO_3 和 H_2O，小部分滞留在超细毛细孔中的硫酸继续被高温分解成 SO_2、O_2 和 H_2O。通常在水解净化的偏钛酸中，以 100% TiO_2 计，含有 $7\%\sim12\%$ 的硫酸根（视生产工艺技术而定），按 30% TiO_2 的净化偏钛酸浆料计，硫酸根含量为 $2\%\sim4\%$。这与前述水解钛液的 F 值、水解工艺滞留在毛细孔中的硫酸根离子等因素密切相关，同时与盐处理后脱水进转窑的偏钛酸滤饼固含量有关，如传统的转鼓真空过滤的盐处理偏钛酸脱水，滤饼固含量 30%，硫酸根含量 4.0%，折计 $1t$ 煅烧钛白粉粗品需要脱硫酸根量为 $133kg$，其中硫酸根以 SO_3 分解的酸雾形式占 90% 左右，约有 $120kg$，而分解为 SO_2 约 $13kg$。最后生成煅烧尾中的 SO_3 浓度在 $10000\sim15000mg/m^3$，SO_2 在 $800\sim1000mg/m^3$ 之间（这与燃气耗量相关）。所以，煅烧尾气中氧化硫的去除，不仅要满足环保不断提高的要求，而且应尽可能地回收其中的硫酸资源。

2. 煅烧尾气的热量

（1）转窑煅烧热平衡　以普通直径 $3.2m\times55m$ 的转窑，年产 $40kt/a$ 钛白粉能力，其天然气吨钛白粉产品消耗约在 $200\sim230m^3$，其热量平衡见表4-50。约 30% 用于偏钛酸水分蒸发，40% 作为烟气中热量，回转窑热损失占到 18%。

表4-50　偏钛酸煅烧热平衡

序号	输入热量/kJ			输出热量/kJ		
	项目	热量	比例/%	项目	热量	比例/%
1	天然气燃烧热	8845800	93.76	偏钛酸水分蒸发	2898696	30.73
2	天然气显热	7164	0.08	烟气热量	4068264	43.12
3	空气显热	148768	1.58	成品热量	81866	0.87
4	偏钛酸中水显热	80583	0.85	煅烧窑热损	1710501	18.13

序号	输入热量/kJ			输出热量/kJ		
	项目	热量	比例/%	项目	热量	比例/%
5	冷却窑回收热	351835	3.73	冷却窑回收热量	351835	3.73
6				冷却窑热损	322989	3.42
	合计	9434150	100			100

（2）尾气热利用简算　可利用尾气温度中的显热热量，其简算如下：

取煅烧尾气的量：$M = 5000kg/t$；

比热容：$C = 1.0046J/（kg \cdot ℃）$；

气体湿度：$x = 0.04$

进尾气洗涤气体温度：$350℃$，出口气体温度：$90℃$；

温度差$\Delta t = 350 - 90 = 260℃$；

取热利用率：80%；

尾气热利用量$Q = M \times \Delta t(C + 0.46x) = 80\% \times 5000 \times 1.023 \times 260 = 1063920J/t$；

标煤的热值：$29300kJ/kg$；

折算成标煤量：$1063920/29300000 = 36.31kg/t$。

即每吨钛白粉煅烧尾气的显热利用折标煤约36kg。

（3）尾气热回收利用需考虑的问题　尾气热利用采用热交换设备需要考虑以下问题：

① 尾气腐蚀性大。尾气中含有大量SO_2和SO_3等硫酸成分，还含有大量的水蒸气成分，对设备的腐蚀性很大，换热器材质选择要求高。

② 尾气含尘量大。尾气中含有大量的钛白粉粉尘。由于钛白粉的颜料性能，其粉尘很容易粘在设备上，作为隔热层，致使换热效率低。因此，尾气在进入换热器前需要进行除尘。

③ 热回收系统阻力问题。由于热回收导致系统阻力增大，在系统中增加设备一定要考虑风机的全压是否能满足整个系统的生产需要。原有风机参数要变化，同时功率也要相应变化。

④ 故障问题。因生产中非正常停车，通常设有尾气旁路系统，即事故应急处理措施。尾气进行余热回收后，当温度降到露点以下时，对换热翅片及热交换材料带来腐蚀不可避免；同时，切换需回到文丘里洗涤系统里进行水洗，因此管道多，需增加蝶阀将原系统的管道断开。

（二）现有钛白粉煅烧尾气处理与热利用工艺技术

1.尾气处理基本原理

煅烧尾气中主要含有煅烧窑料的钛白粉粉尘（包括锐钛型和金红石型的混合物），脱硫分解硫酸的SO_3、SO_2和饱和水蒸气及热烟气的惰性气体。

二氧化钛粉尘量，视操作条件与设备安装的尾气风管的结构而定，通常在0.5%～1.5%左右，体积浓度在$500～1500mg/m^3$。传统采用重力沉降回收，现在根据需要几乎采用旋风除尘或高温袋式过滤除尘工艺。尽管煅烧钛白粉颗粒较细，但无论是锐钛型还是金红石型粉尘因自身的密度较大，均能较好回收粉尘。

尾气中的SO_3浓度，根据转窑的风机风量与热负荷在$15000mg/m^3$左右，利用水喷淋洗涤降温吸收，然后经过电除雾器进一步除去。

尾气中的SO_2浓度，因需要较高的温度分解，相对SO_3浓度就低多了，在$1000mg/m^3$

左右，用喷淋水无法喷淋吸收除去，只有采用碱性溶液进行碱性吸收。

尾气中蕴含大量的显热，从350℃到100℃的烟气热量需要进行利用与回收。现代硫酸法钛白粉有多种回收显热的方法，需根据"广义资源"条件下进行耦合利用，达到投资低、运行费用低、热回收利用率高、经济效益可行的目的。

总之，煅烧尾气处理既是环保问题，又是资源与能源回收利用问题，与第三章中以硫铁矿原料生产硫酸的尾气净化有许多共同点，如采用动力波和电除雾器等工艺技术需要借鉴与嫁接，同时尾气中 SO_2 的碱性吸收也可借鉴与嫁接火力发电厂脱硫工艺技术与装备。

2．几种常用的煅烧尾气处理与热回收工艺

（1）传统尾气的处理工艺　传统的煅烧尾气处理流程如图 4-78 所示，从窑尾排出的高温尾气，经过大气沉降室对尾气中的粉尘进行沉降，在停车检修时靠人力挖铲回收作为次品或非颜料级二氧化钛出售。除尘后的尾气进入文丘里吸收换热器，用循环水进行喷淋吸收降温，降温后的气体再进入洗涤塔继续降温除沫，除沫后气体进入电除雾器，在电场的作用下将尾气中 SO_3 酸雾除掉；从电除雾器出来的尾气中还含有大量的 SO_2，经过喷入碱液进行化学吸收后尾气中的氧化硫浓度低于地方环境排放标准后，继续进入碱液泡沫塔除去尾气中的液沫，最后进风机送入煅烧烟囱排入大气。

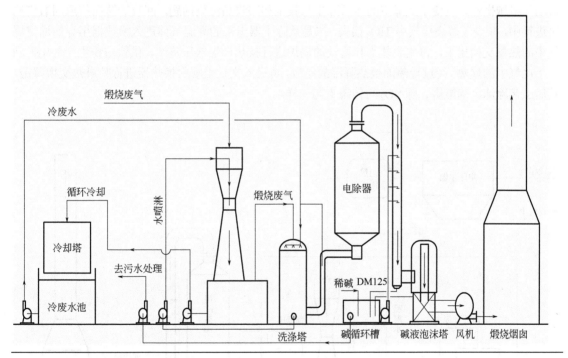

图 4-78　传统的煅烧尾气处理流程

这种尾气处理方式，尽管国内还有一些企业在使用，但已跟不上时代的步伐。主要不足为：

一是尾气粉尘中的钛白粉回收落后，回收产品质量低，因沉降室大量的气体死区，冷凝的水汽中的酸滴及沉降室砌筑材料腐蚀剥落全部污染回收品。

二是停车清理产品污染时，劳动强度大，工人操作环境恶劣；笔者甚至无偿地指导改造过一些装置，同时回收产品质量与煅烧产品没有差异，增加了生产效益。

三是采用循环水喷淋降温，尾气中的热能没有利用，不仅浪费能源，增加生产成本；而且尾气中硫酸的化学资源属性也没有利用。

四是电除雾器脱出的稀硫酸同样没有利用，连同循环喷淋水的酸送入污水站进行中和处理；每吨钛白粉约133kg硫酸，需要消耗约100kg石灰，产生近400kg含水40%的钛石膏。

五是采用碱液中和电除雾后尾气中的 SO_2，因制备金红石晶种时沉淀钛酸钠还有部分碱液可循环利用，有时不够还需要补充新鲜碱液；若生产锐钛型产品则没有稀碱液利用，因使用纯碱价格相对较高也会增加生产成本。

六是若为了回收尾气中的高温能源，进行水解滤液稀硫酸的预浓缩，可将23%浓度的硫酸浓缩到27%来回收尾气中的能源，采用23%的稀硫酸代替循环喷淋冷却水，难度较大的有两个方面：一方面文丘里喷射换热器喉管处的喷嘴材质因硫酸高温腐蚀经常坏；另一方面文丘里喉管处易堵塞，因稀硫酸中含有三分之一硫酸根对应的硫酸亚铁，由于喉管处喷嘴喷洒出来的稀硫酸飞溅在喉管壁上，尤其飞溅在尾气进来方向喷嘴的前壁上，受尾气的加热浓缩蒸干逐渐积累形成很大的一水硫酸亚铁和硫酸的混合块状物，逐渐缩小喉管前的收缩端，气体偏流，混合吸收效果下降，甚至堵塞喉管，引起系统故障与生产不稳定。

（2）尾气热能回收生产蒸汽工艺　煅烧尾气热能回收蒸汽处理流程如图4-79所示，与传统尾气的差别为：一是尾气中的粉尘回收采用高温电除尘器进行除尘，除尘、收尘和生产同步，自动化机械操作，改变了沉降室的落后除尘与收尘和回收品污染问题，回收的钛白粉返回煅烧滤饼进料中，减少了煅烧尾气中 TiO_2 损失。二是从除尘器出来的高温气体进入换热器用导热油将尾气中的热量交换出来，再用脱盐水和增设的锅炉进行换热产生低压蒸汽，供钛白粉生产使用，回收了尾气中的显热。经过导热油换热降温的尾气，再进入文丘里喷射换热器进行喷淋热交换降温，其后工艺除沫、除酸雾、除 SO_2 与传统工艺一样。

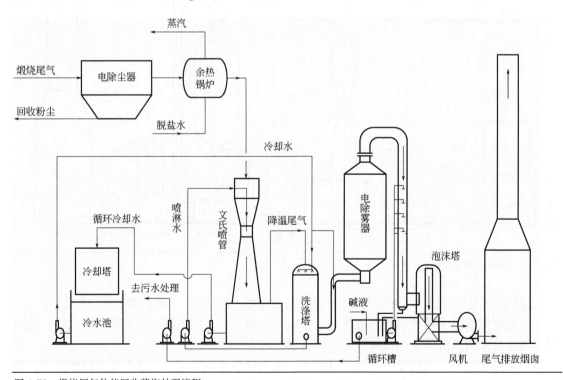

图4-79　煅烧尾气热能回收蒸汽处理流程

采用高温导热油（热媒）介质进行换热，主要是避开烟气低温腐蚀性问题，按此工艺回收 1t 钛白粉可得到 0.3～0.5t 蒸汽，对某些蒸汽不足的生产装置，可谓是一个能源利用的好办法。不过由于导热油换热器和粉尘回收袋滤器的增加，系统阻力增大，需要系统风机的功率与电耗相应增大。

（3）尾气热能用于预浓缩稀硫酸工艺　水解与偏钛酸制备工序产生的稀硫酸，无论是钛白粉生产回用还是耦合其他产品的再用，均有要对稀硫酸进行浓缩。浓缩的目的有二：一是浓缩后才能以一水硫酸亚铁沉淀的形式除去其中的硫酸亚铁等杂质，满足回用或再用的杂质限量要求；二是浓缩蒸发分离一些水以后才能维持回用与再用生产领域的工艺水的系统平衡。所以，浓缩总需要消耗大量的能源，尾气中的能源用于稀硫酸的浓缩不失为一种最好的选择。但是，因尾气中潜在的能源远不够稀硫酸浓缩需要的能源，每吨钛白粉尾气的热量仅能提高自身产生稀硫酸浓度的 3%～5%，作为预浓缩是相对简便可操作的方式。早期欧美硫酸法钛白粉发展鼎盛时期，均是采用传统尾气处理方式，将循环水文丘里喷雾混合降温方式用稀硫酸代替喷雾进行热量回收和稀硫酸预浓缩，如拜耳、英国帝国化工、美国氰胺等老牌钛白粉企业，甚至美国 NL 商品国际公司克朗斯，早在 1988 年申请中国发明专利"硫酸法生产二氧化钛时伴生的稀废酸的处理方法"中，也是采用文丘里将钛白粉煅烧窑尾气中 20%～24%的稀硫酸预浓缩至 26%～29%，其存在的问题如前所述。

为此，我们开发出了旋风除尘器回收尾气中的钛白粉和喷淋浓缩取代文丘里回收尾气中的热量进行稀硫酸预浓缩工艺，如图 4-80 所示。从转窑出来的尾气在露点之上直接采用旋风分离器，进行粉尘钛白粉的回收，回收的粉尘返回转窑进料的脱水滤饼中，再次作为产品煅烧加工；从旋风除尘器出来的高温尾气进入喷淋浓缩塔底部与塔顶喷洒的循环稀硫酸进行逆流接触，尾气中的热量与液滴进行热交换而蒸发液滴中的水分，使稀硫酸浓度从 20%～24%

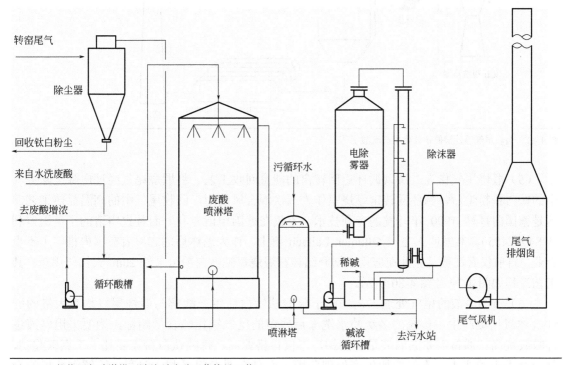

图 4-80　煅烧尾气喷淋塔预浓缩稀硫酸回收热量工艺

蒸发浓缩到 24%～28%；同时，尾气中的 SO₃ 或酸雾被液滴吸收。塔顶排出的降温气体再进入喷淋塔用污循环水进行进一步降温后，进入电除雾器除去剩余未吸收到的酸雾。从电除雾器出来的气体，再用碱液吸收其中的二氧化硫，经过除沫器除沫后，送入尾气排烟囱排入大气。

经过预浓缩的稀硫酸再送去进行深度浓缩或混配浓缩，使其中的含铁杂质沉淀分离，作为生产回用与其他需要硫酸原料的生产使用。尾气中的热量因不采取其他换热方式而直接利用率高，其中大量的 SO₃ 及酸雾也进入了预浓缩稀硫酸中，减少了进入污水站而产生的中和石膏量，不仅回收了尾气中的热量，也大部分回收了尾气中的硫酸资源，已成为中国硫酸法钛白粉生产模式的优势之一。

（4）活性炭催化尾气中 SO₂ 生产硫酸工艺　活性炭催化氧化治理与回收尾气中的 SO₂ 工艺，省去了尾气中采用碱液吸收 SO₂ 的工艺，将 SO₂ 催化氧化成 30% 左右的稀硫酸进行回用与再用。笔者两次参观过德国杜塞尔多夫的萨奇宾工厂，其钛白粉尾气采用活性炭催化氧化 SO₂ 气体生产硫酸装置。其工艺流程如图 4-81 所示，通常将煅烧尾气在文丘里洗涤器中用循环水冷却，同时去除大部分遗留的 TiO₂ 粉尘和 SO₃。尾气中的大量小水滴用水雾来去除，然后将尾气通过静电滤尘器去除剩余的大部分 SO₃。除去 SO₃ 后的尾气，进入活性炭催化氧化制酸装置（所谓的 Sufacid™ 系统），在活性炭的作用下将尾气中的 SO₂ 氧化为 SO₃，进而与水作用生成硫酸，并储存在活性炭孔内，吸附饱和了的活性炭通过水洗再生，重新进行吸附催化。所洗出的副产硫酸浓度一般在 30% 左右。

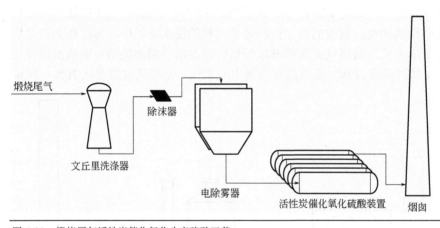

图 4-81　煅烧尾气活性炭催化氧化生产硫酸工艺

（5）煅烧尾气作为二次风循环返回转窑的能量回收工艺　将煅烧尾气经过电除尘除去其中的钛白粉粉尘后，循环回转窑燃烧室作为二次混合风使用，回收尾气中的高温显热工艺。这是德国前拜耳 1990 年开发的专利技术，不仅在德国申请专利，而且也申请的了美国专利（US4902485）。其发明人之一 Güunter Lailach 博士，作为退休后的志愿者在国内推广了不少企业，目前仅有江苏某企业在应用，据介绍转窑煅烧每吨钛白粉可节约 20m³ 天然气用量。其工艺流程如图 4-79 及图 4-80 所示。

（6）节约碱液的尾气处理工艺　由于硫酸法钛白粉生产酸解与煅烧尾气均有大量的酸性气体氧化硫产生，传统的多级喷水洗涤后残留的尾气氧化硫含量超标，均要采用碱液进行吸收洗涤，通常需要的碱液是碳酸钠，不仅价格偏高，每吨钛白粉需要几十千克碳酸钠，是一笔不小的成本，不仅增加生产处理费用，而且需要专门采购、储存、溶解等烦琐的管理与操作程序。为此，笔者借鉴热电厂钙法脱硫的工艺与成本特点，加上所有硫酸法钛白粉生产装置均设有污水处理装置（站），且对收集的低浓度稀酸进行中和处理，需用大量的石灰及石灰的储运、化浆、储浆等生产操作与现成管理系统。采取与污水站共享石灰生产系统，将污水站制取的石灰浆分出一小部分用于煅烧尾气脱硫处理的碱性吸收液，既节约了原有碳酸钠碱液用量与费用，又共用了污水处理中的生产资源，减少了冗余的生产费用。

煅烧尾气石灰吸收脱硫工艺如图 4-82 所示，与图 4-62 尾气预浓缩稀硫酸一样，煅烧尾气中所含的钛白粉粉尘采用旋风除尘分离回收，除尘后的尾气，在废酸喷淋塔中进行喷淋降低尾气的温度，同时稀硫酸被加热进行预浓缩，回收了尾气中的热能并吸收了部分尾气中的 SO_3；经过预浓缩废酸降温后的尾气，再进入冷却喷淋塔中，用污循环水经循环槽泵入进行进一步冷却后，进电除雾器除去余下的 SO_3。尾气中剩余的 SO_2 和 SO_3 用从污水站送来的石灰浆在循环槽泵入石灰喷淋塔进行脱硫吸收，产生的亚硫酸钙和硫酸钙及没有反应完全的石灰浆回到循环槽，并不断补充石灰浆和移走吸收后的混合硫酸钙浆，送回污水站一并用于中和沉淀，脱硫后的尾气经过烟囱排放。这样可节约几十千克的碳酸钠原料，而且石灰的价格仅是纯碱碳酸钠价格的六分之一；同时，石灰浆脱硫还不需要追求反应利用率，因过量的石灰最后进入污水站均可全部利用，相比于热电厂脱硫需要其脱硫石灰利用率高的难度轻松得多。

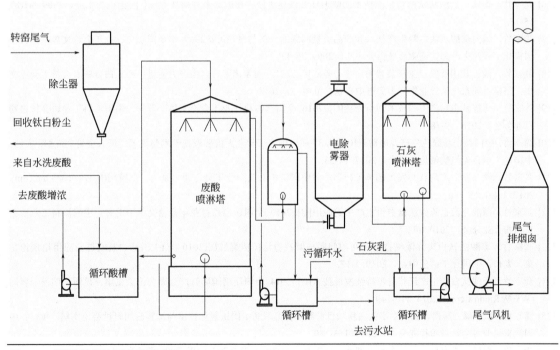

图 4-82　煅烧尾气石灰吸收脱硫工艺

再就是作为新建或改造煅烧尾气装置，笔者建议除回收尾气中钛白粉和进行稀硫酸的预浓缩外，电除雾器均可取消采用多级石灰浆吸收脱硫工艺。因为电除雾器不仅耗电，而且生产存在设备管理安全问题，欧洲与国内均有因电除雾器使用与维护不当而发生爆炸安全事故的先例。

参考文献

[1] 龚家竹. 钛白粉生产工艺技术进展[J]. 无机盐工业, 2003, 35(6): 5-7.

[2] 龚家竹. 钛白粉生产工艺技术进展[J]. 无机盐工业, 2012, 44(8): 1-4.

[3] 龚家竹. 硫酸法钛白粉酸解工艺技术的回顾与展望[J]. 无机盐工业, 2014, 46(7): 4-7.

[4] 龚家竹. 硫酸法钛白生产废硫酸循环利用技术回顾与展望[J]. 硫酸工业, 2016(1): 67-72.

[5] Griebler W D, Schulte K, Hocken J. 硫酸法钛白工艺引领新千年[J]. 涂料工业, 2004, 34(4): 58-60.

[6] 龚家竹. 中国钛白粉行业三十年发展大记事[C]//无机盐工业三十年发展大事记. 天津: 中国化工学会无机酸碱盐专委会, 2010.

[7] 李大成, 周大利, 刘恒, 等. 纳米 TiO_2 的特性[J]. 四川有色金属, 2002(1): 12-16.

[8] 任成军, 钟本和, 周大利, 等. 水热法制备高活性 TiO_2 光催化剂的研究进展[J]. 稀有金属, 2004, 28(5): 903-906.

[9] 宁延生. 无机盐工艺学[M]. 北京: 化学工业出版社, 2013.

[10] 朱骥良, 吴申年. 颜料工艺学[M]. 北京: 化学工业出版社, 1989.

[11] 邓捷, 吴立峰. 钛白粉应用手册[M]. 修订版. 北京: 化学工业出版社, 2004.

[12] 杨宝祥, 胡鸿飞, 何金勇, 等. 钛基材料制造[M]. 北京: 冶金工业出版社, 2015.

[13] 张益都. 硫酸法钛白粉生产技术创新[M]. 北京: 化学工业出版社, 2010.

[14] 龚家竹, 于奇志. 纳米二氧化钛的现状与发展[J]. 无机盐工业, 2006, 38(7): 8-10.

[15] 龚家竹, 江秀英, 袁凤波. 硫酸法钛白废酸浓缩技术研究现状与发展方向[J]. 无机盐工业, 2008, 40(8): 1-3.

[16] 龚家竹, 李欣. 硫酸法钛白粉生产技术面临循环经济促进法存在的问题与解决办法[J]. 无机盐工业, 2009, 41(8): 15-17.

[17] 龚家竹. 国内硫酸法钛白粉生产技术和产品质量问题的分析与讨论[C]//2009 年全国钛白行业年会论文集. 无锡: 国家化工行业生产力促进中心钛白分中心, 2009: 35-42.

[18] 龚家竹. 浅析我国钛白粉生产装置的进步与差距[C]//2012 国家化工行业生产力促进中心钛白分中心会员大会论文集. 济南: 国家化工行业生产力促进中心钛白分中心, 2012.

[19] 龚家竹. 化解钛白粉产能的技术创新途径[C]//2016 全国钛白粉行业年会论文集. 常州: 中国涂料工业协会钛白粉行业分会, 2016: 59-78.

[20] 龚家竹. 中国钛白粉绿色生产发展前景[C]//第 37 届中国化工学会无机酸碱盐学术与技术交流大会论文汇编. 大连: 中国化工学会无机酸碱盐专委会, 2017: 14-23.

[21] 龚家竹. 钛白粉生产现状与发展趋势[C]//第十届中国钨钼钒钛产业年会会刊. 厦门: 亿览网(WWW.comelan.com), 2017: 106-125.

[22] 龚家竹. 固液分离在硫酸法钛白粉生产中的应用[C]//2010 全国钛白粉行业年会论文集. 上海: 中国涂料工业协会钛白粉行业分会, 2010: 49-57.

[23] 龚家竹. 硫酸法钛白废酸浓缩技术存在的问题与解决办法[C]//第二届(2010 年)中国钛白粉制造及应用论坛论文集. 龙口: 中国化工信息中心, 2010: 1-17.

[24] 龚家竹. 全球钛白粉生产现状与可持续发展技术[C]//2014 中国昆明国际钛产业周会议论文集. 昆明: 瑞道金属网(WWW.Ruidow.com), 2014: 116-149.

[25] 龚家竹. 钛、磷、氯耦合原料生产钛白粉项目前瞻[C]//第三届中国钛氯化技术与原料应用研讨会论文集. 焦作: 中国涂料工业协会钛白粉行业分会, 2015: 153-189.

[26] 龚家竹, 郝虎, 李家权. 一种金红石型钛白粉的制备方法: CN1242923C[P]. 2006-02-22.

[27] 彭涛, 吴洋宽, 夏君君. 5 万吨/a 钛白粉钛液 MVR 浓缩系统设计研究[J]. 能源化工, 2016(4): 74-77.

[28] 唐文骞, 杨同莲, 宋冬宝. 机械蒸汽再压缩技术在钛白黑液浓缩中的应用[J]. 化学工程, 2015, 43(9): 21-24.

[29] Coffelt O T. Treatment of titanium ores: US2138090[R]. 1938-11-29.

[30] McBerty F H. Ball mill attack of titaniferous ores: US2098054[P]. 1937-11-02.

[31] Andrews E W. Method and appartus for effecting continuous sulfuric acid digestion of titaniferous material: US 2557528[P]. 1951-06-19.

[32] Solomka M M, Renteria M M. Automated process for the hydrolysis of titanium sulfate solutions: US3706829A[P]. 1972-12-19.

[33] Oswin B. Mathod and means for commingling and reacting fluid substances: US2791449[P]. 1957-05-07.

[34] Roberter B, Eric J. Production of high aspect ratio acicular rutile TiO$_2$: US3728443[P]. 1973-04-17.

[35] Benedetto C, Luigi P, Marcello G, et al. Process for the jonit production of sodium tripolyphospate and titanium dioxide: US4005175[P]. 1977-01-25.

[36] Piccolo L, Ghirga M, Paolinelli A. Antonio manufacture of titanium dioxide by the sulphate process using nuclei formed by steam hydrolysis of TiCl$_4$: US4021533A[P]. 1977-05-03.

[37] Edgar K, Reinhard K. Manufacture of titanium dioxide pigment seed from a titanium sulfate solution: US4073877[P]. 1978-02-14.

[38] Davis B R, Rahm J A. Process for maunfacturing titanium compounds: US4288416A[P]. 1981-09-08.

[39] Rahm J A, Davis B R. Process for maunfacturing titanium dioxide: US4288417A[P]. 1981-09-08.

[40] Günter Z H, Horst B, Michael H B, et al. Process and device for micronizing solid matter in jetmills: US4880169[P]. 1989-11-14.

[41] Michael H B, Peter B. Process for the calcination of filter cake with hight solids contents being partly pre-dried in a directly heated rotary kiln: US5174817[P]. 1992-12-29.

[42] Saila K. Method of preparing titanium dioxide: US5443811[P]. 1995-08-22.

[43] John D, Kevan R. Kiln for calcination of a powder: US5623883[P]. 1997-04-29.

[44] Lamminmaki R J, Vehmanen V. Method of preparing a well-dispersable microcrystalline titanium dioxide product, the product, and the use thereof: US8182602[P]. 2012-05-22.

[45] Eric G, Alan S, Philip G, et al. Production of titania: US7326390[P]. 2008-02-05.

[46] Jorge M, Brian D, Joseph R, et al. Continuous non-polluting liguid phase titanium dioxide process and apparatus: US 6048505[P]. 2000-04-11.

[47] Gesenhues U, Rentschler T. Grystal growth and defect structure of Al^{3+}-doped rutile[J]. Journal of State Chemistry, 1999, 143: 210-218.

[48] Gesenhues U. Calcination of metatitanic acid to titanium dioxide white pigments[J]. Chemical Engineering and Technology, 2001, 24(7): 685-694.

[49]Gesenhues U. Rheology, sedimentation, and filtration of TiO$_2$ susoensions[J]. Chemical Engineering and Technology, 2003, 26(1): 25-33.

[50] Gesenhues U. Coprecipitation of hydrous alumina and silica with TiO$_2$ pigment as substrate[J]. Journal of Colloid and Interface Science, 1994, 168: 428-436.

[51] Subramanian N S, Bernard R P, Hsu Y H S. Process for producing titanium dioxide: US7476378[P]. 2015-10-27.

[52] Mohammed S F, Cheroolilop G C. Titanium dioxide pigment composite and method of making same: US7264672[P]. 2007-09-04.

[53] Auer G, Weber D, Schuy W, et al. Method for directly cooling fine-particle solid substances: US7003965[P]. 2006-02-28.

[54] Jurgen B, Siegfried B, Volker S, et al. Titanium dioxide pigment composition: US6962622[P]. 2005-11-08.

[55] Wen F C, Hua D W, Busch D E. Inorganic particles and methods of making: US6743286[P]. 2004-06-01.

[56] Hiew M, Wang Y N, Hamor L, et al. Continuous processes for producing titanium dioxide pigments: US6695906[P]. 2004-02-24.

[57] Stephen K, Anne C. Method for manufacturing high opacity, durable pigment: US6528568[P]. 2003-03-04.

[58] Hiew M, Wang Y N, Hamor L, et al. Methods for producing titanium dioxide pigments having improved gloss at low temperatures: US6395081[P]. 2002-05-28.

[59] Saila K, Ralf-Johan L. Titanium dioxide producte method for make the same and its use as photocatalyst: US7662359[P]. 2010-02-16.

[60] Bayer E, Lailach G. Process for the production of titanium dioxide pigments: US4902485[P]. 1990-02-20.

第五章

氯化法钛白粉生产技术

第一节
概述

　　氯化法钛白粉生产就是用氯气与含钛原料，包括氯化钛渣、人造金红石、天然金红石或这些高钛原料及钛铁矿混配组合的钛原料与氯气进行氯化反应生成四氯化钛中间产物，并与钛原料中其他元素的氯化物分离，制得的四氯化钛再经过深度净化后，在高温下氧化而生产钛白粉的方法。自 1958 年开始，迄今有 60 余年的生产发展与技术进步历史。其生产工艺技术，从表观上看已基本定型，但随着技术、材料与应用领域的不断进步与拓展，以及人类社会经济及生态环境的要求，要跟上并满足低碳、绿色、可持续发展的现代化学工业前进的步伐，氯化法钛白粉还有许许多多的生产设备及工艺技术细节需要完善与发展，甚至需要某些颠覆性的技术创新。

　　氯化法钛白粉生产技术，在商业生产上几乎比硫酸法晚了 40 年。因其比硫酸法工艺过程简单，且因生产过程连续化，一经商业化生产问世，就有超过硫酸法的势头。正如硫酸法一样，钛白粉产品中本身没有硫酸根，硫酸作为生产原料，仅是利用了硫酸分解钛原料的化学能与化学特性，即钛原料中的铁元素生成硫酸铁，钛元素生成硫酸氧钛，最后硫酸氧钛水解为二氧化钛和稀硫酸。因水解副产硫酸浓度较低，并且酸中含有硫酸盐，当需要作为硫酸原料回用时，浓缩与除去硫酸盐，不仅需要投资昂贵的生产装置，而且工艺与设备材质要求苛刻。同理，氯化法钛白粉的产品中也没有氯化物，氯气仅是作为生产原料，利用了氯气的化学能与化学属性，即在氯化时钛原料中的钛元素生成四氯化钛，杂质铁元素生成氯化铁，且两种氯化物因沸点的差异，可以进行气固分离，最后四氯化钛被氧化为钛白粉和氯气，氯气又可以直接返回钛原料氯化系统作为原料氯气直接使用，这是开发氯化法生产钛白粉最大的技术亮点与工艺吸引力；再加上，四氯化钛净化时采用精馏提纯方式，即气液分离，比硫酸法水解沉淀偏钛酸的包裹杂质截留与使用的固液分离更彻底，杂质分离效率更高。氧化四氯化钛的气相空间反应，生成钛白粉颗粒形貌更球形化及圆形化，而没有硫酸法转窑煅烧偏钛酸基本晶体粒子胶化聚集胶团的半熔融使晶体增大存在的烧结现象或那么严重。无论外观还是某些颜料性能，都比硫酸法钛白粉产品略高一筹。全球氯化法诞生于 20 世纪 60 年代初，增长超过硫酸法的增长，直到 20 世纪 90 年代初，经过 30 年的追赶，氯化法全球总产能超过硫酸法。而由于中国经济的迅猛发展对钛白粉的需求剧增，加上中国钛矿资源对硫酸法钛白粉生产技术的拓展由劣势变为优势的进步，不到 20 年时间功夫，靠中国的硫酸法发展的异军突起与技术入列，其全球硫酸法产能又超过氯化法产能。然而，作为颜料使用的钛白粉，无论氯化法产品还是硫酸法产品，在市场应用领域 90%均可以互为替代，仅有 5%的应用领域双方均无法取代。衡量一种产品生产方法的先进与否，借用黑格尔的一句名言："存在就是合理的。"三个因素决定产品存在的理由：

第一是市场，市场包括应用性能与产品价值，既要有市场，还要有使用的经济价值贡献率。

第二是先进生产技术，先进生产技术包括：原材料的利用效率、废副利用与处理的社会属性效益；技术先进必然效率高，但废副利用与处理涵盖"广义的资源"价值，具有独特性。

第三是不可侵犯的知识产权，包括专利保护与专有技术诀窍，但其生命周期有限（发明专利 20 年保护期），明显具有时效性。

至今，氯化法与硫酸法钛白粉生产技术，媒体和从业者因站的角度不同，都认为自己拥有的生产方法为最好。到目前，还没有哪一种方法有绝对优势打败竞争对手，因此，才有今天除美国科穆公司全是氯化法钛白粉生产装置之外，其余前几家大公司均有硫酸法和氯化法生产装置。论生产成本，全球氯化法最低成本与硫酸法最低成本旗鼓相当，不分伯仲。论废副处理的环境友善，同样各有千秋。

氯化法生产钛白粉，由原料准备、氯化、氧化、后处理，以及"副产物"的利用或"三废"治理五个大的生产单元联合构成。每个单元也包括有若干工序和子项生产组成，其中后处理也是为了提高和扩展氧化生成的钛白粉粗品的颜料和应用性能，所进行的无机物和有机物的包覆，与硫酸法钛白粉粗品的包覆工艺大同小异，在第六章中与硫酸法粗品进行后处理一并叙述。

尽管氯气作为中间产物直接循环使用，由于生产原料使用的氯气和中间产物四氯化钛均是有毒有害，且易产生爆炸的危险化学品及化工物料，其安全要求十分严格。也因生产产生的废副的量与原料钛资源的组成与含量有关，即钛原料中钛含量高，产生的废副少，处置和利用相对容易，但原料价格高，是生产可变成本的直接影响因素；反之，含量低，价格低，但废物多。再因以氯化物为主的酸性废副，氯离子高度溶解的特性导致很难遵循无机化工环保治理的液治气（吸收）、固治液（沉淀）、固体堆放与再加工原理的工艺路线，比硫酸法硫酸根的治理相对要难得多，特别是内陆工厂。所以，氯化法钛白粉生产，传统的"三废"治理是建立在过去被动的环保要求下所衍生出的技术内容。现在绿色可持续发展的目标是要将"三废"作为资源进行加工，节约自然资源，满足人类的可持续发展，达到逼近"零排放"的生态文明更高要求，赋予了作为钛资源加工的氯化法钛白粉生产技术更深更高的技术内容与经济活动内涵。鉴于"一矿多用，取少做多"的更广义技术内容与创新技术产业领域的进步，氯化法钛白粉生产过程中的废副与利用于本书第八章中进行专门叙述。

要生产出优质的钛白粉，获得优异的生产投资回报率，达到生产的连续性和稳定性，氯化法钛白粉生产的关键技术核心是氯化与氧化。过去因引进技术规模较小，仅有年产 1.5 万吨，且是停留在 20 世纪 70 年代的技术水平上；加上四氯化钛的氯化生产又是采用相对落后的熔盐氯化，即固定床氯化，氯化的生产与技术理念被掩盖了，氯化法钛白粉生产技术难题全集中在四氯化钛氧化生产钛白粉粗品的氧化炉技术上。而氧化炉技术主要暴露在产品质量和氧化炉结疤问题上，前者产品质量决定用户接受的程度，后者决定生产的连续性，几乎被言传为不可逾越的技术障碍，也是欧美氯化技术的"噱头"。而现在这些问题经过近30年时间的生产摸索和邀请全球经验丰富的顶级华人专家共同努力，攻坚克难，基本解决了影响生产的氧化炉与氧化问题，通过扩建基本达到3万吨的产品生产规模，且已投入另一套3万吨装置和设备的建设。所以说，氯化法钛白粉生产技术，在目前中国大陆已经不存在生产技术障碍上的难题。就目前行业发展状况看，已经转移到技术带来的投资与生产成本等生产装置的市场竞争力问题及效益优劣的装置企业生存立足问题。因产业政策和市场品种的需要，从2010年以后，国内有财力的两家企业分别花巨资再次引进欧洲德国钛康（Ti-Con）氯化法钛白粉生产技术，投入巨资建成的氯化法钛白粉生产装置，反而暴露了在氯化技术方面的严重问题，致使开车调试困难重重，试生产周期过长，投入费用过高，按真正的市场规律，以不变成本和可变成本统计评价，很难收回投资与盈利，且环保问题带来的负效应，再次使人们对氯化法的先进性和核心技术定义的技术生态状况产生怀疑。

对氯化法钛白粉生产的装置技术，氯化与氧化是生产能力与生产产品及企业投资回报的核心技术。作为生产核心技术，它直接关系到装置投资费用带来的不变成本高低（折旧与银行利息等财务费用）、生产效率带来的可变成本费用大小（原材料消耗）和废副资源化加工带来的环保效益大小。它是赋予氯化法钛白粉生产建立装置的新"三大指标"，即固定成本、可变成本和环保效益的技术核心与关键，不容小觑；需要具备扎实的技术功底、生产实践与眼界卓识等各方面的智慧作为支撑。"三大指标"的优劣是中国氯化法钛白粉生产屹立于世界的根基，参与全球竞争的重器，成为后来者居上的利器。氯化与氧化技术必须遵从化工过程的"三传一反"特征，即动量传递、热量传递、质量传递和化学反应过程，是决定生产装置技术经济性的市场竞争力权重指标。氯化与氧化技术的先进与否，直接关系钛白粉生产装置的经济效益与社会效益，是决定生产企业经济技术性的社会存续力量。

所以，一套现代化的氯化法钛白粉生产装置，必须具有先进的沸腾氯化技术，先进的氧化技术和先进有效的废副环保全资源加工技术。

第二节
原料制备

氯化法钛白粉生产原料与硫酸法钛白粉生产原料一样，同样分为主要原料和次要原料。它与硫酸法原料的最大差异是除钛原料是固体原料雷同外，还原铁粉对应石油焦固体原料，其硫酸和水的液体原料改为氯气和氧气的气体原料，或湿法生产（酸解、水解）改为干法生产（氯化、氧化），即硫酸法的固变液、液变固的化学反应生产过程，改变成固变气、气变固的化学反应过程。其主要原料包括钛原料、氯气、石油焦和氧气。尽管氧气来自空气分离，但在钛白粉的成分元素中氧元素含量达到40%，每吨钛白粉需要近半吨氧气；而次要原料包括各种辅助原料及生产助剂。氯化法钛白粉生产的主要原料除氧气是靠自身的空分站生产外，其他几乎来自上游领域的标准规格生产，达到生产装置设定的原料规格要求，使用时进行配制即可，无须像硫酸法原料那样进行特殊冗长的工艺制备，如球磨机研磨、硫酸的配制等。全球绝大多数氯化法生产装置均是采用流化床沸腾氯化工艺，对氯化的固体原料均设有各自生产需要的粒度范围要求和杂质化学元素指标要求。尤其是钛原料，因成本竞争带来混配矿的使用发展，其颗粒粒度分布和形貌系数，均设有实际的要求。

一、主要原料制备

（一）钛原料的分类与制备

1. 钛原料分类与指标

（1）氯化钛原料分类与指标　氯化钛原料加工富集方法如第三章第一节钛原料所述。目前，全球成熟的氯化法钛白粉生产的钛原料按钛含量高低分为以下四类，或根据生产需要配制成四类氯化钛原料。

① CP-A 类。氯化钛原料第一类（CP-A）中，$TiO_2 \geqslant 90\%$，多为人造金红石、天然金红石。

② CP-B 类。氯化钛原料第二类（CP-B）中：TiO_2 80%～90%，主要是电炉冶炼的高钛渣。

③ CP-C 类。氯化钛原料第三类（CP-C）中：TiO_2 70%～80%，以天然金红石、白钛石和钛铁矿掺混与混配为主。

④ CP-D 类。氯化钛原料第四类（CP-D）中：$TiO_2$60%～70%，以高品位的钛精矿和电炉冶炼高钛渣掺混为主。

（2）钛原料分类带来的成本与废副产生量　全球氯化钛白粉生产几乎采用 CP-A 和 CP-B 两类钛含量较高的氯化钛原料，因 CP-A 类原料的天然金红石储量与开采比例有限，通常使用大量的人造金红石，如加拿大力拓公司的 UGS 和澳大利亚的锈蚀法人造金红石。其中使用 CP-A 类钛原料的工厂装置占总生产能力的近 50%；使用 CP-B 类钛原料的工厂装置占总生产能力的 30%；而使用 CP-D 类钛原料的生产装置，只有前杜邦（现在的科穆）氯化装置使用。据说，克朗斯公司也使用氯化低钛原料的技术。同时在 20 世纪 60—70 年代氯化法蓬勃发展时期，大量的科学家和钛白粉生产企业进行钛铁矿的直接氯化工艺技术的研究开发。因采用 CP-D 类原料，以 2017 年的市场价格条件下，其原料价格折计人民币可降低 3300 元，这与硫酸法使用酸溶性高钛渣与钛铁矿原料所表现出单位钛原料价值在生产可变成本中的结果几乎类似。氯化钛原料级别综合价格比较见表 5-1。

表 5-1　氯化钛原料级别综合价格比较

序号	原料名称	CP-A 类吨耗（≥90%TiO₂）	CP-D 类吨耗（65%TiO₂）	备注
1	钛原料/（t/t）	1.0～1.3	1.75	
2	氯气/（t/t）	0.10～0.15	1.15	
3	石油焦/（t/t）	0.25～0.27	0.30～0.35	
4	氧气/（t/t）	0.45～0.50	0.45～0.50	
5	AlCl₃/（t/t）	0.03	0.03	
6	合计原料价格/元	8600.0	5375.0	2016 年市场价
7	排除氯化渣/（t/t）	0.05～0.30	1.5～1.6	以 FeCl₃ 为主

采用 CP-D 类钛原料氯化,因铁含量增加,其对应的氯气使用量增加,由于氯气是来自烧碱生产的副产物,受制于氯与碱的市场需求,其作为副产物的市场较小,价值相对较低。在 2017 年的市场价格下,不到 150 元/t,不少地方为了平衡烧碱的生产,往往是零价格送出或补贴费用外送;同时,石油焦也要增加 50～80kg,但其费用权重不大,使用 CP-D 类原料生产钛白粉的直接原料成本节约了 3000 元左右。众所周知,正如硫酸法使用富钛料与钛铁矿一样,增加硫酸的消耗带来大量副产七水硫酸亚铁的产出,氯化 CP-D 类低钛原料,同样增加氯气的消耗且带来大量副产氯化亚铁的产出;然而在氯化炉中因氯化铁的气体占比增大和先后氯化次序的特性,其气相组成及性质将产生较大的变化,且铁先被氯化,钛在其后,对氯化钛工艺有益,但其废副却增加 5 倍左右。因此,前美国杜邦钛白科技公司采取深井灌注处理方式投入地质层处理掉。表 5-2 是前杜邦公开资料报道的四种类别钛原料氯化废副处理的方式。如图 5-1 所示,所有氯化法钛白粉生产能源消耗,采用 CP-D 类钛原料比采用 CP-A 类钛原料的不可再生能源消耗降低 20%还多。这也是前杜邦在山东东营拟建 40 万吨氯化钛白粉生产装置,坚持低钛原料的氯化生产的先决条件之一。

表 5-2　不同类别的钛原料氯化废副处理方式

序号	工艺原料方案	钛原料 TiO_2 含量	废副处理方式
1	CP-A	≥90%	● 中和金属氯化物废液 ● 渣场填埋金属氢氧化物滤饼 ● 地表排放达标盐水
2	CP-B	80%～90%	● 中和金属氯化物废液 ● 渣场填埋数量较多的金属氢氧化物滤饼 ● 地表排放达标盐水
3	CP-C	70%～80%	● 将氯化亚铁与其他金属氯化物分离进一步氧化成三氯化铁作为副产品 ● 中和金属氯化物废液 ● 渣场填埋金属氢氧化物滤饼 ● 地表排放达标盐水
4	CP-D	60%～70%	● 深井灌注金属氯化物废液 ● 渣场填埋少量金属氢氧化物滤饼

资料来源:前杜邦钛白科技公开网站。

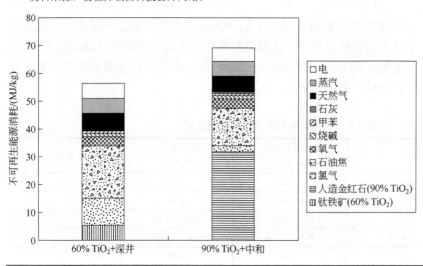

图 5-1　高钛原料和低钛原料生产详细生命周期能耗对比

(资料来源:前杜邦钛白科技公开网站)

（3）氯化钛矿原料的组成与粒度要求　由于氯化钛原料使用的人造金红石、氯化高钛渣等经过前期加工的原料均是以满足氯化法生产而进行的预加工，不仅钛含量、杂质限量按设定的氯化工艺条件标准生产，其且沸腾氯化重要的粒度指标同样有严格的规定。但是，CP-D类原料因要掺入或使用原生开采的钛精矿，粒度是天生的，因对钛矿粒度严格的要求，几乎是由矿源粒度合格与否决定。非洲塞内加尔氯化级氯化钛铁矿组成如表 5-3 所示。其中氯化级钛铁矿 A 粒度分布见表 5-4，氯化级钛铁矿 B 粒度分布见表 5-5。适宜的钛矿细度为：钛铁矿 A 的粒度分布 $D_{50}=0.189$mm，矿 B 的粒度分布 $D_{50}=0.15$mm。

表 5-3　非洲塞内加尔氯化级氯化钛铁矿组成

序号	组分	钛铁矿 A 含量/%	钛铁矿 B 含量/%	备注
1	TiO_2	56.6	58.2	
2	Fe_2O_3	30.0	36.9	
3	FeO	7.01		
4	Al_2O_3	1.10	0.9	
5	CaO	0.01	0.06	
6	MgO	0.34	0.5	
7	SiO_2	0.70	0.95	
8	MnO	1.64	1.0	
9	Nb_2O_5	0.14	0.11	
10	V_2O_5	0.15	0.29	
11	Cr_2O_3	0.46	0.22	
12	ZrO_2	0.11	0.27	
13	P_2O_5	0.07	0.058	
14	S	< 0.01		
15	CeO_2	0.02		
16	PbO	260mg/kg		
17	U + Th	130mg/kg		
18	U		≤10mg/kg	
19	Th		113mg/kg	
20	灼失（1000℃）	1.4		
21	水分	0.1		

表 5-4　氯化级钛铁矿 A 粒度分布

序号	筛孔/mm	筛余量/%	累积量/%
1	0.300	4.7	4.7
2	0.250	7.8	12.5
3	0.212	18.5	31.0
4	0.180	26.0	57.0
5	0.150	26.0	83.0
6	0.125	13.3	96.3
7	0.106	2.9	99.2
8	0.090	0.7	99.9
9	0.075	0.1	100.0
10	<0.075	0.0	100.0
	$D_{50}=0.189$mm		

表 5-5　氯化级钛铁矿 B 粒度分布

序号	粒度/mm	占比/%	总量/%
1	0.200	1.3	98.7
2	0.180	3.8	94.9
3	0.160	7.5	87.4
4	0.150	40.3	47.1
5	0.125	31.6	15.5
6	0.100	10.0	5.5
7	0.075	5.3	0.2
8	0.045	0.1	0.1
$D_{50} = 0.15mm$			

所以，氯化法通常对原料的粒度要求在 0.1～0.2mm 范围内。对于一些岩矿如攀枝花钒钛磁铁矿，因选矿颗粒较细，且含有高沸点的钙镁元素，加大了对氯化沸腾床的操作难度，以及对生产产生的不利影响，要加工成人造金红石的氯化原料，需要对氯化工艺与装置进行升级。

所以，钛原料无论是钛渣、钛矿、天然金红石和人造金红石等，在上游开采和加工中就决定了粒度规格，无须再进行研磨或粒度调整。

2. 钛原料的干燥工艺

尽管钛原料的粒度不需要在氯化生产时进行研磨，但因运输及储存带来的水分，会在氯化过程中产生氯化氢（HCl）和固态的氯化氧钛（$TiOCl_2$）。前者腐蚀设备和管路管件，后者则会堵塞管路和阀门，从而影响氯化炉的流态化和氯化效率。因此，钛原料在任何情况下，都应保持干燥。与硫酸法风扫磨不一样，是研磨和干燥同时进行，而氯化法的钛原料干燥是在直接火焰加热的回转窑中进行的。

氯化原料制备工艺流程如图 5-2 所示，钛原料经过提升机送到钛矿储槽，再从进料缓冲槽送入回转干燥筒中用燃烧的天然气混合气对钛原料进行干燥，从回转干燥器干燥后的物料，进入冷却干燥筒中用采取冷水间接换热的方式对冷却筒进行换热从而对钛原料进行降温冷却，冷却后的钛原料进入钛矿仓储存，为氯化备料。

主要干燥生产设备有：钛原料储槽、提升机、滚筒干燥剂、滚筒冷却剂、缓冲槽、干燥钛原料储槽。

干燥设备　主要干燥设备如下：
① 钛矿仓规格：ϕ6000mm × 25000mm。
② 滚筒干燥机：ϕ2000mm × 40000mm。
③ 滚筒冷却机：ϕ2000mm × 25000mm。
④ 钛矿贮槽：4200mm × 230mm × 250mm。

（二）石油焦的制备

1. 石油焦细度

石油焦是氯化时参与反应、夺走钛原料中 TiO_2 及其他氧化物中的氧元素的还原剂，最终以 CO_2 的形式从氯化尾气中排出。其质量基本要求固定碳≥98%；由于石油焦的密度与钛原料相差较大，为了在氯化炉中保持与钛原料的均一性，达到最佳的氯化反应与消耗。辅料石油焦需要进行破碎与筛分，从而满足生产的需要。根据不同的氯化工艺条件，通常石油焦的粒度在 20～200 目或 30～800μm。

2. 石油焦的干燥

作为辅料特别要重视的是石油焦的干燥。尽管石油焦的用量只有矿粉的 25%左右，但其含湿量比钛原料要高得多，在氯化时带来的副作用如钛原料中水分一样，所以需要预先干燥除去水分。石油焦的干燥通常和粉碎同时进行，即在兼有破碎和干燥两种功能的装置中进行。用经过间接加热的、温度为 230℃左右的氮气流为干燥介质，氮气经过气固分离和冷凝除水之后，循环使用。

3. 石油焦的破碎干燥工艺

如图 5-2 所示，外来的石油焦经过破碎机进行破碎，破碎后再进行筛分，筛分颗粒较大的物料返回破碎机，筛除颗粒较细物料用于其他用途或外售，筛除合格的石油焦颗粒进输送机送入石油焦储仓为氯化备用。

4. 主要生产设备

① 破碎机：3.9t/h。

② 分级筛：3.9t/h。

③ 干燥器：3.9t/h。

④ 石油焦贮仓：ϕ6000mm × 25000mm。

（三）氯气的制备

1. 液氯与氯气制备

作为氯化钛粉生产原料的氯气，在第三章已叙述。在生产时，除回用的氯气外，有配套氯气生产的装置，直接从氯气生产装置管道接入氯化装置生产系统。没有氯化装置的氯化法钛白粉生产装置的原料氯气，采取运输液氯的方式，按图 5-2 所示进行氯气的制备。

液氯槽车送来的液氯卸入液氯储罐，然后用液氯输送泵泵入液氯蒸发器，用热水进行换热再将液氯蒸发，并送入氯化生产系统。

2. 主要生产设备

① 液氯运输车：40m³。

② 液氯贮罐：46m³。

③ 液氯蒸发器：5t/h。

④ 氯气缓冲罐：ϕ2200mm × 3000mm。

（四）氧气的制备

氧气来自生产装置配套的氮氧站，其提供氧气、氮气等工业用气，其指标如表 5-6 所示。

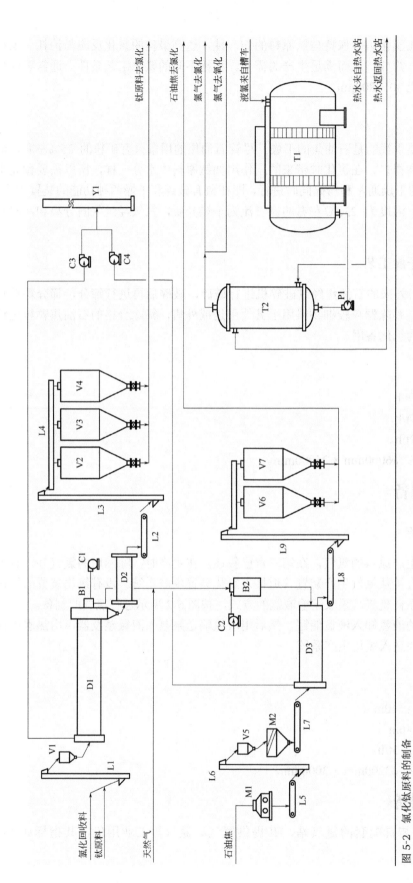

图 5-2 氯化钛原料的制备

B1—钛原料干燥机燃烧器; B2—石油焦干燥机燃烧器; C1—钛原料干燥器空气风机; C2—石油焦干燥机燃烧器风机; C3—钛原料干燥燃烧器风机; C4—石油焦干燥尾气风机; D1—钛原料干燥机; D2—钛原料干燥冷却机; D3—石油焦干燥机; L1—钛原料提升机; L2—钛原料输送机; L3—干燥钛原料提升机; L4—干燥钛原料输送机; L5—石油焦输送机; L6—石油焦提升机; L7—石油焦筛分进料斗; L8—干燥石油焦输送机; L9—干燥石油焦提升机; M1—石油焦破碎机; M2—破碎石油焦筛分机; T1—液氯储罐; T2—液氯储槽; P1—液氯输送泵; T1—液氯储罐; T2—液氯储槽; V1—钛原料进料斗; V2~V4—钛原料储斗; V5—石油焦破碎进料斗; V6、V7—石油焦储仓

表 5-6　工业用气的指标要求

序号	项目名称	数值
一		氮气
1	纯度	99.5%
2	露点	≤−60℃
3	压力	0.7MPa
二		氧气
1	纯度	99.5%可降为93%
2	压力	0.8MPa（界区 0m）

氮氧站采用标准的空气分离装置，根据氯化钛白粉生产规模进行配套。主要配备有：空气过滤器、空气压缩机、空气预冷系统、分子筛净化系统、分馏塔冷却系统、增压透平膨胀机组、氮气压缩机、氧气压缩机和空气压缩机等。

二、其他辅助原料

氯化法钛白粉生产还需要一些其他辅料，包括后处理所用的包膜剂等，铝粉在氯化法氧化时以三氯化铝的形式参与二氧化钛晶型转化并作为颗粒增长抑制剂；氯化钾也是作为氧化时的晶型调整剂，这些均与硫酸法煅烧时加入铝离子、钾离子的作用几乎类同；当然还有加入磷及其他多种元素的盐处理剂。同时，辅助原料的岩盐可作为氧化炉冷却段结疤的除疤剂，也用钛白粉生产粗品过程中压制制粒代替传统的岩盐打疤，这是杜邦公司 1993 年的发明专利（US5266108）。其他辅料列于表 5-7。

表 5-7　氯化钛白粉生产主要辅料

序号	名称	规格	备注
1	铝粉	Al：99.55%	
2	岩盐	NaCl：99.4%～99.8%	氧化炉打疤盐
3	钛白粉粗品	$TiO_2 \geqslant 98.0\%$	采用制粒代替打疤盐
4	高纯氯化钾	$KCl \geqslant 95.0\%$	
5	硅酸钠	$Fe \leqslant 30 \times 10^{-6}$	
6	硫酸铝	$Fe_2O_3 \leqslant 0.01\%$	
7	离子膜碱	$NaOH \geqslant 38\%$	
8	偏铝酸钠	$Fe \leqslant 30\mu g/g$	
9	包装袋	25kg/袋，500kg/袋	

第三节
氯化与四氯化钛的制备

氯化法钛白粉生产中的氯化与四氯化钛制备是将钛原料与氯气反应，生成的四氯化钛气体与原料中的其他杂质元素生成的氯化物，借助于氯化物沸点之间的差异特性，将四氯化钛与杂质元素氯化物进行气固分离。沸点相近难以分离的杂质进一步采用精馏技术进行气液分离除去，对个别难以分离的化合物如钒，则采用液固分离除去。因氯化是一个气固分解的化学反应过程，钛原料固体需要被氯化成气体氯化物，并不停地从固体表面上移走，所以，现有生产四氯化钛的商业氯化方法均是采用的连续氯化生产工艺。

一、四氯化钛的性质

四氯化钛主要是氯化法钛白粉生产过程中氯化工序制取的中间产品，其次也是生产海绵钛（金属钛）的中间产品，也可以作为其他钛酸盐和精细甚至超细电子级或光催化剂二氧化钛的生产原料。

（一）物理性质

四氯化钛分子式为 $TiCl_4$，英文名称 titanium tetrachloride，CAS 号为 7550-45-0。四氯化钛是一种液体原料，化学性质稳定。其理化性质如表 5-8 所示。

表 5-8　四氯化钛的物理性质

外观与形状	无色或微黄色液体，有刺激性酸味，在空气中发烟		
分子式	$TiCl_4$	分子量	189.71
熔点/℃	−25	相对密度	1.726
沸点/℃	136.4	饱和蒸气压/kPa	1.33(21.3℃)
溶解热/（kJ/mol）	9.37	汽化热/（kJ/mol）	38.07(25℃)
临界温度/℃	358	溶解性	溶于冷水、乙醇、稀盐酸

（二）化学性质

四氯化钛受热或遇水分解放热，放出有毒的腐蚀性烟气。具有较强的腐蚀性。可引起局部灼伤、化学性结膜炎、角膜炎、角膜浑浊，亦可引起上呼吸道炎症及肺炎。

四氯化钛是无色、密度大的液体，样品不纯时常为黄或红棕色。与四氯化钒类似，它属于少数在室温时为液态的过渡金属氯化物之一，其熔点和沸点之低与弱的分子间作用力有关。大多数金属氯化物都为聚合物，含有氯桥连接的金属原子，而四氯化钛分子间作用力却主要为弱的范德华力，所以其熔沸点不高。

$TiCl_4$ 分子为四面体结构，每个 Ti^{4+} 与四个配体 Cl^- 相连。Ti^{4+} 与稀有气体氩具有相同的电子数，为闭壳层结构。因此四氯化钛分子为正四面体结构，具有高度的对称性。

$TiCl_4$ 可溶于非极性的甲苯和氯代烃中。四氯化钛可与路易斯碱溶剂（如 THF）反应并放出热量，生成六配位的加合物。对于体积较大的配体，产物则是五配位的 $TiCl_3(THF)_3$。四氯化钛形成的多种衍生物如图 5-3 所示。

四氯化钛与氧气进行氧化反应，是氯化法钛白粉生产的核心化学原理：

$$TiCl_4 + O_2 \longrightarrow TiO_2 + 2Cl_2 \tag{5-1}$$

四氯化钛与金属镁进行置换反应，是金属钛的生产反应原理：

$$TiCl_4 + 2Mg \longrightarrow Ti + MgCl_2 \tag{5-2}$$

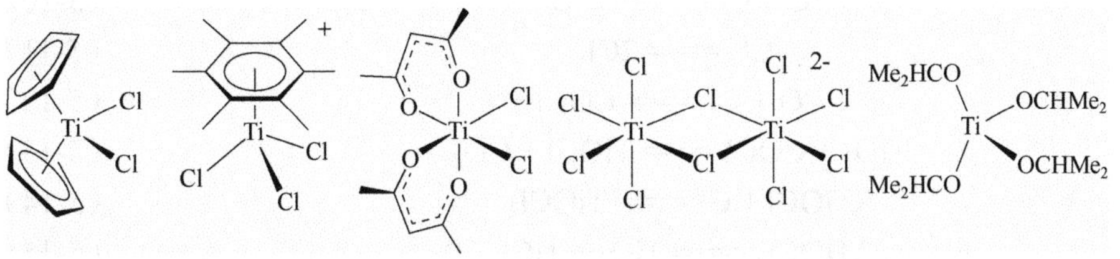

图 5-3　四氯化钛形成的多种衍生物

四氯化钛与水进行水解反应，是硫酸法钛白粉金红石晶种、纳米二氧化钛和珠光颜料生产的反应原理：

$$TiCl_4 + 2H_2O \longrightarrow TiO_2 + 4HCl \tag{5-3}$$

$$TiCl_4 + H_2O \longrightarrow TiOCl_2 + 2HCl \tag{5-4}$$

四氯化钛与碱性物质反应，是压电陶瓷电子材料的生产化学反应：

$$TiCl_4 + Ba(OH)_2 + H_2O \longrightarrow BaTiO_3 + 4HCl \tag{5-5}$$

$$TiCl_4 + Sr(OH)_2 + H_2O \longrightarrow SrTiO_3 + 4HCl \tag{5-6}$$

二、氯化工艺的生产原理

(一) 氯化的化学反应原理

将钛原料与氯气反应可以得到氯化物，其反应式如下：

$$TiO_2(s) + 2Cl_2(g) \rightleftharpoons TiCl_4(g) + O_2(g) \tag{5-7}$$

$$\Delta G_T^\ominus = 184300 - 58T (其中，\ T = 409 \sim 1940K)$$

从反应式（5-7）可以看出，氯化反应是可逆的吸热反应。鉴于二氧化钛比四氯化钛稳定得多，如不向反应体系供应能量，并及时除去反应生成的氧，氯化反应是不可能发生的。即使 $T = 2000K$，自由能 ΔG_T 仍大于 0。由此，要使反应正向顺利进行，需要改变反应状态。在标准状态下则有：

$$\Delta G_T = \Delta G_T^\ominus + RT(p_{TiCl_4}^{0.5} p_{O_2}^{0.5} p_{Cl_2}^{-1}) \tag{5-8}$$

此时，为降低自由能，使 $\Delta G_T < 0$，必须向系统不断地通入氯气并不断地移走四氯化钛和氧气，才能实现直接氯化反应。但是，氯气利用率低，经济上不可取，不可作为经济生产方式。

所以要加入石油焦作为还原剂，以降低反应系统的氧气分压，使反应顺利进行。石油焦在氯化过程中，既可带走反应生成的氧，又能为反应提供热量。其反应式如下：

$$TiO_2(s) + 2Cl_2(g) + C(s) \longrightarrow TiCl_4(g) + CO_2(g) \tag{5-9}$$

$$\Delta G_T^\ominus = -210000 - 58T (其中，\ T = 409 \sim 1940K)$$

按反应式（5-9），$\Delta G_T < 0$，反应可自发地进行。所以，在氯化法钛白粉生产过程中钛原料进行氯化时需要加入石油焦作为还原剂，使氯化反应发生以获得反应产物四氯化钛。

加碳氯化是一个气固类的复杂反应过程，反应在 TiO_2 固体颗粒表面进行。反应机理可认为是生成 COCl 类中间产物，然后再继续氯化，其反应历程如下：

$$C + CO_2 =\!=\!= CO \tag{5-10}$$

$$Cl_2 =\!=\!= 2Cl \tag{5-11}$$

$$CO + Cl =\!=\!= COCl \tag{5-12}$$

$$TiO_2 + COCl =\!=\!= TiOCl + CO_2 \tag{5-13}$$

$$TiOCl + Cl =\!=\!= TiOCl_2 \tag{5-14}$$

$$2TiOCl_2 =\!=\!= TiO_2 + TiCl_4 \tag{5-15}$$

该氯化过程按还原剂的生成→氯化剂产生→扩散→吸附→反应→脱附→扩散等步骤依次进行。其中,化学反应是在 TiO_2 颗粒表面上进行的,微观动力学可用缩粒模型来表述。其中以反应式(5-13)反应最慢,称为控制步骤,此时则有:

$$-\frac{\mathrm{d}m_{TiO_2}}{\mathrm{d}t} = \frac{\mathrm{d}m_{TiOCl}}{\mathrm{d}t} \tag{5-16}$$

按此可进一步导出下列动力学方程式:

$$-\mathrm{d}m / \mathrm{d}t = kAp_{Cl_2}^{0.5} p_{CO} \tag{5-17}$$

式中　m——TiO_2 的质量;

　　　p——气体压力;

　　　A——固体比表面积。

碳的气化反应与其类似,也是一个气固相复杂反应过程,CO 来自吸附在碳粒表面的 CO_2 被 C 还原的反应。反应机理被认为是由下列反应链构成:

$$C + CO_2 =\!=\!= CO + C - [O] \tag{5-18}$$

$$C + [O] =\!=\!= CO \tag{5-19}$$

式中　[O]——被吸附的氧原子。

由于碳的气化反应也是一个慢过程,在一定的炉型结构和工艺条件下,其 CO 的分压 p_{CO} 为常数,令 $p_{CO} = B$。加碳氯化的总反应的动力学方程按反应式(5-9)可表述为:

$$-\frac{\mathrm{d}m}{\mathrm{d}t} = K'ABp_{Cl_2}^{0.5} = KAp_{Cl_2}^{0.5} \tag{5-20}$$

在连续均衡加料的沸腾流态化工艺中,宏观上可认为粉体颗粒群在动态中总表面积为定值,即方程式(5-20)的比表面积 A 为常数。此时的宏观动力学方程式(5-20)则变得更简单。

但从微观上讲,每个钛原料颗粒的 TiO_2 粒子表面积则是不断缩小,对微观反应有影响。微观动力学可用缩粒模型来描述。从一个球状颗粒的 TiO_2 粒子分析,当其粒径由 r_0 变为 r 时,可以导出:

$$m_0^{\frac{1}{3}} - m^{\frac{1}{3}} = K't$$

或

$$1 - (1 - R)^{\frac{1}{3}} = Kt \tag{5-21}$$

式中　m_0,m——粒径 r_0 和粒径 r 对应的 TiO_2 质量;

　　　R——反应分数,$R = 1 - m/m_0$;

　　　t——反应时间。

此式揭示了在连续加碳氯化生产中单一颗粒或单一粒级原料 TiO_2 反应遵循的微观规律。

加碳氯化时,微观反应可用缩粒模型描述,即反应在固体颗粒表面进行,且形成浓度差的气膜。在流态化过程中,因流体使固体产生强烈的湍流,气固间的气膜层变薄,扩散阻力减小，扩散速率大大提高。所以，四氯化钛的生产全球几乎采用沸腾流化床工艺，而仅有我国锦州钛白粉厂和苏联采用熔盐固定床氯化工艺。

影响氯化反应的动力学因素主要有氯气的流量与浓度、反应温度、钛原料的特性、颗粒特性系数、反应时间、还原剂的活性和配碳比。这些在设计时根据所选用的原料条件与实际经验常数决定与选取。

同时，在钛原料被氯化成四氯化钛过程中，若使用的富钛料是钛渣时，还有 TiO、Ti_2O_3、Ti_3O_5 等低价钛氧化物，也与 TiO_2 类似被氯化成相应的四氯化钛；同时，钛原料中的其他杂质，如 FeO、Fe_2O_3、CaO、MgO、Al_2O_3、SiO_2 等也参与氯化反应生成 $FeCl_2$、$FeCl_3$、$MnCl_2$、$CaCl_2$、$MgCl_2$、$AlCl_3$ 和 $SiCl_4$ 等。杂质的氯化反应式为：

$$3XO(s) + 2C(s) + 3Cl_2(g) \longrightarrow 3XCl_2(s) + CO(g) + CO_2(g) \tag{5-22}$$

在氯化后，利用各自生成的氯化物的沸点差异，将氯化钛进行分离与提纯。图 5-4 是参与钛原料氯化生成的不同氯化物的沸点。如所示，氯化钙的沸点＞1600℃、氯化镁沸点 1412℃，因此，在氯化时是以液相形式存在于沸腾反应物料中，易造成沸腾床堵塞或"死床"，所以，氯化原料要求钙镁含量低；而四氯化钛与四氯化钒的沸点为 136.4℃ 和 148.5℃，相当接近，无法采用利用沸点差的气液分离原理除去，则采用还原沉淀的方式除去；其四氯化硅则采用多级蒸发精馏的方法使其分离。

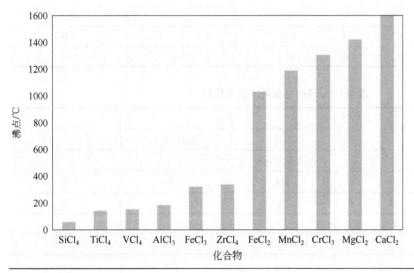

图 5-4　氯化物的沸点

（二）氯化反应的条件及影响因素

为理解钛原料对氯化的影响，解释氯化反应的动力学机理，以及影响氯化的钛原料特性、还原剂石油焦的用量、氯化温度、氯气用量等因素，笔者经过整理翻译参加国际会议（IFSA2002）的南非与美国科学家采用流化床氯化金红石、钛渣和钛精矿三种钛原料的实验报告结果，直观地进行评价与讨论。

1．实验原料

实验采用金红石、冶炼钛渣和钛铁矿三种钛原料，其化学组成如表 5-9 所示。其中钛渣采用两种：钛渣 No.1 的冶炼还原度低，含 22.1% Ti_2O_3；钛渣 No.2 的冶炼还原度高，含 30.8% Ti_2O_3。三种钛原料的物理性质如表 5-10 所示。

表 5-9 实验评价原料化学组成 单位：%

钛原料	金红石	钛渣		钛精矿
		钛渣 No.1	钛渣 No.2	
FeO	0.78	9.19	8.84	45.5
TiO_2	87.0	62.7	50.0	47.7
Ti_2O_3	—	22.1	30.8	—
CaO	0.20	0.15	0.28	0.04
MgO	0.08	0.68	1.01	0.53
MnO	0.06	1.84	1.24	1.00
Al_2O_3	0.50	1.18	0.77	0.43
Cr_2O_3	0.14	0.08	0.07	0.25
SiO_2	1.96	2.46	1.67	0.90
ZrO_2	2.0	0.15	—	0.27
V_2O_5	0.50	0.37	0.44	0.25
Nb_2O_5/(mg/kg)	600	887	680	581
Th/(mg/kg)	85	10.7	—	45.5
U/(mg/kg)	65	2.5	—	6.6
总计	101.1	100.9	95.1	96.9

表 5-10 评价钛原料的物理性质

钛原料	金红石	钛渣		钛精矿
		钛渣 No.1	钛渣 No.2	
颗粒尺寸/μm				
最大颗粒	115	118	132	107
标准差	31	18	19	24
$_{10}d_{90}$	65	55	50	65
形状系数[①]				
Ψ 系数	约 0.8	0.60	0.50	0.80
标准差	约 0.1	0.14	0.16	0.10
密度/（g/cm³）				
真密度	4.18	4.01	3.96	4.74
堆积密度	—	1.84	—	2.62

① 形状系数是通过将钛原料的样品浸在树脂中，采用分析截面图像进行测量。对任意给定的颗粒，Ψ =(1.064)$(4\pi A_1)/(L_1)^2$。式中，常数 1.064 是仪器综合系数，系数校正测量用安排在一个方格网上的像素元进行。形状系数 Ψ 的测量定义为用接近球形 Φ 的体积与钛原料颗粒体积相同的条件下，球形表面积与钛原料颗粒的表面积之比。

2. 流化床实验条件

实验流化床参数如表 5-11 所示，气体组成为物质的量分数，不同温度下的床层气速约是计算的最低流化气速的 12 倍。

表 5-11　实验流化床参数

样品	温度/℃	气体组成/mol			气体实验速度/（cm/s）	计算气体速度/（cm/s）	颗粒直径/μm
		Cl_2	CO	N_2			
金红石	1000	0.39	0.31	0.30	24	1.44	70
钛渣	900	0.25	0.38	0.37	11	1.37	50
钛渣	1000	0.24	0.38	0.38	16	1.30	60
钛渣	1100	0.23	0.38	0.37	10	1.24	50
钛精矿	1000	0.25	0.37	0.38	16	1.41	60

3. 实验结果

（1）流化床温度变化　流化床温度设定为 1000℃，采用石油焦粒度为 600～850μm 时，不同钛原料的氯化时初始温度变化如图 5-5 所示，钛渣 No.2 升温最高，在 4min 后下降并维持稳定；钛渣 No.1 和钛精矿的温度升高次之，但钛渣 No.1 不到 2min 就回到稳定温度，而钛精矿却要缓慢持续升温 5min 后再缓慢下降，到反应 15min 后回到稳定的反应温度状态；金红石钛原料反应温度最低。说明钛原料中三价钛与铁含量的多寡影响氯化时的床温。

（2）钛原料比表面积对氯化的影响　如图 5-6 所示，氯化温度 1000℃、石油焦粒度 600～850μm 条件下，随着钛原料比表面积的增大，氯化率增高。由于钛精矿含有较多的铁，随着氯化产生大量的孔，氯化率增高，比表面积增大。钛渣与金红石随着氯化率接近完全的时候，产生一个明显的突跃，这是由于氯化反应后期，金红石和钛渣颗粒减小并在颗粒的晶体上产生凹陷，此时氯化反应穿透晶体凹陷处，打开成孔，比表面积增大所致。

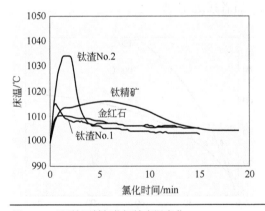

图 5-5　不同钛原料氯化初始床温变化

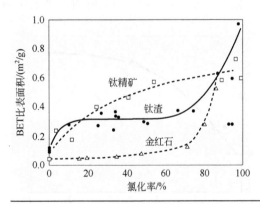

图 5-6　钛原料比表面积与氯化率的变化

（3）还原剂的影响　包括以下因素：

① 还原剂自身的活性。固定碳在氯化反应中扮演着重要的角色，若没有还原剂的存在，尤其是在金红石的氯化反应中，将使反应氯化率降低许多，如图 5-7 所示。采用金红石为钛原料，在 1000℃的氯化条件下，还原剂自身的反应活性在氯化反应中的影响较小；对比石油焦，活性较大的炭黑和活性炭对氯化速率仅有很小的提升，影响微不足道。但是，没有加入还原剂时，从图 5-7 中可以看出，氯化 240min 后，氯化率也不到 30%。正如前面化学原理反应式（5-1）与式（5-2）所述，没有还原剂时氯化反应效率低。

② 还原剂用量。氯化金红石随着还原剂的加入量增加，氯化率增大，达到15%时，增加还原剂用量氯化率不再增大，如图 5-8 所示，图中×号标记为使用的活性炭。

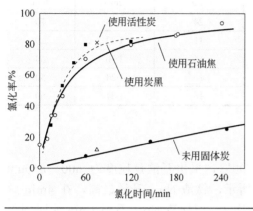

图 5-7　固定碳对金红石钛原料氯化的影响　　　图 5-8　还原剂的用量对氯化率的影响

（4）气体组分与用量对氯化的影响　1mol　TiO$_2$ 氯化反应理论上需要 2mol Cl$_2$，采用金红石为原料，在 1000℃ 的温度下，加入 20% 的石油焦，时间 75min，以不同的氯气量进行氯化，其结果如图 5-9 所示，随着氯气量的增加氯化率增大，达到 2mol 后几乎不再增加，图中口标记为气体组成是 Cl$_2$＋N$_2$（没有 CO）的氯化结果。

（5）温度对氯化的影响　采用钛渣 No.1 原料，石油焦配比为 20%，反应气体为 Cl$_2$＋CO＋N$_2$，在三个不同的温度下进行氯化，其实验结果如图 5-10 所示，温度越高氯化率越高，同时氯化时间越短。在 900℃ 时，氯化 30min，氯化率仅有 35%；而在 1100℃ 时，30min 的氯化率已经达到 70%。60min 时前者氯化率 50%，后者接近 100%。

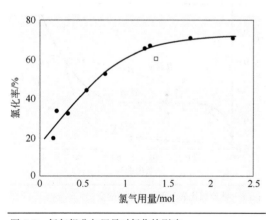

图 5-9　氯气组分与用量对氯化的影响　　　　　图 5-10　温度对氯化的影响

（6）三种钛原料的氯化比较　采用钛原料进行氯化，尽管金红石、钛渣和钛铁矿的氯化条件基本类似，但氯化速率与被氯化原料中的氧化铁含量成正比，如图 5-11 所示。其原因有二：一是 FeO 不仅比 TiO$_2$ 更容易氯化，且氯化反应快。由于钛铁矿中含有比钛渣多的 FeO，而钛渣又比金红石含 FeO 多，因而实验结果印证，钛铁矿具有最快的氯化速率，金红石最低。二是钛铁矿在氯化中随氯化铁的移走，颗粒结构比钛渣和金红石产生更多的孔结构，造成钛铁矿颗粒 TiO$_2$ 的比表面积增大，不仅比钛渣和金红石的氯化反应速率快，而且氯化率高。

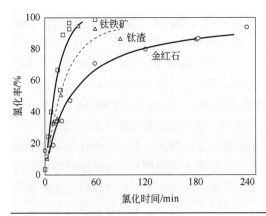

图 5-11　钛原料氯化时间与氯化率的关系

　　结合图 5-6 给出的比表面积变化与氯化率的关系曲线,金红石与钛渣在氯化率达到 60%～70%时产生的比表面积突跃,不难体会到钛原料掺和进料带来的氯化效率互补性的控制优点。

三、氯化生产技术

(一) 氯化生产技术来源

　　最早研究四氯化钛的目的并不是用来生产钛白粉,主要是生产金属钛。1910 年美国科学家亨特(Hunter),用钠还原四氯化钛制取了纯金属钛;1940 年卢森堡科学家克劳尔(Kroll),用镁还原四氯化钛制取了金属钛;而 1948 年开始工业化生产海绵钛,因其钛金属的优异性能,掀起了钛金属的生产热潮,从而带动四氯化钛生产技术的发展。

　　采用氯气与石油焦生产四氯化钛工艺技术的开发专利,可追溯到 1916 年的美国专利(US1179394),发明人 L. E. Barton。将钛原料与碳基料混合在一起,加热移走碳基料中的挥发分,然后与氯气进行反应制取四氯化钛。

　　在 20 世纪 40 年代美欧科学家发明了不少生产四氯化钛的专利技术,同时也做了大量的四氯化钛氧化生产钛白粉的开发工作。如杜邦的科学家 H. Heinrich 以四氯化钛与氧气为原料,采用加水与不加水制取钛白粉,加 0.33%的水氧化,产品全是金红石型,颜料性能好;而不加水的氧化,产品颗粒粗大,且以锐钛型钛白粉为主,颜料性能低劣。

　　1958 年,杜邦公司在埃奇摩尔投产了第一个商业级氯化法钛白粉生产装置,四氯化钛生产开始大规模的发展。同时,早期众多从事钛白粉生产的公司,如美国氰胺、尼尔(NL)工业、匹斯堡玻璃公司(PPG),德国拜尔,法国塞恩-米芦兹及英国 ICI 氧钛(Tioxide)和 SCM 公司等,相继投入氯化法钛白粉装置的建设,开始大规模发展四氯化钛的生产。

(二) 氯化生产技术

　　氯化是制造四氯化钛溶液过程中的关键工序。氯化工艺包括钛原料和石油焦与氯气的进料、钛原料的氯化反应、氯化产物气体的冷凝和分离等过程。

1. 氯化生产设备概述

　　(1)混合料仓　混合料仓是由碳钢制作的混合缓冲容器,将钛原料和石油焦按需要的比例加入缓冲槽，下部设有星型排料器。通常 10 万吨钛白粉生产能力，其氯化装置配置 26m³ 进料储仓，规格 ϕ2200mm × 5500mm，储存 2h 用量，每小时使用钛原料 18t，石油焦 3.9t。

（2）氯化炉　氯化炉是钛原料氯化工序的关键设备。尽管早期国内氯化法钛白粉生产采用熔盐氯化炉（固定床）如图 5-12 所示，因排盐量大，装置规模较小，技术相对落后，几乎不再使用。竖炉氯化（无筛板）氯化炉，国内早期生产海绵钛采用较多，规格为 ϕ1800mm，后来放大到 ϕ2400mm，氯化效率降低，几乎没有用在钛白粉生产领域。国内引进德国的氯化法钛白粉生产技术，所采用的氯化炉如图 5-13 所示，氯气分布管在炉底部分的侧面壁上，既不是经典的沸腾氯化炉，也不是简单的无筛板氯化炉。从已有的情况看运行结果不是很理想，对钛原料颗粒粒度分布要求较窄，氯化生产不很稳定，停车频繁，严重影响产能。现在全球氯化法钛白粉生产量接近 350 万吨，每年需要四氯化钛 840 万吨，除国内辽宁锦州 1.5 万吨装置采用熔盐氯化和云南与河南引进德国的竖炉（无筛板）氯化外，几乎全部是采用沸腾流态化（有筛板）氯化工艺技术。

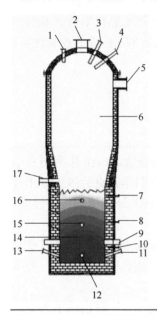

图 5-12　融盐氯化炉结构示意图

1— 加盐口；2—备用口；3，4—泥浆喷口；5—炉气出口；6—气室；7，8，10—测温点；9—电极；11，13—通氯管；12—1m 排盐口，14—熔盐；15—3m 排盐口；16—4.5m 排盐口；17—加料口

从生产规模看，除我国早期用于生产海绵钛的小规模无分布筛板氯化炉直径在 ϕ1.2～2.4m 外，全球几乎采用直径 ϕ5～7m 和高 H10～14m 的氯化炉，采用两个氯化炉并联，便于停车维护及平衡生产，可满足钛白粉产能在（9～12）万 t/a 能力。全球仅有过去的杜邦公司采用 ϕ10.5m 的大型氯化炉，钛白粉产量据称达到 18×10^4t/a。目前国内设计产能 10×10^4t/a 钛白粉生产装置采用直径 ϕ3.8m × 8.0m 的氯化炉三台，便于维护平衡生产。

图 5-14 为传统沸腾氯化炉的结构示意图，借以对氯化炉各处结构进行说明；图 5-15 为现代商业氯化法钛白粉生产的沸腾氯化炉的结构示意图。氯化炉的内部结构分为四个主要部分：氯气室、分布板和风帽、沸腾反应层及其上部的反应空间。这几部分的构造和作用如下：

a. 氯气室。传统的沸腾氯化炉具有专门的氯气室，如图 5-14 中序号 18 所示，它是由钢板焊制成圆锥形或球形封头室，如序号 18 和 4 所示，从序号 21 的氯气进口将氯气鼓入沸腾炉内，先经过氯气室分布花板 17 上焊接的氯气管进口 15，插入沸腾床耐火材料 19 中，再进

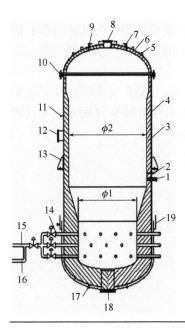

图 5-13 φ4600mm 无筛板氯化炉结构示意图

1—取样口；2—沸腾室测温点；3—耐火材料；4—钢壳；5—淋水点；6—炉盖；7—炉顶测温点；8—氯化物排出口；9—炉顶耐火砖；10—炉盖与炉体链接处；11—炉室测温点；12—加料口；13—炉体支撑；14—氯气分布进料管；15—氯气主管；16—氯气回流管；17—炉底耐火砖；18—炉底排渣口；19—冷却水收集器

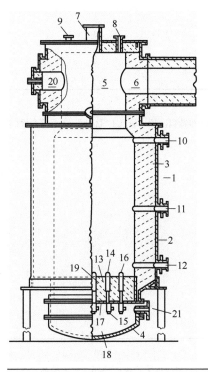

图 5-14 传统氯化炉结构示意图

1—氯化炉剖面；2—筒体钢壳；3—筒体耐火材料；4—炉底钢壳；5—炉顶；6—氯化产物出口；7~9—检测检查口；10~12—取样孔；13—喷嘴氯气导管，14—氯气喷嘴头；15—喷嘴氯气管进口；16—喷嘴竖孔；17—沸腾床花板；18—氯气分配室；19—沸腾床耐火材料；20—钛原料和石油焦进料口；21—氯气进口

入氯气导管 13，由氯气喷嘴头 14 经过竖孔 16 均匀喷出氯气上升至沸腾层，与钛原料和石油焦接触反应。氯气室的主要作用是均匀分布气体，因此要有足够的容积，特别是氯气进口位置与分布板之间要有足够的距离。

现代的氯化炉为了便于拆卸清理氯化分布板上设置的氯气导管与喷头及喷嘴，在氯化炉上不再设置氯气室，而是采用管道用于氯气的分配，其氯气分配示意见图 5-14 所示。现代沸腾氯化炉结构示意图见图 5-15，氯气分配装置现场图片见图 5-16。

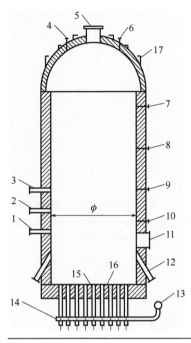

图 5-15　现代沸腾氯化炉结构示意图

1～3—取样孔；4,6—检测孔；5—氯化物出口；7～10—测温孔；11—进料口；12—排渣口, 13—氯气主管；14—氯气喷嘴管；15—喷嘴；16—冷却水口；17—耐火层

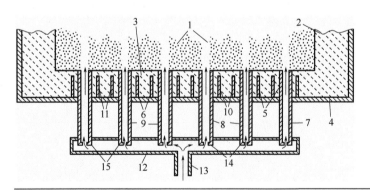

图 5-16　氯气分配示意图

1—沸腾床层；2—炉体耐火材料层；3—炉底耐火材料层；4—沸腾炉钢壳；5, 6—氯气埋入支管；7～9—氯气炉外支管；10, 11—金属骨架；12—氯气主管；13—氯气主管进气口, 14, 15—氯气支管进气口

　　b. 分布板和喷嘴。如图 5-14 所示，分布板是带有圆孔的钢制花板，在图中序号为 17，其上铸有序号为 19 的较厚的耐火材料，喷嘴分布插在圆孔中。它具有一定的流体阻力，使氯

气在进入沸腾层时均匀地分布。为了保证在整个炉子截面上没有氯气吹不到的死角，喷嘴的排列要均匀，一般为六角形或不规则排列，开孔中心距离在 30～45cm 之间，最外两层可采用同心圆排列，如图 5-17 所示。

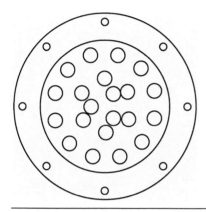

图 5-17　分布板开孔示意图

喷嘴结构是为了稳定长周期运行，防止因腐蚀喷嘴头（风帽）和反应物固体杂质积累导致堵塞偏流、沸腾流化效果下降，甚至去流化，引起"死床"现象带来的开停车频繁，造成氯化生产能力低，以及无法正常生产。尤其是在高温 800～1300℃的条件下，开车停车频繁，造成原料浪费大，且尾气处理不堪重负，严重制衡生产的发展。所以，现有引进国际技术的氯化法生产装置能力很难达到预期的设计能力，生产多年也不能达到设计指标。

氯气喷嘴的结构如图 5-18 所示，图中右边所示为早期的喷嘴，均带有"风帽"，其中氯气管在风帽中高出一节，喷出的氯气被风帽顶端挡住，以折向 90°水平于分布板将氯气吹出，结果被氯化的原料及固体杂质容易堵塞氯气通道，影响沸腾流化效果，经常出现"死床"现象，稳定开车时间短；但风帽在高温冲刷条件下易坏。笔者多次与日本的工程师和科学家交流，早期日本氯化法引进美国氯化法技术，因喷嘴管及风帽难于解决，曾经采用石英管等材料费了不少的周折，才将其问题解决；而如今铟康（Inconel600）材料的使用，加上特殊耐火材料的技术进步，氯化炉开车时间可达到 12～18 个月。所以经过优化的氯气喷嘴如图 5-18 中左边放大剖面图，如图所示，在两端加工有外螺纹插管 12，由其焊接处 11 与炉底钢板 9 的开孔穿过并焊接；然后与 T 型内管螺纹支管 14 连接，T 型管 14 的底端用可拆螺纹堵 15 进行旋紧堵上；在 T 型管 14 上的支管 13 的端头上，通过开孔螺纹堵头 16 进行连接，螺纹堵头 16 上开有氯气进气孔 17；大小连接承插头 8 将深入管 6 与外螺纹链接插管 12 进行承插焊接；氯气喷嘴管 1 下端被插在固定套管 7 上，通过环氧化硅树脂进行粘接密封。

将大小连接承插头 8、外螺纹插管 12 和 T 型内螺纹管 14 套合在一起，中间设有氯气压力平衡孔 10，实现了氯气进气孔 17 和氯气喷嘴管 1 之间的联通，并保持每个氯气喷嘴管 1 中的压力一致。如图所示，为氯气喷嘴管 1 提供了单一的竖型孔 2，并在其喷嘴头 3 的喷嘴孔 4 设有被保护口。

如上所述，喷嘴孔 4 的主要尺寸或截面积是被限定的，而在氯气喷嘴管 1 中的竖型孔 2 中却没有尺寸限定；这个通道比喷嘴孔要大。在喷嘴管内作为出气口的深度将设计在 6.3～

38mm 之间。

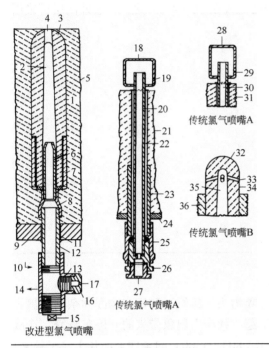

图 5-18　传统的喷嘴结构示意图

1—喷嘴管；2—竖型孔；3—喷嘴头；4—喷嘴孔；5—耐火材料层；6—深入管；7—固定套管；8—大小连接承插头；9—炉底钢板；10—氯气压力平衡孔；11—焊接处；12—外螺纹插管；13—T 型内螺纹支管；14—T 型内螺纹管；15—螺纹堵；16—开孔螺纹堵头；17—氯气进气孔；18—风帽；19—喷嘴头；20—固定导管；21—耐火材料层；22—喷嘴管；23—外螺纹管；24—炉底钢板；25—内螺纹连接管；26—开孔螺纹堵头；27—氯气进口；28—风帽；29—喷嘴头；30—固定导管；31—耐火材料；32—风帽；33—出气小孔；34—喷嘴头；35—竖型孔；36—耐火材料

如图所示，氯气喷嘴管 1 的喷嘴头 3 延伸到耐火基材的顶部，因而让氯气喷嘴孔 4 处在耐火基材相同的平面上。即希望耐火基材高于喷嘴孔 4，喷嘴口便得到耐火材料保护。最好是耐火基材与喷嘴孔 4 的出气孔在相同的平面上，或者稍低一点，在 12.7～76.2mm 之间。

而最核心的是喷嘴孔 4 的横切面开口大小与几何形状，确定了氯气在设计压力下的氯气速度，从而控制优良的流化床层高度及氯化效率。任何开孔的几何形状均可以使用，包括圆形、正方形、多边形，如图 5-19 所示喷嘴孔采用三角形和矩形孔的几何形状横切面均可。圆形、方形和矩形横截面开孔容易加工，而矩形界面效果更佳。选择圆形开孔面积在 12.26～24.52mm² 之间，其圆形孔直径则在 3.97～5.56mm 之间；而长方形（矩形）开孔，宽度为 1.59mm，长度为 25.4mm，截面积则为 40.39mm²，较之圆形开孔面积大。孔的压力 0.45kg/cm²，流化床压力 0.21kg/cm²，流化床硫化高度 1.8m，气体气速为 22.86～91.44cm/s。

c. 沸腾层。沸腾层是氯化反应的主要空间，钛原料和石油焦从炉一侧加料口喷入，在沸腾层进行剧烈的氯化反应，有些氯化炉设计有下排渣口，因有一些惰性物质和挥发性较差的氯化物留在氯化炉中；因此，不定期排一些不产生氯化反应的渣，甚至需要不定时地加以清理。要除去分离杂质氯化物，多数与氯化反应物一道由炉顶排出。常把加料口的高度设计在沸腾层高度之上 600～700mm。

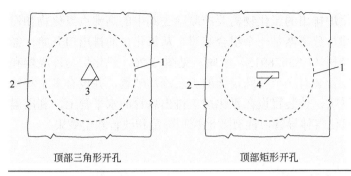

| 顶部三角形开孔 | 顶部矩形开孔 |

图 5-19　喷嘴顶部开孔形式

1—喷嘴管；2—耐火材料层；3—三角性开孔面积；4—矩形开孔面积

在沸腾层气体中固体含量为 $0.0025 \sim 0.04\text{g/cm}^3$，流态化气速为 $15.0 \sim 46.0\text{cm/s}$，床层高度视使用的钛原料而定，在 $1.8 \sim 7.6\text{m}$。

沸腾层沸腾是加入的氯气使氯化原料颗粒进行流态化运动，确定流态化的最低流化速度是设计氯化炉的参考值和试验印证加以调整的参数，最低流化速度取决于钛原料的颗粒尺寸、氯气的密度与浓度、钛原料颗粒的密度。按如式（5-23）可以近似地确定氯化时最低流化速度：

$$Re = \frac{abc}{e} \text{ 或 } \frac{a^3 cg}{2e^2}(d-c) = k \tag{5-23}$$

式中　Re——雷诺数；

　　　a——钛原料颗粒直径，cm；

　　　b——最低流化速度，cm/s；

　　　c——氯气密度，g/cm^3；

　　　d——钛原料密度，g/cm^3；

　　　e——气体有效流化黏度，Pa·s；

　　　g——重力加速度，981cm/s^2；

　　　k——常数。

如在 900℃，氯气的密度为 0.00074g/cm^3，黏度 0.0049Pa·s，若钛原料按金红石计密度为 4.2g/cm^3。若按典型的颗粒尺寸为 130μm 计，等于 0.013cm；而重力加速度 g 为 981cm/s，其常数 k 计算如下：

$$k_{\Delta p} = \frac{(0.013)^3 \times 0.00074 \times 981}{(0.00049)^2 \times 2} \times (4.2 - 0.00074) = 13.9 \tag{5-24}$$

从手册上查出雷诺数为 3×12^{-2}，因此，该钛原料颗粒在 900℃ 条件下，最低流化速度约为 2cm/s，对应的氯化炉沸腾床横截面积氯气质量速度为 $58.58\text{kg/（m}^2\text{·h）}$。通常钛原料的颗粒尺寸在 $70 \sim 800$μm，因组成和混配比不同及固体的密度差异，流化速度不低于最低流化速度的 3 倍或不高于 20 倍，即在 $175 \sim 1171\text{kg/（m}^2\text{·h）}$ 之间。

d. 沸腾层上部反应空间。在沸腾层上部有一段反应空间，其主要作用是延长反应物料的停留时间，使其在沸腾床层内脱离，床层没来得及反应完全的微细物料也在此空间进一步反应，也称为稀相流化或气体输送阶段。所以，用于氯化的钛原料如表 5-4 和表 5-5 所示，钛原料粒度不应小于 75μm；否则太细，钛原料一经喷入氯化炉，在沸腾床无法停留，立即上升进入氯化炉上部反应空间，来不及反应已经被氯化气体裹挟离开氯化炉，造成氯化效率下降。

（3）冷凝器与分离器　通常氯化炉排出的氯化物需要冷凝除去其中的高沸点氯化物和没有反应完全的钛原料及石油焦。冷却与分离器是一个组合装置，从氯化炉的排出口开始，经典的冷凝与分离如杜邦公司早期的专利（US3628913）所属，见图 5-20，氯化炉与冷凝器和分离器连在一起，在氯化炉的上排气管装有一个特殊设计的工艺冷却装置，并设有多个特殊设计的喷淋口和特殊材料制作的喷淋嘴，该装置设在氯化炉上排出总管的水平管上，利用温度控制降温和液化部分氯化铁保护氯化气体导管，能有效地控制降温和改善除尘效果。

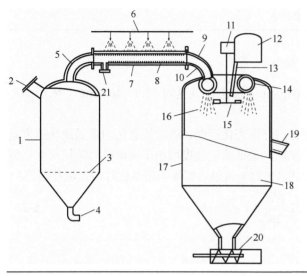

图 5-20　氯化物冷凝与分离流程

1—氯化炉；2—氯化原料加入口；3—沸腾反应床；4—氯气进口；5—氯化物出口导管；6—冷却喷淋装置；7—氯化物输送导管；8—氯化亚铁内表面；9—陶瓷管；10—冷凝器氯化物进口管；11—喷淋叶轮减速机；12—液体四氯化钛储罐；13—液体四氯化钛进料管；14—氯化气体喷雾环管；15—喷淋旋转叶轮；16—氯化气体喷雾帘；17—喷雾冷凝器；18—喷雾室；19—气体四氯化钛出口；20—液化氯化铁输送机；21—氯化亚铁分离口

如图 5-20 所示，钛铁矿与石油焦预先混合后，通过氯化原料加入口 2 进入氯化炉 1，氯气经过氯气进口 4 进入氯化炉，在沸腾反应床 3 维持沸腾状下进行氯化反应，反应产生的氯化物从出口导管 5 由氯化炉 1 逸出，经过输送导管 7 送入喷雾冷凝器 17 中。输送导管 7 具有氯化亚铁形成的内表面 8，借以隔热和防止氯化物的腐蚀。冷却喷淋装置 6 在输送导管 7 外面喷淋降温，使管内的氯化亚铁保持固体状态。氯化物通过陶瓷管 9 的进口管 10 进入喷雾冷凝器 17 中的喷雾环管 14，喷雾环管也是由陶瓷材料制成。喷雾环管将氯化物气体以喷雾帘 16 的形式进入喷雾室 18 中，四氯化钛液体来自储罐 12，经过液体四氯化钛进料管 13，在喷淋旋转叶轮 15 作用下喷出细小的液滴与气相氯化物接触，将反应生成氯化物中的气体氯化铁冷凝液化下来，喷淋旋转叶轮 15 靠减速机 11 驱动，四氯化钛气体经过冷凝器上的出口 19 去氯化精制工序，固体氯化铁经过冷凝器 17 底部的输送机 20 送出；氯化亚铁分离口 21 设置在输送导管 7 上，以移走过量的液体氯化亚铁。

而早期科美基申请的专利（US3906077）循环氯化铁回收高含量氯化铁，如图 5-21 所示，是将没有反应完全的钛原料和石油焦等非挥发物固体，经过一次分离后，送去处理或返回氯化炉中继续氯化；而残留没有分离完全的非挥发固体与挥发性氯化物，在进入二次分离之前的管道上喷入氯化铁或四氯化钛溶液继续冷却后，进入二次分离器分离，分离的气体送去四氯化钛精制工序，分离的液体包括氯化铁和一次分离不尽的非挥发固体物间歇交替地排入储罐，再排入氯化铁处理罐，控制温度与压力，将部分氯化铁和残留的非挥发固体返回氯化炉氯化，以进一步排除气体，回收其中的非挥发残留固体。

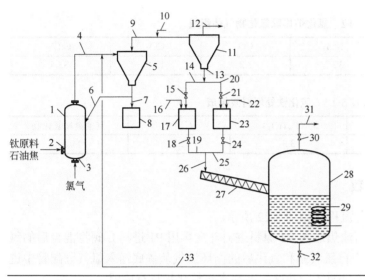

图 5-21　氯化生产中循环氯化铁回收高含量的氯化铁

1—沸腾氯化炉；2—钛原料与石油焦进料口；3—氯气进口；4—氯化物排出管；5—第一分离器；6—非挥发物返料管；7—下料管；8—氯化非挥发物储罐；9—连接管；10—氯化铁或四氯化钛喷进管；11—第二分离器；12—四氯化钛输送管；13—下料管；14，19，20，25—分配支管；15，18，21，24—分配阀门；16，22—氮气或氯气；17，23—氯化铁和残留非挥发固体储罐；26—下料管；27—螺旋输送机；28—氯化铁处理罐；29—加热器；30—过热气体阀门；31—过热气体管道；32—阀门；33—四氯化钛与残留非挥发固体返料管

如图 5-21 所示钛原料和石油焦从进料口 2 进入氯化炉 1 中，氯气从氯化炉底部进口 3 进入氯化炉中，在氯化炉于 900～1200℃ 的温度条件下进行氯化反应后，氯化反应产生的氯化物（组成如表 5-12 所示）及非挥发性的固体杂质从氯化炉顶部氯化物排出管 4 排出，温度 850℃。由氯化铁处理罐 28 经过返回料管 33 返回的含有少量非挥发固体的氯化铁料浆经由管道 4 喷入其中后，进入第一分离器 5 中进行分离。分离的主要是非挥发性固体，经过下料管道 7 进入储罐 8 送外处理，也可以经过返料管 6 返回氯化炉 1 中继续氯化。从第一分离器 5 中分离固体后的气体仅含有少量非挥发性固体，再通过第二分离器 11 的连接管 9 经管路 10 喷入低温氯化铁或四氯化钛溶液，温度在 30～50℃，如果使用高钛原料时，则喷入冷却的四氯化钛溶液。以上过程均需对物料进行降温。降温的物料在第二分离器 11 中分离出固体氯化铁和第一分离器没有分离完全的少量的非挥发固体；从分离器顶部分离后的挥发性气体进入四氯化钛输送管 12 送去四氯化钛精制与净化。从第二分离器底部分离出的氯化铁与非挥发少量残留固体物经过下料管道 13，再分别由分配支管 14 和 20 上的控制阀门 15 和 21 进行交替排入氯化铁和残留非挥发固体储罐 17 与 23 中，两个储罐分别进行间歇进入、交替作业。在储罐 17 与 23 中储存的熔融固体再借助管道 16 和 22 压入的氮气或氯气增加压力，再分别经过分配支管 19 和 25 上的阀门 18 和 24 交替地经过下料管 26 进入固体螺旋输送机 27，送入氯化铁处理罐 28 中。在氯化铁处理罐 28 中，形成的纯氯化铁气体和含有少量非挥发固体与液体氯化铁构成的浆料，其中的组成见表 5-13 所示；用加热器 29 维持其温度为 350℃，压力在 $(2\sim4)\times10^5$ Pa。过热气体部分从氯

化铁处理罐 28 顶部经过管道 31 上的阀门 30 送去处理，其中 $FeCl_3$ 含量达到 98%，用于四氯化钛精制除钒工序。从处理罐 28 下部排除的含非挥发性固体的氯化铁浆料由返料管 33 上的阀门 32 控制返回喷入沸腾氯化炉 1 顶部氯化物排出管 4，再进入第一分离器。

表 5-12　氯化炉排除氯化物气体组成

组成	N_2	$TiCl_4$	CO	CO_2	$FeCl_3$
含量/%	5.7	39.7	8.2	12.8	33.5

表 5-13　氯化铁处理料浆组成

组成	$FeCl_3$	矿（$FeTiO_3$）	石油焦	其他金属氯化物
含量/%	94	3.3	2.2	0.5

2. 氯化生产工艺与主要控制参数

（1）氯化生产工艺　氯化工艺流程图如图 5-22 所示。

由原料工序制备的钛原料与石油焦送入 V1 原料进料斗后再用 P1 进料 L 阀将混合后的氯化钛原料送进 R1 沸腾氯化炉中，来自氯气站和氧化后的循环氯气从炉底送入氯气分配管中进入氯化炉进行氯化反应，生产中来自循环冷却站的循环水对氯化炉进行降温。

氯化反应生成的氯化物气体从氯化炉顶部进入 E1 烟道导管，由净化送来的四氯化钛液体经过 M1 喷嘴喷入 E1 烟道导管中，对氯化反应气体进行预冷降温，降温产生的废渣氯化铁排入 V2 排渣槽中送去处理。

从烟道导管降温后的气体经过 M2 喷嘴将净化工序返回的钒渣泥浆和来自 V4 四氯化钛料浆储槽的粗四氯化钛液体经过泵 P4 和换热器 E4 送来的粗四氯化钛按图 5-19 的方式喷淋混合后进入喷雾冷凝器 E2 中，将高沸点的氯化物冷凝出来并经过 X1 星型下料器排入 V3 溶解槽中，加入工艺水溶解后用泵 P2 送去回收工序。

从 E2 喷雾冷凝器出来的氯化物气体进入 T1 一号洗涤塔，用泵 P3 从四氯化钛料浆储槽 V4 中，将粗四氯化钛液体经过换热器 E3 以多点进料的方式泵入一号洗涤塔 T1 中，对氯化气体进行洗涤。

在一号洗涤塔 T1 洗涤后的物料进入气液旋流分离器 S1 进行气液分离，从气液旋流分离器出来的底流氯化物液体回到 V4，从 S1 出来的气体进入二号洗涤塔 T2。

在二号洗涤塔 T2 中，用来自二号洗涤循环泵槽 V6 的四氯化钛液体经过泵 P6、P7 和换热器 E6、E7 送入二号洗涤塔 T2，对气体进行洗涤，洗涤后的液体返回 V6，洗涤后气体进入三号洗涤塔 T3。

在三号洗涤塔 T3 中，用来自三号洗涤循环泵槽 V7 的四氯化钛液体，经过泵 P8 和换热器 E8 送入三号洗涤塔 T3，对气体进行洗涤，洗涤后的液体返回 V7，洗涤后气体进入四号洗涤塔 T4。

在四号洗涤塔 T4 中，用来自四号洗涤储槽 V8 的四氯化钛液体，经过泵 P9 和换热器 E9 送入四号洗涤塔 T4，对气体进行洗涤，洗涤后的液体返回四号洗涤储槽 V8，洗涤后气体进入喷雾冷凝器 E10。

在喷雾冷凝器 E10 中，用来自碱液循环槽 V10 的碱液，通过泵 P10 送入喷雾冷凝器 E10 的进口管中，对气体进行喷雾冷凝碱吸收，吸收后的碱液循环回碱液循环槽 V10，吸收后的尾气进入尾气喷雾洗涤槽 V9。

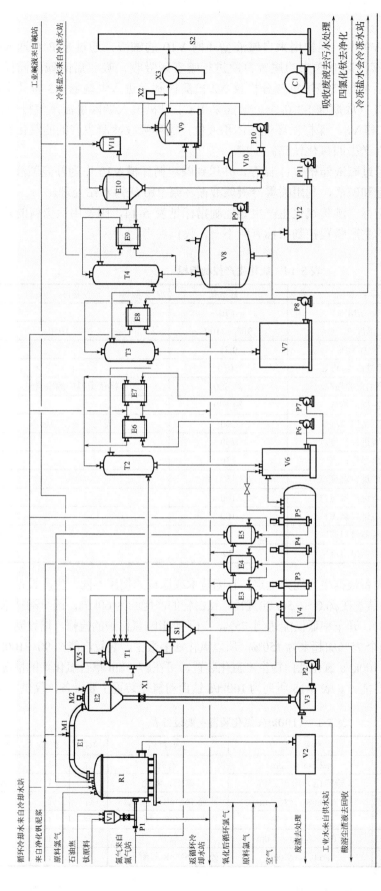

图 5-22 氯化工艺流程图

R1—沸腾氯化炉；M1—烟道导管；M2—喷雾冷凝器料浆泵；E1—烟道导管；E2—喷雾冷凝器；E3~E9—换热器；E10—喷雾冷凝器喷嘴；P1—进料 L 阀；P2—酸液转送泵；P3—一号洗涤塔循环泵；P4—喷雾冷凝器循环料浆泵；P5—氯化炉循环料浆泵；P6、P7—二号洗涤塔循环泵；P8—三号洗涤泵；P9—四号洗涤塔循环泵；P10—喷雾冷凝器碱液循环泵；P11—四氯化钛转料泵；T1—一号洗涤塔；T2—二号洗涤塔；T3—三号洗涤塔；T4—四号洗涤塔；V1—原料洗涤槽；V2—排渣斗；V3—溶解槽；V4—四氯化钛料浆贮槽；V5—碱液贮槽；V6—二号洗涤环泵槽；V7—三号洗涤循环储槽；V8—四号洗涤环储槽；V9—尾气喷雾洗涤槽；V10—碱液循环环槽；V11—碱液储槽；V12—四氯化钛储槽；X1—星型下料器；X2—氯气分析仪；X3—燃烧器；C1—风机；S1—气液旋流分离器；S2—尾气排放烟囱

在尾气喷雾洗涤槽 V9 中，同样用来自碱液循环槽 V10 的碱液，通过泵 P10 送入喷雾罐中的雾化器上，对喷雾冷凝器送来的尾气再次进行喷雾碱吸收，吸收后的碱液同样返回碱液循环槽 V10，吸收后的尾气经过氯气分析仪 X2 检测控制后进入燃烧器 X3 将其中的可燃气体燃烧后，送入尾气排放烟囱 S2 排空。烟囱采用 C1 风机鼓入烟囱引流尾气排空。

两个洗涤循环槽 V7 和 V8，保持循环洗涤体积液位，循环吸收冷凝生产的四氯化钛液体送入储槽 V12，经泵 P10 送去四氯化钛精制工序。

由外部提供的碱液经过碱液储槽 V11 储存，并送到碱液循环槽 V10 作为补充碱液；碱液循环槽需要置换的吸收饱和碱液，利用喷雾冷凝碱液循环泵 P10 送污水站处理。

（2）生产主要控制指标　沸腾氯化生产主要控制指标见表 5-14，因使用钛原料的差异和工艺装置的差别，不同的生产装置控制指标有所不一，仅供参考。

表 5-14　氯化生产控制指标

序号	指标名称	指标数值	备注
1	氯气压力/MPa	0.70	
2	氯化温度/℃	900～1100	控制 1050
3	氯化压力/MPa	0.35	
4	烟冷凝管进口温度/℃	1050	
5	烟冷凝管出口温度/℃	约 500	视钛原料中的铁含量
6	氯化亚铁排渣槽/℃	约 700	
7	喷雾冷凝器出口/℃	200	视尾气系统热回收
8	一号洗涤塔进口温度/℃	200	
9	旋流分离器进口/℃	150	
10	二号洗涤塔进口温度/℃	150	
11	三号洗涤塔进口温度/℃	100	
12	四号洗涤塔进口温度/℃	100	
13	喷雾冷凝器进口/℃	50	
14	喷雾冷凝器出口/℃	40	

（3）生产设备　因设备根据生产能力确定，且因技术或原料的使用不同，生产设备规格变化较大，如氯化炉经典的装置在 $\phi 6.0 \sim 6.5 m$ 的直径，钛白粉的产能约为 60kt/a，因早期技术和材料（包括耐火与氯气喷嘴），开车率低仅能达到 75%，为了不影响氯化炉的检修，增设同规格的氯化炉，经过系统完善两个 75%加起来为 150%，所以氯化法多数生产装置产能在 90～100kt/a。现在因材料问题的解决，100kt/a 氯化钛白粉生产氯化装置，可在 $\phi 7 \sim 8 m$ 单台氯化炉的情况下达到 100kt/a 钛白粉氯化生产能力。表 5-15 所列为 100kt/a 钛白粉氯化装置主要设备，仅供参考。

表 5-15　100kt/a 氯化装置主要设备表

编号	设备名称	规格型号	主要材质	单位	数量	备注
1	原料缓冲罐	$\phi 2.6 m \times 5.0 m$	碳钢	台	1	
2	FK 泵	输送能力约在 25t/h	碳钢、陶瓷	台	1	L 阀泵
3	氯化沸腾炉	$\phi 7700 mm \times 18000 mm$	外壳 16MnR 衬耐火砖	台	2	
4	烟气冷却管	$\phi 1.5 m \times 15.0 m$	外壳 16MnR 衬耐火砖	台	1	
5	排渣桶	$5.0 m \times 5.0 m \times 3.0 m$	碳钢	台	1	
6	喷雾冷凝器	$\phi 6.0 m \times 9.0 m$	外壳 16MnR 衬耐火砖	台	1	

编号	设备名称	规格型号	主要材质	单位	数量	备注
7	溶解槽	ϕ1.5m × 1.8m	碳钢衬橡胶衬砖	台	1	
8	酸液泵	35m³/h	耐腐蚀浆料泵	台	1	
9	一洗塔	ϕ3.0m × 12.0m	外壳 16MnR 衬耐酸砖	台	1	含 3 排喷头
10	气液旋风分离器	ϕ3.0m × 3.0m	外壳 16MnR 衬耐酸砖	台	1	
11	一洗粗 TiCl₄ 储罐	ϕ4.0m × 7.5m	外壳 16MnR 衬耐酸砖	台	1	
12	一洗换热器	ϕ1.22m × 3.2m	英康	台	3	
13	一洗粗 TiCl₄ 喷淋泵	35m³/h 液下泵, 1 台返回氯化炉, 1 台返回喷雾冷凝器, 1 台返回洗涤塔	英康	台	3	劳伦斯泵
14	二洗塔	ϕ3.0m × 9.0m	碳钢衬耐酸砖	台	1	
15	二洗 TiCl₄ 储罐	ϕ4.0m × 4.0m	碳钢衬耐酸砖	台	1	
16	二洗换热器	ϕ1.22m × 3.2m	铟康	台	2	
17	二洗 TiCl₄ 喷淋泵	35m³/h 液下泵	英康		2	劳伦斯泵
18	一冷凝塔	ϕ3.0m × 12.0m	碳钢衬耐酸砖	台	1	
19	冷凝 TiCl₄ 循环槽	ϕ4.0m × 4.0m	碳钢衬耐酸砖	台	1	
20	冷凝换热器	ϕ1.22m × 3.2m			1	
21	冷凝 TiCl₄ 循环泵	35m³/h 液下泵	英康	台	1	劳伦斯泵
22	二冷凝塔	ϕ3.0m × 12.0m	碳钢	台	1	
23	冷凝换热器	ϕ1.22m × 3.2m	碳钢 + 英康	台	1	
24	冷凝 TiCl₄ 储罐	ϕ6.0m × 9.0m	英康	台	1	
25	冷凝 TiCl₄ 循环泵	35m³/h 液下泵		台	1	劳伦斯泵
26	喷淋尾气一级吸收塔	ϕ5.0m × 9.0m	碳钢衬耐酸砖	台	1	
27	喷雾尾气二级吸收塔	ϕ4.0m × 5.0m	FRP	台	1	
28	氯气分析仪	UV 分析仪		台	2	
29	碱液循环罐	ϕ2.5m × 4.0m		台	1	
30	碱高位罐	ϕ2.0m × 3.0m	碳钢	台	1	
31	碱液循环泵	25m³/h	碳钢	台	1	
32	粗 TiCl₄ 储罐	ϕ4.0m × 7.5m	英康	台	1	
33	粗 TiCl₄ 泵	35m³/h 液下泵		台	1	劳伦斯泵
34	燃烧器	ϕ0.5m	碳钢	台	1	
35	烟囱	ϕ3.0m × 45.0m	碳钢	台	1	
36	风机	30000m³/h	碳钢	台	1	

四、四氯化钛的精制与除钒

氯化炉氯化反应生成的四氯化钛,如流程图 5-22 所示在氯化时已经过多次冷凝与洗涤,将氯化气体中高沸点的大部分氯化物如氯化铁等已经除去,一些与四氯化钛沸点接近的物质,如四氯化硅、三氯氧钒及微量的一些金属杂质仍旧留在粗四氯化钛液体中,需要通过精制除去有害杂质,才能达到氧化工序需要的四氯化钛质量标准,尤其是与四氯化钛沸点最接近的三氯氧化钒作为精制工序的主要技术。

(一) 四氯化钛中杂质及其性质

1. 粗四氯化钛主要组成

因使用钛原料和氯化装置的差异，粗四氯化钛中的杂质也有一定的差异，典型的粗四氯化钛组成见表5-16。

表5-16　粗四氯化钛组成表

组成	TiCl$_4$	SiCl$_4$	Al	Fe	V	Mn	Cl$_2$	S
含量/%	约98	0.1～0.6	0.01～0.05	0.01～0.04	0.005～0.100	0.01～0.02	0.05～0.30	≤0.5

如表5-16所示的杂质，传统的知识认为，这些杂质对钛白粉生产的不利因素分为两类：一类是影响产品白度的杂质，如钒、锰、铁、铬等有色离子，这与硫酸法钛白粉偏钛酸净化要求雷同；另一类是影响氧化半成品的晶型转化与粒度大小的，如SiCl$_4$，当TiCl$_4$中的SiCl$_4$含量≥0.10%（质量分数）时，就会产生结晶中心，严重影响氧化时钛白粉粒度分布和金红石转化率，造成氧化生成控制指标的波动，所以有害杂质必须除去。然而，近年来一些生产商在研究氧化技术时，将三氯化铝结晶颗粒控制剂的工艺由金属铝改为铝合金，其中含有大量合金元素成分；不过尽管加入的铝离子量较之硫酸法的百分之零点几（在0.3%左右）要高得多，通常在1%左右（0.9%～1.2%），但其他合金元素在铝合金中相对就更低了。

2. 粗四氯化钛中杂质的分类及特征

粗TiCl$_4$液中杂质的分类及特征见表5-17。对于氯化法钛白粉来讲，四氯化钛精制工序最主要的任务是除去溶于TiCl$_4$中的VOCl$_3$、VCl$_4$，使之达到3.0×10^{-6}浓度以下，并同时除去沸点相近的杂质；这也是氯化法钛白粉较之硫酸法钛白粉除去钛原料中杂质更有效的手段所在。

表5-17　粗TiCl$_4$液中杂质的分类及特征

组分	物态	名称	熔点/℃	沸点/℃	密度/（g/cm^3）	常温下的特征
低沸点杂质	气体	Cl$_2$	−101.0	−34.0	3.2×10^{-3}	黄绿色气体
		HCl	−114.0	−85.0	1.6×10^{-3}	无色气体
		O$_2$	−219.0	−183.0	1.4×10^{-3}	无色气体
		N$_2$	−210.0	−196.0	1.3×10^{-3}	无色气体
		CO$_2$	−56.7	−78.5	2.0×10^{-3}	无色气体
		COCl$_2$	−127.8	−7.5	1.8×10^{-3}	无色气体
		COS	−139.0	−50.3	2.7×10^{-3}	无色气体
	液体	SiCl$_4$	−68.0	57.0	1.48	无色液体
		CCl$_4$	−23.0	56.7	1.585	无色液体
		CH$_2$ClCOCl	−21.5	106.0	1.41	无色液体
		CH$_3$COCl	−57.0	118.1	1.62	无色液体
		CC$_3$OCl	−72.5	115.0	—	无色液体
		CS	−112.0	46.0	2.26	无色液体
		POCl$_3$	−1.2.0	107.3	1.68	无色液体
		AsCl$_3$	−8.5	130.2	2.16	淡黄色液体
		SnCl$_4$	−33.0	114.1	2.24	无色

组分	物态	名称	熔点/℃	沸点/℃	密度/（g/cm³）	常温下的特征
沸点相近杂质	液体	S_2Cl_2	−80.0	136.8	1.678	橙黄色液体
		$SiOCl_6$	−29.0	135.0	—	无色液体
		$VOCl_3$	−77.0	127.2	1.836	黄色液体
		VCl_4	−28.0	154.0[①]	1.816	暗棕色液体
		$TiCl_4$	−23.0	136.4	1.726	无色液体
高沸点杂质	固体	$AlCl_3$	192.4	180.6	2.44	灰紫色晶体
		$FeCl_3$	309.0	319（分解）	2.898	棕褐色晶体
		C_6Cl_6	227.5	322.0	2.044	无色固体
		$TiOCl_2$	—	—		亮黄至白色晶体
		$ZrCl_4$	437.0	331（升华）	2.8	白色固体
		$NbCl_5$	204.7	247.4	2.75	浅黄色针状物
		$TaCl_5$	216.5	233.0	3.68	黄色固体
		$CoCl_2$	735.0	1049	—	浅蓝色盐类
		$MoCl_5$	194.0	268.0	—	紫褐色晶体
		TiO_2	1842	2670	4.18～4.25	白色晶体
		$MgCl_2$	708.0	1412	2.316～2.330	白色固体
		$MnCl_2$	650.0	1190	2.98	浅红色固体
		$FeCl_2$	672～677	1030	2.98	白色晶体
		C	—	4200	1.8～2.1	黑褐色粉末
		$CaCl_2$	772.0	<1600	2.15	白色固体
		$VOCl_2$	−77.0	154[②]	2.88	草绿色晶体
		$CrCl_3$	1100	—	—	紫红色晶体
		CuCl	430.0	1359	3.53	白色晶体
		$CuCl_2$	498.0	993	2.54	棕黄色晶体

①VCl_4的熔点有资料为−35℃。

②$VOCl_2$的沸点有资料为不确定。

如表 5-17 所示，粗 $TiCl_4$ 中各组分按其沸点的不同，可分为低沸点（如 $SiCl_4$ 为 56.8℃）、高沸点（如 $AlCl_3$ 为 180.2℃，$FeCl_3$ 为 318.9℃等）以及与 $TiCl_4$ 沸点 136.4℃相近的（如 $VOCl_3$ 为 127.2℃）三类氯化物。

对与 $TiCl_4$ 相差较大的高沸点氯化物杂质，采用蒸馏的气液分离方法除去。蒸馏的目的是分离除去高沸点（如泥浆、$AlCl_3$、$FeCl_3$ 等）杂质，在粗 $TiCl_4$ 蒸馏过程中，沸点较低的 $TiCl_4$、$SiCl_4$ 和一些可溶性的气体杂质从蒸馏塔顶排出，再经冷凝器回收；而高沸点的氯化物留在蒸馏塔底部。

对与 $TiCl_4$ 相近沸点的低沸点氯化物杂质，只能采用精馏的方法分离除去。精馏则是将蒸馏工序分离高沸点杂质获得的冷凝液经过精馏塔进行再分离，主要是通过控制精馏塔顶部温度使沸点比 $TiCl_4$ 低的如 $SiCl_4$ 和其他可溶性气体杂质与 $TiCl_4$ 分离开来，最终获得合格的精制 $TiCl_4$ 产品。

而对与 $TiCl_4$ 相近沸点的 $VOCl_3$，如采用精馏的方式除去就需要很高的塔，即过多的精馏塔板，效率低且非常不经济；因此，现有商业生产方法采用化学方法处理，如将杂质钒化合物的化合价+5 价还原为+4 价，以 $VOCl_2$ 或 VCl_4 的形式转化为高沸点化合物除去。

如果钒在钛白粉颗粒中高于 $5×10^{-6}$，就会导致产品产生黄相，颜料的颜色变差，质量下降。因此，氯化法生产钛白粉四氯化钛的精制与提纯最核心的关键就是除钒。

3．三氯氧化钒的性质与特征

三氯氧化钒（$VOCl_3$）是一种黄色液体，极易吸湿。它能很容易地与 $TiCl_4$ 等金属氯化物互溶。它的化学活性较强，且稳定性较差。

（1）密度与黏度　$VOCl_3$ 的密度是随温度的升高而降低的，计算式如下：

$$\rho = (0.5393 + 4.35 \times 10^{-4} t + 7.66 \times 10^{-7} t^2)^{-1} \tag{5-25}$$

式中　ρ——$VOCl_3$ 的密度，g/cm^3；

　　　t——温度，℃。

$VOCl_3$ 的黏度随温度的升高而迅速下降，可按下面的经验式计算：

$$\mu = (1043.9 + 13.76t)^{-1} \tag{5-26}$$

式中　μ——$VOCl_3$ 的黏度，$Pa \cdot s$；

　　　t——温度，℃。

液体 $VOCl_3$ 在不同温度下的密度和黏度见表5-18，温度越高密度和黏度越小。

表5-18　液体 $VOCl_3$ 在不同温度下的密度和黏度

温度/℃		0	20	30	40	50	70	90	105	120
密度 ρ/（g/cm^3）		1.854	1.825	1.809	1.791	1.776	7.740	1.703	1.673	1.653
黏度 $\mu Pa \cdot s$	实测值/$\times 10^{-3}$	—	—	0.683	0.623	0.573	0.498	0.438	0.405	0.368
	计算值/$\times 10^{-3}$	0.972	—	0.686	0.627	0.577	0.498	0.438	0.402	0.371

（2）蒸气压　$VOCl_3$ 的蒸气压（P）随着温度的升高而增大，可按下面的经验式计算：

$$\lg P = -2.5 \times 10^5 t^{-1} + 1.02 \times 10^3 \tag{5-27}$$

$VOCl_3$ 的蒸气压的计算值和实测值见表5-19，温度越高，蒸气压越大。

表5-19　蒸气压的计算值和实测值

温度/℃		58.4	67.3	75.3	77.2	83.4	89.2	95.0	101.4
蒸气压/kPa	计算值	10.55	15.11	20.25	21.64	26.920	32.68	39.48	48.32
	实测值	10.00	14.50	20.75	21.87	26.67	32.81	38.57	48.55
温度/℃		108.0	113.2	116.4	120.1	123.7	124.3	126.8	
蒸气压/kPa	计算值	59.16	68.94	75.53	83.88	92.73	94.22	101.08	
	实测值	59.08	68.80	76.31	83.64	91.10	91.37		

4. 四氯化钛与其中的杂质氯化物蒸气压与温度的关系

四氯化钛与其中的杂质沸点均随蒸气压的升高而上升，但上升比例不同，$TiCl_4$ 和其中杂质氯化物蒸气压与温度的关系如表5-20所示。在蒸气压为 5.32kPa 时，$TiCl_4$ 的温度为 48.4℃，$VOCl_3$ 的温度为 40℃，相差为 8.4℃；而蒸气压为 53.20kPa 时，$TiCl_4$ 的温度上升为 112.7℃，$VOCl_3$ 的温度上升为 103.5℃，相差仅有 9.2℃。

表5-20　粗 $TiCl_4$ 和杂质氯化物蒸气压与温度的关系

项目		温度/℃				
氯化物	$TiCl_4$	9.4	48.4	71.0	112.7	136
	$VOCl_3$	0.2	40	62.5	103.5	127.6
	$SiCl_4$	−44.1	−12.1	5.4	38.1	56.8
	$AlCl_3$	116.4	139.0	152.0	171.6	180.2

项目		温度/℃				
氯化物	FeCl₃	22.8	256.8	272.0	298	318.9
	MgCl₂	877	1050	1142	1316	1418
	CaCl₂	—	—	—	—	1900
	FeCl₂	—	779	842	961	1026
相应蒸气压/kPa		0.67	5.32	13.30	53.20	101.08

同时，因四氯化钛中的杂质沸点不同，其被分离的系数也不同。在 0.1MPa 压力下测得粗 $TiCl_4$ 中杂质与 $TiCl_4$ 的分离系数 α，如表 5-21 所示，以主要杂质 $VOCl_3$ 和 $SiCl_4$ 比较，$VOCl_3$ 为 1.22，而 $SiCl_4$ 约为 9，相差 7 倍多。因 $VOCl_3$ 较之 $SiCl_4$ 与 $TiCl_4$ 的沸点差异小，见图 5-23 和图 5-24，前者沸点仅有 9.2℃之差，后者则有 79.4℃之差；所以，采用精馏除钒不仅困难，且难于除去。

表 5-21　粗 $TiCl_4$ 中杂质与 $TiCl_4$ 的分离系数 α

杂质	α	杂质	α
VOCl₃	1.22	SOCl₂	7
Si₂OCl₆	1.47	SiHCl₃	约 16
SiCl₄	约 9	PCl₃	2.0
CCl₄	约 5	Si₂Cl₆	0.40
FeCl₃	0.071	POCl₃	0.78
SO₂Cl₂	约 10	CH₃ClCOCl	4.0
SnCl₄	1.68	CCl₃COCl	1.79
1,2-二氯乙烷	8.6	CHCl₂COCl	1.60
1,1,2-三氯乙烷	2.2	S₂Cl₂	约 1

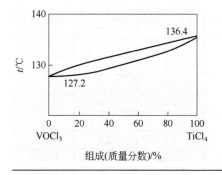

图 5-23　VOCl₃-TiCl₄ 组成与沸点关系图

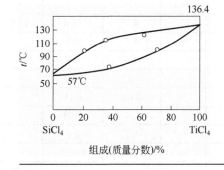

图 5-24　SiCl₄-TiCl₄ 组成与沸点关系图

5．杂质在四氯化钛中的溶解度

（1）气体杂质的溶解度　大部分气体杂质在 $TiCl_4$ 中的溶解度都不大，并且随着温度的升高而降低，在沸腾时易于从中逸出，因而容易除去这些杂质。不过，在 $TiCl_4$ 冷凝过程中吸收相当数量的氯气，在受热后放出，易对设备产生腐蚀。氯气在 $TiCl_4$ 中的溶解度见表 5-22。

表 5-22 在 0.1MPa 压力下气体杂质在 TiCl₄ 中的溶解度（质量分数，/%）

气体杂质	温度/℃						
	0	20	40	60	80	100	136
Cl_2	11.5	7.60	4.10	2.40	1.80	1.10	0.03
HCl	—	0.108	0.078	0.067	0.059	0.05	0.036
$COCl_2$	—	65.5	24.8	5.60	2.00	0.01	—
O_2	0.0148	0.013	0.0119	0.0099	0.0072	—	—
N_2	0.070	0.0063	0.0054	0.0046	0.0034	—	—
CO	0.0094	0.082	0.0072	0.0063	—	—	—
CO_2	—	0.140	0.092	0.056	—	—	—
COS	9.50	5.70	3.50	2.20	1.10	—	—

TiCl₄ 中液体杂质 $SiCl_4$、CCl_4、$VOCl_3$、CS_2、$SOCl_2$、$CH_2ClCOCl$、S_2Cl_2，可按任意比例与 TiCl₄ 互溶，因而这些杂质是较难分离的。其中 $SiCl_4$、$VOCl_3$ 在氯化法钛白生产时，由于其量的不确定性，影响晶型转化率和产品白度而需要除去。

（2）固体杂质的溶解度　TiCl₄ 中的悬浮物杂质几乎不溶于 TiCl₄ 中，大多数固体杂质的溶解度虽然随温度升高而升高；不过，其值比较小。因此，经蒸馏比较容易除去，都留在蒸馏釜残液中。一些固体杂质在 TiCl₄ 中的溶解度如表 5-23 所示，如在 75℃ 以下，$FeCl_3$ 含量仅有近 10×10^{-6}，折合为单质铁含量连 4×10^{-6} 都不到，这是硫酸法钛白净化除去有色离子铁无法比拟的。

表 5-23 某些固体杂质在 TiCl₄ 中的溶解度　　　　单位：%

杂质名称	温度/℃							
	20	25	50	60	75	100	125	135
$HgCl_2$	—	—	0.06	—	0.17	0.35	0.073	—
$AlCl_3$	—	0.07	0.13	—	0.35	1.2	4.8	—
$GaCl_3$	29.0	—	—	—	—	—	—	—
$SbCl_3$	—	4.6	11.8	21.0	—	—	—	—
$NbCl_3$	—	1.5	3.0	—	6.0	14.0	—	—
$TaCl_5$	—	1.6	2.9	—	—	5.8	14.0	—
$SeCl_4$	—	0.03	0.09	—	0.23	0.52	1.29	—
$TeCl_4$	—	0.04	0.11	—	0.30	0.76	1.88	—
$MoCl_5$	—	0.4	0.08	—	2.0	3.8	10.3	—
WCl_6	—	0.2	0.3	—	0.7	1.8	5.9	—
$FeCl_3$	—	0.0008	0.0010	—	0.0013	0.0032	0.0153	0.0284
$CrCl_3$	—	—	0.08	—	—	0.00052	—	—
$TiOCl_2$	—	0.54	—	—	1.0	1.83	2.53	3.36

（二）四氯化钛精制原理

粗 TiCl₄ 中含有固体、液体和气体杂质，特别是与 TiCl₄ 分离系数较小的液体杂质 $VOCl_3$ 对钛白粉的白度影响很大，$SiCl_4$ 在氯化过程中易产生不可控的结晶中心，众所周知的气相法白炭黑（$mSiO_2 \cdot nH_2O$）就是用 $SiCl_4$ 高温热解生产；所以，$SiCl_4$ 杂质的存在，对晶型转化率和颗粒粒径分布影响较大；尽管氧化时为了提供异性粒子成核，有的工艺是加入四氯化硅或气相二氧化硅作为氧化的粒子控制剂，但是它需要相对准确的量；而粗 TiCl₄ 中的 SiCl₄ 氯化时无法控制其中的含量。针对粗 TiCl₄ 中的不同杂质特性，依据其高沸点和低沸点的特性及化合价态的变化带来的沸点变化使其分离，其核心是蒸馏除去残余的高沸点氯化物，精馏除去沸点相近的 SiCl₄ 杂质，还原除钒分离难以利用沸点差异分离的杂质，其原理及方法如下。

1．采用蒸馏方法分离高沸点杂质

蒸馏分离操作就是利用液体混合物中各组分挥发性的差异，以热能为媒介使其部分汽化，从而在气相富集轻组分，液相富集重组分，使液体混合物得以分离的方法。作为四氯化钛精制的蒸馏，主要依据它们与 TiCl₄ 沸点及蒸气压之间较大的差异，采用蒸馏方法除去。高沸点杂质富集在蒸馏釜内，四氯化钛及低沸点的氯化物随蒸馏气体逸出，进入下一精馏工序分离低沸点的氯化物质。

蒸馏在化工单元操作中，按蒸馏过程分可采用单级蒸馏，单级包括平衡蒸馏和简单蒸馏；也可按操作压力分为常压蒸馏、减压蒸馏和加压蒸馏。

平衡蒸馏又称为闪蒸，是一连续稳定过程，原料连续进入加热器中，加热至一定温度经节流阀骤然减压到规定压力，部分料液迅速汽化，气液两相在分离器中分开，得到易挥发组分浓度较高的顶部产品与不易挥发组分浓度甚低的底部产品。四氯化钛的蒸馏就属于平衡蒸馏过程。平衡蒸馏流程如图 5-25 所示，根据表 5-17 中的沸点差异，粗四氯化钛经过加热后，进入节流阀（闪蒸室）及分离器分离，低沸点的杂质与四氯化钛气体经过塔顶进入精馏分离沸点相近的杂质，高沸点氯化物作为液体留在塔底送去氯化洗涤与净化工序。

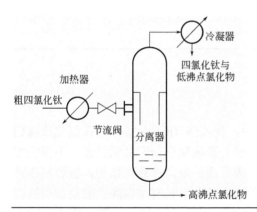

图 5-25　平衡蒸馏装置与流程

2．采用精馏方法分离低沸点杂质

精馏属于多级蒸馏过程，精馏就是利用混合液中组分挥发度的差异，实现组分高纯度分离的多级蒸馏操作，即同时进行多次部分汽化和部分冷凝的过程。精馏通常分为精馏段和提馏段。精馏段是指进料口以上的塔段，把上升蒸气中易挥发组分进一步提浓，完成上升蒸气的精制；提馏段是指进料口以下的塔段，从下降液体中提取易挥发组分，称为提馏段。两段操作的结合，使液体混合物中的两个沸点差异小的组分较完全地分离，生产出所需纯度的两种产品。精馏与简单蒸馏的区别在于气相和液相的部分回流，增加组分的含量，使高沸点组分沸点升高，低沸点组分沸点降低。回流是精馏操作的基本条件。

四氯化钛精制的精馏，主要是分离与 TiCl$_4$ 沸点相近的 SiCl$_4$ 及其他氯化杂质，且靠单级蒸馏无法净化除去的物质。精馏原理如图 5-23 和图 5-24 沸点相图所示，经过多层塔板理论蒸馏，将 SiCl$_4$ 与 VOCl$_3$ 杂质分离。通常的精馏单元操作分为间歇精馏和连续精馏；对某些产生共沸物的物质精馏采用特殊精馏，如共沸物精馏和萃取精馏等。四氯化钛的精馏采用连续精馏，如图 5-26 所示，在蒸馏除去高沸点杂质的气体，经过加热器蒸汽加热后，进入精馏塔经过多级精馏塔板精馏后的四氯化钛气体进入冷凝器冷凝，部分作为回流液回到精馏塔，部分作为精馏产物送去脱出低沸点的氯化物。塔底精馏后的高沸点的杂质残液会同除钒泥浆返回氯化工序作为洗涤冷凝返浆。

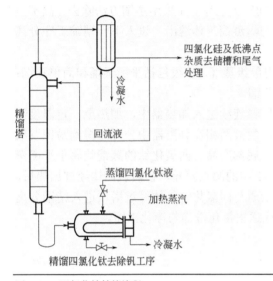

图 5-26　四氯化钛精馏流程

3．采用还原沉淀方法除钒分离沸点相近的杂质

粗 TiCl$_4$ 中钒主要以 VOCl$_3$ 形式溶于粗 TiCl$_4$ 之中，使液体 TiCl$_4$ 呈黄色。在氯化法钛白粉生产中，有色金属元素离子只要存在于钛白粉中，就会影响钛白粉产品的白度；不像硫酸法靠固液分离洗涤手段除去，氯化法中多数有色离子因生成的是高沸点氯化物，很容易在蒸馏中除去，甚至在氯化气体的初步冷凝洗涤中均已除去大部分，唯有难以除去的是杂质钒。钒对钛白粉产品的白度影响极大，需要作为影响产品的核心杂质尽量除去。如前所述，TiCl$_4$ 与 VOCl$_3$ 的沸点相近，仅差 9.2℃，分离因素 α 也仅有 1.22，用简单的物理精馏分离方法非常困难，效率低下，因此，采用化学法除钒。其除钒化学机理是加入还原剂，使 VOCl$_3$ 还原为 VOCl$_2$ 以及 VCl$_4$ 等，借助于 VOCl$_2$ 的沸点（154℃）高于 TiCl$_4$ 沸点（136.4℃）的特性，控制蒸馏 TiCl$_4$ 的温度不高于 140℃，并在有吸附物存在的条件下被吸附为固态形式的钒渣予以分离除去。

自氯化法钛白粉生产技术问世以来，粗四氯化钛的除钒研究开发技术及发明专利不少，具体的方法有铝粉除钒、铜粉铜丝除钒、硫化氢除钒、锡除钒和有机物除钒。有机物除钒因效率与经济成为经典方法，而金属锡除钒的同时可以出去钛液中的氯化砷，同时钒可降到 1μg/g 的含量。具体的化学法除钒原理如下：

（1）铝粉除钒　其反应机理是在有 AlCl$_3$ 作催化剂的条件下，把铝粉加入到 TiCl$_4$ 之中，发生如下反应：

$$3TiCl_4 + Al \xrightarrow{AlCl_3} 3TiCl_3 + AlCl_3 \qquad (5-28)$$

$$TiCl_3 + VOCl_3 \longrightarrow VOCl_2 \downarrow + TiCl_4 \qquad (5-29)$$

$AlCl_3$ 可将溶于 $TiCl_4$ 中的 $TiOCl_2$ 转化为 $TiCl_4$，其反应式如下：

$$AlCl_3 + TiOCl_2 \longrightarrow TiCl_4 + AlOCl \downarrow \qquad (5-30)$$

因 $AlCl_3$ 的沸点为 180.5℃，精馏时大部分随同钒渣带走；即使 $AlCl_3$ 没有反应，它在 $TiCl_4$ 中有余量，对氯化法钛白粉氧化制取金红石型 TiO_2 影响是有限的，因为 $TiCl_4$ 在氧化生产钛白粉时，需要加入 $AlCl_3$ 作为晶型转化促进剂。

铝粉作为金属还原剂相对便宜，除钒过程中可连续，但制备含有 $AlCl_3$ 的 $TiCl_4$ 浆液是不连续的，$AlCl_3$ 容易吸潮，产生沉淀，这是其不足之一。

（2）铜除钒法　铜以铜粉或铜丝形式加入 $TiCl_4$ 之中，同样是对 +5 价钒进行 +4 价钒的还原，其反应原理如下：

$$TiCl_4 + Cu \longrightarrow CuCl \cdot TiCl_3 \qquad (5-31)$$

$$CuCl \cdot TiCl_3 + VOCl_3 \longrightarrow VOCl_2 \downarrow + CuCl + TiCl_4 \qquad (5-32)$$

当 $TiCl_4$ 中溶解的 $AlCl_3$ 的浓度大于 0.1%时，会使铜表面钝化，阻碍还原除钒反应的进行；因此，在加铜除钒之前应把 $AlCl_3$ 去除。由于，工艺要求烦琐，早期研究铜除钒的专利多，而实际商业生产采用铜除钒工艺几乎没有。

（3）硫化氢除钒法　硫化氢是一种强还原剂，它将 $VOCl_3$ 还原成 $VOCl_2$ 沉淀，可通过沉淀和过滤，将其与 $TiCl_4$ 分离。其反应原理如下：

$$2VOCl_3 + H_2S \longrightarrow 2VOCl_2 \downarrow + 2HCl + S \downarrow \qquad (5-33)$$

硫化氢除钒效果好，并可以同时除去 $TiCl_4$ 中的铁、铬、铝等有色金属杂质和细分散的悬浮固体物，在过滤时与 $VOCl_2$ 一起被除去。硫化氢除钒成本低，但硫化氢是一种剧毒和易爆炸的气体，高浓度时闻不到气味，人就会中毒致死，在早期的硫化碱工厂曾有发生；浓度低时有臭鸡蛋的恶臭味，恶化生产劳动环境。在有工厂邻近 H_2S 产品资源丰富且便宜时，有可能选取这种方法，而现在经典的氯化法钛白粉工厂几乎不用此种方法除钒。

（4）有机物除钒法　有机物除钒同样采用还原钒的原理，可以用作除钒的有机物很多，常用有植物油、矿物油、硬脂酸等。有机物依据粗 $TiCl_4$ 中含钒量加入，按表 5-13 所示钒含量均在 0.1%以下，正常 1m³ $TiCl_3$ 加入量不超过 5kg，混合均匀，并加热至 136～142℃，使其碳化，新生的活性炭将 $VOCl_3$ 还原成 $VOCl_2$，沉淀除去。反应原理以有机还原剂二苯胺（diphenylamine）为例发生如下反应：

$$4VOCl_3 + C_{12}H_{11}N \longrightarrow 4VOCl_2 \downarrow + 4HCl + 6C + C_6H_7N \qquad (5-34)$$

由于采用有机物还原反应，根据有机物的特性及分子量大小等，反应步骤与机理相对复杂，正如上式反应中二苯胺的熔点为 53～54℃，沸点为 302℃，在除钒反应中，如果不完全反应，部分被氧化分解成碳和苯胺，甚至新生态的分子碎片或游离基团，不仅自身吸附碳，而且也吸附被还原的 $VOCl_2$ 新生态沉淀物。如反应式所示，二苯胺中的一个苯分子参与还原反应生成反应产物，将 $VOCl_3$ 还原成 $VOCl_2$ 后，得到 6 个碳原子的碳及一分子苯胺，而苯胺的熔点为 -6.3℃，高于 $TiCl_4$ 熔点（-23℃），其沸点在 184℃，同样远高于 $TiCl_4$ 的沸点；这样

还原得到的 +4 价钒化合物和还原反应产生的游离碳及有机物分解产生的游离基或半分解及没有分解的有机物吸附黏结在一起，沸点远高于四氯化钛本身，从而作为高沸物从四氯化钛中分离出来。

因此，现有氯化法钛白粉生产四氯化钛钒精制除钒几乎采用有机物，主要是硬脂酸作为除钒剂。硬脂酸分子为 $C_{18}H_{36}O_2$，分子量为 284；硬脂酸原料来源广，价格低，除钒成本低，操作安全。

（5）锡粉除钒 锡粉除钒与金属铝和铜除钒还原反应机理一样，主要是生成 $SnCl_4$，主要用在高纯四氯化钛的除砷精制工艺中，可将砷降到 $1\mu g/g$ 以下。

（三）四氯化钛精制生产工艺与控制参数

1. 精制生产工艺

粗四氯化钛精制与除钒工艺流程如图 5-27 所示。

来自氯化工序淋洗的粗四氯化钛经过预热器 E1 采用蒸汽加热预热后，进入四氯化钛泵槽 V1 与蒸馏和除钒的料浆混合，用四氯化钛输送泵 P1 可分别送入过热器 E2 和钒泥缓冲槽 V2 中。进入钒泥缓冲槽 V2 的混合粗钛液，再用钒泥输送泵 P2 送回氯化工序对氯化气体进行喷雾冷凝。进入过热器 E2 加热后的粗四氯化钛进入闪蒸罐 V3，将加热的粗四氯化钛液进行闪蒸，闪蒸产生的气体进入除钒塔 T1 的底部，闪蒸产生的高沸物液体从闪蒸罐底部返回四氯化钛泵槽 V1，继续循环或作为钒泥返回氯化工序。

从闪蒸罐 V3 闪蒸后进入除钒塔 T1 底部的气体在除钒塔内与上部的精馏塔精馏后残液（高沸点氯化物）和从硬脂酸储槽 V4 经过硬脂酸泵 P3 送来的硬脂酸混合除钒；除钒泥浆从除钒塔 T1 底部进入四氯化钛泵槽 V1 经过四氯化钛输送泵 P1 回到前述开始的工序。

从除钒塔 T1 与精馏残液和硬脂酸除钒剂混合后的气体继续进入除钒塔 T1 上部的精馏段与精制四氯化钛回流泵 P4 送来的精制四氯化钛进行回流精馏。残液进入除钒塔 T1 底部与硬脂酸泵 P3 送来的硬脂酸和闪蒸罐 V3 闪蒸送来的气体混合进行除钒和精馏；精馏的气体进入冷却塔 T2，在循环冷却水的冷却下进入精制四氯化钛中间槽 V5。

进入精制四氯化钛中间槽 V5 的物料经过精制四氯化钛回流泵 P4 分别进入除钒塔 T1 作为精馏回流四氯化钛，在回流泵出口管道分支上安装有自动钒检测仪 X1，经过钒检测仪 X1 检测合格后的四氯化钛进入精制四氯化钛储槽 V6，再用精制四氯化钛输送泵 P5 送入氧化工序氧化生产钛白粉。

在精制四氯化钛中间槽 V5 中没有被冷凝下来的低沸点氯化物（如游离氯、盐酸和四氯化硅等）气体进入尾气喷雾洗涤器 V7 中，与从碱液循环泵 P6 送的循环碱液进行喷雾吸收，吸收后的气体进入旋液除沫器 S1，旋液除沫分离后的气体送入尾气烟囱 Y1 排放，旋液除沫分离的残液回到喷雾罐作为循环吸收液。

从尾气喷雾洗涤器 V7 吸收后的液体经过碱液循环泵 P6 旁路送入污水处理站处理。

吸收用的工业碱液从碱液槽 V8 经过碱液循环泵 P6 的进口进入循环吸收系统。

2. 生产主要控制指标

粗四氯化钛精制与除钒生产主要控制指标见表 5-24，因使用装置设备，甚至工艺流程的差异和不同的生产装置控制指标有所不一，仅供参考。

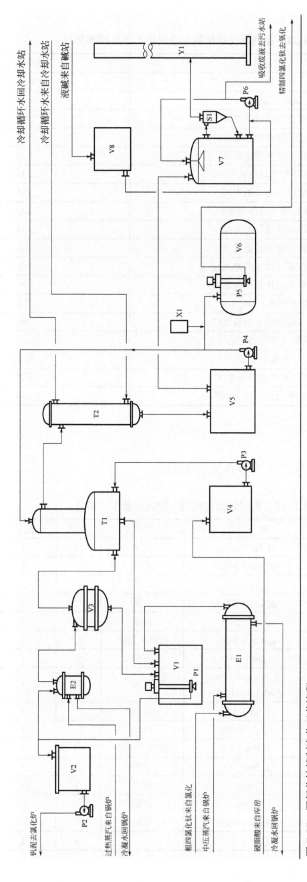

图 5-27　四氯化钛精制净化工艺流程

E1—四氯化钛预热器；E2—四氯化钛过热器；V1—四氯化钛过滤器；V2—钒泥化钛泵环槽；V3—闪蒸罐；V4—硬脂酸储槽；V5—精制四氯化钛中间槽；V6—精制四氯化钛储槽；V7—尾气喷雾洗涤器；
V8—碱液槽；T1—除钒塔；T2—冷却塔；P1—四氯化钛输送泵；P2—钒泥化钛输送泵；P3—硬脂酸泵；P4—精制四氯化钛泵；P5—精制四氯化钛回流泵；P6—碱液循环泵；S1—旋流除沫器；
X1—钒检测仪；Y1—尾气烟囱

表 5-24　粗四氯化钛精制与除钒生产主要控制指标

序号	指标名称	指标数值
1	粗四氯化钛预热温度/℃	50～90
2	钒钛泥浆温度/℃	60～70
3	过热器进口温度/℃	80
4	过热器出口温度/℃	155
5	闪蒸室介质温度/℃	150
6	闪蒸室进口压力/MPa	0.16
7	除钒塔进口温度/℃	145
8	除钒塔进口压力/MPa	0.14
9	冷却塔进口温度/℃	145
10	冷却塔出口温度/℃	80
11	精制四氯化钛中间槽温度/℃	80
12	精制四氯化钛循环泵温度/℃	80
13	钒检测仪/（mg/L）	≤3
14	喷雾罐气体进口温度/℃	80
15	喷雾罐气体进口压力/MPa	0.14
16	碱液温度/℃	常温
17	烟囱尾气进口温度/℃	常温
18	烟囱尾气进口压力/MPa	0.14

3．生产设备

粗四氯化钛精制与除钒主要生产设备见表 5-25。

表 5-25　粗四氯化钛精制与除钒主要生产设备

序号	设备名称	规格型号	主要材质	单位	数量	备注
1	预热器	ϕ1.4m×5.0m	英康	台	1	
2	泵槽	ϕ2.6m×3.0m	英康	台	1	
3	输送泵	200hp	英康	台	2	一开一备
4	钒泥缓冲罐	ϕ2.6m×3.0m	英康	台	1	
5	钒泥输送泵	$Q=35m^3/h$	英康	台	2	一开一备
6	过热器	ϕ3.0m×9.0m	碳钢＋英康	台	1	
7	闪蒸罐	ϕ5.2m×10.0m	英康	台	1	
8	除钒与精馏塔	釜ϕ5.0m×5.0m 塔ϕ1.5m×10.0m	英康	台	1	
9	硬脂酸储罐	ϕ2.0m×4.0m	碳钢	台	1	
10	硬脂酸泵	50～500L/h	碳钢	台	1	
11	$TiCl_4$冷凝器	ϕ3.0m×9.0	碳钢＋英康	台	1	
12	$TiCl_4$中间罐	ϕ2.6m×4.8	英康	台	1	
13	精$TiCl_4$回流泵	25hp	英康	台	1	
14	精$TiCl_4$输送泵	25hp	英康	台	2	
15	精$TiCl_4$储槽	ϕ3.0m×5.0m	英康	台	1	
16	钒检测仪	FTIR 分析仪		台	1	

序号	设备名称	规格型号	主要材质	单位	数量	备注
17	尾气喷雾吸收塔	$\phi2.5m \times 4.5m$	FRP	台	1	
18	旋流除沫器	$\phi0.9m \times 2.25m$	FRP	台	1	
19	碱液循环槽	$\phi1.5m \times 2.5m$	碳钢	台	1	
20	碱液循环泵	$10m^3/h$	碳钢	台	2	

五、氯化生产中的注意事项

（一）避免氯化炉床层烧结

氯化炉床层烧结的最大不利是死床，导致生产无法进行下去，这也是国内氯化工艺生产较常见的问题。无法与国外先进成熟的氯化生产比较，国外多数氯化至少连续开车半年，最先进的可以达到 18 个月；而目前国内几套装置连续氯化开车生产能达到 1 个月时间的不多，这与氯化炉的设计构造和使用的钛原料有关，同时与操作控制有关。具体表现在以下几个方面。

1．操作温度

正如图 5-10 所示，氯化温度在 1000～1100℃，同等的原料氯化时间短，由于加料不稳定及温度较低造成局部热烧结，致使氯化温度控制在低限。所以，不应是采取相反的降低氯化温度，而应保持温度在上限，因耐火材料和床层烧结温度要在 1250℃ 以上，比高限操作温度要高约 200℃。提高温度对床层中的有害物质钙镁有益，可减少钙镁在床层中的积累；因氯化钙和氯化镁的蒸气压在氯化温度的上限时增加显著。

图 5-28 说明温度与氯化系统中液相氯化物的变化，当反应的氯和碳过量 25% 后，残渣中的液化氯化物不取决于氯和碳含量。如图（a）所示，温度为 800℃ 时，渣中的液化氯化物为 0.036kg，而在 1200℃ 时，渣中的液化氯化物为 0.006kg。对高沸点的氯化物如 $CaCl_2$、$MgCl_2$ 和 $MnCl_2$ 随温度变化在气相和液相的比例也如图（b）、（c）、（d）所示，在 1200℃ 时，所有的镁和锰氯化物均在气相中；而在相同的温度下 $CaCl_2$ 的挥发度从氯和碳过量 25% 的 40% 增加到氯和碳过量 100% 的 58.7%。不过，在 1000℃ 条件下，$CaCl_2$ 以液相的形式存在超过 98%。

2．沸腾流化速度

由于生产不稳定，投料量较低，生产负荷运行在低限，流化速度低，接近最低流化速度，造成床层不稳定，氯气分布不均匀，石油焦含量低，引起烧结和死床。通常沸腾床的负荷不能较低，否则严重影响流化效果，甚至死床。所以，保持合理高于最低的流化气速的工作气速至为重要，既可以优化维护流化床层，避免不稳定与氯气分布不均带来的烧结与死床；同时可将未反应与夹带的细小的熔融氯化钙和氯化镁裹挟夹带带出床外并随氯化产物从氯化炉中一并移走，尽管氯化钛原料中的钙镁有被限制的量，但随着投量的积累将在床层上超过极限，带来死床的麻烦。

3．原料中的钙镁含量

钛原料中的钙镁在氯化时生成氯化钙和氯化镁，因氯化钙与氯化镁沸点高，其生成的熔融物在床层中氯化时像胶水一样可将钛原料颗粒黏结在一起使床层板结，从而破坏沸腾层造成烧结与死床。尤其是在无规则停车没有氯气存在的情况下，氯化钙（$CaCl_2$）作为氯化剂与 TiO_2 生成 $CaTiO_3$ 和 Cl_2，更易恶化沸腾床层。

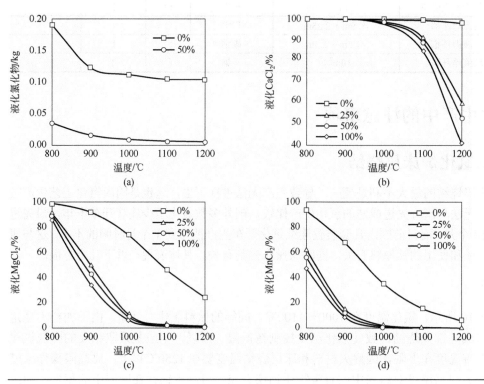

图 5-28　氯和碳过量 0%、25%、50%和 100%的条件下温度对形成气液两相氯化物的变化曲线

因此，停车后重新进行流化时，对其钙镁的容忍度要求更低。同时，钙镁总量中钙的影响程度更大，它对床层的烧结与造成的死床因素是镁的 8～10 倍，因此，需要在钙镁总量中分别对待。而最好的方式是进行不同的钛原料配合使用，拉平钙含量的影响，尤其是高钛渣中的钙含量较高。

再就是进料方式的科学化，如美国的 Abed 和 Reeves 的专利（US5320815）所述，采用气动进料（即现在商业用的 L 阀），降低床层中的钙镁含量，同时进料气体起到润滑和降低沸腾料黏结的作用。

（二）不正常现象的处置

氯化钛白粉工业化生产了 60 多年，其生产工艺技术日臻完善；尤其是连续生产加上全自动化控制，几乎没有太多的不正常情况。但是，一个优秀的氯化炉生产装置，设计时需要考虑兼顾对原料使用的较大余量，同时生产时尽可能在最宽裕的操作指标下进行。所以，传统的氯化生产靠人工操作干预很难做到长周期稳定生产，原料组成、系统压力、温度、床层压降和尾气氯化量等全部由计算机控制及处理。

1. 床层压降高

料层厚度太高，配料不当，减少加料量，调整配料。

2．炉温低

配碳量低，氯气流量小，加大配碳量与通氯量。

3．尾气氯含量高

通氯量大或炉温低，加大通氯量和加大配碳量。

4．系统压力高

系统堵塞及尾气吸收塔堵塞，排查疏通清理。

六、氯化工艺技术的发展

自可追溯最早的进行连续氯化工艺技术如美国 1937 年的专利，到如今有 80 多年的历史。作为氯化工艺技术，无论是采用富钛料的高钛渣、人造金红石，还是采用天然金红石及钛铁矿为原料以及采用其中的两种或多种进行搭配作为原料，已经成为很成熟的经典生产工艺装置技术。不过，随着钛原料的深入开发与发展，一些岩矿将被大量地开发利用，如我国攀西地区钒钛磁铁矿，需要磨细精选（见第三章第一节），为了提高选矿的回收率，选矿颗粒细度愈来愈小，再加之其中现有氯化技术背景下的钙镁含量影响，需要进行预加工除去，均会造成原料细度不断降低，现有氯化炉设计的颗粒参数已不能满足需要。为此，科学家与工程师们总是在不断开发能满足这类原料的氯化生产技术，以及传统氯化工艺氯化渣的利用和一些新的氯化法及新方法。

（一）循环流化床氯化

实际上，为了提高了燃煤的燃烧效率，循环流化床（CFB）在热电燃煤系统中使用。在过去的 50 年，已经从单一的沸腾流化床几乎全部优化为循环流化床。而作为氯化钛白粉氯化生产的优化循环流化的氯化工艺技术，为提高氯化率和满足更广泛的细粒度钛原料要求的氯化装置，全球的科学家及工程师们都在不停地研究开发，如南非 Mintek 公司的 Adam Luckos 和 David Mitchell 设计的循环流化床氯化钛铁矿中试装置就是一个可借鉴的例子，其中的试验参数及一些物化参数与指标值得国内氯化法同行参考，其流程图见图 5-29，中试装置 3D 图见图 5-30。

1．中试工艺流程

如图 5-29 所示，钛渣与石油焦经过料仓下面的螺旋进行混合后进入 1 号旋风分离器底部的循环下料管，经过 L 阀在氮气的作用下吹入反应器上升管，在反应器底部设有氯气进料口，经过 40kW 的等离子火焰将通入的氮气加热到 5000℃，氯气与加热的氮气上升与循环下料管 L 阀送入的物料在反应器中沸腾氯化，温度 1100℃。氯化生成的氯化气体与没有反应完的固体物料进入 1 号旋风分离器进行固气分离，分离的固体下沉到循环管，再与原料混合后进入氯化反应器；分离的气体进入 2 号旋风分离器分离除尘，作为渣处理。从 2 号旋风分离器分离出来的气体进入空气冷却的冷凝器，在 200℃温度下，将气体中的氯化铁冷凝分离出来；没有冷凝的气体进入四氯化钛冷却器，水冷到 30℃，收集液体四氯化钛产品。收集液体四氯化钛后的尾气，送入尾气洗涤塔用氢氧化钠进行碱洗；碱洗后的尾气经过补燃器燃烧后排放。

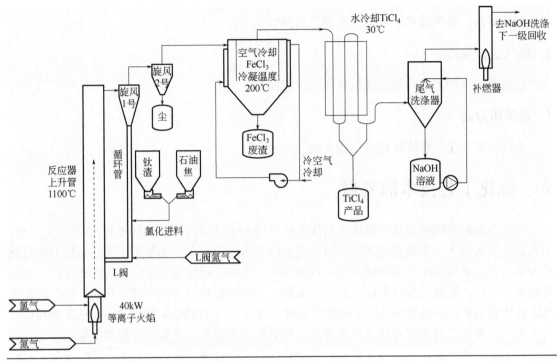

图 5-29　循环流化床氯化实验工艺流程图

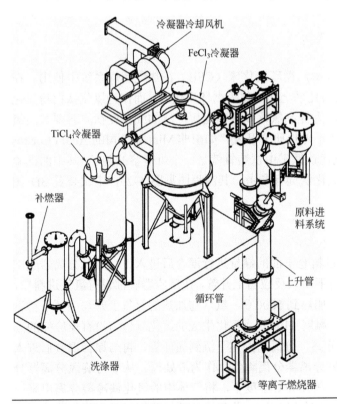

图 5-30　循环流化氯化中试装置 3D 图

2. 中试工艺参数

（1）原料及其物化参数　原料组成及物理性质分别见表 5-26 和表 5-27；在 1000℃时氯气和氮气的物理性质见表 5-28；氯化化合物的性质见表 5-29。

表 5-26　原料组成

序号	1	2	3	4	5	6	7	8	9	10
组分	Al_2O_3	C	CaO	Cr_2O_3	Fe	FeO	K_2O	MgO	MnO	Na_2O
钛渣	1.40	—	0.16	0.09	0.10	8.90	—	0.17	1.70	—
石油焦	3.36	82.5	0.25	—	—	1.17	0.55	0.22	—	0.68
序号	11	12	13	14	15	16	17	18	19	
组分	Nb_2O_3	S	SiO_2	Ti_2O_3	TiO_2	V_2O_5	ZrO_2	水分	挥发物	
钛渣	0.12	—	1.80	25.0	58.2	0.40	0.20			
石油焦	—	0.68	9.39	—	—	—	—	0.4	0.7	

表 5-27　原料物理性质

原料性质	钛渣	石油焦
平均颗粒尺寸/μm	200～250	750～1000
颗粒密度/（kg/m³）	4364	1200
比热容（25～1000℃）/［J/（kg·K）］	870	1656
球形度（已确定）	0.86	0.67

表 5-28　在 1000℃时氯气和氮气的物理性质

性质	氯气（Cl_2）	氮气（N_2）
密度/（kg/m³）	0.570	0.265
动力黏度/［×10⁵kg/（m·s）］	5.01	4.66
比热容（25～1000℃）/［kJ/（kmol·K）］	36.7	31.76

表 5-29　氯化化合物的性质

化合物	分子量	熔点/℃	沸点/℃	密度/（g/cm³）	挥发热/（kJ/mol）	熔融热/（kJ/mol）
$AlCl_3$	133.341	190	182.7	2.44	56.00	35.40
$CaCl_2$	110.984	772	≥1600	2.154	—	28.54
$CrCl_2$	122.902	824	—	2.878	197.0	32.20
$CrCl_3$	158.355	1150	1300①	2.76	—	—
CrO_2Cl_2	154.900	−96.5	117	1.911	35.10	—
$FeCl_2$	126.753	670	1025①	3.16	126.5	43.01
$MgCl_2$	95.211	714	1412	2.316	136.9	43.10
$MnCl_2$	125.844	650	1190	2.977	124.1	30.70
$NbCl_5$	270.171	204.7	254	2.75	52.70	33.90
$NbOCl_3$	215.264	400	400	—	—	—
$SiCl_4$	169.898	−70	57.57	1.483②	28.70	7.60
$SnCl_2$	189.616	246	652	3.95	86.80	12.80
$SnCl_4$	260.522	−33	114.1	2.226②	34.90	9.20
$TaCl_5$	358.215	216	242	3.68	54.80	35.10

化合物	分子量	熔点/℃	沸点/℃	密度/（g/cm³）	挥发热/（kJ/mol）	熔融热/（kJ/mol）
TiCl₄	189.692	−25	136.4	1.726②	36.20	9.970
VCl₄	192.754	−28±2	148.5	1.816	41.40	—
VOCl₃	173.3	−77±2	126.7	1.829	36.78	—
ZrCl₄	233.036	—	331①	2.803	105.9	50.00

① 升华；
② 液化。

（2）试验装置操作与规格参数　1000℃时循环流化床操作条件及内部规格见表5-30。

表5-30　1000℃时循环流化床操作条件及内部规格

序号	参数	数值
1	压力/kPa	30
2	气体流化速度/(m/s)	7.0
3	最大气体体积速率/(m³/h)	127
4	上升管直径/m	0.08
5	上升管长度/m	5.00
6	竖管直径/m	0.050
7	竖管最低长度/m	0.646
8	竖管设计长度/m	2.500
9	上升管悬浮物最大密度/(kg/m³)	200
10	竖管中固体的最大速度/(m/s)	0.3
11	L阀中最大固体流量/[kg/(m²·s)]	720
12	固体最低控制流动速率/(kg/s)	0.038
13	最大气体体积流动速率/(m³/h)	2.75
14	上升管中最大压降/Pa	9810
15	在L阀中的压降/Pa	4615
16	竖管中的压力/Pa	53513
17	旋风直径/m	0.130
18	旋风进口气速/m	25.0
19	旋风压降损失/Pa	207

（3）设计参数　设计参数见表5-31、表5-32和表5-33。

表5-31　原料与产品的标准生成热

化合物	生成热/(kJ/kmol)
C	0
Cl₂	0
CO	−110528
CO₂	−393521
FeCl₃(g)	253968
FeO(s)	265956
N₂	0
TiO₂(s)	−944747
TiCl₄(g)	−763161

表 5-32　原料与产品恒压下的比热容（$C_P = a + bT + cT^2$）　　　单位：kJ/（kmol·K）

化合物	a	$b \times 10^3$	$c \times 10^6$
$Cl_2(g)$	36.310	1.079	0.272
$CO(g)$	30.962	2.439	−0.280
$CO_2(g)$	51.128	4.368	−1.469
$FeCl_2(g)$	59.948	2.920	−0.289
$FeCl_2(l)$	102.090	0	0
$FeCl_2(s)$	78.262	9.950	−0.418
$FeCl_3(g)$	82.881	0.159	0.464
$FeCl_3(l)$	133.888	0	0
$FeCl_3(s)$	74.592	78.274	−0.088
$N_2(g)$	30.418	2.544	−0.238
$O_2(g)$	29.154	6.472	−0.184
$TiCl_4(g)$	107.169	0.490	−1.050
$TiCl_4(l)$	143.787	8.703	−0.017

表 5-33　循环流化床氯化反应器的能量平衡

操作温度	1000℃
反应热	2235kJ/kg 钛渣
进料速率	
钛渣	5.814kg/h(5.0kg/h TiO_2)
石油焦	1.098kg/h
氯气	0.1361kmol/h(9.651kg/h)
氮气	1.0600kmol/h(29.606kg/h)
尾气	1.2056kmol/h(127.7m³/h)
尾气组成	体积分数/%
N_2	82.92
CO	1.57
CO_2	4.71
$FeCl_3$	0.60
$TiCl_4$	5.19
固体与气体反应物预热需要的能量（从 25℃ 加热到 1000℃）	
钛渣	1.370kW
石油焦	0.501kW
氯气	1.354kW
氮气	9.126kW
总能量输入	12.352kW
化学反应能量	3.606kW
能量平衡	8.746kW

（二）氯化与氯化钛原料预处理氯化

1. 钛原料预处理

利用氯化产生的氯化渣进行资源利用和钛原料预处理技术，提高入炉的钛原料含量，减少原料中的氯化铁元素。其工艺流程如图 5-31 所示：

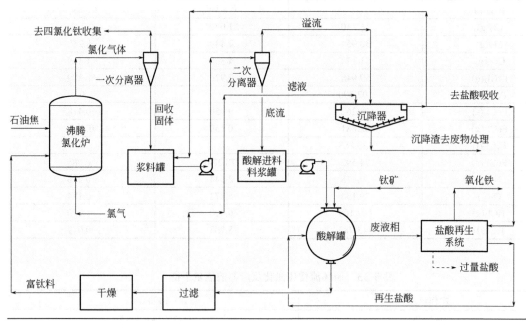

图 5-31　氯化渣与钛原料预处理氯化工艺流程图

氯化炉氯化生成的氯化物气体进入一次分离器进行分离，分离后的气体去四氯化钛收集，分离得到的固体进入料浆罐，用沉降器沉降分离的部分返回液体进行打浆，打浆后浆料用泵送入二次分离器。从二次分离器分离的轻相经过溢流进入沉降器中，与从过滤机过滤富钛料的滤液一起在沉降器中进行沉降分离，底部沉降渣去废副处理工序；沉降分离的清液一部分返回浆料罐用于打浆，一部分去盐酸再生系统作为盐酸吸收液使用。

从二次分离器分离得到的底流料浆进入酸解进料料浆罐后，在用泵送至酸解罐中，与加入的钛铁矿和盐酸再生系统生产的盐酸一起在酸解罐中进行酸解；酸解生成的溶液送入盐酸再生系统进行热分解得到盐酸气体和氧化铁固体；盐酸气体用沉降器分离的部分清液吸收得到盐酸，部分作为过量盐酸外售，部分返回酸解罐，与二次分离的底流料浆和加入的钛铁矿一起进行酸解。

从酸解罐产生的稠浆送入过滤机中进行过滤，滤液返回沉降器中，与二次分离器溢流轻相一起进行沉降；过滤的滤饼送入干燥机中进行干燥，干燥后的物料即为富钛料，送入氯化炉中与石油焦和氯气进行氯化。

2．REPTILE 工艺

由德国 Hebach GmbH 公司 Wendell Dunn 博士开发的 REPTILE 工艺。德国 Hebach GmbH 公司，19 世纪开始生产无机颜料，现在也生产有机颜料。Wendell Dunn 博士是高温氯化的专家，笔者曾多次与他见面交流。他从事钛铁矿干法氯化多年，提出的干法工艺比传统的人造金红石工艺价廉而物美；经磨细的淡黄色的颜料产品具有广泛的用途。该研究工作始于 1994 年。

REPTILE 工艺即替代金红石（replacement rutile）工艺。该工艺技术是结合钛白粉生产以及钛铁矿中钛资源和铁资源的综合资源因素进行开发研究的。此工艺按氯化法工艺对钛精矿进行部分氯化反应，将其中的铁生成氯化铁，氯化铁再氧化生成氧化铁和氯气，氯气返回氯化系统。该工艺从原料处理上得到金红石和氧化铁，尽管解决了钛铁矿资源的两个元素属性问题，但高温氯化其材质、生产技术和能耗均不是经济和低碳型的。其工艺流程示意与物料平衡数据见图5-32；与氯化法流程对比见图5-33，具有十分相似的流程。

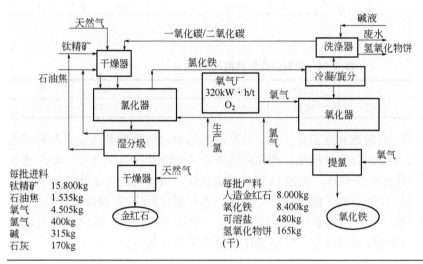

每批进料
钛精矿　　15.800kg
石油焦　　1.535kg
氧气　　　4.505kg
氯气　　　400kg
碱　　　　315kg
石灰　　　170kg

每批产料
人造金红石　8.000kg
氧化铁　　　8.400kg
可溶盐　　　480kg
氢氧化物饼　165kg
（干）

图 5-32　REPTILE 工艺流程与物料平衡数据

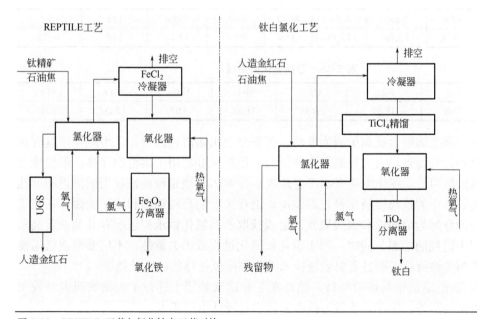

图 5-33　REPTILE 工艺与氯化钛白工艺对比

（三）钛资源制取碳化钛的低温氯化工艺

1. 高炉渣高温碳化与低温氯化工艺

因攀西地区钛储量占全国已探明储量的90%以上，占世界已探明储量的40%。钒钛磁铁矿高炉炼铁过程中产生了大量的含钛高炉渣,其组成如表 3-8 所示,因铁精矿中的含钛量差异其高炉渣钛含量也因此差异。根据 TiO_2 的百分含量可将含钛高炉渣划分为三个等级:低于 10% 的低钛渣,10%~15% 的中钛渣,25% 左右的高钛渣。低、中钛渣利用难度不大,现在几乎用于生产水泥、混凝土等建筑材料,其中的钛资源白白浪费掉。而高钛渣 TiO_2 含量高,难以直接用于建材生产,并且由于矿相结构复杂,常规的选矿方式很难处理。因此,早在 20 世纪的 80~90 年代就已经开始进行高炉渣高温碳化与低温氯化的工艺生产研究。典型的高炉渣组成见表 5-34。

表 5-34　典型的高炉渣组成

组成	TiO_2	SiO_2	CaO	MgO	V_2O_5	Al_2O_3	TFe
含量/%	24.35	23.12	24.01	9.16	0.30	13.17	4.01

含钛高炉渣的高温碳化-低温选择性氯化工艺,是将液态熔融含钛高炉渣直接流入密闭电炉中加热到 1600~1800℃ 与碳混合进行碳化,碳化后的液态高炉渣在空气中自然冷却,然后进行破碎、细磨,其主要组成见表 5-35,含有 16.70% 的碳化钛,钛转化为碳化钛达 92%。磨细后颗粒状的碳化高炉渣在 400~550℃ 的流化床中与氯气进行氯化反应,生成四氯化钛蒸气,经除尘冷凝分离得到粗四氯化钛产品与氯化渣。该工艺中,密闭式电炉中的碳化率与氯化流化床中的氯化率分别可达 90% 和 85% 以上,低温氯化渣组成见表 5-36。

表 5-35　碳化高炉渣组成

组成	TiO_2	SiO_2	CaO	MgO	V_2O_5	Al_2O_3	TFe	TiC
含量/%	24.18	25.76	25.56	9.90	0.29	15.16	2.90	16.70

表 5-36　低温氯化渣组成

组成	TiO_2	SiO_2	CaO	MgO	V_2O_5	Al_2O_3	TFe
含量/%	3.35	33.37	28.35	11.61	0.07	18.26	1.30

另外采用出炉液态熔融含钛高炉渣为原料,可充分利用熔渣物理热;采用流化床具有传热传质快、温度均匀等特点,大大提高了生产能力。虽然充分利用了熔渣物理热,但碳化过程电耗过高问题依然明显,碳化电耗成本可占总成本的 80%,就像硫酸法使用酸溶性酸解钛渣原料一样,酸解渣中的铁与钛资源经过高温电炉消耗大量的直接能源和间接能源,还要使用硫酸的化学能源分解为硫酸铁和硫酸氧钛,造成获取的四氯化钛承担了所有其他杂质高温碳化及加工过程中消耗的能源。同时,由于碳化钛氯化过程放出大量热,不仅要解决低温氯化过程中热平衡的关键问题,而且需要创新技术回收利用氯化释放的大量热量。

目前高温碳化-低温氯化高炉渣项目,已经在工业试验装置上进行了大量的研究开发工作,除了作为资源利用外,生产装置最为核心的技术是降低生产成本。

2. 钙钛矿及含钙钛渣生产碳化钛氯化工艺

最早是在美国科罗拉多州发现有含钙钛原料,主要成分为 $CaTiO_3$,其含量 TiO_2 为 56.90%、CaO 为 29.96%、FeO 为 7.88%。美国发明专利(US3899569)钛铁矿渣生产高纯四氯化钛工艺,该发明工艺可采用钛铁矿生产含钙钛渣制取碳化钛的低温氯化法工艺,也可采用钙钛矿直接制取碳化钛的低温氯化法工艺。

图 5-34 所示为钛铁矿和钛渣制取碳化钛低温氯化工艺。如图所示，将钛铁矿 5 和还原碳 6 加上助剂 7 或氢氧化钙循环料 21 经过表示为 4 的混配进料加入还原电炉 1 中，由电源 3 经过电极 2 将炉温升高到 1300～1700℃进行还原与熔融分离，分离出生铁 8 和钛渣 9；钛渣 9 再加入碳进料 11 在碳化炉 10 中，温度为 1850℃进行碳化，从碳化炉 10 中生产的碳化钛 12 进行冷却、破碎后，再进入反应槽 13 中与加入的水 14 进行反应，释放出乙炔气体 16，得到含有碳化钛和氢氧化钙的混合物料 17，混合物料进入分离器 18 中，分离出细小的氢氧化钙 20（含少量的碳化铁）作为循环料 21 返回电炉的助剂 7 中进行循环使用，其中的铁进入生铁产品；从分离器 18 分离出的碳化钛 19，经过干燥，其中碳化钛含量达到 80%，其余 19% 为石墨化的碳，送入低温氯化炉 22 中，在 225℃温度条件下与氯气 23 进行氯化反应得到四氯化钛 24。

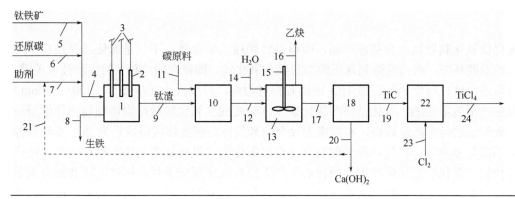

图 5-34　钛铁矿和钛渣制取碳化钛低温氯化工艺

1—还原电炉；2—电极；3—电源；4—混配进料；5—钛铁矿进料；6—还原碳进料；7—助剂进料；8—生铁出料；9—钛渣出料；10—碳化炉；11—碳进料；12—碳化钛进料；13—反应槽；14—水进料；15—搅拌器；16—乙炔出料；17—碳化钛与氢氧化钙混合出料；18—分离器；19—碳化钛出料；20—氢氧化钙出料；21—氢氧化钙循环料；22—低温氯化炉；23—氯气进料；24—四氯化钛出料

图 5-35 为钙钛矿直接制取碳化钛低温氯化工艺。如图所示，将钙钛矿 1 与碳原料 2 一并加入混合造粒机 3 中进行造粒；造粒后的物料 4 进入碳化炉 5 中进行熔融碳化，温度在 1850℃以上，熔融物经过冷却并破碎至−10 目筛后的碳化物 6，送入反应槽 7 中，加入水 8 进行反应，分离出乙炔气体 9 后的混合料 10 送入分离器 11 中进行分离，分离出氢氧化钙后的碳化钛物料 12，送入氯化炉 14 中，通入氯气 15 进行氯化得到四氯化钛产品 16。碳化钛组成如表 5-37 所示。将其加入盛有水的带搅拌反应槽中，逸出乙炔气体；并从沉降浆料中分离得到碳化钛和氢氧化钙固体物。

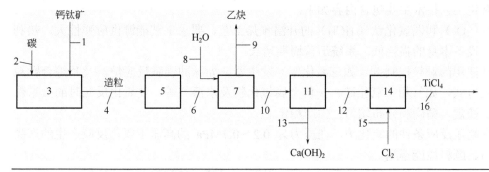

图 5-35　钙钛矿直接制取碳化钛低温氯化工艺

1—钙钛矿进料；2—碳进料；3—混合造粒机；4—造粒料进料；5—碳化炉；6—碳化料；7—反应槽；8—水进料；9—乙炔出料；10—反应混合料；11—分离器；12—碳化钛出料；13—氢氧化钙出料；14—低温氯化炉；15—氯气进料；16—四氯化钛出料

表 5-37　碳化钛组成

组分	C	Fe	Ti	Ca	SiO_2	Al_2O_3	MgO
含量/%	14.9	7.19	45.6	21.0	2.49	0.60	0.23

第四节
氧化与钛白粉初级产品的制备

四氯化钛氧化制取钛白粉初级产品，即微晶体颗粒二氧化钛，不仅是氯化法钛白粉生产工艺技术的重要环节，而且是得到真正的颜料级二氧化钛，即钛白粉"粉"的生产技术关键。如第一章所述，钛白粉除金红石型 TiO_2 的固有折射力外，粒度大小在半波长（200～350nm）范围内是生产至为重要的。氧化是将四氯化钛气体转变成二氧化钛微晶固体颗粒的化学反应过程；与硫酸法的转窑高温煅烧，将原级为几个纳米晶体的聚集体煅烧成长为 200 多纳米晶体颗粒的不同与差别是：将气体分子四氯化钛直接氧化为二氧化钛微晶体颗粒和氯气，即高温氧化是控制二氧化钛晶体颗粒大小的核心生产手段与氧化反应条件；同时，还要还肩负着氧化后的气固分离和氯气直接回用的重任。为此，化工过程的"三传一反"特征，即动量传递、热量传递、质量传递和化学反应过程在四氯化钛氧化制取颜料级二氧化钛的生产工艺中表现得"淋漓尽致"，需要不断地创新与完善，生产出满足社会不断进步需求的钛白粉产品。

四氯化钛在高温下氧化不仅需要将原料氧气预热到1800℃,而且四氯化钛也要预热到500℃；同时，还需要补加直接燃料燃烧产生的高温热量，借以满足达到反应需要的活化能条件。

为了完成氧化制取微晶体颜料性能颗粒的气相反应与满足结晶动力学的要求，还需要在氧化反应物料中加入颗粒控制剂（particle size control agent），颗粒控制剂包含结晶成核剂、颗粒调理剂和晶型促进剂等一种和多种原料组分，使反应满足所控制的二氧化钛微晶体的颗粒大小和金红石型晶体的反应产物条件。万变不离其宗，这与硫酸法钛白粉生产转窑煅烧时加入的金红石晶种和盐处理剂殊途同归。所不同的是，有些物质并不参与反应，只是作为建立反应时的空间条件，如一些气体。

先进的氧化工艺技术主要包含内容如下：

一是氧气（O_2）和四氯化钛（$TiCl_4$）的升温预热工艺，要求工艺能源供应弹性大，热利用效率高，对设备本身的损耗低，系统运营周期增长。

二是先进适用的颗粒控制剂（如三氯化铝）发生器，如脉冲沸腾反应炉，及其综合颗粒控制剂的加入方式，如气相二氧化硅、一价金属氯化物及水蒸气等，使氧化反应时的微量颗粒控制剂含量稳定、精确和分布均匀，生产稳定。

三是具有高压反应条件的氧化炉，在压力为 0.2～0.7MPa 的高压下氧化反应产生的产品颗粒分布均匀、颜料性能卓越。

四是具有高温反应条件的氧化炉炉衬，能耐温度为 1100～1500℃的反应环境。

五是氧化反应炉具有设计反应物料停留时间在 3～12ms 之间的空间体积（规格）。且氧化炉产品品种生产的可调节性，根据市场需要，同一个炉子可在不同的时间生产涂料级、塑料级和纸张级等颜料性能的微晶体 TiO_2 钛白粉基料。

六是氧化炉防结疤和易于除疤的结构，反应运转周期长。

尽管采用四氯化钛生产二氧化钛有液相水解法、气相水解法和其他一些溶胶法，除作为纳米与随角异色的珠光颜料生产外，几乎不作为氯化法钛白粉生产工艺，因为氯化法钛白粉气相氧化生产的根本，在于四氯化钛被氧化分解后所产生氯气的循环利用；无论液相水解还是气相水解均是以产生盐酸为副产物。所以，今天全球从事四氯化钛制取钛白粉研究与开发的工程师和科学家，其研究创新工作主要集中在高温四氯化钛氧化制取二氧化钛的创新与完善研究工作中；且较之氯化工艺技术的研究更踊跃，因为颜料级二氧化钛的下游应用领域在不断发展与拓宽，需要创新开发满足其发展带来适应市场的钛白粉产品。

一、氧化的化学反应原理

（一）四氯化钛氧化反应原理

将四氯化钛与氧气进行氧化反应生成二氧化钛和氯气，其反应原理如下：

$$TiCl_4(g) + O_2(g) == TiO_2(S) + Cl_2(g) \tag{5-35}$$

$$\Delta H^{\ominus} = -181.5856 kJ/mol$$

从反应中的反应热焓可看出，氧化反应为放热反应，刚好与第三节所述的氯化原理相反，氯化时为了使二氧化钛容易氯化，降低其中的氧气分压，加入石油焦作为还原剂，迫使反应产物向左移动；而作为颜料级二氧化钛的氧化生产核心，既要让反应向右进行完全反应，更重要的是控制反应生成的固相二氧化钛微晶体颗粒的粒径大小和颗粒粒子之间烧结。不同温度下的反应热按基尔霍夫公式计算：

$$\Delta H_T = \Delta H^{\ominus} + \int_{298}^{T} \Delta C_P dT \tag{5-36}$$

式中反应物的比热容为：

$$\Delta C_P = C_{P,TiO_2} + C_{P,Cl_2} - C_{P,TiCl_4} - C_{P,O_2} \tag{5-37}$$

各种物质的标准生成热和比热容见表5-38，以此计算出不同温度下的反应热焓值见表5-39。

表5-38　各种物质的标准生成热与比热容

物质	$\Delta H^{\ominus}$/(kJ/mol)	$S^{\ominus}$/[J/(mol·k)]	$C_P = \alpha + \beta T + \gamma T^{-2}$ /[J/(mol·K)]		
			α	$\beta / \times 10^{-2}$	$\gamma / \times 10^5$
$TiCl_4$（气）	−763.1616	354.8032	107.15224	0.46024	−10.54368
O_2（气）	0	205.0578	29.95744	4.184	1.6736
TiO_2（气）	−944.7472	50.33352	62.84368	11.33864	9.95792
Cl_2（气）	0	223.844	36.90288	0.25104	−2.84512

注：1. 表中数据来自热力学手册。

2. α、β、γ 是恒压比热容的系数。

表5-39　不同温度下反应热焓值

反应热	T/K				
	298	1000	1300	1600	1900
ΔH_T/（kJ/mol）	−181.6	−179.7	−178.1	−175.8	−172.9

从表 5-39 中可以看出，四氯化钛气相氧化反应本身为放热反应，随着反应温度升高，热熵值稍有降低。不过，其反应热不足以维持反应在高温下进行，为保证反应的同步，在毫秒级的时间内快速进行，获得颜料性能优异的微晶体颗粒二氧化钛，在商业工业生产中将 $TiCl_4$ 和 O_2 预热到较高温度再按反应式（5-35）进行反应。同时，为了控制氧化反应生成的微晶体颗粒二氧化钛具有颜料性能及用于不同颜料性能的产品粒径，需要加入颗粒控制剂及晶型控制剂协同反应，则还伴有这些颗粒控制剂的氧化反应，其中具有代表性的颗粒控制剂参与的氧化反应如下：

$$4AlCl_3 + 3O_2 \xlongequal{\quad\quad} 2Al_2O_3 + 6Cl_2 \uparrow \tag{5-38}$$

$$4CsCl + O_2 \xlongequal{\quad\quad} 2Cs_2O + 2Cl_2 \uparrow \tag{5-39}$$

$$SiCl_4 + O_2 \xlongequal{\quad\quad} SiO_2 + Cl_2 \uparrow \tag{5-40}$$

$$4KCl + O_2 \xlongequal{\quad\quad} 2K_2O + 2Cl_2 \uparrow \tag{5-41}$$

由于颗粒控制剂加入量在千分之几以下，需要控制精确，以便稳定氧化产品 TiO_2 的颗粒质量。

$TiCl_4$ 气相氧化生成 TiO_2 的化学反应过程为非均相反应过程，反应过程相对复杂，反应特征是在气固相变的过程中成核、微晶体增大和产生新的化学性质气体。气相氧化反应动力学主要包括如下步骤：

① 分子扩散接触。气相反应物在毫秒级的极短时间内相互扩散和接触，进行分子有效碰撞，发生氧化反应。

② 颗粒控制剂参与反应。加入的颗粒控制剂，包括成核剂和成核剂兼晶型控制剂辅助反应物。如 $AlCl_3$ 和其他元素周期表中的第 ⅠA 和第 ⅡA 族金属氯化物，首先与氧反应生成氧化物（如 Al_2O_3）和其他的金属氧化物，并成核为结晶中心。随着晶体长大，可弥补长大时引起的晶格缺陷及阻断颗粒粒子之间的烧结。

③ 产生晶核。$TiCl_4$ 与 O_2 反应析出 TiO_2 晶核，依附在晶核上长大成单个晶体或初级粒子。

④ 晶核成长。TiO_2 晶核长大，可表示为 $nTiO_2(s) \longrightarrow (TiO_2)_n(s)$

⑤ 晶型转化。发生晶型转化，可表示为 $nTiO_2(A) \longrightarrow nTiO_2(R)$

⑥ 抑制晶体长大。参与反应的颗粒控制剂随同主反应一起反应，并改变反应微观分布条件与空间位阻。

⑦ 降温移出反应区。生成物被快速降温并移出反应区，控制微晶颗粒继续长大或相互之间黏结，防止失去颜料性能。

⑧ 终止反应。采用循环气体作为稀释剂，阻断反应，控制微晶体质量。

$TiCl_4$ 气相氧化反应析出 TiO_2 结晶体的过程需要从晶核到晶胞再到晶体的动力学生长过程，晶核的成核反应包含均相成核和非均相成核两种情况。均相成核需要克服相当大的表面位能，即需要更高的反应活化能才能发生反应。非均相成核是由于体系中存在异质微粒或容器壁等。非均相成核可有效降低反应表面位能，利于成核反应的进行，尤其是采用异质微粒能够控制成核数或相对的比例量。$TiCl_4$ 气相氧化反应非均相成核包含两种过程：一是异质微粒成核，加入颗粒控制剂，现有先进的氧化炉工艺，因为颗粒控制剂的优化与创新，如 $AlCl_3$、$CsCl$、气相 SiO_2、KCl 和水，甚至重新补入液体 $TiCl_4$ 等均是提供给氧化反应非均相成核的异质微粒；二是反应器壁成核，在氧化炉反应器壁上成核，随着反应的进行，新相 TiO_2 颗粒不断黏附在氧化炉器壁上，而新生的 TiO_2 颗粒又成为新的活性中心，造成 TiO_2 产物不断地在氧化炉反应器壁上生长形成疤层。这曾经是围绕国内早期氯化法钛白粉生产技术的难题之一，造成氧化炉运行周期短，不能长期连续运行，更不能生产出粒径 200～300nm 范围内的颜料性能优异的微晶颗粒产品。在生产时，尽管加入颗粒控制剂进行异质微粒成核，但因反应温度高和反应时间短，器壁成核均伴随发生，所以生产时也需要定期除疤，并设有不同的除疤手段。

TiCl₄ 气相氧化过程的反应平衡常数 K_P，可用下式表示：

$$K_{PT} = \exp\frac{-\Delta G_T}{RT} \tag{5-42}$$

式中，K_{PT} 为反应温度 T 时的平衡常数；ΔG_T 为反应的自由能变化；R 为气体常数。

上式也可以表示为：

$$\ln K_{PT} = \frac{-\Delta G_T}{RT} \tag{5-43}$$

式中，$\Delta G_T = \Delta H_T - T\Delta S_T$ 代入上式可得到：

$$\ln K_{PT} = \frac{-\Delta H_T}{RT} + \frac{\Delta S_T}{R} \tag{5-44}$$

$$\Delta S_T = \Delta S^{\ominus} + \int_{298}^{T}(\Delta C_P/T)\mathrm{d}T \tag{5-45}$$

式中，ΔS_T 为反应温度为 T 时熵的变化。

按反应式（5-35），因为气体反应，反应中受反应物 TiCl₄、O₂ 和反应产物 Cl₂ 三种气体浓度及压力控制，产生的固体 TiO₂ 的体积影响微乎其微。其反应平衡常数则表示为：

$$K_P = \frac{p_{\mathrm{Cl_2}}^2}{p_{\mathrm{TiCl_4}} \times p_{\mathrm{O_2}}} \tag{5-46}$$

常压下不同反应温度时自由能、平衡常数、平衡转化率见表 5-40。

表 5-40　常压不同反应温度时自由能、平衡系数、平衡转化率

温度 T/K	自由能 ΔG_T/（kJ/mol）	反应平衡常数 K_{PT}	平衡转化率/%		
			$\alpha = 1.0$	$\alpha = 1.1$	$\alpha = 1.2$
1200	−62.63448	4.29×10^{-4}	99.04	99.04	99.15
1400	−62.04872	3.423×10^{-3}	96.69	98.96	99.44
1600	−61.54664	517.6	91.92	92.25	96.87
1800	−60.91904	122.3	84.69	88.27	90.78
2000	−60.29144	39.20	75.80	79.20	81.97

注：α 为氧气的过量系数。

利用上面的计算结果绘成表示 TiCl₄ 转化率与热力学温度 T 的关系见图 5-36。四氯化钛氧化反应热力学计算结果说明，氧化反应器的结构要满足反应过程中动量传递、热量传递、质量传递和化学反应的需要，具体落实到生产工艺就是氧化炉的进料方式、物料流场、反应温度、反应时间、反应压力和颗粒控制剂的影响。

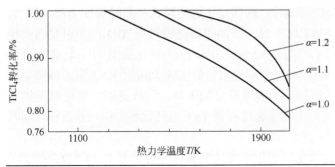

图 5-36　TiCl₄ 转化率与热力学温度的关系

（二）氧化反应的条件及影响因素

氯化法钛白粉生产中 $TiCl_4$ 气体的氧化反应是在高温（≥1300℃）下进行，是由成核到 TiO_2 粒子的诞生、成长和终止的化学反应过程构成。它受反应温度、反应区的停留时间、反应压力（反应物浓度）和加入的颗粒控制剂的变化等诸多影响因素控制，并根据需要的产品用途级别进行调整，如塑料级别需要氧化反应得到平均粒度偏重于为 200nm 微晶体颗粒直径的 TiO_2，而用于涂料级别的则需要平均粒径偏重于 300nm 颗粒直径，所有产品均要求控制其中粗聚烧结粒子限制量。所以，在氧化炉进行氧化制取颜料性能的微晶体二氧化钛颗粒时，其主要生产控制参数为反应温度、反应时间、反应压力和颗粒控制剂，其影响因素讨论如下。

1．反应温度

$TiCl_4$ 和 O_2 在 500～600℃温度下，就可以缓慢进行氧化反应，700℃时就可明显察觉到 TiO_2 气溶胶存在；随着反应温度的提高，反应速率呈幂次函数增加。在 600～1000℃温度范围内，反应从受化学反应控制变为受动力学控制。在高于 1100℃时，已达到很高的反应速率，反应时间小于 0.01s，反应的活化能力为 138kJ/mol。

如图 5-37 所示，科学家在电阻丝加热的石英管反应器中测定了 $TiCl_4$ 氧化反应反应量随温度变化的关系。当氧化温度在 700℃时，反应量仅有 0.08%，随着温度升高，反应量缓慢增加，当温度升到 850℃时，产生一个向上转折，曲线斜率增大，表明反应量急剧增加。由此证实，温度超过 900℃后，因反应活化能增加，分子有效碰撞概率增大，反应急速发生。

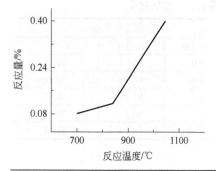

图 5-37　反应量随反应温度的变化关系

同时，氧化反应的 TiO_2 微晶颗粒晶型控制也与温度密切相关，反应产品的晶型结构主要取决于反应物的起始温度（即反应的引发温度）和化学反应时间。正如第四章硫酸法钛白粉生产煅烧所述，即使在漂白时加入了金红石晶种，同样要比煅烧锐钛产品时温度要高。所以，在氧化反应中，当反应温度为 500～1100℃时，反应产品主要是锐钛型 TiO_2；当引发温度提高到 1200～1300℃时，反应产品的金红石率可达 65%～70%，因为由锐钛型 TiO_2 转化为金红石型 TiO_2 的活化能较高，达到 460kJ/mol，相当于反应活化能 138kJ/mol 的 3.3 倍，特别是在反应高温区停留时间极短的情况下，反应的起始温度就更为重要。实践证明，即使温度提高到 1300℃，如果不加晶型转化促进剂也无法实现金红石型 TiO_2 的转化率≥98%的指标，同时也无法控制 TiO_2 微晶体颗粒的粒径。

Angerman 和 Moore 在其开发 $TiCl_4$ 氧化反应生成锐钛型钛白粉的工艺中（US3856929），采用 $SiCl_4$ 和 PCl_3 共氧化 $TiCl_4$，在温度 1200℃、压力为 0.16MPa 条件下，可制取含 80%的锐

钛型钛白粉产品。这也间接说明，温度不仅对反应的活化能产生影响，同时，金红石晶型的转化率尤为重要。

2．反应时间

$TiCl_4$气相氧化反应需要在高温下进行，反应温度的提高增大了反应的活化能，有利于成核粒子迅速增大；但是，生成粒子在高温区停留时间过长会使其过分长大，以至于在高温下颗粒相互烧结，或生成聚集的粗大粒子，难以获得颜料性能要求的在可见光波半波长大小粒径的 TiO_2 产品，产品颜料性能下降。为了防止其过分长大，必须控制生成粒子在高温区的反应停留时间。

从反应历程看，反应停留时间应包括 $TiCl_4$ 与 O_2 混合成核时间、化学反应时间、晶粒长大及晶型转化时间。氧化反应器中混合段的长度一些研究者通过对试验数据的数理统计处理，得出了 TiO_2 平均粒度与宏观停留时间的关系，经验公式如下：

$$dp = A\lg t + C \tag{5-47}$$

式中　dp——TiO_2 平均粒径，nm；

　　　　t——停留时间，s；

　　　　A、C——试验经验常数。

试验结果表明，当 $TiCl_4$ 预热温度为 450～500℃，O_2 预热温度为 1700℃，反应温度为 1300℃，反应停留时间为 0.05～0.08s 时，可以获取平均粒径为 200nm 的产品。如果引发温度与压力升高，相应的停留时间还应该进一步缩短。这样经过瞬间的反应，反应产物骤冷至 700℃，可得到的产品平均粒径小、分布窄，Δdp 偏差小，颜料性能好。

结合温度控制研究人员曾绘出一条曲线来表示反应物和产物的温度变化（见图 5-38）．

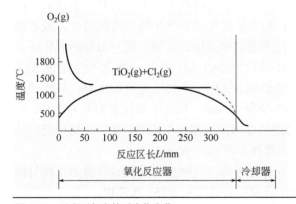

图 5-38　反应区长度的反应物变化

Allen 和 Evers(US5201949)将反应停留时间定义为：

$$t = \frac{3D}{V} \tag{5-48}$$

式中　t——反应停留时间，s；

　　　　D——反应器反应段直径，英尺（1 英尺 = 0.3048m）；

　　　　V——反应物的速度，英尺（0.3048m）/s。

其开发技术的反应混合物温度参数为 1350℃，进行反应时的压力在 0.4MPa，反应停留时间在 8.6ms(1ms = 0.01s)。

而 Deberry 和 Robinson 等（US6387347）将反应停留时间定义为：

$$t = Q/V \tag{5-49}$$

式中　t——反应停留时间，s；

　　　V——反应器的体积，m^3；

　　　Q——反应物的体积流量，$m^3 \cdot s$。

一个先进的氧化炉设计，除进料方式的改变外，其规格尺寸与生产能力匹配后反应停留时间几乎是随反应物的配比变化而确定。同时，反应物料通过高温氧化反应段后，需要迅速终止反应，控制反应时间，则采用迅速冷却工艺完成。

3. 反应压力

在氧化反应式（5-35）中，反应物 $TiCl_4$ 和 O_2 及反应产物 Cl_2 均是以气体的形式存在于反应前后，而反应生成的微晶体 TiO_2 的固体空间体积小，对反应体积的影响甚微，几乎不受反应控制。其反应控制主要受气体的体积与浓度，反映在氧化反应平衡上就是气体的总压力及各气体分压上（包含因配料不参与的反应气体上）。所以，氧化反应时，氧化炉中的压力十分重要。由于一分子 $TiCl_4$ 和一分子 O_2 反应生成 2 分子 Cl_2，其物质的量相等；反应物的分压大，平衡向生成物方向移动，反之，平衡向反应物方向移动。增大压力有利于反应进行，同时氧化反应压力与反应物停留时间相互依托，反应压力大，反应物流速快。所以反应压力是氧化反应的重要指标之一。氧化炉的设计在反应物进入氧化炉反应时，根据不同的生产原理，其压力有的靠氧化炉出气口限制以控制在氧化炉反应段的压力；也有的靠进料缝隙的速度决定，或者反应混合段的阻力决定。

因压力提高促使反应混合气体混合效率高，气体分子碰撞概率增大，有利于提高氧化产品的颜料性能。根本原因还是在于压力的提高，相当于扩大了氧化炉反应段的长度，或者缩小了氧化炉反应段的横截面积。同时，压力与反应停留时间相互依赖，同一口径的氧化炉，氧化反应压力高，停留时间短。如 Akhtar 和 Eller 等（US6562314）采用 $SiCl_4$ 氧化生成的 SiO_2 以优化降低 TiO_2 的颗粒直径并使其粒子之间减少烧结，氧化反应的压力为 0.5MPa。氧化炉的生产能力超过 20t/h；二氧化钛颗粒产品的平均粒径在 278nm，粒度平均标准偏差为 1.401。

也有在氧化反应压力下，以加入 $TiCl_4$ 的缝隙速度为反应器控制点的，其实氧化炉反应气体流过的截面积确定后，流速是压力的函数，通常控制在 60～90m/s。

尽管氧化反应的压力越高越好，技术上是没有问题的，但牵涉到附加的昂贵的工程与操作费用。所以，作为商业生产的经济目的，氧化反应压力通常在 0.15～0.7MPa。

4. 颗粒控制剂的作用

钛白粉生产的核心就是控制二氧化钛的微晶颗粒直径与大小，加上材料结构学上的晶型控制，或称之为金红石转化率。前者引导反应的发生、发展与终止；后者使其在反应中生成具有更高颜料性能的金红石型微晶体（折射率）。颗粒控制剂是由多种元素构成的复合助剂，在氧化反应生成 TiO_2 颗粒的过程中，其肩负着颗粒增长的共同、协同、胁迫或制衡的作用，几乎与硫酸法煅烧时使用的盐处理剂和金红石晶种作用机理相得益彰、异曲同工。其作用目的就是使生产的微晶体 TiO_2 达到优质的颜料性能，即颗粒粒径在 200～350nm。颗粒控制剂大致可分为三类：一类颗粒控制剂参与氧化反应，反应前后物质发生改变，作为晶体结晶的成核剂；二类作为晶型控制剂，也可称为晶型转化促进剂或调理剂；三类不参与氧化反应，反应前后为同一物质。参与反应的颗粒控制剂有些融入到微晶颗粒之中，有的在晶体表面上。不参与反应的颗粒控制剂主要控制反应物微观上的浓度，谓之第三惰性气体，又称之为"空间气体"，防止新生态颗粒间的烧结和保护氧化炉以防止因非均相成核的固体沉积在反应器气体进出口器壁的壁面上，影响生产。而第二类颗粒控制剂，作为控制金红石晶型转化与促进剂，也伴有作为一类晶核的成核剂作用。具有代表性的颗粒控制剂功能讨论如下。

（1）成核剂　由于 $TiCl_4$ 氧化反应是从气相中产生固态 TiO_2，在固态颗粒产生的化学反应过程中，首先在反应体系中形成晶核或晶胞，即单个晶体或初级晶体，再在晶核的基础上随着反应的进行使晶体长大。如前所述氧化反应的成核属于非均相成核，且又不希望在氧化炉器壁上成核，造成炉壁结疤，影响生产。所以，多数条件下采用异质粒子成核，少数采用同质粒子成核，也有介于两者之间的成核作用物质。

异质粒子成核，是在反应起始或之前在反应物中形成非 TiO_2 成分的异质微粒粒子，由于自身具有的表面能大，降低了反应析出 TiO_2 固体的活化能，成为新生态二氧化钛分子的活化中心。根据最低能量原则，氧化反应产生的二氧化钛分子借助于异质粒子表面活化，迅速沉积结晶成为单晶体或初级粒子。几乎所有的无机化合物，只要能够生成固体氧化物或盐类的固体均可作为成核的异质微粒；但是，除了异质粒子的晶体结构类似以外，其原子半径产生的影响将使其使用受到限制。同时，有些粒子参与微晶体颗粒的晶格调整，弥补反应产生的晶格缺陷，作为掺杂离子进入晶格中，如 Al_2O_3；有些不参与微晶体的晶格调整，只是始终在微晶体颗粒的表面，阻断微晶体颜料粒子之间的烧结，如 K_2O 等。经典的异质粒子成核剂有 Al_2O_3、SiO_2、K_2O 和 Cs_2O 等，可以单独使用，也可以混合使用，且通常是以氯化物的形式加入氧化反应物中。也有将气相法二氧化硅微粒直接加入氧化反应物中的，如 Flynn 和 Martin 等（US7854917）将气相法 SiO_2（气相法白炭黑）与 KCl 混合加入作为异质粒子成核剂进行氧化制取钛白粉，采用一种分光光度法 SFM2 评价钛白粒子的大小，数值大表示氧化反应生成的钛白微晶体颗粒小。其结果比较见表 5-41，加入 500μg/g KCl 和 500μg/g SiO_2 的配方数值高于单独加入和低量加入氧化产品，而经过调整加入包含氧化铝、氯化钾及气相法白炭黑三种颗粒控制剂氧化制取的产品数值最高。

表 5-41　采用 KCl/气相 SiO_2 的氧化试验结果

序号	颗粒控制剂组成与加入量	SFM2
1	未加	87
2	加入 KCl 250μg/g	97
3	加入 KCl 825μg/g	113
4	加入 KCl 250μg/g + SiO_2 250μg/g	121
5	加入 KCl 500μg/g + SiO_2 500μg/g	146
6	加入 1.7%Al_2O_3 + KCl 250μg/g + SiO_2 250μg/g	149

而作为成核剂和晶型转化促进剂的 Al_2O_3 是采用金属铝粉与氯气在 $AlCl_3$ 发生器制备成的 $AlCl_3$，再加入反应的气体中。Bolt 和 McCarron 等（US9260319）在开发的专利工艺中，使用钛或铝合金代替金属铝粉，其合金中的合金元素可包含 Li、Be、B、Na、Mg、Al、P、S、K、Ca、Sc、Ti、V、Cr、Mn、Fe、Co、Ni、Cu、Zn、Ga、As、Se、Rb、Sr、Y、Zr、Nb、Mo、Ru、Rh、Pd、Ag、Cd、In、Sn、Sb、Te、Cs、Ba、La、Ce、Pr、Nd、Sm、Eu、Gd、Tb、

Dy、Ho、Er、Tm、Yb、Lu、Hf、Ta、W、Re、Os、Ir、Pt、Au、Hg、TI、Pb 和 Bi 等 66 种元素中的一种和多种元素。代表性使用的合金中，如钛合金含 94.6% Ti、3.0% Al 和 2.5% V；铝合金含 98.6% Al、1.2% Mg 和 0.12% Cu。

同质粒子成核，顾名思义同质粒子仅是指 TiO_2 粒子，在预热 $TiCl_4$ 气体中加入蒸汽和盐溶液时，$TiCl_4$ 与水按如下反应方程式水解生成成核的晶种粒子：

$$TiCl_4(g) + 2H_2O(g) \longrightarrow TiO_2 + 4HCl(g) \tag{5-50}$$

再就是现在几乎采用两段氧化工艺，第一段加入的 $TiCl_4$ 与配入的 KCl 溶液中的水汽化时也按上述反应生成同质粒子成核。早在 20 世纪 40 年代美国杜邦的 Holger 等（US2488440）采用在预热的氧气中加入氧气量的 0.35%氢气，也是使其氢与氧反应生成水后水解 $TiCl_4$ 而形成 TiO_2 晶核（晶种）。Lewis 和 Braun(US3208866)采用水蒸气喷入到预热氧气中作为成核剂，按 TiO_2 比例为 0.1%～3.0%。

而介于异质粒子与同质粒子两者之间的成核剂，最有代表性和经典使用的就是 KCl 溶液，其溶液中的水分含量提供的水分子水解 $TiCl_4$ 产生同质成核粒子 TiO_2，且自身生成的 K_2O 作为异质粒子成核，并使氧化反应生成的微晶 TiO_2 颗粒聚集体容易分散。KCl 不仅是经典使用的成核剂，如硫酸法煅烧无论生产锐钛还是金红石钛白粉使用的 KP 试剂（即磷与钾元素），其中的 K 就是需要使用的钾盐，它不仅可制得颜料性能优异的钛白颗粒，而且可以控制钛白颗粒的酸碱度，乃至隔离 TiO_2 颗粒间的烧结，优化氧化产品的分散性，提高产品质量。

（2）晶型控制剂 如果将 $TiCl_4$ 直接氧化生产微晶体颗粒，TiO_2 几乎是锐钛型和金红石型的混合物，颜料性能和耐候性能均赶不上金红石型钛白颗粒，且不利于资源的最大化利用和生产及降低使用成本。为此，在氧化反应控制生成 TiO_2 颗粒大小的同时，还要控制微晶体 TiO_2 颗粒的晶体结构，即生产术语中的金红石型晶型结构转化率，满足最佳的钛白粉产品质量的颜料性能，达到最佳的生产效益。

锐钛型 TiO_2 在高温条件下可以向金红石型 TiO_2 转化，在转化过程中自由能降低，晶体中原子之间距离缩短，表面收缩，体积缩小，结构致密，稳定性好（见第一章图 1-2）。由于晶型转化所需要的活化能高，晶型转化的动力学速度是缓慢的。即使在很高的温度（>1300℃）下，停留数秒钟其转化率也不高。在较低的温度（≥850℃），需要经 20～30min 才能使转化率达到理想的程度。

$$K = K_0 \exp(-\frac{\Delta E}{RT}) \tag{5-51}$$

式中，ΔE 为相转变活化能，418.4～460.24kJ/mol；K_0 为频率因子，$10^{20} \sim 10^{22}h^{-1}$。

金红石型转化率达到 99%时所需要的时间见表 5-42。

表 5-42 金红石型转化率达到 99%时所需要的时间

温度 T/K	速率常数 K/s^{-1}	转化所需要时间/s
1300	0.425	10.8
1500	74.4	0.06
1800	20000	0.00023

从表 5-41 可以看到，金红石晶型转化速率常数受温度影响巨大，温度越高转化越快；在 1800K 时，0.23ms 就达到 99%以上的转化率。而 1500K 时晶型转化所需的时间更接近氧化反应所需的时间，这使得氧化反应与金红石晶型转化反应得以同步完成。

未加入晶型转化剂的 $TiCl_4$ 与 O_2 反应的金红石型晶型反应产生率只有 30%～65%，为了获得≥99.0%金红石型含量的产品，需要加入晶型转化或晶型促进剂。早在 20 世纪 40 年代（US2559638），采用水蒸气作为氧化反应的成核剂，金红石转化率低，后采用 $AlCl_3$ 作为晶型控制剂，生产出的颗粒含 97%金红石型 TiO_2，其平均粒径在 356nm；不加的 $AlCl_3$ 的产品仅含 10%的金红石型 TiO_2，颗粒平均粒径为 1280nm，颜料性能低，几乎是黄相。开先河的在氧化时加入 $AlCl_3$ 作为晶型转化（控制）剂或成核剂使用。

在 $TiCl_4$ 气相氧化反应过程中不加入 TiO_2 颗粒控制剂与晶型控制剂，产品的平均粒度粗、粒度分布宽，得不到优良的颜料级 TiO_2 粒子（可见光半波长大小）。通常的金红石型控制剂是 Al_2O_3，已成为硫酸法和氯化法钛白粉制取金红石型产品的不二之选。尽管硫酸法国内某些生产装置还在使用氧化锌作为金红石转化促进剂，由于在弥补晶格缺陷（光活化点）的作用上表现欠佳，无法与氧化铝比较；Al_2O_3 它肩负了氧化反应生成 TiO_2 颜料粒子质量的多项功能：

一是氧化反应时晶体结晶的成核剂；

二是晶型转化促进剂，可使产品中的金红石晶型达到 100%；

三是因为其弥补了晶体在反应时产生的晶格缺陷，降低了光催化活性点，产品耐候性提高；

四是颗粒成长抑制剂，协调平衡氧化反应时高温度下，颗粒的增长和烧结的矛盾。

Al_2O_3 作为晶型控制剂的加入量以 TiO_2 产品计在 0.5%～1.5%范围，这要比硫酸法煅烧时加入 0.25%～0.35%的量多得多；由于氧化反应时间以毫秒计，温度均在 1300℃以上，与硫酸法煅烧的 1000℃和 6～8h，其加入量的差异则不难理解。

（3）"空间气体"控制剂　尽管氧化反应是在气体之间的反应，为了优化工艺，尽力控制反应产物 TiO_2 微晶颗粒的大小，甚至颗粒形貌，除了反应自身产生的气体外，在反应系统中配入一些气体，改变反应空间的环境：一是提高产品质量，二是增大生产能力，三是稳定生产。作为不参与氧化反应的气体，包括循环返回的 Cl_2 和制备 $AlCl_3$ 过量的 Cl_2，二次加热氧气直接燃烧二甲苯的空气中的 N_2、CO_2、CO 甚至过量的 O_2，也有采用其他的一些惰性气体的少数例子。

由于设计氧化炉的方式不同，作为控制氧化反应 TiO_2 颗粒的"空间气体"的加入方式各不一样。有的加在反应前的反应气体中，防止进料口环形面壁结疤；有的加在氧化炉反应后段，迅速降温，终止反应，减少晶体烧结，提高产品质量；有的加在反应物后段冷却，除降温外作为稀释剂稀释反应物浓度及密度。

综上所述，氧化反应的工艺条件——温度、压力、时间及颗粒控制剂四个方面的协调与控制及氧化炉构造是生产微晶体颗粒 TiO_2 的关键与控制因素。只有这些控制因素协调统一，才能氧化生产出优质颜料的 TiO_2 微晶体颗粒。

5．物料配比

反应物料配比是指四氯化钛与氧气反应需要的氧气量，根据质量作用定律，氧气用量越多，四氯化钛转化率越高；但是，氧气用量太多，氧化尾气中没有参与反应的氧含量高，返回氯化工序，不仅增加石油焦还原剂的用量，而且影响系统产能，产生的氯化尾气处理量大。通常氧气用量是四氯化钛氧化需要的化学计量过量的 5%～10%。这与氧化炉的结构及氧化系统，乃至控制剂与氧化冷却系统相关。

二、氧化生产技术

（一）氧化生产技术来源

最早的氧化技术可以追溯到 20 世纪 30 年代美国 I. G. Farbenind.，A-G 公司的 Mittasch 和 Lucas 等（US1850286）直接将四氯化钛与空气燃烧制取精细二氧化钛颗粒，而 Krebs Pigment and Color 公司的 Haber 和 Kubelka（US1931381）通过将四氯化钛加热到 120℃，通入氮气获得比例均等的气体，通入加热到 1100℃ 的支管反应器中，用氧气或空气对四氯化钛进行裂解反应制得精细软颗粒二氧化钛，减少了大量的粗粒颗粒。

直到 1958 年氯化法进入工业化生产，至今商业生产已经整整 60 余年，氧化生产技术还在不断地发展与进步。如 2016 年 Musick 和 Johns（US9416277）开发的专利技术，采用液体四氯化钛前驱体或精细固体颗粒混合物的颗粒控制和转化添加剂氧化制备钛白粉工艺技术，仍旧在不断地完善与开发。如克罗朗斯（Kronos International，Inc.）的 Gruber 开发的塞流式多段氧化炉（US8480999），直接采用液体四氯化钛喷雾进行氧化，节约预热需要的能源。以至于 Flynn 等（US8215825）开发的专利，在二段氧化反应器加入四氯化钛，因压力变化带来缝隙速度变化引起产品质量波动，采用可调的缝隙满足氧化炉的使用性能等，均在不断地改进与完善氧化生产技术。

（二）氧化生产技术

氧化是氯化法钛白粉生产过程中最重要的核心工序。前述氯化工序仅是分离钛原料中的杂质与提纯过程，而氧化是要将提纯的四氯化钛气体"燃烧"分解生成固体微晶体颗粒 TiO_2，且必须具有优质颜料性能赋予粒径范围内的微晶颗粒；同时，还要兼顾氧化所产生的氯气分离循环直接回用。它包括四氯化钛的预热与气化、氧气的加热、颗粒控制剂制备与进料、四氯化钛的氧化反应、氧化产物的冷却和分离等过程。

1．氧化生产设备概述

氧化反应是一个连续的气体"燃烧"反应，生成 TiO_2 固体和氯气的化学过程，除氧化炉作为核心反应器本身外，还有大量辅助设备和工艺设备。

（1）四氯化钛预热器　四氯化钛预热器为带对流室的盘管圆筒炉，炉管管程数为单管程，在辐射室底部设有燃烧器，采用天然气将预热器盘管内由氯化精制工序送来的液体四氯化钛物料加热并气化。设备带有操作及安全自动控制系统。由于四氯化钛在高温下具有极强的腐蚀性，炉管材料采用 Inconel 600 合金管。

（2）氧气预热器　氧气预热器为全辐射圆筒炉，炉管管程数为单管程，在辐射室底部设有燃烧器，采用天然气将氧气加热。通常采用两段式加热：第一段预热器先把氧气预热到 850～920℃，第二段是在氧化炉内用甲苯燃烧产生的热量直接再把流入的热氧气流加热到 1800℃。设备带有操作及安全自动控制系统，炉管材料采用 Inconel601 合金。

由 KIlgrena 开发出代表性的二段加热预热装置如图 5-39 所示（US3632313），上图为主视剖面，下图为 A-A 剖面。其规格尺寸为进入限流环截面直径为 203mm，限流环截面外径为 101mm，内径为 25.4mm，燃烧带的直径为 609.6mm，长度为 1219.2mm，加热氧气进入反应区的直径为 254mm。不仅将氧气的预热温度直接加热到 1750℃，而且增加氧气的流速到 250m/s。供应燃料管的冷却夹套，采用水冷却，保证水温在 100℃ 之下。此燃烧加热器，每小时加热氧气 3269kg，需要投入甲苯 56.3kg，可将氧气温度加热到 1750℃，满足 50kt/a 钛白粉生产能力。

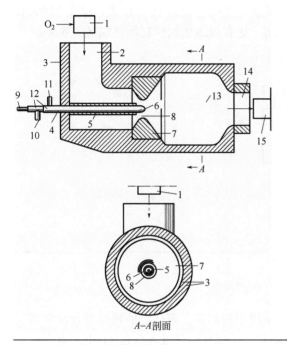

图 5-39　氧气第二段加热预热器

1—第一段预热器；2——段预热氧气进口；3—陶瓷衬里；4—燃烧喷管；5—绝缘保护套；6—喷嘴口；7—限流环形装置；
8—环形限流过流面；9—燃料供应管；10—冷却水进口管；11—冷却水出口管；12—水夹套；13—燃料燃烧带；
14—二次加热氧气出口；15—氧化反应区

（3）三氯化铝发生器　三氯化铝发生系统包括三氯化铝发生器、铝粉计量与加入装置、氯气计量与分布装置。发生器为立式圆筒体，壳体及氯气分布板均为 Inconel 600 合金，内衬耐火材料。中部设有铝粉加入口，底部通入氯气和预热后四氯化钛气体，氯气分布板上有一定厚度的惰性物质，氯化后的三氯化铝与四氯化钛热气流一道送入氧化炉进行氧化反应。

尽管 $TiCl_4$ 气相氧化过程中作为颗粒控制剂的晶型转化剂和成核剂 $AlCl_3$ 的制备与加入工艺有多种，但现在经典的方法还是采用铝粉粒与氯气反应直接生成 $AlCl_3$，同时与 $TiCl_4$ 气体均匀混合后进入氧化炉进行反应。这种方法产生的 $AlCl_3$ 活性强，反应热得到充分利用。工艺过程简单，可控性强。

通常的设备称之为三氯化铝发生器，其工作原理：加入惰性填料的发生器经过预热到 200℃ 以上。按产能要求，加入定量铝粉粒的同时分别通入 $TiCl_4$ 和定量的 Cl_2，使惰性物床流化的同时，铝粉与氯气反应生成 $AlCl_3$ 并放出大量的热，与同步导入的 $TiCl_4$ 进行热交换并混合。

这种工艺装置体积小，生产能力大，传质、传热效果好，结构简单，安全可靠，全部参数由 DCS 控制，其反应式如下：

$$2Al(s) + 3Cl_2(g) \longrightarrow AlCl_3(g) \tag{5-52}$$

$$\Delta H_0 = -584.5048kJ/mol \tag{5-53}$$

$$\Delta G_0 = -99000 + 16.4T(500-932K) \tag{5-54}$$

正如前颗粒控制剂的影响因素所述，目前全球大部分氯化法钛白粉氧化工艺均使用此种方法产生。和使用 AlCl₃ 只是在加入方式上各个厂家或装置有一些较小的变化。如 Flynn 和 Martin 等（US7854917）认为至少在管径大小的 10 倍距离加入三氯化铝效果最佳。如图 5-40 所示，氯化反应物进料管 4 的直径为 152.4mm，其加入点在直径的 15 倍距离，即在 2286mm 处。这为颗粒控制剂提供足够的离子化与停留时间，更有效地达到控制颗粒规格的效果。

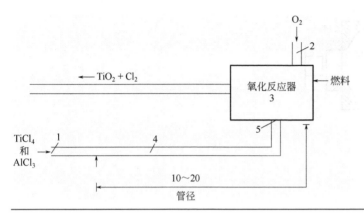

图 5-40　三氯化铝在氧化之前的加入位置

1—氯化物气流；2—氧气气流；3—氧化反应器；4—氯化物进料管；5—氯化物进料口

同样为了控制微量的碱金属盐配制与加入，采用铝粉制备三氯化铝的稀释混合发生器制备颗粒控制剂。如图 5-41 所示，将铝粉分为两部分，大部分铝粉进入料仓 11 中，再经过空气阀 12 送入计量螺旋 9 计量。另一小部分铝粉粒和氯化钾粉末按 1∶9 比例混合加入料仓 15 中，经过空气阀 12 送入混合器与计量螺旋 10 计量后用氮气流化送入混合器 13 中，与计量螺旋 9 计量的大部分铝粉粒一起，在氮气的输送下经过混合器 13 混合后，由管道 2 送入三氯化铝发生器 1 中，氯气经过管道 8 也送入三氯化铝发生器 1 中，一并参与氯化反应制备三氯化铝；同时预热的四氯化钛也经过管道 7 进入三氯化铝发生器 1 中，并连同制取的三氯化铝和配入的数量级为 10^{-6} 的氯化钾一起经过输送管道 6 去氧化反应器进行氧化反应生成微晶体颗粒二氧化钛。

该工艺的优点，一是将微量碱金属与铝粉进行部分混合稀释，而不是像其他工艺配制成溶液，配量均匀；二是利用铝粉与氯气反应生成三氯化铝时放出的反应热，用于加热预热后的四氯化钛，几乎可提高温度 100℃；三是同时移走热量并冷却三氯化铝发生器。

（4）氧化炉　氧化炉又称为氧化反应器，它是一个内有陶瓷内胆和隔热打结料的压力容器，TiO₂ 产能为 15t/h，氧化炉外形尺寸为 $\phi1400 \times 6000$。燃烧室前端有甲苯枪，用于对来自氧气预热器的热氧气二次加热；氧化反应区后有两个气体加入点，加入的气体可控制氧化生成的 TiO₂ 颗粒质量，对氧化反应生成的气固混合物降温，还可防止氧化反应区结疤。同时还设有辅助的除疤装置。图 5-42 为国内 30kt/a 氯化法钛白粉氧化炉实物图。

由于氧化反应制取颜料级微晶体颗粒 TiO₂ 是一个复杂的化学反应控制过程，其反应条件不仅受温度、压力、时间、反应物的进料方式和颗粒控制剂等五大影响因素控制，更受制于氧化反应器的结构设计与参与反应物之间的协同作用。其结构设计和反应物的协同作用，带来产出产品质量的差异性是每一个生产商的市场核心竞争力，全球各主要生产公司的科学家、工程师，乃至顶级科研机构进行了大量艰苦卓绝的生产技术研究。至 2018 年，全球氯化法钛白粉生产能力约 300 万吨，若平均氧化产能 10 万吨，几乎有近 30 台（套）氧化炉在生产使用（不包括备用）。由于反应机理及企业的技术环境不一，氧化炉的设计结构和氧化工艺各有千秋，开发的专利技术不断进步。以氧化反应区分类，可从从一段氧化的单段发展到二段氧化的双段，甚至多段氧化区；也有按冷却方式进行改进的多孔壁和结垢除疤方式进行改进的氧化炉炉体内结构，可以说举不胜举。下面仅就几个代表性的氧化炉结构进行介绍。

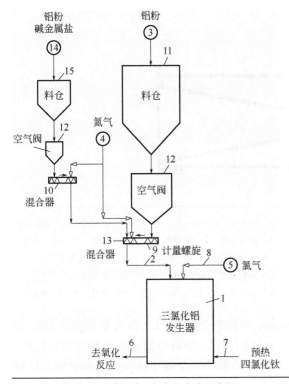

图 5-41　稀释混合碱金属的三氯化铝发生器流程

1—三氯化铝发生器；2—铝粉和碱金属混合物气力输送管；3—铝粉；4—氮气；5—氯气；6—混合氯化物输送管道；7—预热四氯化钛管道；8—氯气管道；9—铝粉计量螺旋；10—混合器与计量螺旋；11—铝粉料仓；12—空气阀；13—混合器；14—铝粉与碱金属混合料；15—混合料料仓

图 5-42　氧化炉实物图

① 单段氧化炉。单段氧化炉是指氧气与四氯化钛仅一次混合接触发生的氧化（燃烧）反应。由于非均相成核造成的在氧化炉反应段器壁结疤，其除疤方式、二次氧气直接加热方式和冷却方式，甚至颗粒控制剂的加入方式也不一样。

a. 喷料打疤氧化炉。Stern 等开发的单段喷料打疤氧化炉如图 5-43 所示（US3615202），类似一个变径和夹套的圆筒，由喷料打疤管、氧气进料分布装置、四氯化钛进料分布装置和冷却段组成。尤其是四氯化钛进料分布装置法缝隙口经过不断改进，早期在标示 3 的环形缝隙处为垂直方向 90°，后改为斜 30°。

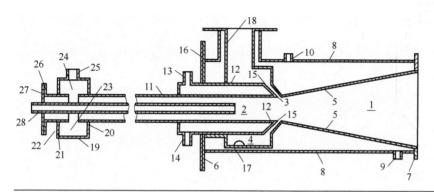

图 5-43　单段喷料打疤氧化炉剖面示意图

1—反应区；2—氧气导管；3—四氯化钛进入环形缝隙；4—四氯化钛环形分布室；5—锥形管；6、7、16、20、21、26—法兰；8—冷却夹套；9—冷却水进口；10—冷却水出口；11—氧气导管壳；12—环形夹套；13—冷却液进口；14—冷却液出口；15—四氯化钛环形缝隙端面；16—锥形管环形缝隙端面；17—四氯化钛环形分布室器壁；18—预热四氯化钛导管；19—氧气分布室器壁；22—间歇空间；23—氧气进入的缝隙；24—氧气分布室；25—预热氧气导管；27—蒙板；28—打疤喷料管

b. 单段氧气二次直接加热氧化炉。Hartmanm 开发的单段氧气二次直接加热氧化炉如图 5-44 所示（US5196181），左图为剖面，右图为 A-A 俯视图。没有设置反应炉前端喷料打疤，将打疤的端头设置为燃料燃烧器，进行氧气二次直接加热。一次预热到 950℃ 的氧气，经过四根半径 60mm 的支管 6、7、8、9 进入耐火陶瓷衬里的内径 640mm 的外套管 1 和内径 480mm 的内套管 11 组成的夹套空间，预热距离 530mm；经过燃烧器 4 燃烧直接加热的高温气体辐射的内套管 11 进行预热，再进入安装燃烧器 4 的前盖 3 构成的 30mm 宽的环形通道 10，于燃烧器 4 燃烧燃料后，2500～2700℃燃烧气混合并直接在加热室 5 中加热升温至 1700℃。在加热室 11 与 13 处直径不变，距离 500mm，直到 14 开始放大到 15 处的直径，然后向着 16 开始变窄直到终端 17 为止。直径减少到氧化反应段 12，在边墙 2 上有若干个预热的四氯化钛进料分布缝隙 18、19，进行氧化反应。该种炉型的喷料打疤设置在反应段 12 之后的反应末端处。该技术号称连续运转 9000h 也没有问题。

c. 单段陶瓷微孔冷却氧化炉。Nutting 开发的单段陶瓷微孔冷却氧化炉如图 5-45 所示（US2670272），内径为 223.5mm、长度为 1676.4mm 的微孔冷却氧化反应器，镍材板微孔开孔率为 50%，厚度为 12.7mm。在 1300℃加热的氧气与四氯化钛进行氧化反应，在微孔的夹套内加入液氯或氮气，经过微孔表面进入反应器内形成一层气流幕，屏蔽反应物在微孔表面结垢（异质粒子成核），同时因液氯的汽化，吸收反应中的热量，迅速降温，阻止反应的进行，防止氧化反应生成的微晶体 TiO_2 颗粒继续长大，保护反应器壁。这样规格的氧化反应器，每小时生产 TiO_2 颜料颗粒 4.5t，投入 10.6t $TiCl_4$、2.0t 氧气、53kg 水蒸气和屏蔽液体液氯 2.54t，反应产生的气体从原有的 89.3% 的 Cl_2、5.9% 的 O_2 和 4.8% 的 HCl 改变为 91.7% 的 Cl_2、4.6% 的 O_2 和 3.7% 的 HCl。不改变反应条件，产品质量大为提高，减少了除疤的压力或因此影响的生产频繁停车。

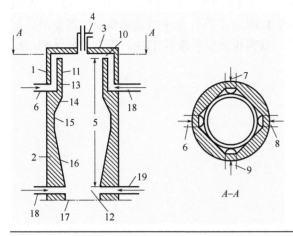

图 5-44　单段氧气二次直接加热氧化炉剖面示意图

1—内衬耐火陶瓷金属外套；2—耐火衬里边墙；3—安放燃烧器盖；4—燃烧器；5—氧气加热室；6～9—一次预热氧气进口；10—氧气环形通道；11—耐火衬里内套；12—氧化反应段；13—加热室直段；14—加热室放大段；15—加热室最大段；16—加热室收缩段；17—氧化反应器最小段；18，19—四氯化钛进料分布缝隙

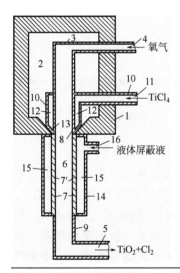

图 5-45　陶瓷微孔结构氧化炉

1—立式安放的炉墙；2—加热室；3—管式反应器；4—氧气进口；5—反应物出口；6—反应段；7—管式反应器微孔器壁段；7′—微孔墙壁表面；8，9—管式反应器 3 的连续管壁；10—四氯化钛导管；11—四氯化钛进口；12—四氯化钛气体环形分布器；13—四氯化钛气体进入缝隙口；14—夹套；15—屏蔽液体通道；16—屏蔽液进口

后来在此基础上经过 10 多年改进升级为耐高温腐蚀与硬化的硬套开孔器壁的氧化反应炉，且在四氯化钛加入反应的缝隙作了适当调整。与单段陶瓷微孔几乎没有什么差别，只是在管式氧化器的微孔壁段进行改进。Kruse 改进后如图 5-46 所示（US3203763）。图中小圆圈截面图表示微孔的构成，序号 8 为微孔，序号 9 表示微孔上面的防护涂层，是以涂抹颜料级 TiO_2 料浆，经过 100℃ 干燥，再经过高温 1000～1300℃ 烧结形成的不收缩的陶瓷类 TiO_2。

如图 5-46 所示，氧化炉管式反应器硬套开孔壁段是由 8.5mm 厚的镍板制作，管段长 889mm，管内径 304.8mm。每隔 12.7mm 沿圆周开一圈孔，孔径在 4.23～3.18mm 之间，开孔率为 0.01～0.1。每小时生产 TiO_2 颜料颗粒 7.6t（钛白粉装置生产能力为 6～7kt/a），投入 18.16t $TiCl_4$、3.22t 氧气、97kg 水蒸气和屏蔽液体液氯 1.36t（相当于 1kg 四氯化钛反应器壁消耗氯气 0.089kg/m²），因此维持了管壁温度为 300℃，获得优质颜料颗粒 TiO_2，没有结垢结疤，反应壁面光滑清洁，并长周期运转。

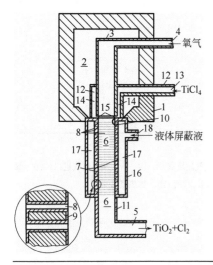

图 5-46　耐高温腐蚀与硬化的硬套开孔器壁的氧化反应炉

1—立式安放的炉墙；2—加热室；3—管式反应器；4—氧气进口；5—反应物出口；6—反应段；7—管式反应器硬套开孔壁段；
8—微孔；9—TiO_2 烧结涂层；10、11—管式反应器连续管壁；12—四氯化钛导管；13—四氯化钛气体进口；
14—四氯化钛气体环形分布器；15—四氯化钛进入缝隙口；16—夹套；17—屏蔽液体通道；18—屏蔽液进口

②双段氧化炉。顾名思义是采用两段氧化反应的氧化炉。双段氧化炉是指四氯化钛与氧气为二次混合接触发生的氧化（燃烧）反应。其同样具有单段氧化炉所具有的辅助反应条件，包括四氯化钛的预热、氧气二次加热、颗粒控制剂的加入方式以及反应物的冷却方式和结垢除疤的方式。也是由于不同生产商各自对工艺的理解和认识，甚至知识产权的保护等要义决定因素，对氧化炉工艺非均相成核造成的在氧化炉反应段器壁结疤，其除疤方式、二次氧气直接加热方式和冷却方式，甚至颗粒控制剂的加入方式也不一样。就笔者所知，双段氧化工艺的氧化炉在现有氯化法钛白粉的氧化工艺技术中，其反应机理优势不言而喻，所占比例愈来愈大，成为一种趋势。双段氧化炉可分为一段四氯化钛与二段四氯化钛加入距离较远和相近的两种氧化炉，前者名副其实为双段氧化炉，后者可叫作双缝隙加入方式（针对单段氧化炉）。

a. 双段氧化炉。代表性的双段氧化炉，参见 Morris 开发的专利（US4803056）所示主剖面图及 A-A 四氯化钛气体分布室方式截面图（图 5-47）。经预热系统 1 预热的氧气经导管 2 从氧气进入系统 3 进入一段氧化反应区 32，与经预热系统 21 预热较高温度的四氯化钛经导管 22 从一段预热四氯化钛进入系统 23 进入一段氧化反应区 32 进行混合反应。二段四氯化钛气体经预热系统 40 预热的较一段温度更低的四氯化钛经导管 41 从二段预热四氯化钛进入系统 42 进入二段氧化反应区 51 与一段氧化反应区 32 混合反应后的反应物进行混合反应。

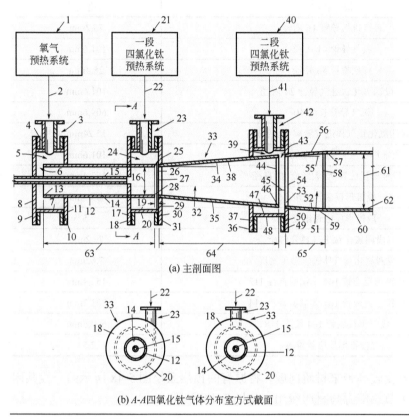

(a) 主剖面图

(b) A-A 四氯化钛气体分布室方式截面

图 5-47　两段氧化炉剖面图

1—辅助的氧气预热系统；2—氧气导管；3—预热氧气进入系统；4—氧气分布室；5—氧气环形分布腔；6—氧气进入缝隙；7—氧气分布导管；8~11—连接法兰件；12—氧气导管；13，28—氧气导管端面；14—氧气导管内面；15—打疤喷管；16—氧气导管直径；17，18，30，31—连接法兰件；19—一段四氯化钛分布导管内面；20—一段四氯化钛分布导管；21——段四氯化钛预热系统；22——段四氯化钛气体加入导管；23——段预热四氯化钛气体进入系统；24——段四氯化钛环形分布室；25——段四氯化钛进入反应区的缝隙；26，46——段氧化反应锥形管端面；27，44——段氧化反应锥形管两端头直径；29——段氧化导管与一段氧化反应锥形管间的缝隙；32——段氧化反应区；33——段氧化锥形管坡面；34——段氧化反应锥形管锥度；35——段氧化反应锥形管；36，37，49，50—连接法兰件；38—锥型反应器内面；39—二段四氯化钛环形分布室；40—二段四氯化钛预热系统；41—二段四氯化钛加入导管；42—二段预热四氯化钛进入系统；43—二段四氯化钛进入反应区缝隙；45——段反应器锥形大端头与二段反应器锥形管端头的间隙；47—二段四氯化钛分布导管；48—二段四氯化钛分布导管内面；51—二段氧化反应区；52—二段氧化反应锥形管；53—二段氧化反应锥形管小端面；54，58—二段氧化锥形管两端头直径；55—二段氧化锥形管锥度；56—二段氧化反应锥形管坡面；57—冷却管连接处；59—二段氧化锥形管与冷却管的连接处；60—冷却管；61—氧化反应物后物料通道；62—冷却管直径；63—反应器氧气预热到一段氧化之间长度；64—反应器二次氧化的长度；65—二次氧化的长度

氧化炉的构成为：氧气进入系统、一段氧化反应系统和二段氧化反应系统。每小时 4.5t TiO$_2$ 的氧化炉生产装置的主要规格参考尺寸见表 5-43。

四氯化钛环形分布室气体进口链接如图 5-47（b）所示，右图为改进型以适应二段氧化反应炉。

表 5-43　双段氧化炉主要规格与尺寸表

序号	构件名称	规格尺寸
1	氧气进气导管 16 内径	76.2mm
2	氧气导管 41 内径	101.6mm
3	打疤喷管 56 外径	25.4mm
4	一段四氯化钛进气导管 24 内径	101.6mm
5	氧气导管长度 40	609.6mm
6	一段四氯化钛气体进气缝隙 88 的宽度	15.24mm
7	一段锥形反应管 72 小端面 80 直径	101.6mm
8	一段锥形反应管 72 大断面 82 直径	152.4mm
9	一段锥形反应管长度 86	609.6mm
10	一段锥形反应管锥度 84	2.5°
11	二段四氯化钛进气导管内径	76.2mm
12	二段四氯化钛气体进气缝隙宽度	7.62mm
13	二段锥形反应管 104 小端面直径 112	152.4mm
14	二段锥形反应管 104 大端面直径 114	203.2mm
15	二段锥形反应管 104 长度 118	609.6mm
16	二段锥形反应管锥度	2.5°

因考虑四氯化钛预热温度较高带来材质问题，将原有的预热系统图 5-48 所示的一段共用加热改为二段独立加热，可节约能源与材质费用，如图 5-49 所示。

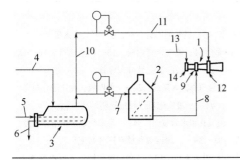

图 5-48　二段氧化共用四氯化钛预热工艺

1—两段氧化反应炉；2—一段四氯化钛石英管预热器；3—四氯化钛预热器；4—液体四氯化钛进料管；5—蒸汽加热进管；6—蒸汽加热出管；7—四氯化钛气体二次升温进料管；8—一段四氯化钛气体导入管；9—一段四氯化钛进口；10—二段四氯化钛气体管；11—二段四氯化钛气体导入管；12—二段四氯化钛进口；13—氧气进料管；14—氧气进口

此种氧化炉在 1989 年由美国的克尔美基（Kerr-McGee）公司开发，在经过重组于 23 年之后的 2012 年由美国特诺（Tronox LLC）公司 Harry E. Flynn、Robert O. Martin 和 Charles A. Natalie 对其一段段四氯化钛气体分布室中的四氯化钛气体进气缝隙进行了再创新，开发的专利如图 5-50 所示（US8215825），左图为剖面图，右图为 3D 图。其进气缝隙采用可调式，随着产量的变化对进气速度与进气量进行在线调整，满足生产需要的四氯化钛气速，充分的混合条件，提高产品质量。

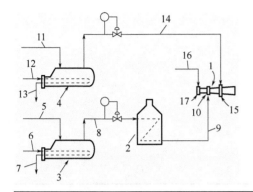

图 5-49　二段氧化四氯化钛分别预热工艺

1—两段氧化反应炉；2—一段四氯化钛二次石英管预热器；3—一段四氯化钛一次预热器；4—二段四氯化钛预热器；
5、11—液体四氯化钛进料管；6—一段四氯化钛一次预热蒸汽进口管；7—一段一次预热蒸汽出口管；8—一段一次预热四氯化钛气体管；
9—一段二次预热四氯化钛气体导管；10—一段氧化四氯化钛氧化进口；12—二段四氯化钛预热蒸汽进料管；
13—二段四氯化钛预热蒸汽出口管；14—二段预热四氯化钛气体导管；15—二段氧化四氯化钛进口；16—氧气进料管；17—氧气进口

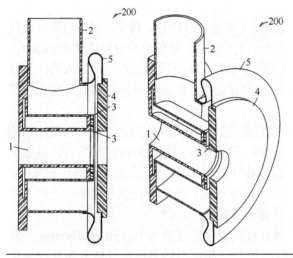

图 5-50　可调式缝隙大小的二段四氯化钛气体分布室

1—导管；2—四氯化钛进气管；3—四氯化钛进气缝隙；4—可调收缩节；5—移动壁

　　b. 双缝隙氧化炉。双缝隙氧化炉与双段氧化炉原理几乎一样，只是进反应段的两个气体分布室相隔较近，中间采用一个通氮气的隔膜腔室分开。如图 5-51 所示，预热氧气从氧气导管进入第一四氯化钛气体分布室与缝隙口进来的四氯化钛进行一段氧化反应，中间经过氮气腔室充入氮气隔开，接着与从第二四氯化钛分布室缝隙口进来的四氯化钛迅速混合进行氧化反应，反应物迅速通过用氮气喷入的氯化钠进行降温和打疤。双缝隙氧化炉与两段氧化炉如出一辙，但打疤与反应段不仅位置有差别，距离也有差别，而且反应段一个是直管，一个是锥形管。

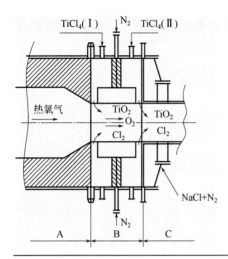

图 5-51 双缝隙氧化炉示意图

A—氧气段；B—混合反应段；C—完全反应段

经过预热并按比例混入 $AlCl_3$ 的 $TiCl_4$ 气体，比例占 $TiCl_4$ 加入总量的约 50%～60%。混合气流极快地流到 $TiCl_4$(II)喷口的第二个缝隙，与 $TiCl_4$ 气流第二次交叉混合。第二孔喷入的 $TiCl_4$ 吸收部分反应热，迅速升温，又进行热氧化反应。反应热并同上游混合流一并进入反应段完成全部反应。

其特点：缝隙喷口II喷出的 $TiCl_4$ 吸收缝隙喷口I下游的反应热。首先，可适当降低氧气的预热温度，节约了能源并有利于氧气预热量安全运行。其次，可使反应温度控制在1450℃，不至于过高。第三，因喷口II的 $TiCl_4$ 升温消耗了部分热焓，可以减少急剧骤冷通入的冷却气体量。其喷盐打疤在二段反应后采用氯化钠由氮气进行除疤，也是一种降温和减少粗聚粒子颗粒的措施。

③ 多段氧化炉。除单段反应区的一次加入四氯化钛到双段反应区的二次加入四氯化钛的氧化炉外，还有多段反应区加入四氯化钛的氧化炉；但是从反应段的停留时间来看，段数愈多，气体分布由间隔较大的分布室缝隙挤压成层或片（缝隙），几乎没有反应区的明显界面。能否达到优秀的氧化产品质量及良好的氧化炉生产运行状况，还没有较强的说服力，因为此类氧化炉在生产中占的比例微乎其微，甚至还停留在开发研究阶段。

a. 多板片气体分布孔氧化炉。多板片气体分布孔氧化炉可参考 Powell 和 Thomas 开发的专利（US4012201），采用多层平板与卷曲板叠加在一起，组成多板片气体分布孔的氧化炉。如图 5-52 所示，经过等离子加热的惰性气体从进口 5 进入预处理段，与从进口 6 经过等离子加热的氧气经过微孔陶瓷壁 7 进入预处理段整流后，轴向与进料孔 8 进入的 $AlCl_3$ 混合进入反应段 2；在反应段 2 由经过 $TiCl_4$ 气体进口 9 和 10 进入 12、13、14、15、16、17 组成的 6 副板片气体分布孔格片中，分布后的气体 $TiCl_4$ 进行混合氧化燃烧反应，在进入反应完成段 3 时，从进口 19 加入控制气体，轴向进入反应完成区；在反应完成区，由进口 21 进来的冷却气体经过微孔壁 22 与反应完成物混合降温；轴向反应物料再经过气体分布孔格片 23 冷却得到反应物。

平板与卷曲板构成的气体分布板孔格片见图 5-53，卷曲板采用卷曲翻拱而成，在两个平板之间夹个卷曲板形成大量的气体流道孔格。

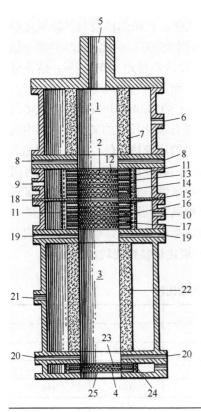

图 5-52　多片气体分布孔格氧化炉

1—预条件段；2—反应段；3—反应完成段；4—冷却段；5—惰性气体进口；6—氧气进口；7—微孔陶瓷壁；8—AlCl₃进料口；
9，10—TiCl₄气体进口；11—支撑板；12～17，23—气体分布孔格片；18—密封板；19，20—控制气体进口；
21—冷却气体进口；22—微孔壁；24—支撑板；25—反应物料出口

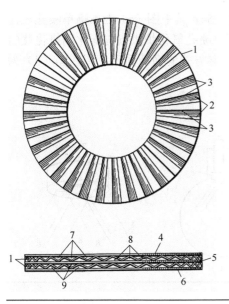

图 5-53　气体分布孔格片剖面与俯视图

1—卷曲盘；2—凹槽；3—脊拱；4～6—平板；7～9—气体孔道

b. 塞流式多段氧化炉。氧化反应时，为了达到反应的活化能，传统的单段与多段氧化炉既要将氧气加热到1500～1650℃，还要将四氯化钛汽化和预热到450℃；对比100%的能量输入，需要使用160%能源加热能量，同时在产品反应完成后，还要冷却移走210%能量；这充分说明现有氧化反应的热焓并没有充分用在反应需要的活化能上，而是被转化成冷却系统热量，能量利用欠佳。因此，克罗朗斯公司（Kronos International，Inc.）的Gruber开发的塞流式多段氧化炉（US8480999），采用塞流喷嘴分多段喷入液体四氯化钛进行氧化反应的氧化炉，其中所有段氧化反应需要的活化能由预热氧气和四氯化钛氧化反应产生的反应热提供；不仅无须加热与汽化四氯化钛液体，而且氧气预热温度从原有的1600℃下降到740～1000℃，可取消原有氧气预热的二次直接加热设备与甲苯燃料，节约能源；同时减少甲苯燃烧时产生的氯化氢，氯气利用高。由于塞流氧化炉完全以液体形式喷入四氯化钛，能获得高效、均匀的反应条件，并在第二段反应时具有较低的绝热反应温度，使得氧化反应时颗粒结晶增长稳定，使得氧化反应产生的TiO_2产品中粗大聚集颗粒减少。塞流多段氧化炉与传统的氧化炉参数比较如表5-44。

表5-44　塞流多段氧化炉与传统的氧化炉参数比较

序号	比较项目	塞流式多段	两段	一段
1	段数	5	2	1
2	氧气反应温度/℃	920	1650	1650
3	甲苯消耗/（kg/h）	0	110	110
4	生产盐酸耗氯气/（kg/h）	0	340	340
5	一段四氯化钛耗量/（t/h）	1.2	9.1	24
6	二段四氯化钛耗量/（t/h）	2.9	14.9	—
7	三段四氯化钛耗量/（t/h）	4.3	—	—
8	四段四氯化钛耗量/（t/h）	6.5	—	—
9	五段四氯化钛耗量/（t/h）	9.1	—	—

塞流氧化炉内塞流喷嘴与四氯化钛喷雾示意图见图5-54，其中图（a）为单嘴单喷孔氧化炉的四氯化钛喷雾方式的横截面示意图，图（b）为单嘴单喷孔氧化炉氧气与雾化四氯化钛的剖面示意图，图（c）为单嘴多喷孔氧化炉的四氯化钛喷雾方式的横截面示意图，图（d）为多喷孔单嘴四氯化钛雾化示意图。

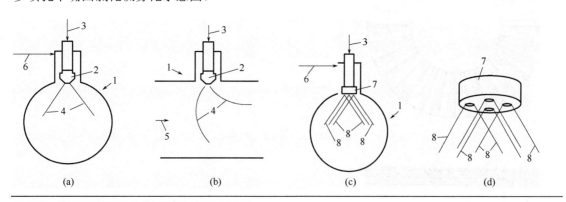

图5-54　塞流氧化炉塞流喷嘴与四氯化钛喷雾示意图

1—氧化炉；2—单嘴单喷孔；3—四氯化钛液体；4—单嘴单喷孔四氯化钛雾化区；5—预热氧气流；6—塞流喷嘴保护气体；7—单嘴多喷孔喷嘴；8—单嘴多喷孔四氯化钛雾化区

塞流氧化炉单段横截面示意见图 5-55，三个喷嘴 2 被放射状地均布在氧化反应器 1 的圆周上，液体四氯化钛进入进口 3，为防止固体堆积和热损害，通入保护气体 4 作为气幕保护喷嘴 2，喷嘴 2 喷出的四氯化钛喷射放射面 5 将雾化四氯化钛分布在氧化炉 1 的中间区域。

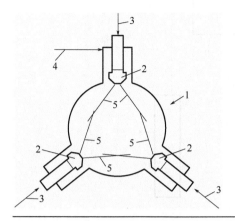

图 5-55　塞流氧化炉单段截面示意图

1—塞流氧化炉截面；2—液体四氯化钛喷嘴；3—液体四氯化钛进口；4—保护气体；5—四氯化钛喷射放射面

再就是喷嘴 2 采用切向分布在氧化炉圆周上，如图 5-56 所示，喷进的流体在氧化炉 10 的截面上以旋转方式运动，结果打疤材料在清洁反应器内墙面时效果更显著。

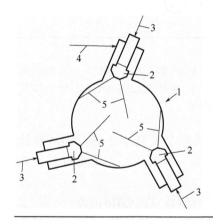

图 5-56　塞流氧化炉喷嘴切向分布示意图

1—塞流氧化炉截面；2—液体四氯化钛喷嘴；3—液体四氯化钛进口；4—保护气体；5—四氯化钛切向喷射面

（5）烟道导管　烟道导管是氧化反应制得的气固悬浮混合物的过料冷却管，因温度通常高于 1000℃，加上气体的腐蚀性质，不能采用气固分离的传统方法进行分离，需要采取循环冷却水进行冷却后，才能进行气固分离得到颜料级二氧化钛固体颗粒和需要循环返回利用的氯气。因仅能采用热交换的间壁冷却换热，二氧化钛颗粒与氯气的热导率低，需要的换热面积大；因此，烟气导管的长度超过 200m，为节约占用面积与建筑空间通常采用 U 型管的形式进行循环冷却水冷却。流程示意图见图 5-57，氧化反应制得的混合物，从连接管 1 进入烟气冷却导管 2，根据需要喷入打疤储罐送来的打疤物料及循环返回的低温氯气，进入烟气冷却导管 2 继续冷却，冷却进入旋风分离机 5 分离二氧化钛，气体经过氯气风机 10 由管道

12 送回氯化工序，并部分经过管道 11a 返回烟气冷却导管稀释；控制阀 17 和回流管 18 用于氯气风机调节系统的气体压力。

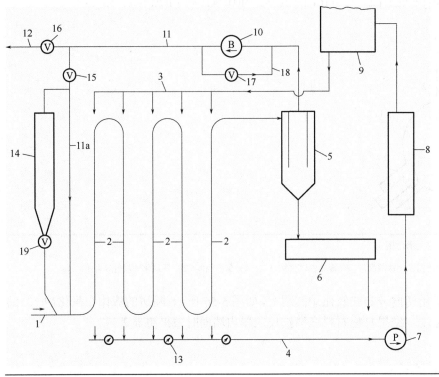

图 5-57　氧化烟气导管流程示意图

1—氧化炉连接管；2—烟气冷却导管；3—循环冷却水进口管；4—循环冷却水返回管；5—旋风分离器；6—输送机；7—循环水循环泵；8—凉水塔；9—循环水储池；10—氯气风机；11—氯气输送管；11a—循环返回氯气管；12—返回氯化工序氯气管；13—液位控制器；14—打疤料储罐；15~17—氯气管道控制阀；18—氯气回流管；19—打疤料星型加料阀

烟道悬浮物夹套冷却导管图见图 5-58，分成上下弯管两个夹套水箱进行循环水冷却，U 型管竖直段采用三层冷却夹套，并用锥形夹套端隔开，串联从上到下进行热交换冷却。

（6）旋风分离与高温袋滤器　氧化物料经夹套冷却导管冷却后，其中物料由氯气、氧气、TiO_2 颗粒及打疤材料颗粒组成，需要将反应产生的 TiO_2 等颗粒物与气体分离，而气体不能泄漏。因此，旋风分离器与袋滤器串联组合的气固分离系统作为气固分离设备，壳体和内部过流部件采用 Inconel600 合金，滤袋采用特种高温材料。

袋滤器也称为布袋收尘器，除金属部件采用铟康合金外，其布袋采用膨化全四氟乙烯覆膜滤袋或覆四氟乙烯膜的玻璃纤维布袋。覆膜滤袋是一种强韧而柔软的纤维结构，化学性质稳定，有足够的力学强度和卓越的清灰性，过滤压力低、效率高。

（7）打疤料的制备　因四氯化钛在高温下与氧气反应，在几毫秒的时间内生成颜料级二氧化钛微细颗粒，其表面能高需要释放，产物团聚和黏附氧化炉器壁及烟道导管上，形成结疤。在目前技术条件下，几乎所有不同的氧化反应工序均设有打疤的辅助装置，因氧化炉炉型结构与生产企业技术着眼点的不同，打疤料管的位置与使用的打疤材料各有差异。

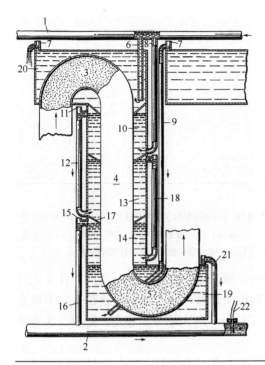

图 5-58　烟道悬浮物夹套冷却导管图

1—循环冷却水上水管；2—循环冷却水回水管；3—氧化反应悬浮物上弯管；4—下降管；5—下弯管；6—循环冷却水夹套上水箱进水管；7—循环冷却水一层进水管；8—夹套上水箱溢流管；9—夹套上下水箱联通管；10—一层循环冷却水夹套；11—一层夹套溢流口；12—一二层夹套联通管；13—二层冷却夹套；14—三层冷却夹套；15—三层夹套溢流口；16—三层夹套循环水连通管；17—锥形夹套端；18—二三层夹套联通管；19—夹套下水箱；20—夹套上水箱；21—下夹套水箱循环水联通管；22—下一级三层夹套循环水联通管

① 打疤料管的位置。尽管氧化反应多数条件下是采用异质粒子成核，如加入三氯化铝、氯化钾，以及各种金属氧化物，借以降低反应活化能，改变均相成核反应的影响条件，不希望在氧化炉器壁上成核，造成炉壁结疤，影响生产。但是，氧化炉器壁和烟道导管管壁仍不可避免地产生结疤，为此，才有不断完善创新的氧化炉结构制作技术，一方面是提高氧化产品的颜料性能，降低二氧化钛微晶颗粒的粒度标准偏差；一方面是要降低结疤速率，延长生产周期与节约能量。

② 打疤料的种类。打疤材料，又称洗刷材料（scrubbing material），就是利用固体颗粒在高速运动产生的冲量冲刷氧化炉器壁与烟气导管壁上黏附的二氧化钛结疤，解决喷口与反应器壁和冷却管道结疤的问题，维护氧化系统气流速度与压力稳定，保证生产稳定、运行持久。现有氯化法钛白氧化生产的打疤材料可分为三类：石英砂、盐粒和二氧化钛颗粒。

③ 二氧化钛打疤料的制备

a. 德国技术。德国克诺朗斯的 Hertmann 和 Thumm 开发的技术（US4784841），采用氧化反应产生的半成品钛白粉，经过打浆后，采用振动筛筛分，并用扇形喷嘴喷水洗涤及防止团块堵塞筛眼，分出其中的粗聚粒子，再送入转窑中在 $700 \sim 1000 ℃$ 煅烧成 $0.1 \sim 2mm$ 颗粒直径的粗大粒子，返回氧化工序冷却导管作为打疤料和冷却稀释料使用。其工艺流程如图 5-59 所示。

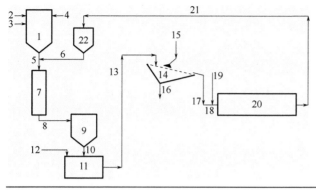

图 5-59　烧结粗大二氧化钛粒子的打疤流程

1—氧化炉；2—预热四氯化钛；3—甲苯燃料；4—预热氧气；5—打疤料进口；6—烧结粗粒子二氧化钛进入导管；7—冷却导管；
8—物料导管；9—过滤器；10—导管；11—打浆槽；12—工艺水；13—料浆管；14—振动筛；15—扇形喷嘴；16—筛下浆；
17—筛余物；18—进料螺旋；19—碱液加料管；20—烧结转窑；21—输送管道；22—烧结粗大二氧化钛颗粒储罐

上述工艺烧结粗大的二氧化钛粒子，与硫酸法的非颜料级二氧化钛生产雷同，且工艺复杂，增加了烧结能耗。同样，筛分分离往复循环，颗粒会越循环越大，再就是筛下物中也含有颜料性能低的二氧化钛颗粒（相对于筛孔孔径），在后处理时无法分离移走，影响产品质量及颜料性能。

b. 美国技术。前杜邦的 Hauck 开发的钛白粉挤压造粒作为打疤料的生产技术（US5266108），其过程如下：

通过氧化 TiCl$_4$ 生成主要为 1μm 以下的 TiO$_2$ 微粒制备钛白粉颜料。这些 TiO$_2$ 微粒用水打浆、中和、过滤和干燥后，其水分为 0.2%。然后将这些干燥后 TiO$_2$ 进料到 MS-60 型辊压机中。该机器的第一个工序为圆锥形预压缩器和排气室的高效、变速螺旋，当 TiO$_2$ 物料进料到两个反向旋转的压辊前，物料进料到压榨区域。这些压辊对 TiO$_2$ 物料的压力约为 536kg/cm^2。压辊的表面有约 19mm 直径大小的杏仁状凹陷，压辊的直径为 520mm，压辊的转速为 5.5r/min，驱动运行的电机电流约为 21A，电压 440V。高效率的预先压缩螺旋转速约为 60r/min，驱动电机电流约为 6.5A，电压 440V。

从压辊出料之后，这些压紧的 TiO$_2$ 进料到一个低转速和高效率的粉碎机中，该粉碎机具有一只连接有多个金属抓手的轴，在旋转时，可以撞击这些压紧的颜料并分解成更小的片状颗粒料。物料在出粉碎机之后，进料到一个振动筛筛分，过 5 目筛的物料回收后作为初始物料，筛余物作为产品打疤材料。

该产品在一个氯化法钛白粉工厂中对挤压致密钛白粉样品进行测试，由于已经证明温度可以控制在冷却管道的正常限制范围以内，因此这些材料获得了良好的打疤效果。而在后处理最终颜料产品时，打疤冲刷材料已经被分散，作为颜料级细度进入产品中，因此在最终的钛白粉产品中不会发现这些打疤材料颗粒的存在。

c. 中国技术。笔者在 20 多年前为解决沉淀饲料磷酸氢钙粉状造粒中，也开发了这一辊压制粒技术（CN00112782.9），减少粉末物料扬尘及包装不便，满足禽类动物机械胃摩擦消化之需要，提高饲喂效率与生物利用率。借用其技术，可采用第四章硫酸法转窑煅烧的半成品造粒，用于氧化炉打疤料，比杜邦采用挤压制粒粒度范围更小，可接近石英砂的粒度规格，但其质量更大，打疤效果更好，打疤材料进入后处理，更易分散满足产品质量。

（8）氧化半成品中四氯化钛的回收与脱氯　在氧化反应时，通常有个指标称为四氯化钛的转换率 97%以上，是指经过氧化反应后还有少量四氯化钛留在气相中；同时，因反应获得的悬浮物中三分之一是二氧化钛，三分之二是氯气，因此，在固气分离的旋风与布袋收集下来的半成品二氧化钛中吸附一定量的游离氯、微量的 $TiCl_4$ 及氯氧化物等。这些杂质需要进一步除去，方能优化后处理产品的质量。工艺要求脱除二氧化钛粒子吸附的氯气及其他氯化物。

脱氯反应主要是把具有较强氧化性的游离氯、次氯酸、次氯酸盐还原成稳定的氯化物如氯化钠，而硫酸钠、硫代硫酸钠、焦亚硫酸钠等脱氯剂被氧化成硫酸盐在后处理时很容易被洗去，不影响产品作为颜料影响应用性能。脱氯的方法主要分为干法脱氯、湿法脱氯、干法加湿法混合系统脱氯。

① 干法脱氯。包括沸腾床加热空气气体脱氯和气流磨蒸汽汽提脱氯。

a. 沸腾床加热空气汽提脱氯。沸腾床加热空气汽提脱氯作为传统的干法脱氯主要为沸腾床脱氯。通过将分离的半成品二氧化钛加热，鼓入空气汽提氯化物，含氯化物的气体再进行吸收处理。因工艺复杂，设备繁多，耗能多，现在氯化法生产工艺基本难见踪影，已经淘汰。

b. 气流磨蒸汽汽提脱氯。由原杜邦的 Eaton、Corowara 和 Subramanian 等工程师与科学家开发的气流磨蒸汽汽提半成品脱氯技术（US8114377），采用传统的氧化技术，除原有的成核剂和添加的颗粒控制剂不变外，优化增加四氯化硅作为颗粒控制剂后的氧化半成品脱氯，直接采用蒸汽气流磨汽提半成品中含氯气体，同时分散解聚（磨细）半成品，其实验结果如表 5-45 所示，氧化半成品中的氯含量从 1800μg/g 降到 60μg/g 以下，并将半成品粗大粒子分散解聚为颜料级粒子。

表 5-45 不同半成品组成的脱氯实验结果

实施编号	进料 CBU	气相白炭黑含量 SiO_2/%	进料氯含量 /（μg/g）	出料氯含量 /（μg/g）	气流磨出口温度 /℃
1	12	3.0	1200	<50	>200
1	12	3.0	1200	约150	约175
2	18	1.0	1800	<60	>220
2	18	1.0	1800	约90	约185
3	12	0.7	1000	30~40	约300
4	18	0.0	1800	>152	约260

② 湿法脱氯。顾名思义湿法脱氯就是将氧化半成品进行打浆，利用化学反应除去其中的氯。

a. 湿法脱氯原理。常用的脱氯剂有焦亚硫酸钠、硫代硫酸钠、双氧水，脱氯反应式如下：
氯气遇水会产生次氯酸和盐酸。在该反应中，氧化剂是 Cl_2，还原剂也是 Cl_2，反应为歧化反应，也称之为自身氧化还原反应。

$$Cl_2 + H_2O \longrightarrow HCl + HClO \tag{5-55}$$

因其生成的次氯酸氧化电势为 1.5V，使其严重影响下游应用产品的性能。

H_2O_2 脱氯：溶液中的次氯酸具有较强的氧化性，因此用过氧化氢作还原剂进行还原。

$$HClO + H_2O_2 \longrightarrow HCl + O_2 \uparrow + H_2O \tag{5-56}$$

硫代硫酸钠（焦亚硫酸钠）脱氯：用还原剂硫代硫酸钠还原除去溶液中的次氯酸根。

$$Na_2S_2O_3 + 4HClO + H_2O \longrightarrow Na_2SO_4 + 4HCl + H_2SO_4 \tag{5-57}$$

亚硫酸钠脱氯：同样是利用还原剂亚硫酸钠还原除去溶液中的次氯酸根。

$$Na_2SO_3 + HClO \longrightarrow Na_2SO_4 + HCl \tag{5-58}$$

b. 湿法脱氯工艺。湿法脱氯工艺流程如图5-60所示。

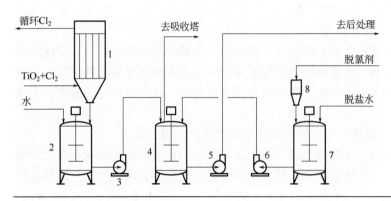

图5-60　湿法脱氯工艺流程

1—袋式分离器；2—打浆槽；3—打浆料泵；4—脱氯槽；5—脱氯料浆泵；6—脱氯剂计量泵；7—脱氯剂槽；8—脱氯剂储槽

③ 干法与湿法联合脱氯。采用干法脱氯与湿法脱氯结合的氧化半成品脱氯工艺，可减少干法脱氯需要的大量能量，节约湿法脱氯需要的大量还原剂，降低脱氯处理费用；同时，可回收其中的四氯化钛。

此处的干法脱氯工艺如后面所述的氧化工艺流程图5-61所示，氧化反应悬浮物冷却后，旋风与袋滤分离出的半成品二氧化钛自螺旋输送机中鼓入氮气进行残余氯化物气体的气提，汽提的混合尾气进入四氯化钛回收器将四氯化钛冷却液化回收，回收后的气体与后处理打浆收集或湿法脱氯的气体一道送入喷碱塔和循环淋洗塔吸收处理。同时，也是对半成品的一个冷却过程。

因采用氮气回收半成品中的氯化物气体不够彻底，再在后处理时进行湿法脱氯，进行干湿两法串联脱除氧化半成品中的氯化物，使其达到60μg/g以下，方法简单，且节省能源和脱氯剂。

（9）尾气处理系统　氧化反应工序，生产正常时因尾气是需要循环返回氯化工序的氯气及少量杂质气体，氧化产生的气体无须进行处理，只是在开车升温与停车及紧急事故停车时无法循环的尾气需要进行处理。尾气处理采用液碱进行喷雾吸收或循环碱液淋洗，去除其中的氯气、盐酸和杂质气体成分。

而对于氧化分离产物半成品二氧化钛，因其中含有的少量氯化物需要回收与脱除，回收脱氯的尾气一并进入氧化尾气处理系统，采用液碱喷淋吸收和与之串联的尾气淋洗塔用碱液循环洗涤后排空。洗涤碱液根据洗涤饱和情况，适时地送入污水厂处理。

2. 生产工艺流程

氧化与颜料级二氧化钛颗粒制备生产工艺流程如图5-61所示。

来自精制工序的四氯化钛液体送入四氯化钛预热器E1中，与天然气站送来的天然气燃烧产生的热量进行热交换，将四氯化钛进行预热。从预热器E1预热后的四氯化钛气体加入来自氯气站的氯气，混合气体送入三氯化铝发生器R1中，与加铝装置X1加入的铝粒进行氯化反应生成含有三氯化铝、氯气和四氯化钛为主的混合气体，送入氧化炉R3中。

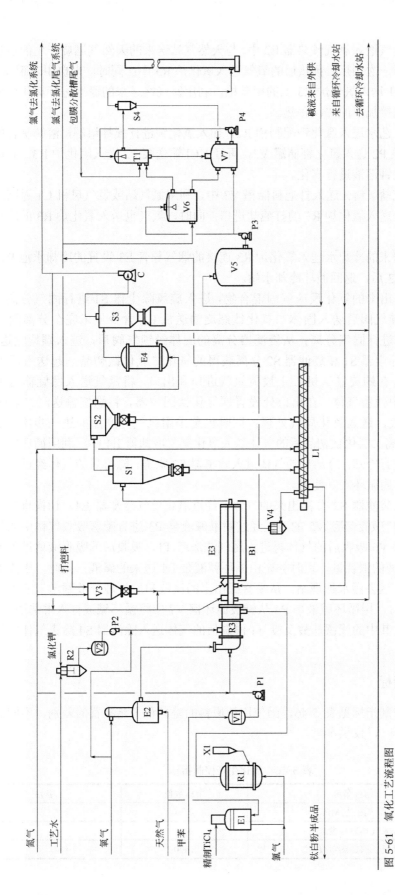

图 5-61　氧化工艺流程图

E1—四氯化钛预热器；E2—氧气预热器；E3—烟气导管；E4—氧化尾气冷却器；
R3—氧化炉；V1—甲苯罐；V2—KCl 储槽；V3—打疤料储罐；V4—TiCl₄储罐；C—氯气风机；L—螺旋输送机；
B—冷却水池；L—螺旋输送机；C—氯气风机；T1—尾气洗涤塔；X1—加铝装置

氯气去氯化系统；氯气去氯化尾气系统；包膜分散槽尾气；碱液来自外供；来自循环冷却水站；去循环冷却水站；

S4—除沫器；
P4—循环碱液泵；R2—氯化钾气发生器；R1—三氯化铝发生器；P3—喷淋碱液泵；P2—KCl 输送泵；P1—甲苯输送泵；E4—氧化尾气冷却器；
V7—喷雾吸收罐；V6—碱液回收器；V5—碱液储罐；V4—TiCl₄回收器；V3—打疤料储槽；V2—KCl 储槽；V1—甲苯罐；S3—旋风除尘器；S2—袋滤器；S1—旋风除尘器；

来自氧气站的氧气送入氧气预热器 E2 中，与天然气站送来的天然气燃烧产生的热量进行热交换，将氧气进行一次预热；预热后的氧气送入氧化炉 R3 中；同时，来自甲苯罐 V1 的甲苯经过甲苯输送泵 P1 送入氧化炉 R3 上的甲苯枪，利用氮气站送来的氮气进行雾化燃烧，对一次预热氧气进行直接加热的二次预热。

来自供水站的工艺水送入氯化钾配制槽 R2，加入氯化钾进行搅拌溶解，溶解制备的氯化钾溶液用 KCl 输送泵 P2 送入氯化钾储罐 V2，再经 KCl 输送泵 P2 送入氧化炉 R3，并用来自氧气站的氧气对氯化钾溶液进行雾化。

来自库房的打疤盐（料）送入打疤料储槽 V3 中，利用氮气站或氯气风机 C1 返回送来的氮气或氯气进行气送入氧化炉 R3 的打疤盐进口；同时，氯气也送入氧化炉 R3 的冷却稀释气体进口。

冷却水循环站送来的冷却水送入氧化炉 R3 连接的烟气导管 E3 设置的冷却水池 B，经过换热冷却烟气导管 E3 后，返回循环冷却水站。

从烟气导管 E3 出来的氧化反应气固混合物，进入旋风除尘器 S1 进行固气分离，分离后的重相固体经过锁气阀后送入固体二氧化钛螺旋输送机 L；含少量未完全分离固体的气体再进入袋滤器 S2 进行固气分离；从袋滤器分离的固体经锁气阀后，进入螺旋输送机 L；螺旋输送机将旋风除尘器 S1 和袋滤器 S2 分离获得的氧化二氧化钛初品一起送入后处理工序进行后处理加工；在螺旋输送机 L 上设置氮气进口和出口，将氮气送入螺旋输送机汽提固体二氧化钛初品中残留气体，在出口处设置四氯化钛回收器，将螺旋输送时二氧化钛初品中残留的气体回收，送入氧化尾气处理；同时也是采用氮气对产品的进一步冷却。

从袋滤器 S2 分离二氧化钛初品后的气体送入氧化尾气冷却器 E4 中，利用循环冷却水站送来的循环冷却水进行冷却，冷却后的气体进入除雾器 S3 除雾，除雾后的气体经过氯气风机 C 送去氯化工序，作为循环氯气使用。

在开停车时，从袋滤器 S2 分离出来的气体不经过氧化尾气冷却器 E4，切换直接进入喷雾吸收罐 V6，用来自碱液储罐 V5 的液碱经过喷淋碱液泵 P3 进行喷雾吸收气体中的盐酸和氯气；从喷雾吸收罐 V6 吸收后的气体再进入尾气洗涤塔 T1，吸收后的吸收液体进入碱液循环槽 V7，并根据碱液的消耗量，适时补充由循环碱液泵 P4 送来的碱液；同时，用废碱液泵适时地移走废碱液，送去污水处理站。从喷雾罐出来的尾气和后处理分散罐送来的气体，一并进入尾气淋洗塔 T1，用循环碱液泵 P4 从碱液循环槽 V7 中将循环碱液打入淋洗塔 T1 中，对尾气进行淋洗除去其中的残留盐酸及废气；淋洗后的气体送入除沫器 S4 除去气体中的雾沫后，经过烟囱排空。

3. 主要生产控制指标

氧化生产主要控制指标见表 5-46，因使用钛原料的差异和工艺装置的差别，不同的生产装置控制指标有所不一，仅供参考。

表 5-46 氧化生产控制指标

序号	指标名称	指标数值	备注
1	氧气压力/MPa	0.70	
2	氧气预热温度/℃	850	
3	氧气二次加热温度/℃	1600	

序号	指标名称	指标数值	备注
4	四氯化钛压力/MPa	0.40	
5	四氯化钛预热温度/℃	400	
6	三氯化铝发生器温度/℃	400	
7	铝粒加入量/（kg/t）	0.24	产品
8	氯化钾溶液浓度/%	20	KCl
9	氯化钾加入量/（kg/t）	0.12	产品
10	氮气缓冲罐压力/MPa	0.80	
11	氧化炉温度/℃	1500	
12	氧化炉压力/MPa	0.27	
13	四氯化钛转化率/%	97	
14	烟道导管进口温度/℃	1250	
15	烟道导管出口温度/℃	300	
16	烟道导管气体压力/MPa	0.30	
17	旋风分离器温度/℃	300	
18	旋风分离器压力/MPa	0.30	
19	袋滤器温度/℃	275	
20	袋滤器压力/MPa	0.25	
21	氯气冷却器进口温度/℃	275	
22	氯气冷却器出口温度/℃	45	
23	氯气冷却器压力/MPa	0.2	
24	除雾器温度/℃	45	
25	除雾器压力/MPa	0.2	
26	氯气风机进口压力/MPa	0.2	
27	喷雾罐压力/MPa	0.16	
28	碱液浓度/%	25	
29	淋洗塔压力/MPa	0.15	

4. 生产设备

因设备根据生产能力确定，且因氧化炉技术或冷却气体不同，正如氧化炉设备概述所介绍，一段反应、二段反应以至于多段反应的氧化炉结构不同，生产设备规格变化较大，如氧化炉经典的装置在ϕ1400mm×6000mm 的规格，几乎有 10 万吨/年钛白粉的产能。这根据各企业的技术，甚至设计理念与生产理念的不同而不同；同时，因氯化系统的匹配及开车率等因素所致，多数生产装置产能在 9 万～10 万吨/年。新建及扩建的一些号称 20 万吨/年生产能力装置，几乎是与之对应的两条生产线。表 5-47 所列为 10 万吨/年钛白粉氧化装置主要设备，仅供参考。

表 5-47　氧化装置主要设备表

设备编号	设备名称	数量	规格尺寸	主要材质	备注
1	TiCl₄预热器/台	1	ϕ4500mm × 15000mm	加热管 Inconel 外壳 16MnR	
2	AlCl₃发生器/台	1	ϕ4600mm × 15200mm	Inconel	
3	加铝装置/套	2	3kg/h		含称重装置，加铝阀

设备编号	设备名称	数量	规格尺寸	主要材质	备注
4	氧气预热器/台	1	$\phi5500mm \times 20000mm$	加热管 Inconel 外壳 16MnR	
5	甲苯罐/个	1	$45m^3$	碳钢	
6	甲苯输送泵/台	1	$5m^3/h$		计量泵
7	氧化炉/台	2	$\phi1430mm \times 5330mm$	Inconel 衬耐火砖	
8	烟气导管/套	1	$\phi250mm \times 260000mm$	Inconel	
9	氯化钾配制槽/个	1	$\phi1000mm \times 2000mm$	316L	
10	氯化钾输送泵/台	1	$5m^3/h$		
11	氯化钾储槽/个	1	$\phi2000mm \times 3000mm$	316L	
12	氯化钾计量泵/台	1	$1.5kg/h$		
13	打疤盐储罐		$\phi1500mm \times 6000mm$		
14	烟气导管/套	1	第一段 42m,总长 228m	Inconel	
15	冷却水池/个	1	$50000mm \times 25000mm \times 1500mm$		
16	旋风分离器/台	1	$\phi610mm \times 3000mm$	Inconel	
17	袋滤器/个	1	$\phi6000mm \times 9000mm$	Inconel	
18	氯气冷却器/台	1	$\phi7600mm \times 18000mm$		耐腐材质,内衬
19	除沫器/台	1	$\phi4600mm \times 12000mm$		
20	氯气风机/台	1	$27t/h$		
21	TiCl₄ 回收器/台	1	$\phi2000mm \times 3000mm$	Inconel	
22	螺旋输送器/台	1	$33t/h$	Inconel	
23	喷雾罐/台	1	$\phi3500mm \times 6000mm$		
24	尾气淋洗塔/个	1	$\phi2200mm \times 5000mm$	碳钢	
25	碱液储罐/台	1	$\phi4000mm \times 5000mm$	玻璃钢或碳钢衬胶	
26	碱液泵/台	1	$15m^3/h$	碳钢	
27	碱液循环罐/台	1	$\phi3000mm \times 3000mm$	玻璃钢或碳钢衬胶	
28	循环碱液泵/台	1	$25m^3/h$	碳钢	
29	废碱液泵/台	1	$15m^3/h$	碳钢	
30	除沫器/台	1	$\phi1800mm \times 3500mm$	玻璃钢	
31	烟囱/个	1	$\phi2600mm \times 32000mm$	玻璃钢	

三、氧化生产中的注意事项

(一)减少或避免氧化炉器壁及管道壁结疤

氧化炉器壁和烟道导管结疤的最大不利是生产无法进行下去,这也是早期国内氯化工艺最集中的问题。无法与国外先进成熟的氧化生产比较,国外多数氧化炉开车率大于氯化炉开车率。氧化炉器壁与烟道导管结疤,除与氧化炉本身的设计结构缺陷有关外,还与操作控制有关,生产不稳定,造成指标波动。

在现有技术条件下,氧化炉的结疤几乎是不可避免的,最好的氧化技术是减少与降低反应生产时的结疤速率及采用高效经济的打疤手段。

（二）颗粒控制剂的选择与加入方式

正如本节氧化反应原理所述，氧化反应时的温度、压力和停留时间基本由氧化炉的结构与生产操作所决定，可以看作在操作条件下是个定值或常量，而颗粒控制剂则随着加入的方式与配比不同而不同，是影响产品颜料性能的主要控制因素。现今国内为数不多的钛白粉生产装置，之所以问题较多，除与氧化炉本身的结构有关外，还与颗粒控制剂的选择、配比及加入方式关系十分密切。颗粒控制剂包含成核剂、晶型控制剂和空间气体。

通常的成核剂表象上是三氯化铝作为异核粒子成核，在反应时的加入量及混合均匀程度十分重要；如 Flynn 等（US7854917）认为至少在管径大小的 10 倍距离加入三氯化铝效果最佳。同时，三氯化铝还作为晶型控制剂，参与金红石晶型的转化与促进，其加入的量根据生产实际选择与确定。再就是三氯化铝制备采取的方式是四氯化钛与氯气一并加入，还是分别加入也至关重要。

氯化钾尽管加入量微乎其微，加入量的稳定与配制浓度也十分重要，因浓度决定了加入的水分含量，水必然与四氯化钛水解反应产生同核粒子成核，而不属于均相成核的高活化能范畴，其作用不容小觑。

再就是空间气体，包括反应产生的气体、加入反应的气体以及循环回来的冷却稀释气体均对氧化钛白粉产品的颜料性能的优劣控制起到不可低估的作用，没有一成不变、放之四海而皆准的工艺参数，需要对各自的氧化炉与氧化工艺进行生产试验调整，选择最适合自己工艺的参数。为保证氧化产生氯气的浓度与稳定，冷却气体采用循环氯气与氮气也至关重要。

（三）不正常现象的处置

应当说氯化钛白粉工业化生产了 60 多年，氧化生产工艺技术日臻完善，尤其是连续生产加上全自动化控制及现代传感器和材料的进步，几乎没有太多的早期开停车频繁及不正常情况。但是，一套优秀的氧化炉生产装置系统，设计时需要考虑对上下游工序具有精确的工艺衔接，采用自动生成控制调节幅度要小，防止较大的波动影响生产及紧急停车。

（四）氧化尾气的循环使用

氯化法钛白粉生产开发的核心，一是氯化钛原料产生的四氯化钛采用气固分离与气液精馏分离的化工单元操作，更有效地分离提纯钛元素；二是氧化产生的颜料级二氧化钛和氯气悬浮产物，经过气固分离后的氯气可直接返回氯化系统，作为起始氯气原料使用。因此，氧化尾气的循环使用技术看似简单，实为不可忽略。表 5-48 为国内氧化尾气的组成范围，从表中不难看出氧气含量过量；同时，氮气含量也太高，除燃烧甲苯需要氧气外，打疤和冷却使用了不少的氮气，尽管惰性气体在尾气中影响不大，但是循环气体的冷却、加热及尾气处理均要消耗大量的能耗。

表 5-48　国内氧化尾气的组成范围

成分	Cl_2	CO	CO_2	O_2	HCl	N_2
含量/%	68～79	0.8～1.6	4～6	4～8	1～3	10～13

第五节
关于氯化法钛白粉生产的能耗讨论

一、能源消耗限额标准

《钛白粉单位产品能源消耗限额》（GB 32051—2015）国家标准（表 5-49）规定了现有氯化法钛白装置的单位产品综合能耗为 1000kg 标准煤，新建装置准入值为 900kg 标准煤，先进值为 760kg 标准煤。而实际现有投入的生产装置中，因没有达产达标，单位能耗较之国家标准更高。需要讨论的是标准中并没有按全生命周期（即从资源到产品的全过程能源消耗）进行能源比较，如钛渣与钛矿，前者已消耗了生产钛渣时的能源。

表 5-49　钛白粉不同装置单位产品能耗限定值

装置类别	工艺路线		钛白粉单位产品能耗/（kg/t）
已有装置	硫酸法	金红石型	≤1450
		锐钛型	≤1150
	氯化法		≤1000
新建装置	硫酸法	金红石型	≤1100
		锐钛型	≤800
	氯化法		≤900
先进装置	硫酸法	金红石型	≤950
		锐钛型	≤800
	氯化法		≤760

按照《综合能耗计算通则》（GB/T 2589—2008）定义，耗能工质是在生产过程中所消耗的不作为原料使用、也不进入产品，在生产或制取时需要直接消耗能源的工作物质。

二、单位产品能源工质和耗能工质

氯化法钛白粉生产中能源物质包括原料制备的烘干、氧气预热器、四氯化钛预热器、后处理产品干燥器等使用的燃料气（天然气、人工煤气等），氧化二次直接加热使用的甲苯燃料；耗能工质包括氧气、氮气和压缩空气等。动力消耗主要是电力和工业用水。表 5-50 是国内氯化法钛白粉单位产品能源工质和耗能工质的典型值。

表 5-50　单位产品能源工质和耗能工质

名称		吨产品消耗定额	规格
能源物质	天然气/m³	120～140	35.544MJ/m³
	甲苯/kg	10～14	纯度≥99.0%

名称		吨产品消耗定额	规格
能源物质	饱和蒸汽/t	1.5~2.5	0.7MPa
	过热蒸汽/t	1.8~2.2	2.5MPa，280℃
	工艺用电/(kW·h)	400~600	380V，10kV
耗能工质	氧气/kg	420	0.5~0.8MPa
	氮气/m³	500~1000	0.6~1.5MPa
	压缩空气/m³	1000~1600	0.7MPa
	新鲜水/t	28~32	0.4MPa
	脱盐水/t	8~12	

三、氯化法钛白粉单位产品综合能耗

按照国标《综合能耗计算通则》（GB/T 2589—2008）规定，计算产品单位产量综合能耗应计算报告期内实际消耗的各种能源，包括工艺生产装置、辅助生产装置、公用物料装置以及附属设施消耗的一次能源、二次能源和耗能工质。为了计算方便，将氧气、氮气、压缩空气和脱盐水按自建辅助装置考虑，并将辅助装置消耗的电和水合并到电力和新鲜消耗中一并计算。表 5-51 是按照单位产品动力和能源消耗定额计算的氯化法钛白粉单位产品综合能耗。

表 5-51 氯化法钛白粉单位产品综合能耗

序号	名称	消耗定额	单位工质能量	折标煤系数	折标煤/kg
1	新鲜水/t	30	2.51MJ/t	0.0857kg/t	2.57
2	电力/(kW·h)	1300	3600kJ/(kW·h)	0.1299kg/(kW·h)	159.77
3	天然气/m³	130	35.544MJ/m³	1.2143kg/m³	157.86
4	甲苯/kg	13	43.154MJ/kg	1.4724kg/kg	19.14
5	蒸汽/t	4.0	3763MJ/t	0.1286kg/kg	514.40
	折算成标准煤/kg		29.3076MJ/kg		853.74

四、使用原料的能耗

如本章图 5-1 高钛原料和低钛原料生产详细生命周期能耗对比所示，选用不同的原料气氯化法钛白粉生产的能耗不一样。采用钛渣或人造金红石作为氯化法的原料，其中富集钛原料的上游消耗了大量的能耗，如钛渣采用电炉冶炼时既要消耗还原剂，又要在还原升温和熔分工程中利用电弧提供热量，消耗大量的电能。同时，这些消耗大量电能的原料再进行氯化需要的氯气及移走 TiO_2 中氧的碳却不能少，唯一的是减少了钛原料的铁含量及不得不除去影响氯化反应的杂质元素。

正如图 5-1 高钛原料和低钛原料生产详细生命周期能耗对比所示，使用高钛原料与低钛原料其全生命能耗每千克 TiO_2 相差约 15MJ，折计为 0.51245kg 标准煤。同时，从生产反应来评价，如图 5-11 钛原料氯化时间与氯化率的关系，低钛原料的反应时间短，氯化率高，也是节约能耗的一个因素。

参考文献

[1] 龚家竹. 氯化法钛白粉生产技术的思考与讨论[C]//2019 年全国钛白粉行业年会暨安全绿色制造及应用论坛会议论文集. 焦作：中国涂料工业协会钛白粉行业分会，2019: 25-42.

[2] 龚家竹. 分离技术在氯化法钛白粉生产中地位与作用[C]//第一届全国过滤与分离学术交流会暨一届三次过滤与分离产业技术协同创新研讨会论文集. 德州：中国化工学会过滤与分离专业委员会，2019: 68-85.

[3] 龚家竹. 浅析我国钛白粉生产装置的进步与差距[C]//2012 年第三届钛白粉生产装备技术研讨会论文集，济南：国家化工行业生产力促进中心钛白分中心，2012: 17-26.

[4] 朱骥良，吴申年. 颜料工艺学[M]. 北京：化学工业出版社，1989.

[5] 宁延生. 无机盐工艺学[M]. 北京：化学工业出版社，2013.

[6] 邓捷，吴立峰. 钛白粉应用手册修订版[M]. 北京：化学工业出版社，2004.

[7] Winkler J . Titanium dioxide[M]. Hannover: Vincentz, 2003.

[8] Barksdale J. Titanium: its occurrence, chemistry, and technology[M]. New York: The Ronald Press Company, 1966.

[9] 杨宝祥，胡鸿飞，何金勇，等. 钛基材料制造[M]. 北京：冶金工业出版社，2015.

[10] 莫畏，邓国珠，罗方承. 钛冶金[M]. 2 版. 北京：冶金工业出版社，1998.

[11] 陈朝华，刘长河. 钛白粉生产及应用技术[M]. 北京：化学工业出版社，2005.

[12] 龚家竹. 饲料磷酸盐生产技术[M]. 北京：化学工业出版社，2016.

[13] Hoed P, Nell J. The carbochlorination of titaniferous oxides in a small-scale fluidized bed[C]//Indystrial Fluidization South Africa Conference 2002(IFSA2002), Johannesburg: The South African Institute of Mining and Metallurgy, 2002: 133-145.

[14] Luckos A, Mitchell D. The design of a circulating fluidized-bed chlorinator at Mintek[C]//Indystrial Fluidization South Africa Conference 2002(IFSA2002). Johannesburg: The South African Institute of Mining and Metallurgy, 2002: 147-160.

[15] 龚家竹. 氯化法钛白粉生产"废副"处理技术与发展趋势[C]//第二届国际钛产业绿色制造技术与原料大会会刊. 锦州：亿览网 www.comelan.com, 2018: 65-85.

[16] 龚家竹. 论中国钛白粉生产技术绿色可持续发展之趋势与机会[C]//首届中国钛白粉行业节能绿色制造论坛. 龙口：中国涂料工业协会钛白粉行业分会，2017: 78-106.

[17] 龚家竹. 钛白粉生产工艺技术进展[J]. 无机盐工业，2003, 35(6)：5-7.

[18] 龚家竹. 钛白粉生产工艺技术进展[J]. 无机盐工业，2012, 44(8)：1-4.

[19] 龚家竹. 中国钛白粉行业三十年发展大记事[G]//无机盐工业三十年发展大事记. 天津：中国化工学会无机酸碱盐专委会，2010：83-95.

[20] 刘长河，中国氯化法钛白粉的现状和发展趋势研究[C]//2017 年国际钛产业绿色制造技术与原料大会会刊. 锦州：亿览网 www.comelan.com, 2017: 31-68.

[21] 刘长河. 中国氯化法钛白粉的技术现状[C]//第十届中国钨钼钒钛产业年会会刊. 厦门：亿览网 www.comelan.com, 2017: 81-89.

[22] 刘长河. 大力发展氯化法钛白[C]//2007 年全国钛白行业年会论文集. 攀枝花：中国涂料工业协会钛白粉行业分会，2007: 179-182.

[23] 龚家竹. 钛白粉生产现状与发展趋势[C]//第十届中国钨钼钒钛产业年会会刊. 厦门：亿览网 www.comelan.com, 2017: 106-125.

[24] 王赣邻. 沸腾氯化钛白粉工艺技术的一些误区[C]//2018 年全国钛白粉行业年会会刊. 攀枝花：国家化工行业生产力促进中心钛白分中心，2018: 96-102.

[25] 王赣邻，氯化法原料在大型沸腾氯化床中的行为及特性[C]//第三届中国钛氯化技术与原料应用研讨会论文集. 焦作：中国涂料工业协会钛白粉行业分会，2015: 14-26.

[26] 缪俊辉，攀钢氯化钛原料开发研究与应用[C]//第三届中国钛氯化技术与原料应用研讨会论文集. 焦作：中国涂料工业协会钛白粉行业分会，2015: 14-26.

[27] 邓捷，中国氯化法的发展前景[C]//第三届中国钛氯化技术与原料应用研讨会论文集. 焦作：中国涂料工业协会钛白粉行业分会，2015: 1-25.

[28] 王石金. 国际与国内钛白粉生产沸腾氯化技术对比分析[C]//2013 年全国钛白粉行业年会论文集. 北京：中国涂料工业协会钛白粉行业分会，2013: 177-185.

[29] 龚家竹. 钛、磷、氯耦合原料生产钛白粉项目前瞻[C]//第三届中国钛氯化技术与原料应用研讨会论文集. 焦作：中国涂料工业协会钛白粉行业分会，2015: 153-189.

[30] Weiland. 德国氯化法钛白粉生产技术在中国的实施[C]//2017 年国际钛产业绿色制造技术与原料大会会刊. 锦州：亿览网 www.comelan.com, 2017: 88-109.

[31] 龚家竹. 中国钛白粉绿色生产的发展前景[C]//2017 年国际钛产业绿色制造技术与原料大会会刊. 锦州：亿览网 www.comelan.com, 2017: 128-153.

[32] Mittasch A, Lucas R, Griessbach R. Process for making finely divided metal oxides: US1850286[P]. 1932-05-22.

[33] Hermann H, Paul K. Production of titanium dioxide from titanium tetrachloride: US 1931381[P]. 1933-10-17.

[34] Nutting R D. Metal oxide production: US2670272[P]. 1954-02-23.

[35] Joseph K I. Production of titanium tetrachloride: US2701180[P]. 1955-02-01.

[36] Nelson E W, Marcot G C. Combustion of titanium tetrachloride with oxygen: US2750260[P]. 1956-06-12.

[37] Kamlet J. Process for the manufacture of titanium tetrachloride: US2761760[P]. 1956-09-04.

[38] Kenji A, Enchi T. Process for manufacture titanium tetrachlorid and arrangment thereof: US2777756[P]. 1957-01-15.

[39] Willcox O B. Method and means for commingling and reacting fluid substance: US27914490[P]. 1957-05-07.

[40] Wallace E A, Dennis G J. Method of preparing titanium tetrachloride: US2855273[P]. 1958-10-07.

[41] Wallace E A, Dennis G J. Apparatus for the production of titanium tetrachloride: US3017254[P]. 1962-01-16.

[42] Kruse W E. Production of metal oxide through oxidetion of metal halides: US3203763[P]. 1965-08-31.

[43] Lawrence C E, Kleinfelder E O. Process for the production and separation of titanium tetrachloride from crystalline ferrous chloride: US3261664[P]. 1966-07-19.

[44] Emil K W. Pigmentary TiO$_2$ manufacture: US3284159[P]. 1966-11-08.

[45] Lewis E D, Swarthmore P, Braun J, et al. TiO$_2$ manufacture: US3208866[P]. 1966-09-28.

[46] Santos P C. Production of titanium dioxide pigment: US3505091[P]. 1970-04-07.

[47] Gutsche W, Zirngibl H. Procee and apparatus for heating oxygen to high temperature: US3553527[P]. 1971-01-05.

[48] Fields D P. Use of screening following micronizing to improve TiO$_2$ dispersibility: US3567138[P]. 1971-05-02.

[49] Stern D R, Gundzik R M, Jones P M, et al. Process for the manufacture of titanium dioxide: US3615202[P]. 1971-10-16.

[50] Uhland K L. Process for recovering titanium tetrachloride from titaniferous ore: US3628913[P]. 1971-12-21.

[51] Wilson W L. Method and Apparatus for distrbution of gases in an annulus: US3586055[P]. 1972-06-22.

[52] Kilgren A W. Method of heating oxygen-containing gases for the production of titanium dioxide pigment: US3632313[P]. 1972-01-04.

[53] Van Weert G. Treatment of metal chlorides in fluidized beds: US3642441[P]. 1972-02-15.

[54] Brzozowisk S F, Farmer A, Pefferman W C. Process for treating by-product titanium tetrachloride from pyrogenic TiO$_2$ production: US3760071[P]. 1973-09-18.

[55] Berisford R, Joinson E P. Production of high aspect ratio acicular rutil TiO$_2$: US3728443[P]. 1973-04-17.

[56] Agerman A H, Moore C G. Production of anatase TiO$_2$ by the chloride process: US3856929[P]. 1974-12-24.

[57] Hunter W L, White J C, Stickney W A. Preparation of highly pure titanium tetrachloride from ilmenite slag: US 3899569[P]. 1975-08-12.

[58] Rado T A, Nelson T C. Purification of ferric chloride: US3906077[P]. 1975-09-16.

[59] Bowers B O, Brzozowski S F. Apparatus for chlorinating metal-bearing materials: US3999951[P]. 1976-12-28.

[60] Piccolo L, Paolinelli A, Ghirga M. Processfor the purufication of titanium tetrachloride: US3939244[P]. 1976-02-17.

[61] Powell S, Thomas G. Reactor: US4012201[P]. 1977-05-15.

[62] Pitts F. Metal extraction process: US4100252[P]. 1978-07-11.

[63] Bonsack J P. Chlorination ilmentie and the like: US4183899[P]. 1980-01-15.

[64] Davis B R, Rahm J A. Process for maunfacturing titanium compound: US4288416[P]. 1981-09-08.

[65] Rakm J A, Davis B R. Process for maunfacturing titanium dioxide: US4288417[P]. 1981-09-08.

[66] Davis B R, Rahm J A. Process for maunfacturing titanium compound[P]. US4288418. 1981-09-08.

[67] Morris A J. Process for producing titanium tetrachloride: US4435365[P]. 1984-05-06.

[68] Rado T A. Method for processing gaseous effluent streams recovered from the vapor phase oxidation of metal halides: US4578090[P]. 1986-05-25.

[69] 张荣禄. 含钛高炉渣制取四氯化钛的方法[P]. ZL87107488. 5.

[70] Lailach G, Deissmann W, Schultz K H . Process for the preparation of TiCl₄: US4731230[P]. 1988-05-05.

[71] Hartmann A, Thumm H. Process for the production of coarse, scrubbing aggreates of titanium dioxide particles by oxidation of titanium tetrachloride in the vapor phase and use of said aggregates for the prevention of deposit formation in the same production process: US4784841[P]. 1988-11-15.

[72] Walters L L, Anderson B M. Preparation of pure titanium tetrachlorides and solutions of titanium tetrachlorides: US4783324[P]. 1988-11-08.

[73] Zander H G, Bornefeld H, Holle B M. Process and device for micronizing solid matter in jet mills: US4880169[P]. 1989-11-14.

[74] Morris A J, Coe M D. System for increasing the capacity of a titanium dioxide producing process: US4803056[P]. 1989-02-07.

[75] Davis B R, Rahm J A. Process for maunfacturing titanium dioxide pigment: US4288418[P]. 1990-02-20.

[76] Hartemann A . Procee for the removal of chlorine from off-gas: US5073355[P]. 1991-12-17.

[77] Hartemann A. Process for the production of titanium dioxide: US5196181[P]. 1993-05-23.

[78] Allen A, Evers G R. TiO₂ manufactring process: US5201949[P]. 1993-04-13.

[79] Chao Tze. Method for purifying TiO₂ Ore: US5181956[P]. 1993-01-26.

[80] Abed R, Reeves J W. Fluidized bed process: US5320815[P]. 1994-06-14.

[81] Hauck H M . Using compacted titanium dioxide pigment particles in the cooling section of the chloride process for making TiO₂: US5266108[P]. 1993-11-30.

[82] Karvinen S. Method of preparing titanium dioxid: US5443811[P]. 1995-08-22.

[83] Olsen R S, Banks J T. Process for removeing thorium and recovering vanadium from titanium chlorinator waste: US5494648[P]. 1996-02-27.

[84] Gonzalez R A, Musick C D, Tilton J N. Process for controlling agglomeration in the manufacture of TiO₂: US5508015[P]. 1996-04-16.

[85] Haddow A J. Oxidation of titanium tetrachloride to titanium dioxide: US5599519[P]. 1997-02-04.

[86] Morris A J, Magyar J C, Wootten G D, et al. Method and apparatus for producing titanium dioxide: US5840112[P]. 1998-11-24.

[87] Deberry J C, Robinson M, Pomponi M D, et al. Controlled vapor phase oxidation of titanium tetrachloride to manufacture titanium dioxide: US6387347[P]. 2002-05-14.

[88] Hiew M, Wang Y N, Hamor B, et al. Methods for producing titanium dioxide pigments having improved gloss at low temperatures: US6395081[P]. 2002-05-28.

[89] EI-Shoubary M, Kostelnik R, Wheddon C. Pigments treated with organosulfonic compounds: US 6646037[P]. 2003-11-11.

[90] Akhtar M K, Eller E J, Fitzgerald N L, et al. Method of producing substantially anatase-free titanium dioxide with silicon halide addition: US6562314[P]. 2003-05-13.

[91] Takahashi H, Shimojo M, Akamatsu T. Titanium dioxide pigment, process for producing the same and resin composition containing the same: US6576052[P]. 2003-07-10.

[92] Kinniard S P, Campeotto A. Mathod for manufacturing high opacity, durable pigment: US6528568[P]. 2003-05-04.

[93] Wen F C, Hua D W, Busch D E. Inorganic particles and methods of making: US6743286[P]. 2004-07-01.

[94] Hiew M, Wang Y N, Hamor L, et al. Continuous processes for producing titanium dioxide pigments: US6695906[P]. 2004-02-24.

[95] Bender J, Blumel S, Schmitt V, et al. Titanium dioxide pigment composition: US6962622[P]. 2006-11-08.

[96] Bonath H J, Ebert M, Kade A, et al. Method for separating titanium tetrachloride: US6969500[P]. 2005-11-29.

[97] Frerich S R, Morrison Jr. W H, Spahr D E. Lower-energy process for preparing passivated inorganic nanoparticles: US7276231[P]. 2007-10-02.

[98] Trabzuni F M S, Gopalkrishnan C C. Titanium dioxide pigment composite and method of making same: US7264672[P]. 2007-09-04.

[99] Craig D H, Elliott J D, Ray H E. Process for manufacturing zirconia-treated titanium dioxide pigments: US7238231[P]. 2007-06-03.

[100] Diemer Jr. R B, Eaton A R, Subramanian N S, et al. Titanium dioxide finishing process: US7247200[P]. 2007-06-24.

[101] Gu X Q, Lyke S E, Mirabella S, et al. Process for separating solids from a purification purge stream: US7368096[P]. 2008-05-06.

[102] Subramanian N S, Bernard R P, Hsu Y Q S, et al. Process for producing titanium dioxide: US7476378[P]. 2009-01-13.

[103] Flynn H E, Martin R O, Natalie C A, et al. Methods of controlling the particle size of titanium dioxide produced by the chloride process: US7854917[P]. 2010-12-21.

[104] Flynn H E, Martin R O, Natalie C A. Fluid mixing apparatus method: US8215825[P]. 2012-06-10.

[105] Eaton A R, Gorowara R L, Subramanian N S, et al. Process for procucing titanium dioxide particles having reduced chlorides: US8114377[P]. 2012-02-14.

[106] Gruber R. Method for manufaturing Titanium dioxide: US8480999[P]. 2013-06-09.

[107] Bolt J D, MacCarron III E M, Musick C D. Process for in-situ formatton of chlorides in the preparation of titanium dioxide: US8734756[P]. 2014-05-27.

[108] Musick C D, Klein K P. Process for in-situ formation of chlorides of silicon and aluminum in the preparation titanium dioxide: US8741257[P]. 2014-07-03.

[109] Helberg L E. Purification of $TiCl_4$ through the production of new co-products: US8889094[P]. 2014-11-18.

[110] Bolt J D, MacCarron E M, Musick C D. Processfor in-situ fromation of chlorides in the preparation of titanium dioxide: US9260319[P]. 2016-02-16.

[111] Musick C D, Johns R A. Process for controlling particle size and additive coverage in the preparation of titanium dioxide: US9416277[P]. 2016-08-16.

[112] 徐兴荣. 氯化法钛白的能耗与节能措施分析[J]. 涂料工业，2017, 47(1), 38-42.

[113] 龚家竹. 用盐酸法人造金红石生产废液的综合利用生产方法：ZL201410234053. X[P].

[114] 龚家竹. 氯化废渣的资源化处理：ZL201410069174. 3[P].

第六章

钛白粉生产后处理技术

第一节
概述

　　无论是用硫酸法还是氯化法所生产的已达到颜料级的二氧化钛颗粒，均是由较纯的微晶体聚集而成的粗大的钛白粉初级产品颗粒。早期的钛白粉生产，是直接将这些初级产品进行粉磨后作为钛白粉产品出售；然而，在现代技术条件下，初级产品中的一些性能欠佳，还不能作为优质的钛白粉产品应用。尽管少量锐钛型产品仍在直接使用，但作为颜料二氧化钛除个别专用产品外，其颜料性能还不能完全满足下游用户所需要的质量与经济适用要求。因此，需要根据产品的不同市场用途，如涂料、油墨、塑料和造纸等下游应用领域的使用性能与相容性能进行处理加工。因是在形成颜料级钛白粉颗粒之后加工处理，习惯称之为后处理，国际上通称为表面处理（surface-treated）。这样，生产上将转窑煅烧和氧化炉氧化制取得到的具有颜料性能的二氧化钛微晶体称为初级产品或钛白粗品；后处理的目的就是经过一系列的表面处理来改善提高钛白粗品的使用性能，将粗品加工处理为市场使用的成品，既满足并达到技术用途性能，又满足经济活动要求。

　　后处理的目的可概括为如下四个方面：

　　一是强化钛白粉产品颗粒的粒度分布：通过解聚与分散优化改造半成品在煅烧或氧化时颗粒粒子之间的烧结与黏结，降低粒度标准偏差，提高产品的遮盖力及光泽。

　　二是提高钛白粉产品的耐候性：因二氧化钛表面在煅烧或氧化时微晶体颗粒形成时会产生晶格缺陷，这些缺陷又称为光活化点，具有光催化性质，影响下游产品的经久性与耐候性，通过包覆无机物屏蔽紫外光进入钛白粉颗粒表面，克服二氧化钛固有的光催化性质。不同包膜方式的颜料二氧化钛电镜照片如图6-1所示。

　　三是提高钛白粉产品的分散性：通过分散与解聚煅烧或氧化的半成品钛白粉颗粒，在无机物包覆后再进行有机物包覆，增强其在不同介质（溶剂、塑料、水溶性乳胶）中的分散性，克服团聚现象，满足使用效果，强化钛白粉的颜料性能。

　　四是提高钛白粉产品的加工性：如涂料加工的润湿性、塑料加工的流变性、纸张加工的留驻率等影响下游生产难度与生产效率等因素。

(a) 未包膜钛白粉   (b) 松散包膜钛白粉   (c) 致密包膜钛白粉

图 6-1　不同包膜方式的颜料二氧化钛电镜照片

后处理改善钛白粉产品应用性能的手段通常是相互依赖且互为补充。这是因为钛白粉作为光学材料，除了"高贵的基因"折射率性质外，最为核心的是经过硫酸法煅烧和氯化法氧化加工成可见光半波长范围内的颗粒直径，成为具有最大光散射力的粒子。通过解聚与分散可以将硫酸法煅烧形成颜料颗粒时烧结不牢靠的聚集或连体颗粒分开，也可以将氯化法氧化燃烧产生的颜料颗粒聚集粒子分散开来。同时，解聚分散成趋于单个微晶体颗粒粒子后，进行的无机物包覆效率与产品质量性能更高，不会因下游用户再进行分散。而因后处理未能分散开的聚集粒子或连体粒子解开成"衣不蔽体、酮体外露"而与紫外光亲密接触，快速老化，耐候性能降低。但要说明的是钛白粉的颜料性能粒子是转窑煅烧和氧化反应燃烧产生的，如果大于其颜料粒子粒径的颗粒靠机械粉磨或砂磨等手段是不可能磨出来的。所以，钛白粉生产后处理的解聚与分散手段是其生产技术"灵魂"之一，从包膜处理前研磨分散的干磨与湿磨，再到干燥后的最后工序蒸汽气流磨等技术手段，无不体现后处理解聚分散的重要性与必要性。

钛白粉后处理的主要工序有预研磨解聚分散、无机物沉淀包膜、过滤洗涤、干燥和气流粉碎解聚与分散。

第二节
原料制备

钛白粉生产后处理需用的原料包括无机物包膜剂、有机物包膜剂和其他包覆剂。这些包膜剂所用的辅助原料，因生产企业的产品规格牌号、市场目标用途不同，加之后处理生产装置与设备规格的不同和工艺技术参数的差异，后处理所用原料的配制与用量多寡参差不齐，笔者所述种类、规格、配制浓度等仅供参考。

一、无机物包膜剂

无机物包膜剂主要有硅化合物、铝化合物、锆化合物和磷化合物等及少量的其他元素化合物。

（一）硅化合物

1．硅化合物的性质与指标

无机硅化合物包膜剂主要是硅酸钠，又称泡花碱。通常是采购液体形式的产品作原料，液体又称为水玻璃。其生产方法包括两种：一种是固相法，采用纯碱或芒硝与石英砂（二氧化硅）经过高温反应，得到固体产品（泡花碱），再进行加压在水中溶解，得到水玻璃；另一种是液相法，采用烧碱溶液与石英砂进行加压液相反应而得到液体水玻璃。因液相法生产的水玻璃模数低，不宜作钛白粉无机硅化合物包膜剂。钛白粉后处理无机硅包膜使用的水玻璃，几乎是纯碱与石英砂固相法生产再溶解制取的液体水玻璃，液体水玻璃的主要性质如下。

（1）物理性质

① 模数。模数是硅酸钠独有的特质。模数影响硅酸钠所有的物理化学性质，模数稍有变化，则会引起硅酸钠物理化学性质的变化，这是钛白粉无机包膜质量稳定的指标要求之一。模数是水玻璃中二氧化硅的质量$[m(SiO_2)]$与氧化钠的质量$[m(Na_2O)]$的百分比（μ）：

$$\mu = \frac{m(SiO_2)}{m(Na_2O)} \times 1.0333 \tag{6-1}$$

根据此关系可由已知的水玻璃产品中的二氧化硅和氧化钠质量百分比计算模数。

② 外观。纯净的液体水玻璃外观无色透明，含有的杂质透明度降低乃至完全失去透明度。

③ 黏度。黏度是水玻璃性质的一项重要指标。水玻璃的黏度与黏结力很大，黏度与温度、浓度和模数有关。温度高黏度低，模数高黏度低。

④ 密度。水玻璃的密度同样随模数、浓度和温度的变化而变化。

⑤ 低温特征。温度降低到0℃以下时，以液体水玻璃模数3为界呈现不同的特征。模数3以上水玻璃凝固速度加快并分层，上层为水，直到水结成冰，下层水玻璃凝固成蛋白状的絮凝颗粒聚集体；模数3以下不出现分层，凝结为固体状冻胶。

（2）化学性质

① 酸碱性。水玻璃呈碱性，碱性随模数的降低而增强，随模数的升高而减弱。如从模数2.7降低到2.0，其pH值从11.5升高到13；模数从2.7升高到3.8，pH值从11.5降低到9.0。

② 化学属性。液体水玻璃不同于溶质以分子或粒子均匀分散于水中的溶液，是固体硅酸钠在一定温度和压力条件下与水反应生成的非常复杂的液相体系，其液相状态与模数有关。据研究报道，模数小于2呈现真溶液性质，模数在2～4之间呈现胶体溶液性质，模数大于4趋向于凝胶化。

③ 老化。液体水玻璃存放时间长了以后，在模数与浓度基本不变的情况下，黏度与黏结强度会明显下降。这是因为水玻璃溶液中分散的硅酸根阴离子能够自发进行聚合，减少了表面活性点。此性质称之为老化。

④ 酸解敏感性。液体水玻璃很容易与苛性碱进行融合，遇苛性钠则减低模数，遇苛性钾生成复合硅酸盐，即硅酸钾钠。

液体水玻璃对酸的敏感性非常强烈。向液体水玻璃中快速加入浓酸，立即生成簇状的二氧化硅沉淀。掌握一定液体水玻璃的浓度，控制加酸浓度和速度并进行搅拌与升温，会产生絮状二氧化硅沉淀；掌握一定液体水玻璃的浓度，控制加酸的浓度和速度，并进行搅拌后保持低温静态，会生成二氧化硅凝胶，这与钛液的水解沉淀偏钛酸十分相似。如在沉淀法白炭黑生产时，与硫酸法钛液水解几乎完美化雷同，一个是沉淀偏钛酸，一个是沉淀偏硅酸，可以有外加晶种，也可以有自身晶种，其沉淀核心技术是沉淀水合二氧化硅产品的粒径（在 20～30nm）、比表面积及莫尔过滤机（后改为压滤机）的洗涤效率。笔者在早期研究沉淀法白炭黑生产时，根据掌握的沉淀理论与机理，控制沉淀率（晶种）可生产粒度分布均匀、比表面积大（孔少的外表面积）的性能优异的补强白炭黑。此技术用在硫酸钛白粉"变灰点"，起到的"事半功倍"的效果，改变了目视控制模糊的不稳定与难以重现性。

所以，在钛白粉后处理进行无机硅化合物包膜时，掌握二氧化硅在颜料二氧化钛颗粒表面的沉淀十分重要。

2．硅化合物使用液制备

（1）润湿剂硅酸钠溶液的配制　早期引进技术及欧美技术在窑下品粉碎之后，进行打浆时作为粉体分散或润湿，消除粉碎后因表面能聚集引起的团聚，在打浆时加入六偏磷酸钠与氮乙醇胺或其他的有机润湿剂，进行混合分散润湿窑下品。

由于早期的后处理包膜洗涤滤饼的干燥设备，通常使用带式干燥机，采用蒸汽换热的低温热空气干燥。因干燥温度低，对有机润湿分散剂影响甚微，但其热效率太低、能耗高、生产强度低，且有重新造粒团聚的倾向，技术十分落后。笔者在无机化工生产研究中，嫁接创新开发过不少干燥单元设备，如气流干燥机、旋转闪蒸干燥机及蒸发水量 10t/h 的喷雾干燥机。因此，为了优化革新带式干燥机，将购买的包膜料浆进行工业试验，在国内首先采用旋转闪蒸干燥机代替原有的带式干燥机，直接使用天然气燃烧热风干燥，热效率高，能耗费用是带式干燥机的三分之一，且生产强度高。但是，带来一个问题，因热风温度高，会造成包膜打浆时加入的有机物润湿分散剂（如氮乙醇胺等）发生分解引起黄变，严重影响钛白粉产品的色泽质量。经过试验研究，在打浆浸润分散时改变浸润分散剂原料配方，取消有机物润湿分散剂，杜绝干燥高温发生有机物分解黄变；由硅酸钠溶液代替，保证干燥工序因优化技术后不对产品质量色泽造成影响；同时硅酸钠又是无机包膜的组分，起到"一箭双雕"作用。所以，由硅酸钠润湿剂与六偏磷酸钠分散剂两个无机润湿分散剂协同作为窑下品预粉碎后的打浆润湿分散剂，这也是日本钛白粉公司科技人员在分析解剖我们的产品后提出需要讨论的科学问题之一。

硅酸钠润湿剂的配制参数见表 6-1，各厂家的装置设备不一，尽管只是个稀释过程，但其配制的精度及稳定性十分重要。

表 6-1　硅酸钠润湿剂的配制参数

项目名称	控制范围	备注
底水加量/m³	15	配制 1 批，可生产 266t 产品，视产品规格而定
硅酸钠加量/m³	1.7	
搅拌时间/min	60	
静置时间/min	120	
配制浓度/（g/L）	30±5	以 SiO_2 计

硅酸钠加量计算公式：

$$V_{硅酸钠} = 15 \times 30 \div (c_{硅酸钠} - 30) \tag{6-2}$$

式中　$V_{硅酸钠}$——原料硅酸钠的加入体积，m^3；

$c_{硅酸钠}$——原料硅酸钠的浓度，g/L（约 300）；

15——底水的加量，m^3；

30——计划配制的浓度，g/L。

（2）无机硅包膜剂硅酸钠溶液的制备　无机硅包膜剂硅酸钠溶液的制备，参考润湿剂硅酸溶液的制备方式，SiO_2浓度为250～350g/L。其配制浓度可根据自身的产品工艺进行调整，连续包膜工艺配制浓度则高得多。

（二）铝化合物

无机铝化合物包膜因钛白粉用途与使用的不同，采用铝酸钠（又称为偏铝酸钠）和硫酸铝两种原料作为钛白粉后处理无机铝包膜材料。

1．铝酸钠

（1）铝酸钠的性质与指标　作为无机铝化合物包膜剂的铝酸钠，又称偏铝酸钠，化学式为$NaAlO_2$，为白色无定型结晶粉末。相对密度1.58，熔点1650℃，是无臭、无味、强碱性的固体。溶于水，水溶液呈碱性，pH值为12.3，不溶于醇。有吸湿性，在空气中易吸收水分和二氧化碳。在水中溶解后易析出氢氧化铝沉淀，加入碱或带氢氧根多的有机物则更稳定。

铝酸钠遇弱酸和少量的强酸生成氢氧化铝，现象是产生大量的白色沉淀；而遇到过量的强酸生成对应的铝盐，现象是有白色沉淀生成，过一段时间后白色沉淀的量逐渐减少，最后消失。钛白粉无机铝化合物包膜就是利用这一原理。

钛白粉无机包膜液体铝酸钠的指标要求见表6-2。

表6-2　液体铝酸钠的指标要求

组分	Fe/（μg/mL）	Na_2O/（g/L）	Al_2O_3/（g/L）	浊度/（μg/mL）
指标	≤10	140	100	≤20

（2）铝酸钠溶液的配制　铝酸钠的配制，根据原料要求，可直接采购规定指标的液体产品，从经济成本考虑，大规模的生产装置可自己建立或配套建立铝酸钠生产装置。

如前所述，因要考虑产品原料的杂质指标尤其是铁含量，几乎采用氧化铝破解法或氢氧化铝碱溶法。表6-3所示为固体铝酸钠的配制方法，有液体时，采用稀释或不稀释进行配制。其配制浓度可根据自身的产品工艺进行调整，对连续包膜工艺配制浓度则高得多。

表6-3　固体铝酸钠的配制方法

项目名称	单位	控制范围	备注
底水加量	m^3	15	配制1批，可生产65t产品，视产品规格而定
$NaAlO_2$加量	kg	约3409	
浓碱加量	L	1346	
配制温度	℃	60±5	
搅拌时间	min	120	
配制浓度	g/L	100±5	以Al_2O_3计
Na_2O浓度	g/L	140～150	
配制模数		2.2～2.4	$M_{Na_2O}/M_{Al_2O_3}$

铝酸钠加入量计算公式：

$$m_{NaAlO_2} = 15 \times 100 \div [\omega_{NaAlO_2} - (30\% \times 100 \div 50\% \div 1520)] \qquad (6\text{-}3)$$

式中　15——底水的加量，m^3；

　　　100——偏铝酸钠的配制浓度（Al_2O_3 含量），g/L；

　ω_{NaAlO_2}——固体偏铝酸钠中 Al_2O_3 含量，%；

　　　30%——保证碱度需要添加的 NaOH（100%计）的比例；

　　　50%——NaOH 的浓度；

　　　1520——NaOH 的密度，kg/m^3。

2．硫酸铝

（1）硫酸铝的性质与指标　硫酸铝作为无机铝化合物包膜剂，主要用在油墨和纸张的无机铝包膜中。

无水硫酸铝为白色结晶，密度 $2.71g/cm^3$。水中溶解度 0℃时为 31.2g/100g，100℃时为 89g/100g。在空气中易吸潮，易溶于水，水溶液呈酸性，难溶于醇。无水硫酸铝加热到 530℃ 开始分解；800℃时分解为 $\gamma\text{-}Al_2O_3$、SO_3 和 SO_2。

硫酸铝在水溶液中水解，先生成中间产物碱式盐，然后生成氢氧化铝。硫酸铝水解速度较慢，在 200～300℃的高温加压下，水解率也不超过 50%。若加入 15g/L 硫酸钠，水解速度显著加快。

工业硫酸铝的技术指标见 HG/T 2225—2018。

（2）硫酸铝溶液的配制　硫酸铝溶液的配制直接采用硫酸铝产品 Ⅰ 类液体，也是按 Al_2O_3 浓度 100g/L 进行配制，同时按 200g/L 配入硫酸。也可根据自身的产品规格进行浓度调整。

（三）锆化合物

锆化合物作为无机包膜剂，在钛白粉表面包覆很少量的锆化合物，可提高钛白粉的耐候性和光泽性。通常，采用无机硅包膜遮蔽紫外光对二氧化钛微晶体颗粒表面的光活化点施加能量催化，如前述后处理无机包覆就是调高产品的耐候性，需要包覆硅量大，造成二氧化钛粒子增大，影响最佳的光散射。所以，采用锆化合物也是以氧化物的形式沉积在其表面，用量少、效果好，同时，氧化锆又是涂料成膜物质树脂的固化剂和催干剂，加之分散在钛白粉表面，均匀分散在涂膜中，固化效果好，带来产品质量的大幅度提高，尤其是需要高光泽的产品。

通常进行硫酸法钛白粉后处理，因无机包膜时所用的辅助酸原料为硫酸，所用无机锆化合包膜剂使用硫酸锆；反之，用在氯化法钛白粉后处理的锆化合物包膜剂，采用盐酸作为辅助酸原料时，用氯氧化锆。

1．硫酸锆

（1）硫酸锆的性质　硫酸锆作为钛白粉无机包膜剂，主要用于提高钛白粉的耐候性与生产高光泽的钛白粉产品。

硫酸锆分子式为 $Zr(SO_4)_2 \cdot 4H_2O$，分子量为 355.41，白色结晶粉末或结晶性固体，有吸湿性。热至 100℃时变成含一分子结晶水，380℃时成无水物。易溶于水（18℃水中溶解度为 52g/100g），不溶于乙醇，水溶液呈酸性。水溶液在室温久置后有 $4ZrO_2 \cdot 3SO_3 \cdot 15H_2O$ 沉淀析出，溶液越稀越易析出。相对密度为 3.22。熔点 410℃（无水，分解）。850～900℃分解为 ZrO 和 SO_3。低毒，半数致死量（大鼠，经口）3500mg/kg。有刺激性。

硫酸锆的生产方法采用锆英砂与碱进行熔融，然后用硫酸浸取，分离渣后进行重结晶得到硫酸锆产品。工业硫酸锆的技术指标 HG/T 3786—2014，分为一等品和合格品，用于钛白粉无机包膜剂使用一等品规格。

（2）硫酸锆包膜剂的配制　硫酸锆包膜剂的配制见表6-4，其浓度可根据自身的产品作调整。

表6-4　硫酸锆包膜剂的配制

项目名称	控制范围	备注
底水加量/m³	15	配制 1 批，可生产 138t 产品
Zr(SO₄)₂ 加量/kg	3182	
配制水温度/℃	50±5	
搅拌时间/min	120	
静置时间/min	120	
配制浓度/(g/L)	70±5	以 ZrO₂ 计（可调整）

硫酸锆的加量计算公式：

$$m = 70 \times 15 \div c_{硫酸锆} \tag{6-4}$$

式中　m ——每批所需添加的硫酸锆的质量，kg；

$c_{硫酸锆}$ ——硫酸锆原料中 ZrO_2 的百分含量，根据化验室分析浓度，约 33%；

70——计划配制的浓度，g/L；

15——底水加量，m³。

2．氯氧化锆

（1）氯氧化锆的性质　氯氧化锆，又称氧氯化锆；白色针状晶体，味涩，有吸湿性。150℃失去六分子结晶水，210℃失去全部结晶水，继续加热到340℃能分解成二氧化锆（ZrO_2）和氯化氢。

溶于甲醇、乙醇、乙醚，微溶于盐酸，易溶于水，水溶液加热水解，形成水合氧化锆，酸能抑制水解，加碱、氨则生成氢氧化物沉淀，不溶于其他溶剂。低毒，半数致死量（大鼠，经口）3500mg/kg，有腐蚀性。

工业氯氧化锆的技术指标见 HG/T 2772—2012，分为 ZOC-36 和 ZOC-35 两个产品等级，用于钛白粉无机包膜剂使用两个品级规格均可以，因用量少其中颜色离子铁含量影响不大。

（2）氯氧化锆的配制　氯氧化锆的配制按硫酸锆的配制方式，将氧化锆浓度配制成（50±5）g/L 即可，或根据需要的产品规格进行配制。

（四）磷化合物

无机磷化合物包膜剂包含两种作用：一种是用于颜料二氧化钛分散与解聚的浸润分散剂，但最后吸附在钛白颗粒表面生成磷酸盐沉淀作为磷化合物包膜剂；另一种是直接将难溶磷酸盐沉淀作为无机包膜剂使用。磷化合物包膜剂因在包膜时可以与钛白粉及辅助剂中的有色离子（如铁离子）生成磷酸铁或配合物，可掩盖或降低有色离子的显色作用。

1．六偏磷酸钠

（1）六偏磷酸钠的性质　六偏磷酸钠的英文缩写为 SHMP，分子式为 $(NaPO_3)_6$，为白色粉末或玻璃片状物料，密度为 $2.484g/cm^3(20℃)$，熔点为 616℃，易溶于水，20℃时的溶解度为 $0.097g/100g$，80℃时的溶解度为 $1.744g/100g$，1%水溶液的 pH 值为 5.8～7.2，不溶于有机溶剂。六偏磷酸钠吸湿性极强，储运时必须密闭。作为聚磷酸盐的六偏磷酸钠几乎可与所有金属离子生成配合物，与过渡金属铁、镍、钴等的络合能力非常强。六偏磷酸钠同其他聚磷酸盐一样，具有高分子性质，能使浊液变为溶胶，具有乳化分散和反絮凝作用。这一性质使六偏磷酸钠用于油井、造纸、选矿等行业。在钛白粉后处理中用于浸润与分散，在砂磨时起到反絮凝作用。

因工业六偏磷酸钠的化学特性属于强碱弱酸盐，其在水溶液中基本结构单元是 PO_4^{3-}，它们能相互连接聚合成螺旋状的长链，能吸附在颗粒表面增强颗粒的亲水性，并且显著提高颗粒表面的负电位，在水中电离形成阴离子，并具有一定的表面活性。颗粒状的粒子表面会有孔洞或带有正电荷（水解产生），从而能吸附阴离子，使双电层更加稳定，分散效果更好。工业六偏磷酸钠是工业生产中常用的分散剂，在选矿、陶瓷和颜料涂料的加工过程中应用广泛。六偏磷酸钠因属于阴离子型无机分散剂，在使用过程中，阴离子黏附在矿物的表面，形成亲水性的颗粒，最终使矿浆悬浮，达到分散的目的。

六偏磷酸钠的生产采用磷酸二氢钠缩合法生产，使用磷酸和钠碱中和制得磷酸二氢钠溶液，然后干燥制得无水磷酸二氢钠，再进一步加热脱去结晶水生成偏磷酸钠，最后聚合成六偏磷酸钠熔融体。工业六偏磷酸钠技术指标见 HG/T 2519—2017。

（2）六偏磷酸溶液的配制　六品磷酸钠溶液的配制见表 6-5。

表 6-5　六偏磷酸钠溶液的配制

项目名称	控制范围	备注
底水加量/m³	15	（配制 1 批，可生产 150t 产品）
六偏磷酸钠加量/kg	约 882	以当批固体原料含量实际计算量为准
加热温度/℃	50±5	
搅拌时间/min	120	
静置时间/min	120	
配制浓度/（g/L）	40±5	以 P_2O_5 计

六偏磷酸钠的加量计算公式：

$$m = 40 \times 15 \div c_{六偏} \tag{6-5}$$

式中　m——每批所需添加的六偏磷酸钠的质量，kg；

$c_{六偏}$——当批六偏磷酸钠中 P_2O_5 的百分含量，此数据为化验室分析浓度，%；

40——计划配制的浓度，g/L；

15——底水加量，m³。

2. 磷酸溶液

磷化合物作为无机包膜剂在传统钛白粉后处理中用量几乎很少，上述作为浸润分散剂的六偏磷酸钠最后留在钛白粉上，但用量甚微。由于纸张，尤其是装饰纸用量的增加，造纸专用钛白应运而生。纸张使用的钛白粉，与涂料、塑料使用的钛白粉有较大的差别。对造纸用钛白粉而言，其表面 Zeta 电位和等电点（IEP）作为使用质量对应参照指标；为此，采用的无机物包覆物不是涂料、塑料使用的氧化硅和氧化铝，而多数采用磷酸铝作为造纸钛白粉的无机包覆物。磷酸铝的溶解度低（溶度积 $K_{sp} = 9.84 \times 10^{-21}$），但受其 pH 值影响。由于在后处理中无机物包覆用得较多的是偏铝酸钠，正好与磷酸中和可以生成磷酸铝。尽管可采用磷酸二氢钠、磷酸氢二钠等一系列的磷酸盐作为磷酸铝包覆的磷元素化合物，但因固体产品溶解及上游加工成本均较磷酸成本要高，所以，磷酸作为较适宜的生成磷酸铝包膜剂的成分之一。

（1）磷酸的性质　磷酸分子式为 H_3PO_4，分子量为 98。"磷酸"又称"正磷酸"，纯净无水磷酸常温下为无色透明黏稠状液体或斜方晶体，无臭，味很酸，含 72.4% P_2O_5，蒸气压为 0.67kPa(25℃)，熔点为 42.35℃，沸点为 213℃，密度为 1.834kg/cm³。失去 1/2H₂O 则生成焦磷酸，加热至 300℃变成偏磷酸。易溶于水，溶于乙醇。其酸性较硫酸、盐酸和硝酸等强酸弱，但较乙酸、硼酸等弱酸强。能刺激皮肤引起发炎，破坏机体组织。浓磷酸在瓷器中加热时有侵蚀作用。有吸湿性，在 25℃时离解常数分别为 $K_1 = 7.5 \times 10^{-3}$、$K_2 = 6.3 \times 10^{-8}$、$K_3 = 4.7 \times 10^{-13}$。磷酸是一种中强三元酸，可与水以任意比例混合。

工业磷酸主要质量指标见 GB/T 2091—2008。钛白粉后处理和硫酸法煅烧的盐处理均用优等品和一等品的 85% H_3PO_4。

（2）磷酸的配制　磷酸通常在使用时直接计量使用，无须配制。

（五）其他的无机物包膜剂

其他的一些无机物包膜剂，用量较少，如早期采用硫酸氧钛包膜剂，以及为了提高承压装饰纸的色牢度，加入铈元素、锌元素作为氧化铈和氧化锌无机包膜剂。

二、有机包膜剂

钛白粉后处理的有机包膜剂，主要作为分散剂使用，使其钛白粉在最后的气流磨分散后，防止重新团聚，提高使用时的分散性能。有机包膜剂的添加可以提高钛白粉的比表面积，减少团聚，降低颗粒粒径，进一步提高遮盖力，增加不透明度，提高着色强度等。尽管有许多有机包膜剂在后处理生产中应用，如：有机硅类的甲基氯基硅烷，有机醇类的新戊二醇，有机胺类的三乙醇胺、二异丙醇胺、单异丙醇胺，有机烷类的三羟甲基乙烷、三羟基丙烷等。至目前使用最多最普遍的有机包膜剂是三羟甲基丙烷（TMP）、对三羟甲基乙烷（TME），较之三羟甲基丙烷少一个碳原子，更适合水性涂料及乳胶漆等低挥发性有机物排放涂料使用，因价格比 TMP 贵，目前市场此类包膜产品难寻踪迹。而有机硅分散剂，可作为偶联剂通过化学反应键合在钛白粉颗粒表面，用于塑料级钛白粉和粉末涂料这些不需要溶剂或溶剂较少的领域。

有些有机包膜剂直接由生产厂家提供，无须进行配制。

（一）三羟甲基丙烷的性质

三羟甲基丙烷，分子式为 $C_6H_{14}O_3$，结构式为 $CH_3CH_2C(CH_2OH)_3$，分子量为 134.17。外观为白色结晶或粉末。溶于水、乙醇、丙醇、甘油和二甲基甲酰胺；部分溶于丙酮、甲乙酮、环己酮和乙酸乙酯；微溶于四氯化碳、乙醚和氯仿；难溶于脂肪烃和芳香烃。具有吸湿性，其吸湿性约为甘油的 50%。可燃，微毒。

三羟甲基丙烷（TMP）是一种重要的化工产品，其分子的 α 位上有三个羟甲基，是一种新戊结构的三元醇。具有提高树脂坚固性、耐腐蚀性、密封性，对于水解、热解及氧化具有良好的稳定性,三个羟基具有同等反应性等优异的性能。主要用作合成高档醇酸树脂漆的原料,此外还可用于增塑剂、表面活性剂、湿润剂、炸药、玻璃钢、松香酯、聚氨酯泡沫塑料的生产,也可用作树脂的扩链剂、纺织助剂和聚氯乙烯(PVC)树脂的热稳定剂,应用领域十分广泛。

工业三羟甲基丙烷的技术指标见 HG/T 4122—2009,分为两个产品级别。在现有技术条件下。指标中的羟基含量为 37.5%,在选择时笔者建议使用羟基含量大于 41% 的优质产品。

(二)三羟甲基丙烷的配制

三羟甲基丙烷的配制见表 6-6。

表 6-6 三羟甲基丙烷的配制

项目名称	控制范围	备注
脱盐水加量/m³	2.5	配制 1 批,可生产 883t 产品
配制水温度/℃	65～75	
TMP 加量/(kg/批)	3090	
配制搅拌时间/min	240	
配制浓度/%	55	以 TME 计

注:1. 使用中,需要一直搅拌;配制 1 批,可以使用 10 天。

2. 使用中,需要保持温度不低于 50℃(若低,则升温)。

TMP 添加量计算公式:

$$m_{TMP} = 2.5 \times 1000 \times 55\% \div (c_{TMP} - 0.55) \tag{6-6}$$

式中　m_{TMP}——TMP 添加量,kg;

　　　1000——脱盐水的密度,kg/m³;

　　　55%——配制浓度,%;

　　　c_{TMP}——固体 TMP 的含量,%(约 99.5%);

　　　2.5——脱盐水底水的加量,m³。

三、辅助试剂与溶液

钛白粉后处理使用的辅助试剂与溶液主要为无机包膜沉淀调整 pH 值的碱和酸。碱主要是氢氧化钠,通常使用离子膜液体烧碱进行配制。酸可分为硫酸与盐酸,硫酸法钛白粉的后处理通常使用硫酸,用硫黄为原料生产的硫酸,杂质少,保证后处理产品质量;氯化法钛白粉的后处理通常使用盐酸,其废副便于一起处理。

(一)工业氢氧化钠

1. 工业氢氧化钠质量指标

工业氢氧化钠(烧碱)分为固体和液体两种,烧碱产品质量的国家标准号 GB/T 209—2018,靠近烧碱厂的钛白粉生产装置,几乎使用液碱。

2. 工业氢氧化钠的配制

工业氢氧化钠的配制见表 6-7。

表 6-7　工业氢氧化钠溶液的配制

项目名称	控制范围	备注
底水/m³	11	配制 1 批，可生产 217t 产品
50%浓碱加入量/m³	6.38	推荐使用Ⅲ型液碱，相对铁含量低
搅拌时间/min	30	
静置时间/min	120	
配制浓度/（g/L）	280±10	视产品规格与工艺而定

浓碱加量计算公式：

$$V_{NaOH} = 11 \times 280 \div (c_{NaOH} - 280) \tag{6-7}$$

式中　V_{NaOH}——原料氢氧化钠的加入体积，m³；

$\quad\quad c_{NaOH}$——原料氢氧化钠的浓度，g/L（约 762.7g/L）；

$\quad\quad$ 11——底水的加量，m³；

$\quad\quad$ 280——计划配制的浓度，g/L。

（二）工业硫酸

1. 工业硫酸质量指标

工业硫酸质量指标符合国家标准 GB/T 534—2014。

2. 工业硫酸的配制

工业硫酸的配制见表 6-8。

表 6-8　工业硫酸的配制

项目名称	控制范围	备注
加入底水量/m³	15	配制 1 批，可生产 207t 产品
浓 H_2SO_4 加入量/m³	1.53	以计算值为准，宜用优等品
搅拌时间/min	60	
静置时间/min	120	
配制浓度/（g/L）	160±10	视产品规格与工艺而定

浓硫酸加量计算公式：

$$V_{H_2SO_4} = 15 \times 160 \div (c_{H_2SO_4} - 160) \tag{6-8}$$

式中　$V_{H_2SO_4}$——浓硫酸的加入体积，m³；

$\quad\quad c_{H_2SO_4}$——浓硫酸的浓度，g/L（约 1730g/L）；

$\quad\quad$ 15——底水的加量，m³；

$\quad\quad$ 160——计划配制的浓度，g/L。

（三）工业盐酸

1．工业盐酸的质量指标

合成工业盐酸国家质量标准号为 GB 320—2006。

2．工业盐酸的配制

工业盐酸的配制见表 6-9。

表 6-9　工业盐酸的配制

项目名称	控制范围	备注
加入底水量/m³	15	配制 1 批，可生产 207t 产品
浓 HCl 加入量/m³	3.30	以计算值为准，宜用优等品
搅拌时间/min	60	
静置时间/min	120	
配制浓度/（g/L）	250±10	视产品规格与工艺而定

盐酸加量计算公式：

$$V_{HCl} = 15 \times 250 \div (c_{HCl} - 250) \tag{6-9}$$

式中　V_{HCl}——浓盐酸的加入体积，m³；

c_{HCl}——浓盐酸的浓度，g/L（约 360g/L）；

12——底水的加量，m³；

250——计划配制的浓度，g/L。

四、试剂配制流程图

液体试剂配制流程如图 6-2 所示，固体试剂配制流程如图 6-3 所示。

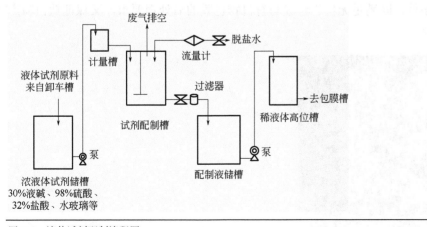

图 6-2　液体试剂配制流程图

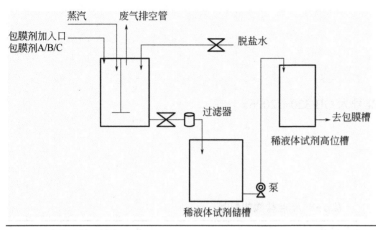

图 6-3　固体试剂配制流程图

第三节
钛白粗品的解聚分散技术

一、钛白粗品解聚分散原理

(一) 解聚分散原理

　　硫酸法转窑煅烧制取的窑下品和氯化法氧化反应制取的钛白初级品仅是一种粒径在 200~350nm 的微晶体颗粒,因是处于高温反应条件所制取,在微晶体形成与增长的发育过程中,自然会产生一些颗粒间的黏结与烧结。如图 6-4 所示,微晶体颗粒间的不同黏结点与黏结面,造成黏结力大小不均,所以,需要通过解聚与分散将相互黏结的颗粒分开,达到颜料性能的单个颗粒粒子条件,既满足无机物包膜与有机物包膜的后处理要求,又保证钛白粉产品颜料的光学优异性能。

图 6-4　钛白粉窑下粗品破碎电镜照片

钛白粗品的解聚分散，传统生产称之为中间粉碎或中间粉磨，这略显技术概念定义不足。因为可见光波半波长粒径大小的钛白粉微晶颗粒体是在精确控制硫酸法转窑煅烧和氯化法氧化燃烧反应形成的，颗粒三维尺寸已经形成，粉碎与研磨无法将单个大颗粒二氧化钛晶体（如非颜料级金红石 TiO_2）粉碎研磨成小颗粒颜料级颗粒晶体。

钛白粗品的解聚分散能力与解聚分散程度或分散稳定性直接影响后处理钛白粉产品的质量和使用性能。所以，钛白粉粗品在后处理无机物包覆前，需要进行微晶体颗粒间的解聚分散。解聚分散技术是钛白粉最关键的"灵魂"技术之一，是提高优化产品质量、颜料性能、工艺效率不可或缺的技术手段。

如图 6-5 解聚分散示意图所示，解聚分散前，不同的颗粒聚集体相互黏结在一起，解聚分散后，成为独立的单个个体。无论非介质解聚分散磨还是介质解聚分散磨，均是靠外力施加在聚集黏结的颗粒上，产生挤压、碰撞、剪切和摩擦将其团聚颗粒解聚分散开来，遵从爱因斯坦的能量公式（式6-10）：

$$E=\frac{1}{2}mv^2 \tag{6-10}$$

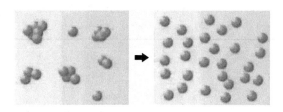

图 6-5　解聚分散示意图

即需要施加在聚集颗粒上的能量 E 是质量 m 和速度 v 的平方关系。如图 6-4 硫酸法转窑粗品解聚，其微晶体颗粒之间接触点不一样，有的接触面积较大，有的接触面积小，其需要在上面施加挤压、碰撞、剪切，解聚分开时需要的能量也不一样。同样，因解聚分散选用设备对施加到聚集颗粒上的能量不同，结果也不一样。如球磨机（图 4-1），钢球质量 m 的直径达到 80mm，但其筒体的圆周速度仅有 2.6m/s，其相对滑落速度慢，没有体现其速度的平方关系，施加的能量显然不足；同时球径太大，两钢球之间的粉碎有效区域体积太大，很难满足 $1\sim10\mu m$ 以下的钛白粗品聚集颗粒的挤压、碰撞、剪切和摩擦力的能量施加到位，有效能量点不足，难以达到解聚分散开的高效与能效利用率。

而作为后处理进料的钛白粗品，如图 6-6 所示，是由原级 200nm TiO_2 微晶体依靠晶体界面及颗粒间的无定型物构成的聚集体，微晶体之间的界面由无定型二氧化钛黏结构成（虚线），由几十个到上百个微晶体钛白粒子构成的几微米的聚集颗粒。如前所述，烧结与黏结在一起的微晶钛白颗粒体，要将其解聚分散开来，需要在晶体颗粒聚集粒子之间施加挤压、碰撞、剪切和摩擦力的能量，即破坏与打断晶体间无定型二氧化钛的离子键，如干磨解聚分散就是借用干磨分散设备产生的这些作用力进行钛白粗品的解聚分散。如图 6-7 所示，采用高能量干法球磨解聚分散 $1\mu m$ 钛白粉粗品聚集颗粒时，通过静载荷（挤压）、摩擦（剪切）或碰撞，颗粒材料的响应负载率慢时，可产生颗粒的弹性变形和塑性变形，结果解聚分散模式如洋葱剥皮和橘子瓣分离；在负载率快时，弹性变形带来洋葱剥皮方式还加上碎片，如图 6-7（a）负载率所示，颗粒影响如图 6-7（b）所示。作为钛白粗品聚集颗粒，煅烧与氧化生产技术先进，聚集颗粒质量高，晶体间键合的无定型二氧化钛相对少，即微晶颗粒体在研磨解聚分散时效率较高，反之，则低；甚至，因为技术落后煅烧与氧化制得的钛白粗品，颗粒间键合紧密，熔融在一起，依靠研磨解聚分散也无能为力。

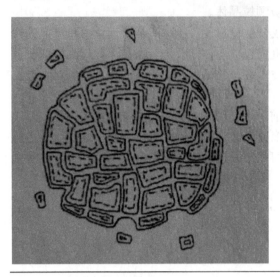

图 6-6　钛白粗品聚集颗粒示意图

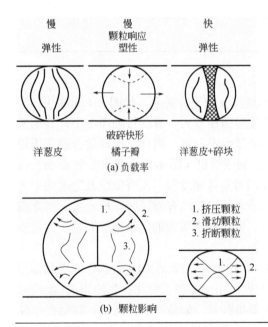

图 6-7　连续力学理论的球体破裂方式示意图

所以，钛白粉后处理的解聚分散一直是现代生产技术研究的热点，包括硫酸法煅烧与氯化法氧化粗品和包膜干燥后的包膜产品生产技术与设备。

（二）解聚分散工艺

解聚分散技术分为干法研磨解聚分散、湿法研磨解聚分散和干湿串联研磨解聚分散。同时，研磨解聚分散以研磨介质分：又有介质磨研磨解聚分散，如球磨机、砂磨机和搅拌磨等；也有非介质磨研磨解聚分散，如雷蒙磨、辊压磨和气流磨等。后处理产品最后生产使用的气流磨，又称为流动能量磨（fluid energy mill），用中压或高压蒸汽作为研磨解聚分散能量，体现能量公式速度 v 的优势，其蒸汽从喷嘴口出来有超过声速。目前可统计的硫酸法钛白粉转窑初级品的解聚与分散技术就有 10 种之多的设备工艺流程与组合，如表 6-10 所示；氯化法氧化燃烧制取的初品，因气相生成微晶体颗粒的条件相对更易，解聚分散少一些，如表 6-11 所示归纳有 5 种。

表 6-10 窑下品解聚分散主要组合工艺

序号	工艺类型	使用企业类型	备注
1	雷蒙磨 + 砂磨机	大中型规模	国内
2	湿式球磨 + 砂磨机	大中型规模	国内
3	辊压磨 + 球磨机 + 砂磨机	大中型规模	国内
4	辊压磨 + 砂磨机	中小型规模	国内
5	辊压磨 + 胶体磨 + 砂磨机	中小型规模	国内
6	辊压磨 + 强力分散槽 + 砂磨机	中小型规模	国内
7	砂磨机 + 旋流分级器	小型规模	原引进
8	球磨机 + 砂磨机 + 旋流分级器	中大型规模	国内
9	辊压磨 + 湿式球磨机 + 旋流分级器	中大型规模	欧洲企业
10	雷蒙磨 + 砂磨机 + 砂磨机 + 砂磨机	中大型规模	欧洲企业

表 6-11 氧化半成品解聚分散主要工艺

序号	工艺类型	使用企业类型	备注
1	混合分散	大中型规模	国外
2	混合分散 + 砂磨机	大中型规模	国内外
3	气流磨 + 混合分散	试验规模	国外
4	中和过滤 + 打浆混合 + 砂磨机	试验规模	国外
5	混合分散 + 砂磨机 + 超声分散	试验规模	国外

二、干法解聚分散

硫酸法钛白粉后处理粗品干法解聚分散主要工艺设备是雷蒙磨和辊压磨，也曾经有企业投入巨资引进苏联的德力士磨。而氯化法氧化半成品，几乎是进行打浆解聚分散，因用于脱除氯化物，前杜邦的工程师发明了干法气流粉碎研磨蒸汽脱氯与解聚分散的双重效果技术。

（一）雷蒙磨干法研磨解聚分散

雷蒙磨（雷蒙研磨机）曾经是全球最经典的解聚分散设备，但早期技术不能生产金红石型钛白粉产品，几乎为普通的锐钛型产品，没有后处理工艺。从硫酸法转窑煅烧出来的产品直接用雷蒙磨研磨后包装作为产品出售，生产规模较小，使用的雷蒙磨材质低劣，因研磨分散进入产品中的杂质铁离子大幅度增加。如本章第一节概述所讲，在 1990 年从国外引进 1.5×10⁴t/a 规模的生产装置，同时进口德国纽曼公司 PM10U5 雷蒙磨，优异的材质对研磨产品增加的铁含量仅 $1\sim2\mu g/g$ 数量级，可保证在粗品研磨解聚分散过程中不因产品杂质铁离子的增多而对产品颜色产生影响。

1．雷蒙磨的构造

雷蒙磨采用了立式结构，具有占地面积小的特点。它主要由主机、分级机、管道装置、鼓风机、成品布袋过滤机、料斗储仓等组成。其中雷蒙磨主机由机架、进风蜗壳、铲刀、磨辊、磨环、罩壳及电机组成。钛白粗品解聚分散雷蒙磨现场图片见 6-8。

图 6-8　钛白粉解聚分散雷蒙磨

2．雷蒙磨机工作原理

硫酸法钛白粗品物料由给料螺旋机均匀、定量、连续地送入主机磨室内，依靠悬挂在主机梅花架上的磨辊装置，绕着垂直轴线公转，同时本身自转。由于旋转时离心力的作用，磨辊向外摆动，紧压于磨环，使铲刀铲起物料送到磨辊与磨环之间，因磨辊的滚动碾压而达到解聚分散的目的。物料研磨解聚分散后，风机将风吹入主机壳内，吹起粉末，经置于研磨室上方的分级机进行分选，细度过粗的物料又落入研磨室重磨，细度合乎规格的随风进入布袋分离器，布袋底部的螺旋将分离后的粉末送入粉末料仓储存。风流由袋滤器上端的回风管回入风机，风路是循环的，并且在负压状态下流动，循环风路的风量增加部分经风机与主机中间的废气管道排出。

3．雷蒙磨解聚分散钛白粉粗品的优劣

优点：磨辊质量与速度均满足能量公式的质量大与速度快的要求，对聚集粗品解聚分散

施加的能量到位；铲刀不停地铲动物料，翻混被解聚分散的物料，使料床受力均匀，且几乎不破坏钛白颗粒的表面轮廓。

缺点：因是料床挤压、冲击、碰撞，料层对能量的吸收与传递同时产生作用，解聚钛白粉粗品集聚颗粒到颜料性能的单个颗粒的能力不足（图6-4）。所以，雷蒙磨解聚分散的指标为325目，即颗粒在45μm内，可以想象其与0.2μm颜料相差甚远。再者，就是噪声较大，接触物料材质要求高。

4．雷蒙磨解聚分散主要指标

现在使用的雷蒙磨规格为PM10U5，主要操作工艺指标见表6-12。

表6-12　雷蒙磨工艺操作指标

指标名称	指标数值	备注
系统风量/（m^3/h）	45000	
系统压力/mbar	850～900	
风机功率/kW	160	
主机功率/kW	65～70	
磨前负压/Pa	200～400	
分级机转速/（r/min）	200～650	
压缩空气压力/bar	≥6.0	
磨机进口压力/mbar	−5～−3	
磨机压力降/mbar	30～50	
系统温度/℃	≤70	
齿轮箱油温/℃	≤85	
分级机上下轴衬温度/℃	≤95	
分级器出口负压/Pa	450～550	
袋滤器压差/Pa	1000～1500	
润滑油压力/MPa	0.4	
袋滤器进口压力/mmH₂O	550～650	
袋滤器出料螺旋电流/A	4～6	
产量/（t/h）	4～6	
产品细度	≤1.0%	325目筛余

注：1bar = 10^5Pa；1mmH₂O = 9.81Pa。

（二）辊压机挤压解聚分散

1．辊压机挤压解聚分散的发展

由于欧美在20世纪80年代开发的窑下品解聚分散的湿磨工艺诞生，无疑大幅度地提高了钛白粉的颜料性能。用硅石作为研磨体的湿式球磨机代替雷蒙磨，并以旋流分级控制钛白颗粒细度，需要较低的分散解聚料浆浓度。随着技术的发展，早些时候的湿式球磨机存在效率低的缺陷，为弥补分散能力与效果的不足，在球磨机前串联增设辊压机工序，沿用至今，如原德国拜耳、莎哈利本亦是如此。

2. 辊压机解聚分散的性能讨论

现在国内有一些厂家采用辊压机，尤其是前 10 年一些钛白厂家知悉在德国有钛白粉厂家使用，大家蜂拥而至。因辊压机的工作原理是限制性挤压，即料床粉碎，物料不是在破碎机工作面上或其他粉末介质间作为单个颗粒被破碎或粉磨，而是作为一层或一个料床被粉碎。料床在高压下形成，压力导致颗粒压迫其他邻近的颗粒，直至其主要部分破碎、断裂，产生裂缝或劈开。其前提是两辊之间一定要有密集的物料，解聚分散作用主要取决于粒间的压力，而不取决于两辊的间隙。因笔者曾对辊压制粒机进行过不少的研究，且收获颇多，经验说明辊压机对细或超细物料的"料床粉碎"作用甚微，甚至进料物料原始粒径低到某一临界值，便走向相反的过程——挤压造粒。尽管水泥工业使用大型的辊压机，其流程见图 6-9，均作为研磨的预粉磨，以提高球磨机的研磨效率。需要理解的是，水泥的矿物结构、非钛白粉颗粒的微晶体结构及微晶体颗粒之间的烧结程度（图 6-6）不可同日而语。

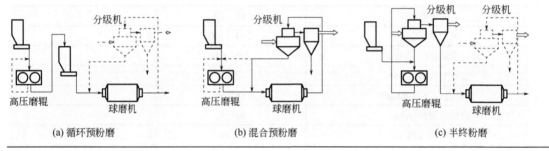

图 6-9　水泥辊压机预粉磨匹配流程

因为辊压机靠挤压产生负载率，在能量公式上表现为速度平方关系，其连球磨机的球弹滑落速度都不及，再加上功率消耗大，笔者不建议作为解聚分散设备。

（三）关于德力士磨

曾经中核 404 有限公司花巨资引进俄罗斯的德力士磨，其原理也是要增大能量公式中的速度因子，采用两个带粉碎齿的磨盘以 3000r/min 的相对旋转，达到 6000rad/min 的角速度，提高解聚分散施加在聚集颗粒上的能量。

早前的苏联是用在磨磷矿粉肥的生产上，磷矿粉肥是在磷矿研磨较细时，无须化学加工，直接施进地里，靠农作物根部分泌柠檬酸溶解吸收磷得到营养。而用在钛白粉生产的解聚分散中，根本无法用。原因如图 6-5 钛白粉解聚与分散示意图所示，用外力能量将聚集颗粒分散，其能量守恒传递给分散后的颗粒并集聚在其表面，致使其表面能量增加，按最低能量规则，为了消除能量，再需要凝聚与团聚，以至于寻求低表面能的器壁进行黏附团聚。钛白粉细化时的表面能变化如图 6-10 所示，在解聚分散的细化时，需要抑制其凝聚的团聚倾向，移走与克服表面能。这也就是通常工艺技术中加入分散剂，利用自身化学性质吸收、抵消、抑制表面能，以及钛白粉粗品解聚分散利用湿磨深度细化和流动能量磨最后分散的技术存在的理论基础。

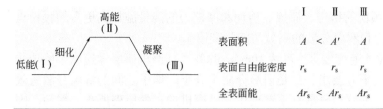

图6-10 颗粒细化时的能量变化示意图

因此，采用德力士磨靠两个反向高速旋转的磨盘，满足了能量施加对速度的要求；但是，分散高速解聚后的钛白粉表面能太大，最低能量规则造成重新团聚并黏附在设备器壁，破坏旋转需要维持的动平衡，损坏机器。其采用两个3000r/min的磨盘反向旋转提高转速与线速度，即提高速度的同时，满足克服旋转产生动平衡需要的最低条件。其实在雷蒙磨解聚分散窑下粗品时也无法摆脱这一原理带来的现象与不足，只是研磨解聚分散时，料床与磨辊吸收了解聚分散后钛白粉颗粒的表面能，加上循环风量的冷却及分级机的多次作用，消耗了大部分再次团聚的表面能。即使这样，黏附在磨机内与风速趋于零的死角，仍有大量粉体被吸附而随时间增大，所以需要每天停机清理一次，也是这一现象所致，只是分散细度还相对较小而已。

所以，解聚分散在钛白粉生产后处理中举足轻重，降低与克服解聚分散细化中的表面能和提高超细分散的效率尤为重要。

（四）气流磨解聚分散

由原杜邦的 Eaton Subramanian 等工程师与科学家开发的气流磨蒸汽汽提氧化半成品脱氯技术（US8114377），直接采用蒸汽气流磨对氧化钛白粗品中的氯化物等挥发性气体进行汽提脱氯。同时，由于氧化粗品中还含有约3%的固体打疤料，采用烧结或挤压钛白作为打疤料，粒度80%在2mm左右，也需要进行解聚分散，借助喷嘴喷入蒸汽的超声速动能对氯化法氧化粗品进行解聚分散。将 0.2～12.5μm 粗颗粒氧化半成品解聚到 1.0μm 以下。不仅将氧化半成品中的氯含量从 1800μg/g 降到 60μg/g 以下，并将半成品粗大粒子分散解聚为颜料级粒子，起到了一石二鸟的作用。

三、湿法解聚分散

毋庸置疑，湿法解聚分散比干法解聚分散克服因解聚分散再重新团聚的作用更好。这是由于解聚分散后分散颗粒表面升高的能量容易被水带走与吸收，同时在解聚分散时加入的分散剂可以均匀分散于水中，从而在解聚分散开的颗粒的新鲜表面产生离子键合作用而被吸附，起到隔离效果，降低颗粒表面能，克服再凝聚与团聚的不足。但湿法解聚分散的不足却是不能同时满足能量公式的质量与速度关系，其因果分析如下：

如采用球磨机，一是湿法球磨机满足了研磨球体（弹）的质量，但是研磨球体是靠筒体转动造成重力泻落施加的解聚分散力量，受球磨机直径与球体质量影响，且球磨机转动的速度不能过快；旋转速度不能加快，加快后如第四章图4-1（c）所示，形成"周转状态"，解聚分散力量的能量不能施加到钛白粗品的聚集颗粒位点上。二是球体选用最小的直径也是太大，远不在一个数量级上；两钢球之间的解聚分散有效区域体积 $V = 2\pi r^2(R + r/3)$ 太大，很难满足

1~10μm 以下的钛白粗品聚集颗粒的挤压、碰撞、剪切和摩擦力的能量施加到更多的颗粒点位上，有效能量点不足，难以达到解聚分散的高效与能效利用率。

如采用砂磨机，一是转盘搅拌速度较高，可达 10m/s，弥补了球磨机研磨体速度不能加快的缺陷，可满足能量施加的速度平方要求。二是研磨介质十分小，珠子之间的解聚分散有效区域体积小。这也是钛白粉后处理解聚分散几乎都要用上砂磨机的科学原理所在。然而，因砂磨珠子体积小，进料料浆中的聚集颗粒必须小于珠子的倍数，否则，珠子之间无法产生挤压、碰撞、剪切和摩擦作用，不能有效地进行解聚分散。珠子的质量与搅拌速度产生的能量不足以撼动较之更大或大几倍的聚集粗品颗粒。一般被研磨物料的平均细度约为所使用介质颗粒尺寸的 1/1000，尤其是硫酸法钛白煅烧粗品，有部分聚集颗粒大于几毫米甚至更大，且因煅烧技术的优劣，造成过烧的现象，颗粒晶体之间黏结牢固，更难解聚分散；而对氯化氧化粗品中的二氧化钛打疤料几乎在 2mm 左右，直接打浆送入砂磨机解聚分散也是相对困难的。

再就是因球磨与砂磨料浆密度即钛白粗品含固量与对应的密度等，对解聚分散介质的球或珠产生的阻力影响巨大。固含量低、密度小，浆料黏度低，介质运动阻力小，但有效区域体积的钛白颗粒密度小，能量施加在研磨解聚分散介质上，介质自身碰撞磨损，产生无用功，效率低。固含量高、密度大，介质运动阻力大，速度下降，施加的能量用于克服料浆黏度阻力，同样效率低。

所以，如表 6-10 和表 6-11 所示，通常的钛白粗品湿法解聚分散工艺设备均是采取串联或多级工艺进行。

硫酸法钛白粉后处理粗品湿法解聚分散主要工艺设备是湿式球磨机、砂磨机和搅拌磨；曾经也有配合干法辊压磨串联的胶体磨。而氯化法氧化半成品几乎是湿法解聚分散，主要工艺设备有打浆强力搅拌解聚分散和砂磨机。

（一）球磨机湿法解聚分散

1．球磨机湿法解聚分散原理

球磨机湿法解聚分散与干法球磨机研磨原理几乎一样，唯一不同的是球体之间的研磨分散有效区域体积 V 是气固混合体（干粉流体）或液固混合体（料浆）。后处理球磨机和研磨体不会带入有色离子而影响后处理钛白粉的颜色。球磨机筒体衬板及端头采用刚玉陶瓷砖和衬板衬里，将金属材料与料浆所接触的面积隔离开来，研磨介质球弹采用高铝刚玉球体，早期采用莫来石或石英卵石。

2．球磨机湿法解聚分散利弊

欧洲早期钛白采用湿式球磨解聚分散装置，因没有与砂磨机串联工艺，采用旋流分级机将旋流器底部粗颗粒料浆循环返回进料继续研磨解聚分散。国内现在采用球磨机与砂磨机串联两级分散，弥补了旋流分级循环的不足。但是，球磨机研磨介质质量与速度的欠缺，增加了砂磨机的负荷与研磨解聚分散时所造成的密度即含固量的指标不足，非最佳粗品解聚分散手段。

德国前莎哈利本公司的 Gesenhues 博士送笔者的研究论文《高能球磨解聚分散 TiO$_2$ 的研究》，分散前与分散后的钛白粗品电镜照片如图 6-11 和图 6-12 所示，磨后的钛白粉颗粒表面变得粗糙，且有许多远低于颜料粒子大小的小碎块。

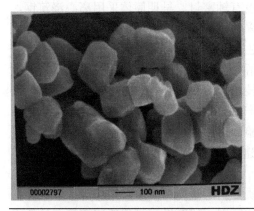

图 6-11　高能球磨解聚分散前的电镜图片

图 6-12　高能球磨解聚分散后的电镜图片

3．球磨机湿法解聚分散主要指标

钛白粗品球磨机湿法解聚分散主要指标见表 6-13。

表 6-13　球磨湿法解聚分散指标

指标名称	指标数值	备注
进料粒度	0.5～4.0mm	
进料的含水量	<0.2%	
产品细度	99.98%	≤45μm
料浆 TiO_2 浓度	600g/L	以 TiO_2 计
料浆中 SiO_2 含量	0.2%	以 TiO_2 计

（二）砂磨机湿法解聚分散

1．砂磨机的构造

砂磨机又称珠磨机，它是在球磨机的基础上发展成为立式搅拌磨，然后再逐步发展成为砂磨机，各自的结构原理如图 6-13 所示，用于研磨分散细小的颗粒与粉末。主要用于化工液体产品的湿法研磨机一般由机体、磨筒、砂磨盘（拨杆）、研磨介质、电机和送料泵组成，进料的快慢由进料泵控制。其中研磨介质一般分为氧化锆珠、玻璃珠、硅酸锆珠等。

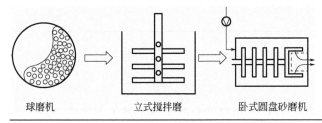

球磨机　　　　立式搅拌磨　　　　卧式圆盘砂磨机

图 6-13　球磨机、搅拌磨、砂磨机结构原理图

砂磨机分为立式和卧式，其构造由筒体、珠子搅动分散轴及上面安装的分散盘和传动动力机等组成。卧式结构还设有轴密封装置，立式则没有轴密封。早期筒体采用离心浇筑钢，来自作为武器装甲用的材料，具有超耐磨性；现在采用钢衬聚酯材料做筒体，搅拌轴与分散盘采用聚酯与金属的复合结构材料，减少了金属有色离子的侵入，保证砂磨时不影响解聚分散物料的颜色。同时，还设有冷却辅助装置，防止解聚分散时因温度上升对聚氨酯材料的损坏。由于立式砂磨机作为较早开发的研磨机器，因技术上解决了卧式砂磨机轴密封，再加上立式砂磨机珠子做径向运动，总要克服一个因重力产生分力的无用功和因突然非正常停车带来的珠子向底部沉积，清理困难、费时费力。从经验分析，同规格的立式砂磨机生产能力仅有卧式砂磨机的50%～60%。所以，自2000年以后建立的钛白粉生产装置几乎不再用立式砂磨机。

球磨机、搅拌磨和砂磨机共同点是利用研磨介质之间的碰撞、挤压、摩擦等原理破碎物料，所以三者都被称作介质磨，但三者又有本质上的区别。球磨机：筒体低速旋转，筒体内无搅拌器，使用大尺寸研磨介质，利用磨球升高而产生的重力势能落下而转换成的动能来破碎物料；研磨细度最小可达10～30μm。搅拌磨：筒体固定，内置梢棒式搅拌器，使用较小研磨介质，利用搅拌器施加给介质的动能破碎物料；结构为立式，研磨细度最细可达1～3μm。砂磨机：筒体一般（也有旋转的筒体）固定，筒体内布置不同型式的搅拌器，使用较小或很小的研磨介质，利用搅拌轴施加给介质的动能破碎物料；根据砂磨机的结构分为立式和卧式，盘式或梢棒式。研磨细度最细可达0.1～0.3μm。

砂磨机与球磨机、辊磨机和胶体磨等研磨设备相比，具有生产效率高、连续性强、成本低、产品细度小等优点。砂磨机采用偏心盘研磨结构，并按一定顺序排列，该系统克服了传统研磨机研磨介质分布不均的缺点，使研磨介质能够得到最大的能量传递，研磨效率高，采用双端面带强制冷却机械密封，密封效果好，运行可靠，分离系统采用大流量LDC动态栅缝式分离器，在大流量状况下不会发生出料口堵塞，过流面积大，缝隙范围0.05～2.0mm，可以使用0.1mm以上的研磨介质。图6-14为砂磨机研磨介质不同的分离系统图。

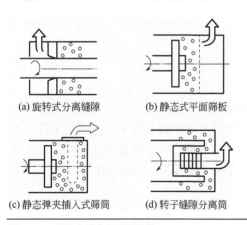

(a) 旋转式分离缝隙　　(b) 静态式平面筛板

(c) 静态弹夹插入式筛筒　　(d) 转子缝隙分离筒

图6-14　研磨介质分离系统结构

2. 砂磨机工作原理

砂磨机解聚分散原理几乎也是与球磨机一样，靠研磨介质珠子（十分小的球体）的质量和沿筒体圆周运动的速度运动球体，利用施加在研磨介质上的能量，迫使介质间的碰撞、剪切和挤压，而将钛白粗品聚集颗粒解聚分散开来。如图6-15所示，钛白粗品所受到的碰撞、剪切和挤压力量，是由介质（珠子）与介质之间和介质与研磨腔壁之间施加而成。其能量也是由能量公式 E 得来，同样是由珠子的质量和珠子的运动速度的平方关系确定。

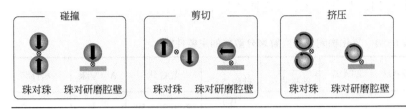

图6-15　研磨解聚分散介质的三种作用机理

砂磨机解聚分散研磨介质的速度和能量密度均高于球磨机和搅拌磨。由于球磨机、搅拌磨和砂磨机能量密度及介质的动能，随着被解聚分散研磨物料颗粒尺寸的减小，将其解聚分散研磨所需要的动能急剧增加，为达到所需要细度还必须使用小尺寸的研磨介质，而小尺寸介质的质量体积带来动能的相应减小，所以必须通过提高介质运动速度（砂磨机搅拌器转速）来提高其动能；还有，能量密度也是影响研磨解聚分散效率的一个重要因素，能量密度定义为单位筒体容积的装机功率。砂磨机能量密度最高，搅拌磨次之，球磨机最低，见图6-16。

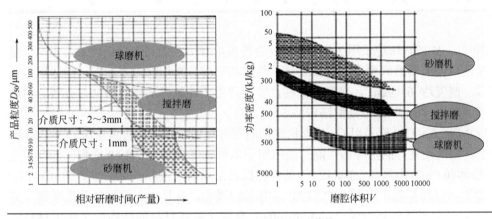

图6-16　球磨机、搅拌磨和砂磨机介质尺寸与产品细度和能量密度比较

砂磨机采用盘式或梢棒式，封闭内腔式设计，研磨盘按照一定顺序安装在搅拌轴上，克服了传统卧式砂磨机研磨介质分布不均、研磨后粒度分布差的缺点，物料在进料泵的作用下进入研磨腔，入口的设计是在驱动连接法兰的一端，在搅拌轴偏心盘高速运转中，物料和研磨介质的混合物发生高效相对运动，其结果，物料固体颗粒被有效分散、剪切研磨，经动态大流量转子缝隙分离过滤器后，得到最终产品。视产品研磨工艺不同，可采用独立批次循环研磨、串联研磨工艺。

3. 砂磨机研磨解聚分散介质的选择

（1）砂磨机研磨解聚分散介质性能　砂磨机与球磨机差异实际是砂和球的关系，因砂磨机也称为珠磨机，其研磨解聚分散介质商业使用的几乎是高温加工的氧化物陶瓷珠，也有一些非氧化物陶瓷珠，如碳化硅（SiC）、氮化硅（Si_3N_4）、氮化硼（BN）和碳化硼（B_4C）等，尽管硬度高、耐磨性好，因售价高、毫无必要用在钛白粉粗品解聚分散及涂料加工生产领域。所以，现有钛白粉生产或涂料颜料的解聚分散几乎使用无机氧化物陶瓷珠，氧化物陶瓷研磨解聚分散珠的主要性能见表6-14。其各类珠子性能简述如下：

表6-14 氧化物陶瓷研磨解聚分散珠的主要性能

产品名称	Y-TZP 珠	Ce-TZP 珠	ZTA 珠	电熔硅酸锆珠	烧结硅酸锆珠	复合珠	Al_2O_3 珠	莫来石珠
主要化学成分/%	ZrO_2:94.6 Y_2O_3:5.2	ZrO_2:80 CeO_2:20	ZrO_2:20 Al_2O_3:80	ZrO_2:68 SiO_2:32	ZrO_2: 60～70 Al_2O_3: 28～32	ZrO_2:20～50 Al_2O_3:20～50 SiO_2: 20～50	Al_2O_3: 90～92	Al_2O_3:65 SiO_2:35
密度 /（g/cm^3）	6.0	6.2	4.2	3.8	3.9	3.0～3.8	3.6	3.6～3.9
堆密度 /（g/cm^3）	3.7	3.7～3.9	2.5	2.3	2.4	1.9～2.3	2.2	1.9
抗弯强度 /（MPa）	900	700	450		300	220	280	200
莫氏硬度	8.5	8.5	9	7～8	7～8	7～8	9	7～8
耐磨性	★★★ ★★	★★★ ★★	★★★ ★★	★★★ ★	★★★ ★	★★★ ★	★★★ ★	★★★

注：★越多，耐磨性越好。

① Y-TZP 珠。Y-TZP 珠是采用 ZrO_2-Y_2O_3 复合粉末熔融生产的钇改性氧化锆陶瓷珠，是目前市面上性能最好的研磨解聚分散介质之一。具有高强度、高韧性、耐冲击、能适用各种砂磨机等特点。密度达 6.0g/cm^3，研磨效率高，特别适用于高黏度物料的研磨与分散。耐磨性极佳，是玻璃珠的 30～50 倍，硅酸锆珠的 5～6 倍。

② Ce-TZP 珠。Ce-TZP 珠是以 CeO_2 为稳定剂的四方氧化锆多晶材料陶瓷珠。Ce-TZP 珠具有高的密度、耐磨及良好的抗冲击性能，能应用于多种砂磨机。与 Y-TZP 珠相比，由于采用工业 ZrO_2 粉体和 CeO_2 为原料，成本较低，是一种极具市场前景的高性能研磨介质。Ce-TZP 珠由于 Ce^{4+} 原因，呈浅黄色，市面上 Ce-TZP 珠有多种颜色，这是由于原材料杂质所致。刻意添加某种色剂而希望达到某种颜色是不可取的，有可能破坏材料的结构，恶化了材料的性能。

③ ZTA 珠。ZrO_2 增韧 Al_2O_3(ZTA)陶瓷是一种重要的 ZTC 材料，在现代工业和科学技术上占有重要地位。就所使用原材料不同，有四种工艺方案：其一，采用超细（0.1～0.3μm）高纯（99.99%）α-Al_2O_3 和化学法制备的高性能 ZrO_2(Y_2O_3)粉末；其二，采用超细高纯 α-Al_2O_3 和工业 ZrO_2、Y_2O_3 粉末；其三，采用工业 α-Al_2O_3 和 ZrO_2(Y_2O_3)；其四，采用工业 α-Al_2O_3、ZrO_2 和 Y_2O_3 粉末。不同原材料方案所制备的 ZTA 陶瓷性能和成本差异是很大的，采用超细高纯 α-Al_2O_3 成本与 Y-TZP 相近。ZTA 珠硬度高、密度较大，特别适合于诸如 Al_2O_3、石英和莫来石等硬质物料的研磨与分散。

④ 电熔硅酸锆珠。电熔硅酸锆珠是由硅酸锆经过电熔处理制成，其内部结构是 ZrO_2 晶相呈叠瓦状紧密排列在 SiO_2 玻璃相中，结构均匀、耐磨、密度适中，广泛用于涂料、油墨和颜料等物料研磨与分散。

⑤ 烧结硅酸锆珠。烧结硅酸锆珠采用常规陶瓷高温烧结工艺制成。该珠的晶相由锆英石、ZrO_2 及少量玻璃相组成，晶粒细小、强度高，根据用户需求，密度在 $3.6\sim4.5g/cm^3$ 范围可调。

⑥ 复合珠。复合珠主要是采用 Al_2O_3 和 $ZrSiO_4$ 高温复合烧结制成，实现粒子原位增韧增强，合成耐磨锆刚玉或锆莫来石陶瓷。其特点是：成本相对较低、耐磨、抗冲击强度高，能适用多种砂磨机。

⑦ Al_2O_3 珠。Al_2O_3 珠研磨介质是应用最早、应用最广的陶瓷磨之一，适合各种硬质物料超细研磨与分散。

⑧ 莫来石珠。莫来石珠是优质高岭土和工业 $\alpha\text{-}Al_2O_3$ 粉，选用 MgO、CaO、BaO 等碱土金属氧化物作矿化剂高温烧结制成，用具有较高的耐磨性，价格低，广泛用于无机矿物如重钙、滑石、高岭土、石英等非金属矿物质原料的超细研磨与分散，也可用于金属矿的精选。

（2）砂磨机研磨介质的大小对解聚分散效果的影响 研磨分散设备从全球第一台使用粒径较大（$\phi10mm$ 左右）研磨介质的搅拌式球磨机诞生，发展到使用粒径较小研磨珠的立式砂磨机、卧式砂磨机以及各种带改良功能的超细研磨砂磨机，使用的研磨介质的粒径愈来愈小。其原因是：其一，在研磨设备输入能量足够大的前提下，研磨珠愈小，研磨效率愈高，物料研磨后细度愈细、分布愈窄（图6-16）；其二，砂磨机介质分离系统不断改进，使用小尺寸的研磨珠成为可能，传统砂磨机使用的缝隙环及静态筛网很难分离小尺寸研磨珠，采用动态离心分离系统，允许使用的最小珠子为 $\phi0.2mm$，不会发生堵塞及异常磨损（图6-14）。

搅拌磨、砂磨机粉碎原理是通过输入能量带动搅拌器高速旋转，使研磨珠产生强大的离心力，珠子和物料之间剧烈地碰撞、剪切与摩擦，物料迅速得以粉碎（图6-15）。以立式砂磨机为例，设分散盘直径为 $\phi100mm$，外沿线速度为 $10m/s$，使用 $\phi2.0mm$、$\phi1.0mm$ 和 $\phi0.6mm$ 三种尺寸珠子时，所受离心力分别是其自身重力的 51 倍、102 倍和 170 倍。线速度愈高，珠子所受离心力愈大；珠子愈小，所受离心力与其身重力比愈大。离心力愈大，珠子不仅碰撞次数愈多，而且强化了碰撞、剪切和挤压施加于被研磨分散解聚颗粒作用力，从而强化了物料粉碎，在钛白粉后处理生产中，提高了粗品的解聚分散效果和最终产品的质量。如图 4-1 所示，小研磨珠比大珠具有更大的曲率半径，在相同的作用力下在物料颗粒表面造成的局部应力更大，物料更易磨细。研磨过程是通过研磨介质之间的挤压、碰撞、剪切和摩擦完成的，任何一个物料颗粒只有在位于有效粉碎区域才能得以粉碎。一个直径为 $2r$ 的物料在两个相互接触半径为 R 的研磨珠之间，才能粉碎，亦即当这两个研磨介质的间距小于 $2r$ 的这个范围之间是粉碎区域，两研磨介质之间的粉碎有效区域的体积为 $V = 2\pi r^2(R + r/3)$，整个磨机中的有效粉碎区域是两个研磨珠之间有效粉碎体积与接触点数量的积。因此使用小研磨珠时单位体积的有效粉碎区域成指数倍率增大（约 $1/R^2$），在 $25.4mm^3$ 的范围内，直径为 3mm 的研磨珠，其接触点为 2900 个，而直径为 0.8mm 的研磨珠，其接触点为 180000 个。因此，采用小尺寸的珠子能够充分利用输入的能量，以较低的能耗快速得到颗粒细、分布窄的物料。若以研磨珠体积衡量，采用 $\phi2.0mm$、$\phi1.5mm$ 和 $\phi1.0mm$ 三种规格尺寸的研磨珠，装填珠子数分别为 100000 粒/L、400000 粒/L 和 800000 粒/L；显然，同样体积中小珠子碰撞点位急剧增加，提高了解聚分散效率。

（3）选择研磨珠的原则

① 化学原则。珠子运行过程中会有磨损，根据珠子的化学组成及损耗量确定采用何种珠子更为合适。除考虑低磨损外，物料系统所顾忌的化学元素是重点要考虑的因素。如解聚分散钛白粉粗品不应含各种有色金属元素，否则影响产品色泽质量，而研磨如农药、医药、食

品、化妆品等，选用的珠子应不含各种重金属。对于研磨一些非金属矿物原料，可考虑成分相近的珠子，如用硅酸锆珠或复合珠研磨硅酸锆，用 Al_2O_3 珠研磨 Al_2O_3 粉。所以，现有钛白粉生产几乎用的是氧化锆珠和硅酸锆珠，磨损进入产品的氧化锆与氧化硅不仅不对生产钛白质量造成影响，且有一定的正效益。

② 研磨珠子的主要性能指标。

a. 密度。珠子密度愈大，研磨效率愈高。高黏度的浆料应选用密度大的珠子，如研磨胶印油墨和喷绘油墨，一般使用 $\phi 0.2 \sim 0.8$mm 的 Y-TZP 珠。

b. 硬度。珠子的硬度应高于物料的硬度。笔者曾使用 $\phi 1.5$mm 的 Y-TZP 珠研磨 α-Al_2O_3 粉末，珠子损耗较大，研磨成本较高，后来分别改用 Al_2O_3 珠和 ZTA 珠，效果较好。此外硬度大的研磨珠对设备有关接触部件磨损也较大，但可通过调节珠子的填充量、浆料的黏度和流量等参数进行优化。

c. 耐磨性。尽量选用磨损较低的珠子，耐磨性除与材料本身性能有关，还取决于测试条件，陶瓷珠供应厂商提供的磨耗值，一般是在水介质中测得的珠子自磨磨耗值。若物料硬度低于研磨珠，这种自磨耗值与实际磨耗有较好的对应关系。建议使用珠子前模拟实际工况条件测定磨耗，以便准确选用何种珠子。

d. 强度。研磨珠成功应用首要条件是运行中不碎裂，这对高能量密度的砂磨机尤其重要，珠子的抗弯强度和韧性愈高，破碎可能性愈小。Y-TZP 珠子是市面上强度最高的研磨介质。

e. 珠子的大小。研磨珠的大小决定了珠子和物料的接触点的多少，在有足够能量输入的前提下，珠子愈小，研磨效率愈高。但珠子的大小与设备介质分离系统有关，对于筛网分离系统，珠子的最小直径是筛网缝隙的 3 倍；对于环式分离系统，最小直径是环缝隙的 4 倍。目前动态离心分离系统，允许使用 $\phi 0.1 \sim 0.2$mm 超细研磨珠。物料入料粒度和研磨终端要求的粒度也是选择珠子大小的重要依据。对于入料粒度大，终端料度要求又特别细（如 0.5μm）的情况，应选择多段研磨工艺，前段研磨可选择尺寸较大的珠子，终端可选择尺寸较小的珠子。此外选择窄分布的珠子有助于强化研磨效果。

现有中国大陆钛白粉因采用多段解聚分散工艺，几乎是选用 $\phi 0.8 \sim 0.6$mm 的氧化锆珠，并按生产进行定期的筛分与补充。

4．砂磨机解聚分散硫酸法钛白粗品技术

如表 6-10 硫酸法钛白粉粗品解聚分散组合工艺所示，因组合工艺的不同效率也不同，存在一定的差异。因解聚分散是钛白粉生产技术的"灵魂"之一，才有各国的工程师与科学家进行不断的改进与创新。至 2018 年末，中国大陆的硫酸法钛白粉的粗品解聚分散工艺主要是表中第一种和第二种，前者是雷蒙干法预解聚，后者是球磨湿法预解聚，最后均通过砂磨机最后深度解聚分散。其辊压磨和高速搅拌分散等均是一些补充，可以说是一些不必要的累赘。

（1）硫酸法钛白粗品砂磨解聚分散指标　硫酸法砂磨解聚分散与预分散关系较大，如采用干法雷蒙解聚分散的干粉，加入分散剂六偏磷酸钠和硅酸钠进行分散打浆，可制得流动性好的且含固量 800g/L 的悬浮料浆（固含量 50%），并容易送入砂磨机。而采用湿式球磨机因上述微观能量不够，只能维持球磨料浆固含量在 600g/L（固含量 41%），否则，将会造成料浆流动性下降，造成研磨陶瓷球黏附或"胀磨"趋势，解聚分散效率下降，造成进入砂磨机时进料困难。表 6-15 为雷蒙磨干法预解聚分散后，打浆浸润进行砂磨解聚分散指标。

表 6-15　砂磨料浆解聚分散指标

指标名称	指标数值	指标单位	备注
悬浮液温度	55～65	℃	
悬浮液密度	1620	kg/m³	
悬浮液钛含量	800	g/L	视预解聚分散而定
润湿剂中盐类总量	2	kg/t TiO₂	
砂磨机冷却水进口温度	7	℃	基本不再用
砂磨机冷却水出口温度	<12	℃	基本不再用
料浆中 TiO₂ 粒度	99.9%		≤0.6μm

（2）硫酸法粗品多级砂磨解聚技术　德国克朗斯的 Juergens 等（US10160862）为制取高速分散油墨用钛白粉颜料采用雷蒙磨预分散加三级砂磨机解聚分散转窑煅烧粗品。第一级砂磨解聚分散采用 $\phi 0.8\sim 0.6mm$ 的氧化锆或硅酸锆珠，第二级采用 $\phi 0.8\sim 0.6mm$ 的莫来石珠，第三级采用 $\phi 0.6\sim 0.4mm$ 莫来石珠。

5．砂磨机解聚分散氯化法钛白粗品技术

氯化法粗品因氧化时其中的一些没有反应的盐类，如三氯化铝、四氯化钛及冷却或打疤物料，造成打浆时其中的"等电点"低，pH 值为 3.5～4.0，通常混合打浆可输送的料浆固含量仅有 450g/L（固含量 35%），再送入砂磨机解聚分散，因固含量相对较低；正如上述 3.（2）介质大小对解聚分散的影响所述，两研磨介质之间的粉碎有效区域的体积为 $V = 2\pi r^2(R + r/3)$，整个磨机中的有效粉碎区域是两个研磨珠之间有效粉碎体积与接触点数量的积；由于有效粉碎区域体积中钛白粗品固含量（浓度）较低，接触点数量比变少，需要接触点位的颗粒数减少，解聚分散效率低。所以，正如第五章所述，氧化技术的好坏可直接决定后处理的难易与产品的颜料性能。对氯化法粗品的解聚分散如表 6-11 所示组合工艺，通常采用打浆混合加砂磨机解聚分散技术，下面就表 6-11 中最后两种工艺简述如下。

（1）中和过滤＋打浆混合＋砂磨机　由于氯化法氧化钛白粗品在经过过氧化氢脱氯氧化后，直接用于砂磨解聚分散，再进行无机物包覆。因其中的钠离子含量较高和初期 pH 值的等电点不一样，产生的解聚分散浆料分散性不稳定，造成包覆质量差，得不到致密耐候的氧化硅膜。为此，原美利联公司的 Kinnlard 和 Campeotto（US6528568）开发采用氧化粗品在过氧化氢氧化脱氯后，将 TiO₂ 浓度调整到 300g/L，加热到 70℃，用 200g/L 的 NaOH 调节 pH 值在 7.0～7.5 之间，再进行过滤，用 1.5 倍的脱盐水洗涤；洗涤滤饼打浆到 600g/L TiO₂ 浓度，加入 0.2%的六偏磷酸钠作为分散剂，送入砂磨机进行解聚分散；然后，按通常的无机物包覆处理进行硅和铝的包覆，得到高分散、高耐候、粒径标准偏差在 1.4 以下的产品。

（2）混合分散＋砂磨机＋超声分散　由特诺公司的 Goparaju 开发的砂磨机加超声波解聚分散技术（US9353266），是将氯化法氧化粗品直接加入质量分数为 0.15%的六偏磷酸钠分散剂，用碱液将料浆的 pH 值调到 9.5 或更高，得到料浆含固量 35%（TiO₂），使用 4∶1 的锆珠和粗品比例，进行砂磨解聚分散 12min，再用超声波进行分散，其比较结果见表 6-16，达到 0.63μm 以下颗粒占 94%。说明超声波有助于分散解聚，缩短砂磨机解聚分散时间，提高解聚分散效率。

表 6-16　砂磨机加超声波解聚分散比较结果

解聚分散方式与时间	细度用过率/%		
	0.63μm	0.486μm	0.446μm
砂磨机解聚分散 17min	94.6	52.7	29.6
砂磨机解聚分散 12min	91.2	43.5	22.8
砂磨机解聚分散 12min 加超声波分散	94.1	52.0	29.3

（三）胶体磨湿法解聚分散

胶体磨湿法解聚分散原理是由电动机通过皮带传动带动转齿（或称为转子）与相配的定齿（或称为定子）做相对的高速旋转，其中一个高速旋转，另一个静止，被加工物料通过本身的质量或外部压力（可由泵产生）加压产生向下的螺旋冲击力，透过定、转齿之间的间隙（间隙可调）时受到强大的剪切力、摩擦力、高频振动、高速旋涡等物理作用，使物料被有效地乳化、分散、均质和粉碎，达到物料超细粉碎及乳化的效果。

因前述干法解聚分散用辊压机进行，经过辊压机挤压后的钛白粉粗品颗粒进行高效打浆分散，再采用胶体磨进行深度解聚分散，因定齿和转齿间的缝隙均是在宏观上的尺度，加之金红石粗品的结晶晶体性质，对定、转齿磨损太快，几天时间就被物料磨损掉，施加的能量用于磨损设备自身去了，且解聚分散效率低，以及金属元素进入产品等，不宜用在钛白粉生产后处理的解聚分散工艺中。后随辊压磨的退减，不再使用，故此处不再赘述。

第四节
无机物包膜技术

一、无机物包膜原理

1972 年，日本学者在单晶 TiO_2 半导体电极上发现水的光电催化氧化还原反应，确立了 TiO_2 的这一光半导体催化特性，随后全世界科学家对 TiO_2 材料的特性展开了更深入的研究，揭示并发现了其更多的光催化机理及其优异的特性。

因其 TiO_2 的光催化活化点与晶体颗粒的比表面积成正比，即比表面积与颗粒粒径成反比，颗粒越小比表面积越大，则活化点越多；与碳纳米管兼有石墨与金刚石的力学性能一样，一并被认为是 21 世纪最有价值潜能的纳米材料之一，成为科学家追逐研究的热点。并有望成为 20 世纪 50 年代半导体晶体电子管的诞生到集成电路的电子技术革命，对人类科学技术带来深刻影响，从而掀起了电子与信息技术产业革命的浪潮。纳米二氧化钛的光半导体独有性质的开发前景不言而喻。

然而，二氧化钛的这一光催化半导体特性，用在作为光学颜料的钛白粉自身产品中，却存在有损应用性能、美中不足的极大缺陷。如果不能将二氧化钛这一特殊的光催化性质"封杀"掉，它会使钛白粉产品质量、耐候性能低劣，作为颜料在塑料、涂料等的应用中，光催化致使涂膜或树脂的分子键断裂，造成应用产品起皱、脱皮、剥落而加速老化。因此，采用无机物在钛白粉颗粒表面包覆（coating）一层无机物，防止高能紫外光直接照射到二氧化钛颗粒表面，屏蔽紫外光而阻止光催化反应的产生，保护涂层与增强树脂的耐久性，成为保证钛白粉生产质量的一个重要技术手段，其包覆创新技术总是在不断地发展与完善。

（一）二氧化钛的光催化原理

为提高钛白粉的耐候性，进行无机物包覆的目的就是屏蔽紫外光，阻止其钛白粉的光催化活性反应，因此有必要了解光催化原理。无论硫酸法还是氯化法，在二氧化钛晶体形成和生长过程中，均存在晶格缺陷，称之为肖特基缺陷（Schottky defect），也叫作"氧缺陷"。由于二氧化钛这些晶格缺陷，使其表面上存在许多光活化点，在紫外光（UV）的作用下，产生光半导体催化化学反应。光催化反应分五个反应步骤来完成一个光催化循环过程，使空气中的水和氧被分解为氧化电势奇高的羟基自由基（·OH）和过氧羟基自由基（·O$_2$H），轻而易举地将有机物的分子键打断或分解掉。二氧化钛光催化反应如图 6-17 所示。

第一步，二氧化钛颗粒吸收紫外光，在其颗粒中发生电荷分离，在导带的负电荷电子 e$^-$ 和在价带的正电荷空穴 p$^+$ 形成激发态。

$$TiO_2 + h\nu === TiO_2(e^- + P^+) \tag{6-11}$$

第二步，空穴正电子氧化二氧化钛颗粒表面的羟基离子，生成羟基自由基。

$$p^+ + OH^- === \cdot OH \tag{6-12}$$

第三步，四价钛得到电子还原成三价钛。

$$Ti^{4+} + e^- === Ti^{3+} \tag{6-13}$$

第四步，三价钛与新吸附的氧，氧化成四价钛，生成过氧阴离子自由基

$$Ti^{3+} + O_2 === Ti^{4+} + \cdot O_2^- \tag{6-14}$$

第五步，在氧化钛表面的过氧阴离子自由基与水反应，生成羟基离子和过氧羟基自由基。

$$Ti^{4+} + \cdot O_2^- + H_2O === Ti^{4+} + OH^- + \cdot O_2H \tag{6-15}$$

经过此五步反应产生了 2 个自由基，二氧化钛又回到第一步的初始状态。

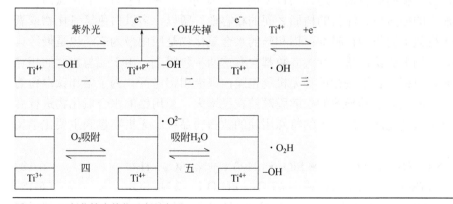

图 6-17　二氧化钛光催化反应示意图

UV 光子、水和氧的反应是由总能量在 3.1eV 以上的一个光子产生了 2 个自由基（羟基和过氧羟基自由基），它们具有高度的活性，其氧化势能仅次于氟气（见表 6-17 不同氧化剂的氧化还原能力比较），达到 2.8V 可以使不同的有机聚合物氧化、降解，总反应式如下：

$$H_2O + O_2 + h\nu(UV) \longrightarrow \cdot OH + \cdot O_2H \tag{6-16}$$

$$3HO \cdot + 3HO_2 \cdot + 2(—CH_2—) \longrightarrow 2CO_2 \uparrow + 5H_2O \tag{6-17}$$

TiO_2 光催化条件：UV 光子、氧和一定的湿度。

正是由于 TiO_2 具有的这一特殊的光催化特性，使钛白粉作为颜料在塑料、涂料等的应用中，将加速老化。所以，除在晶体形成和生长过程中采取措施弥补和减少其晶格缺陷外，必须对其进行无机物包覆（包膜）处理，以屏蔽紫外光造成的光催化作用。锐钛型钛白因结构与金红石钛白结构的差异（图 1-2），其表面的光活化点更多，光催化作用更强。现代的研究结果认为，单位面积的光催化作用，锐钛型二氧化钛是金红石型二氧化钛的 800 倍，除少量专门用途的锐钛型钛白粉外，也是今天所有颜料使用的钛白粉几乎是金红石型品种的又一优势之故（另一优势为折射率）。所以，二氧化钛晶体的直径越小，比表面积越大，也才是如今纳米二氧化钛光催化材料成为研究热点的缘故。

表 6-17　不同氧化剂的氧化能力比较

氧化剂	反应	氧化电势/V
氟气	$F_2 + 2e^- \Longrightarrow 2F^-$	2.87
羟基自由基	$OH \cdot + H^+ + e^- \Longrightarrow H_2O$	2.80
过氧	$O_3 + 2H^+ + 2e^- \Longrightarrow H_2O + O_2$	2.07
过氧化氢	$H_2O_2 + 2H^+ + 2e^- \Longrightarrow 2H_2O$	1.77
高锰酸根	$MnO_4^- + 8H^+ + 5e^- \Longrightarrow Mn^{2+} + 4H_2O$	1.51
次氯酸	$HClO + H^+ + 2e^- \Longrightarrow Cl^- + H_2O$	1.50
氯气	$Cl_2 + 2e^- \Longrightarrow 2Cl^-$	1.36
氧气	$O_2 + 4H^+ + 2e^- \Longrightarrow 2H_2O$	1.23

（二）无机物包膜原理

1. 无机物包膜原理

用于无机物处理包覆膜的成膜剂，通称为包膜剂。包膜剂既要有颜色与二氧化钛的特征相符，又要有与用途上的如塑料、涂料的树脂之间的相容性。所以，多以白色氢氧化物或氧化物及少量的难溶无机盐沉淀作为包膜剂；铝和硅的水合氧化物是应用最为广泛也是最经典和最重要的包膜剂。市场上的钛白粉，绝大多数都含有这两种包膜剂。由于铝与树脂的相容性好，往往是先包硅后包铝，若仅进行单种无机物包膜，只能用铝进行。为了增加钛白粉的耐候性及产品的光泽，降低因包硅导致的松散膜颗粒粒径增大，使用锆的水合氧化物进行后处理的无机物包膜可制得高光泽、高耐候的特殊用途的钛白粉品种。无机物包膜主要化学反应原理如下：

$$Na_2SiO_3 + H_2SO_4 \longrightarrow SiO_2 \cdot nH_2O \downarrow + Na_2SO_4 + H_2O \tag{6-18}$$

$$Al_2(SO_4)_2 + 4NaOH \longrightarrow Al_2O_3 \cdot nH_2O \downarrow + 2Na_2SO_4 \tag{6-19}$$

$$2NaAlO_2 + H_2SO_4 \longrightarrow Al_2O_3 \cdot nH_2O \downarrow + Na_2SO_4 \tag{6-20}$$

$$Zr(SO_4)_2 + 4\,NaOH \longrightarrow ZrO_2 \cdot nH_2O \downarrow + 2\,Na_2SO_4 \qquad (6-21)$$

生成物中的水合物因沉淀方式不一样，水合物系数 n 也不一样，多数在干燥和高温气流粉碎解聚分散中被脱掉。由于纸张及装饰纸所用钛白粉与涂料、塑料的用途与要求不同，通常采用磷酸铝沉淀形式作为包膜剂，反应原理如下：

$$Al_2(SO_4)_3 + NaH_2PO_4 \longrightarrow AlPO_4 \cdot nH_2O \downarrow + Na_2SO_4 \qquad (6-22)$$

作为氯化法粗品，因多数采用盐酸进行酸碱调节，所使用的无机盐类可采用氯化物进行沉淀。

2. 无机物包膜沉淀机理

表面处理是钛白研究领域中最活跃的技术之一。就无机硅和铝两元素包膜而言，既有像皮肤一样的致密膜和像海面状的多孔膜（松散膜），也有致密内膜，多孔外膜，以及多层交替包覆膜，以提高钛白粉颜料的应用性能。仅对一种无机成膜剂而言，是位于内膜还是外膜，对产品的使用范围都有相当的影响。如特诺公司的 Rao 和 Ashley 示意的致密膜与松散膜（US8840719）采用五种交替包覆的方式，如图 6-18 所示。

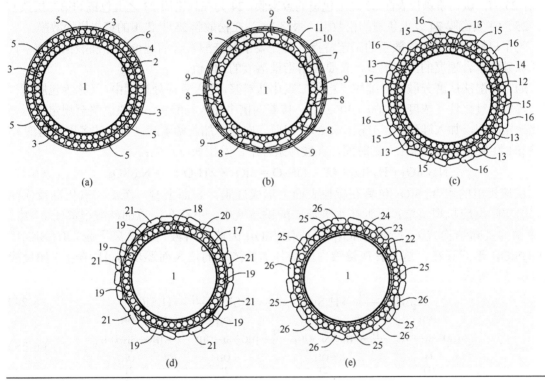

图 6-18　多种无机物表面处理包膜的方式示意图

1—钛白粉微晶体颗粒；2，7，12，17，22—钛白粉颗粒表面；3，5，8，9，13，15，16，19，21，25，26—松散膜；4，6，10，11，14，18，20，23，24—致密膜

图 6-18 中（a）松散膜与致密膜处理包膜的方式为：松—密—松—密，一层松散膜一层致密膜交替包覆，共计四层膜。如图序号 1 为钛白粉微晶体颗粒，2 为钛白粉颗粒表面，3 为松散膜，4 为在松散膜 3 之上包覆的致密膜，5 又为在致密膜 4 上面包覆的松散膜，最终 6 为在松散膜 5 之上包覆的致密膜。

图 6-18 中（b）松散膜与致密膜处理包膜的方式为：松—松—密—密，两层松散膜加两

层致密膜，连着包覆，共计四层膜。如图序号 1 为钛白粉微晶体颗粒，7 为钛白粉颗粒表面，8 为在钛白粉颗粒表面 7 上包覆的松散膜，9 为在松散膜 8 之上包覆的第二层松散膜，10 为在松散膜 9 上包覆的致密膜，最终 11 为在致密膜 10 上包覆的第二层致密膜。

图 6-18 中（c）松散膜与致密膜处理包膜的方式为：松—密—松—松，一层松散膜加一层致密膜，再加两层松散膜，半间隔连续包覆，共计四层膜。如图序号 1 为钛白粉微晶体颗粒，12 为钛白粉颗粒表面，13 为在钛白粉颗粒表面 12 包覆的松散膜，14 为在松散膜 13 之上包覆的致密膜，15 为在致密膜 14 上包覆的松散膜，最终 16 为在松散膜 15 上包覆的第二层松散膜。

图 6-18 中（d）松散膜与致密膜处理包膜的方式为：松—松—密—密，两层松散膜加两层致密膜，连续方式叠加包覆，共计四层膜。如图序号 1 为钛白粉微晶体颗粒，17 为钛白粉颗粒表面，18 为在钛白粉颗粒表面 17 上包覆的松散膜，19 为在松散膜 18 之上包覆的松散膜，20 为在松散膜 19 之上包覆的致密膜，最终 21 为在致密膜 20 上包覆的致密膜。

图 6-18 中（e）松散膜与致密膜处理包膜的方式为：密—密—松—松，两层致密膜加两层松散膜，连续叠加方式包覆，共计四层膜。如图序号 1 为钛白粉微晶体颗粒，22 为钛白粉颗粒表面，23 为在钛白粉颗粒表面 22 之上包覆的致密膜，24 为在致密膜 23 之上包覆的第二层致密膜，25 为在致密膜 24 之上包覆的松散膜，最终 26 为在松散膜 25 上包覆的第二层松散膜。

为了理解致密膜和松散膜的工艺特点，首先要了解硅酸聚合的理论。在硅酸钠溶液中，影响原硅酸聚合速度的因素很多，首要因素当推溶液的 pH 值。

通常将湿法研磨分散好的细粒子粗品二氧化钛料浆，送入表面处理罐中（又称为包膜槽），用水稀释二氧化钛（浓度约 200～300g/L），接着向槽中加入稀酸将 pH 值调整至规定值后，陈化一定时间，加入硅酸钠，分散一定的时间后，向槽中加入稀硫酸（氯化法多用稀盐酸），调整 pH 值至规定值，陈化一定时间，在酸性条件下，发生如下反应：

$$Na_2SiO_3 + H_2SO_4 + (X-1)H_2O = SiO_2 \cdot XH_2O \downarrow + Na_2SO_4 \tag{6-23}$$

反应析出的水合 SiO_2 包裹在颗粒表面，形成硅膜。表面上看，沉淀二氧化硅反应简单，但实际反应机理复杂；因为在水玻璃硅酸钠溶液中，不存在简单的硅酸根离子 SiO_3^{2-}，硅酸钠的实际结构式为 $Na_2[H_2SiO_4]$ 和 $Na[H_3SiO_4]$，因此在溶液内的负离子应以 $[H_2SiO_4]^{2-}$ 和 $[H_3SiO_4]^-$ 形式存在，这二者在溶液内随着外加酸浓度的增大而逐步与 H^+ 结合，如反应式（6-25）所示：

$$H_2SiO_4^{2-} \xrightarrow{H^+} H_3SiO_4^- \xrightarrow{H^+} H_4SiO_4 \xrightarrow{H^+} H_5SiO_4^+ \tag{6-24}$$

$$[HO\!-\!\underset{O}{\overset{OH}{Si}}\!-\!OH]^{2-} \xrightarrow{H^+} [HO\!-\!\underset{OH}{\overset{OH}{Si}}\!-\!OH]^- \xrightarrow{H^+} [HO\!-\!\underset{OH}{\overset{OH}{Si}}\!-\!OH] \xrightarrow{H^+} [HO\!-\!\underset{OH_2}{\overset{OH}{Si}}\!-\!OH]^+ \tag{6-25}$$
$$(1) \qquad\qquad (2) \qquad\qquad (3) \qquad\qquad (4)$$

在碱性和稀酸溶液内，原硅酸（3）与负一价的原硅酸离子（2）之间进行氧链反应，生成硅酸的二聚体，如反应式（6-26）所示：

$$[HO\!-\!\underset{OH}{\overset{OH}{Si}}\!-\!OH]^- + [HO\!-\!\underset{OH}{\overset{OH}{Si}}\!-\!OH] = HO\!-\!\underset{OH}{\overset{OH}{Si}}\!-\!O\!-\!\underset{OH}{\overset{OH}{Si}}\!-\!OH + OH^- \tag{6-26}$$

此二聚体又可进一步与（2）作用生成三聚体、四聚体等多硅酸。在形成多硅酸时，Si—O—Si 链也可以在链的中部形成，这样可以得到支链多硅酸，并在二氧化钛颗粒表面沉积，同时也能与钛白粗品颗粒表面的羟基进行氧链反应，形成多聚体包覆在其表面。

如果温度、加酸速度、氢离子的停留时间协调不好，多聚体硅酸进一步聚合便形成胶态二氧化硅质点。随着粒子尺寸的增大，溶解度迅速下降，新的分散相生成，独立于钛白粗品颗粒之外，造成包膜质量低劣。所以，在包硅膜过程中，必须控制好反应的温度和 pH 值，稳定包膜试剂的浓度，准确计量包膜剂加入量和加入包膜剂的速度，以包裹上致密硅膜。

在 pH = 8~10、55~65℃的温度下，同时加入硅酸钠溶液和稀硫酸，两者的加入速度要保证浆液的 pH 值稳定在 8~10。在此温度和 pH 值下，硅酸钠以水合氧化硅的形式沉在二氧化钛颗粒表面上形成外膜，这种方法制成的钛白粉是通用型的，适应性较强。

当硅酸钠的模数为 3，酸化剂为硫酸时，在 pH<2~3 和 pH>11 时，硅酸胶凝速度最慢，pH = 7~8 时，硅酸胶凝速度最快，这就是理论上致密膜和松散膜的形成机理。由于硅酸聚合速度过快，不能逐渐沉积到二氧化钛粒子表面形成表皮状的致密膜，而生成许多小球状的 SiO_2 粒子，众多小粒子的堆积就形成了松散膜。为此，为包膜致密硅，根据加入硅含量的多少，可分两次包膜或多次包膜硅化物及采用分两次 pH 值与时间控制硅酸胶凝沉淀的速度。如在 pH = 9.5~10 加酸时间 45min，然后在 pH = 8.3~8.5 加酸时间 150min，从动力学上控制沉淀速度。

同时，在 pH<2~4.5 时，二氧化钛本身呈严重的凝聚状态；而在 pH = 7 时，二氧化钛凝聚现象虽有改善；但硅酸的聚合速度也太快，两者皆不可取。当 pH = 9~11 时，二氧化钛悬浮液呈高分散状态，硅酸的聚合速度也比较慢，是生成致密硅的有利条件。在硅包膜结束之后，有必要将 pH 调到 7，使溶液中的硅酸全部聚合。

生产上，致密膜和松散膜的工艺要点和上述理论是吻合的。因进行无机物包膜时，其基本要求如下：

① pH 值控制。包膜料浆的 pH 值在 8~11 之间，使料浆处于高分散状态，致密膜以 9~11 为好，松散膜以 8 左右为好。

② 温度控制。致密膜的包膜反应温度为 80~100℃，松散膜则在 60℃以下；

③ 硅酸钠的模数。对致密硅膜而言，以单硅酸钠或双硅酸钠为好，对松散膜则以三硅酸钠为好。

④ 时间控制。致密膜的包膜时间可长达 5h，一般 1~3h，而松散膜则要快得多。

⑤ 钠离子含量。致密膜原始料浆中的钠离子含量，也是需要考虑的因素，因为水玻璃的模数就是钠与硅的比例；尤其是氯化法氧化粗品，因吸附含有一定量的酸和未反应四氯化钛及中间产物，pH 值低，在中和时需要的碱量带来钠离子含量高；而硫酸法转窑粗品本身 pH 值高，在 8~9，且盐含量低。

⑥ 搅拌与浓度。两种包膜方式都要求良好的搅拌及混合，对致密膜，间歇包膜方式时硅酸钠和硫（盐）酸稀些为好，而连续方式浓度高一些；松散膜用的试剂可以浓些。

致密硅包膜的出现，大大提高了硅处理的使用价值，将平均粒度为 0.2μm 左右的具有最佳光学性能钛白粉耐久性提高到一个新的水平，常用于高光泽、耐久性的工业涂料。致密氧化硅膜既可屏蔽紫外光，掩盖二氧化钛晶体表面的晶格缺陷不受到紫外光侵蚀而产生光化学作用，又保护微晶体二氧化钛免受化学品的侵蚀，如 Al_2O_3 和 SiO_2 常规包膜覆盖的二氧化钛，在 175℃、96%的硫酸中，加热 5h，95%的二氧化钛被溶解；而在同样条件下，致密硅包覆的二氧化钛，只有大约 20%~30%被溶解。现在经过不断的技术改进，控制 SiO_2 的沉淀时间与pH 值的关系，可以生产出优良的致密硅膜钛白粉产品。

同时，松散膜的问世，适应了平光乳胶漆的需要，作为内墙涂料使用，不因光泽的反光带来视觉刺激及疲劳。松散膜的钛白粒度较大，一般在 0.4~0.5μm；由于颜料粒子间堆积着大量的二氧化硅粒子，而且互相隔开留有气孔，入射光穿过颜料-空气界面的折射率之差，大于二氧化钛-介质的折射率之差，所以二氧化钛的干遮盖力比它的真实遮盖力或湿遮盖力都大，从而夺得了额外的干遮盖效果，提高了漆膜的不透明度。

在钛白粉包膜形成硅或其他无机膜后，需要包覆一层铝膜。因铝膜与所有树脂具有更好的相容性，几乎以树脂为伴的涂料和塑料用钛白粉的无机包覆物，最表面层是需要包覆以氧化铝类的铝膜。待硅膜包覆完备后，向槽中加入硫酸铝或铝酸钠，分散一定的时间后，向槽中加入稀碱或酸（硫酸与盐酸），调整 pH 值至规定值，陈化一的定时间，在碱性条件下，发生如下反应：

$$Al_2(SO_4)_3 + 6NaOH + (X-3)H_2O = Al_2O_3 \cdot XH_2O \downarrow + 3Na_2SO_4 \tag{6-27}$$

$$2NaAlO_2 + 2HCl + (X-1)H_2O = Al_2O_3 \cdot XH_2O \downarrow + 2NaCl \tag{6-28}$$

反应析出的 Al_2O_3 包裹在颗粒表面，形成铝膜。在包膜过程中，同样必须控制好反应的温度和 pH 值，稳定包膜试剂的浓度，准确计量包膜剂加入量，以及控制加入包膜剂的速度，再在致密硅膜之上包裹铝膜。

包覆铝膜，除传统的专用油墨采用硫酸铝和铝酸钠进行混合铝膜包覆外，几乎所有的铝膜包覆试剂采用铝酸钠。然而，铝酸钠溶液具有不同于一般的无机盐溶液的极为独特的性质，其稳定性以及许多物理化学性质与浓度的关系都是独具一格的，其溶液的性质取决于在溶液中的结构。在钛白粉粗品包膜配制的中浓度或稀的铝酸钠溶液中，铝酸根阴离子主要是以 $Al(OH)_4^-$ 形式的单核一价配位离子存在，它是具有配位数为 4 的典型四面体结构，其中三个 OH^- 以正常价键与中心离子 Al^{3+} 结合，第四个 OH^- 则是以配位键与 Al^{3+} 结合。但是随着浓度的增大和温度的升高，铝酸根离子按下式进行脱水反应：

$$Al(OH)_4^- \rightleftharpoons AlO(OH)_3^- + H_2O \rightleftharpoons AlO_2^- + 2H_2O \tag{6-29}$$

在不稳定的低苛性比值的铝酸钠溶液中，铝酸根离子的组成更复杂。除了 $Al(OH)_4^-$、$AlO(OH)_2^-$ 和 AlO_2^- 外，由于它们有聚合倾向，还可以形成一些复杂的配位阴离子，在一定的条件下转变为固体 $Al(OH)_3$：

$$mAl(OH)_4^- \rightleftharpoons AlO(OH)_{3m+1}^- + (m-1)OH^- \rightleftharpoons AlO_2^- + mOH^- \tag{6-30}$$

因此，在用酸进行中和时，因移走 OH^- 产生氧化铝膜。

包铝膜时，其主要核心控制指标为 pH 值，如上所知，铝元素作为两性氢氧化物，在低 pH 值时生成铝盐，高 pH 值时转化为铝酸盐。所以，在 pH 值低于 4 和高于 9 时，包膜在钛白颗粒表面的氧化铝开始溶解；而且，维持包铝膜时的 pH 值低于 9 时，形成的三水合氧化铝明显减少。因三水合氧化铝可明显影响颜料的性能，如光泽、分散性和耐磨性等，所以，通常沉淀包覆铝膜时，维持 pH 值在 6.5～7.5。包铝膜也作为无机物包覆最后的包膜结束过程。

二、无机物包膜主要设备

钛白粉后处理无机物包膜设备主要是包膜槽（罐），间歇与连续包膜工艺尽管包膜原理及使用的包膜剂几乎一样，但是包膜设备有所不同：通常间歇包膜槽在一个包膜槽内完成全部包覆生产过程，包括温度、浓度、pH 值控制，硅、铝、锆或磷包膜剂的加入等均在一个包膜槽中进行，肩负着所有包覆化学反应工艺过程；而连续包膜工艺则分别进行浓度调配、加热、硅膜试剂的混合、硅膜沉淀包覆、铝膜试剂混合、铝膜沉淀包覆等，将包覆的化学反应工艺过程分别独立开来。

表面上看无机物包膜是一个不影响钛白粉颗粒化学性质的简单过程，而实际正如本节反应原理与生成机理所述，包膜工艺优劣也较大地影响钛白粉产品的应用性能。不仅包膜技术的生产工艺重要，而且生产设备的结构及如何满足并有效达到工艺指标需要的致密膜与松散膜产品品种和设计意图，甚至不同应用领域所需要的颜料应用性能等尤为重要；否则，尽管硫酸法煅烧钛白粗品和氯化法氧化钛白粗品已经达到上乘的粗品颜料质量，因后处理解聚分散后无机物包膜的不到位，产品质量未能体现最好的应用性能而缺乏市场竞争力，资源得不到最大化的价值体现，有违可持续发展的节约宗旨。所以，需要认真对待无机物包膜工艺技术与设备结构相互之间配合和协调，并不断地进行技术创新。

作为湿法无机物包膜，需要在包膜反应时将解聚分散的钛白粗品料浆与包模无机物溶液进行充分的混合，并按生产产品品种的需要从溶液中析出沉淀并分层包覆在钛白粉粗品微晶颗粒表面。作为解聚分散料浆与无机物溶液混合的流体，需要遵从化工流体的混合原理。虽然现有化工流体混合工艺分类如表 6-18 所示，可分为 5 类：包括混合、悬浮、分散、乳化和抽运；然而钛白粉粗品无机包膜上进行的流体反应既包含混合所进行的化学反应，又包含悬浮溶液的分散与沉淀，以及抽运的热传等，非单一的简单流体混合。

表 6-18　现有化工流体混合工艺分类

序号	应用	组分	化学作用
1	混合	混合	化学反应
2	悬浮	固-液	溶解、沉淀
3	分散	气-液	气体吸收
		固-液-气	
4	乳化	液-液	萃取
		液-液-固	
		气-液-液	
		气-液-液-固	
5	抽运	流体运动	传热

尽管现有包膜槽的结构及作用，外表上看大同小异，多数包膜技术几乎是在讨论研究包膜时的一些工艺参数，由于包膜槽的结构决定了包膜料浆流体的混合与反应效果，决定了包膜沉淀无机物的动力学因素条件及微观时间点分散截面上的饱和浓度与扩散速率，造就无机物包膜质量的好坏，影响产品质量的提高和发挥；因此，需要了解包膜槽的结构与工艺生产两个原理的协调与作用。

（一）间歇包膜设备构成

间歇包膜设备主要由包膜槽、包膜剂和辅助试剂制备等设备构成，包膜剂与辅助试剂制备设备见原料制备所述，同时根据生产装置所在区域的原料来源种类作为通用溶解稀释设备而决定。其核心设备包膜槽属于非标准设备，几乎是在建设装置时进行现场制作。间歇包膜槽由槽体、搅拌器、传动装置、轴封装置、支承和上下工艺进出料管接口、蒸汽管接口等组成。

1．包膜槽槽体

槽体由圆形筒体、上槽盖、下槽底构成。上槽盖与筒体连接采用法兰连接，考虑拆卸方便；槽盖上面设置有型钢架用于安装支撑搅拌器，并开有人孔和便于搅拌器维修安装的长型开孔及各类包膜剂工艺接管口和取样与自动分析检测接口；筒体壁均分安装有专用导流挡板，蒸汽直接加热管可从槽盖接入，也可从筒体下部接入；放料口接管通常设置在槽体底部，以便放尽生产物料。

筒体内部与反应料浆接触面采用耐温耐酸丁基橡胶衬里防腐，槽底部在防腐衬里上设置耐酸瓷砖垫层，也可采用耐酸瓷砖进行衬里。

2. 包膜槽的搅拌装置

在包膜槽上装有搅拌装置，它由搅拌器和搅拌轴组成，用联轴器与传动装置连成一体。搅拌器采用不锈钢衬橡胶，并在桨叶端点加厚以保护端点线速度最快处的耐磨性。

搅拌器桨叶通常采用双层折叶桨，笔者的经验认为采用上层折叶桨，下层直叶桨，更有利于控制致密包膜与松散包膜的产品质量。由于钛白粉无机物包膜所需要的流体混合、反应、沉淀与悬浮几个作用相互伴随，甚至互相制衡，非教科书上单一作用的理想流体混合；既要兼顾混合的效率，又要兼顾沉淀微观反应的结晶动力学、饱和度与过饱和度带来的沉淀结晶速率，从而获得不同无机物致密或松散膜的叠加程度，甚至混合包覆物。

（1）包膜槽搅拌器的作用　包膜槽搅拌器首先是将砂磨解聚分散料浆悬浮与加入的无机包膜试剂混合均匀，强化传质；其次是降低加入试剂微观上的过饱和度，使其依次在钛白颗粒表面沉淀析出；再次是强化传热，热传均匀，降低沉淀时的饱和度。

（2）包膜槽搅拌原理　包膜搅拌器是实现包膜操作的主要部件，其主要的组成部分是桨叶，它随旋转轴运动将机械能施加给被包膜的钛白粗品料浆，并促使料浆运动。搅拌器旋转时把机械能传递给流体，在搅拌器附近形成高湍动的充分混合区，并产生一股高速射流推动液体在搅拌槽内循环流动。

（3）包膜搅拌器影响因素　搅拌器与槽体内部结构使料浆在槽内的混合流动状态不一样，通常以流动模型进行表述与研究。流动模型，是指包膜料浆在包膜槽中做循环流动的途径，又称"流型"。流型不仅与搅拌效果、搅拌功率的关系十分密切，而且在钛白粉无机包覆时，与所包覆的无机物的优劣密切相关。流型取决于搅拌器的形式与结构、搅拌槽体和内设的特殊导流挡板构件几何特征，以及流体性质、搅拌器转速等因素有关。通常如图6-19所示，流型分为（a）轴向流、（b）径向流和（c）切线流。

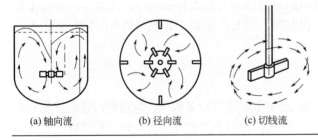

(a) 轴向流　　　　　(b) 径向流　　　　　(c) 切线流

图 6-19　搅拌流动模型分类

（a）轴向流。轴向流的流体流动方向平行于搅拌轴，流体由桨叶推动，使流体在槽体中部向下流动，遇到容器底面再向外沿槽壁向上循环翻动，在槽体内形成上下循环流。

（b）径向流。径向流的流体流动方向垂直于搅拌轴，沿径向流动，碰到容器壁面分成两股流体分别向上、向下流动，再回到叶端，不穿过叶片，形成上、下两个循环流动。

（c）切向流。切向流的流体在无挡板的容器内，流体绕轴做旋转运动，流速高时液体表面会形成旋涡，流体从桨叶周围卷吸至桨叶区向下流动，再沿槽壁切线螺旋上升到液面，再被卷吸进入桨叶区循环流动。

搅拌器是靠旋转、桨径线速度和桨叶对流体的推动面积对流体施加能量使料浆进行流动，同一种设计结构，上述三种流型通常同时存在。虽然，轴向流与径向流对混合起主要作用，而切向流采用挡板可削弱切向流，增强轴向流和径向流的混合。由于选用的搅拌器结构不同和生产需要，可在三种流型之间侧重选，如总流型中轴向流占比为 30%，径向流占 60%，切线流占 10%，将搅拌桨叶进行兼顾设计。由于钛白粉无机包膜槽需要处理能力大，槽体直径较大，应选用轴向流的推进式搅拌，如选用推进式搅拌器或开启式涡轮搅拌器，显然不合适；而径向流采用圆盘涡轮式搅拌也略显不足。

3．挡板

挡板是搅拌混合槽体内常用的内部构件，通常用在低黏度的料浆的搅拌操作中。其作用是使得槽体内的流体在受搅拌器的旋转作用下，能消除旋涡，使流体产生上下翻腾的流动作用，让流体容易形成湍流的状态。尤其针对径向流的搅拌桨叶，使用挡板可提高搅拌桨叶的剪切力，提高流体的湍流度。

如图 6-20 所示，挡板分为两类：一类是壁挡板，直立地安装于槽壁，通常径向安装四块或六块，根据槽体直径设定；一类是底挡板，分布在槽底，主要用于易沉降又需要搅拌悬浮的固体流体，同时，也有益于全挡板轴向流的底部导流作用。壁挡板分成三种形式：（a）直挡板，挡板与槽体圆心垂直，与槽体连接在一起；（b）导流直挡板，同样挡板与槽体圆心垂直，挡板与槽体壁之间留有一定的间隙，支撑靠槽体上的固定连接支架；（c）导流斜挡板，挡板不垂直于槽体圆心，与圆心线形成一定的角度，挡板与槽体壁之间留有较大的间隙，支撑同样靠槽壁上设置的固定连接支架。（d）底挡板，是在槽底部同心圆上垂直槽底安装的折流挡板，起导流作用。

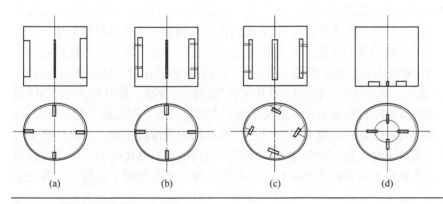

图 6-20　搅拌槽设置挡板的不同结构

不考虑搅拌器的结构条件，就挡板对流体的作用而论：（a）直挡板为全折流挡板，改变了流体的流动方向，将靠壁的流体全部折流引向槽体中心流动，带来的效果是流体轴向流占主要部分；（b）导流直挡板，除靠槽壁的大部分流体产生折流改变流体的流动方向外，部分靠壁流体因折流产生阻力的能量聚集和流体经过此处的流通面积减小，而增大流体流速穿过挡板与槽壁的间隙，提高了湍流度，减少了槽壁的滞留层；（c）导流斜挡板，因没有产生流体折流而是引导流体流动方向上的偏流，流体的流动方向没有改变，同样因斜挡板的角度及挡板的面积，过流面积改变减小，增大了靠槽壁的大部分流体的流速，并在斜挡板前后加快了流体的流速，提高了流体的湍流度，而流体以径向流为主。

（二）连续包膜设备构成

顾名思义，连续包膜不像间歇包膜一样所有包膜过程中需要的化学反应条件与产生的反应过程均在一个反应槽中进行，因此，包覆无机物过程需要的反应条件与产生的化学反应过程几乎由独立的设备依次串联完成。连续包膜设备组成包括两类型式：一类就是如间歇包膜，由几个同样的包膜槽串联在一起，采取溢流的进料形式，维持每个包膜槽进行化学反应的加料条件或参数控制。另一类则由加热器、管道反应器、熟化槽等串联组成一组，视包覆无机物的种类进行串联组合，如包硅铝两种无机包覆物，则有一次加热器、硅包膜管道反应器、硅包膜熟化槽、二次加热器、铝包膜管道反应器、铝膜熟化槽等。

（三）包膜设备的选择

1．间歇包膜设备的选择

国内钛白粉无机包膜多数采用间歇包膜工艺，其包膜设备除本章原料制备所述的设备外，最核心的无机包膜设备就是包膜槽，也称包膜罐。

早期的包膜槽仅是站在搅拌混合的均匀性与液体反应的角度进行设计与使用，并沿用早期从东欧引进的生产装置的包膜槽设计理念。为了包膜处理能力大，选用槽体规格为$\phi 5500mm \times 5500mm$，全容积为$130m^3$；采用双层折叶桨式搅拌，桨径$\phi 2600mm$；挡板采用如图 6-20 所示（a）型直挡板，以轴向流为主，几乎忽略了影响包膜剂沉淀的动力学机理；结果造成包膜质量停留在 20 世纪 70 年代的水平。

由于，无机包膜物在沉淀包覆时，正如沉淀结晶动力学原理上控制的聚集率与生长率的关系一样，为了控制沉淀时的过饱和度产生，生长率大于聚集率，否则，聚集率大于生长率时必然形成过多的聚集中心，即晶核（前驱体），造成包覆无机物独立于钛白颗粒析出。尽管钛白粗品料浆中大量解聚分散的钛白颗粒，具有较大的比表面积，利于降低无机包覆物的成核活化能，倾向于在钛白颗粒表面沉淀；但是，作为包覆物的水合氧化物（氢氧化物）沉淀，溶度积非常小［如 $Al(OH)_3$，$K_{sp} = 3.7 \times 10^{-13}$］，因其主要为碱性化合物，受中和沉淀的 pH 值影响巨大。按通常沉淀结晶为控制聚集率大于生长率的 5 个控制理念，即采取"慢"，加入沉淀剂要慢；"稀"，沉淀剂与被沉淀剂浓度要稀；"搅"，搅拌破坏局部过饱和，与流体流型关系密切；"热"，升温增大溶解度，抑制聚集中心；"陈"，放置或延长熟化时间，细小颗粒表面自由能大被溶解，粗大颗粒表面自由能小并长大。并以此理念进行包膜工艺设计。首先是加入沉淀剂的时间要慢，过于慢则影响生产能力及效率，况且在微观上甭说加入的包膜剂是连续的流体，就是按液滴加入，同样在液滴分散与扩散的界面上沉淀剂是永远处在过饱和状态，所以很难满足；其次是溶液浓度要稀，无论解聚分散料浆浓度稀释，还是包膜剂稀释过低，同样影响包膜槽的能力与效率和经济利益；再者包膜时的热，温度过高一是能量消耗大，二是包膜设备材质要求高，但致密膜包膜就是要比松散膜高一些；第四是陈，熟化时间一定要保证，但是时间过长同样影响生产效率。总之，照此无法满足经济生产的效率与能力，这也是实验室的结果，很难被生产接受，而需要在生产放大中根据反应动力学机理进行调整与实践，在设计装置时采用某些经验常数，以弥补理想状态下试验获取参数的不足。

仅就包膜槽流型与沉淀析出机理分析，早期的包膜槽搅拌与流型设计如图 6-21 所示。不言而喻，其目的是按上述固液悬浮料浆流型设计所选用的直挡板的轴向流流型。因直挡板的折流作用，以轴向流为主，假设从图中（A）处加入无机包膜剂，在此区域进行上下轴流式循环，此区域的包膜剂浓度就高，过饱和度就大，必然造成化学动力学上聚集率高，结晶点位多，松散膜的形成倾向大；若采用多点分别加入，缓解了在一点加入的浓度梯度，但在此区域内（C）处一样，在两个挡板的 90°范围内，也是高浓度上下翻滚混合区，而在相对的（B）点加入也是只能稍微缓解一下加入时的浓度梯度。虽然轴向流动从槽底有一部分经过旋转的搅拌器造成的径向流分配到其他区域，但加料点轴向返回区域的占比还是多一些。再就是在挡板前后两折流面因折流产生负压形成两个相反的旋涡（见小弧形虚线所示），瞬间将进入此区域混合的反应溶液流速降低，截面扩散梯度下降，处在此区域的反应流体过饱和度增大，引起聚集中心产生。所以，针对图 6-22 所示的直挡板包膜槽，笔者在国内第一套 4 万吨钛白后处理装置安装防腐就绪后，进行以水代料试车时，根据流型不符合沉淀反应机理及过去沉淀结晶研究的实验室经验与生产设计操作经验，投入一小块木头，随着轴向流体很快就从槽体壁循环翻上液面，若进入挡板两面的旋涡区，在此还旋涡逗留一会儿后被抛出加入轴向流中。为打造一流的钛白粉生产装置，克服来自施工、管理、进度、经济等各方的技术阻力，下决心将已经安装完备的全部挡板和切割区域烧焦变质而影响橡胶衬里的材料拆除，牺牲已经安装与防腐所有的材料与费用，将挡板进行调整，调整为导流斜挡板，并将斜挡板按标准设计减小，降低投影面、结果包膜的产品质量优异，4 万吨产品在当时的时代背景下，三分之二供应国际油墨生产商用作油墨颜料，不仅因油墨钛白粉质量与价格高于涂料钛白粉，而且作为使用用户如东洋油墨、太平洋油墨、叶氏油墨和国内一些用户使用后，除了品质贡献就是价值成本贡献。

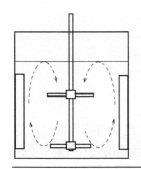 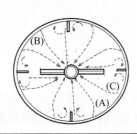

图 6-21　传统的包膜罐流体流动方式

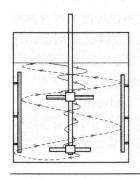 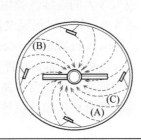

图 6-22　改造后包膜槽流型图

改造后的包膜槽流型图如图 6-22 所示，流体流动以切线流为主，在搅拌器桨叶的作用下，流体以渐进线的流型卷入槽体中心形成相对较大的旋涡，沿搅拌轴旋转向下进入靠近槽底的下搅拌桨叶，在下桨叶的作用并受槽底的阻挡的合力作用下，流体被旋转推入槽壁，并沿着槽壁螺旋形旋转上升，从槽壁液面斜向翻滚而出，再次被卷入槽体中心的旋涡进行下一次循环流动，在槽壁 360°的范围内每一点上均是按此进行流体流动。同样，当包膜剂从（A）处加入时，在旋涡起始处流速最大（与桨叶的端点靠近），迅速将包膜剂分散稀释，进入旋涡被搅拌器推入槽底，按上述螺旋形旋转上升进入循环，其加入的包膜剂循环经过的流型路径是传统直挡板的 6～10 倍（视桨叶的折叶角度而定）。因循环一周再回到包膜剂加料点与新加入料混合时，扩散路径长而不易产生过饱和，如俗话说"水流三尺为净"一个道理，延长其扩散路径，更便于扩散与消除过饱和度，从微观上满足包膜沉淀动力学需要，包膜产品质量能够保证。同时，因对流体流型的引导，不是直挡板的直接阻挡，带来挡板的受力小，降低了搅拌器的功率输出，节约电耗。包膜槽产品电镜照片比较见图 6-23，（a）传统包膜槽产品，无机包膜剂表面松散，且颗粒之间黏结一团；（b）改造后包膜槽产品，无机包膜剂表面致密，颗粒间隔清晰明显。

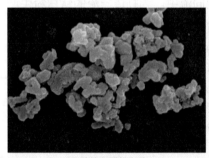

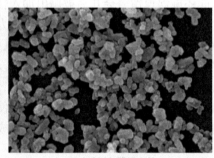

(a) 传统包膜槽产品　　　　　　　　　　(b) 改造后包膜槽产品

图 6-23　包膜槽产品电镜照片比较

2. 连续包膜设备的选择

国外采用连续包膜工艺的钛白粉生产比重较大，其理由：一是生产线规模能力大；二是生产效率高；三是能耗低，包括搅拌与加热保温热量低。较早提出连续包膜的是在 1973 年杜邦的 Werner，采用管道反应器长 426m，料浆在管内流速 0.61m/s，物料停留时间 1.5h，硅酸钠加入后，酸分多点加入，铝酸钠和酸加入后直接进行过滤洗涤与干燥。后来 West 延续并改进（US4125412）采用管道反应器与熟化槽串联结合的连续包膜工艺，不仅降低了原有的管道长度，在管道的湍流区加入包膜剂，几乎成为今天的连续包膜生产工艺的主流。所以，连续包膜工艺设备除本章原料制备所述的工艺制备外，其无机包膜设备由管道反应器（混合器）和熟化槽两种设备组成；也有 Michael Hiew、Yarw Nan Wang 和 Les Hamor（US6695906）等采用多槽串联的连续包膜生产工艺，可采用间歇包膜槽设备，按停留时间确定槽体大小。

（1）管道反应器　无机物包膜的第一个作用就是要将钛白粗品解聚分散后的料浆与包膜剂进行混合。混合设备繁多，常见的有混合器、混合机、搅拌机等，这些混合设备在进行混合操作中各有优势，但也有不足。

管道混合器一般由管道分别与喷嘴、涡流室、多孔板或异形板等促进混合的原件组成，一般三节管道连用，作为一个单元（也可根据混合介质的性能增加节数）。混合的方法有 3 种，分别为喷嘴式，涡流式，多孔板、异形板式。用在钛白粉生产上的管道混合器采用螺旋片混合器。

对于常见的静态螺旋片式混合器，是在多孔板、异形板式混合器上发展而来，如图 6-24 所示，每节混合器有一个 180° 扭曲的固定螺旋叶片，分左旋和右旋两种。相邻两节中的螺旋叶片旋转方向相反，并相错 90°。为便于安装螺旋叶片，筒体做成两个半圆形，两端均用法兰连接，筒体缝隙之间用环氧树脂粘合，保证其密封要求。管道内螺旋叶片是固定的，流体通过它产生流向变化，出现紊流现象从而提高混合效率，这种静态混合器除产生降压外，它不用外部能源。

管道混合器不需要动力电机代表着无运行费，基本无须维修代表着无维护保养费，管道式连接安装代表着无须盛装容器，瞬间完成混合代表着节省时间，不存在混合死区代表着混合均匀度高，具有规格放大容易、连续运行、生产量大、投资小、内部结构简单、流体压力损失小等优点。因此，钛白粉连续无机包膜工艺采用管道混合反应器效率高，并根据生产规模选择管道反应器的规格。

图 6-24　螺旋混合器示意图

（2）熟化槽　熟化槽是连续包膜工艺的缓冲槽，其核心作用包括两个方面：一是肩负缓冲反应停留时间的功能，二是作为包膜功能，如在管道连续反应进行混合和部分包膜，物料进入熟化槽后再继续加包膜剂进行包膜。

根据生产规模及连续包膜形式，熟化槽是带搅拌的生产装置，溶剂体积几乎可达到几百立方米。

（3）串联包膜槽　串联包膜槽是连续包膜的另一种形式，不采用管道混合反应器，直接采用反应槽搅拌混合。钛白粉粗品湿磨解聚分散料浆与包膜剂或酸碱混合采用两种形式：一种是管道混合器，一种是搅拌槽混合。根据不同的包膜剂与产品品种，按间歇包膜槽的形式进行包膜，物料连续进入包膜槽，并经过溢流进入下一包膜槽，并按包膜反应的停留时间，选择包膜槽串联的个数与规格大小。

（四）无机物包膜主要设备

无机包膜工艺主要设备见表 6-19，参考产能为 $10 \times 10^4 t/a$。

表 6-19　无机包膜工艺主要设备

序号	设备名称	设备规格	设备数量/台	备注
一. 间歇包膜设备				
1	砂磨料浆储槽	$\phi 6000mm \times 8000mm，230m^3$	1	
2	包膜槽	$\phi 5500mm \times 5500mm，130m^3$	4	蒸汽加热
3	稀液碱高位槽	$\phi 1800mm \times 2200mm，5.6m^3$	1	

序号	设备名称	设备规格	设备数量/台	备注
4	六偏磷酸钠高位槽	ϕ1800mm × 2200mm，5.6m³	1	
5	偏铝酸钠高位槽	ϕ2200mm × 2200mm，9.5m³	1	
6	稀硫酸高位槽	ϕ1800mm × 2200mm，5.6m³	1	
7	硫酸锆高位槽	ϕ1800mm × 2200mm，5.6m³	1	
8	稠浆高位槽	ϕ3500mm × 4000mm，38.4m³	1	
二．连续包膜设备				
1．管道混合反应器				
（1）	砂磨料浆储槽	ϕ6000mm × 8000mm，230m³	1	
（2）	加热器	—	2	
（3）	管道混合反应器	ϕ200mm × 1550mm	2	
（4）	熟化槽	ϕ14000mm × 16000mm，2460m³	2	
2．槽式混合器				
（1）	砂磨料浆储槽	ϕ6000mm × 8000mm，230m³	1	
（2）	连续包膜混合槽	ϕ5500mm × 5500mm，130m³	3	
（3）	连续包膜槽	ϕ8000mm × 10000mm，500m³	4	带加热装置

三、无机物包膜工艺

（一）间歇包膜工艺流程

间歇包膜工艺流程见图 6-25，将砂磨解聚分散后的料浆与工艺水按比例配制成需要的 TiO_2 料浆浓度，计量加入包膜槽中，根据需要包膜的品种用制备的碱或酸对包膜槽中的稀释料浆进行 pH 值调整，并通入蒸汽对料浆进行加热至需要包膜控制的温度。然后，根据需要加入第一层无机包覆物，保持混合均匀的时间，待混合均匀后加入碱或酸进行 pH 值调整，沉淀第一层无机包覆物，控制加酸或碱的速度；作为现代包膜产品技术，如果第一层包致密硅膜，

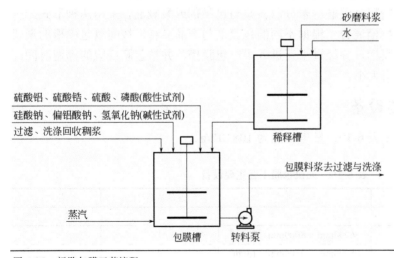

图 6-25　间歇包膜工艺流程

除了温度与速度控制外，分多次控制沉淀的 pH 值和时间。待第一层无机物包覆完后，进行第二次无机物包覆，通常为硅铝包覆，第二层包覆铝时，如前所述，先要进行 pH 值调整，然后加入铝酸钠无机包覆物，当 pH 值达到控制沉淀氧化铝的条件时，通常将铝酸钠和中和的无机酸同时加入，维持恒定的 pH 值；最后熟化反应完全后再进行 pH 值的检测，进行高低微调后送过滤与洗涤工序进行分离，并洗涤达到产品要求的残留盐分含量，以电导率表示。

（二）连续包膜工艺流程

连续包膜工艺流程如图 6-26 所示，将砂磨解聚分散或某些氯化法打浆混合分散脱氯后的钛白粉粗品料浆，在经过 TiO_2 浓度和 pH 值调整后以及被包膜料浆进行加热控制温度后，直接送入包膜管道反应器，同时加入硅酸钠或其他类的第一层无机包覆物，并同时加入酸进行包膜沉淀混合反应，反应料浆进入包膜槽（1）时需要进行 pH 值调整后，再进入包膜槽（2）进行 pH 值调整，继续进行硅包膜，物料槽各级包膜反应中的停留时间根据产品生产而定并计算使用槽体的有效体积；从包膜槽（2）出来的反应料浆进入熟化槽，同样维持熟化的时间和槽体体积的关系；并通入蒸汽对料浆进行加热和保持需要包膜控制的温度。从第一熟化槽出来的料浆进入第二包膜管道反应器，若是包铝膜则在管道反应器先加入酸（盐酸或硫酸），将料浆 pH 值调低，然后再在包膜管道反应器中加入铝酸钠溶液进行快速混合沉淀，物料进入熟化槽，再根据包膜的产品品种同时加入酸和铝酸钠维持从包膜管道反应器出来的料浆 pH 值不变，继续测定无机铝膜并维持控制的反应料将温度；从熟化槽出来的料浆用泵送过滤与洗涤工序进行分离，并洗涤达到产品要求的残留盐分含量，以电导率表示。

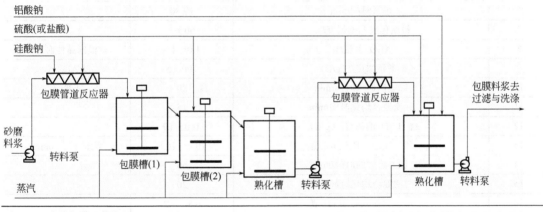

图 6-26　连续包膜工艺流程

四、无机包膜主要控制参数

尽管现代无机无包覆技术研究开发众多，全球各大公司均有自己的产品牌和规格，其使用的无机包膜物并没有本质上的差异，包膜原理万变不离其宗，但是采用的设备构成与选择各有特色。不仅硫酸法煅烧或氯化法氧化生产的粗品有差异外，包膜设备的构成和选择也不同，无论是间歇无机物包膜还是连续无机物包膜，均是围绕满足下游塑料、普通涂料、油墨、高耐候和造纸使用钛白粉颜料进行的包覆处理。所以，其主要控制参数与工艺指标可以说是各生产企业自认为适用的专有技术或专利技术，包括其中的一些诀窍，传统的为如下几类，仅供参考。

（一）塑料级钛白无机物包膜工艺参数

通常除专用塑料级产品外，通用型塑料用钛白粉的无机物包膜剂不适用硅包膜，即没有硅膜，难道塑料不需要耐候或防止光催化老化吗？恰恰不是，塑料同样需要防止紫外光的光催化及耐候性。由于塑料在进行加工时加入紫外光吸收剂如2-羟基-4-正辛氧基二苯甲酮等，催化吸收紫外光转变成热量散失掉，循环吸收紫外光能量。因此，钛白粉的光催化作用反而较弱，且因在可见光的全散射还保护了塑料机体，延缓了塑料的老化。所以，通用型的塑料用钛白无机物包膜没有用硅膜，而是直接包一层铝膜。表6-20是塑料级钛白无机包膜工艺参数，因塑料使用的特点，塑料用钛白粉需要的粗品钛白粉微晶颗粒粒径相对要小一些，以200～250nm更好，得到的色相偏蓝；同时，现代多数钛白粉在无机包膜时进行有机物包膜，可提高其分散性能和颜料性能。

表 6-20　塑料级钛白无机包膜工艺参数

序号	项目名称	控制范围	备注
1	砂磨后料浆浓度/（g/L）	300～320	
2	料浆pH值	9.0～10.0	
3	0.6μm以上粒度/%	0	
4	料浆体积/（m³/批）	66.7	
5	TiO₂总量/（t/批）	约20	
6	进料时间/min	约30	
7	料浆包膜初始温度/℃	60±1	
8	Al₂O₃含量/%	1.0～1.5	根据品种而定
9	铝酸钠浓度/（g/L）	100±5	以Al₂O₃计
10	铝酸钠加入时间/min	20	不低于
11	一次混合均化时间/min	15	
12	稀H₂SO₄的浓度/（g/L）	160±10	
13	第一次加入硫酸pH值	10.0～10.5	测试pH，6min
14	加入硫酸的时间/min	60	
15	二次混合均化时间/min	20	
16	第二次加入硫酸pH值	6.8～7.2	
17	加入硫酸时间	30	
18	三次混合均化时间/min	30	
19	pH值确认	6.8～7.2	若需要再调整

（二）油墨级钛白无机物包膜工艺参数

油墨级钛白的无机包膜也分多种用途，如印刷油墨，现代的装饰纸油墨和喷墨打印油墨及传统写字油墨等。因油墨要求形成的涂膜（漆膜）有别于涂料，相对较薄，需要钛白粉颜料的分散性与遮盖力性能更加优异。所以，采用两次铝包膜，第一次以硫酸铝生成氢氧化铝包覆，第二次以铝酸钠生成的氢氧化铝包覆，表6-21为油墨级钛白粉无机包膜处理工艺参数。

表 6-21　油墨级钛白粉无机包膜工艺参数

序号	项目名称	控制范围	备注
1	砂磨后料浆浓度/（g/L）	300~320	
2	料浆 pH 值	9.0~10.0	
3	0.6μm 以上粒度/%	0	
4	料浆体积/（m³/批）	66.7	
5	TiO_2 总量/（t/批）	~20	
6	进料时间/ min	~30	
7	料浆包膜初始温度/℃	50±1	
8	包膜 Al_2O_3 含量（以硫酸铝形式）/%	1.4	按 TiO_2 计
9	硫酸铝浓度/（g/L）	100±5	以 Al_2O_3 计
10	硫酸铝加入时间/ min	15	不低于
11	一次混合均化时间/ min	15	
12	包膜 Al_2O_3 含量（以铝酸钠形式）/%	1.9	按 TiO_2 计
13	铝酸钠浓度/（g/L）	100±5	以 Al_2O_3 计
14	加入铝酸钠 pH 值	10.0~10.7	
15	加入稀硫酸维持 pH 值	10.0~10.7	加铝酸钠至 pH 为 70
16	稀硫酸浓度/（g/L）	160±10	
17	加入铝酸钠的时间/ min	30	包括稀硫酸时间
18	二次混合均化时间/ min	40	
19	二次加入硫酸 pH 值	6.5~7.5	
20	二次加入硫酸时间	15	
21	三次混合均化时间/ min	30	
22	pH 值确认	6.5~7.5	若需要再调整

（三）工业涂料级钛白粉无机包膜工艺参数

工业涂料级钛白粉颜料主要用于交通、工业设备、建筑防护与装饰等，基本上多数是通用级钛白粉致密硅膜加铝膜包覆的产品。因包膜工艺的不同，控制温度、包膜剂浓度与包膜和熟化时间各有千秋。表 6-22 为工业级钛白粉无机包膜工艺参数，仅供参考。

表 6-22　工业级钛白粉无机包膜工艺参数

序号	项目名称	控制范围	备注
1	砂磨后料浆浓度/（g/L）	300~320	
2	料浆 pH 值	9.0~10.0	
3	0.6μm 以上粒度/%	0	
4	料浆体积/（m³/批）	66.7	
5	TiO_2 总量/（t/批）	约 20	
6	进料时间/ min	约 30	
7	料浆包膜初始温度/℃	80±2	
8	包膜 SiO_2 含量（以硅酸钠式）/%	4.6	按 TiO_2 计
9	硅酸钠浓度/（g/L）	300±5	以 SiO_2 计
10	硅酸钠加入时间/ min	20	不低于
11	一次混合均化时间/ min	10	

序号	项目名称	控制范围	备注
12	稀硫酸浓度/（g/L）	160±10	可采用盐酸
13	一次加入稀硫酸 pH 值	9.5～10.0	
14	一次加入稀硫酸时间/ min	45	
15	二次加入稀硫酸 pH 值	6.8～7.2	
16	二次加入稀硫酸时间/ min	150	
17	二次混合均化时间/ min	10	
18	包膜 Al_2O_3 含量（以铝酸钠形式）/%	2.0	按 TiO_2 计
19	铝酸钠浓度/（g/L）	100±5	以 Al_2O_3 计
20	加入稀硫酸维持 pH 值	6.8～7.2	
21	加入铝酸钠的时间/ min	90	
22	三次混合均化时间/ min	40	
23	混合温度/℃	70±2	
24	三次加入硫酸 pH 值	4.6～5.0	
25	三次加入硫酸时间/ min	20	
26	四次混合均化时间/ min	15	
27	pH 值确认	4.6～5.0	若需要再调整

（四）造纸级钛白粉无机包膜工艺参数

传统纸张级钛白粉的无机包膜工艺参数可参阅油墨级钛白粉无机包膜工艺参数（表 6-21），因现代纸张的应用开发，尤其是在装饰纸张，包括墙纸、地板、家具等用于表面的装饰纸，因其美观、耐擦、耐磨、耐候的优异性能和适用性能，在钛白粉使用中的比例增长最快。尽管传统的印刷、包装、生活类纸张消费在不断增加，但是，装饰纸迅速增加也产生了装饰纸级钛白粉无机包覆物的新选择，几乎是采用磷酸铝作为无机物包膜剂，无机磷化合物可选用磷酸和磷酸的碱金属盐，铝化合物仍旧是硫酸铝和铝酸钠，这类包膜剂包膜的产品又称为承压纸专用钛白粉。表 6-23 为造纸级钛白粉无机包膜工艺参数，仅供参考。

表 6-23 造纸级钛白粉无机包膜工艺参数

序号	项目名称	控制范围	备注
1	砂磨后料浆浓度/（g/L）	300～320	
2	料浆 pH 值	9.0～10.0	
3	0.6μm 以上粒度/%	0	
4	料浆体积/（m³/批）	66.7	
5	TiO_2 总量/（t/批）	约 20	
6	进料时间/ min	约 30	
7	料浆包膜初始温度/℃	60±2	
8	包膜 P_2O_5 含量（以磷酸形式）/%	2.4	以 TiO_2 计
9	磷酸浓度/%	50.0	以 P_2O_5 计
10	氢氧化钠浓度/（g/L）	300±5	
11	维持 pH 值	10.0	同时加入
12	一次包膜时间/ min	60	

序号	项目名称	控制范围	备注
13	一次混合均化时间/ min	30	
14	一次包膜 Al_2O_3 含量（以硫酸铝形式）/%	2.7	以 TiO_2 计
15	硫酸铝浓度/（g/L）	160±10	
16	二次包膜时间/ min	30	
17	二次混合均化时间/ min	30	
18	二次包 Al_2O_3 含量（以铝酸钠形式）/%	3.5	以 TiO_2 计
19	二次加入铝酸钠时间/ min	40	
20	包膜料浆上升至 pH 值	9	并维持
21	混合熟化时间/ min	60	
22	最后加入硝酸钠含量/%	0.25	以 TiO_2 计
23	加入稀硫酸维持 pH 值	6.8～7.2	

（五）高耐候高光泽级钛白粉无机包膜工艺参数

在包致密硅膜屏蔽紫外光提高钛白粉的耐候性能方面，若包硅量少，效果欠佳，而包硅量大又带来钛白颗粒粒径增大。如 Kinniard 和 Campeotto(US6528568)所做的对比试验所述，采用氯化法氧化粗品经过处理，600g/L TiO_2 体积浓度的砂磨料浆稀释至 300g/L TiO_2，加入占钛白粉比例 4.5% SiO_2 的硅酸钠溶液，85℃条件下用盐酸进行包膜沉淀，时间为 1h，加入盐酸过程中钛白颗粒的变化见表 6-24，加硅酸钠前后颗粒大小几乎无变化，在盐酸加入总量的 2/5 后，颗粒粒径增大。当然，为了克服颗粒粒径增大，将 4.5% SiO_2 分成两部分加入，先加 2.25% SiO_2 的硅酸钠溶液，用盐酸中和到 pH 值为 9 后，再加另一部分 2.25% SiO_2 的硅酸钠溶液，再用盐酸中和，时间也是 1h，分别测定不同加酸比例时的钛白被包膜的粒径，其钛白粉颗粒粒径见表 6-25，颗粒粒径在酸加完后，平均增大了 16%。尽管前全球钛白粉最大企业杜邦为了评价钛白粉耐候性包硅膜的致密性，发明了专利技术专门测试硅膜的酸溶解度，衡量硅致密膜的优劣；但是除了相应的分散新技术外，硅膜的多少与耐候性成正比，与粒径成反比，影响钛白粉的颜料性能，光泽与耐候相互制衡。

表 6-24　包膜钛白粉粒径与加酸比例的变化

过程	加硅前	加硅后	加 1/5 酸	加 2/5 酸	加 3/5 酸	加 4/5 酸	加 5/5 酸
粒径/μm	0.278	0.280	0.292	0.368	0.418	>0.450	>0.450

表 6-25　包膜钛白粉两次加硅酸钠的粒径与加酸比例的变化

过程	加硅前	加 2.25%硅后	加酸 pH＝9 后	二次加 2.25%硅后	加 1/6 酸
粒径/μm	0.278	0.280	0.280	0.282	0.284
过程	加 2/6 酸	加 3/6 酸	加 4/6 酸	加 5/6 酸	加 6/6 酸
粒径/μm	0.288	0.296	0.298	0.312	0.322

所以，为了制得高耐候和高光泽的钛白粉无机包覆物，采用少量的氧化锆代替氧化硅进行钛白粉的无机物包膜。尽管早期欧美先进钛白粉生产企业从事过氧化锆包膜研究开发，但均没有大批量投入生产和市场。笔者最初开发的第一个采用氧化锆包膜品种的高耐候和高光泽钛白粉，是国内首创及出口推向国际市场的产品规格，受到了市场的好评，且产品价格在

当时高出传统产品的 15%～20%，盈利丰厚；而且，还大受油墨行业的欢迎，如太平洋油墨、大东洋油墨和叶氏油墨等国内外油墨生产商。有意思的是全球各大公司开发无机锆包膜的专利技术，在 2003 我们研发产品推出之后出现了一个高潮期。氧化锆无机包膜钛白粉的优势在于，第一包覆的氧化锆量少，其形成的氧化锆无机膜的折射率远高于沉淀的氧化硅，因此，对钛白粉砂磨解聚分散后的颗粒粒径增大影响小，不仅保证其耐候性能，而且保证其光泽性；第二是包膜的氧化锆在用于涂膜时，对漆膜的固化还扮演着催化固化作用，即提高树脂固化时的交联度，涂膜的光泽显著提高。其主要无机物包膜工艺参数见表 6-26。

表 6-26 高光泽高耐候钛白粉无机物包膜工艺参数

序号	项目名称	控制范围	备注
1	砂磨后料浆浓度/（g/L）	300～320	
2	料浆 pH 值	9.0～10.0	
3	0.6μm 以上粒度/%	0	
4	SiO_2 含量/%	0.18～0.22	
5	料浆体积/（m^3/批）	66.7	
6	TiO_2 总量/（t/批）	约 20	
7	进料时间/ min	约 30	
8	料浆包膜初始温度/℃	60±1	
9	六偏加入量比例/%	0.2	P_2O_5 与 TiO_2 之比
10	六偏浓度/（g/L）	40	以 P_2O_5 计
11	六偏加入量/ m^3	1.0	
12	六偏加入时间/ min	20	
13	六偏加入流量/（m^3/h）	约 2.0	流量计 0～20(12)
14	一次均化时间/ min	30	20
15	加入稀 H_2SO_4 的量/ L	约 170	
16	稀 H_2SO_4 的浓度/（g/L）	160	
17	加入稀 H_2SO_4 的流量/（m^3/h）	0.85	流量计 0～10(6)
18	加入时间/ min	12	
19	加 H_2SO_4 后 pH 值	6.8～7.2	
20	二次均化时间/ min	30	
21	硫酸锆的加入比例（ZrO_2 计）/%	0.75	
22	硫酸锆的浓度/（g/L）	70	以氧化锆计
23	硫酸锆的加入量/ m^3	2.14	
24	加入时间/ min	50	
25	加入稀 $Zr(SO_4)_2$ 的流量/（m^3/h）	2.568	
26	三次均化时间/ min	30	
27	测 pH 值	2～3	
28	加入稀碱的量/ L	约 570	
29	加入稀碱的浓度/（g/L）	280	
30	加入时间/ min	30	
31	加入稀碱的流量/（m^3/h）	1.0	
32	加入稀碱后 pH 值	8.0～8.5	
33	四次均化时间/ min	30	

序号	项目名称	控制范围	备注
34	六偏加入量比例/%	0.2	与 TiO₂ 之比
35	六偏浓度/（g/L）	40	以 P₂O₅ 计
36	六偏加入量/ m³	1.0	
37	六偏加入流量大小/（m³/h）	约 2.0	
38	加入时间/ min	30	
39	五次均化时间/ min	30	
40	料浆 pH 值	8.5～9.0	
41	料浆再次升高温度/℃	70±1	本次重大调整
42	加稀碱的量/ L	约 140	
43	加稀碱的流量大小/（m³/h）	0.56	
44	加入时间/ min	约 25	
45	加稀碱后 pH 值	10.0～10.5	
46	偏铝酸钠浓度/（g/L）	100	
47	偏铝酸钠加入量（以 Al₂O₃ 计）/%	2.8	
48	偏铝酸钠加入量/ m³	5.6	
49	偏铝酸钠加入流量/（m³/h）	3.77	
50	偏铝酸钠加入时间/ min	90	
51	加入稀硫酸的量/ L	约 670	
52	加入稀硫酸的流量/（m³/h）	0.45	
53	恒定 pH 值	10～10.5	
54	六次均化时间/ min	30	
55	加稀硫酸的量/ L	约 208	
56	加稀硫酸的流量/（m³/h）	0.42	
57	加入时间/ min	30	
58	加酸后调 pH 值	6.8～7.2	
59	七次均化时间/ min	30	
60	最终测 pH 值	6.8～7.2	
61	加入稠浆的量/（m³/批）	约 3	
62	八次均化时间/ min	30	
63	放料/ min	约 40	
64	合计/ min	约 632	10.5h

（六）连续包膜主要工艺参数

因大部分钛白粉用于涂料工业，几乎采取硅铝包膜；其他包膜物质参数，可按间歇包膜的各包膜段进行分解设置。连续包膜就是将分散解聚好的钛白粉料浆，经过调整 pH 值、料浆加热、连续加入硅膜物质、熟化，再进行多次 pH 值调整、熟化，然后连续加入铝膜物质，再进行多次 pH 值调整和熟化及冷却料浆温度等一系列的连续生产控制，其后连续送入过滤洗涤。其代表性的控制指标见表 6-27。

表 6-27　连续包膜硅铝无机物主要控制指标

序号	项目名称	控制范围	备注
1	砂磨后料浆浓度（TiO_2）/（g/L）	320～350	
2	料浆 pH 值	4.0	
3	加热温度/℃	95	
4	连续加入体积/（m³/h）	63	
5	TiO_2 总量/（t/h）	21	
6	硅酸钠浓度/（g/L）	400±5	以 SiO_2 计
7	硅酸钠体积/（m³/h）	1.58	
8	包膜 SiO_2 含量（以硅酸钠式）/%	3.0	按 TiO_2 计
9	两股料浆同时加入第一管式混合器		
10	料浆进入第一包硅熟化槽停留时间/min	45	
11	在第一包硅熟化槽顶部加入盐酸浓度/%	22～32	浓盐酸
12	一次加入稀硫酸 pH 值	9.5～10.0	可采用盐酸
13	料浆进入第二包硅熟化槽停留时间/min	150	
14	在第二包硅膜熟化槽顶部加入盐酸浓度/%	22～32	浓盐酸
15	二次加入盐酸维持 pH 值	6.8～7.2	
16	两次包硅料浆与包铝物质进入第二管式混合器		
17	包膜 Al_2O_3 含量（以铝酸钠形式）/%	2.0	按 TiO_2 计
18	铝酸钠浓度/（g/L）	200±5	以 Al_2O_3 计
19	铝酸钠体积/（m³/h）	2.1	
20	在加铝酸钠之前加入盐酸维持进混合料浆 pH 值	7.0	
21	料浆进入第一包铝熟化槽停留时间/min	90	
22	在第一包铝熟化槽维持 pH 值	6.8～7.3	酸碱调节
23	料浆进入第二包铝熟化槽停留时间/min	60	
24	工艺水降温至温度/℃	70±2	
25	再加入盐酸维持 pH 值	4.6～5.0	

第五节
过滤与干燥

一、无机物包膜料浆的过滤与洗涤

经过无机物包覆表面处理后的钛白料浆，不仅需要用固液分离的方法将其中包覆无机膜的钛白颗粒固体分离出来，还要对其中因包覆沉淀反应产生的可溶性杂质盐类进行洗涤，满足应用性能的要求。

由于包膜钛白粉颗粒是经过硫酸法煅烧和氯化法氧化制得的已经达到颜料级的钛白粗品，尤其经过砂磨解聚分散后，几乎接近单个的二氧化钛微晶体颗粒，其比表面积相对较小。

虽然无机物包覆膜是处在几个纳米的数量级，由于钛白粉晶体颗粒的刚性颗粒结构将包覆在表面的无机膜支撑起来，颗粒间形成的过滤通道和洗涤液通道很容易进行过滤与洗涤除去其中的杂质盐分，相对于第四章硫酸法钛白粉生产水解料浆的过滤与洗涤要容易得多。包膜钛白料浆的过滤操作，在生产中多数硫酸法厂家对应于偏钛酸的一洗和二洗，称之为三洗；而对氯化法，因前面工序几乎是在气液与固气之间分离，则没有三洗之说。早期采用叶片真空过滤机（莫尔过滤机）进行过滤和洗涤，由于过滤采用静态上片，悬浮料浆稳定性欠佳，上片滤饼较难达到均匀，过滤效率低下，且因滤饼持液量大（含水率高），造成滤饼中杂质含量高或洗涤效率低。因此，后又采用转鼓真空过滤机进行分离洗涤，转鼓真空过滤洗涤的连续性致使其较之莫尔过滤效率提高，因此成为一种相对经典的无机物包膜料浆过滤洗涤生产流程，但是转鼓真空过滤与包覆无机物带来的过滤洗涤差异较大，过滤与洗涤效率仍然不是最佳，尤其是影响钛白粉性能的可溶性盐类，导致洗涤能力低，生产效率上不去。

国内最早引进硫酸法和咨询技术建立氯化法生产装置，其无机物包覆表面处理料浆的过滤与洗涤，均是采用转鼓真空过滤设备工艺。笔者后来参观过一些国外生产装置，如日韩和欧美钛白粉生产企业，也仍旧还在采用转鼓真空过滤机进行包膜料浆的过滤与洗涤，同样因其过滤强度与洗涤效率低以及与后一工序匹配的干燥流程不足等缺陷，被不断技术进步的厢式隔膜自动压滤机取而代之，目前转鼓真空过滤洗涤流程在国内钛白粉生产装置上几乎绝迹。

（一）过滤与洗涤原理

采用厢式隔膜压滤机对钛白粉无机包膜料浆进行过滤与洗涤的原理参见第四章第四节过滤与水洗净化偏钛酸内容。此处包膜料浆的过滤与水洗比偏钛酸简单且效率更高；与偏钛酸的颗粒与物料性质相比，包膜料浆的物料性质更有利于厢式隔膜压滤机生产操作，无论是过滤强度，还是洗涤效率均表现突出。究其原因，一是水解偏钛酸沉淀颗粒是初级粒子胶化凝聚成胶团絮凝体，比表面积大（约 $300m^2/g$），毛细孔多，而钛白包膜沉淀是比偏钛酸初级粒子大几十倍的粗大晶体颗粒，比表面积小（仅有约 $20m^2/g$），几乎没有毛细孔；二是水解偏钛酸中的杂质是硫酸、硫酸铁和少量的硫酸氧钛及其他杂质，物料黏度和扩散速度低，而钛白粉包膜沉淀中的杂质主要是易溶解的碱金属盐类，如包膜采用硫酸时，杂质就是硫酸钠，采用盐酸时，杂质就是氯化钠，非常容易洗涤。采用厢式压滤机进行过滤和洗涤，不仅大大提高了过滤与洗涤效率，同时大幅度降低了滤饼的含水率，节约了后续干燥的能源。过滤洗涤的指标为：滤饼的电导率≤$80\mu S/cm$，固相量达到约 65%的 TiO_2 滤饼。

在实际生产过程中，无机物包膜料浆过滤洗涤的初期洗涤基本可认为是柱塞洗涤方式，其洗涤曲线接近直线。随着洗涤的进行，达到深度洗涤净化时，也呈现出扩散洗涤的特点，但是由于二氧化钛对离子的吸附力差，其洗涤容易进行，生产中习惯用电导率来衡量洗涤的效果，在包膜工序正常作业的前提下，以电导率为参照的洗涤曲线如图 6-27 所示。

一开始，洗出液的电导率很高，可达 $18000\mu S/m$ 以上，降到 $1500\mu S/m$ 时，需要的时间仅为 10min，继续洗涤从 $1500\mu S/m$ 降到 $280\mu S/m$ 时，需要的时间仅为 10min，随着洗涤的进行，电导率进一步下降，当将电导率从 $280\mu S/m$ 降到 $140\mu S/m$ 需要的时间大约为 30min，继续洗涤，从 $140\mu S/m$ 降到 $70\mu S/m$ 需要的时间大约为 30min，即 1h 左右可洗涤一批物料。

（二）过滤与洗涤生产流程

包膜料浆的过滤与洗涤采用隔膜压滤机，流程几乎与水解偏钛酸窑前压滤相似，过滤与洗涤流程框图见图 6-28，水洗过程是通过 DCS 和 PLC 系统控制压滤机来共同完成的，其中压滤机的压紧、松开、翻板开闭、拉板车、洗布工作，由压滤机的 PLC 来控制；而工艺过程的进料、水洗、压榨、吹饼等工作，由 DCS 系统控制。PLC 和 DCS 靠 MOBUS 来连接。过滤与洗涤的主要操作步骤见表 6-28。经过隔膜压滤机过滤的滤液直接送污水站处理，洗涤液因含盐浓度低可套用在生产的洗涤水上。

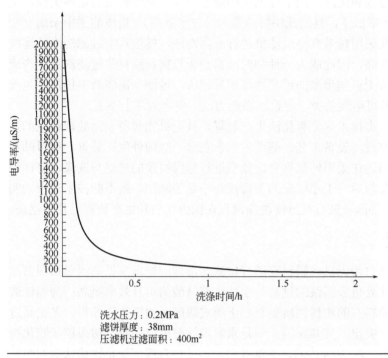

洗水压力：0.2MPa
滤饼厚度：38mm
压滤机过滤面积：400m²

图 6-27　包膜料浆洗涤曲线图

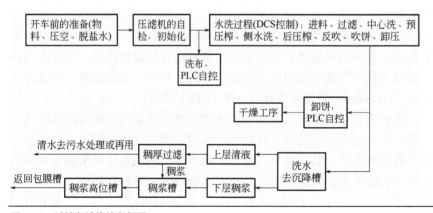

图 6-28　过滤与洗涤流程框图

表 6-28　过滤与洗涤的主要操作步骤

初始	进料	过滤	中心洗	预压榨	侧水洗	后压榨	反吹中心孔	吹饼	卸压榨	卸饼	洗布
1min	2min	10min	20min	1min	30min	1min	1min	1min	3min	15min	120min
PLC	DCS	DCS	DCS	DCS	DCS	DCS	DCS	DCS	DCS	PLC	PLC

（三）主要生产控制指标

包膜料浆的过滤与洗涤主要生产控制指标见表6-29。

表 6-29　包膜料浆的过滤与洗涤主要生产控制指标

序号	指标名称	指标数值	备注
1	进料量/（m³/批）	约 13	视压滤机规格而定
2	终点进料压力/MPa	0.3～0.35	
3	进料过滤时间/min	～10	
4	料浆温度/℃	50～70	
5	洗水温度/℃	45～50	
6	进料流量/（m³/h）	60～80	
7	中心洗流量/（m³/h）	40～50	
8	中心洗时间/min	20	
9	预压榨压力/MPa	0.3	
10	预压榨时间/s	45	
11	侧水洗流量/（m³/h）	30～40	
12	侧水洗时间/min	20～30	
13	后压榨压力/MPa	1.2～1.3	
14	后压榨时间/min	1	
15	吹饼、反吹压力/MPa	0.6	
16	吹饼、反吹时间/min	2	
17	脱盐水电导率/（μS/cm）	≤5	
18	脱盐水 pH 值	7～8	
19	洗液终点电导率/（μS/cm）	≤80	
20	洗液终点 pH 值	7.0～8	
21	去压榨时间/min	约 3	
22	打开压滤机时间/min	约 1	
23	卸滤饼时间/min	约 15	
24	关闭压滤机时间/min	约 1	
25	滤饼含固量/%	≥65	

（四）主要设备

包膜料浆过滤与洗涤的主要设备见表6-30，为1×10⁵t/a 钛白粉无机物包覆包膜装置能力，实际生产视不同的生产能力进行选择与设计。

表 6-30　包膜料浆过滤与洗涤的主要设备

序号	设备名称	设备规格	设备数量/台	备注
1	三洗供料泵	$Q = 100\text{m}^3/\text{h}$, $H = 50\text{m}$	3	
2	三洗供水泵	$Q = 40\text{m}^3/\text{h}$, $H = 60\text{m}$	4	
3	三洗洗布泵	CS-18, $Q = 18\text{m}^3/\text{h}$, $p = 10\text{MPa}$	1	
4	稠浆泵	$Q = 40\text{m}^3/\text{h}$, $H = 25\text{m}$	1	
5	CN 进料泵	$Q = 120\text{m}^3/\text{h}$, $H = 20\text{m}$	2	

序号	设备名称	设备规格	设备数量/台	备注
6	包膜料浆储槽	$\phi 5500mm \times 5500mm$	1	
7	中心洗供水槽	$\phi 5500mm \times 4000mm$	1	
8	侧水洗供水槽	$\phi 5500mm \times 4000mm$	1	
9	沉降槽	$\phi 5500mm \times 400mm$，带 45°锥	2	
10	废水收集槽	$4250mm \times 2500mm \times 5700mm$	1	
11	三洗压滤机	KMZ1500UM	6	$320m^2$ 可选
12	稠厚过滤器	$\phi 3300mm \times 6500mm$	3	
13	皮带运输机	$B = 650mm$，带速 0.5m/s	4	
14	皮带运输机	$B = 1200mm$，带速 0.25m/s	1	
15	DCS 操作站		1	

二、洗涤滤饼的干燥

(一) 干燥原理

1. 干燥定义及特点

干燥操作是指利用热能除去某些物料、半成品及成品中的水分或有机溶剂，提高产品质量，便于加工、使用、运输和储存等。

干燥操作是传热、传质同时发生的除湿生产过程。干燥所需的热量，由干燥介质以对流、传导、热辐射及介电的方式传递给被干燥物质，使物料中的湿组分获得热量后变成蒸气，从其中分离出来，最后得到湿含量较低的且达到某一规定要求的干燥产品。在对流干燥过程中，最常用最廉价的干燥介质是空气，它既是热量的载体，同时又是湿组分的载体，通过直接排放，可以将物料中的挥发分带出干燥器外；当除去的挥发分是有机溶剂时，可用氮气或其他惰性气体作为干燥介质，采用闭路循环方式操作，通过直接或间接冷却的方式，除去物料中的挥发分。对于传导干燥过程，热量的载体往往是蒸汽、导热油等，挥发分用载气或系统抽真空的方式除去。

干燥过程涉及物料的性质、干燥介质的性质、干燥速率以及干燥设备的结构形式等。如钛白粉无机包覆包膜料浆滤饼的干燥，经历过最早使用经典的带式干燥机、离心喷雾干燥机，最后现在通用的是旋转闪蒸干燥机。

2. 物料的干基与湿基含量

物料中的湿含量，有两种基本表示法，即干基湿含量（C）和湿基湿含量（w）。

干基湿含量
$$C = \frac{m_w}{m_d} \tag{6-31}$$

湿基湿含量
$$w = \frac{m_w}{m_d + m_w} \tag{6-32}$$

式中　m_w——物料中的湿分质量，kg；

m_d——绝干物料质量，kg。

干基湿含量与湿基湿含量之间有如下的换算关系：

$$C = \frac{w}{1-w} \tag{6-33}$$

$$w = \frac{C}{1+C} \tag{6-34}$$

由于湿基湿含量比较直观，因此，在工业生产中，不做特别说明，一般都是用湿基湿含量来表示。

3．干燥速率

干燥速率定义为在单位时间内单位面积上湿物料汽化的水分质量，以符号 U 表示，其单位为 kg/（$m^2 \cdot h$）。典型的干燥曲线如图 6-29 所示，图中纵坐标表示干燥速率，横坐标表示物料的湿含量（干基）。不同的物料在不同的湿空气状态下，有不同的干燥速率。该曲线往往是通过实验测得。

图 6-27 上的 A 点，表示进入干燥器的某物料的初始湿含量为 50%（干基），从湿含量 50% 的 A 点干燥到 20% 的 B 点这一阶段中，AB 为一水平线，称为恒速干燥阶段。这一阶段的终点（图上 B 点）称为临界点，此点的湿含量称为临界湿含量（或临界湿度），如图上横坐标 C_c。过临界点后，干燥速率开始下降，一直降到速率为零，这时的物料湿度称之为平衡湿度 C_e（图上的 E 点，此点的平衡湿度为 0.1%）。此阶段称为降速干燥阶段。实际上，在工业生产中，不会干燥到平衡湿度 C_e（那将需要无限长的干燥时间），而介于临界湿度和平衡湿度之间的某一位置上，视工艺生产和经济与否而定。例如无机包膜钛白粉物料干燥后的最终湿含量为 0.5%。

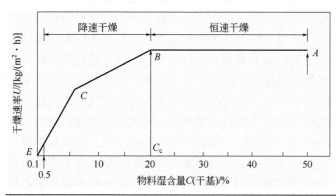

图 6-29　干燥速率曲线

同理，因传统采用包膜钛白粉的固液分离方式和干燥方式不同，如转鼓真空分离后的滤饼，若直接采用挤条式的带式干燥机，进干燥机的湿含量约 50%（如图 A 点）；而采用离心喷雾干燥，还要加水将滤饼调成浆，进干燥机的含湿量达到 66% 左右，其曲线还要横向加长；现在采用旋转闪蒸干燥机进行干燥，进干燥机含湿量在 25%，其恒速干燥段和降速干燥段均不会发生较大的变化。

（二）干燥设备的选择

钛白粉无机包膜，经过过滤洗涤后的湿滤饼所采用的干燥设备，在国内几乎经历过三个阶段，具体如下文所述。

1. 带式干燥阶段

最早无机物包膜过滤洗涤采用真空转鼓过滤与洗涤，将洗涤滤饼打浆后挤压成条状或小团状，用不锈钢格栅带式干燥器，并采用蒸汽换热的热空气进行干燥。如图 6-30 所示，效率十分低下、单台产能低、能耗高，且包膜产品又重新干燥成团，不仅在后工序的气流粉碎前要增加预打散粉碎，降低气流粉碎效率，产品颜料性能难以提高。

图 6-30 钛白粉带式干燥生产图

2. 喷雾干燥阶段

后又采用喷雾干燥器进行干燥，如早期引进国外的三套硫酸法钛白粉生产装置，除两套带式干燥器外，唯有重庆渝港钛白粉装置是引进的喷雾干燥器，确切地讲是离心雾化喷雾干燥。喷雾干燥是采用悬浮料浆进行雾化，雾化微粒与热空气接触进行传质传热将雾化微粒中的水分蒸发干燥移走，依其雾化的效果，通常每立方米雾粒热交换面积达到上万平方米。根据雾化方式的不同，可分为压力雾化，即压力喷雾干燥；离心雾化，靠机械旋转的离心雾化盘雾化，叫离心喷雾干燥。钛白粉无机物包膜用转鼓真空过滤洗涤滤饼，经过加水打浆后，送入离心喷雾干燥器的高速旋转盘中依靠离心作用将物料雾化，与离心喷雾机四周分布热空气的蜗壳送入的热空气并流在干燥塔内，并将雾化微细液粒干燥，干燥后的物料进入旋风与袋滤器进行气固分离，得到微粉状的干燥物料。喷雾干燥与带式干燥比较，其优点在于干燥半成品是微粉物料，在下一工序的气流粉碎进料容易，效率也高，不足之处是离心雾化打浆的浓度比带式干燥机更低，料浆中 TiO_2 的含固量仅有 30%多一点，否则输送与雾化困难，甚至造成雾化不好被离心抛入干燥塔壁，黏附在塔壁上，造成干燥不能顺利生产，且能耗成本高。

笔者早期设计开发的离心喷雾干燥器现场实物图片如图 6-31 所示，主要操作参数见表 6-31。

离心雾化机

离心喷雾盘

三套喷雾干燥器

图 6-31 大型离心喷雾干燥器现场实物图片

表 6-31　离心喷雾干燥器设备与主要操作参数

A. 干燥塔体规格		C. 尾气风机参数	
直径	9.8m	电机功率	185kW
全高	20.2m	风量	60000m³/h
直筒体高	6.0m	风压	6250Pa
锥体高	9.5m		
B. 喷雾机规格		D. 主要操作参数	
总高	3.0m	进料量	15t/h（含水量67%）
电机功率	75kW	水分蒸发量	10t/h
喷雾盘直径	300mm	产量	5t/h（含水量2.0%）
喷雾盘转速	6000r/min	进风温度	650℃
喷雾盘线速	110m/s	出风温度	95℃
		电耗	300kW·h
		天然气耗	650m³/h

3．旋转闪蒸干燥阶段

第三个阶段为旋转闪蒸干燥阶段，也是今天无论硫酸法还是氯化法后处理无机物包膜过滤洗涤后进行滤饼干燥唯一的干燥方式与设备，也是笔者在国内首先提倡并使用的设备。

旋转闪蒸干燥原理是热空气由入口管经过适宜的速度从干燥器底部热风分布室进入搅拌打散干燥室并螺旋上升，同时物料由加料器定量加入塔内，并与热气进行充分热交换，对物料产生强烈的剪切、吹浮、旋转作用，于是物料受到离心、剪切、碰撞、摩擦而被微粒化，强化了传质传热。在干燥机底部，较大较湿的颗粒团在搅拌器的作用下被搅拌机械打散、破碎，湿含量较低，粒度较小的颗粒被气流夹带上升，输送至分离器进行气固分离，成品收集包装，而尾气则经除尘装置处理后排空。

早在2001年我们在国内第一套4万吨钛白粉生产装置建设中，在做选用带式干燥还是喷雾干燥工艺的抉择时，仰仗我们在干燥设备的扎实理论与丰富成熟的经验，加上国外优秀的钛白粉生产也在向旋转闪蒸干燥技术转换。为此，我们权衡再三创新提出选用旋转闪蒸干燥机新的生产工艺。这是建立在早期笔者研究生产沉淀白炭黑时，采用离心喷雾干燥进行干燥，深知料浆含固量不能提高，否则雾化效果不利带来的粘壁等不正常生产状况，且干燥水分量大，能耗高。同样在饲料磷酸盐生产的滤饼干燥采用气流干燥器（又称管子干燥机），也因湿含量高，在干燥机进料加速段的高速气流无法将料瞬间干燥并分散，因料的重力大于气流速度，掉到干燥管底部堵塞进风通道，致使干燥不能进行下去，后来我们在干燥机管子底部安装了一个机械打散机（鼠笼式转动），优化满足了生产要求；再到后来主持研发设计的大规模磷酸盐产品及废副产品生产所用的不同喷雾干燥器，如每小时蒸发干燥水量为10t的大型离心喷雾干燥器在生产上运行的就有四套，压力混流（先逆流后并流）的多嘴压力喷雾干燥器也有两套，同时回收细粉料压滤饼的 ϕ1600mm 的旋转闪蒸干燥机两套。尽管我们谙熟干燥单元操作及设备，但钛白粉干燥的物理化学性能与过去的白炭黑和磷化工产品迥然不同，加之，那时国内还没有在钛白粉生产使用旋转闪蒸干燥的案例和研究试验报告，因此，在选择使用前，必须尊重科学进行干燥性能的比较试验。

采用何种干燥工艺设备对钛白粉包膜过滤洗涤滤饼进行干燥，为了说服投资人和众多使用传统带式干燥和喷雾干燥的业内人士，我们进行了干燥设备选型的评价试验研究工作。被干燥原料经协商高价采购原重庆渝港钛白粉包膜料浆 1t，一部分进行压滤，一部分保持原有水分和进行调浆。采用烘箱模拟带式干燥机，采用模拟实验室离心喷雾机和试验性小型旋转闪蒸干燥机进行干燥试验和实验室气流粉碎机进行磨细，进行了半定量工业选型试验。干燥试验过程见表 6-32，在当时的试验局限条件下以吸油量（二次结构）和粒度测试的试验结果、评价和结论见表 6-33，最终在传统技术势力的极力阻挠下，坚定选择旋转闪蒸干燥机作为后处理干燥设备工艺，结果大幅度降低了进料水分和干燥能耗，成为国内所有后处理干燥的专有设备，经典的旋转闪蒸干燥机见图 6-32。

表 6-32　干燥试验过程

实验编号	包膜洗涤原料			干燥温度/℃		试验干燥机
	含固量/%	含水量/%	状态	进口	出口	
1	约58	约42	稠浆	230	140	XSG-2 型试验闪蒸干燥机
2	约40	约50	清浆	230	128	LPG-25 试验离心喷雾干燥
3	约52	约48	清浆	120	120	实验室干燥烘箱
4	约50	约50	清浆	280	110	DLP5 实验室离心喷雾干燥
5	约72	约28	压榨饼	250	150	XSG-2 型试验闪蒸干燥

表 6-33　试验结果、评价和结论

一．试验结果

样品编号	TiO_2/%	H_2O 曲/%	吸油值/（g/100g）			水中分散粒径 $D50/\mu m$		
			气流粉碎前	一次气流粉碎	二次气流粉碎	气流粉碎前	一次气流粉碎	二次气流粉碎
1	90.95	0.62	23.2	18.73	17.73	0.32	0.29	0.31
2	90.93	0.48	24.0	19.17	18.20	0.30	0.28	0.29
3	90.99	0.59	22.6	18.15	17.84	0.35	0.29	0.32
4	91.46	0.30	23.6			0.31		
5	91.23	0.36	23.68			0.49		

二．试验评价

1. 吸油值评价，根据测试分析记录，得如下结论：

1.1 采用旋转闪蒸干燥方式，气流粉碎两次，成品吸油值最低，烘箱干燥次之，离心喷雾干燥最差；

1.2 气流粉碎两次后成品的吸油值低于一次粉碎的吸油值；

1.3 试验成品吸油值达到国内一流水平。

2. 水中分散粒径评价，根据粒度分析报告，得如下结论：

2.1 采用旋转闪蒸干燥方式，气流粉碎两次，粒径分布最集中，喷雾干燥次之，烘箱干燥最差；

2.2 气流粉碎两次后成品的粒径 D50 较一次粉碎大

三．试验结论

根据试验结果得出，钛白粉生产工艺中表面处理后的二氧化钛的干燥，最佳方式为采用旋转闪蒸干燥，该方式能保证质量，进料含固量高，节约干燥能源，建议采用。

然而，因旋转搅拌干燥受到搅拌桨叶直径增大及加料工艺不合理的制约，在单台生产能力规模上还停留在那时的相对小规模的装置上，每套生产能力仅能满足 30kt/a 钛白粉年生产能力要求。笔者最近开发的单套生产能力 100kt/a 的旋转闪蒸干燥器正在建设过程中。需要技术创新，满足大型化生产的需要与节能降耗。

图 6-32 旋转闪蒸干燥器现场安装图

(三)干燥工艺及主要控制指标

1. 干燥工艺

钛白粉生产后处理工艺流程如图 6-33 所示,经过无机物包膜过滤洗涤后的滤饼,根据干燥器的生产能力,采用天然气及其他气体燃料作为热风加热源,控制进风温度和出风温度与钛白粉滤饼的进料量关系,对无机包膜洗涤过滤的物料进行干燥,控制干燥产品的水分含量。物料经过压滤机料斗进入承重皮带,再进入旋转闪蒸干燥机进料螺旋,经过螺旋送入干燥机内,物料掉到旋转搅拌耙上被迅速打碎分散并被高温热风带起进入干燥蒸发空间迅速进行热交换蒸发干燥,干燥物料从干燥器顶部通过旋转方式经过物料管送入袋滤器进行气固分离,气体排空或部分返回热风进口,减少新鲜空气的进入量,节约显热。从袋滤器分离得到的干燥粉体送入中间料仓储存,为下一工序气流粉碎备料。

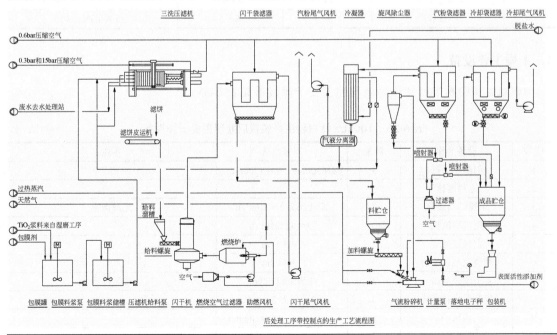

图 6-33 钛白粉生产后处理工艺流程

而洗涤过滤滤饼进料现有生产采用两种方式。第一种如前所述，采用滤饼直接送入进料螺旋料斗，且螺旋进料大于皮带进料，即在料斗内不需要积料，否则易造成料斗搭桥，进料螺旋空转，产生进料不均衡，波动大。第二种方式采用进料搅拌罐将过滤洗涤滤饼靠高剪切力的搅拌罐进行强力搅拌打成半流状的膏状浆，再靠搅拌罐下设的螺旋送入旋转闪蒸干燥器内。这本身是旋转闪蒸干燥器的标配设计，也是世界著名的丹麦 APV 公司或 Niro 高速开发制造旋转闪蒸干燥器初衷，主要用于那些蠕变膏状被干燥物，笔者并不赞同这种进料方式。作为钛白粉无机包膜后的过滤洗涤滤饼，因钛白微晶颗粒比表面积小，尽管表面包覆了几个纳米的无定型氢氧化物或水合氧化物，因其采用固液分离技术的进步（若过滤采用转鼓则又可接受），固含量可达 75%，将其采用搅拌蠕变成膏状进料，破坏了过滤洗涤时的毛细孔通道，进入干燥器的物料干燥速率与打散效率低下；再者，不仅增加搅拌罐，其高速搅拌将滤饼打成膏状，需要消耗大量的电能，还增加投资。所以，笔者设计和改造的钛白粉生产装置后处理干燥全部采用第一种进料方式。

2．干燥主要控制指标

旋转闪蒸干燥主要控制指标见表 6-34。

表 6-34　旋转闪蒸干燥主要控制指标

序号	项目名称	单位	控制范围	备注
1	天然气压力	kPa	10～15	
2	闪干机进口温度	℃	320～400	开车初期控制在320℃
3	闪干机出口温度	℃	90～140	
4	袋滤器进口温度	℃	≤130	
5	尾气引风机压力	Pa	4000～4500	进口
6	袋滤器压差	Pa	≤1500	
7	产品水分	%	≤0.5	按≤0.3%控制

3．干燥主要设备

100kt/a 钛白粉生产装置后处理的主要干燥设备见表 6-35。

表 6-35　100kt/a 钛白粉生产装置后处理主要干燥设备　　　　　　　单位：台

序号	设备名称	数量	型号规格	备注
1	闪蒸干燥机	3	ϕ1650mm　H=7200mm	
2	进料溜槽	3		
3	干燥给料螺旋	3	输送能力 1～10m³/h	无级调速
4	尾气引风机	3	Q=42221m³/h	
5	空气过滤器	3	F=3.17m²	
6	燃烧空气过滤器	3	F=44.4m²	
7	干燥袋滤器	3	过滤面积 520m²	带振打器
8	袋滤器出料螺旋	3	输送能力 8.5m³/h	
9	热风炉	3	ϕ1800mm　L=4100mm	
10	储气罐	1	ϕ1500mm　H=3200mm	

序号	设备名称	数量	型号规格	备注
11	助燃风机	3	$Q = 3215m^3/h$	
12	星形下料器	3		
13	管道振打器	3		

4．干燥不正常现象与处理

由于作为钛白粉生产新的干燥单元操作，在生产中专门制定了干燥生产不正常现象与处置要求，如表 6-36 所示。

表 6-36　干燥不正常现象与处理

序号	不正常现象	产生原因	处理方法
1	干燥机出口风温偏低	给料量过大	减小给料量
		进口风温低，热风炉供热能力偏低	调大燃气流量
		鼓风量偏小	调大鼓风量
2	干燥机出口风温偏高	给料量过小	增大给料量
		进口风温偏高	调小燃气；增大风量
		热风量过大	减小热风量
3	滤袋结露	干燥机出口风温偏低	停止给料，提高干燥机进口热风温度，调大风量，烘干布袋或更换布袋
4	烟囱排放口出现大量粉尘	干燥机出口温度长时间偏高，滤袋破损	紧急停车，更换布袋；严格控制进袋滤器温度
5	主轴下端漏料	盘根密封磨损或失效	调整法兰或更换盘根
6	干燥机主机超载	给料量过大	减小给料量
		进口风温偏低	调整液化气流量或风量
		引风机引风量过小，湿物料结块或粘壁	调大风量
7	给料机料斗内物料搭桥，给料机过载	进料斗中物料结块或太实；物料结块过大造成给料螺旋积料；杂物混入	停止进料；消除结块，空载运转清除积料；清除杂物，均匀给料

第六节
汽流粉碎与有机物包膜

在经过无机物包膜过滤、洗涤和干燥后的物料送入汽流粉碎机（简称"汽粉机"）中，并同时加入有机包膜剂进行钛白粉产品最后一道工序的解聚分散加工。汽流粉碎机或喷磨机（jet mill）又称为流动能量磨（fluid energy mill），是对无机包膜后的钛白粉进行再次解聚与分散，以强化钛白粉颜料性能的加工手段，是钛白粉生产技术解聚分散的"灵魂"之一。因为在粗品的解聚分散中，最高标准力争达到几乎单个光波半波长大小的二氧化钛微晶体颗粒，所获得的产品粒度分布标准偏差数值要小，即粒度分布窄。由于因抗老化屏蔽紫外光的光催化作用，在无机物包覆过程中，包覆的无机物在沉淀、过滤、洗涤和干燥时重新黏结，甚至被"合包"，造成已经在砂磨解聚后的颜料颗粒产生再次团聚，需要再次对无机物包膜加工，重新将黏结团聚的颗粒进行解聚与分散，并进行有机物包覆以抵抗解聚时的重新凝集和满足下游用户使用用途的材料的相容性。有机包膜尽管可以在前面的工序加入，因干燥温度或热空气对有机包膜剂易产生分解导致变黄影响钛白粉色泽与颜料质量；所以，除特殊用途钛白粉外，有机包膜剂几乎是在汽流粉碎过程中加入。采用蒸汽作为解聚分散气源的优点在于：一是蒸汽温度不仅可吸收团聚颗粒解聚分散后颗粒增加的表面能量，而且可保护有机包膜剂不被分解；二是蒸汽本身的质量比空气质量大，满足爱因斯坦能量公式的质量与速度的关系，施加在团聚颗粒上的能量密度大。所以，通过汽流粉碎最后达到并强化钛白粉颗粒的质量颜料性能。在后处理工艺最后进行解聚分散的汽流粉碎单元操作技术，其气流粉碎机，尽管这来自欧美的技术称为喷射磨（jet mill）、流动能量磨（fluid energy mill）等不同的名称，如今钛白粉生产约定成俗地称之为汽流粉碎技术，因采用的动力源为蒸汽，也简称汽粉。

一、汽流粉碎的基本原理

图 6-34 为汽流粉碎机横截剖面图示意图，在原料进料点，蒸汽通过一个特殊设计的喷嘴，该喷嘴将蒸汽气体转化为速度为100m/s的喷射汽流,将粉碎物料送入汽流粉碎机的粉碎腔室。腔室周边设置的粉碎喷射器喷嘴出口的速度能达到400m/s，超过音速380m/s。

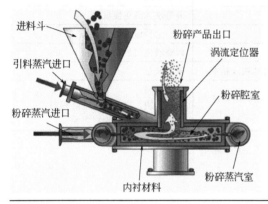

图 6-34 汽流粉碎机横截剖面示意图

蒸汽是钛白粉生产中最常用的喷射介质。通过一个文丘里进料喷嘴，利用蒸汽产生的负压将干燥后的包膜钛白粉原料带入汽流粉碎机的粉碎腔室；物料进入腔室后，粉碎腔室四周均布设置的粉碎喷嘴将粉碎蒸汽喷射到物料上。在粉碎腔室中，固体颗粒进入由喷射蒸汽/固体混合和粉碎气体形成的多重切线喷射共同引起的螺旋状汽流中。快速旋转导致颗粒互相碰撞，把聚集体粉碎成单个的亚微米级颗粒。由于颗粒的惯性，它们直接互相成层并被粉碎。

如图 6-35 所示，螺旋状汽流在粉碎室中形成一个压力梯度，使压力随半径的增加而增大。随着汽流运动的较小颗粒与蒸汽一起向旋涡内流动，并在出口处与蒸汽分离。较大的颗粒由于离心力的作用被抛出，并与喷射蒸汽中的高速颗粒碰撞形成单个的晶体。

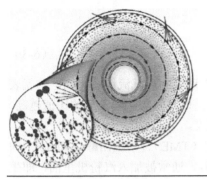

图 6-35　粉碎腔室中颗粒碰撞和螺旋状汽流

　　存在于粉碎室中的颗粒大小由两种力量的平衡决定：一是因蒸汽的切线速度对颗粒产生离心力，使其向外运动；二是因蒸汽的线速度对颗粒产生的旋涡拖力。

　　颗粒的离心力 F_C 由下式给出：

$$F_C = \rho_p \pi d^3 v^2 / (6r) \qquad (6\text{-}35)$$

式中　ρ_p——固体颗粒密度；

　　　　d——颗粒直径；

　　　　v——蒸汽切线速度；

　　　　r——半径。

　　而蒸汽的切线速度 v 与粉碎室的半径有关，如下式：

$$v = [r(\Delta p / \Delta r) / \rho]^{\frac{1}{2}} \qquad (6\text{-}36)$$

式中　r——粉碎室的半径；

　　$\Delta p / \Delta r$——粉碎室的压力梯度；

　　　　ρ——蒸汽/固体混合物的密度，$\rho = \rho_s(1 + P/S)$，其中，S 是蒸汽流速，P 是颜料流速。

　　因旋涡的影响形成对颗粒向内的拖力如下式（Stokes 定律）：

$$F_C = 3\pi\mu u d \qquad (6\text{-}37)$$

式中　μ——蒸汽黏度；

　　　　u——蒸汽的径向速度；

　　蒸汽径向速度 u 与粉碎室的高度有关，如下式：

$$u = M / (\rho_s 2\pi r H) \qquad (6\text{-}38)$$

式中　H——粉碎室的高度；

　　　　ρ_s——蒸汽密度；

　　　　M——蒸汽的输入速度。

　　从上面的等式可以看出，汽粉机有效设计和运行的关键参数包括：

　　a. 喷射蒸汽的体积和速度，尤其是蒸汽入口的温度、压力；

　　b. 粉碎室的规格，包括直径和高度；

　　c. 粉碎蒸汽的体积和速度，包括粉碎喷嘴的大小和构造，粉碎蒸汽的温度和压力。

　　汽粉机的分级效果可以通过粉碎室中作用在颜料颗粒上两个作用力的平衡进行表达，即式（6-35）等于式（6-37）时：

$$\rho_p \pi d^3 v^2 /(6r) = 3\pi\mu u d$$

可以得出：

$$d = [18\mu u r / \rho_p v^2)]^{\frac{1}{2}} \tag{6-39}$$

这意味着颗粒直径 d 与蒸汽的切线速度 v 成反比。假设速度和蒸汽流量成比例，这就表明增加蒸汽流量就会降低那些能够脱离汽粉机的颗粒的粒径。即蒸汽与颜料流量的比值越高，越能高效地粉碎，与降低大颗粒（>0.4μm）范围的经验一致。

有机化合物，如三羟甲基丙烷（TMP）、三羟甲基乙烷（TME）、季戊四醇、Tamol 254 和 Tamol 963（分散剂）或憎水性有机物如有机磷酸和有机硅，通常被加入汽粉机里面，即生产所述有机物包覆。加入有机物，它们可以起三个作用，首先提高颜料的分散性能，防止因解聚分散颗粒表面能增加产生重新团聚的倾向；其次应用性能的相容性，如塑料加工与涂料加工的成膜物分子量的大小不一，产生的颗粒亲和度不一，而需要不同的的有机包覆物；最后作为粉碎助剂，有利于提高解聚分散效率。

添加有机物的准确机理还不完全清楚。一个理论是当颜料移出汽粉机时会使有机物挥发并冷凝在颜料颗粒表面上，形成一层很薄的有机物包覆层。

二、汽流粉碎机结构与材质

在钛白行业中，主要使用两种类型的汽粉机和两种类型的结构材质。

（一）扁平式

扁平式汽流粉碎机的这种设计，其出料经过中部的排出中心调制口与蒸汽一并从上部出来，再经过气固分离后，冷却得到再次解聚分散的钛白粉，用于生产高光泽颜料，并且使用较高压力的蒸汽。蒸汽压力的范围在 1.5～3.5MPa 之间，高粉碎压力需要使用陶瓷内衬或高耐磨材料，借以生产高光泽和高分散性的颜料。当使用较低压力蒸汽（1.5～1.8MPa）时，采用合金材质的汽粉机以减少磨蚀造成的污染。这种类型的汽粉机为多数大生产商的标准配置设备。

（二）半球式

半球式汽流粉碎机的这种设计，其气粉机主要使用的蒸汽压力为 1.2～1.5MPa，以及采用预粉碎汽流粉碎工艺。这种设计一般采用金属内衬，很少使用陶瓷内衬。由于汽粉机的几何构造，所谓半球式汽流粉碎机是粉碎机的下部设置旋风出料，而气体经过上部排除，这是与扁平式的根本差异所在。

（三）汽流粉碎机的结构与材质

汽流粉碎机系统主要由粉碎腔、加料系统、粉碎系统、出料系统、储气环和机座组成。图 6-36 为笔者团队设计生产的汽流粉碎机生产现场。汽流粉碎机横截剖面及剖面示意图如图 6-34 和图 6-37 所示。主要由粉碎腔室、内衬材料、粉碎蒸汽室、粉碎蒸汽进口、引料蒸汽进料口、涡流定位器、粉碎物料出口和周边环壁上的若干个粉碎蒸汽喷嘴等构成。

图 6-36　汽流粉碎机生产现场

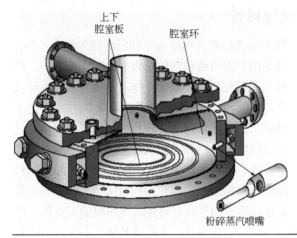

图 6-37　汽流粉碎机剖面图示意图

主要的机体部分可以使用不同的材质：铸铁合金或不锈钢。在钛白行业中，基本使用高合金钢，如不锈钢和铬镍铁合金材质的材料。为了延长使用寿命，耐磨面的硬度需要超过 1200 维氏硬度，这与 TiO_2 晶体的硬度相同。耐磨面通常在铁基面上涂覆碳化铬和碳化钨的耐磨涂层，如图 6-38 所示。

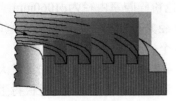

图 6-38　硬化或涂覆耐磨面

图 6-39 中显示的是另一种衬里耐磨陶瓷板，如氮化物黏结碳化硅的保护耐磨面板。目前已经开发了各种耐磨表面的陶瓷内衬，包括旋涡定向器、文丘里管、粉碎室顶部板和底部板以及环形壁。

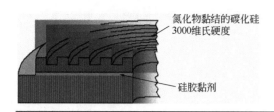

图 6-39　陶瓷耐磨衬板

粉碎蒸汽喷射器一般为表面硬化或顶端涂层的 304 或 316 不锈钢。

汽粉机的规格从内径 36in 到 52in（1in = 2.54cm）不等，小规格的最典型。产能由蒸汽压力、粉碎要求和颜料类型确定。产能范围为 2～10t/h，蒸汽压力范围为 1.2～3.5MPa，汽固比为 0.9～4.5。

（四）钛白粉汽流粉碎机技术的比较与讨论

国内钛白粉生产，无论硫酸法还是氯化法，现有汽流粉碎机规格与结构已经成为经典设备，所生产产品质量还能凑合并满足用户基本需要，这是由于国内钛白粉的解聚分散技术内容中，在无机物包膜前砂磨解聚分散工艺技术的优化与旋转闪蒸干燥技术的进步，掩盖了现有汽流粉碎机解聚分散不足的缺陷。在钛白粉生产技术不断提高的同时，就目前使用的汽流粉碎机技术不得不说是最没有被优化的设备技术，因是来自早期引进技术的汽流粉碎机并进行简单拷贝所沿用，几乎没有在技术原理上进行实质性的优化与突破。尽管国内从事汽流粉碎机生产的企业不少，但作为钛白粉生产使用的汽流粉碎机，以解聚分散为主，几乎不存在真正意义上的将单个大晶体颗粒的钛白粉粉碎成若干个小颗粒的钛白粉晶体。其用在钛白粉生产的汽流粉碎机市场较小，加之钛白粉生产企业也没有投入力量进行深入的研究，笔者早期专门进行过对撞式汽粉机的工业性生产试验，取得了很好的试验结果。因市场行为及中国特色的运作模式，未能像其他生产技术与设备的开发及投入应用那么顺利。现有汽流粉碎机的不足原因分析有三：

一是解聚分散压力低，即粉碎蒸汽压力低，只在 1.5～1.8MPa 的蒸汽压力下运行，蒸汽密度与速度不高，施加到颗粒上的碰撞解聚分散能量欠佳；世界优秀企业的多数生产装置采用的蒸汽压力在 3.5～3.8MPa，且因蒸汽压力提高，蒸汽密度增大，不言而喻，解聚分散效率提高，单台同规格粉碎机生产能力增大。

二是汽粉机的尺寸结构不合理，包括径高比、喷嘴设置和上下盖板结构与粉碎腔室的被粉碎物料径向颗粒分级等。如径高比，国内清一色粉碎腔室内径为 ϕ1060mm（42in），粉碎腔室高 90mm（3.55in），喷嘴个数 32 个；而世界经典企业的径高比粉碎腔室内径为 ϕ914mm（36in），粉碎腔室高 127mm（5in），喷嘴个数 24 个。

三是材质达不到要求，尽管生产厂家采用过不同的合金材质，磨损量过大，不得已生产厂家经常采用合金焊条进行堆焊修补磨损面。也曾经有厂家引进过陶瓷板衬里，因陶瓷在预热时蒸汽产生的冷凝水使陶瓷溶胀，造成破裂，还有因机械杂质混入，将陶瓷内衬击坏。

为此，针对一些国际钛白粉公司对汽流粉碎机的结构优化和技术开发进行比较与讨论。

1．冲击板两次汽流粉碎机

由前英国氧钛公司的 Haddow 改进开发的钛白粉冲击板两次汽流粉碎机（US5421524）如图 6-40 所示，经过包膜干燥后的钛白粉进料后，经过星形气锁阀送入进料室，在 1.5MPa 压缩空气的作用下送入第一蒸汽喷嘴将物料直接喷向预粉碎碰撞面进行预粉碎；预粉碎的物料进入第二引料蒸汽喷嘴直接将物料送入汽流粉碎腔室，经过分布在粉碎腔室上的粉碎蒸汽喷嘴将粉碎蒸汽施加在物料上进行解聚分散；物料经过下部旋风分离器回收产品，解聚分散后的蒸汽经过粉碎机的上出口排出。

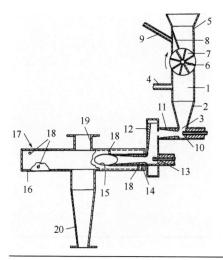

图 6-40　预粉碎汽流粉碎机示意图

1—进料料斗；2—料斗锥体；3—进料口；4—压缩空气管；5—进料斗口子；6—星形气锁阀；7—气锁室；8—密封器；9—通风口；
10—第一引料蒸汽喷嘴；11—第一文丘里引料口；12—预粉碎碰撞面；13—第二引料蒸汽喷嘴；14—第二文丘里引料口；
15—粉碎料进口；16—粉碎腔室壁；17—粉碎腔室；18—粉碎蒸汽进口；19—气体出料口；20—粉碎物料出口

　　采用冲击板两次汽流粉碎生产油墨级钛白粉比没有预粉碎设置的技术产品的光泽提高 15%。

2. 阶梯式流动能量磨

　　由前杜邦公司的 Schurr 开发的阶梯式流动能量磨（US3276484）剖面与俯视图如图 6-41 所示，采用下出料上排气的阶梯流动能量磨，在粉碎腔室的环形面上，即 $0.7R \sim 0.8R$ 的地方形

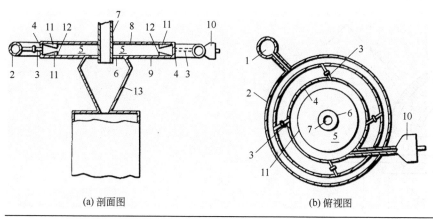

(a) 剖面图　　　　　　　　　(b) 俯视图

图 6-41　阶梯式流动能量磨

1—蒸汽进口；2—蒸汽室壁；3—喷嘴；4—粉碎腔室壁；5—粉碎腔室；6—排料器壁；7—排风管；8—粉碎腔室上盖板；
9—粉碎腔室下盖板；10—文丘里进料口；11—上下阶梯；12—上下阶梯面；13—锥形外壳（旋风分离）

成一个阶梯。其原因是从喷嘴喷出的高压蒸汽以切线进入粉碎腔室，其切线速度是物料与蒸汽在粉碎腔室的平均径向速度的 4 倍，越靠近粉碎腔室的边缘，径向速度越大；采用近轴对称不连续方式，即阶梯式粉碎腔室设计，迫使大颗粒进入阶梯外层，用粉碎蒸汽切向能量解聚分散，大幅度提高分级和解聚分散效率。可采用的不同形式阶梯方式如图 6-42 所示，图（a）～图（d）表示不同的阶梯结构形式。

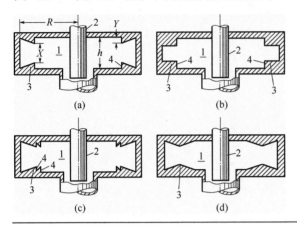

图 6-42　不同的阶梯分布的粉碎腔室图

1—粉碎腔室；2—排风管；3—上下阶梯；4—上下阶梯面；h—粉碎腔室高度；R—粉碎腔室内径；X—上下阶梯距离；Y—阶梯高度

　　采用这种结构改进了粉碎腔室的颗粒分级，得到颜料性能优质的粒度分布产品，消除了解聚分散时流动物体的堵塞，增加了解聚分散效率。

3．简单易拆换高耐磨材质（汽流粉碎机）

　　由克朗斯公司的 Siegfried Blumel、Volker gurgens 和 Hans-Ulrich Schwanitz 开发的易拆换高耐磨材质汽流粉碎机（US71504211），其俯视图如图 6-43 所示，由钛白粉进料口、出料口、引料蒸汽口、粉碎蒸汽进口、粉碎蒸汽通道、粉碎蒸汽喷嘴钻孔、粉碎腔室、粉碎环形套管、外壳和盖板及固定钉组成。

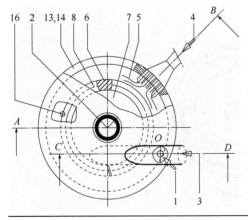

图 6-43　易拆换高耐磨材质汽流粉碎机俯视图

1—钛白粉进料口；2—出料口；3—引料蒸汽口；4—粉碎蒸汽进口；5—粉碎蒸汽通道；6—粉碎蒸汽喷嘴钻孔；7—粉碎腔室；8—粉碎环形套管；13，14—外壳和盖板；16—固定钉

图 6-44 为图 6-43 的 *A-B* 面剖视图，方便理解各部件的安装与拆卸。图 6-44（a）为 *A-B* 面剖视图；图 6-44（b）为 *X* 局部图，由粉碎蒸汽进口、粉碎蒸汽通道、粉碎蒸汽喷嘴钻孔、粉碎腔室、粉碎套管环、上部衬板、出料口衬板、底部衬板、石墨密封圈、平衡垫、外壳盖板、外壳底板和螺丝夹、排气孔及物料排出口组成。

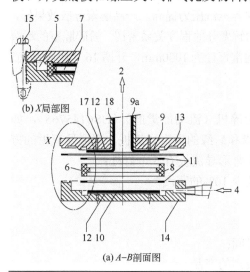

图 6-44　*A-B* 剖面图

4—粉碎蒸汽进口；5—粉碎蒸汽通道；6—粉碎蒸汽喷嘴钻孔；7—粉碎腔室；8—粉碎套管环；9—上部衬板；9a—出料口衬板；10—底部衬板；11—石墨密封圈；12—平衡垫；13—外壳盖板；14—外壳底板；15—螺丝夹；17—排气孔；18—物料排除口

图 6-45 为图 6-43 的 *C-D* 面剖视图，图中 6-45（a）为 *C-D* 面剖视图，图 6-45（b）为 *Y* 局部图，由钛白粉进料口、粉碎物料出口、引料蒸汽进口、粉碎蒸汽通道、粉碎腔室、粉碎套管环、上部衬板、底部衬板、外壳盖板、外壳底板及耐磨进料轴衬和进料外套管组成。

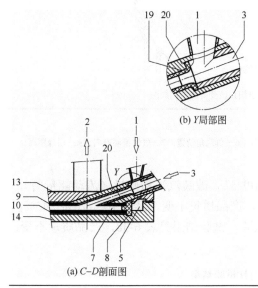

图 6-45　*C-D* 剖面图

1—钛白粉进料口；2—粉碎物料出口；3—引料蒸汽进口；5—粉碎蒸汽通道；7—粉碎腔室；8—粉碎套管环；9—上部衬板；10—底部衬板；13—外壳盖板；14—外壳底板；19—耐磨进料轴衬；20—进料外套管

如此构成的易拆换高耐磨材质汽流粉碎机，因采用高耐磨材料，如碳化钨-钴（WC-Co）合金）、碳化硅、碳化硼及硬质陶瓷材料，没有死链接和强力链接，对粉碎腔室的四大部件（底耐磨衬板、圆筒墙面、顶板出料口和钛白粉进料口）进行整体模塑，便于拆卸。从粉碎蒸汽通道进入粉碎室的蒸汽喷嘴孔，无须在线凿孔和专门的耐磨防护，仅采用专门手段密封安装粉碎喷嘴。除简单和拆换方便外，因耐磨超硬材料更耐磨，可使粉碎蒸汽压力提高，产品解聚分散效果好，颜料性能提高，表现出优异的光泽指标，光泽与颗粒的解聚分散程度关系密切。粉碎腔室的耐磨套环上开凿喷嘴的个数，取决于汽流粉碎机的直径，通常直径为1000mm，开凿16个喷嘴凿孔。

4．高效节能型流动能量磨

杜邦公司的Capelle等开发的高效节能型汽流粉碎机（流动能量磨）（US6145765），如图6-46（a）所示，在粉碎腔室设置插入一个具有前缘和后缘的弯形导流板，弯形导流板的方位角可在90°～140°之间，迎角在0°～10°。其安装弯形导流板有5个好处：

一是低蒸汽消耗，维持产品性能不变的情况下减少10%的蒸汽；

二是增加生产能力，提高产量；

三是改进了粉碎带的分级，产品粒径分布窄；

四是延长了磨机内衬的使用寿命，延长了使用时间；

五是提高了磨机的操作性能，可生产多种用途级别的产品。

图6-46（b）所示为进料口开在内衬的耐磨衬里上的弯形导流板切面图，与图6-46（a）的差异是进料物流与粉碎蒸汽输入设置在同一个平面上，没有两者之间进料时的夹角。

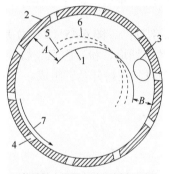
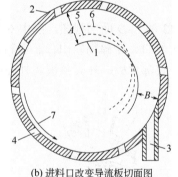

(a)粉碎腔室设置弯形导流板切面图　　　　　　　　(b)进料口改变导流板切面图

图6-46　导流板切面图

1—弯形插入件；2—耐磨衬里；3—进料管；4—喷嘴口；5—零迎角位置；6—负迎角位置；7—气体流动方向；A—后缘距离；B—前缘距离

按图示采用方位角120°的弯形导流板，迎角角度5°，改装汽流粉碎机（流动能量磨），采用涂料级钛白粉进行对比试验，其结果见表6-37，产品质量不变，蒸汽节约20%～45%，产量提高4%～26%；采用塑料级钛白粉进行对比试验，试验结果见表6-38，产品质量不变，蒸汽节约30%，产量提高9%。

表6-37　涂料级钛白粉对比试验结果

序号	指标名称	安装弯形导流板	传统汽流粉碎机
1	光泽	68～76	67～76
2	≥0.6μm/%	6～16	5～16

序号	指标名称	安装弯形导流板	传统汽流粉碎机
3	蒸汽/钛白比率	低，20%~45%	
4	生产能力	高，6%~26%	

表 6-38　塑料级钛白粉对比试验结果

序号	指标名称	安装弯形导流板	传统汽流粉碎机
1	斯克林分散性	11	11
2	≥0.6μm/%	8	8
3	蒸汽/钛白比率	低，30%	
4	生产能力	高，9%	

5．对撞汽流粉碎机

对撞汽流粉碎机，又称为流化床汽流粉碎机，其结构原理如图 6-47 所示，三个粉碎蒸汽喷嘴在设备下部呈 120°的均等分布，从底部设置一个蒸汽喷嘴对物料进行沸腾流态化，三个喷嘴的高压蒸汽以超过声速的方式（400m/s）将钛白粉聚集体加速获得能量，并产生更大的能量对撞，相当于两个喷嘴的蒸汽流速，将钛白粉聚集颗粒解聚分散开，在上部蒸汽出口设置有高速旋转分级机，旋转分级机对物料进行分级，细小的作为出料送去袋滤器进行汽固分离，粗大级别的颗粒再回到沸腾层被再次分散解聚。

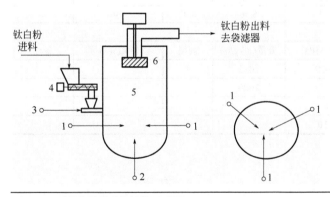

图 6-47　对撞汽流粉碎机结构原理图

1—解聚粉碎蒸汽及喷嘴；2—流化沸腾蒸汽喷嘴；3—进料蒸汽；4—进料螺旋；5—对撞汽流粉碎机体；6—分级机

这样可克服扁平式汽流粉碎机在高压蒸汽的超声速条件下，加上金红石钛白粉的超硬性质对粉碎机器壁的快速磨损，可更合理地使用能量公式的速度原理。

为此，笔者组织了专门进行对撞式汽流粉碎机的工业试验，试验设备现场安装图片如图 6-48 所示。试验参数见表 6-39。由于没有扁平式的切向压力梯度分散解聚的能量施加在器壁上，对撞获得的冲量能量更大，解聚分散效果更好。

图 6-48　对撞汽流粉碎机现场图片

表 6-39　试验结果与参数

一．试验分析结果

序号	分级机转速/(r/min)	批次编号	筛余 325 目/%	pH 值	分散性	吸油量/(g/100g)	备注
1	600	A2-07	0.05	6.55	5.00	20	
2	600	A2-08	0.04	6.18	5.60	19	
3	700	A2-09	0.01	6.76	5.70	19	
4	700	A2-10	0.03	6.16	5.90	19	
5	700	A2-11	0.02	6.68	6.12	19	
6	700	A2-12	0.01	6.56	6.02	19	

二．试验条件

序号	参数名称	温度/℃	压力/MPa	流量/(kg/h)	规格	进料螺旋频率	备注
1	蒸汽总管	316	1.939	2013			
2	钛白粉			2000			
3	粉碎蒸汽		1.80				
4	送料蒸汽		1.10				

三、汽流粉碎工艺

(一) 工艺设备流程布置

1．预粉碎设备

多数情况下，进料来自干燥产品收集贮仓，可采用质量减料进料器或专门设计的气锁进料器。简单的过饱进料能有效地影响进料斗中的颜料高度，便于进料螺旋的速度控制。

有机粉碎助剂可以从干燥器、进料系统或汽粉机内部加入。

钛白行业中的多数汽粉装置是由汽固比决定解聚分散强度的单个汽粉机组成。当要求颜料具有非常高的光泽时，在过去，国外有使用双汽粉机的串联工艺，如油墨级钛白粉的生产。双汽粉机用于减小颜料中粒径大于 0.4μm 粗颗粒的比例。产品从第一台磨机进入第二台磨机，除产品收集设备和粉尘控制装置设备的投资和高昂的生产费用之外，蒸汽的消耗量也几乎增加一倍。

传统工艺技术采用带式干燥器干燥物料，易形成大块团，为提高汽流粉碎机的效率，需要进行预粉碎。预粉碎通用的设备为搅拌鼠笼粉碎机，国外称之为 Kibbler 预粉碎机，其实物如图 6-49 所示。

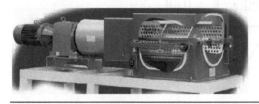

图 6-49　Kibbler 预粉碎机

2. 两级粉碎汽流粉碎机

除上述预粉碎设备之外，另外一种选择是安装冲击板进行预粉碎，如图 6-50 所示，需要使用两个蒸汽喷射器。第一喷射器将高速蒸汽与 TiO_2 混合，采用颗粒撞击冲击板进行预粉碎，同时，粉碎物料使冲击板发生偏转；颗粒和蒸汽进入第二喷射器后，经过第二喷射器喷射的蒸汽将物料送入汽粉机中，再进行蒸汽喷射的解聚分散，解聚分散的物料经过上排口送去分离与冷却。

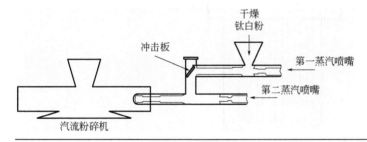

图 6-50　两级解聚分散喷射器示意图

3. 分离与高温袋滤器

经过汽流粉碎机解聚分散后的物料包含蒸汽与固体钛白粉颗粒，需要进行汽固分离，传统的生产是采用旋风与高温袋滤器串联的组合工艺，如图 6-51 所示。第一级采用旋风分离，第二级采用袋滤器分离。第二级袋滤器分离，考虑粘壁等不定期掉落的物料，影响产品质量的分散性，采取返料再粉碎解聚分散的措施。同时，袋滤器进行过滤分离时，无论采用长方形结构、正方形结构还是圆筒形结构，均从袋滤器下部进料。袋滤器的内部结构如图 6-52（a）所示，直接将被分离物料送入袋滤器过滤分离，将固体颗粒在袋滤器的过滤面积上进行全过滤。所以，采用旋风分离器与袋滤器串联工艺，可以大幅度降低第二级分离袋滤器物料的比负荷，即单位体积内的固体浓度，延长滤布上滤饼形成所需厚度的时间。但是，因这种从蒸汽中分离固体的特殊工艺，设置的旋风分离器增加了系统的阻力，整个汽流粉碎系统中产生的负压是靠蒸汽冷凝气体形成，尽管系统中设有尾气风机，其作用主要是抽引系统的不凝气体，如进料口所吸空气及蒸汽中残余的不凝气体；加之，系统流程太长需要强保温措施，尤其是开车时的升温时间长产生大量的系统冷凝水及无为的蒸汽浪费，尽管可在旋风分离器和袋滤器壁上增加电加热器用于升温，同样电耗功率大。

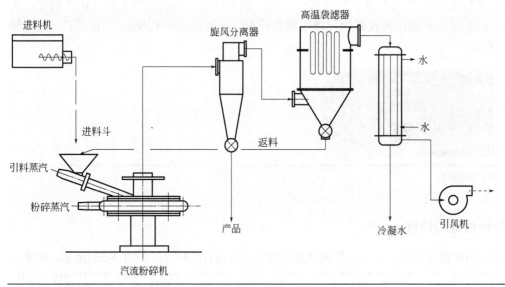

图 6-51　传统汽流粉碎工艺流程

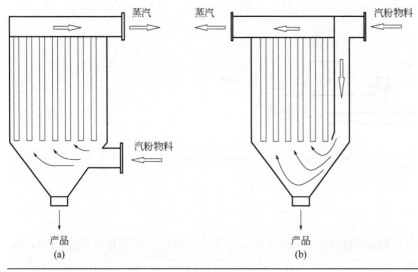

图 6-52　袋滤器内部结构变化

为此，在汽流粉碎的解聚分散中，对袋滤器进行优化设计，如图 6-52（b）所示。在袋滤器中设置一个进料隔离室，粉碎物料从袋滤器上部进入隔离室，借助惯性使物料在袋滤器底部的卸料斗形成一个惯性沉降收集室，大部分固体钛白粉在惯性力作用下，首先沉降进入卸料斗，小部分物料才随同蒸汽进入高温滤布筒过滤。在周期性反吹时，滤布筒上的滤饼掉入沉降室携带物料沉降。尽管解聚分散后钛白粉颗粒极细，但其金红石微晶颗粒的密度在

$4.4g/cm^3$，惯性力沉降效果显著。所以，现在几乎采用一次袋滤器进行固体钛白粉与蒸汽分离的生产流程，省去了原来的旋风分离设备，克服了增加旋风分离器带来的系统阻力和开车时升温时间长、冷凝水过多等问题与不足。同时由于钛白粉的这一特性，其粉碎解聚分散的物料密度较大，在从汽粉机出料口到袋滤器进料这一段管道的长度与高度尤为重要，过长过高既增加系统的阻力，又严重影响生产能力的发挥。

（二）工艺流程

现有钛白粉生产汽流粉碎工艺流程如图 6-53 所示，一个螺旋进料器将包膜干燥后的钛白粉从储料斗进料到汽粉机进料漏斗。进料管道设置的文氏管经过喷射蒸汽产生的负压将钛白粉送入粉碎室中，同时加入有机包膜剂，切向设置环流分布的粉碎蒸汽，同时将包膜的钛白粉进行解聚分散。解聚分散后的钛白粉物料通过高温袋滤器分离，将经过汽粉机中的大部分粉碎颜料从与蒸汽的混合物中分离开来。蒸汽进入冷凝器并在循环水的作用下进行冷凝，冷凝水返回用于无机物包膜过滤时的滤饼洗涤，不凝气体经过抽风机排空。袋滤器中分离出的钛白粉在螺旋的作用下送入冷却袋滤器，再进行固气分离，送入包装工序进行产品储罐后包装。

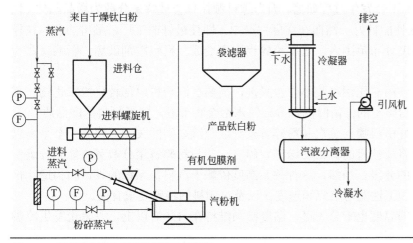

图 6-53　现有钛白粉生产汽流粉碎工艺流程

四、汽流粉碎主要控制参数

如汽流粉碎生产原理所述，许多因素会影响汽粉流程的设计和布置。优化汽粉机的运行条件主要与下面的三个可控变量有关：一是蒸汽与钛白粉的比率（汽固化），二是钛白粉进料速度，三是蒸汽流速。

（一）蒸汽与钛白粉的比率（汽固比）

从汽粉原理公式（6-36）切向速度与粉碎机半径可导出如下公式：

$$V_2 = r(\Delta P/\Delta r)S/[\rho_s(S + P)] \tag{6-40}$$

式中：V_2——蒸汽的切线速度；

　　　S——蒸汽流速；

　　　P——钛白粉流速。

即对颜料颗粒的作用力以产生的分级能力，与蒸汽和钛白粉的比率（汽固比）成正比。

（二）钛白粉进料速度

如果钛白粉的进料速度过快，汽固比就会降低，作用在钛白粉颜料颗粒上的离心力减小，从而使过粗颗粒逃离排出。因此，保持进料速度为恒量相当重要。

钛白粉产品质量的分散性能也取决于颜料的进料速度。如果进料速度过慢，进入粉碎室的钛白粉颗粒数量不足，造成钛白颗粒相互间的撞击不充分。

（三）蒸汽流速

提高蒸汽流速意味着降低了能够逃离汽粉机的颗粒大小。而且表明蒸汽的流速越高，允许离开汽粉机的颗粒直径越小。

不过，如若蒸汽流速太快，其生产影响也是显而易见，原因是：更高的蒸汽流速意味着更多的蒸汽用量，从而增加生产成本。更高的汽固比意味着较低的进料速度，这样就限制了产量。需要在蒸汽成本、汽固比和颜料分散性之间找到一个经济的最佳平衡点。

蒸汽流速过快，理论上不会发生过度研磨，因为颜料颗粒只会被解聚分散为微晶晶体（粒径约 $0.3\mu m$），在可见光区性能良好。然而在实际生产中，即使最好的工厂，颜料的晶体粒径分布处在一个相对宽的粒度分布范围内。过度粉碎也许会造成无机包膜剂破坏，影响钛白粉的颜料性能。

蒸汽流速过快，如果使用氧化铝凝胶体作包膜剂，需要在汽粉机内部转化成氧化物。蒸汽流速过快会延长颗粒在粉碎室的停留时间，导致三水铝合物形成，降低颜料的产品质量。

所以，应当仔细控制好引料喷射蒸汽和粉碎解聚分散蒸汽之间的关系，建立一个平衡以确保引料喷射蒸汽能充分将最佳量的钛白粉送进粉碎室，并与粉碎解聚分散蒸汽能充分确保最佳的解聚分散和过程中的分级。当然，这种关系高度依赖于汽粉机系统的设计和构造，也与进入系统的钛白粉自身加工性能与组成和速度，以及对颜料的特殊要求有关。

再就是控制过热蒸汽的温度也十分关键，温度必须维持在 150℃ 以上，以阻止发生冷凝现象，杜绝形成湿润的块状颜料。

五、汽流粉碎工艺主要设备

汽流粉碎生产工业主要生产设备如表 6-40 所示，表中所示为 800kt/a 产能设备，仅供参考。

表 6-40　气流粉碎生产工业主要生产设备　　　　　　　　　　　单位：台

序号	设备名称	数量	型号规格	备注
1	闪干料储槽	3	$V_{全}=21m^3$	带振动给料斗
2	加料螺旋	3	$0\sim6t/h$	
3	汽粉袋滤器	3	过滤面积 440m²	带螺旋
4	汽粉尾气风机	3	$Q=4293\sim6346m^3/h$　$H=5381\sim6035Pa$	
5	空气过滤器	3	$F=29.4m^2$	
6	喷射器	6	$DN=350mm$　$L=800mm$	
7	活性剂储槽	2	$V=6.28m^3$	
8	旋风除尘器	3	$\phi1460mm\times4150mm$	

序号	设备名称	数量	型号规格	备注
9	汽粉机	3	ϕ1080mm 30个喷嘴	
10	计量泵	3	$Q=0\sim63$L/h	
11	汽液分离器304	3	DN = 1000mm $L=2200$	
12	冷凝器	3	换热面积408m²	
13	冷却袋滤器	3	过滤面积397m²	
14	冷却尾气风机	3	$Q=15380$m³/h $H=7364$Pa	$N=45$kW
15	星形给料器	9	10L/r 33r/min	
16	消声器	1		
17	仓壁振打器	9	$N=0.15$kW 电压220V	
18	成品储仓	3	$V_全=28.7$m³	
19	手动单轨小车	1	起重质量1t	
20	落地电子秤	3	$Q=100$kg	精度1/3000
21	包装机	5	速度2～3包/min	

六、关于蒸汽压力与汽粉机规格的讨论

(一) 蒸汽压力与气粉机规格对钛白粉产能的影响

如前所述,全球汽粉机的规格从内径914.4mm(36in)到1320.8mm(52in)不等,其小规格的最为常用,产能范围一般为 2～10t/h。目前国内汽粉机规格几乎是清一色的内径为1066.8mm(42in)和腔室高度为90mm(3.5in),其生产能力由蒸汽压力、粉碎要求和钛白粉品种类型确定。国内的蒸汽压力为1.5MPa,与使用高达 4.0MPa 压力的国际钛白粉生产商比较,处于较低的粉碎压力水平。使用较高的蒸汽压力,就可提高单台汽流粉碎机的产量及装置产能;不过需要在结构和材料上进行优化,确保汽粉机内表面使用耐久性和钛白粉不至于会受到污染。

汽粉参数的汽固比,通常在 0.9～4.5 之间。在表6-41 中,利用现有国内经典的汽流粉碎的已知条件,采用高压蒸汽进行计算,在不改造汽流粉碎机内部结构的前提下,同一台汽流粉碎机,均可提高近40%产能。

表6-41 低压和高压汽粉机的性能计算

序号	指标名称		低压蒸汽			高压蒸汽		
1	颜料流速/(t/h)		1	1	1	1.38	1.38	1.38
2	颜料密度/(kg/m³)		4200	4200	4200	4200	4200	4200
3	汽固比		1	2	3	1	2	3
4	蒸汽流速	t/h	1	2	3	1.38	2.76	4.14
		kg/s	16.67	33.33	50.00	23.00	46.00	69.00

序号	指标名称		低压蒸汽			高压蒸汽		
			蒸汽参数					
1	温度	℃	300	300	300	300	300	300
		K	573	573	573	573	573	573
2	压力	MPa	1.4	1.4	1.4	4	4	4
		kPa	1400	1400	1400	4000	4000	4000
3	黏度/(Pa·s)		2.013×10^{-5}	2.013×10^{-5}	2.013×10^{-5}	2.013×10^{-5}	2.013×10^{-5}	2.013×10^{-5}
4	密度/(kg/m³)		5.9	5.9	5.9	17.49	17.49	17.49
			汽粉机参数					
1	内径	mm	1304	1304	1304	1304	1304	1304
		m	1.304	1.304	1.304	1.304	1.304	1.304
2	粉碎室高度	mm	90	90	90	90	90	90
		m	0.090	0.090	0.090	0.090	0.090	0.090
3	粉碎室压力梯度/(kPa/m)		58	62	67	115	122	132
			计算值					
1	径向速度/(m/s)		3.83	7.66	11.49	1.78	3.57	5.35
2	进料混合物密度/(kg/m³)		11.8	8.85	7.87	34.98	26.24	23.32
3	切向速度/(m/s)		0.223	0.315	0.386	0.148	0.209	0.225
4	卸料粒径/μm		0.300	0.300	0.300	0.300	0.300	0.300

表 6-41 是在指定的蒸汽条件下，以汽固比为 1∶1～1∶3 的基础条件进行计算。调节压力梯度使卸料粒径为 0.3μm，由于 p/r 与蒸汽密度成比例，高压蒸汽使其比率提高。根据粉碎室的压力梯度，由下式推导：

$$\Delta p/\Delta r = \rho_s v^2 r \tag{6-41}$$

其得到的结论是粉碎室的压力梯度与蒸汽密度成正比，即随着蒸汽压力的提高，低压蒸汽粉碎室的压力梯度也将呈直线增加。采取这种模式用于生产颗粒粒径为 0.3μm 的钛白粉，使用高压蒸汽比低压蒸汽的钛白粉产量高 38%。

作为比较，通过使用内径 914.4mm（36in）、粉碎室高度 127mm（5in）的汽粉机，这种国外钛白生产商普遍使用的经典机型规格，可以印证相同的计算结果。其使用 4MPa 的蒸汽，使生产能力单台达到 35～40kt/a，是国内产能的 2 倍。

（二）蒸汽压力与汽粉机规格对解聚分散粒度的影响

由于汽流粉碎解聚分散的蒸汽压力低于汽粉机的内部结构（径高比、喷嘴数）造成的粉碎腔室的压力梯度 $\Delta p/\Delta r$，形成的分级旋涡分级颗粒不足，汽粉机对干燥后的钛白粉施加的解聚分散力不够，直接影响产品钛白粉的颜料性能及粒度分布标准偏差。

1. 汽粉前后粒径分析

所有钛白粉生产的颗粒其粒径不会一样，而是在一个目标平均粒径下的粒径分布。通常表述颗粒的平均粒径，如 d_{50} 并不能代表粒径分布的宽度，它是将最大和最小颗粒直径相加除以 2 的结果，由于极端数据将使其正式结果偏离，对钛白粉颜料性能的指导意义有限；如我们看到的多数各类选手比赛评分，最后裁判总要除去一个最高和最低分，再来计算平均分一样。钛白粉粒径分布的宽度一般使用几何标准偏差值（GSD）进行描述，该值越高，粒径分布就越宽。

粒径分布偏差是通过 d_{84}（第 84 个百分点的直径）除以 d_{16}（第 16 个百分点的直径）之后的平方根确定 GSD 值，如下面的等式所示：

$$GSD = \sqrt{d_{84}/d_{16}} \qquad (6\text{-}42)$$

当粒径分布与平均粒径非常紧密，颗粒的粒径就非常均匀，并且 GSD 接近一致。如果分布比较宽，d_{84} 和 d_{16} 就分开得越远。因此，GSD 值接近一致的颜料优于具有较高 GSD 值的颜料，在这一点上，其他地方也同理。图 6-54 所示为汽粉装置进料和卸料之间的粒径分布比较。

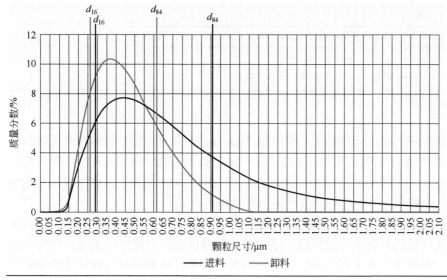

图 6-54　汽粉装置进料和卸料之间的粒径分布比较

传统上，使用 d_{50} 粒径描述颜料样品的"粒径"。经计算，汽粉进料样品的 d_{50} 值为 $0.491\mu m$，而卸料样品的 d_{50} 值为 $0.394\mu m$。因此可推论出，通过分解聚集体和把单个的大块颗粒粉碎成小微粒，汽粉工艺降低了颗粒的平均粒径。

两个样品的 GSD 值经计算为 1.80，而卸料的 GSD 值为 1.54。GSD 值的提高证明了汽粉机将团聚的大颗粒解聚分散，降低了粒径分布宽度，同时也提高了颜料的分散性和光泽性。

由于生产技术的不断完善与强化，在硫酸法煅烧和氯化法氧化后经过解聚分散，再进入汽流粉碎机，优秀的钛白粉粒度分布标准偏差（GSD）已经接近 1.30。尤其是现有国内钛白粉生产，无论是硫酸法还是氯化法因前处理技术不到位，再加上汽流粉碎机的结构规格和使用蒸汽的偏低，与优秀钛白粉的 GSD 曲线比较见图 6-55。

2. 汽粉前后 SEM 分析

扫描电子显微镜（SEM）分析是采用电子显微镜成像，而不是光学显微镜。由于电子显微镜具有一个较大的扫描场，它允许大量样品在某一时刻集中在一块。SEM 也能产生高分辨率的图像，这意味着紧密空间能以高放大倍率检验。图 6-56 和图 6-57 为汽粉进料样品照片，

图 6-58 和图 6-59 为汽粉出料样品照片。

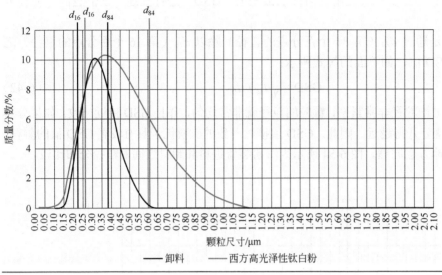

图 6-55　优劣钛白粉的 GSD 比较

在图 6-56 中，在照片的中部可以看见一个大的 TiO_2 晶体聚集体，该聚集体经测量后直径约为 6μm。消除这种类型的样品是汽粉装置的任务。如果如此大的聚集体进入最终的产品，会使其成为非颜料级，并且将大大降低其商业用途。同时在图 6-57 照片中，也很容易看见大量的单个晶体和一些小的聚集体，它们组成了进汽粉机前的样品。

提高同一样品的放大倍率后，扫描结果如图 6-57 所示。在这更加清晰的照片上，非常容易识别单个晶体。这些晶体具有不同的粒径，最大的单个晶体直径不超过 0.4μm。其中一些地方为晶体聚集体，聚集体中每个晶体的边缘可被清楚地确定，从而可得出这些聚集体的形成是表面处理所致，而不是煅烧时烧结和晶体熔融所致的结论。

（汽粉进料）

图 6-56　放大 10000 倍的 SEM 照片

（汽粉进料）

图 6-57　放大 40000 倍的 SEM 照片

解聚分散表面处理时再形成的聚集体是汽粉机工序装置的基本任务。然而，如果聚集体被过度地解聚分散，包膜无机物晶体颗粒就会产生大面积的未包膜表面，这样就会使颜料性能不能达到最佳化。

在图 6-58 中，解聚分散后的样品放大 31000 倍。可很容易证实存在单个的颗粒，但仍然有小的聚集体存在。没有发现熔融晶体，这表明优化汽粉装置能够更严格地控制固体产品的粒径，从而使钛白粉的 GSD 值变小，并且在涂料用途中提高了颜料的分散性和光泽性。

(汽粉卸料)

图 6-58　放大 31000 倍的 SEM 照片

(汽粉卸料)

图 6-59　放大 40000 倍的 SEM 照片

增加 25% 的放大倍率到 40000 倍，扫描结果如图 6-59 所示。其中仍有少量直径约为 1μm 的聚集体，大得足以影响颜料的分散性和光泽性能。不过所有扫描都显示了均匀的晶体形状和表面。高光泽颜料要求粒子具有清晰的轮廓和均匀的表面，正如测试分析的样品那样。光泽度低的颜料具有粗糙和不规则的表面，在包膜处理时，这些不规则的表面增强了晶体的聚集能力。

从图片看，单个晶体的聚集出现在粉碎后的样品中，与汽粉前的样品比较，明显地减小了粒径以及聚集体出现的频率。这表明汽粉机装置确实完成了提高质量的任务。对汽粉机的设计和运行进行优化将进一步提高颜料产品质量。

第七节
水浆钛白的生产技术

一、水浆钛白粉生产的意义

由于传统的涂料是溶剂型涂料（又称油漆），在使用中固化成涂膜时产生大量的有机挥发物（VOCs），排放进入大气中，不仅是产生"雾霾"的因素之一，同时进入大气破坏臭氧层。因此，为克服溶剂型涂料溶剂挥发的不足，研究水性涂料和挥发物质较少的粉末涂料，是解决大气环境问题的措施之一。水性涂料需要的钛白粉颜料，可制成水浆直接掺入涂料乳液中进行水性涂料的生产，尤其是作为建筑涂料使用的丙烯酸内墙涂料，因没有阳光直射，其耐候性指标没有那么高的要求，可直接采用硫酸法转窑或氯化法氧化生产出来的钛白粉粗品进行水浆钛白粉制备，简化后处理包膜过程的过滤、洗涤、干燥和汽流粉碎工序，节约大量的能耗与加工费用。而作为造纸钛白粉使用，因纸张的生产过程同样是在水浆的条件下进行，作为水性钛白将更有利于使用，可省去采用干粉钛白的制浆工序，节约能源与生产费用。再就是，因水浆钛白在包装、运输与使用过程没有粉体的扬尘造成的粉尘，减弱对环境的影响。

为保护环境及人类的健康，减少 VOCs 的排放，涂料的发展趋势已经向水性化、高固化的方向发展；这需要整个涂料产业链的生产技术进步，水浆钛白的生产也是这产业链上的一个重要的发展环节。

二、水浆钛白的生产原理、工艺与技术

（一）水浆钛白生产原理

水浆钛白粉生产可以称为另一种方式的钛白粉后处理技术。其主要原理除了优化硫酸法煅烧和氯化法氧化所生产二氧化钛颗粒的颜料性能外，同样要克服钛白粉光催化的不足（现有水浆几乎用在内墙涂料）和提高对下游用户使用的相容性和便利性。

其生产原理及过程是经过强力分散，加入不同的助剂，如分散剂、杀菌剂、抗絮凝剂等，使其水浆钛白成为低黏度、高含固量、高分散、高储存稳定性的料浆。

（二）生产工艺与技术

水浆钛白粉在国外早就作为钛白粉的一个产品牌号在使用。如前美利联无机化学品公司的 Kostelnik 和 Wen 开发的高固含量的水浆钛白（US6197104），采用硫酸法转窑煅烧的锐钛型产品，进行砂磨加入聚丙烯酸分散剂，用熟石灰进行 pH 值调节，可获得高于 75%固含量的水浆钛白。再就是杜邦公司的 Morrison 和 Sullivan 开发的涂料和纸张用钛白浆（US6790902），采用自身合成的共聚物作分散剂，不同类的钛白粉作原料进行分散打浆制备成固含量80%的浆料，再用水或加入分散剂的水稀释至72%固含量的水浆钛白。

由于国内没有水浆钛白这一产品，早在 2003 年笔者就主持了水浆钛白新产品的研究开发工作，并投放部分市场，近年来已有少量业内同仁在着手这方面的工作。为此，其水浆钛白试验生产分享于后。

三、水浆钛白实验室制备试验

（一）试验目的

针对内外墙对涂料的耐候要求，进行内外墙专用水浆钛白的试验研究。外墙涂料水浆钛白试验研究，采用成品钛白粉和无机包膜、过滤、洗涤、干燥的未经汽流粉碎的半成品为原料与水和助剂进行试验，以满足外墙水浆钛白质量要求。内墙涂料因需要平光，其水浆钛白试验研究采用转窑煅烧粗品加入人工合成的活性铝浆与水和助剂进行试验，以满足内墙水浆钛白质量要求，并为生产装置提供设计依据。

（二）试验主要原料

1. 钛白原料

自产钛白粉成品，后处理闪蒸干燥中间产品，转窑煅烧粗品。

2. 分散剂与助剂

（1）基本试剂

① 柠檬酸：50%；

② 氢氧化钠：20%；

③ 2-甲基-2-氨基-1-丙醇（AMP-95）；

④ 三乙醇胺（TEA）；

⑤ 聚醚类醇胺盐分散稳定剂（3204）；

⑥ 聚丙烯酸铵盐分散剂（5240）；

⑦ 杀菌剂五氯苯酚钠。

（2）活性铝浆制备

① 配制偏铝酸钠溶液（Al_2O_3 10%）3000mL，并滤去不溶物；

② 量取 2400mL 底水，并加入 15.6g 柠檬酸，加热至 60℃；

③ 搅拌下慢速加入偏铝酸铝溶液，当 pH 值至 10.5～11 时，并流加入浓盐酸，以使物料 pH 值保持在 10.5～11 范围，当物料出现浑浊时，停止加料，维持 60℃减速搅拌熟化 30min；

④ 重新调快搅拌速度，并流慢速加入偏铝酸铝溶液和浓盐酸，保持 pH 值为 10.5～11 和温度 60℃，加料时间以 60min 为宜，加完料后熟化 1h；

⑤ 用浓盐酸慢速调整料浆 pH 值至 6.5～7.0，恒温熟化 30min；

⑥ 过滤洗涤至洗出液电导率低于 20μS/cm。

3. 设备与仪器

砂磨机、电动搅拌器及粒度分析仪等。

（三）采用成品钛白粉制备水浆钛白的研究试验

1. 解聚分散时间的选择

（1）70%固含量水浆钛白配制　取 3000g 自产成品钛白粉、21g AMP、1286g 蒸馏水，物料共约 2L。根据不同的施加温度进行砂磨试验，分析固含量、黏度和平均粒径。试验结果：砂磨机转速 2400r/min，砂磨解聚分散时间 40min，物料温度 51℃，固含量 70%，黏度 1200mPa·s，粒度（$D50$）0.33μm，几乎达到了产品合格要求。

（2）65%固含量水浆钛白配制　取 3000g 自产钛白粉成品、9g AMP、1500g 蒸馏水，物料共约 2.4L。同样根据不同的施加温度进行砂磨试验。试验结果：砂磨机转速 2400r/min，砂磨解聚分散时间 40min，物料温度 48℃，固含量 66.5%，黏度 1200mPa·s，粒度（$D50$）0.38μm，达到了产品合格要求。

（3）解聚分散时间确定　从两种固含量浓度的水浆钛白的解聚分散时间结果分析，在粒度分析仪上进行粒度分析均未使用超声分散，已得到真实的试验数据。图 6-60 是砂磨时间与粒度的关系曲线。

根据图 6-60 所示：在试验物料量的情况下，砂磨 40min，物料颗粒就趋于走平，据此推算出砂磨量应以 3L/h 为宜。显然解聚分散水浆钛白的效率和效果与浆料固含量和分散剂的加入相关。

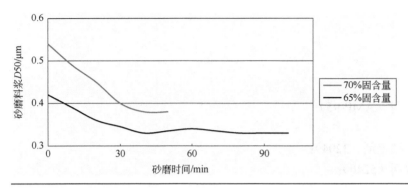

图 6-60　砂磨时间与粒度的关系曲线

2. 水浆钛白试制试验

试验采用钛白粉成品为原料，因可满足外墙涂料的水浆钛白原料，则作为内墙涂料也是完全满足的。只是，其干燥与汽粉消耗较多的能源，再用作水浆原料，则担负了更多的生产费用。

（1）水浆钛白 pH 值特性　将不同的中间钛白粉产品加入不同的分散剂，配制成固含量不一的水浆，测定其 pH 值与料浆的黏度，其不同 pH 值条件下的水浆钛白特性见表 6-42。

表 6-42　不同 pH 值条件下的水浆钛白特性

试验编号	分散剂	固含量/%	pH 值	黏度/（mPa·s）
1	无	65.82	7.2	1200
2	无	66.00	8.2	620
3	无	70.92	8.0	糊状
4	0.5% AMP	72.13	碱性	流动性好
5	0.3% 3204	67.82	8.2	流动性好

由表 6-42 可知：用闪干料配制的二氧化钛颜料浆，保持颜料浆略显碱性，能改善料浆的流动性。当颜料浆的固含量达到 70% 时，即使保持浆的偏碱性状态，也无法获得能自由流动的浆。在添加分散剂后，流动性能提高，添加分散剂 AMP 比分散剂 3204 在改变颜料浆流动性能上的效果好一些。

（2）无机包膜闪干半成品水浆钛白的试验

① 试验步骤。将分散剂按计算量加到底水中，搅拌混合；在搅拌下逐步加入计量的闪干半成品钛白粉，并调节浆的 pH 值不低于 8。在 3L/h 条件下，砂磨调配好的二氧化钛颜料浆，根据需要，调节 pH 值在 8～9.5；最后添加其他助剂。

② 水浆钛白试验及分析结果。试验结果分析见表 6-43。将试验样品存放三个月进行稳定性试验，三个月复测试验结果见表 6-44。

表 6-43　试验结果分析

试验编号	1	2	3
固含量/%	67.26	65.87	68.22
pH 值	8.9	9.3	9.1
筛余物（未刷）/%	0.002	0.06	0.02
筛余物（刷）/%	0.002	0.005	0.005
干基中 TiO_2/%	93.41		
密度/（g/mL）	1.85	2.02	2.12
动力黏度/（mPa·s）	12600	650	3500
亮度（L^*）	92.22	92.56	91.97
a^*	−0.49	−0.55	−0.76
b^*	1.79	1.80	2.34
分散性	97.9	97	97

表 6-44　三个月复测试验结果

试验编号	1	2	3
pH 值	9.55	9.12	9.17
筛余物（未刷）/%	0.43	0.28	0.02
筛余物（刷）/%	0.11	0.04	未检出
动力黏度/（mPa·s）	5100	300	1150
亮度（L^*）	92.25	93.47	93.21
a^*	−0.80	−0.82	−0.92
b^*	2.19	2.50	2.26
分散性	95.84	97.17	96.12
沉底	无	无	无
分层比例/%	少许	10	10
触变性	有	无	无

从表 6-43 和表 6-44 试验样品三个月存放前后的分析数据对比来看：样品 1 黏度高，三个月存放后水分散性下降，稳定性差一些，筛余物不合格说明返粗严重。样品 2 黏度低，三个月存放后水分散性几乎未变，试验样品的稳定性相当好，但筛余物有所上升。样品 3 黏度较低，三个月存放后水分散性略有下降，稳定性一般，但筛余物合格，说明未返粗。

刮板试验，经三个月存放的水浆试验样品，25% PVC 刮板试验测试如下：

样品 1　25% PVC 浆刮板细度 90μm　　　　　样片光泽度 76.3

样品 2　25% PVC 浆刮板细度 70μm　　　　　样片光泽度 92.6

样品 3　25% PVC 浆刮板细度 70μm　　　　　样片光泽度 92.2

从刮板试验来看，样品 2 和样品 3 的刮板细度和光泽度均较好。

3.试验研究总结

根据以上试验，采用钛白粉成品为原料制作外墙用水浆钛白工艺可行，可满足水浆钛白的生产与颜料性能要求，其产品满足内外墙乳胶漆使用，环保性能显著。其选择工艺如下：

（1）配制表面活性剂　其中 AMP 相当于钛白粉质量的 0.5%，50%柠檬酸相当于钛白粉质量的 0.2%，脱盐水相当于钛白粉的 4%，以及适量的 TEA；

（2）调制固含量　用配制的表面活性剂和钛白粉成品物料以及脱盐水，调制成固含量不低于65%的二氧化钛颜料浆，该颜料浆经充分分散去除粗团，再经湿式解聚，以及必要的后处理，可制得稳定的、分散性好的低黏度的水性钛白浆。

（四）采用半成品钛白粉制备水浆钛白试验研究

内墙涂料生产使用的水浆钛白，因未受到阳光的直晒，采用硫酸法转窑煅烧和氯化法氧化磨细的半成品粗品制备，从工艺上可节省因后处理需要包膜沉淀、过滤、洗涤、干燥和汽流粉碎几道冗长的工序，减少干燥与汽粉的能耗及生产操作费用。

外墙涂料生产使用的水浆钛白，因要考虑受阳光直晒的影响，需要有无机包膜的钛白原料，否则达不到外墙涂料的耐候性能要求。因此，采用包膜、洗涤、闪蒸、干燥而未经过汽流粉碎的半成品制备，既满足了外墙使用的耐候性要求，又减去了汽流粉碎工序的蒸汽消耗和加工生产费用。

1．内墙涂料水浆钛白试制试验

（1）调浆预试　经多次从硫酸法转窑雷蒙磨后取前粉料样，在未添加任何添加剂的前提下，仅用氢氧化钠调 pH 值在 8～9.5 范围，均能配制出超过75%的浓度，其特征值如下：

固含量　78.89%　　　　　pH 值　9.3　　电导率　1730μS/cm
密度　　2.20g/cm³　　　　动力黏度　3400mPa·s（3号转子、12r/min）

（2）试制样品　产品试验室试制。

① 试验步骤。用不同的添加剂，搅拌下配制不同固含量的钛白粗品浆，并调整浆的 pH 值；搅拌混合成钛白浆，防止粉团存在；将配制料浆进行砂磨解聚分散，并添加各种助剂，调整浆指标。

② 试验及测试记录。表 6-45 为试验分析结果，表 6-46 为试验样品三个月稳定性试验结果，表 6-47 稳定性比较结果。

表 6-45　内墙涂料水浆钛白开发试验分析结果

试验编号	固含量/%	TiO₂/%	密度/(g/cm³)	pH 值	水分散性/%	黏度/(mPa·s)	筛余（不刷）/%	筛余（刷）/%
1	72.13	93.43	2.1648	8.27	95.68	17000	1.06	0.13
2	70.36	94.54	2.0891	9.59	93.86	3500	0.05	0.04
3	72.53	98.17	2.2660	9.40	95.82	342.5	0.02	0.005
4	70.01	95.03	2.0711	8.15	94.89	4650	0.965	0.010
5	71.56	94.84	2.1145	9.87	95.02	12500	0.004	0.001
6	69.23	93.68	2.0421	9.61	96.50	6700	0.025	0.003
7	70.91	93.62	2.1098	9.58	96.63	6300	0.004	未检出
8	68.84	93.39	2.0761	8.98	97.73	2475	0.002	0.0005

表 6-46　内墙涂料水浆钛白开发试验样品三个月稳定性试验结果

试验编号	存放时间/月	观察时间20031105			观察时间20031117			存放三个月后		
		流动性	液层	沉底	流动性	液层	沉底	流动性	液层	沉底
1	3	无	10%	无	无	10%	无	无	11%	少
2	3	是	30%	是	低	30%	是	无	32%	少

试验编号	存放时间/月	观察时间 20031105			观察时间 20031117			存放三个月后		
		流动性	液层	沉底	流动性	液层	沉底	流动性	液层	沉底
3	3	无	35%	多	无	32%	多	无	34%	47%
4	3	是	10	无	是	15%	无	是	14%	无
5	3	是	低	无	是	3%	无	是	5%	无
6	3	是	低	无	是	3%	无	是	8%	无
7	3	是	低	无	是	1%	无	是	5%	无
8	3	是	低	无	是	6%	无	是	8%	无

表 6-47　内墙涂料水浆钛白开发试验样品稳定性比较结果

试验编号	水分散性/%	黏度/(mPa·s)	pH 值	筛余物/%		测试时间
				未刷	刷	
1	95.68	17000	8.27	1.06	0.13	原样
	92.62	12200	8.74	0.679	0.088	三个月
2	93.86	3500	9.59	0.05	0.04	原样
	94.99	14400	9.77	0.055	0.046	三个月
3	95.82	342.5	9.40	0.02	0.005	原样
	97.44	1225	9.59	0.0304	0.0116	三个月
4	94.89	4650	8.15	0.965	0.010	原样
	96.12	5850	8.58	0.0279	0.0063	三个月
5	95.32	12500	9.87	0.005	0.001	原样
	96.41	12000		0.002	0.001	三个月
6	96.50	6700	9.61	0.025	0.003	原样
	97.18	6500		0.006	0.0005	三个月
7	94.98	6300	9.58	0.004	未检出	原样
	95.98	5000		0.002	未检出	三个月
8	97.73	2475	8.98	0.002	0.0005	原样
	97.84	2200		0.018	0.0015	三个月

（3）小结　对试验结果与测试结果整理分析如下：

① 砂磨前或砂磨时加杀菌剂五氯苯酚钠（如编号 1 和 4）会导致筛余物不合格；而砂磨后添加五氯苯酚钠（如编号 6 和 7）不会导致筛余物不合格。

② 采用商品氢氧化铝制得的样品，以及未添加铝的样品存放性能差，会沉底，无流动性，说明水合氧化铝制备相当重要。

③ 采用自制水合氧化铝，几种配方试验样品（如编号 5、6、7、8）各项性能以及存放性能都较好。

④ 相对比较而言，编号 8 样品的流动性、黏度、水分散性、存放稳定性等各项指标最好。

⑤ 优选工艺配方：以雷蒙料和自制氢氧化铝为原料，以及配制助剂（助剂组成为：一定量脱盐水，相当于钛白分粗品 0.5% 的 AMP、1% 的 TEA、0.1% 的柠檬酸），在充分调浆的基础上进行砂磨料浆，必要时用磷酸或氢氧化钠调整料浆 pH 值在 8～9.5，砂磨后添加相当于料浆 0.05% 的杀菌剂五氯苯酚钠，适当调整固含量后得成品，成品固含量为 65% 或 70% 两个规格。

2．外墙涂料水浆钛白试制试验

由于外墙涂料水浆钛白其要考虑的因素包含耐候性指标，因此采用原料为经过无机物包膜后并经过过滤、洗涤与干燥的半成品钛白粉。

（1）试制样品 产品实验室试制，试验步骤按外墙。

（2）试验及测试结果 表6-48为外墙涂料水浆钛白试验样品分析测试数据，表6-49为外墙涂料水浆钛白存放（稳定性）试验数据，表6-50外墙涂料水浆钛白试验样品三个月存放测试对比。

表6-48 外墙涂料水浆钛白试验样品分析测试数据

试验编号	固含量/%	TiO$_2$/%	密度/(g/cm^3)	pH 值	水分散性/%	黏度/(mPa·s)	筛余（不刷）/%	筛余（刷）/%
1	72.18	90.76	2.1502	8.4	94.55	875	1.786	0.11
2	72.31	93.51	2.1290	8.75	96.54	无数据	0.806	0.001
3	67.84	92.61	2.0320	9.57	94.11	1025	0.014	0.008
4	71.16	94.45	2.1813	9.10	95.09	1175	0.0055	0.0001
5	70.63	93.54	无数据	8.91	95.53	385	0.007	0.004
6	72.68	93.53	2.2405	10.04	97.80	7000	0.027	0.001
7	72.54	93.44	2.2560	9.81	98.51	310	0.001	未检出

表6-49 外墙涂料水浆钛白试验样品存放（稳定性）试验数据

试验编号	存放时间/月	观察时间20031105			观察时间20031117			存放三个月后		
		流动性	液层	沉底	流动性	液层	沉底	流动性	液层	沉底
1	3	是	23%	是	无	23%	多	无	24%	38%
2	3	无	低	无	无	1%	无	触变	无	无
3	3	无	低	无	无	5%	无	触变	5%	无
4	3	无	低	无	无	4%	无	触变	3%	无
5	3	是	23%	是	是	25%	是	无	30%	50%
6	3	无	低	无	无	无	无	触变	4%	无
7	3	是	低	无	无	3%	无	是	16%	无

表6-50 外墙涂料水浆钛白试验样品三个月存放测试对比

试验编号	水分散性/%	黏度/(mPa·s)	pH 值	筛余物/%		测试时间
				未刷	刷	
1	94.55	875	8.4	1.786	0.11	原样
	93.61	775	8.94	0.472	0.119	三个月
2	96.54	无数据	8.75	0.806	0.001	原样
	95.20	10350	9.44	0.7016	0.0071	三个月
3	94.11	1025	9.57	0.014	0.008	原样
	95.55	1300	9.87	0.2882	0.0015	三个月
4	95.09	1175	9.10	0.0055	0.0001	原样
	95.86	2950	9.22	0.0050	0.0014	三个月

试验编号	水分散性/%	黏度/(mPa·s)	pH 值	筛余物/% 未刷	筛余物/% 刷	测试时间
5	95.53	385	8.91	0.007	0.004	原样
5	96.64	475	无数据	0.356	0.009	三个月
6	97.80	7000	10.04	0.027	0.001	原样
6	96.96	11100	无数据	0.005	0.001	三个月
7	98.51	310	9.81	0.001	未检出	原样
7	97.26	2450	无数据	0.007	0.001	三个月

（3）小结　通过试验试制结果整理分析如下：

① 在砂磨前或砂磨时加五氯苯酚钠（如编号 1 和 2）会导致筛余物不合格。

② 除样品编号 2 和 6 外，其余试验样品的黏度均较低。

③ 样品编号 3 和 5 存放三个月后筛余物会增加，会导致产品不合格。

④ 特别是样品编号 5 存放三个月后底部结硬严重。

⑤ 相对比较而言，样品编号 7 的流动性、黏度、水分散性、存放稳定性各项指标最好。

⑥ 优选工艺配方：以闪干料为原料，添加相当于二氧化钛 0.5%的分散剂 3204，在充分调浆的基础上进行料浆砂磨解聚分散，必要时用磷酸或氢氧化钠调整料浆 pH 值在 8～9.5，砂磨后添加相当于料浆 0.05%的杀菌剂，适当调整浆的固含量得到成品，成品固含量为 68%或 72%。

3．试验研究总结

根据以上试验研究结果，采用未经后处理的钛白粉粗品，配入活性氧化铝及选择的助剂制备内墙涂料用水浆钛白生产工艺可行，从工艺上可节省因后处理需要包膜沉淀、过滤、洗涤、干燥和汽流粉碎几道冗长的工序，减少干燥与汽粉的能耗及生产操作费用等，具有良好的发展前景。而作为外墙涂料使用的水浆钛白，因要考虑产品的耐候性指标，采用包膜、洗涤、闪蒸、干燥而未经过汽流粉碎的半成品制备，同样可行，既满足了外墙使用的耐候性要求，又减去了汽流粉碎工序的蒸汽消耗和加工生产费用，同样具有良好的发展前景。

四、生产装置

按照试验结果与条件，我们曾经建立了 10kt/a 的水浆钛白试生产装置。其工艺流程如试验研究所述，包括进料、加水、助剂加入、砂磨与调浆等工序。主要设备见表 6-51，工艺控制指标见表 6-52。

表 6-51　水浆钛白生产主要设备

序号	设备名称	数量	规格型号	备注
1	钛白粗品计量螺旋	1	输送能力 0～12t/h　$n=132$r/min	$N=4$kW；$n=1450$r/min
2	助剂高位槽	4	$\phi1500$mm×1320mm　$V_{实际}=2.33$m³	材质为 PP
3	搅拌混合	1	$\phi2000$mm×1400mm（溢流口下沿高度） $V_{溢流}=4.08$m³（溢流高度 1.3m） $i=8.5$　$n=1750$r/min	$N=7.5$kW；$n=1450$r/min 搅拌下层$\phi=400$mm，上层搅拌$\phi=1000$mm

序号	设备名称	数量	规格型号	备注
4	混合浆储槽	1	$\phi 3500mm$　$H = 2300mm$　$V_全 = 22.1m^3$ $N = 7.5kW$　$n = 1440r/min$　$i = 43$	单层搅拌$\phi = 1800mm$，离底部135mm；折叶45°
5	砂磨机螺杆泵	2	$N = 2.2kW$	
6	砂磨机	1	LME1000　$N = 400kW$	
7	制备料浆槽	1	$\phi 3000mm$　$H = 1600mm$　$V_全 = 11.3m^3$ $N = 5.5kW$　$n = 1440r/min$　$i = 29$	单层搅拌$\phi = 1500mm$；折叶45°
8	料浆输送泵	1	$Q = 40$　$H = 30$　$N = 11$　$n = 2900r/min$	
9	成品储槽	2	$\phi 3000mm$　$H = 1600mm$　$V_全 = 11.3m^3$ $N = 5.5kW$　$n = 1440r/min$　$i = 29$	单层搅拌$\phi = 1500mm$；折叶45°

表6-52　水浆钛白生产工艺控制指标

序号	指标名称	指标数值	备注
1	称重指标/ kg	6600~6700	结垢会波动
2	助剂浓度/%		按试验指标
3	混合料浆密度/（kg/m³）		按品种定
4	料浆pH值	8.0~9.5	
5	浆料TiO_2浓度/%	66、72	
6	浆料中助剂含量/%		按品种定
7	砂磨机冷却水压力/ bar	3~4	
8	砂磨机冷却水出口温度/℃	<30	
9	脱盐水加入量/%	35、30	包括助剂水
10	密封液流量/（L/min）	4~6	
11	密封液压力/ bar	4~6	
12	磨腔压力/ bar	4~6	
13	磨机出料温度/℃	<50	
14	主机电流/ A	115~125	
15	砂磨后料浆pH值	8.0~9.5	
16	成品水浆TiO_2浓度/%	65、70	
17	磨后料浆粒度<0.6μm量/%	100	

注：1bar = 0.1MPa。

第八节
造粒钛白的生产技术

　　钛白粉作为粉体，在使用过程易产生扬尘，造成使用环境较差。尽管随着技术发展与进步，粉体行业的科学家与工程师做了大量的技术工作进行改善，如采用螺旋管道、刮板、空气槽和气体流化输送等，收到一定的效果。由于钛白粉用在塑料、粉末涂料和热固性涂料领域，不像普通涂料是靠漆膜涂在被涂物品的表面，而是混合分散在其中，称之为体质颜料。

正如在橡胶中使用的一些粉体填料和补强填料，不仅需要混炼在其中，同样要求细度比钛白粉更小且比表面积比钛白粉更大。对常用的炭黑或白炭黑，为了解决粉体扬尘影响生产环境，几乎是进行造粒包装运输与使用，且因为造粒后不影响其分散性与混合性，目的是改善生产环境，减少粉尘对生产环境的影响，保护生产人员的身体健康。

一、钛白粉成品造粒

如美国的 Bohach 和 Bohach 开发的造粒钛白粉生产技术（US6908675），采用少量（0.5%～1.5%）的聚乙烯醇、乙二醇醚和硅烷等颗粒形成剂，在特定造粒机中对钛白粉进行造粒。

采用普通的金红石钛白粉产品，加入 1.5%的聚乙烯醇，在特制混合造粒机中经过 0.25～15min 的混合造粒后，形成一个假球粒。球粒产品容积密度增加 16%，安息角从 52°降到 38.6°，降低 26%，同等条件下物料流速增长约 2.9 倍；球粒产品放在一个圆筒中进行压力试验，经过 48h 采用 5.6～7.0MPa 的压力，没有出现单个硬块，减少了扬尘量的 70%，同时钛白粉制粒前后的黑格曼分散性不变。

采用憎水性的塑料级钛白粉产品，加入 1.5%的聚乙烯醇，在特制混合造粒机中连续经过 0.1～15min 的混合造粒后，形成一个假球粒。球粒产品容积密度增加 16%，安息角从 50.5°降到 38.3°，降低 27%，同等条件下物料流速增长约 4 倍；球粒产品放在一个圆筒中进行压力试验，经过 48h 采用 0.03～0.035MPa 的压力，钛白粉假球粒易脱除，而未经造粒的钛白粉出现单个硬块；造粒钛白粉减少了扬尘量的 70%，同时钛白粉制粒前后的黑格曼分散性不变。

二、砂磨半成品处理造粒

再就是前科美基的 Kauffman 等开发的造粒钛白粉生产技术（US5908498），采用 95%低于 0.5μm、固含量 36.8%、pH 值为 9.3 的砂磨料浆，在反应槽中加入丁二酸二辛酯磺酸钠，控制温度 60℃，使其料浆产生稍微的旋涡。加入铝酸钠，使料浆 pH 值升到 11.2，然后用盐酸将料浆 pH 值降到 3.6，加入丁二酸二辛酯磺酸钠，浆料变稠，增加搅拌转速，使其料浆产生轻微的旋涡，然后冷却料浆转移到储罐中，将料浆浓度调到 33.9%后进行压力喷雾干燥。

喷雾干燥进口温度 430℃，出口温度 163℃，喷嘴雾化物料向上与热空气先进行逆流干燥，后进行顺流干燥，喷嘴压力为 3.5MPa，得到的物料 pH 值为 4，室温物料水分 0.036%；10%、50%和 90%的粒度分别过筛孔 45μm、99μm 和 147μm；其中丁二酸二辛酯磺酸钠、总有机碳（TOC）、Na_2SO_4、NaCl、游离氯和 Al_2O_3 含量分别为 1.18%、0.67%、0.03%、1.16%、0.89%和 1.51%。在 pH 值为 5.1 时比电阻为 408Ω/cm，倾倒密度与摇紧密度分别为 0.83g/cm³ 和 0.89g/cm³。

干燥造粒钛白用于低密度聚乙烯中，混合配入 25%，平衡扭矩值为 1440g·m；塑性温度 130℃时，总能平衡扭矩是 5491g·km。平衡扭矩值 1440g·m 说明，造粒钛白在塑料加工中具有非常好的加工性能和氧化铝包膜增加耐候性能的优点。

所以，造粒钛白因没有过滤、洗涤和汽流磨工序，生产费用低，没有粉尘，生产使用环境好，高密度带来包装、储存费用低等优点。

第九节
钛白粉产品的包装、运输与储存

经汽流粉碎后的产品经过用旋风和袋滤器进行汽固分离，固体即为钛白粉产品，气体经过热回收后冷凝水返回洗涤工序再用。产品进入包装储存仓后进行包装。

包装机现在几乎采用阀口袋包装，有半自动包装和全自动包装，市售的钛白粉通常的包装是采用 25kg 纸袋或塑编复合纸袋，大规模使用时可用 500kg 或 1000kg 大包装。包装袋上标示有产品牌号、规格、适合的标准、用途、生产厂家以及生产批号。

一、标志

产品包装袋上应用中文和英文印有牢固、清晰的标志，包括生产制造商名称、产品名称、注册商标、标准代号、型号、质量等级、生产批号、净重、生产日期及规定的"怕湿"标志，如有必要，还应包括生产许可证号、运输承办商名称、保险单位名称及专用联系电话号码等。

二、包装

为便于机械化集装箱运输，产品应采用塑料编织复合型阀口袋包装，每袋净重 25kg，也可采用木制托盘和热缩性塑料薄膜包装的净重 1000kg 的大垛。随着下游用户规模化发展，可根据用户需要进行 500kg 或 1000kg 的大包装。

三、运输

钛白粉产品的运输和装卸时需轻装、轻卸，防止包装污染，产品在运输中应防止雨淋和日光曝晒。

四、储存

钛白粉产品应分类分批存放于通风干燥处，严禁与产品可发生反应的物品接触，并注意防潮。

参考文献

[1] 龚家竹. 钛白粉生产工艺技术进展[J]. 无机盐工业，2003, 35(6): 5-7.
[2] 龚家竹. 钛白粉生产工艺技术进展[J]. 无机盐工业，2012, 44(8): 1-4.

[3] 龚家竹，于奇志. 纳米二氧化钛的现状与发展[J]. 无机盐工业，2006, 38(7): 8-10.

[4] Akurati K K. Synthesis of TiO$_2$ based nanoparticles for photocatalytic applications[M]. Gottingen: Cuvillier Verlag Gottingen, 2008.

[5] Griebler W D, Schulte K, Hocken J. Sulfate route TiO$_2$ heading for the next millennium[J]. European Coatings Journal, 1998(1-2): 34-39.

[6] Winkler J. Titanium dioxide[M]. Hannover: Vincentz, 2003.

[7] 冯平仓，邵雷，徐亚兵. 钛白粉研磨工艺优化及研磨设备最新发展[C]//第三届钛白粉生产装备技术研讨会论文集. 杭州：国家化工行业生产力促进中心钛白分中心，2012: 52-60.

[8] 冯平仓. 大型卧式砂磨机发展及在钛白粉生产中的应用[C]//2009 年中国钛白行业年会论文集. 无锡：国家化工行业生产力促进中心钛白分中心，2009: 448-452.

[9] 冯平仓. 研磨设备在钛白粉生产中的应用及国产化并进入国际市场[C]//2009 年中国钛白粉制造及应用论坛会刊. 北京：中国化工信息中心，2009: 116-125.

[10] 徐真祥，徐利民，邬玮鼎，等. 陶瓷研磨珠的性能及选择[C]//2010 年第二届中国钛白粉制造及应用论坛论文集. 龙口：中国化工信息中心，2010: 51-57.

[11] 雷立疆. 纳米分散液之推动传统产业无机颜料之陶瓷喷墨技术交流[C]//2013 全国钛白行业年会论文集. 南京：国家化工行业生产力促进中心钛白分中心，2013: 288-294.

[12] 龚家竹. 中国钛白粉行业三十年发展大记事[C]//无机盐工业三十年发展大事记. 天津：中国化工学会无机酸碱盐专委会，2010: 83-95.

[13] 李大成，周大利，刘恒，等. 纳米 TiO$_2$ 的特性[J]. 四川有色金属，2002(1): 12-16.

[14] 李大成，周大利，刘恒，等. 影响 TiO$_2$ 光催化活性的因素及提高其活性的措施[J]. 四川有色金属，2004(4): 18-22.

[15] 任成军，钟本和，周大利，等. 水热法制备高活性 TiO$_2$ 光催化剂的研究进展[J]. 稀有金属，2004, 28(5): 903-906.

[16] 宁延生. 无机盐工艺学[M]. 北京：化学工业出版社，2013.

[17] 朱骥良，吴申年. 颜料工艺学[M]. 北京：化学工业出版社，1989.

[18] 邓捷，吴立峰. 钛白粉应用手册修订版[M]. 北京：化学工业出版社，2004.

[19] 吴立峰，陈信华，陈德标，等. 塑料着色配方设计[M]. 北京：化学工业出版社，2002.

[20] 杨宝祥，胡鸿飞，何金勇，等. 钛基材料制造[M]. 北京：冶金工业出版社，2015.

[21] 龚家竹. 浅析我国钛白粉生产装置的进步与差距[C]//2012 国家化工行业生产力促进中心钛白粉分中心大会论文集. 济南：国家化工行业生产力促进中心钛白粉分中心，2012: 72-80.

[22] 龚家竹. 固液分离在硫酸法钛白粉生产中的应用[C]//2010 全国钛白粉行业年会论文集. 龙口：中国涂料工业协会钛白粉行业分会，2010: 49-57.

[23] 龚家竹. 化解钛白粉产能的技术创新途径[C]//2016 全国钛白粉行业年会论文集. 常州：中国涂料工业协会钛白粉行业分会，2016: 59-78.

[24] 龚家竹. 钛白粉生产现状与发展趋势[C]//第十届中国钨钼钒钛产业年会会刊. 厦门：亿览网 WWW.comelan.com, 2017: 106-125.

[25] Barksdale J. Titanium: its occurrence, chemistry, and technology[M]. New York: The Ronald Press Company, 1966.

[26] 天津化工研究院. 无机盐工业手册[M]. 2 版. 北京：化学工业出版社，1996.

[27] Streitberger H J, Goldschmidt A. Basics of coating technology[M]. Hannover: Vincentz, 2003.

[28] Gesenhues U. Rheology, sedimentation, and filtration of TiO$_2$ suapensions[J]. Chem Eng Technol, 2003, 26: 25-33.

[29] Gesenhues U. Coprecipitation of hydrous alumina and silica with TiO$_2$ pigment as substrate[J]. Journal of Colloid and Interface Science, 1994, 168: 428-436.

[30] Gesenhues U. High-energy dry ball-milling of TiO$_2$ white pigments[J]. Journal of Colloid and Interface Science, 2004, 178: 16-18.

[31] Fujishma A, Honda K. Electrochemical photolysis of water at a semiconductor electrode[J]. Nature, 1972, 238(5358): 37-38.

[32] 邝琳娜，周大利，刘舒，等. TiO$_2$ 表面致密包覆 SiO$_2$ 膜研究[J]. 四川有色金属，2016(2): 41-44.

[33] 李大成，周大利，刘恒，等. 纳米 TiO$_2$ 的特性[J]. 四川有色金属，2002(3): 45-47.

[34] 任成军，李大成，钟本和，等. 影响 TiO$_2$ 光催化活性的因素及提高其活性的措施[J]. 四川有色金属，2004(4): 36-39.

[35] 任成军，钟本和，周大利，等. 水热法制备高活性 TiO$_2$ 光催化剂的研究进展[J]. 四川有色金属，2004(5): 42-44.

[36] 龚家竹，李欣. 硫酸法钛白粉生产技术面临循环经济促进法存在的问题与解决办法[J]. 无机盐工业，2009, 40(8): 5-7.

[37] 龚家竹. 国内硫酸法钛白粉生产技术和产品质量问题的分析与讨论[C]//2009 年全国钛白行业年会论文集. 无锡：

国家化工行业生产力促进中心钛白分中心，2009: 35-42.

[38] Bertrand L, McCarthy h E. Fluid energy milling process: US3462086[P]. 1969-08-19.

[39] Rachal H W. Surface treated pigment: US7935753[P]. 2011-05-03.

[40] Feilds D P. Use of screening following micronizing to improvr TiO$_2$ dispersibility: US3567138[P]. 1971-03-02.

[41] Ross J. Fluid energy steam mill collection system background of the invention: US3622084[P]. 1971-11-23.

[42] Berisford R, Joinson E P. Production of high aspect ratio acicular rutile TiO$_2$: US3728443[P]. 1973-04-17.

[43] Schurr G A. Stepped fluid energy mill: US3726484[P]. 1973-04-10.

[44] West W A. Process for the production of durable titanium dioxide pigment: US4125412[P]. 1978-11-14.

[45] Barnard B, Laverick W T. Titanium dioxid pigment: US4239548[P]. 1980-12-16.

[46] Rahm J A, Cole D G. Process for manufacturing titanium compunds using a reducing agent: US4288415[P]. 1981-09-08.

[47] Zander H G, Bornefeld H, Holle B M. Process and device for micronizing solid matter in jet mills: US4880169[P]. 1989-11-14.

[48] Hoddow A J. Method of milling: US5421524[P]. 1995-01-06.

[49] Kauffman J W, Story P M, Halko J E. Process for preparing an improved low-dusting, free-flowing pigment: US5908498[P]. 1999-01-01.

[50] Diebold M P, Bettler C R, Niedebzu P M, et al. Continuous wet treatment process to prepare durable, high gloss titanium dioxide pigment: US5993533[P]. 1999-11-30.

[51] Capelle Jr. W E, Connolly Jr. J D, De La Veaux S C, et al. Fluid energy mill: US6145765[P]. 2000-11-14.

[52] Kostelnik R J, Wen F C. Very high solides TiO$_2$ slurries: US6197104[P]. 2001-03-06.

[53] Kostelnik R J, Wen F C. Very hige solids TiO$_2$ slurries: US6558464[P]. 2003-05-06.

[54] Shiomi T. Method for producing titanium dioxide pigment having improved gloss at low temperatures: US6385081[P]. 2002-05-28.

[55] Kinniard S P, Campeotto A. Mathod for manufacturing high opacity, durable pigment: US6528568[P]. 2003-03-04.

[56] Takahashi H, Shimojo M, Akamatsu T. Titanium dioxide pigment, process for producing the same, and resin composition containing the same: US6576052[P]. 2003-07-10.

[57] Takahashi H, Yamada E, Akamatsu T, et al. Titanium dioxide pigment and method for productiontherof: US6616746[P]. 2003-09-09.

[58] El-Shoubary M, Kostelnik R, Wheddon C. Pigment treated with organosulfonic compounds: US6646037[P]. 2003-11-11.

[59] Tear B, Stratton J, Burniston R. Titanium dioxide pigment with improved gloss and/or durability: US6656261[P]. 2003-12-01.

[60] Morrison Jr. W H, Sullivan B W. Unfinished rutile titanium dioxide slurry for paints and paper: US6790902[P]. 2004-09-14.

[61] Hiew M, Wang Y N, Hamor L. Continuous process for producing titanium dioxide pigment: US6695906[P]. 2004-02-24.

[62] Wen F C, Hua D W, Busch D E. Inorganic particles and methods of making: US6743286[P]. 2004-06-01.

[63] Craig D H. Surface-treated pigments: US7011703[P]. 2006-03-17.

[64] Craig D H. Surface-treated pigments: US6958091[P]. 2005-10-25.

[65] Craig D H. Surface-treated pigments: US6946028[P]. 2005-09-20.

[66] Schulz H. Decorative paper base with improveo opacity: US6890652[P]. 2005-05-10.

[67] Subramanian N S, Diemer Jr. R B, Gai P L. Process for making durable rutile titanium dioxide pigment by vapor phase deposition of surface trwatments: US6852306[P]. 2005-02-08.

[68] Bohach W L, Bohach C S. Process to reduce dusting and improve flow properties of pigment and powders: US6908675[P]. 2005-06-21.

[69] Bender J, Blumel S, Schmitt V, et al. Titanium dioxide pigment composition: US6962622[P]. 2005-11-08.

[70] Meng X G, Dadachov M, Korfiatis G P, et al. Methods of Preparing surface-activeted titanium oxide product and of using same in water Treatment Processes: US6919029[P]. 2005-07-19.

[71] Craig D H. Surface-treated pigments: US7011703[P]. 2006-03-17.

[72] Craig D H. Surface-treated pigments: US6946028[P]. 2006-09-20.

[73] Auer G, Weber D, Schuy W, et al. Method for directly cooling fine-particle solid substances: US7003965[P]. 2006-02-28.

[74] El-Shoubary M, Akhtar M K. Amino phpsphoryl treated titanium dioxide: US7138010[P]. 2006-11-21.

[75] Drews-Nicolai L, Bluemel S. Method for the post-treatment of titaniunm dioxide pigment: US7135065[P]. 2006-11-14.

[76] Craig D H. Surface-treated　pigments: US7138011[P]. 2006-11-21.

[77] Takahashi H, Akamatsu T, Shigeno Y. Process for production of titanium dioxide pigment and resin comppositionn containing the pigment: US7144838[P]. 2006-12-05.

[78] Drews-Nicolai L, Blumel S, Jurgens V, et al. Method for the surface treatment of a titanium dioxide pigment: US7147702[P]. 2006-12-12.

[79] Blumel S, Jurgens V, Schwanitz H U, et al. Jet mill: US7150421[P]. 2006-12-19.

[80] Frerichs S R, Morrison Jr. W H, Spahr D E. Lower-energy process for preparing passivated inorganic nanoparticles: US7276231[P]. 2007-10-02.

[81] Drews-Nicolai L, Blumel S, Elfenthal L, et al. Method for the surface treatment of a titanium dioxide pigment: US7166157[P]. 2007-01-23.

[82] Morrison Jr. W H, Sullivan B W. Unfinished rutile titanium dioxide slurry for paints and paper coatings: US7186770[P]. 2007-03-06.

[83] Diemer Jr. R B, Eaton A R, Subramanian N S, et al. Titanium dioxide finishing process: US7247200[P]. 2007-07-14.

[84] Craig D H, Elliott J D, Ray H E. Process for manufaturing zirconla-treated titanium dioxide pigment: US7238231[P]. 2007-07-03.

[85] Trabzuni F M S, Gopalkrishnan C C. Titanium dioxide pigment composite and method of making same: US7264672[P]. 2007-09-04.

[86] Evers G R. Cationic titaniumdioxide pigment: US7452416[P]. 2008-11-18.

[87] Latva-Nirva E, Linho R, Ninimaki J. Method of preparing a well-dispersable microcrystalline titanium dioxide product, the product, and the thereof: WO 2009/022061[P]. 2009-02-19.

[88] Bygott C, Ries M, Kinniard S P. Photocatalytic rutil titanium dioxide: US7521039[P]. 2009-04-21.

[89] Hua D W, Wen F C. Titanium dioxide pigment having improved light stability: US7686882[P]. 2010-03-30.

[90] Rachal T W. Surface treated pigment: US7935753[P]. 2011-05-03.

[91] Thiele E S. Paper and paper laminates containing modifies titanium dioxide: US8043715[P]. 2011-10-25.

[92] Lamminmaki R J, Latva-Nirva E, Linho R, et al. Methods of Preparing well-dispersable macrocrystalline titanium oxide product, the producte, and the use thereof: US8182602[P]. 2012-05-22.

[93] Eaton A R, Gorowara R L, Subramanian N S, et al. Process for producing titanium dioxide particles having reduced chlorides: US8114377[P]. 2012-02-14.

[94] Thiele E S, Bolt J D, Mehr S R. Process for making a water dispersible titanium dioxide pigment useful in paper laminates: US8475582[P]. 2013-07-02.

[95] Panjanni K G, Marshall D F, Elliott J D. Methods of producing a titanium dioxide pigment and improving the processability of titanium dioxide pigment particles: US8663518[P]. 2014-03-04.

[96] Jurgens V, Siekman J, Blumel S, et al. Method for surface treatment of a titanium ddioxide pigment: US8641870[P]. 2014-02-04.

[97] Akhtar M K, Pratsinis S E, Heine M C, et al. Gas phase production of coated titania: US8663380[P]. 2014-03-04.

[98] Goparaju V R R, Ashley M L. Titanium dioxide pigment and manufacturing method: US8840719[P]. 2014-09-23.

[99] Wilkenhoener U, Mersch F. Composite pigments comprising titaniumdioxide and carbonate and method for producing: US8858701[P]. 2014-10-14.

[100] Thiele E S, Bolt J D, Mehr S R. Process for making a water dispersible titanium dioxide pigment useful in paper laminates: US8475582[P]. 2013-07-02.

[101] Goparaju V R R, Marshall D F, Kazerooni V. Process for manufacturing titanium dioxide pigments using ultrasonication: US9353266[P]. 2016-05-31.

[102] Juergens V, Bluemel S, Abdin A, et al. Production of titanium dioxide pigment obtainable by the sulfate process with a narrow particle size distribution: US10160862[P]. 2018-12-25.

[103] Isobe K, Sancfuji N, Tanida Y, et al. Titanium dioxide pigment and method for manufacturing same, and composition in which same is blended: US10087329[P]. 2018-10-02.

第七章
钛白粉产品标准与质量规格

第一节
国际现行钛白粉产品标准

一、国外钛白粉产品标准

（一）国际标准化组织标准

国际标准化组织（International Organization for Standarization，IOS）制定的钛白粉国际标准编号为 ISO591-1:2000（E），见表 7-1。国际标准将钛白粉分为 A 型和 R 型，A 型为锐钛型钛白粉，并以 TiO₂ 含量高低分为 A1 和 A2 两类：R 型为金红石型钛白粉，同样以 TiO₂ 含量高低分为 R1、R2 和 R3 三类。因钛白粉作为颜料需要体现颜料性能，一些指标是用户与生产商进行商定，以及与建立的标准样品比较约定。

表 7-1　钛白粉国际标准 [ISO 591-1:2000（E）]

特性	要求					试验方法
	A 型		R 型			
	A1	A2	R1	R2	R3	
TiO₂（质量分数）/%	98	92	97	90	80	DIN 55912
水分（质量分数）/%	0.5	0.8	0.5	商定		ISO 787-2
水溶物（质量分数）/%	0.6	0.5	0.6	0.5	0.7	ISO 787-3
筛余物（质量分数）/%	0.1	0.1	0.1	0.1	0.1	ISO 787-18
条件要求						
颜色	与商定标样比较相近					ISO 787-1
散射力	商定					ISO 787-24

特性	要求					试验方法
	A 型		R 型			
	A1	A2	R1	R2	R3	
预处理后水分（质量分数）/%	0.5	0.8	0.5	1.5	2.5	ISO 787-2
水悬浮物 pH 值	与商定标样比较接相近					ISO 787-9
吸油量/（g/mL）						ISO 787-5
电阻率	—	与商定标样比较相近	—	与商定标样比较相近		ISO 787-14

（二）美国材料试验协会标准

美国材料与试验协会（American Society for Testing and Materials，ASTM ）制定的钛白粉标准编号为 ASTM D476-15，其标准特性与要求见表 7-2。将钛白粉分为 I 至Ⅶ的七种型号，其中 I 型为锐钛型钛白粉，其余 Ⅱ 至Ⅶ的六种型号为金红石型钛白粉。其 TiO_2 含量最高的为锐钛型，其余金红石型 TiO_2 含量从高 92.5%到低 80%不等。对分类类型、耐候性和用途作专门的说明，并采用 ASTM 的检测方法进行检测。

表 7-2　钛白粉美国材料协会标准（ASTM D476-15）

分类类型	类型特征								ASTM 标准
	I	II	III	IV	V	VI	VII	VIII	
晶体类型	A	R	R	R	R	R	R	R	
耐粉化，相对	不粉化	低-中	中	高	高	中-高	中-高	十分高	D3720
耐候性及类型和用途	用于内外墙	低-中百分含量PVC	低-中百分含量PVC	外墙涂料，超耐候性	外部涂料、超耐候性及高光泽	内外部涂料，中-高百分含量PVC	内外涂料，低-高百分含量PVC	外墙涂料，高百分含量PVC，反射红外，超耐候	
TiO_2（质量分数，最低）/%	94	92.5	80	90	90	90	92	92	D1394
比电阻/Ω	5000	5000	3000	3000	3000	5000	5000	3000	D2448
水分（质量分数）/%	0.7	0.7	1.5	1.5	1.0	0.7	0.7	1.0	D280
密度/（g/cm³）	3.8～4.0	4.0～4.3	3.6～4.3	3.6～4.3	3.6～4.3	3.6～4.3	4.0～4.3	3.6～4.3	D153
过45μm筛余最大（质量分数）/%	0.1	0.1	0.1	0.1	0.1	0.1	0.1	0.1	D185

（三）欧洲标准

欧洲标准（European Standard，EN）制定的钛白粉标准编号为 DIN 55912，其标准特性与要求见表 7-3。该标准既没有分型也没有分类，更没有对指标的强行要求，几乎是参照标准样品进行比较。采用 DIN 国际标准的检测方法进行检测。

表 7-3　钛白粉欧洲标准（DIN 55912）

特性	要求	测试方法
TiO₂ 含量		DIN 55912
水溶物	与客户协商	DIN ISO 787-3
水分		DIN ISO 787-2
按照 DIN4188 部分 1 的筛余物	与参照标准样品比较	DIN 53195
电导率（电阻率）	与参照标准样品比较	DIN ISO 787-14
pH 值	与参照标准样品比较	DIN ISO 787-9
吸油量/（g/100g）	与参照标准样品比较	DIN ISO 787-5
颜色	与参照标准样品比较	DIN 55983
着色力	与参照标准样品比较	DIN 55982
光泽		ASTM D523 ISO 2813DIN 67530

（四）美国联邦标准

美国联邦标准（USA FS）TT-P-00442a 对美国材料试验协会标准中的四类钛白粉中的 TiO_2 作了最低要求如下：

Ⅰ类：未经表面处理的锐钛型钛白粉产品，其 TiO_2 的最低含量为 95%。

Ⅱ类：半粉化型，经过铝、硅表面处理的钛白粉产品，其 TiO_2 的最低含量为 96%。

Ⅲ类：抗粉化型，经过铝、硅表面处理的钛白粉产品，其 TiO_2 的最低含量为 90%。

Ⅳ类：高抗粉化型，经过铝、硅、锌表面处理的钛白粉产品，其 TiO_2 的最低含量为 93%。

（五）日本工业标准

钛白粉日本工业标准（Japanese Industrial Standard，JIS）制定的钛白粉标准编号为 JIS K5116—2004，其标准特性与要求见表 7-4。将钛白粉分为锐钛型和金红石型，锐钛型又分为 2 类，一类没有无机物包膜，一类有硅和铝包膜，这是日本钛白粉生产的特点，将锐钛型进行无机包膜。金红石型分为 4 类，除 TiO_2 的含量有所差异外，主要是以无机物包膜和水分含量分别。如 1 类单铝包膜，2 类硅、铝，3 类硅、铝、锌或铝、锌，4 类采用硅、铝，不仅 TiO_2 含量低外，其水分为 2.5%，高于其他类，正如第六章所述，采用的是松散膜包膜。

表 7-4　钛白粉日本工业标准（JIS K5116—2004）

特性	锐钛型		金红石型			
	1 类 Al	2 类 Al、Si	1 类 Al	2 类 Al、Si	3 类 Al、Si、Zn 或 Al、Zn	4 类 Al、Si
颜色	与标样无差别					
消色力	与标样无差别					
遮盖力	与标样无差别					
分散性	与标样无差别					
流动性	与标样无差别					
吸油量	与标样无差别					

特性	锐钛型		金红石型			
	1 类 Al	2 类 Al、Si	1 类 Al	2 类 Al、Si	3 类 Al、Si、Zn 或 Al、Zn	4 类 Al、Si
筛余物	0.2 以下		0.2 以下			
水分 （质量分数）/%	0.7 以下	1.0 以下	1.0 以下			2.5 以下
水溶物	0.5 以下		0.5 以下			
pH 值	6.0～9.0	6.0～8.0	6.0～8.0	6.0～8.0	6.0～8.0	6.0～9.0
TiO_2 （质量分数）/%	98 以上	95 以上	92 以上			82 以上

二、国外钛白粉产品主要规格

钛白粉生产的产品规格因下游用户及应用领域而变，早期品种较单一，后来因下游用户的需要，尤其是后处理从单一的品种增加到几十个品种，因品种规格繁多，造成生产、使用、运输等均带来管理上烦琐与许多不便。为了简化，创新技术又从众多烦琐的多品种多规格生产向相对较少的几个不同行业的品种或通用型品种规格发展。同时，因可持续与环保及全生命周期能耗与碳排这些新的社会与技术发展要求，除非专用领域要求外，几乎从任何角度看，很难有锐钛型钛白用于涂料领域，因为自身的晶体结构密度带来的折射率差异，同样的资源利用，仅能达到 75%的效果。因此，根据涂料、塑料、造纸等应用领域需要，通常生产厂家在每个领域不会超过 3～4 个规格，甚至主打产品仅有一两个规格。所以，下面列出具有代表性的前杜邦氯化法产品主要规格和具有代表性的国外硫酸法产品规格；因生产工艺的技术理念和各自的技术特色，甚至技术"诀窍"等企业文化所致，都号称自己的产品质量最好，故表中数据收集与一些实际测试数据不一定代表生产厂家产品规格的所有意图和笔者的观点，仅供读者参考。

（一）氯化法产品主要技术规格

前杜邦主要产品牌号及特性见表 7-5，随着技术进步与市场博弈，一些规格在新技术的改造提升下不断完善，产生新规格牌号。如原有在中国深入用户的 R-902，因改造提升后改为 R-902＋，再就是分化 R-706 作为高耐候高分散的 R-6200 牌号。其他公司也有众多的优秀氯化法产品规格，在此不一一赘述。

表 7-5　前杜邦主要产品牌号及特性

特性要求	产品牌号					
	R-900	R-902+	R-931	R-706	TS-6200	R-350
TiO_2 含量（质量分数）/%　≥	94	93	80	93	90	90
氧化铝含量（质量分数）/%	4.3	2.5	6.4	2.5	3.6	1.5
氧化硅（质量分数）/%	—	3.0	10.2	3.0	3.3	3.5
密度/（g/cm³）	4.0	4.0	3.6	4.0	4.0	4.1
有机物处理	无	有	无	有	有	有

特性要求	产品牌号					
	R-900	R-902+	R-931	R-706	TS-6200	R-350
颜色 CIE L*	99.8	99.6	100	99.4	99.4	99.2
粒度中值/μm	0.41	0.405	0.55	0.36	—	0.42
吸油量/（g/100g）	15.2	16.2	35.9	13.9	—	14.5
pH 值	8.1	7.9	8.9	8.2	8.0	7.5
30℃电阻值/kΩ	12	8.1	4.0	10	—	4
炭黑底彩（CBU 值）	12.4	11.7	9.8	13.8	13.0	13.3
主要用途	内墙、粉末、卷材	内外墙、粉末等多用途	平光涂料	建筑、外墙、工业、汽车	高耐候涂料、汽车卷材、氟碳树脂涂料	用于塑料

（二）硫酸法主要产品规格

国外硫酸法产品规格如克朗斯这一最早生产钛白粉的企业，锐钛型牌号就有 7 个，涂料级金红石牌号有 9 个，塑料级金红石牌号同样有 9 个，剩下造纸牌号 4 个、非颜料级 2 个，共计 31 个牌号。同样日本石原硫酸法钛白粉规格牌号就有 16 个，加上氯化法的 17 个规格牌号，共计 33 个规格牌号。作为硫酸法钛白粉产品质量标准参考，选取不同公司代表性规格牌号指标见表 7-6，表中 TR-92 为原亨兹曼产品，2102 为克朗斯产品，R-930 为日本石原产品，RD3 为原克米拉产品，595 为原美利联产品，R210 为德国莎哈利本产品。

表 7-6　国外代表性硫酸法钛白产品的规格与指标

特性要求	产品牌号					
	TR-92	2102	R-930	RD3	595	R210
TiO₂含量（质量分数）/% ≥	94	93.5	93	93	95	94
是否氧化铝包膜	是	是	是	是	是	是
是否氧化硅包膜	—	是	—	—	—	—
是否氧化锆包膜	是	是	—	是	是	是
密度/（g/cm³）	4.05	4.0	4.0	4.0	4.1	4.1
是否有机物处理包膜	是	是	否	是	是	是
颜色 CIE L*	98.5	99.6	—	99.4	99.4	—
粒度中值/μm	0.23	0.405	0.25	0.22	—	—
吸油量/（g/100g）	18	16	19	22	19	18
pH 值	8.1	8.3	—	8.0	7.5	8
消色力（遮盖力）	1790	11.7	—	1900	—	(112)
主要用途	内墙、粉末、卷材	内外墙、粉末等多用途	内外墙涂料、塑料	油墨、外墙、工业、汽车	内外墙涂料、汽车卷材、氟碳树脂涂料	内外墙涂料、卷材塑料

（三）水浆钛白主要产品规格

正如第六章第七节所述，为保护环境及对人类的健康，减少 VOCs 的排放，涂料的发展趋势已经向水性化、高固化的方向发展；这需要整个涂料产业链的生产技术进步，水浆钛白的生产也是这产业链上的一个重要发展环节。早期水浆主要是用在造纸生产中，现在进入涂料的较多，国外几大公司均具有多个规格与牌号的水浆钛白。具有代表性的水浆钛白规格与主要指标如表 7-7 所示。R-741 为杜邦多个水浆规格牌号中的一个，其对应粉体牌号规格是 R-931；CR-828S 是科美基对应的 CR828 牌号钛白粉的水浆产品；同理 595-S 为美利联同一钛白粉规格牌号的水浆产品，R-2000 为没有无机包膜物的纸浆用钛白；而 4102 和 4310 为克朗斯不同无机物包膜处理后的水浆。

表 7-7　国外代表性水浆钛白规格

特性要求	产品牌号					
	R-741	CR-828S	595-S	R-2000	4102	4310
固含量（质量分数）/% ≥	64.5	76.5	76.5	71.5	76.5	76.5
无机表面处理	铝、硅	铝、锆	铝、锆	—	铝、锆	铝、硅、锆
325 目筛余未刷含量（质量分数）/%≤	0.035	—	—	0.010	0.01	0.01
325 目筛于刷含量（质量分数）/%≤	0.020	—	—	—	—	—
浆料密度/（kg/L）	1.87	2.32	2.35	2.25	2.34	2.34
钛白密度/（kg/L）	1.21	—	—	—	1.79	1.79
pH 值	8.1	8～9	8.0	7.5～9.5	8.5～9.5	6.5～7.5
黏度（100r/min）/cP	150	700	100	400	1000	1000
着色力	100	—	—	—	—	—
主要用途	内墙、涂料	造纸工业	水性涂料、造纸	造纸	涂料、造纸	装饰纸、圈材

第二节
国内现行钛白粉产品标准

一、国家现行钛白粉产品标准

就目前中国制定的钛白粉国家标准，因应用领域的不同，其国家标准包括：通用的钛白粉即《二氧化钛颜料》标准，标准代号 GB/T 1706—2006；化妆品用钛白粉即《化妆品用二氧化钛》标准，标准代号 GB 27599—2011；食品级用钛白粉即《食品添加剂二氧化钛》标准，标准代号 GB 25577—2010。后两个标准主要是对重金属含量及特殊应用作了一些要求。

（一）二氧化钛颜料标准

《二氧化钛颜料》标准作为通用型的钛白粉标准，是目前行业内生产与使用量最大的钛白粉产品标准，其标准代号 GB/T 1706—2006。该标准系修改采用 ISO 591-1—2000 标准，与 ISO

591-1—2000 相比，主要技术差异在于删除了 TiO_2 含量测定中 B 法氯化铬（Ⅱ）还原法。其标准基本要求如表 7-8 所示，条件要求如表 7-9 所示。

表 7-8　钛白粉基本要求（GB/T 1706—2006）

特性		要求				
		A 型		R 型		
		A1	A2	R1	R2	R3
TiO_2 的质量分数/%	≥	98	92	97	90	80
105℃挥发分的质量分数/%	≤	0.5	0.8	0.5	商定	
水溶物的质量分数/%	≤	0.6	0.5	0.6	0.6	0.7
筛余物（45μm）的质量分数/%	≤	0.1	0.1	0.1	0.1	0.1

表 7-9　钛白粉条件要求（GB/T 1706—2006）

特性	要求				
	A 型		R 型		
	A1	A2	R1	R2	R3
颜色 CIE L[①]	与商定的参比样品相近				
散射力（遮盖力）[②]	商定				
在（23±2）℃和相对湿度（50±5）%下预处理 24h 后 105℃挥发物的质量分数/%	0.5	0.8	0.5	1.5	2.5
水溶液 pH 值	商定				
吸油量/（g/100g）					
水萃取液电阻率/Ω	—	商定	—	商定	

①测量室所使用的参比样品为有关双方商定样品。
②产品出厂时应标示所用表面处理剂的类型。

（二）化妆品钛白粉标准

国家现行《化妆品用二氧化钛》标准代号为 GB 27599—2011，标准将化妆用钛白粉分为两类，Ⅰ类是未经过表面处理，Ⅱ类是经过表面处理，其中Ⅰ类又分为锐钛型（A）和金红石型（R），Ⅱ类则分为普通锐钛型（A）、普通金红石型（R）和纳米金红石型（NR）；同时Ⅱ类中各型还分规格，分为亲水和亲油两个规格。

其Ⅰ类产品要求如表 7-10 所示，Ⅱ类产品要求如表 7-11 所示。

表 7-10　化妆品钛白粉Ⅰ类产品要求（GB 27599—2011）

项目		指标	
		锐钛型（A）	金红石型（R）
二氧化钛（TiO_2）/%	≥	98	98
干燥减量（质量分数）/%	≤	0.5	0.5
灼烧失量（质量分数）/%	≤	0.5	0.5
水溶物（质量分数）/%	≤	0.5	0.3
重金属（以 Pb 计）（质量分数）/%	≤	0.0020	0.0020
砷（As）（质量分数）/%	≤	0.0005	0.0005

项目		指标	
		锐钛型（A）	金红石型（R）
铅（Pb）（质量分数）/%	≤	0.0010	0.0010
汞（Hg）（质量分数）/%	≤	0.0001	0.0002
pH 值		6.5～8.5	6～8
白度	≥	90	90
细度（≤45μm）（质量分数）/%	≤	0.1	0.1

表 7-11　化妆品钛白粉 Ⅱ 类产品要求（GB 27599—2011）

项目		指标					
		普通锐钛型（R）		普通金红石型（R）		纳米金红石型（NR）	
		亲水	亲油	亲水	亲油	亲水	亲油
二氧化钛（TiO$_2$）（质量分数）/%	≥	90	90	90	85	70	75
干燥减量（质量分数）/%	≤	2	1	1	1	协议	协议
灼烧失量（质量分数）/%	≤	3	6	5	10	协议	协议
水溶物（质量分数）/%	≤	2	—	2	—	协议	—
重金属（以 Pb 计）（质量分数）/%	≤	0.0020	0.0020	0.0020	0.0020	0.0020	0.0020
砷（As）（质量分数）/%	≤	0.0005	0.0005	0.0005	0.0005	0.0005	0.0005
铅（Pb）（质量分数）/%	≤	0.0010	0.0010	0.0010	0.0010	0.0010	0.0010
汞（Hg）（质量分数）/%	≤	0.0001	0.0002	0.0001	0.0002	0.0001	0.0002
pH 值[①]		6.5～8.5	6～8	6.5～8.5	6～8	6.5～8.5	6～8
白度	≥	90	90	90	90	90	90
细度（≤45μm）（质量分数）/%	≤	0.1	—	0.1	—	—	—
平均晶粒度/nm		—	—	—	—	100	100
紫外线透过率/%		—	协议	协议	协议	协议	协议
表面处理剂[②]		协议	协议	协议	协议	协议	协议

① 如用户对亲油规格产品的 pH 值有要求，可根据产品实际情况协商商定。
② 产品出厂时应标示所用表面处理剂的类型。

（三）食品级钛白粉标准

《食品添加剂二氧化钛》的标准代号为 GB 25577—2010，主要用在食品和药品中，利用其不透明性，以提高食品和医药制品的装饰效果和感官颜色。其标准要求分为感官要求和理化指标要求。感官要求见表 7-12，理化指标见表 7-13。与化妆品级钛白粉比较，一是增加了盐酸溶解物项目，二是重金属含量降低了 50%，由 20mg/kg 降到 10mg/kg。

表 7-12　食品级钛白粉感官要求

项目	要求	检验方法
色泽，气味	白色，无异味	取适量试样置于 50mL 烧杯中，在自然光下观察色泽和组织状态，闻其气味
组织状态	粉末	

表 7-13　食品级钛白粉理化指标

项目		指标	检验方法
二氧化钛（TiO$_2$）（质量分数）/%	≥	98.5	标准 GB 25577—2010 的附录 A 中 A.4
干燥减量（质量分数）/%	≤	0.5	标准 GB 25577—2010 的附录 A 中 A.5
灼烧失量（质量分数）/%	≤	0.5	标准 GB 25577—2010 的附录 A 中 A.6
盐酸溶解物（质量分数）/%	≤	0.5	标准 GB 25577—2010 的附录 A 中 A.7
水溶物（质量分数）/%	≤	0.25	标准 GB 25577—2010 的附录 A 中 A.8
重金属（以 Pb 计）/（mg/kg）	≤	10	标准 GB 25577—2010 的附录 A 中 A.9
砷（As）/（mg/kg）	≤	5	标准 GB 25577—2010 的附录 A 中 A.10

二、国内钛白粉产品主要规格

国内钛白粉生产企业众多，在目前的条件下还有约 45 家企业在生产，因以硫酸法产品为主，氯化产品占比在 2018 年末还不到 8%。且每个生产公司自身牌号较多，合起来几乎达到 130 多个牌号。受到各公司的发展变化，规格牌号还在不断地增加，如随着氯化法钛白粉新装置的建立，将新增加市场牌号，再有就是原有仅生产锐钛型的一些装置，随着环保的变化及升级改造，向效益与资源利用更高的金红石型产品发展，也将增加一些产品牌号。

（一）金红石钛白粉产品主要技术规格

表 7-14 和表 7-15 为国内各主要生产厂家的硫酸法金红石钛白粉在市场销售占比较多规格牌号的代表。因许多指标表示的方法不一样，各家有各家的商定规格，如衡量钛白粉颜料性能指标的消色力、色散力、遮盖力和雷诺数，各表达不一；甚至有的厂家产品规格未列出来。故表中规格数据仅供参考，这些数据若有差异，以牌号厂家生产合同和产品样本为准。

表 7-14　国内主要金红石型钛白粉规格牌号

特性要求		产品牌号				
		R606	SR236	R996	BLR601	R818
TiO$_2$ 含量（质量分数）/%	≥	94	94	94	94	94
金红石转化率（质量分数）/%	≥	99.0	98	99.0	97.0	98
氧化铝含量（质量分数）/%		2.8	2.50	2.5	3.0	3.6
氧化硅（质量分数）/%		0.25	1.50	0.22	1.0	3.3
氧化锆（或氧化锌）（质量分数）/%		0.75	—	0.50	(0.7)	—
密度/（g/cm^3）		4.0	4.0	4.0	4.1	4.0
有机物处理		0.3	是	0.2	有	有
干粉白度（ΔL）		98.04	99.4	98.0	(−0.3)	标样近似
粒度中值/μm		0.3	0.29	0.3	—	0.3
吸油量		15.2	21	20	19	22
pH 值		7.0	6.5～8.0	7.0	8.0	6.5～8.0
30℃电阻值/kΩ		120	10	81	64	50
消色力（雷诺数）		114	—	11.7	(1880)	100
主要用途		通用	通用	通用	通用	通用

表 7-15 国内主要金红石型钛白粉规格牌号

特性 要求		产品牌号				
		R-298	R-5566	R-215	R-2198	NR-950
TiO₂含量（质量分数）/%	≥	91	93	92.5	92	92
金红石转化率（质量分数）/%	≥	98.0	99.0	97.0	99	98
氧化铝含量（质量分数）/%		是	2.5	是	2.50	是
氧化硅（质量分数）/%		—	0.5	是	1.50	是
氧化锆（或氧化锌）（质量分数）/%		是	0.75	—	—	—
密度/（g/cm³）		4.0	4.1	4.1	4.0	4.1
有机物处理		0.3	有	有	是	有
干粉白度（ΔL）		98.04	97.5	96.2	95.5	95.0
粒度中值/μm		0.28	0.28	—	—	—
吸油量		20	21	26	21	23
pH值		6.0～9.0	6.5～8.5	6.0～8.0	6.5～8.0	6.5～8.5
30℃电阻值/kΩ		80	81	50	80	50
消色力（雷诺数）		1920	11.7	165（欧洲单位）	105	100
主要用途		通用	通用	通用	通用	通用

（二）锐钛型主要产品规格

锐钛型钛白粉如第一章所述，除专门用途如化纤、少量油墨及塑料薄膜使用外，因其折射率与光催化更严重的缺陷几乎不用于大宗的涂料、塑料生产中。过去因技术跟不上，习惯概念还往往将金红石型钛白粉作为高档产品，锐钛型钛白粉作为低档产品看待。实际上专门与特殊用途的锐钛型钛白粉在钛白粉领域的应用量较低，仅有8%左右。作为生产装置，能生产金红石钛白粉的工厂都可生产锐钛型钛白粉，而生产锐钛型钛白粉的装置，要生产金红石则需要进行配套升级改造。表7-16是国内代表性的锐钛型钛白粉规格和牌号，仅列出五个厂家牌号，表中规格数据仅供参考。这些数据若有差异，以牌号厂家生产合同和产品样本为准。

表 7-16 国内主要锐钛型钛白粉规格牌号

特性 要求		产品牌号				
		ZA-100	GA-100	HAT-301	FA-110	HTA-100
TiO₂含量（质量分数）/%	≥	98	98	98.5	98	98.5
密度/（g/cm³）		3.9	4.1	—	3.9	3.9
干粉白度（ΔL）		（-0.3）	100	100	98.5	99.0
水溶物（质量分数）/%	≤	0.50	0.50	0.50	0.60	—
吸油量		23	26	24	商定	24
pH值		6.5～8.0	6.5～8.0	6.0～8.0	6.5～8.5	7.0～8.5
45μm筛余（质量分数）/%	≤	0.1	0.1	0.03	0.1	0.1
消色力（雷诺数）		100	100	100	107	100
主要用途		内墙、粉末、卷材、塑料、色母粒	内墙、粉末、卷材、塑料、色母粒	内墙、粉末、卷材、塑料、色母粒	内墙、粉末、卷材、塑料、色母粒	内墙、粉末、卷材、塑料、色母粒

（三）氯化法钛白粉规格牌号

截至 2018 年底，国内能够生产氯化法钛白粉的生产装置仅有锦州、漯河、龙蟒佰利联和云南新立四条生产线，基本装置能力依次为 6 万吨（3＋1.5＋1.5，后俩为早期的熔盐氯化）、3 万吨、6 万吨、6 万吨，共计 21 万吨装置产能。因新立投资巨大、产量低，濒于破产，其他也未达到宣传的产量；河南佰利联正在扩建 20 万吨生产线。所以，表 7-17 仅列出其余三家产品规格，同样作为参考，其指标以厂家的实际产品和宣传样本为准。

表 7-17　国内氯化法钛白粉产品规格

产品牌号	CR-501	CR-510	BLR-895	BLR-896	LR-793
表面处理	锆、铝、有机	锆、铝、有机	锆、硅、铝	硅、铝	锆、铝
TiO（质量分数）/% ≥	92.0	92.0	94	93.0	93.0
金红石含量（质量分数）/%≥	99	99	99	99	99
白度≥	100	100	98	98	98
水分（105℃挥发物）（质量分数）/% ≤	0.5	0.5	0.5	0.5	05
粒径/μm ≤	0.28	0.28	—	30	30
密度/（g/cm³）	4.1	4.1	4.1	4.1	—
水萃取液电阻率/Ω·m ≥	80	80	80	80	90
pH 值	6.5～8.5	6.5～8.5	6.0～9.0	6.0～9.0	6.5～8.5
吸油量/（g/100g）≤	20	20	16	19.	19.9
325 目筛余物（质量分数）/%≤	0.05	0.05	0.01	0.01	0.5
水可溶物（质量分数）/%≤	0.5	0.5	—	—	—
用途	涂料、塑料、油墨、装饰纸等应用领域	塑料、高光泽油漆、油墨、卷材涂料、造纸等应用领域	塑料、高光泽油漆、油墨、卷材涂料、造纸等应用领域	塑料、高光泽油漆、油墨、卷材涂料、造纸等应用领域	塑料、高光泽油漆、油墨、卷材涂料、造纸等应用领域

第三节
钛白粉产品质量检验分析方法

一、国际钛白粉质量标准与测试标准

钛白粉作为材料学性能的无机化工产品，不仅需要检验其中的化学成分指标，而且需要检验其中大量物理化学和光学性能指标，需要的检验手段与方法甚多，国际钛白粉产品指标要求与测试标准见表 7-18，共有十项指标。且许多指标没有绝对的数值判断，需要参照标准样品进行比较和买卖双方根据需要的参数进行商定与约定。如前两节国际与国内钛白粉产品标准所示，因使用的领域与同一领域使用范围不同，多数应用性能均没有确定，也没有必要确定。

表 7-18　国际钛白粉产品指标要求与测试标准

特性	要求	测试标准
TiO_2 含量		DIN 55912
水溶物	可与客户协商	DIN ISO 787 部分 3
销售时的水分		DIN ISO 787 部分 2
按照 DIN4188 部分 1 的筛余物	与参照的标准样品比较	DIN 53195
电导率（电阻率）	与参照的标准样品比较	DIN ISO 787 部分 14
pH 值	与参照的标准样品比较	DIN ISO 787 部分 9
吸油量/（g/100g）	与参照的标准样品比较	DIN ISO 787 部分 5
颜色	与参照的标准样品比较	DIN 55983
着色力	与参照的标准样品比较	DIN 55982
光泽		ASTM D 523　ISO 2813　DIN 67 530

二、国内钛白粉质量标准与测试标准

国内钛白粉质量标准与测试标准见表 7-8～表 7-13，比国际标准项目十项要求更多。

其分析测试指标项目有二氧化钛含量的测定、105℃挥发物测定、灼烧减量的测定、水溶物的测定、水悬浮物 pH 值的测定、吸油量的测定、筛余物（45μm）的测定、水萃取液电阻率的测定、颜色比较（白度）的测定、研磨分散性的测定、散射力的测定、消色力的比较、金红石型含量的测定、重金属含量的测定和粒度的测定，总共有十五个项目的测定，其分析方法见其标准试验检测代号。

第四节
过程产品的分析检验项目、频率及指标

钛白粉生产过程产品的分析，也可称为生产中间分析。过程产品的分析检验项目、取样频率、测定指标及取样点等是验证、监视和控制所有过程产品及半成品技术的手段，对生产控制与操作非常重要，是产品质量保证的手段。

尤其是每一上游工序是下一工序生产质量稳定的基础，从而带来生产效率和优秀的产品质量。作为控制颜料性能的核心工序，如硫酸法生产的转窑控制，尽管现在几乎采用的是 DCS 自动控制系统，但对转窑中煅烧半成品的开停车取样分析，在窑长度上不同的距离设有取样孔（点），可以观察分析整过煅烧过程的脱硫情况、粒子成长情况和金红石的转化率发展及颜料性能变化曲线，遗憾的是一些生产转窑没有设置取样孔，仅靠窑头出来已成事实的半成品分析后，再采取温度、窑速、风量及进料调整，因物料停留时间 6～8h，一个生产班的产品均不能令人满意；要么就是急速调整，造成产品质量上下幅度波动。再比如氯化法氧化炉的控制，同样没有对前后气体组成的控制，造成产品质量波动。

所以，一套优秀的钛白粉生产装置，对过程产品的检验、分析和数据反馈与控制举足轻重。但是，不同的装置，甚至同一个设备因工艺布置的差异也会带来生产控制指标的变化，因此，在工艺生产装置建设安装好后，需要进行工业生产调试，试出适应的装置控制参数，对落后的控制指标进行调整和科学选择，确保能生产控制指标达到最佳的生产效益与经济效益。

参考文献

[1] 龚家竹，国内硫酸法钛白粉生产技术和产品质量问题的分析与讨论[C]//2009 年全国钛白行业年会论文集. 无锡：国家化工行业生产力促进中心钛白分中心，2009: 35-42.

[2] 宁延生. 无机盐工艺学[M]. 北京：化学工业出版社，2013.

[3] 邓捷，吴立峰. 钛白粉应用手册修订版[M]. 北京：化学工业出版社，2004.

[4] 龚家竹. 钛白粉生产工艺技术进展[J]. 无机盐工业，2003, 35(6); 5-7.

[5] 龚家竹. 钛白粉生产工艺技术进展[J]. 无机盐工业，2012, 44(8); 1-4.

[6] Oyarzun J M. Pigment processing: physico-chemical principles[M]. Hannover: Vincentz, 1999.

[7] Streitberger H J, Goldschmidt A. basics of coating technology[M]. Hannover: Vincentz, 2003.

[8] Winkler J. Titanium dioxide[M]. Hannover: Vincentz, 2003.

第八章

钛白粉生产
绿色可持续发展技术

第一节
概述

一、绿色可持续化学（GSC）简介

第一次绿色革命发生在 20 世纪 60 年代初，来自农作物杂交技术的创新，使作物产量成倍提高，解决了全球几十亿人的吃饭问题。其实践者与倡导者诺曼·勃劳格博士（Dr. Norman Borlaug，1914—2009 年），因卓越的贡献 1970 年被授予诺贝尔和平奖，他也被称为绿色革命之父。

第二次绿色革命由世界粮食理事会第 16 次部长会议于 1990 年首次提出，目的为改善生态和环境质量，降低生产成本，实现可持续发展。

由联合国定义的可持续发展的内涵是："当人口增长时，工业和农业的增长方式只能在不影响下代需要的前提下满足本代人的需要。"

而随着人口的增加，科学技术的文明进步，今天的人类生产与生活已离不开化学及化学工业，从电子材料的晶体管、集成电路、光伏产业、新能源、新材料、纳米、石墨烯等，到人类生存的衣、食、住、行，无一不包含化学及化学工业所带来的贡献。据悉全球有 20% 的科学家在从事化学研究，全球技术进步的成果属于化学领域的占 50%。因此，全球发达国家都在实施各自的化学工业长远发展规划，并根据形势和环境的变化，不断地对规划进行修订和补充，加之全球环境和生态问题日益严重，化学工业中"绿色化"和"可持续性"呼声高涨，各国化学工业发展规划中更加突出了绿色可持续化学——Green Sustainable Chemistry(GSC)。GSC 内容主要包括从化学品的设计、原料选择、制造方法、使用方法、回收利用等全生命周期中的各环节进行技术创新，考虑环境、健康、安全要素，节约资源和能源。GSC 技术体系

的四个目标：

（1）和谐环境　减少废物的产生；替代污染物质；处理和净化有争议的物质。

（2）摆脱资源的制约　节约资源；高度利用化石资源；可再生资源的利用；无机资源的对策；水资源的循环利用；废弃物回收利用。

（3）脱离能源制约　节约能源；未被利用能源的转换和利用；新能源的开发利用。

（4）提高生活质量　减少对生活环境的风险；保护水资源；改善居住环境；保护健康。

二、钛白粉绿色可持续发展技术内容

钛白粉作为钛资源矿物化学加工的材料学化工产品，离不开钛资源和参与化学反应的所有化学原料。在现有的商业生产方法中，硫酸法以钛资源和硫酸为主要原料，氯化法以钛原料和氯气为主要原料；然而，钛白粉产品几乎仅有 TiO_2 和少量的包膜物质无机氧化物可进入产品中，其中参与生产的化学原料，如硫酸、硫酸盐、氯及氯化物和钛原料中的铁元素都没有进入产品中，以及包括水和空气，均作为副产物和废副被生产工厂输出或弃掉。不仅副产物没有可容纳与接纳的庞大市场，废副按传统方法无法经济处理与处置会带来环境影响，甚至引起环境灾难性的麻烦，浪费了大量的化学物质资源，既不能满足钛白粉生产的健康发展，更不能跟上现代生态文明社会的步伐。

因此，绿色可持续发展已成为当今社会经济活动的基本技术前提，尤其是作为矿物资源化学加工的钛白粉生产技术概莫能外，更不能"独善其身"，需要改变观念，创新适应可持续绿色发展的新技术，满足人们的生产与生活及社会进步的需要。现有钛白粉生产技术，无论硫酸法还是氯化法，以及所要创新的其他工艺生产技术方法，均不能"孤芳自赏"、天马行空、我行我素，必须遵从 GSC 的要求与使命，减少废物产生（减排），摆脱资源的制约（提高资源利用率），节约能源（降耗），用与自然和谐的先进技术生产钛白粉，提高生活质量。同时，作为钛矿物加工的钛白粉生产技术，"一矿多用，取少做多，全资源利用与循环利用"是绿色可持续化学发展的核心。"矿矿耦合，化学能量利用、再用与互用"，全生命周期能量消耗结果才是新技术开发理念与实施的基本原则。"环保、资源、效益""天人合一"的生产技术，必将为钛白粉生产技术投入更新的活力与机会，满足人类对日益增长的钛白粉市场的需要。

所以，现有技术条件下，硫酸法与氯化法钛白粉生产，除了获得目标产物钛白粉产品本身外，因化学过程的需要，必然在生产过程中产生上述大量的"气、液、固"副产物，其中所含的化学资源物质不被利用而谓之"三废"，是环境与健康危害及人类生存的"死敌"，采用绿色可持续创新技术进行液治气（吸收）、固治液（沉淀与结晶），固有资源的全新耦合及废副资源加工生产，满足绿色、生态、环境友善、可持续化的现代社会要求及未来社会需要，必将成就一个寄生在钛白粉生产领域中的新型全资源加工产业。

第二节
硫酸法钛白粉废副全资源利用技术

一、废硫酸的循环利用与资源加工技术

（一）废硫酸性质及其产量

1. 废硫酸的来源与性质

硫酸法钛白粉生产中废硫酸产生的主要来源可包含为五类：第一类是水解偏钛酸过滤时排出的滤液；第二类是第一类水解偏钛酸过滤后对偏钛酸滤饼进行洗涤后的洗涤液；第三类是进行偏钛酸漂白时加入的硫酸以维持漂白还原高价金属离子的溶液酸度，在过滤时产生的滤液；第四类是第三类漂白过滤后滤饼的涤洗液；第五类是生产装置中的酸性工艺废水，如带沫冷凝液、尾气吸收液、泄漏地坪水等产生的组织收集液。

第一类为水解偏钛酸过滤的滤液，其钛白粉的产生量既依赖于所选取生产工艺要求，比如酸钛比 F 值的高低（用矿种类、生产习惯），又依赖于所选用工艺生产的过滤设备，比如是压滤机还是莫尔过滤机等。通常其硫酸浓度在 20%～23% 之间，每吨钛白粉产生量约在 5～8t 之间，占废酸总量的 60%～70%。通常所述的浓缩与循环返用的钛白废酸，仅是指此部分废硫酸。国内采用攀西地区的钛铁矿生产钛白粉后的浓废酸典型组成见表 8-1，不难看出其中的氧化镁含量达到 0.36%，氧化钙为 0.043%；而国外以砂矿生产的浓废酸典型组成见表 8-2，其中的氧化镁含量仅为 0.05%，氧化钙为 0.040%。

表 8-1 国内硫酸法钛白废酸典型组成

组分	含量/%	组分	含量/%
H_2SO_4	23.5	Al_2O_3	0.20
FeO	5.20	TiO_2	0.68
MgO	0.36	Cr	0.005
V	0.02	Pb	0.013
Nb	0.004	CaO	0.043
P	0.004	液体密度/（kg/cm³）	1380

表 8-2 国外硫酸法太白废酸典型组成

组分	含量/%	组分	含量/%
H_2SO_4	20.5	Al_2O_3	0.25
Fe_2O_3	5.10	TiO_2	0.90
MgO	0.05	Cr	0.003
V	0.04	Pb	—
Nb	—	CaO	0.040
MnO	0.50	液体密度	—

第二类为水解偏钛酸过滤后的滤饼洗涤液，其产生量与第一类一样，也取决于生产工艺的 F 值、过滤设备以及洗涤效率，硫酸浓度约在 1%～2%，每吨钛白生产量 20～30t，目前技术条件下没有经济回收价值。

第三类因用矿种类、工艺优劣以及产品质量而定，硫酸浓度约在 4%～6%，每吨钛白粉产生量约在 2～3t，同样没有经济的回收价值。

第四类因用矿种类和产品质量而定，硫酸浓度约在 0.2%～0.3%，每吨钛白粉产生量约在 15～25t，同样没有经济回收价值，而较先进的工艺是将其用作第二类洗液的进水。

第五类依赖于生产装置与技术管理的先进性而定，其产生量和浓度不确定，更没有经济回收价值。

2. 废硫酸的产生量

截至 2018 年末，全球钛白粉装置生产能力达到 780 多万吨，其中硫酸法钛白粉产能达到 430 万吨，占比 55%；而中国产能号称 350 万吨（含在建和准备建设的装置），实际生产量 2018 年为 294.3 万吨，硫酸法生产量 280 万吨。全球硫酸法与氯化法生产比重变化如第一章图 1-17 所示，得益于中国经济的飞速发展，加上中国的钛资源特点，全球钛白粉生产在 20 世纪 90 年代氯化法生产比重超过硫酸法后，从 2000 年起，依赖与仰仗中国硫酸法钛白粉生产的快速增长及规模装置大型化产生的全球格局变化，于 2012 年硫酸法产能重新超过氯化法产能。全球主要钛白粉生产厂家及生产量如第二章表 2-9 所示，其中硫酸法钛白粉生产能力以中国 309 万吨计，东欧捷克、波兰、乌克兰、斯洛维尼亚 22 万吨计，其他大公司合计 103 万吨，全球硫酸法钛白粉产能 434 万吨。按通常的 F 值约 1.8 计，生产产生废硫酸废酸折 100% H_2SO_4 近 800 万吨，按平均 22% H_2SO_4 计算达到年 3550 万吨。

中国硫酸法钛白粉 2018 年生产量行业官方统计为 287 万吨（除去氯化法产能），实际产生废硫酸的钛白粉生产量仅有 280 万吨（包含非颜料级二氧化钛），因中国东部部分地区生产钛白粉的成品是来自西部的转窑煅烧粗品（半成品），这一部分约 20 万吨进行了重复计算。所以，中国钛白粉硫酸法 2018 年同样按 F 值 1.8 计算，生产浓废酸折 100% H_2SO_4 约 500 多万吨，按平均 22% H_2SO_4 计算达到 2300 万吨。多数厂家通过酸解返回 15%～20%，具有废酸除杂回用生产装置企业的回用率达到 40%左右，个别生产装置如用于磷化工生产可以全部利用，在靠近东部市场的少数企业生产水处理剂聚合硫酸铁也可以全部加工利用，余下的只能全部进行中和处理以钛石膏的形式外销或堆存。

（二）废硫酸浓缩处理技术原理

正如硫酸法钛白粉废硫酸的来源所述，共分为五类。现有硫酸法钛白粉生产的废硫酸，作为第一类酸，有两种处理技术：一种是进行浓缩处理，除去其中的主要硫酸亚铁杂质后，作为钛白粉生产循环利用或用于其他消耗硫酸产品的生产原料；另一种是直接用于其他产品生产以解决废硫酸的出路问题。

硫酸法钛白粉生产废硫酸的浓缩，因硫酸本身的特性，随着浓度的升高，沸点逐渐升高，不仅带来能耗的增加，而且对设备材质要求更高。不同硫酸浓度的沸点变化曲线如图 8-1 所示，随着硫酸浓度的升高，硫酸溶液的沸点也随之升高，其沸点升高变化曲线的斜率几乎可分为两段，溶液的硫酸浓度从 3%到 55%这一段几乎可以看作是趋近于同一个升高斜率；硫酸浓度从 55%到 97.3%的高浓度段，同样也接近一个沸点变化曲线升高斜率，但这段沸点曲线升高斜率陡增，浓度每提高10%，沸点温度几乎增加20%，并随之增加更快；当硫酸浓度为50%时，沸点在124.5℃，浓度提高到70%时，沸点就达到170℃。所以，废硫酸的浓缩，随着浓度越高，其沸点就越高，则需要的能耗就越高。这就是废硫酸循环回用与再用需要付出的能耗问题，循环回用量大，为维持水平衡则需要浓缩的浓度愈高；反之，采用钛渣为原料因反应热量低，蒸发水量少，需要的硫酸浓度更高。因此，在采用蒸发浓缩废硫酸时，通常会采用真空减压蒸发，使其降低沸点，节约蒸汽能耗；同时在维持水平衡的装置生产情况下，尽量在经济循环的基础上进行耦合利用，达到经济的浓缩能耗及硫酸资源化学能的最佳利用。

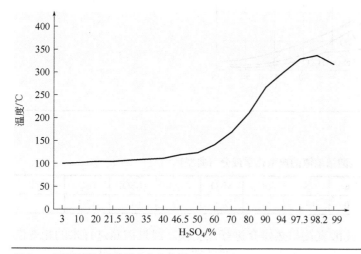

图 8-1　不同硫酸浓度的沸点变化曲线

　　同时，硫酸法钛白粉生产过程中在废硫酸中的杂质，不仅同样影响浓缩的能耗，还同样影响浓缩装置的设备材质。硫酸法钛白粉生产产生的废硫酸组成如表8-1和表8-2所示，除含有约20%～25%的H_2SO_4外，其余最大含量是约5%的FeO硫酸盐（折合成硫酸铁约11%的溶质）。这是在经典工艺硫酸法钛白粉生产时，一方面是在酸解钛铁矿获得的酸解钛液中，要以七水硫酸亚铁结晶形式去除钛液中的硫酸亚铁；分离量的多少是可接受的经济运行工艺参数，即维持溶液适度的硫酸亚铁，控制铁钛比（Fe/TiO_2）。另一方面在水解时借以控制其钛液中的铁钛比进行水解沉淀偏钛酸，满足最佳又适宜的水解操作参数，达到水解工艺精确的参数控制指标，沉淀出合格的偏钛酸。过滤分离水解沉淀偏钛酸中的FeO，其对应存在于硫酸中的是 $FeSO_4$，在大部分情况下，钛白副产废酸必须经过提浓和除杂后才能再利用。如图 8-2 中 $FeSO_4$-H_2SO_4-H_2O 体系所示，不同温度下，硫酸亚铁在硫酸中的溶解度随着硫酸浓度的增大而迅速减小，在硫酸浓度超过50%时，硫酸中剩余的硫酸亚铁仅有1.5%，折计FeO理论上仅有0.71%含量。而实际上，在除铁过程中因镁、铝、钛等其他金属元素的存在，FeO 含量可降到 0.3%左右。浓缩分离的一水硫酸亚铁典型组成如表8-3所示。

　　所以，硫酸法钛白粉生产时，需要依据浓缩除杂两项原理采用循环利用或再用的浓缩加工方式，并根据企业及市场需要，浓缩与分离其中杂质硫酸亚铁的生产工艺各有千秋。尤其是硫酸在浓缩过程中，因腐蚀与杂质带来的设备材料与生产工艺的优劣差异，将直接影响硫酸法钛白粉生产业主的盈利状况。

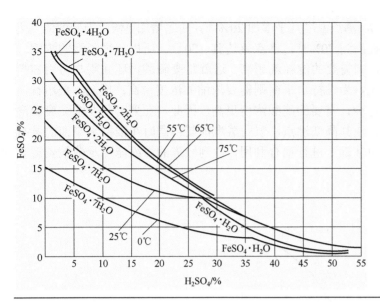

图 8-2 FeSO₄- H₂SO₄- H₂O 体系

表 8-3 废酸浓缩渣的典型化学成分（典型）

名称	以 FeSO₄ · H₂O 计	TFe	S	TiO₂	MgO	Al₂O₃	H₂SO₄	H₂O	备注
含量/%	64.52	21.0	13.5	1.5	2.3	0.2	10.1	12.2	

浓缩除杂工艺常用的方法是废硫酸直接与热媒介进行热交换，经过闪蒸进行水的相变汽化移走蒸汽得到浓缩，然后分离浓缩浆料中析出的硫酸亚铁等杂质。由于传统的硫酸法钛白粉生产工艺流程长，其中的一些热能白白浪费掉，比如煅烧尾气传统处理采用工艺水喷淋热交换降温，升温的工艺水还要进行循环冷却消耗能量；再比如酸解预混合硫酸，首先得将 98% 稀释成 91%，其产生的稀释热，不仅要用冷却水移走稀释热，还要增加配酸装置及投资，即生产系统中加热与减热的不匹配利用与浪费。在有废酸浓缩循环利用和再用的工厂或生产装置，用于废酸的预浓缩和酸解稀释热的平衡匹配是能源利用和节能的最好方式之一。所以，废酸浓缩除杂分为三个工序：预浓缩、浓缩、分离杂质。

（三）全球硫酸法钛白粉废硫酸利用技术概况

1. 国际废硫酸废酸浓缩利用技术概况

硫酸法钛白废酸浓缩循环利用既是一个简单的科学问题，又是一个复杂而艰苦的工程与生产技术难题。说它简单是因为其工艺原理简单，只要将其中的水分蒸发掉就可以了，采用真空蒸发、常压蒸发等化工蒸发浓缩单元操作是再成熟不过的了。如欧洲的一些硫酸法钛白生产商，像德国的莎哈利本公司，应该说是硫酸法废副处理的一个先进样板，它不仅将自身 100kt/a 硫酸法钛白粉产生的废酸浓缩回用于生产，而且还对邻近在利佛库森的克诺朗斯公司 35kt/a 钛白粉产生的废酸进行浓缩加工。说它复杂是因为硫酸法钛白废酸自身的化学组成复杂，因用矿种类不同甚至产地不同而多变。这就造成了浓缩加热器难以适应结垢、易堵、换热效率降低等工程与生产操无法合理统一的难题，生产不能持续地进行，能耗高、投资大、浓缩回用成本高。欧洲在 20 世纪的 70 年代后期至 80 年代，因环保法规的提高与新的要求，再加上绿色和平运动组织的压力与推动，进入90年代后基本依其各生产点的自身环境特色与资源环境拥有度，解决了硫酸法钛白废酸及废副产品的处理与利用问题。当然，也因为其传统的处理及生产方法不能跟上时代的发展，因而造成生产费用较高，部分硫酸法工厂与生产装置逐渐退出市场。传统国外硫酸法钛白粉废酸处理情况与处理方式见表8-4。

表8-4 国外硫酸法钛白粉主要厂家传统废酸处理概况

公司及工厂所在地	产能/万吨	靠近水域	废酸处理方式
亨兹曼 芬兰坡里	12.0	大洋	大部分酸作为工厂浓缩循环回用，稀酸用于生产肥料，浓酸返回钛白生产
亨兹曼 法国加莱	11.0	大洋	浓缩循环使用，工厂已关闭
亨兹曼 德国科里佛德	10.7	莱茵河	真空浓缩循环回收工厂，部分浓缩酸采用热解与硫酸厂耦合生产硫酸
克诺朗斯 德国利佛库森	3.5	莱茵河	部分稀酸送到在杜伊斯堡莎哈利本公司的浓缩循环酸工厂
克诺朗斯 德国罗德翰姆	6.0	大洋	废酸浓缩回收工厂于1987年10月建立
亨兹曼 莎哈利本 德国杜伊斯堡	10.0	莱茵河	自建废酸浓缩回用装置，并联合处理克诺朗斯的利佛库森工厂的废酸
亨兹曼 意大利斯卡里诺	8.5	大洋	石灰中和，石膏用于回填土地，也用于建筑材料
亨兹曼 西班牙佛里瓦	9.5	大洋	稀酸使用自己的工艺技术回收于1987年采用鲁奇经验废酸浓缩循环技术进行工厂建设，从1993年起再没有排入大海，亚铁用于焙烧硫酸
特诺 巴西萨尔瓦多	6.0	大西洋	排入大海
亨兹曼 马来西亚观丹	6.0	太平洋	石灰中和成石膏，堆放

（1）芬兰劳玛（Ruma-Repola）工艺　这是早前国内引进技术的主要样板。芬兰Ruma-Repola公司是芬兰一家大的国营工程公司。公司下属五个部门，Rosenlew工程部致力于工业环境保护工程技术，擅长工业废水和废酸的治理。据称，他们提供的蒸发设备，占世界蒸发量的50%，为世界第一。

① 工艺流程。废酸浓缩采用两效三段工艺流程，如图8-3所示。

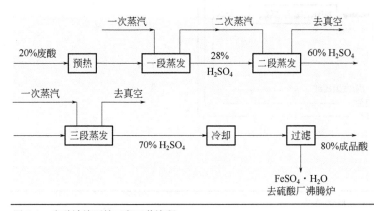

图8-3　废酸浓缩两效三段工艺流程

② 主要工艺参数。第一段：20%→28%，温度 115℃，压力（表压）0.1MPa。第二段：28%→60%，温度 80℃，压力（绝压）0.008MPa。第三段：60%→70%，温度 115℃，压力（绝压）0.008MPa。

③ 主要设备材质。加热器为石墨，当采用二次蒸汽加热时，外壳为碳钢衬橡胶，加热器为列管式。蒸发器为玻璃纤维加强内衬聚氟塑料（氟化乙丙烯）。强制循环泵为高硅铁轴流泵，含硅量为 15%，料浆泵、压滤机进料泵为高硅铁离心泵。冷凝器为玻璃纤维加强塑料。板式换热器及真空泵、蒸汽冷凝液泵为 254 不锈钢（瑞典标准）。成品酸冷却器为石墨，外壳碳钢。板框压滤机为聚丙烯材质，滤布为聚氟乙烯。

（2）德国莎哈利本公司的钛白废酸利用模式　德国莎哈利本公司是世界较早生产传统白色颜料立德粉的公司，始建于 1878 年。于 1962 年，在美国杜邦从硫酸法钛白粉转型生产氯化法钛白粉的进程中，利用杜邦的硫酸法技术与杜邦合作建立的硫酸法钛白粉生产装置开始生产钛白粉。现拥有 100kt/a 的硫酸法钛白粉生产能力，副产 20% 浓度的废硫酸 450kt/a，采用蒸发浓缩到 70% 的浓度，通过结晶和压滤分离溶解在内的硫酸金属盐后，得到 80% 浓度的硫酸循环回钛白粉生产使用（因使用矿渣混合原料）；并将从浓缩硫酸中压滤分离的硫酸亚铁滤渣送到硫铁矿制酸工厂的焙烧炉中，与硫黄、煤、硫铁矿塑化颗粒剂等一道混合进行焙烧分解，生产硫酸、蒸汽和电能用于钛白粉生产；而焙烧炉炉下料的分解渣中铁含量达到约 55%，作为一种有用的和可销售的原料用于制造普通水泥。

再加上莎哈利本公司其他废气如酸解尾气和煅烧尾气，因含有 SO_2 和 H_2S，其净化手段首先通过喷淋和除尘（电除尘），之后采用双氧水将 SO_2 氧化，并洗涤，生成稀硫酸，再重新用于生产。剩下的 H_2S 用 ZnO 悬浮液吸收，生成的锌盐可作为生产锌颜料及立德粉的原料。这些利用完全满足欧洲的环保法规，使之成为欧洲硫酸法钛白粉废硫酸废酸循环利用最成功的典范。尤其是该工厂离民房住宅最近的距离仅约 50m，在当下中国的化工语境与硫酸法钛白粉环保的社会认知下，我们很难想象的。图 8-4 为废硫酸浓缩废酸循环利用概念流程的示意图。

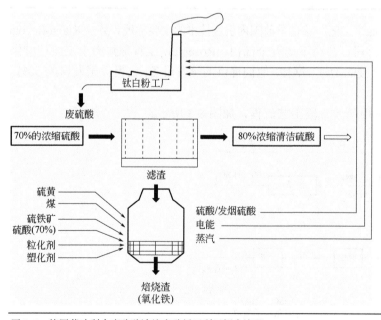

图 8-4　德国莎哈利本废硫酸浓缩废酸循环利用概念流程

所以，其前公司董事长 Griebler 博士，曾在欧洲涂料杂质（*European Coatings Journal*）专门针对硫酸法钛白粉生产发文以正视听，为此笔者与同事还专门翻译成中文登在涂料工业杂质上，增加对硫酸法钛白粉技术与产品的认识，不得不说德国莎哈利本公司的生产技术与废副加工理念是我们学习的榜样。

（3）硫酸法钛白粉与三聚磷酸钠的联合生产工艺　据意大利发明人 Calcagno 等，在美国专利 US4005175 所述，采用钛白粉与聚磷酸钠联合生产工艺技术，解决了硫酸法钛白粉废硫酸废酸的利用问题。

该发明专利其主要工艺为：钛白粉生产产出的废硫酸废酸组成见表 8-2，将其采用蒸汽浓缩到 55% H_2SO_4 浓度，经过分离一水硫酸亚铁后，其组成见表 8-5；然后，再与 98% H_2SO_4 进行混合，得到 68% H_2SO_4，其组成见表 8-6。将 55% H_2SO_4 与磷矿进行一次萃取反应，分离磷石膏，得到的稀磷酸再与 68% H_2SO_4 一并与磷矿进行二次萃取反应，分离磷石膏得到稀磷酸。得到的稀磷酸再按湿法磷酸盐的生产方法进行脱砷、脱硫、脱氟及除去其中多余的杂质后，用氢氧化钠进行中和反应达到规定的中和度，进行蒸发浓缩；再送入聚合炉煅烧生产出三聚磷酸钠产品。其产品质量，尤其是外观白度比传统的生产方法高。其体现在产品中有色金属元素离子含量，比较传统产品中 Fe、V、Cr 为 270mg/kg、28mg/kg 和限量，而采用钛白粉废硫酸废酸浓缩加工产品中为 58mg/kg、13.5mg/kg 和限量。

表 8-5　浓缩废酸组成

组分	含量/%	组分	含量/%
H_2SO_4	55.0	Al_2O_3	0.40
FeO	1.40	TiO_2	0.60
MgO	0.10	Cr_2O_3	0.005
V_2O_3	0.12	Pb	—
MnO	0.20	CaO	0.03

表 8-6　混配废酸组成

组分	含量/%	组分	含量/%
H_2SO_4	68.0	Al_2O_3	0.20
FeO	0.20	TiO_2	0.20
MgO	0.08	Cr_2O_3	0.004
V_2O_3	0.07	Pb	—
MnO	0.12	CaO	0.01

但是，作为湿法生产三聚磷酸钠工艺，因中国西南地区既有丰富的磷矿资源，又有蕴藏量丰富的季节性水电，热法磷酸生产的三聚磷酸钠不仅质量好，而且价格优势明显，再用硫酸法钛白废硫酸废酸进行生产，市场竞争力欠佳。可以说这是失败的"硫-磷-钛"模式。

（4）浓缩废酸热解回收硫酸利用　在欧美，尤其是欧洲因硫酸法钛白粉生产装置在第二次世界大战后发展迅速，到 20 世纪 70 年代其副产七水硫酸亚铁市场远远过饱和，没有市场出路，硫酸法钛白粉生产开始使用富钛料，即酸溶高钛渣，以减少硫酸亚铁的市场销售压力。但是，这就给废硫酸浓缩循环利用带来难题，即在采用酸溶高钛渣为原料时，引发酸浓度需要提高，如前文所述，需要浓缩到 85% 以上的硫酸浓度，按传统浓缩的废硫酸已不能满足其要求。所以，借鉴其他化工领域废硫酸处理的热解回收生产硫酸工艺，将浓缩的废酸进行热解分离出氧化硫气体，并按商品硫酸方式生产硫酸。

德国前拜耳公司在尤廷根的工厂，采用废硫酸废酸浓缩到 70% 的浓度，然后与燃料和空气混合喷入热解炉进行热解，产生的分解气体经过锅炉回收热量产生蒸汽，气体按硫酸生产方法进行除尘、冷却、电雾、干燥后，进行多级换热、多级催化转化后进入省煤器回收热量，再用硫酸进行吸收得到高浓度商品硫酸用于钛白粉生产，其工艺流程如图 8-5 所示。表 8-7 为 70% 硫酸的分解需要的理论热量，其中 70% 硫酸的加热、蒸发、脱水需要的热量占理论热量的 46.2%；而 H_2SO_4 分解成 SO_3，和 SO_3 分解成 SO_2 需要的热量几乎相当，共计占理论热量的 30.9%。表 8-8 为用 450℃ 预热空气及不同的燃料在 1000℃ 条件下分解 70% 硫酸生产 98% 硫酸的经济指标；采用燃油需要 0.26t 回收 1t 商品硫酸，采用含 80% 的硫化氢气体需要 1.27t 生产出 3.8t 商品硫酸，采用硫黄 1.6t 生产出 5.8t 商品硫酸。

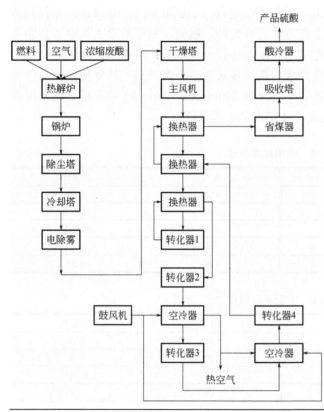

图 8-5　浓缩废酸后再生单吸收生产硫酸工艺流程

表 8-7　1000℃条件下分解 70% 硫酸的理论热量需求

理论步骤	热量需求/（×10⁶kJ/t）	百分比/%	分段合计
70%硫酸脱水	0.460	7.2	46.2
H_2O 蒸发	0.967	15.2	
H_2SO_4 蒸发	0.572	9.0	
从 20℃ 加热到 340℃	0.942	14.8	
$H_2SO_4 \Longrightarrow SO_3 + H_2O$	0.973	15.3	30.9
$SO_3 \Longrightarrow SO_2 + 1/2O_2$	0.991	15.6	
从 340℃ 加热到 1000℃	1.455	22.9	22.9
合计	6.36	100	100

从表 8-7 数据不难看出，为满足高钛渣生产需要，采用热解浓缩废硫酸的方式，绝对能耗如此之高，钛白粉生产的成本组成在市场上竞争乏力。再者，若采用硫黄作为燃料，回收 1t 100% H_2SO_4 的废酸需要匹配生产 4.8t 商品硫酸，难以与钛白粉生产进行产量匹配。

表 8-8　用 450℃预热空气及不同的燃料
在 1000℃条件下分解 70%硫酸生产 98%硫酸的经济指标

燃料类型	燃料油	H_2S（体积 80% H_2S，20% CO_2）	液体硫黄
净热值（NHV）/（×10^6kJ/t）	40.2	30.5	9.4
燃料需求量/（t/t）	0.26	1.27	1.6
分解后气体体积（湿基）/（m^3/t）	5800	7400	8900
余热回收/（×10^6kJ/t）	3.3	4.6	5.0
接触气体量/（m^3/t）	4200	9100	12500
SO_2 的体积分数（$O_2/SO_2 \geqslant 1.2$）/%	5.2	9.3	10.4
理论产能/（t/t）	1.0	3.8	5.8

此外，德国拜耳还开发了一种废硫酸废酸连同钛白粉生产副产的七水硫酸亚铁一起，进行浓缩处理循环利用的工艺。其工艺流程如图 8-6 所示。

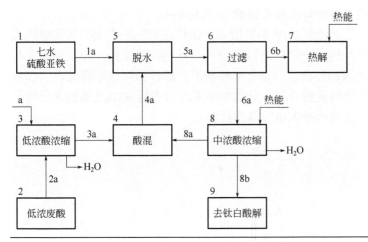

图 8-6　拜耳硫酸法钛白粉废硫酸与亚铁循环利用流程

如图所示，采用挪威钛铁矿硫酸法生产钛白粉，每吨钛白粉产生绿矾 4t 和废硫酸废酸 8t。绿矾含有 90%的七水硫酸亚铁和 5%的游离水，废酸组成为：21%的游离硫酸，15%的硫酸盐，64%的水分。

流速为 8t/h 废硫酸，由储槽 2 经过管道 2a 送到低浓酸浓缩工序 3，将其浓缩成 30.4%的硫酸悬浮液。浓缩悬浮液以 5.52t/h 的流速经过管道 3a 送到混酸工序 4，与从浓酸浓缩工序 8 浓缩到 65%的废硫酸（流速 4.48t/h）进行混合，使其混合后悬浮液的硫酸浓度为 45.9%；以 10t/h 的流速将混酸工序 4 混合后的硫酸经过管道 4a 送入脱水工序 5，与转鼓过滤机 1 经过输送机 1a 送来的七水亚铁（绿矾，4.0t/h），使其脱水工序总物料为 14t/h，其中绿矾与 45.9%的混合硫酸比值为 2.5：1；脱水工序悬浮液物料是硫酸浓度为 32.8%和 23%的硫酸盐。

脱水工序 5 出来的悬浮液送入过滤工序 6 进行过滤，每小时得到 5.2t 一水硫酸盐的滤饼，其中含有 30%持液量为 44.3%硫酸的液体，经过 6b 送入热解工序 7 进行高温热解回收硫酸和氧化铁渣。

过滤工序 6 每小时分离出的液体 8.8t，经过 6a 送入浓缩工序 8 进行浓缩，将硫酸浓度由 44.3%浓缩到 65%。

从浓缩工序 8 浓缩出来约 6.0t 浓缩硫酸，分成两部分，其中 4.48t 经过管道 8a 返回混酸工序 4，与浓缩工序 3 浓缩的酸进行混合；另一部分 1.52t 含有硫酸 0.99t，返回钛白粉酸解工序用于酸解钛铁矿。

由此，硫酸钛白粉生产的废硫酸和七水硫酸亚铁中的硫酸全部循环利用，也解决了七水硫酸亚铁采用一水硫酸亚铁掺烧生产硫酸的脱水问题，同时循环利用的水分全部经过浓缩除去。但是，七水硫酸亚铁中的游离水和六个结晶水全部是以浓缩硫酸溶液的形式被蒸发排出的，除浓缩的蒸汽消耗外，采用此工艺蒸发水分的成本费用高。

2. 国内废酸浓缩处理与利用概况

由于攀西地区高钙镁的钛精矿生成钛白粉废酸，处在硫酸钙的饱和与过饱和浓度之下，浓缩热器结垢堵塞严重，开车时间短，清理时间长，不能经济稳定持续进行废酸浓缩。为了避免使用钙镁含量高的攀西钛铁矿带来的换热器容易结垢并很快堵塞的技术问题，我们进行了不同的工艺生产试验研究，取得了十分好的社会效益与经济效益。

（1）喷雾浓缩工艺装置研究 工艺流程如图 8-7 所示，由钛白粉生产产生的废硫酸进入喷雾塔中被喷成液粒雾状，与热风炉燃烧产生的高温热空气进行逆流热交换，并加热蒸发其中的水分，蒸发水分浓缩的废酸进入循环槽，一部分与稀酸混合进行循环浓缩蒸发，一部分经过冷却后送入压滤机分离其中析出的硫酸亚铁，分离的浓缩酸送去与 98%的硫酸混合用于钛白粉生产。蒸发尾气经过除沫器由风机排入电除雾器后排放。

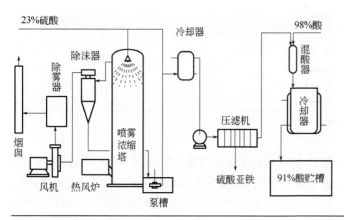

图 8-7 废硫酸喷雾浓缩工艺流程

在喷雾浓缩研究中，先采用实验室离心喷雾机进行试验取得过程数据后进行生产模拟装置试验，模拟中间试验设计喷淋蒸发水量为 200kg/h，喷塔规格 ϕ1000mm × 5700mm，塔内有效体积为 4m³，以试验确定工业生产装置的设计参数。试验结果：在进塔温度为 650℃、出塔温度为 110℃情况下，23% H_2SO_4 废酸浓缩到 60% H_2SO_4，其蒸发强度平均为 25kg/（m³·h）。其材料试验结果：上层采用聚四氟乙烯出现鼓泡现象，下部采用树脂胶凝石墨板和 KPI 胶泥铸石板几乎完好无损，可用于生产装置材料。

实际生产装置如图 8-8 所示，喷塔规格 ϕ6000mm × 22000mm，有效容积 500m³，选取蒸发强度为 15kg/（m³·h），每个喷雾浓缩塔以满足 20kt/a 钛白粉生产能力的废硫酸废酸处理量。

图 8-8　8×10⁴t/a 钛白粉废硫酸废酸配套喷雾浓缩生产装置

由于硫酸法生产 1t 钛白粉采用铁矿矿为原料的工艺需要约 5～6t 蒸汽，多数厂家配套蒸汽装置在最初的设计时，没有考虑蒸汽的富余量，维持已有生产捉襟见肘，已不能满足生产，对废酸浓缩回用多显力不从心。为此在前人稀硫酸的浓缩除杂方法（ZL02113704.8）的基础上，我们又开发出两级或多级热空气喷淋浓缩工艺，高浓度硫酸浓缩产生的高温尾气进行逆流进入废硫酸浓缩，其尾气带走的显热大大降低，并对蒸发水蒸气中的潜热进行回收，用于钛白粉低温热量需求中，减低了能源消耗，并节约大量的电耗，1t 钛白粉废酸回收利用成本仅有 250 元左右，创造出较大的经济效益。工艺流程如图 8-9 所示，废硫酸首先利用钛白粉煅烧窑窑尾高温气体进行预浓缩，根据钛白粉生产前端水解料浆偏钛酸过滤的滤液回收率或浓度，从硫酸浓度 23% 浓缩到 28%，作为稀硫酸与二级喷淋塔的喷淋循环硫酸混合后进入二级喷淋塔，与从一级喷淋塔排出的蒸发尾气和并入的热烟气进行逆流换热蒸发浓缩，利用一级高浓度浓缩废酸尾气的高温显热；浓缩后的硫酸料浆进入冷却槽中继续冷却后，送入压力机分离硫酸盐滤饼，得到的滤液即为废硫酸浓缩废酸，进入浓缩酸成品槽作为钛白粉生产硫酸循环利用，或者耦合其他化工产品备用。

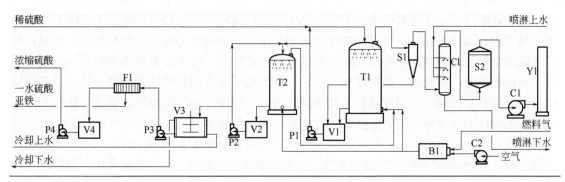

图 8-9　废硫酸多级烟气浓缩流程

B1—热风燃烧器；C1—尾气风机；C2—燃烧器助燃风机；F1—压滤机；P1—一级浓缩循环泵；P2—二级浓缩循环泵；P3—熟化冷却压滤泵；P4—浓缩酸转料泵；S1—旋液分离器；S2—电除雾器；T1—一级浓缩塔；T2—二级喷淋塔；V1—一级循环槽；V2—二级循环槽；V3—熟化槽；V4—浓缩硫酸转料槽；Y1—烟囱

（2）真空多级浓缩工艺研究　为克服已有真空蒸发浓缩换热器易结垢堵塞等不足，结合欧洲已有的成熟经验，根据国内硫酸法钛白生产特色与用矿特色，我们研究开发了适合所有钛矿原料的钛白废酸浓缩回用工艺技术及生产装置，见国家发明专利"硫酸法生产钛白粉过程中稀硫酸的浓缩除杂方法"。其工艺流程如图 8-10 所示，钛白粉生产的废硫酸（23%）与浓缩废酸装置浓缩后的酸（含有浓缩沉淀析出的硫酸盐杂质）经过严格计量后，送入混合酸槽混合成浓度为 30%～35%左右的酸，然后用泵将混合后硫酸物料送到蒸汽浓缩装置。依次经过一段蒸汽加热浓缩，产生的二次蒸汽进行二次换热真空蒸发浓缩，再进行二段真空浓缩，达到 55%～60%的硫酸浓度后，一部分返回酸混合槽，一部分进入浓缩酸冷却槽冷却后，送入压滤机分离硫酸亚铁，得到的浓缩硫酸进入浓缩酸成品槽为钛白粉生产硫酸循环利用，或者耦合其他化工产品备用。

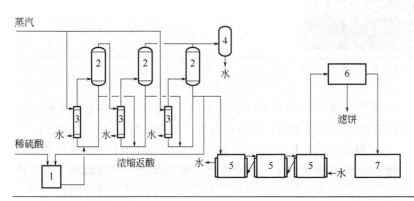

图 8-10　废硫酸浓缩改进工艺流程

1—酸混合槽；2—蒸发室；3—换热器；4—大气冷凝器；5—浓缩酸冷却槽；6—压滤机；7—产品酸储槽

该技术的核心就在于首先充分认识与分析了钛白废酸中的物质组成及产生结垢物质的形态与机理，得到了并非传统认识上的偏钛酸、硫酸铁等物质结垢所致的结论。这些物质尽管在浓缩过程中，随着硫酸浓度的增高逐渐以硫酸氧钛和一水硫酸亚铁的形式从硫酸中沉淀析出，如附着在换热器器壁上，因是可溶性物质，用稀酸和水进行循环冲洗是可以除掉的。而真正的结垢物质是稀硫酸中饱和的硫酸钙盐，其处于过饱和介稳状态，进入加热器后因温差及器壁临界点滞留层，立即沉淀析出吸附在器壁上，再用稀酸和水是很难冲洗溶解掉的。因此，其专利的核心工艺技术是通过沉淀析出大部分固体物质后，经过浓缩后的硫酸悬浮液料浆（其中含有固体上独立沉淀析出的硫酸钙盐）中的一部分作为返浆与进料酸进行预混，使其稀硫酸中处于过饱和介稳定的硫酸钙物质迅速沉淀析出，吸附在悬浮物颗粒上，而在其进入加热换热器时，不在加热换热器壁上结垢，即消除了新生硫酸钙的表面能，使其没有在器壁上结垢的吸引和动力，因此降低了加热换热器的结垢速率与结垢概率，解决了钛白粉浓缩废酸长期困扰国内业界的换热器结垢、易堵的一个复杂而艰苦的工程与生产技术难题。

其次采用一段两效、二段浓缩、一次分离一水硫酸亚铁工艺流程，该工艺简单、实用、经济。1t 折 100%硫酸副产一水硫酸亚铁，分离的滤饼酥松干燥，适宜与硫铁矿混合掺烧生产硫酸，也可作为其他铁盐制品进行加工。1t 浓缩成品硫酸（以 100%H_2SO_4 计）消耗蒸汽 1.5～1.7t（以浓缩硫酸全部返回钛白酸解，满足生产中水平衡为条件），电耗约 100kW·h，生产成本约 300 元人民币。再者投资省，浓缩酸料浆分离的滤布已全部国产化，装置所有设备可全部由国内生产；产能 40kt/a 的钛白废酸浓缩装置投资仅需 1200 万元，可回收 4 万吨硫酸（以

100% H₂SO₄ 计），4～6 个月直接与间接收益就可收回全部投资。十分有利于节能减排，保护环境。同时，间接地节约了因采用石灰中和的所用原料费用与中和处理人工费用和堆放需要缴纳的工艺废物排放环境保护税。从被动的废酸处理，提高到废酸浓缩的生产加工，将废物作为资源，既有社会效益，更有非常好的经济效益。

再者是加热循环泵的改进和提高。由于废硫酸废酸浓缩过程随着温度、浓度的提高，对设备材质要求也越苛刻，尤其是蒸发浓缩采用强制循环工艺，循环泵的耐腐蚀、耐磨损、长周期运转，也是废硫酸废酸浓缩技术能否工业化和经济的关键，如同解决换热器结垢问题一样重要。

早期进口的循环泵是采用高硅铸铁，既耐磨又耐腐蚀，但最大的问题是韧性不够，易脆裂，设备规格尺寸一旦增大，几乎不能保证安装与检修的安全性。后来欧洲有采用在泵体上面增加强度保护网，像"盔甲"一样保护起来，仍然不能完全考虑生产安装的可靠性。后来，一些设备厂家采用钢骨架的氟塑料泵，因氟塑料与金属之间的膨胀系数不一样，造成设备工艺参数冷与热态使用时，误差大，叶轮与泵体产生摩擦，以及随着废硫酸浓度增高，以硫酸亚铁为主的硫酸盐析出，对氟塑料材质破坏面大，见图 8-11。

图 8-11　氟塑料泵叶轮使用情况

图 8-12　合金泵叶轮磨损现象

后来经过中科院材料研究所开发的高硅合金材料专门用作废硫酸浓缩循环泵过流部件材料，其耐腐蚀与耐温度性能在理想的废硫酸条件下是可以解决的。不过由于各厂家水解钛业指标（铁钛比）的不一，废硫酸在浓缩过程中析出的硫酸亚铁比例差异，再加上以此设计泵转动部件叶轮转速过快（角速度），产生如图 8-12 与图 8-13 所示的情况，很快就磨损并断掉，再加上传统的循环泵用于真溶液浓缩几乎是采用轴流泵的形式，同样因运转时旋转产生的径向力造成泵壳磨损，如图 8-14 所示，造成生产的可靠性差，泵叶轮更换频繁，设备运行成本高，致使废酸浓缩循环利用技术难题。从换热器结构转向循环泵叶轮的长周期使用技术难点上，不少研究者曾采用碳纤维做材料，一是价格太高，二是加工难度系数太高，同样的耐腐蚀与耐磨蚀问题仍然存在，工业化问题还需要进一步深入研究解决。

为此，笔者总结过去在其他无机化工生产技术的经验，研究腐蚀与磨蚀的特点，以及几段浓缩循环泵腐蚀磨蚀差异，得出结论：因废酸浓缩过程中，循环泵叶轮经过腐蚀与废酸中析出的大量一水硫酸亚铁作为软质磨料，正如轴流泵在循环过程提前沸腾产生的"汽锤"一样，产生叶轮前后磨蚀，最后折断（图 8-13）；且在高转速的角速度与线速度作用下，加速磨蚀叶轮与泵壳，如图 8-12 和图 8-14 所示。提出改进方案，与国内悠久的化工泵厂家合作，结合轴流泵与离心泵的特点，改为混流泵，避开叶轮与固体一水硫酸亚铁易产生的固体磨蚀作用，且大幅度降低叶轮转速，保持叶轮边界线速度，降低叶轮根部及中部的线速度，收到了十分满意的结果，同样材质下，叶轮使用寿命延长 10 倍，图 8-15 为叶轮实物图，图 8-16 为笔者在产现场。混流泵的基本参数见表 8-9。

图 8-13　叶轮磨损并断掉现象

图 8-14　泵蜗壳磨损现象

图 8-15　改进混流泵叶轮

图 8-16　笔者在生产运行现场

表 8-9　混流泵的基本参数

序号	规格型号	性能参数				材质	数量
		流量	扬程	转速	配用电机功率		
		Q	H	n	N		
		m³/h	m	r/min	kW		
1	FJX600	2800	5	750	132	含 Cr、Ni、Mo、Si、Cu 合金及非金属 N。	1
2	FJX500	2500	5	750	110		2
3	FJX450	1700	5	750	75		3

（3）浓硫酸位能浓缩循环利用　利用浓硫酸位能进行浓缩循环利用是指采用商品级浓硫酸，通常 98%硫酸浓度（在有条件的地方采用发烟硫酸也行）与硫酸法钛白粉废硫酸进行直接混配，提升稀硫酸浓度，达到能除去废硫酸中的硫酸盐的目的，而不采用热交换外供热源的浓缩除杂方式。其前提一是需要耦合大规模其他能够消耗硫酸的非钛白粉生产装置与产品，二是所用配酸浓缩后的废酸浓度能够被耦合产品工艺接受，即生产产品的工艺水平衡。其混配流程如图 8-17 所示，将硫酸法钛白粉生产的废硫酸与商品级浓硫酸进行混合，混合后的混合酸物料进行冷却，冷却到温度为 60～70℃后，送入压滤机中进行过滤，分离出的滤渣为一

水硫酸亚铁，滤液为所需要的清洁浓缩硫酸。根据耦合产品生产需要的硫酸浓度和耦合工艺可满足的水平衡，以及匹配规模的用酸量进行不同浓度的工艺指标操作生产。

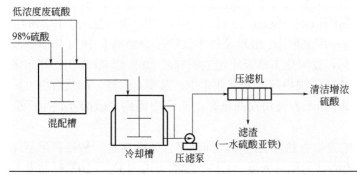

图 8-17　废硫酸配酸增浓浓缩流程

（4）采用机械压缩蒸发浓缩除杂　参见第四章第三节钛液的净化与浓缩。

因水解偏钛酸过滤时，无论是压滤机分离还是莫尔真空过滤机分离的滤液废酸中，因再生滤布堵塞硬化，过滤性能降低，采用氢氟酸溶液浸泡洗涤，致使废酸中含有少量的氢氟酸；另外在金红石晶种制备（见第四章）钛酸钠进行酸溶时加入的盐酸也有部分带入废硫酸中。在采用机械压缩蒸发时，蒸发蒸汽中随浓度的提高其中含有大量的氟离子和氯离子，不同浓缩浓度下酸冷凝液中的氟离子和氯离子如表 8-10 所示，这种混合离子比单一的硫酸腐蚀恶劣程度翻倍，造成蒸汽压缩机腐蚀，致使性能下降，甚至不能连续持久地生产。需要在压缩机材质上创新研究，加之硫酸浓度的沸点升高带来的技术难度。

表 8-10　废酸浓缩蒸发酸冷凝液中的组分含量

序号	酸冷凝液组成	F⁻/(mg/L)	Cl⁻/(mg/L)	SO₄²⁻/(mg/L)	pH 值
1	35%	0.66	75	2.74	2.93
2	45%	1.53	118	9.96	2.73
3	65%	3.63	1071	177	1.95

3．废硫酸直接加工利用概况

硫酸法钛白粉生产中的废硫酸，除了浓缩循环利用外，其中的硫酸和硫酸铁资源采用直接加工使用的方式，应当说是最好的解决途径，避免了浓缩加工中能耗高、设备材质选择条件苛刻等不利因素限制；但是，废硫酸和其中的硫酸盐物质，可作为硫与铁资源直接利用，受市场产品的容量、市场半径、加工成本等因素严重制约。如中国攀西地区，号称"得天独厚"钒钛铁资源，但没有硫资源，其硫酸价格相对高于国内其他地区，而硫酸法钛白副产的七水硫酸亚铁，也是由于没有市场可消化，严重制约钛白粉产品的生产。但在东部人口密集的长江三角地区，七水硫酸亚铁基本可以被市场完全消化掉。所以，直接加工使用钛白粉废硫酸，无论生产硫酸镁、硫酸锰，乃至硫酸铵等产品，因市场的容量与局限性，对于庞大的硫酸法钛白粉废硫酸的直接加工利用与使用，仍然捉襟见肘、杯水车薪。但是，随着社会的发展及应对环境要求的快速进步，一些传统老产品和新开发产品市场将为硫酸法钛白粉废硫酸的直接加工使用带来更加广阔的前景与市场。

（1）生产聚合硫酸铁　生产聚合硫酸铁既可以利用钛白粉废酸，且其中的铁含量不够，还需要使用七水硫酸作为原料。

① 聚合硫酸铁（PFS）性质。聚合硫酸铁又称羟基硫酸铁，简称聚铁（PFS），是一种高效广谱高分子无机絮凝剂，分子式为$[Fe_2(OH)_n(SO_4)_{(3-n)/2}]_m$，式中$n \leqslant 2$，聚合度$m > 10$，$m = f(n)$。商品聚合硫酸铁有液体和固体两种产品形态。最早是日本日铁矿业公司于1974年研制成功，并申请了专利（日特昭49-53195），我国化工部天津化工研究院20世纪80年代初开始研究，并于1984年在南京油脂化工厂建成了国内第一套工业化生产装置。国外一些钛白粉工厂也用硫酸亚铁来制取聚合硫酸铁，如Tioxid公司在西班牙的工厂中用副产硫酸亚铁生产聚合硫酸铁。

液体聚合硫酸铁是一种均相红棕色带有黏性的液体，固体聚合硫酸铁是一种淡黄色至深黄色的粉末或固体颗粒。液体聚合硫酸铁的相对密度$\geqslant 1.45$、凝固点$\leqslant -13℃$、20℃时黏度为$10 \times 10^{-3} Pa \cdot s(cP)$、$pH = 0.5 \sim 1.0$、碱化度为$8 \sim 1.6$、三价铁含量$\geqslant 160g/L$、二价铁含量$\leqslant 1g/L$。

② 聚合硫酸铁产品用途。聚合硫酸铁是一种优质、高效铁盐类无机高分子絮凝剂。主要作为净水剂，用于饮用水和工业用水的处理，以及广泛用于工业废水、城市污水和污泥等的处理，具有絮凝、脱色、破乳及污泥脱水等功能。

聚合硫酸铁具有多核络离子结构，或为多核羟基铁配合物，属于阳离子电荷密度很高的无机高分子混凝剂。聚合硫酸铁在水溶液中水解生成大量的$[Fe_2(OH)_3]^{3+}$、$[Fe_2(OH)_2]^{4+}$、$[Fe_8(OH)_{20}]^{4+}$等络离子，它们以羟基架桥形成多核络离子，从而形成分子量高达1×10^5的无机高分子化合物。这些高价络离子能快速中和水中带负电荷的胶体微粒，具有压缩胶粒的双电层、降低ξ电位和吸附架桥等多种絮凝作用，即在被中和或被吸附的粒子间架桥，互相碰撞、缠绕使颗粒增大，将水中的胶粒迅速脱稳聚沉。并具有降低COD与BOD、脱色、脱臭的作用，在工业废水、自来水，特别是长江水系中沉降速度快、适用pH值范围广，具有极好的混凝效果。它与硫酸铝、聚合氯化铝相比价格便宜，沉降速度快，与三氯化铁相比不仅便宜，而且腐蚀性也较低。

目前，聚合硫酸铁产品已广泛运用于生活用水，工业用水和废水、污水，城镇生活污水的净化处理，特别适用于城镇人类生活污水，以及陶瓷废水、农药废水、造纸废水、油田废水、焦化废水和钢铁废水的净化处理。

③ 聚合硫酸铁产品质量。水处理聚合硫酸铁产品国家标准见表8-11，聚合硫酸铁产品按用途分为两类：

一类：饮用水用。

二类：工业用水、废水和污水用。

产品外观：液体为红褐色黏稠透明液体；固体为淡黄色无定型固体。

表8-11　聚合硫酸铁产品质量指标表（GB/T 14591—2016）

项目		指标			
		一等品		合格品	
		液体	固体	液体	固体
全铁的质量分数/%	$\geqslant$	11.0	19.5	11.0	19.5
还原性物质（以Fe^{2+}计）的质量分数/%	$\leqslant$	0.10	0.15	0.10	0.15
盐基度/%		$8.0 \sim 16.0$		$5.0 \sim 20.0$	
pH（10g/L 水溶液）		$2.0 \sim 3.0$	$2.0 \sim 3.0$	$2.0 \sim 3.0$	$2.0 \sim 3.0$

项目		指标			
		一等品		合格品	
		液体	固体	液体	固体
密度（20℃）/（g/cm³）	≥	1.45	—	1.45	—
不溶物的质量分数/%	≤	0.2	0.4	0.3	0.6
砷（As）的质量分数/%	≤	0.0001	0.0002	0.0005	0.001
铅（Pb）的质量分数/%	≤	0.0002	0.0004	0.001	0.002
镉（Cd）的质量分数/%	≤	0.00005	0.0001	0.00025	0.0005
汞（Hg）的质量分数/%	≤	0.00001	0.00002	0.00005	0.0001
铬（Cr）的质量分数/%	≤	0.0005	0.001	0.0025	0.005
锌（Zn）的质量分数/%	≤			0.005	0.01
镍（Ni）的质量分数/%	≤			0.005	0.01

注：本产品一等品用于生活饮用水处理时，应符合《生活饮用水化学处理级卫生安全评价规范》的法规法律规定要求。

④ 钛白废硫酸生产聚合硫酸铁的方法。

a. 生产原理。硫酸亚铁在硫酸存在的环境条件下，添加少量的催化剂，常用的催化剂为亚硝酸钠（$NaNO_2$）、过氧化氢（H_2O_2）和二氧化锰（MnO_2）等，鼓入氧气或空气，在反应温度为 10～80℃的温度条件下通过氧化聚合等系列反应制得液体聚合硫酸铁产品，将液体聚合硫酸铁进行浓缩和干燥制得固体聚合硫酸铁产品。以亚硝酸钠为催化剂的化学反应原理如下：

$$2FeSO_4 + 2NaNO_2 + H_2SO_4 \longrightarrow 2Fe(OH)SO_4 + Na_2SO_4 + 2NO \tag{8-1}$$

$$FeSO_4 + NO \longrightarrow Fe(NO)SO_4 \tag{8-2}$$

$$2Fe(NO)SO_4 + 1/2O_2 + H_2O \longrightarrow 2Fe(OH)SO_4 + 2NO \tag{8-3}$$

$$2NO + 1/2O_2 \longrightarrow N_2O_3 \tag{8-4}$$

$$NO + 1/2O_2 \longrightarrow NO_2 \tag{8-5}$$

$$2FeSO_4 + N_2O_3 + H_2O \longrightarrow 2Fe(OH)SO_4 + 2NO \tag{8-6}$$

$$2FeSO_4 + NO_3 + H_2O \longrightarrow 2Fe(OH)SO_4 + NO \tag{8-7}$$

同时发生下面副反应：

$$2NO_2 + H_2O \longrightarrow 2HNO_3 + NO \tag{8-8}$$

$$HNO_3 + SO_4^{2-} \longrightarrow NO_3^- + HSO_4^- \tag{8-9}$$

按其化学反应原理，在亚硝酸钠催化剂存在下，硫酸亚铁在亚硝酸根离子（NO_2^-）的作用下被氧化成碱式硫酸铁，亚硝酸根被还原成一氧化氮（NO），一氧化氮再与通入的氧气反应，被氧化成三氧化二氮（N_2O_3）和二氧化氮（NO_2），这些氮氧化物中间体再与硫酸亚铁反应将其氧化成碱式硫酸铁，氮氧化物重新被还原成一氧化氮，再继续与氧气反应被氧化，作为中间产物周而复始地进行，完成其硫酸亚铁的催化氧化过程。将低价硫酸铁氧化成高价的碱式硫酸铁的催化氧化过程中，硫酸与硫酸亚铁的投入量对产品的性能具有很大的影响，按其分子式计算其 H_2SO_4 与 $FeSO_4$ 的最佳摩尔比为（0.44～0.45）∶1。硫酸加入量过高，不利于产品形成，产品盐基度太低，硫酸加入量过低，则反应体系酸度太低，易生成铁的氢氧化物沉淀。

b. 生产方法。以钛铁矿为钛原料的硫酸法钛白粉生产，不仅产出的废酸中所含的20%左右的硫酸和 10%左右的硫酸铁是直接利用生产聚合硫酸铁的原料（表 8-1、表 8-2），而且其从钛液结晶工序分离出的大量七水硫酸亚铁，也是作为聚合硫酸铁生产反应中需要硫酸与硫酸亚铁配比的调节原料。按反应 H_2SO_4 与 $FeSO_4$ 的最佳摩尔比为（0.44～0.45）∶1 计算，其废硫酸废酸中的硫酸与硫酸亚铁的摩尔比约为 2.35：0.72，需要加入的硫酸亚铁量要增加 4.6mol 左右，即 1t 废硫酸要补充 700kg 左右的硫酸亚铁，折成七水硫酸亚铁需要 1200kg 左右。所以，采用钛铁矿硫酸法钛白粉废硫酸生产聚合硫酸铁，不仅可直接加工利用废硫酸，而且可随之解决大量副产七水硫酸亚铁的市场销路问题。但是，为了保证聚合硫酸铁的产品质量，直接加工利用时，要求废硫酸中固相物质低（微量固体偏钛酸），保证聚合硫酸铁产品中固相不溶物达到国家标准，小于 0.3%；而七水硫酸亚铁产品保持纯净，过滤分离时残留在硫酸亚铁中的可溶钛含量低（强化洗涤）且持液量低（黏附钛）。结合钛铁矿硫酸法钛白生产工艺进行耦合生产，工艺流程如图 8-18 所示。而主要原材料、辅助材料和燃料动力消耗见表 8-12。

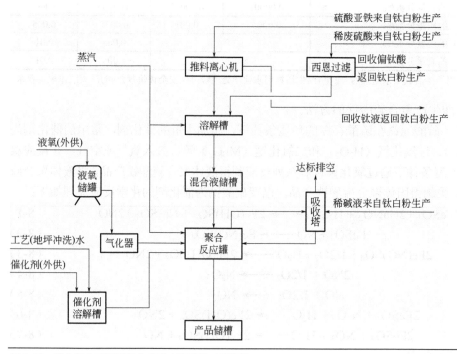

图 8-18　钛白粉生产废硫酸生产聚合硫酸铁工艺流程

表 8-12　原材料、辅助材料和燃料、动力消耗定额

序号	名称及规格	消耗定额 按每吨聚铁计	备注
一	原、辅材料消耗定额		
1	七水硫酸亚铁（≥18.5%∑Fe）/ t	0.55	
2	废硫酸（≥20%H₂SO₄，≥4.0% Fe）/ t	0.45	
3	氧气（≥97%）/ t	0.015	
4	催化剂（≥95%NaNO₂）/ t	0.003	
二	燃料、动力消耗定额		
1	水 / m³	0.02	
2	电（380V）/（kW·h）	15	
3	蒸汽 / t	0.05	
三	固体产品增加		
1	电（380V）/（kW·h）	120	
2	标煤 / t	0.25	

（2）硫氧镁水泥制品生产　　水泥及水泥制品在国民经济建设中举足轻重，用量巨大。2016 年中国生产水泥量达到 23 亿吨，而硫氧镁水泥是菱镁水泥的一种，1957 年由比利时学者提出，它是活性 MgO 和一定浓度的 $MgSO_4$ 溶液组成的一种 $MgO\text{-}MgSO_4\text{-}H_2O$ 三元胶凝体系。硫氧镁水泥指的是用硫酸镁溶液拌和一定比例的活性氧化镁粉，固化成型所得到的胶凝材料。2013 年 7 月中科院青海盐湖研究所与德国马普固体物理实验室合作，成功解析了课题组合成的硫氧镁水泥的新型水化产物物相的晶体结构，加深国内外学术界对硫氧镁水泥的认识，有利于促进这种高强度的特种硫氧镁水泥的推广和应用。

硫氧镁水泥所含的硫酸根传统来自盐湖和工业原料硫酸镁，硫酸法钛白粉废硫酸既是生产硫酸镁的直接加工原料，由于采用废硫酸生产硫酸镁如前述生产其他硫酸盐（如硫酸铵、硫酸锰）一样需要浓缩其中废硫酸带来的大量水分，而现有的硫氧镁水泥制品在生产时又要将硫酸镁加入水配制成所用的浓度，由于工艺产品之间的独立分离，既浪费了废硫酸生产硫酸镁的蒸发浓缩能源，又在生产硫氧镁水泥制品时配制硫酸镁溶液而补充不必要的水量，能量和水资源白白浪费。

硫酸法钛白粉生产废硫酸直接生产硫氧镁水泥制品，不仅可利用废硫酸中的硫酸根，而且其中的水分被巧妙地予以利用。

（3）耦合生产自拟合纳米二氧化钛催化污水处理剂　　自拟合纳米催化污水处理剂的生产与应用涵盖了硫酸法钛白粉生产与废硫酸的利用、芬顿法污水处理和纳米催化 TiO_2 生产三项彼此独立的技术内容，并将其有机地耦合在一起，将化学反应势能（化学能）及化学元素（物质资源流）属性进行全耦合的绿色可持续化工生产技术，力求趋于达到绿色可持续化学（GSC）技术体系的四个目标。

① 自拟合纳米催化污水处理剂开发研究项目的提出。由于大量工业废水需要不同类的污水处理剂，尤其是地处浙江的轻纺印染工业，排放大量的碱性印染（染整）污水，现采用芬顿法处理印染污水，需要大量的商品硫酸、硫酸亚铁和过氧化氢（双氧水）作为原料，进行氧化催化分解印染污水中的有机物，其化学反应机理是产生中间产物羟基自由基（OH•），与纳米二氧化钛光催化作用产生的羟基自由基（OH•）殊途同归。由于二氧化钛具有晶格缺陷，带来的光催化活性为其独特化学特性，也是多年来纳米催化材料与应用的热点。然而，在钛白粉生产中，这一特殊的材料性质却是严重影响钛白粉耐候指标的重要核心因素，需要采取无机物包覆钛白粉颗粒，掩盖屏蔽这一化学特性（见第六章第四节无机物包膜技术）。相反，芬顿法污水处理需要的过氧化氢的化学性质，正是纳米二氧化钛独有的光催化活性的优点。

因芬顿法处理印染污水其分解原理的核心是氧化产生羟基自由基，而钛白粉主要组成 TiO_2 的晶格缺陷形成的光催化性质，同样可以产生羟基自由基，而芬顿法处理污水需要的硫酸和硫酸亚铁两个原料在钛白粉副产稀硫酸中如前所述均存在，且分离与加工利用工艺设备难度系数大，浓缩费用高。

② 芬顿催化与纳米 TiO_2 催化原理。芬顿反应是为数不多以人的名字命名的无机化学反应之一。1893 年，化学家芬顿（Fenton）发现，过氧化氢（H_2O_2）与二价铁离子（Fe^{2+}）的混合溶液具有强氧化性，可以将当时很多已知的有机化合物如羧酸、醇、酯类氧化为无机态，氧化效果十分显著。但此后半个多世纪中，这种氧化性试剂却因为氧化性极强没有被太大重视。但进入 20 世纪 70 年代，芬顿试剂在环境化学中找到了它的位置，1975 年美国著名环境化学家 Walling 系统研究了芬顿试剂中各类自由基的种类及 Fe^{3+} 在芬顿试剂中的反应机理，得出了芬顿催化作用的化学反应原理。具有去除难降解有机污染物的高能力的芬顿试剂，在

印染废水、含油废水、含酚废水、焦化废水、含硝基苯废水、二苯胺废水等废水处理中施展了它的优良特性。

a. 芬顿法催化原理。芬顿试剂氧化工艺原理是在废水中投加氧化剂 H_2O_2 和催化剂 Fe^{2+}，H_2O_2 在 Fe^{2+} 的催化作用下分解产生出高反应活性的羟基自由基，具有十分强的氧化能力，其氧化电位仅次于氟，高达 2.80V。另外，羟基自由基具有很高的电负性或亲电性，其电子亲和能达 569.3kJ，具有很强的加成反应特性，因而芬顿试剂可无选择地氧化水中大多数的有机物，特别适用于生物难降解或一般化学氧化难以奏效的有机废水的氧化处理。由于它通过电子转移等途径将废水中有机物氧化分解成小分子、CO_2 和 H_2O_2，从而达到降解 COD 的目的。其主要反应原理如下：

$$Fe^{2+} + H_2O_2 \longrightarrow Fe^{3+} + OH^- + OH\cdot \tag{8-10}$$

$$OH\cdot + H_2O_2 \longrightarrow HO_2\cdot + H_2O \tag{8-11}$$

$$3OH\cdot + 3HO_2\cdot + 2(—CH_2—) \longrightarrow 2CO_2\uparrow + 5H_2O \tag{8-12}$$

因此，在芬顿试剂处理污水中有机物时，按反应式（8-10）和式（8-11）需要使用大量的商品过氧化氢（H_2O_2）和硫酸亚铁。同时，为了使反应式（8-10）继续向右进行得到羟基自由基，其中反应产生的氢氧根离子（OH^-）需要不停地移走，即控制反应的 pH 值在 3～5。同时如表 8-16 所示，大量的印染污水 pH 值均在 10～11 左右，要在处理现场使用大量 98% H_2SO_4。使用时，现场还需要稀释浓硫酸的浓度。这不仅费用昂贵，而且给生产操作带来安全隐患。

b. 纳米 TiO_2 催化原理。20 世纪 70 年代由日本学者藤岛（Fujishima）等首先发现 TiO_2 的光半导体特性，随后全世界科学家对 TiO_2 材料的特性展开了更深入的研究，发现了其更多优异的特性。由于其与碳纳米管兼有石墨与金刚石的力学性能一样，其与 TiO_2 一并被认为是 21 世纪最有价值潜能的纳米材料之一，成为科学家研究的热点。20 世纪 50 年代电子半导体晶体管的诞生对人类科学技术带来深刻影响，从而掀开了电子与信息技术产业革命的浪潮。由于二氧化钛的晶格缺陷，使其表面上存在许多光活化点，在紫外光的作用下，发生光催化反应。由于 TiO_2 具有特殊的光催化特质，才赋予了纳米（或超细）TiO_2 较其他超细粉体材料［如水合 SiO_2（白炭黑包括气相法和沉淀法）、超细 $CaCO_3$ 等这些补强半补强填料］更多的用途和研究热点。但是，这一特质也是一把双刃剑，一方面可造福于我们，而另一方面与搞钛白粉的人类成为"冤家"，始终作对。

由于纳米 TiO_2 光催化过程几乎与芬顿法铁催化过氧化氢过程一样，都能产生出氧化势能高的羟基自由基（$OH\cdot$），其能量来源差异是前者靠阳光，后者靠氢气。

③ 纳米 TiO_2 生产技术。纳米 TiO_2，又称超细 TiO_2。如前所述其用于纳米催化需要的是其表面的晶格缺陷，它与颗粒的比表面积成正比，反之也与颗粒粒径成反比，更与其形貌与立体形态相关。从 1nm 到 1000nm 范围，其催化活化点差十万八千里。传统硫酸法钛白粉工厂生产纳米 TiO_2 工艺见图 8-19。

从水解新鲜沉淀的水合氧化钛（偏钛酸），经过洗涤并与氢氧化钠反应生成钛酸钠（Na_2TiO_3），然后用盐酸进行胶溶，胶溶物即为晶种，再加入偏钛酸中在加热煅烧时转化成金红石型 TiO_2。其全球代表性的钛白粉生产公司开发的专利如下：

a. 德国莎哈立本公司开发工艺。作为国际硫酸法钛白粉优秀同行，其纳米 TiO_2 开发较早、较完善的德国莎哈立本公司申请的美国专利名称为"高分散微晶二氧化钛的制备方法（US 8182602）"。如其所述，将硫酸法钛白粉生产的中间产品偏钛酸调制成 350g/L 的 TiO_2 料浆，加入 700g/L 浓度的 NaOH 碱液，在 60℃进行中和反应，时间 2h，并将温度提高到 90℃，得到钛酸钠固体，进行过滤与洗涤至无硫酸根离子；获得的钛酸钠滤饼固体再进行调浆，配制成 180g/L 浓度的 TiO₂ 料浆，通过加入 30g/L 含 30% HCl 浓度的盐酸进行酸化反应，反应温度 90℃，时间 2h，再用碳酸钠进行中和到 pH 值为 4.7 后，进行过滤并用四倍的蒸馏水进行洗涤；洗涤滤饼再打制成浆配入 0.2%～1% 的 KH₂PO₄ 助剂，时间 4h，送入回转窑中在 720℃进行煅烧，得到 10～50nm 的 TiO₂ 煅烧品，煅烧制得的纳米 TiO₂ 再进砂磨和后处理，得到高分散的金红石型粒径在 60nm 的 TiO₂ 产品。

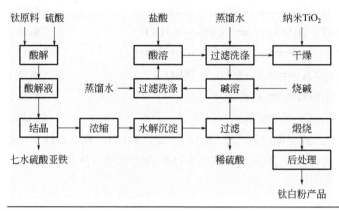

图 8-19　传统纳米 TiO₂ 催化剂的生产框图

b. 美国美利联开发的工艺。原全球钛白粉同行第三的前美国美利联公司开发申请的美国专利，名称为"光催化金红石二氧化钛（US7521039）"。如其所述，为了得到纳米催化 TiO₂，同样采用硫酸氧钛热水解得到的偏钛酸（水合二氧化钛）与氢氧化钠进行反应制取钛酸钠，然后进行钛酸钠过滤并用水洗涤后，再用 pH 值为 3 的盐酸溶液洗涤至无硫酸根离子和钠离子；制得的钛酸钠滤饼再用 70g/L 的 HCl 溶液进行混合，加热温度 90℃，反应 60min，冷却得到颗粒为（80～100）nm × 10nm × 10nm 的 TiO₂。再一种方法是将 TiOCl₂ 溶液加入氢氧化钠溶液中，溶液 pH 值达到 0.5，温度 80℃，2h 后冷却，然后用去离子水洗涤后，在 120℃下干燥，纳米 TiO₂ 的比表面积在 115～139m²/g，具有高度催化性能，而经过 600℃ 煅烧的产品，比表面积仅有 32～44.7m²/g，其催化性能相对较低。

c. 史蒂文斯技术研究所开发的工艺。美国史蒂文斯技术研究所开发申请的美国专利，专利名称为"制备用于水处理工艺表面活性二氧化钛的方法（US6919029）"。如前面两个专利一样，同样是在硫酸法钛白粉生产中经过水解分离洗涤得到的偏钛酸料浆，用氢氧化钠进行中和到 pH 值为 4～9，然后进行过滤并洗涤，除去其中的盐分，得到的固体滤饼在 105～700℃温度范围干燥 2h。经过分析得到的二氧化钛颗粒为粒径在 6.6～10.89nm 范围的聚集体，产品作为表面活性剂用于吸附水中的有害物及有害金属离子。

d. 日本石原开发工艺。日本石原公司作为早期亚洲具有影响力钛白粉公司，开发的纳米催化 TiO₂ 无论从粒径规格还是使用用途上品种较多，其纳米催化方法主要有两个工艺，一是烧结法，烧结采用四氯化钛水解后烧结，即固相法；二是湿法，因纳米 TiO₂ 强调的是纯度，采用净化四氯化钛（除杂），水解成偏钛酸，再进行碱溶、酸溶表面处理与过滤干燥。

上述纳米 TiO₂ 制取均是相似的传统工艺，其产品着眼点不同。污水处理不仅工艺冗长且难以经济生产，没有必要"净化"。

④ 生产方法试验研究。

A．实验原理。

a．纳米 TiO_2 催化剂中间液生产原理。将钛原料加入副产硫酸中，借助过量硫酸的化学能进行复分解反应，得到硫酸、硫酸亚铁和硫酸钛的混合溶液，其反应原理如下：

$$FeTiO_3 + 2H_2SO_4 = Ti(SO_4)_2 + FeSO_4 + H_2O \qquad (8\text{-}13)$$

$$TiO_2 + 2H_2SO_4 = Ti(SO_4)_2 + 2H_2O \qquad (8\text{-}14)$$

$$TiOSO_4 + H_2SO_4 = Ti(SO_4)_2 + H_2O \qquad (8\text{-}15)$$

$$Ti(OH)_4 \cdot nH_2O + H_2SO_4 = Ti(SO_4)_2 + H_2O \qquad (8\text{-}16)$$

$$FeO \cdot Fe_2O_3 + 4H_2SO_4 = FeSO_4 + Fe_2(SO_4)_3 + 4H_2O \qquad (8\text{-}17)$$

$$Al_2O_3 + 3H_2SO_4 = Al_2(SO_4)_3 + 3H_2O \qquad (8\text{-}18)$$

$$CaO + H_2SO_4 = CaSO_4 + H_2O \qquad (8\text{-}19)$$

$$MgO + H_2SO_4 = MgSO_4 + H_2O \qquad (8\text{-}20)$$

使用的钛原料不同其分解反应有别，式（8-13）、式（8-14）、式（8-17）、式（8-18）、式（8-19）、式（8-20）为钛铁矿和酸解渣分解发生的反应；式（8-15）为清钛液发生的反应；式（8-16）为偏钛酸发生的反应。

b．自拟合纳米 TiO_2 催化剂产生原理

因印染污水 pH 值高（见表 8-13），即碱性较强，在加入含有硫酸钛的酸性溶液时，pH 值由高到低，发生如下化学反应：

$$Ti(SO_4)_2 + 4NaOH = TiO_2\downarrow + 2Na_2SO_4 + 2H_2O \qquad (8\text{-}21)$$

借助本身的碱性生成 $3\sim8nm$ 的微晶颗粒 TiO_2 基本粒子，基本晶体是锐钛型的微晶，微晶体中的原子几乎呈规则分布，其比表面积在 $300m^2/g$，具有较优的光催化活性和催化活性，尤其是在钛白粉生产漂白时产生的残余三价钛（Ti^{3+}）带来的催化活性十分显著（这是其他纳米光催化不可比拟的）。

表 8-13　印染行业各加工过程废水污染物含量污水组成

序号	废水名称	pH 值	COD/ (mg/L)	BOD₅/ (mg/L)	SS/ (mg/L)	NH₃-N/ (mg/L)	色度/倍
1	退煮漂废水	10～13	1900	800	200	—	—
2	染色废水	8～10	500	300	250	10	500
3	丝光废水	10～13	800	300	200	—	—
4	印花废水	8～10	1000	400	250	10	400
5	设备冲洗废水	8～10	1000	200	300	—	—
6	后整理废水	8～10	300	150	150	—	—
7	混合水废水	9～11	1200	500	240	45	200

注：BOD_5 为五日生化需氧量；SS 为水质中的悬浮物。

B．纳米 TiO_2 中间液实验

a．实验原料。实验原料包括含钛原料和副产稀硫酸。为了综合利用与实现经济的原料生产路线，选用现有硫酸法钛白粉生产中的 4 种钛原料，比较经济与生产适应性。

ⓐ 钛矿。钛矿主要组成见表 8-14，取生产钛白粉磨矿合格的矿粉，细度过 320 目筛的占 90%，主要成分为 $FeTiO_3$。因是矿原料，单位产出 TiO_2 价格低。

表 8-14　钛矿主要组成

序号	1	2	3	4	5	6	7
组分	TiO_2	$FeO_总$	FeO	Fe_2O_3	MgO	CaO	Al_2O_3
组成/%	45.07	34.62	31.85	5.61	6.18	0.76	1.35

ⓑ 酸解渣。酸解渣主要组成见表 8-15，酸解渣是钛白粉生产酸解过程中，因酸解配料，为了其后的利于加工，酸解溶液中硫酸与 TiO_2 结合不是以 $Ti(SO_4)_2$ 的形式，而是以和 $TiOSO_4$ 的混合组成，其 F 值 H_2SO_4/TiO_2 为 1.7～1.9，加上钛矿磨矿指标的残余粗颗粒，带来钛矿的酸解率不能达到 100%，产生部分酸解渣。其中含有约 50%的钛矿和富集的 SiO_2 及 $CaSO_4$。应当说作为资源利用，其中的钛元素价值最低，但是后两种固体是不溶于硫酸的。

表 8-15　酸解渣主要组成

序号	名称	含量/%	序号	名称	含量/%	序号	名称	含量/%
1	TiO_2	25.0	4	Fe_2O_3	11.02	7	MgO	2.75
2	Al_2O_3	4.28	5	SiO_2	35.35	8	P_2O_5	0.073
3	SO_3	10.93	6	CaO	7.26	9	Na_2O	0.76

ⓒ 清钛液。清钛液是以硫酸氧钛为主的钛白粉生产中间溶液，因经历过几道工序的加工，其钛元素价值相对较高，其主要组成见表 8-16。

表 8-16　清钛液主要组成

名称	指标
浓度（TiO_2）/（g/L）	160
F 值（H_2SO_4/TiO_2）	1.9
三价钛/（g/L）	2.0
铁钛比（Fe/TiO_2）	0.28
稳定性/（mL/mL）	≥450
钛液密度/（kg/m^3）	1500

ⓓ 偏钛酸。偏钛酸是全球钛白粉行业用于液相法生产纳米 TiO_2 的主要原料，如图 8-17 生产流程图所示，在钛白粉生产工艺中经过许多道工序后，几乎分离了钛矿中的所有杂质，其价格最高，其主要组成见表 8-17。

表 8-17　偏钛酸主要组成

名称	数值	备注
洗水检测/mL	≤10	0.05mol/L 高锰酸钾溶液
TiO_2 干基铁含量/（mg/L）	≤30	以单质铁计（金红石）
TiO_2 干基铁含量/（mg/L）	≤80	以单质铁计（锐钛型）
打浆浓度/（g/L）	350	以 TiO_2 计
密度/（g/cm^3）	1.64	

ⓔ 副产稀硫酸。钛白粉副产稀硫酸因各厂家的生产工艺，主要是水解与过滤工艺的不同，其硫酸 H_2SO_4 浓度在 18%～22%之间变化，同样其中的硫酸铁也是一样。副产稀硫酸如表 8-18 所示，居于平均浓度之间。

表 8-18　副产稀硫酸组成

组分	含量/%	组分	含量/%
H_2SO_4	20.05	$Al_2(SO_4)_3$	0.68
$FeSO_4$	8.70	$Ti(SO_4)_2$	0.25
$MgSO_4$	1.20	密度/（g/cm^3）	1.25

b．实验方法。

ⓐ 间歇分解实验。针对不同钛原料的分解反应时间、反应温度、稀酸与钛原料的质量比进行试验条件选择。

ⓑ 连续模拟实验。选择间歇分解实验确定好的条件，进一步选择稀硫酸的进料量，再根据实验数据确定钛原料的加入量，采用连续分解装置进行实验，连续分解槽（$V_{总}=18L$）。模拟连续实验装置按如下结构串联安装，如图 8-20 所示，分 A、B、C、D 四个槽，副产稀硫酸从 A 槽顶部由一半圆柱导管溢流到 B 底部串通，B 到 C、C 到 D 均与 A 到 B 相同方式串通，分解液由 D 槽顶部溢流出串联分解槽，分解结束。

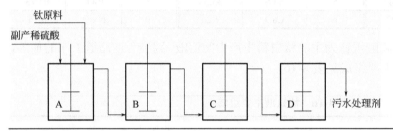

图 8-20　模拟连续实验装置

稀硫酸以恒流泵泵入 A 槽，钛原料由人工均匀加入 A 槽。分解物料在 A、B、C、D 槽中停留一定时间，同时钛原料被分解。分解物料从 D 槽流出后，每 20min 取一次样检测硫酸钛含量。根据硫酸钛含量的波动制作变化曲线图，确定连续分解制备污水处理剂的工艺条件。

c．实验结果。

ⓐ 分解反应时间。分解时间对分解率的影响如图 8-21 所示，相同分解时间条件下酸解渣分解率最低。

ⓑ 分解反应温度。分解温度对分解率的影响如图 8-22 所示，选择常温下与 40℃和 60℃进行分解反应，温度对分解率影响不显著。

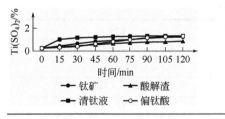

图 8-21　分解时间对分解率的影响

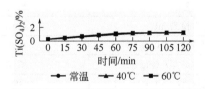

图 8-22　分解温度对分解率的影响

ⓒ 分解稀硫酸与钛原料的比值实验。如图 8-23 所示，采用不同比例的酸矿比，使其分解液中的硫酸钛分别达到 1.32%、1.60%、2.13%和 2.65%；但是，由于酸比值的降低其分解

率逐渐下降，从 95% 下降到 83%。

ⓓ 模拟连续实验结果。装置进行连续模拟实验，按有效容积 13L 计算，共计 52L 生产容积，以反应物料停留时间 1.5h 和 2.0h 计算出投料量为 35L 和 26L，选择指标模拟产品中 Ti(SO₄)₂ 浓度含量 1.0%、1.5% 和 2.0%，分别加入不同计量钛矿粉，积累运行 24h，停止工作时，保留反应槽中反应物，在开启时按比例投料进行。其实验结果如图 8-24 所示，所有指标波动不大。

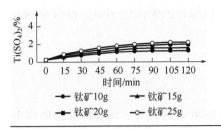

图 8-23　酸矿比值分解曲线

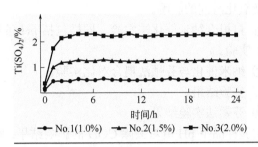

图 8-24　模拟连续分解曲线

ⓔ 原料与生产指标选择。根据实验结果数据分析，考虑生产的难易性及生产成本，选择纳米催化污水处理剂的生产原料和生产指标。

钛原料选择与确定：从钛矿、酸解渣、清钛液和偏钛酸四种钛原料的分解反应参数分析，若以反应的难易顺序比较，依次为清钛液、偏钛酸、钛铁矿和酸解渣，清钛液最好，酸解渣最差，钛原料的分解率仅有 65%。而以钛原料的价值高低顺序比较，依次为偏钛酸、清钛液、钛铁矿和酸解渣，偏钛酸价格最高，这是现有液相法纳米 TiO₂ 生产使用的主要原料路线；酸解渣价格最低，但有两个条件不足，一是分解率低，二是其中的固相物（酸不溶物）太多，前者分解率仅有 65%，后者酸不溶物（SiO₂＋CaSO₄·2H₂O）太高达到 56%（表 8-18）。

所以，经过实验研究，确定纳米催化污水处理剂选择的钛原料为钛铁矿。按现有市场价格 1200 元/t，其中 TiO₂ 含量按 46% 计算，钛原料折合 TiO₂ 为 2.6 元/kg。其他如清钛液包含了钛白粉生产酸解、结晶、浓缩等工序的所有加工成本，偏钛酸还要加上浓缩、水解、水洗等过程的费用。

生产控制指标的选择与确定：根据实验获得，分解反应温度选择常温，无须增设反应温度的控制设施。分解反应时间 2～2.5h，保证分解反应完全。

C．自拟合纳米 TiO₂ 催化污水处理实验

a．实验原料与仪器

ⓐ 实验原料。印染污水，COD$_{Cr}$ 约 1500mg/L，来自四川与浙江印染厂。纳米催化污水处理剂，实验拟合催化液产品，分为两个不同浓度产品，其组成见表 8-19。

表 8-19　催化液产品主要组成

编号	主要组成（质量分数）/%			密度 /（g/cm³）
	H₂SO₄	FeSO₄	Ti(SO₄)₂	
1	20.75	9.08	1.08	1.260
2	20.07	9.46	1.51	1.265

ⓑ 实验仪器。常规实验室器皿；紫外灯管 23W；曝气氧化装置，由蒸馏烧瓶改制，鼓气

采用真空泵尾气。

b．实验方法。

ⓐ芬顿法本底实验。由于芬顿法处理印染污水有不同的处理方式，有些采用先生化处理再采用芬顿法分解难分解有机物，也有采用直接芬顿法处理印染污水案例。为此本实验采用直接芬顿法进行氧化分解处理，鉴于实验条件将取样污水稀释 3 倍，COD_{Cr} 约 478mg/L，pH = 10.5，进行对比实验与实验条件选择。实验考察了 pH 值、过氧化氢用量对去除 COD 的影响及氧化时间的影响。

ⓑ自拟合纳米催化法实验。同样包括 pH 条件实验、自拟合纳米催化实验、自拟合纳米光催化实验。

ⓒ纳米催化与芬顿法耦合对比实验。

c．实验结果。

ⓐ芬顿法实验结果。

实验样品下 pH 值对去除 COD 的影响结果：实验结果如图 8-25 所示，实验样品印染污水按芬顿法除去 COD 的分解反应 pH 值为 3.5～4.0，COD 除去率达到 71%。所以，选择 pH = 3.5，均是经典芬顿法处理污水的 pH 范围。

过氧化氢加量对去除 COD 的影响结果：因印染污水的差异性，实验选用印染污水需要的过氧化氢用量需要实验选取。其结果如图 8-26 所示，在 pH = 3.5，硫酸亚铁 2mL 的条件下，6% 的过氧化氢溶液加入 3mL 已接近最大除去率，继续增加，略有提高，但比例微乎其微，经济上不合算。所以，本实验样品 6% 的过氧化氢加入量 3mL 即达到最大点。

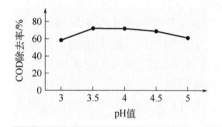

图 8-25　芬顿法处理 pH 值与 COD 除去率关系图

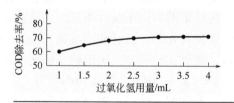

图 8-26　芬顿法过氧化氢加入与 COD 除去率的关系图

芬顿氧化分解时间实验结果：按所有氧化分解实验条件不变，分别取两份实验样品，一份加入 6% 的过氧化氢 1.5mL，一份加入 6% 的过氧化氢 3mL，记录氧化分解时间及对应的 COD 除去率，实验结果如图 8-27 所示。2h 基本达到 COD 分解除去率不变，1.5mL 样品 COD 除去率为 70%，3mL 样品 COD 除去率为 78%。

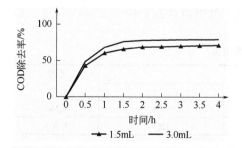

图 8-27　芬顿法分解时间与 COD 除去率的关系图

ⓑ 自拟合纳米催化法实验结果。由于自拟合纳米 TiO₂ 催化氧化分解污水没有更详细的机理研究，传统的纳米 TiO₂ 催化反应机理仅停留在纳米固体颗粒表面，而对于新生态的纳米 TiO₂ 颗粒，在饱和状态下的 Ti^{4+} 水合层，以及表面离子层参与催化机理的动力学行为知之甚少，需要专门深入的研究。然而，其带来的催化效果令人满意。所以，需要不断地研究摸索，寻找应用效果的理论支撑点，推动纳米污水处理技术的进步。自拟合纳米催化污水处理剂应用于研究实验，同样按传统芬顿法步骤进行。

pH 值条件实验结果：尽管试验中，加入了 1mL 过氧化氢，主要是观察催化氧化反应在不同酸度（pH 值）条件下 COD 除去率的变化规律。结果如图 8-28 所示，采用硫酸钛为 1.0% 的 No.1 产品催化液的 COD 除去率同样在 pH = 3.5 时最高达到 89%；而采用 No.2 产品催化液，也是在 pH = 3.5 为最高，COD 除去率超过 90%，达到 92.6%。就其两个催化液产品差异的原因分析，初步认为 No.2 产品更加优异，一是硫酸钛含量高，二是硫酸浓度相对低，三是硫酸亚铁也要高一点。

自拟合纳米光催化氧化时间实验结果：纳米催化氧化处理时间与 COD 除去率的关系结果如图 8-29 所示，经过曝气氧化分解时间 1.5h，达到 COD 除去率最高值，No.1 产品达到 74.2%，而 No.2 产品的催化除去率达到 79.1%。其 COD 除去效果均优于芬顿法。

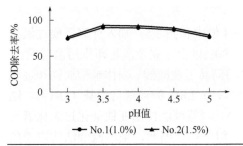

图 8-28 纳米催化处理 pH 值与 COD 除去率的关系图

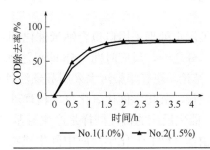

图 8-29 纳米催化处理时间与 COD 除去率的关系图

紫外光催化实验结果。按实验方法进行，pH = 3.5，曝气时增加紫外光灯管照射，紫外光催化分解时间与 COD 除去率的关系见图 8-30。在增加紫外光的条件下 No.1 产品除去率为 83.8%，相对于芬顿法增加了 9.6%；No.2 产品的除去率为 88.1%，相对于不加紫外光增加了 9.0%；达到分解率最高时间 1.5h，较之芬顿法缩短 0.5h。

ⓒ 纳米催化与芬顿耦合对比实验结果。取两组各两份试验样品溶液 250mL，试验条件相同。一组用 No.1 纳米催化液，一份加入 6% 的过氧化氢溶液 1mL，一份不加过氧化氢。另一组采用芬顿法使用商品硫酸和硫酸亚铁溶液，一份加入 6% 的过氧化氢溶液 1mL，一份加入 6% 的过氧化氢溶液 3mL，按芬顿法处理，记录处理时间，其后调整 pH 值为 8，澄清或过滤，测定水样的 COD，分析分解时间与 COD 除去率的关系，与纳米催化组实验进行比较。

其结果比较如图 8-31 所示：芬顿法加入 6% 过氧化氢 1mL 的处理样品，在该印染污水样品处理中，较之纳米催化 COD 除去率低 8% 左右；而芬顿法加入 6% 过氧化氢溶液 3mL 处理样品，COD 除去率为 83.8%，较之加入 6% 过氧化氢溶液 1mL 的纳米催化处理液同等氧化分解下 COD 的除去率 94.6% 低 10.8%。其结果可否理解为是由于在纳米催化污水处理剂中，新生态纳米 TiO₂ 活性高，再加上其中饱和的 Ti^{4+} 与 Ti^{3+} 的共存作用所带来的正催化氧化效应。

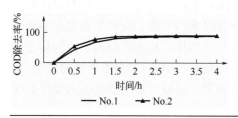

图 8-30　紫外光催化分解时间与 COD 除去率的关系图

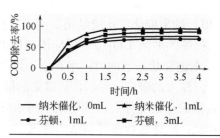

图 8-31　芬顿法与纳米催化法比较

实验结果说明，自拟合纳米 TiO_2 催化污水处理剂具有高于芬顿法的印染污水 COD 的除去率，实验研究中 COD 除去率平均提高 10%。在现有芬顿法的处理条件下，可节约三分之二的过氧化氢使用量，超过其 COD 除去率 10% 以上。

④ 实验小结。采用实验室制备的自拟合纳米催化污水处理剂两种规格产品 No.1 和 No.2 对印染污水进行催化分解实验，污水中 COD 除去率超过 70%～80%，对比于芬顿法加入过氧化氢 1.5mL 和 3.0mL 相当；采用人工紫外光辅助，实验结果污水中 COD 除去率高于不加紫外光 9.0%～9.6%，高于芬顿法 10%；采用芬顿法与纳米催化耦合，加入 1mL 过氧化氢进行纳米催化处理污水，COD 除去率达到 94.6%，高于加入 3mL 过氧化氢溶液的单一芬顿法 10.8%。

印染污水处理采用自拟合纳米催化剂将处理污水 pH 值中和到 3.5，加入计算需要过氧化氢量的三分之一，反应时间 1.5h 即可达到 COD 除去率 90% 以上，完全满足印染污水要求。

⑤ 结论。现有印染污水采用芬顿法处理需用大量的商品工业硫酸、固体硫酸亚铁和过氧化氢氧原料，其化学催化氧化反应机理就是产生氧化电势为 2.8V 的羟基自由基（OH•）。纳米 TiO_2 催化反应的机理同样是产生羟基自由基（OH•），与芬顿法使用亚铁催化过氧化氢为羟基自由基（OH•）化学反应中间生成物同为一物，作用一样。因此，采用硫酸法钛白粉副产硫酸与钛原料复分解生产含有自拟合纳米 TiO_2 催化成分的硫酸钛与硫酸和硫酸亚铁的混合溶液。在印染污水的处理中，借助污水中的碱性化学能和稀释性产生自拟合纳米 TiO_2 催化剂，催化分解处理印染污水中难以分解的有机物（COD），取代了芬顿法商品硫酸、固体硫酸亚铁的使用，减少了过氧化氢的使用量，开拓了钛白粉副产硫酸再用的新途径。试验研究选择了生产自拟合纳米催化 TiO_2 的钛原料生产工艺，比较了生产原料的经济技术指标，自拟合纳米催化污水处理剂的应用实验及优化工艺与配料。其结论如下：

A. 原料质优价廉。采用钛白粉副产硫酸与钛原料复分解反应制备含有自拟合纳米催化污水处理剂材料组分的 $Ti(SO_4)_2$ 混合溶液，经过对钛白粉生产中的钛矿、酸解渣、清钛液和偏钛酸四种可利用原料进行工艺技术选择，四种可用钛原料中钛铁矿是最佳的钛原料，其兼有反应条件好、来源价值低的优点。

B. 制备工艺简单实用。制备工艺控制采用常温，简单易行，反应时间 2h 即可反应完全，达到原料分解率 95%。并可按不同的硫酸钛含量生产 1.0%、1.5% 和 2.0% 等不同规格产品，满足不同印染污水的处理需求。模拟连续试验研究表明，在选择的产品范围内，产品质量波动小，没有放大试验的风险与障碍。

C. 纳米 TiO_2 催化效果显著。采用实验室制备的自拟合纳米催化污水处理剂两种规格产品 No.1 和 No.2 对印染污水进行催化氧化分解，实验结果表明：

污水中 COD 除去率超过 70%～80%，与芬顿法加入过氧化氢的量相当；采用人工紫外光辅助，结果显示污水中 COD 除去率高于不加紫外光 9.0%～9.6%，高于芬顿法 COD 除去率 10%。

采用芬顿法与自拟合纳米催化污水处理剂进行耦合使用，加入 1mL 过氧化氢进行纳米催化处理污水，COD 除去率达到 94.6%，高于加入 3mL 过氧化氢溶液的单一芬顿法 10.8%，减少三分之二的双氧水用量。

D. 经济适用，节约芬顿法原料。印染污水处理采用自拟合纳米催化剂将处理污水 pH 值中和到 3.5，加入计算需要量的过氧化氢三分之一，反应时间 1.5h 即可达到 COD 除去率 90% 以上，满足印染污水要求。耦合资源，开拓了钛白废酸的新用途，降低了印染污水处理费用。

二、副产固体硫酸亚铁的利用技术

硫酸法钛白粉副产固体硫酸亚铁按生产全流程可分为两类：第一类是冷冻结晶分离出来的七水硫酸亚铁；第二类是水解偏钛酸过滤滤液，因控制铁钛比，留在废酸中的硫酸亚铁在废酸浓缩回用与再用时作为一水硫酸亚铁被分离出来。

七水硫酸亚铁又称绿矾，是硫酸法钛白粉生产中采用钛铁矿为原料生产的主要副产品；而采用酸溶性钛渣为原料，因冶炼钛渣而除去大部分铁元素减少了进入钛白粉生产的铁，目的是减少七水硫酸亚铁副产物的量，缓解市场此类产品过剩的压力。根据矿源不同，1t 使用钛铁矿原料的硫酸法钛白粉要副产七水硫酸亚铁 2.5～3.5t。鉴于钛白粉生产成本与我国钛资源特有属性，90%多的生产装置采用钛铁矿生产，加之仅有 45%左右 TiO_2 含量的矿，按平均副产 3.0t（不包括水解废酸带走的硫酸亚铁）计算，在 2018 年的钛白粉产量条件下，预计七水硫酸亚铁排出量在 800 万吨/年左右。如此庞大的副产物，市场直接消化有限，面临巨大的处置与环境问题。尤其是生产区域与人口这些看不到的"广义资源"，需要创新绿色可持续全资源利用的技术支撑，开拓更加广义的七水硫酸亚铁市场。

废酸分离一水硫酸亚铁，只有在废酸浓缩循环回用与作为硫酸原料耦合其他产品使用时需要浓缩除杂分离出来。按中国生产硫酸法钛白粉 300 万吨/年计算，若浓缩分离对应的一水硫酸亚铁包含其中持液量携带的硫酸和其他硫酸盐，几乎对应为 300 万吨。若废酸不分离，其中的硫酸亚铁也一并随着废酸被使用或加工成其他铁盐化合物。

尽管硫酸亚铁综合利用的渠道较多，对如此庞大的硫酸法钛白粉副产物，均因市场容量有限，可为"杯水车薪"。如何进行绿色可持续的全资源利用，需要从两个方面予以考虑。

一是市场与硫铁资源。市场是生产的第一车间，任何产品没有市场，如同资源放错地方一样，落成废物。有市场才有销路，然而单纯七水硫酸亚铁的市场还受到某些钢铁生产副产硫酸亚铁的挤压；甚至因环保与成本原因，钢铁工业采用盐酸清洗钢材产生的氯化铁的市场出路与本身热解循环使用费用问题，将氯化铁转化成硫酸亚铁进行盐酸循环酸洗工艺，又间接地增大七水硫酸亚铁的量，有限的市场不足以消纳如此之多的硫酸亚铁。然而，我国的硫与铁资源又不足以支撑现有国民经济需要，满足国内工业生产。所以，将硫酸亚铁中的铁和硫作为资源来看，是硫酸法钛白粉行业的绿色可持续发展课题之一。因为我国钢铁行业每年需要进口 10 多亿吨铁矿石铁资源和 1000 多万吨硫黄生产的硫酸资源。

二是产品价格与加工价值。硫酸亚铁作为动植物矿物营养元素，作为饲料铁元素补充剂，需要加工为一水硫酸亚铁并保证其中的重金属含量不超标，价格相对较高，但市场有限；而作为微量元素肥不仅受季节影响，而且价格低廉（市场小所致）；若用于加工其他的如铁系颜料,甚至新能源的磷酸铁锂及电池电磁材料等,其价格最高,然而,现代信息通信的轻量化,尽管人均占有比例大,但绝对总质量低。

目前技术与市场条件下,硫酸法钛白粉副产硫酸亚铁的主要利用技术如下。

(一) 直接销售使用

1. 做微量元素肥料使用

硫酸亚铁作为植物微量营养元素铁肥在农业上可用作基肥、种肥或根外追肥,也可直接给树干注射。铁肥是微量元素肥料之一,能使植物充分吸收氮和磷,可以调节植物体内的氧化还原过程,加速土壤有机物的分解,用它与有机肥料混合环施,能防止植物缺绿病(如苹果树的黄叶病)。硫酸亚铁与石灰制成合剂可防止稻热病、棉花炭疽病和角斑病等,也能防止蜗牛、种蝇等虫害,曾有报道称用10%硫酸铵、40%硫酸亚铁和50%草木灰制成的复合肥可使玉米、春谷增产4.9%～37.1%,另外用硫酸亚铁溶液浸渍大麦、小麦的种子可预防黑穗病和条纹病,某些花卉也需要硫酸亚铁作肥料。

由于硫酸亚铁属于酸性无机盐,它与绿肥制成的堆肥可改良盐碱地,在碱性土壤中二价铁会逐步氧化成三价铁被土壤固定住,我国北方许多地方属于石灰性土壤,缺铁问题突出,是主要使用铁肥的地区。日本专利JK-61-252289中曾介绍用80%的$FeSO_4 \cdot 7H_2O$与20%的煤灰混合,在65～85℃下加热0.5～1h,脱去水分后可作为土壤改良剂;美国专利USP4077794中也介绍过用硫酸亚铁作为土壤改良剂。

2. 水处理剂

聚合硫酸铁与自拟合纳米催化污水处理剂前已述,此外不再赘述。

3. 混凝土添加剂

苏联和波兰都曾研究在水泥熟料焙烧时添加2%～4%的硫酸亚铁,可提高燃料中重油馏分的燃烧效率;或把硫酸亚铁与氢氧化钠一起作为混凝土中的复合添加剂,可以增强混凝土的强度。

如用水处理剂除铬一样,因水泥中含有六价铬,在建筑工人使用水泥时,因容易接触到皮肤,易患上皮肤癌。为此,欧洲强行规定在水泥施工时加入硫酸亚铁,可将水泥中的六价铬还原为三价铬,沉淀固化而不造成对工人的健康危险。

4. 饲料添加剂

七水硫酸亚铁同样作为动物营养微量元素,用于饲料工业。铁是构成血红蛋白、肌红蛋白、细胞色素和多种氧化酶的成分,铁还对猪、鸡食用的棉籽饼中所含的毒素棉酚具有脱毒作用,还可以使猪避免出现贫血、活力下降、毛质粗硬、皮肤松弛、呼吸促迫等症状。因七水硫酸亚铁易潮解,引起结块不宜使用,且运输成本高,饲料添加剂标准为一水硫酸亚铁。

5. 其他直接用途

用于制造缺铁性贫血用的葡萄糖酸亚铁;冰箱、洗手间除臭剂;制造蓝黑墨水;照相制版;木材防腐剂;泡沫灭火药中的添加剂;印染敏化剂等。

（二）进行再加工使用

1．制作催化剂

在合成氨厂作为制取铁催化剂的原料，铁催化剂可以促进水蒸气与一氧化碳生成氢，并能削弱氮、氢分子的化学键，降低合成氨的反应活化能，使反应能够快速进行。铁催化剂的主要成分是氧化铁和铬酸酐，使用时将氧化铁还原成 Fe_3O_4，这是铁催化剂主要活性成分。

铁催化剂的制法是把硫酸亚铁溶液与碳酸铵（或碳酸钠）中和，生成氧化物沉淀，热煮使晶体进一步长大，然后过滤、洗涤、烘干与铬酸酐等碾压成型后，在 300℃下焙烧、冷却，过筛后即为合成氨的铁催化剂，1t 铁触媒需消耗 3.5t 硫酸亚铁，其反应式如下：

$$FeSO_4 + Na_2CO_3 \longrightarrow FeCO_3 \downarrow + Na_2SO_4 \tag{8-22}$$
$$FeCO_3 \longrightarrow FeO + CO_2 \uparrow \tag{8-23}$$
$$4FeO + O_2 \longrightarrow 2Fe_2O_3 \tag{8-24}$$
$$FeO + Fe_2O_3 \longrightarrow Fe_3O_4 \tag{8-25}$$

2．用于制造聚合硫酸铁净水剂

参见本节 472 页部分内容。

3．生产一水硫酸亚铁

一水硫酸亚铁（$FeSO_4 \cdot H_2O$）的用途与七水硫酸亚铁差不多，但是一水硫酸亚铁的纯度、含量比七水硫酸亚铁高，不易潮解结块，便于长途运输和储存，应用范围比七水硫酸亚铁广。

七水硫酸亚铁于 56.8℃脱水生成 $FeSO_4 \cdot 4H_2O$，64～90℃转变为一水硫酸亚铁（64℃脱水成为 $FeSO_4 \cdot H_2O$、73℃转变为白色、80℃熔结、90℃熔融）。制备一水硫酸亚铁的方法主要有如下几种：

（1）真空干燥脱水　一般可采用真空耙式干燥机，这种方法是使硫酸亚铁在真空下，低温干燥脱水，产品质量好、外观颜色浅，但能耗高、生产效率低、成本也较高。

（2）直接烘干法　一般可使用转窑加热烘干，为了防止硫酸亚铁在高温下氧化，有时要通入氮气保护，脱水烘干后的一水硫酸亚铁需要粉碎，该法产品质量不太稳定，能耗也较高。

（3）沸腾干燥法　以燃煤热风炉为热源，采用连续多室单层流化干燥床，生产饲料级一水硫酸亚铁，可以只通过一步干燥就能达到国家标准。

（4）湿法转晶生产　湿法转晶生产一水硫酸亚铁，其原理如图 8-32 所示，通过硫酸亚铁在水中不同温度下的溶解度就可以知道，在 64.4℃以上要让硫酸亚铁达到饱和状态，就在溶液中将七水硫酸亚铁转化成一水硫酸亚铁结晶。如前所述，因国内攀西钛铁矿的特点，其中含有约 6%的氧化镁（表 3-13），几乎随同七水硫酸亚铁一起从结晶工序分离出来，而直接烘干成一水硫酸亚铁，其中的硫酸镁也可同时进入产品中，影响产品的含量。所以，要想生产饲料级硫酸亚铁提高硫酸亚铁成分的含量，可采用湿法转晶工艺生产。

具体操作方法是在带搅拌器的反应槽中，把硫酸亚铁调成 55%左右浓度的晶浆，升温至 100℃，维持 30～50min，然后停止加热趁热进行离心过滤，滤饼采用气流干燥机进行干燥后，粉碎包装。滤液净化后可返回用于溶解硫酸亚铁，维持加水溶解调浆的平衡。因七水硫酸亚铁留下的六个结晶水及本身钛白粉工序分离后带来的游离水，需要不断地移走母液，维持水平衡；母液中含有饱和的硫酸铁和硫酸镁等硫酸盐，可采用蒸发浓缩后，再冷却结晶分离得到硫酸铁和硫酸镁混合结晶物的硫酸盐，作为肥料微量元素铁和重量元素镁是很有价值的矿物元素肥料。

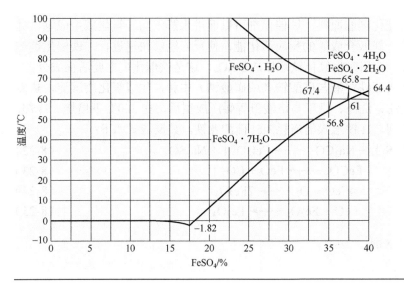

图 8-32 硫酸亚铁在水中的溶解度

（三）生产铁系颜料

生产铁系颜料本身也是七水硫酸亚铁进行再次加工资源利用的产品，但其与钛白粉下游用户密切相连。氧化铁系颜料是仅次于钛白粉销量的第二大无机颜料，也是第一大彩色颜料。因氧化铁中铁的化合价态的变化，从高价到低价及混合价态，再加上结晶晶型的变化与混合变化，可生产不同色彩的彩色颜料。加之通常具有耐碱、耐晒、无毒、价廉等优点，广泛应用于涂料、塑料、橡胶、建筑等行业。氧化铁颜料包括铁红、铁黄、铁黑、铁绿、铁蓝、铁橙、铁棕等，铁橙是铁红和铁黄的拼混产物，铁棕是铁红、铁黄、铁黑的拼混产物，铁绿是铁黄和酞菁蓝的合成物。根据国家"十三五"规划，至 2020 年钛白粉产量达到 330 万吨，而铁系颜料从接近 70 万吨增长到 80 万吨。尽管如此，现有硫酸法钛白粉生产副产硫酸亚铁达到 800 多万吨，其中全部用于市场仅能消耗 200 万吨左右，况且钢铁工业酸洗副产还有大量的硫酸亚铁及其他可加工的副产铁盐产品；还有就是七水硫酸亚铁的纯度及从矿带来的其他影响元素。所以，钛白粉副产七水硫酸亚铁生产铁系颜料，可作为一个资源再加工的途径，减轻七水硫酸亚铁市场利用不足与容量有限的压力。

1. 硫酸亚铁的精制与提纯

钛白粉副产七水硫酸亚铁用于生产铁系颜料首先要进行精制与提纯，才能达到生产铁系颜料的要求。钛白粉副产硫酸亚铁中含有 Ti、Mn、V、Al、Ca、Mg 等的氧化物或硫酸盐，实践证明硫酸亚铁中 TiO_2 含量超过 0.3% 时，对铁系颜料的色相有非常明显的影响，因此在使用前必须预先精制提纯，硫酸亚铁的精制方法有：再浆重结晶提纯，沉淀除杂提纯，还原反应提高酸度提纯，中和沉淀提纯等。因为沉淀偏钛酸的作用，为了获得杂质尽可能少的硫酸亚铁溶液，最佳选择采用沉淀除杂提纯，以硫酸钡沉淀吸附沉淀偏钛酸效果更好。

2. 铁系颜料制备

经提纯后的硫酸亚铁，可采用干法与湿法生产铁系颜料；并依其中氧化铁的价态不同和比例、粒子大小或晶型生产氧化铁红、氧化铁黄、铁蓝、铁黑、透明氧化铁和铁棕等氧化铁系颜料。其中干法为煅烧分解硫酸铁，生产氧化铁颜料及二氧化硫和三氧化硫可用于硫酸生产；湿法为加入碱性沉淀剂如烧碱、纯碱和氢氧化铵等，生产铁系颜料及副产对应的水溶性硫酸盐。

（四）生产磁性氧化铁

磁性氧化铁指的是一种有磁性的 Fe_3O_4 黑色粉末，可用于光电复印粉、激光喷墨打印油墨、录音磁带等；另一种是导磁性很强的 $\gamma-Fe_2O_3$ 红棕色粉末，主要用于磁记录材料，一般都含有钴 $Co-\gamma-Fe_2O_3$，这样效果更好；还有一种是铁氧体用高纯氧化铁，属于 $\alpha-Fe_2O_3$，是软磁铁氧体的主要原料（占其组成的70%以上）。3种磁性氧化铁都可以硫酸亚铁为原料来生产，其中铁氧体用高纯氧化铁在国内已有多家工厂采用。

铁氧体用氧化铁的原料来源过去是钢铁厂酸洗钢材时废液中所提取的硫酸亚铁，著名的鲁氏（Ruthner）氧化铁，就是把轧钢时的酸洗废液（HCl 或 H_2SO_4），先浓缩然后高温喷雾煅烧，使氯化亚铁或硫酸亚铁在高温下分解生成氧化铁（Fe_2O_3），而产生的 HCl 气体和 SO_3 气体可以回收生产盐酸和硫酸，这种方法生产成本较低，我国宝钢、鞍钢等数家大型钢铁联合企业都有引进装置采用此法来生产 $\alpha-Fe_2O_3$。

日本石原公司首先开发了用钛白粉生产中的副产硫酸亚铁来生产铁氧体用氧化铁。早期国内长沙矿冶研究院、南京油脂化工厂和化工部第三设计院于1989年曾共同在南京建立了国内第一套用钛白粉厂的副产硫酸亚铁来生产铁氧体用氧化铁的中试车间。这种方法是钛白粉工厂硫酸亚铁综合利用中附加值较高的产品，生产过程如图 8-33 所示。

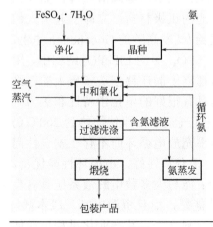

图 8-33　磁性铁氧体生产流程

因钛白粉生产中的副产硫酸亚铁中含有硫酸钛等杂质，因此先要把硫酸亚铁溶液进行精制提纯，同时用精制后的硫酸亚铁溶液制备晶种，此晶种是一种非胶体的氢氧化铁，然后把此晶种加到净化后的硫酸亚铁溶液中，在数台串联的氧化反应器中通入空气、氨气、蒸汽，并连续加入硫酸亚铁溶液，进行连续氧化反应，然后进行过滤、水洗、煅烧后即为铁氧体用氧化铁。由于该产品对 SiO_2、Al_2O_3 等杂质要求很严，因此洗涤用水的水质要求较高，此外生产中亦可用碳酸氢铵代替氨来反应。

（五）生产电池正极材料

磷酸铁锂、磷酸锰铁、钛酸锂和磷酸钛等这些与钛白粉生产相关的元素耦合及生产技术耦合，将是钛白粉绿色可持续发展技术的创新内容及重要选项。尤其是磷酸铁锂是一种新型锂离子电池电极材料。其特点是放电容量大，价格低廉，无毒性，不造成环境污染。因磷酸铁锂在现有技术条件下，较之其他电池材料来源易得、价格更低；加之特斯拉上海电动汽车工厂开始大量使用磷酸铁锂电池，较大地降低了电动汽车的电池成本，成为电动汽车的新追逐点。因硫酸法钛白粉的生产中，钛铁矿中的铁资源元素几乎全部生成硫酸亚铁，正好是提供生产磷酸铁锂中的铁原料之一，因其副产量大将成为磷酸铁锂电池材料中铁原料的主要来源，同时也可部分解决并分担硫酸法钛白粉副产硫酸亚铁的市场压力。早期欧洲硫酸法钛白粉生产因硫酸亚铁出路问题，几乎改为以酸溶性高钛渣为生产原料，不仅碳足迹全生命周期能耗与碳排放高，而且因电炉冶炼钛渣成本昂贵，造成今日欧洲钛白粉市场竞争力弱，也是今日中国钛白粉大量出口世界的因素之一。

锂的原子量很小。因此，用锂的电池具有很高的能量密度。锂电池最早用于心脏起搏器中，现在已得到广泛应用，如用在各种便携式电动工具、电子仪表、摄录机、移动电话、笔记本电脑、武器装备中等，被认为是 21 世纪对国民经济和人民生活具有重要意义的高新技术产品。

锂离子电池自商品化一来，早前层状结构 $LiCoO_2$ 是唯一商业化的正极材料，研究比较成熟，综合性能优良，容量较高，循环寿命长，但钴资源较缺，且价格昂贵，毒性较大，也存在安全性问题，寻找其他性价比更高的正极材料是人们关注的焦点。1997 年，美国 Texas 州立大学 Goodenough 等报道了磷酸亚铁锂（$LiFePO_4$，以下简称磷酸铁锂，简写为 LEP）具有能可逆嵌脱锂离子的特性，能够作为锂离子电池的正极材料，立即引起了人们极大的兴趣。值得一提的是 2019 年诺贝尔化学奖由此颁发给 97 岁高龄的 Gooenough 先生，以表彰其在电池材料领域的巨大贡献。因为在复合阴离子（PO_4^{3-}）的 $LiFePO_4$ 结构中，用磷酸根替代氧离子使材料的三维结构发生了变化，不仅给锂离子的迁移创造了更大的三维空间，而且还使锂离子的脱出与嵌入电位保持稳定，使其具有很好的电化学特性和热力学稳定性。由于磷酸铁锂正极材料结构稳定，在常压下的空气气氛中，即使加热到 200℃仍然是稳定的，仍具有较长的循环寿命，进行 8000 次高倍率充放电循环而不存在安全性问题。理论容量大（170mA·h/g），工作电压适中（3.4V），平台特性好，电循环性能优良，平稳的充放电平台使有机电解质在电池的应用中更为安全；能与大多数电解液系统具有良好的相容性，与碳负极材料配合时的体积效应好，存储性能好，而且资源丰富，成本低，毒性小，无污染，成为目前电池领域竞相研究开发的热电材料之一，其产业化进程也在如火如荼地发展中。

磷酸铁锂（$LiFePO_4$），其中除锂元素外，就是磷酸铁。传统磷酸铁大多是采用铁氧化与磷酸反应生成，或者生产出氧化铁、草酸铁再与磷酸生成；得到磷酸铁再与锂元素进行合成生产。作为硫酸法钛白粉副产硫酸亚铁因其价格低廉，其合成技术原理相对较简单，但作为磷酸铁中间体沉淀机理与高效固液分离技术对生产效率，乃至产品质量极为重要，工艺技术可参考第四章相关章节。

1. 副产硫酸亚铁的净化提纯

作为电池级的硫酸亚铁提纯与前述（三）生产铁系颜料的提纯，对除去杂质的略有不同，生产颜料的硫酸亚铁既要除去其中的钛和其他有色金属元，而作为电池级硫酸亚铁，杂质钛和锰也可作为电池的元素。从硫酸法钛白粉分离出来的七水硫酸亚铁提纯主要有重结晶和沉淀除杂两种方式：

（1）重结晶提纯　将钛白粉副产硫酸亚铁加入到 60～80℃ 的热水中溶解成饱和溶液，再进行冷却结晶分离（参照第四章第三节中的硫酸亚铁的结晶与分离部分），得到高纯的硫酸亚铁。

（2）沉淀除杂提纯　将钛白粉副产硫酸亚铁加入到 50℃ 的热水中，溶解成 20%～30% 溶液，加入少量磷酸，然后用碱或氨水调整溶液 pH 值为 5.5 后，分离沉淀，得到高纯的硫酸铁溶液；作为生产磷酸铁锂的原料液。

2. 合成磷酸铁锂

合成磷酸铁锂，以生成磷酸铁中间品的形式有多种方式。

（1）加压沉淀直接合成法　将提纯的硫酸亚铁与磷源和锂源按 Li∶Fe∶P =(1～1.5)∶1∶1 的摩尔比溶解在水中，在压力条件下与反应温度 160～200℃ 反应 7～10h 得到 $LiFePO_4$ 沉淀，并分离洗涤沉淀，滤饼加入适量炭后，用球磨机磨细分散后干燥，再在惰性气体保护下进行烧结获得磷酸铁锂产品。

（2）氢氧化铁中间品合成法　将提纯的硫酸亚铁溶解在水中，加入碱性物质如氨水、氢氧化钠、碳酸钠等进行中和沉淀，调整溶液 pH 值 4.5～6.0，分离洗涤，滤饼与磷源和锂源按摩尔比 Li∶Fe∶P =(1～1.05)∶1∶1，加入适量炭，滤饼用球磨机磨细分散后干燥，再在惰性气体保护下进行烧结获得磷酸铁锂产品。

（3）碳酸铁中间品合成法　将提纯的硫酸亚铁溶解在水中，加入碳酸盐物质，用氨水、碳酸氢铵、氢氧化钠、碳酸钠等进行中和沉淀，调整溶液 pH 值 4.5～6.0，制取碳酸铁沉淀，分离洗涤，滤饼与磷源和锂源按摩尔比 Li∶Fe∶P =(1～1.05)∶1∶1，加入适量炭，滤饼用球磨机磨细分散后干燥，再在惰性气体保护下进行烧结获得磷酸铁锂产品。

（4）双氧水氧化铁合成法　将提纯的硫酸亚铁溶解在水中，加入双氧水（H_2O_2），将 Fe^{2+} 全部氧化成 Fe^{3+} 后，加入磷源，如磷酸或磷酸盐，如 $NH_4H_2PO_4$、$(NH_4)_2HPO_4$、NaH_2PO_4、Na_2HPO_4，按摩尔比 P∶Fe = 1～1.2，然后用氨和钠的碱性物质与磷酸和磷酸盐的酸性物质调整沉淀溶液 pH 值 1.03～3.5，制取磷酸铁沉淀，分离洗涤，滤饼与锂源按摩尔比 Li∶Fe∶P =(1～1.05)∶1∶1，加入适量炭，滤饼用球磨机磨细分散后干燥，再在惰性气体保护下进行烧结获得磷酸铁锂产品。

（5）草酸铁中间品合成法　将提纯的硫酸亚铁溶解在水中，按草酸与铁的摩尔比 $H_2C_2O_4$∶Fe =(1～1.2)加入草酸盐或草酸，然后用氨和钠的碱性物质调整沉淀溶液 pH 值 3.5～6.5，制取草酸铁沉淀，分离洗涤，滤饼与碳酸锂和磷酸二氢铵按摩尔比 Li∶Fe∶P =(1～1.05)∶1∶1，加入适量葡萄糖，滤饼用砂磨机磨细分散 5h 后干燥，再在惰性气体保护下温度 600℃ 进行烧结 10h，获得磷酸铁锂产品。

（6）直接沉淀磷酸铁中间品合成法　将提纯的硫酸亚铁溶解在水中，按磷酸酸与铁的摩尔比 P：Fe = 1～1.2 加入磷酸或磷酸盐，然后用氨和钠的碱性物质调整沉淀溶液 pH 值 3.5～6.5，制取磷酸亚铁[$Fe_3(PO_4)_2$]沉淀，分离洗涤，滤饼与碳酸锂和磷酸亚铁按摩尔比 Li：Fe：P = (1～1.05)：1：1，加入适量炭，滤饼用砂磨机磨细分散 5h 后干燥，再在惰性气体保护下进行烧结获得磷酸铁锂产品。

3．磷酸铁的未来市场

随着储能与电动汽车的发展，因磷酸铁锂蓄电池正极材料的安全与优异性能，加上来自硫酸法钛白粉副产硫酸亚铁及湿法磷酸盐的低价资源属性，将为储能蓄电池开辟广阔市场空间，预计 2025 年磷酸铁锂材料总需求量可达 210 万吨，需要七水硫酸亚铁 368 万吨，消耗约 150 万吨硫酸法钛白粉的副产量。真真体现"一矿多用、矿矿耦合、取少做多、绿色持续"的钛白粉生产理念。

（六）硫酸亚铁用于生产硫酸

一个全流程硫酸法钛白粉生产，其副产硫酸亚铁包括控制水解铁钛比被结晶分离的七水硫酸亚铁和废酸浓缩分离的一水硫酸亚铁。除上述直接利用和再加工利用外，作为配套硫酸装置生产硫酸循环利用，其副产的氧化铁用作水泥和钢铁生产原料，不失为一个经济利用资源的方法。不过由于七水硫酸亚铁含水量较高，难以直接焚烧分解，需要事先脱除其中大部分的结晶水并消耗大量的能量。因第二次世界大战之后，经济发展迅速，硫酸法钛白粉生产经历过蓬勃发展，硫酸亚铁用于硫酸生产装置至今还在使用。

德国克朗诺斯公司和意大利蒙特迪森公司等把硫酸亚铁在高温下脱水生成一水硫酸亚铁，然后与黄铁矿一同焙烧制取硫酸，早已投入工业化生产。该工艺的特点是借助于充分利用黄铁矿氧化时的热量，使硫酸亚铁分解从而降低焙烧温度，提高 SO_2 的浓度，同时还能除去部分砷等杂质，含硫量 28%～30% 的黄铁矿中可以掺入 30% 的 $FeSO_4 \cdot H_2O$，且是比较经济合理的原料路线。

德国莎哈利本公司的方法是将浓缩废酸分离的一水硫酸亚铁（图 8-4），然后再与硫铁矿焙烧生产硫酸，30%～65% 的浓废酸是从废酸浓缩车间来的 70% 浓废酸，该法的优点是可以节省硫酸亚铁脱水时的能耗，综合利用了浓废酸，而且湿法脱结晶水污染较小。笔者有幸多次参观过该装置。美国专利 US4163047 中介绍的利用废酸和硫酸亚铁联合制备硫酸的方法，也属于这一类型。

德国拜耳公司也是将一水硫酸亚铁掺入硫铁矿进行焚烧，同时也将浓缩硫酸经过高温热解制取硫酸，分离浓缩硫酸中的所有杂质。

日本石原公司用硫铁矿与硫酸亚铁、石油精制残渣一起焙烧后生产硫酸。

国内尽管早期一直在探索废酸浓缩循环利用工艺，不仅存在废酸浓缩换热器结垢堵塞的技术问题，而且浓缩废酸装置分离一水亚铁技术欠佳。如图 8-34 所示含湿量太高，无法与硫铁矿掺烧制取硫酸，仅能送污水站调浆石灰中和成钛石膏处理。后来笔者主持的多项废酸浓缩工艺，在压滤机分离时进行压榨脱水后，不仅进行侧吹滤布与滤板间的滤液，而且进行中心孔吹滤饼工艺，全部得到酥松半粉状一水硫酸亚铁，如图 8-35 所示能轻易地与硫铁矿混合而不成团结块，不会造成流化床死床引起生产困难。

全球比较有代表性的硫酸亚铁与废酸生产硫酸的公司见表 8-20。

图 8-34　传统一水硫酸亚铁分离现场

图 8-35　改进后一水硫酸亚铁现场

表 8-20　硫酸亚铁与废酸生产硫酸的公司

序号	公司名称	国家/地点	生产能力/（t/d）（100%H$_2$SO$_4$）	进料
1	辛卡拉公司	斯罗维尼亚/布杰	235	硫酸亚铁、硫铁矿
2	氧钛公司	法国/加莱	270	硫酸亚铁、煤
3	罗蒙哈斯公司	德国/韦瑟灵	400	废酸
4	罗蒙哈斯公司	德国/沃摩斯	650	废酸
5	莎哈利本公司	德国/杜塞尔多夫	2000	硫酸亚铁、硫铁矿
6	科美基公司	德国/克雷菲尔德	600	废酸、硫酸亚铁、硫铁矿
7	兰西斯公司	德国/勒沃库森	435	废酸
8	龙蟒佰利联公司	中国/绵竹	1×1000 3×1250	一水硫酸亚铁、硫铁矿 一套1000t/d装置 三套1250t/d装置
9	龙蟒佰利联公司	中国/南漳	1250	一水硫酸亚铁、硫铁矿
10	攀东方钛业公司	中国/米易	1000	一水硫酸亚铁、硫铁矿
11	攀枝花东立公司	中国/攀枝花	700	一水硫酸亚铁、硫铁矿

1. 生产原理

硫酸亚铁按下式进行分解：

$$FeSO_4 \longrightarrow FeO + SO_3 \tag{8-26}$$

$$SO_3 \longrightarrow SO_2 + 1/2O_2 \tag{8-27}$$

$$FeO + 1/2O_2 \longrightarrow Fe_2O_3 \tag{8-28}$$

由于分解是吸热反应，生产时采取不同的方式提供热量和保持分解时的反应气氛。

第一种加入燃料如炭、天然气或重油，分解化学反应为：

$$4FeSO_4 \cdot H_2O + C + 2O_2 \longrightarrow 2Fe_2O_3 + 4SO_3 + CO_2 + 4H_2O \tag{8-29}$$

第二种加入硫黄，分解化学反应为：

$$4FeSO_4 \cdot H_2O + S + \frac{1}{2}O_2 \longrightarrow 2Fe_2O_3 + 5SO_3 + 4H_2O \tag{8-30}$$

第三种加入硫铁矿，分解化学反应为：

$$2FeSO_4 \cdot H_2O + 2FeS_2 + 8O_2 \longrightarrow 2Fe_2O_3 + 6SO_3 + 2H_2O \tag{8-31}$$

分解工艺主要因素影响有：温度；氧气/CO/CO_2及其浓度；氧化物的种类；停留时间。

如图 8-36 所示，温度高分解气浓度高，700℃与1000℃比较图中，同时，分解氧气浓度低，分解气浓度高，氧气浓度过低将产生硫化物。

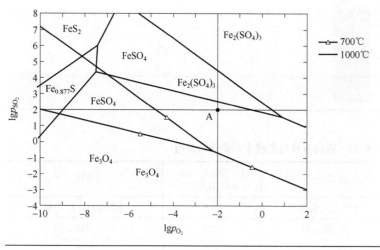

图 8-36　温度与气氛对硫酸亚铁分解的影响

2．国内外生产工艺参数

国内外掺烧工艺参数见表 8-21。

表 8-21　国内外掺烧工艺参数

序号	掺烧条件	国外具有代表性的掺烧炉	国内30万吨/年硫酸沸腾炉	备注
1	进料口数量	2个	3个	
2	沸腾床截面积	$20m^2$	$70m^2$	装置差异
3	床层高度	1.4m	1.4m	
4	分解温度	800～900℃	800～900℃	
5	燃油进料点数	15～20	无	
6	燃油消耗	2000kg/h	无	
7	流化空气	$13000m^3/h$	$50000m^3/h$	

序号	掺烧条件	国外具有代表性的掺烧炉	国内30万吨/年硫酸沸腾炉	备注
8	焚烧渣	4t/h	根据配料有所变化	
9	副产蒸汽	8t/h	28t/h(3.83MPa)	
10	硫酸产量最高		53t/h	

3. 国外掺烧工艺

拜耳公司的 Guenter 和 Rudolf 开发的专利技术（US4824655），采用含酸的一水亚铁与浮选硫铁矿掺烧沸腾分解制取氧化硫生产硫酸。不加硫黄工艺采用天然气作为补充燃料分解能量，加硫黄则仅用天然气预热沸腾鼓风空气。

（1）不加硫黄掺烧工艺　12t/h 含有其持液量 65%硫酸带来的含 13%～15%水分的硫酸亚铁与 4.3t/h 浮选硫铁矿（含硫 48%，水分 5%，粒度 0.1mm）和 1.9t/h 砂石磨屑进行混合造粒，造粒后送入储仓。从储仓以 8.2t/h 的进料速率送入具有 1.5m 高沸腾层的沸腾炉中。

19000m^3/h 空气被喷进具有 12m^2 沸腾面积的流化床反应器中，同时平均流量 280m^3/h 的天然气被加到沸腾炉中燃烧，维持炉床温在 950～970℃，天然气瞬时流量在 200m^3/h 到 300m^3/h；从沸腾炉出来的分解气体组成如下：

① 氧气浓度（体积）：1%～1.5%；

② 氧化硫浓度（体积）：11%～12%；

③ 二氧化碳浓度（体积）：7.8%～8.2%；

④ 氮气浓度（体积）：58%～59%；

⑤ 水蒸气浓度（体积）：20.5%～21.5%；

⑥ 燃气浓度：<10mg/m^3；

⑦ 氧化硫生产量：8.5t/h。

（2）加硫黄掺烧工艺

① 原料按不加硫黄进行混合造粒，并进行同样的流化床沸腾分解，其原料配比组成如下：

a. 100 份持液量 65%硫酸带来的含 13%～15%水分的硫酸亚铁；

b. 30 份浮选硫铁矿（含硫 48%，水分 5%，粒度 0.1mm）；

c. 9 份硫黄（粒度≤5mm）；

d. 16 份砂石磨屑；

进行混合造粒，造粒后送入储仓。从贮仓 21.2t/h 的进料送入具有 1.5m 高沸腾层的沸腾炉中。

② 19000m^3/h 空气被燃烧天然气预热到 210～330℃后，喷进具有 12m^2 沸腾面积的流化床反应器中，维持炉床温在 950～970℃，从沸腾炉出来的分解气体组成如下：

a. 氧气浓度（体积）：1%～1.5%；

b. 氧化硫浓度（体积）：12%～12.4%；

c. 二氧化碳浓度（体积）：7.7%～8.1%；

d. 氮气浓度（体积）：57.5%～58.0%；

e. 水蒸气浓度（体积）：20.9%～21.35%；

f. 燃气浓度：<10mg/m^3；

g. 氧化硫生产量：9.0t/h。

4．国内掺烧工艺

国内现有掺烧工艺几乎是采用硫铁矿进行一水硫酸亚铁的掺烧，有时因硫铁矿品位低，适当补充一点硫黄。最高掺烧比例（按硫酸亚铁/硫酸产量计）达到20%～30%，无须进行前处理，从废酸浓缩分离的一水硫酸亚铁为半粉状，可直接与硫铁矿（硫精砂）混合入炉。

在攀西地区因七水硫酸亚铁难以处置，也将七水硫酸亚铁先风干脱除游离水和少部分结晶水，再进行转筒干燥器烘干成含有4个结晶水后再入炉分解，因没有游离硫酸及废酸浓缩中的其他杂质硫酸盐，相对容易控制，且烧渣（红渣）的铁含量较高。

生产工艺除混合配料有所改变外，几乎与硫铁矿制酸大同小异，具体生产技术，参考第三章图3-23硫铁矿制酸简易工艺流程。主要工艺运行设备见表8-22，主要运行参数见表8-23。

表8-22　30万吨/年一水硫酸亚铁掺烧制酸装置主要工艺运行设备

序号	设备名称	规格	材质	数量	备注
1	炉底风机	$Q=60000m^3/h$，$\Delta P=16kPa$		2	一开一备
2	沸腾炉	$\phi9500mm$，$70m^2$	碳钢内衬耐火砖	1	
3	废热锅炉	38t/h，3.82MPa，450℃		1	
4	旋风除尘器	UH15型，$\phi2700mm$（并联）	碳钢衬龟甲网	2	
5	电除尘器	$F=70m^2$，四电场		1	组合件
6	埋刮板输送机	RMS640型，输送量25t/h		2	组合件
7	动力波洗涤器	$\phi9500mm\times10700mm$	FRP＋石墨	2	
8	气体冷却塔	$\phi5500mm\times16620mm$	FRP	1	
9	稀酸板式换热器	$323m^2$	254SMO	2	
10	电除雾器	$37.46m^2$，对边300mm	C-FRP	2	
11	转化器（五段）	$\phi9200mm\times21000mm$	碳钢衬砖	1	
12	换热器	$\sum F=14110m^2$	Q235，20号钢	6	
13	SO_2风机	$Q=114500m^3$，$\Delta P=55kPa$，10kV		2	一开一备
14	干燥塔	$\phi6000mm\times18045mm$	碳钢衬耐酸砖	1	
15	吸收塔	$\phi5250mm\times17420mm$	碳钢衬耐酸砖	2	
16	浓酸循环槽	$\phi3058mm\times8968mm$	碳钢衬耐酸砖	3	
17	干吸塔循环泵	$Q=600m^3/h$，$H=30m$	组合件	3	
18	阳极保护酸冷器	$\sum F=1300m^2$	316L，304	4	
19	复喷吸收管	$\phi1500mm$，$L=15500mm$	硬PVC	1	
20	玻璃钢凉水塔	$Q=2000m^3/h$，$\Delta t=8℃$	组合件	4	

表8-23　掺烧亚铁硫酸装置运行参数

序号	项目	30万吨/年	40万吨/年
1	红渣残硫（S）/%	≤0.30	≤0.30
2	红渣铁含量（Fe）/%	≥60	≥60
3	进转化器气浓（SO_2）/%	8.5	8.5
4	转化率/%	99.82	99.9
5	吸收率/%	99.99	99.99
6	尾气硫浓度（SO_2）/（mg/m^3）	500	330
7	尾气酸雾（SO^3）/（mg/m^3）	28	26

三、酸解渣的回收利用

硫酸法钛白粉酸解时,因矿的种类、活性、磨矿研磨指标,以及酸解反应条件的不同,通常酸解率控制在 95%,经过分离的酸解渣中还含有可溶性钛和不溶性钛(见表 8-24)。这些含钛渣在没有钛资源的地方,用于炼钢炉耐衬护炉,是较好的利用办法,如在欧洲就是如此使用。而在国内因攀西钒钛磁铁矿本身选出的铁精矿用于炼铁时,其中自身就含有较高的钛,因此不可能利用酸解渣,而只有回收其中的钛资源,提高钛原料的利用率才是最经济的办法。

由于酸解渣中所含的未分解钛原料和水溶性钛,以 100kt/a 的钛白粉生产装置规模计,可回收可溶性钛 1.1kt/a,不溶性钛(钛矿形式)5.0kt/a,可获得上千万人民币的效益,同时减少对应的固废排放量。因矿源的差别,有多种酸解渣钛资源回收的工艺技术。

(一)酸解渣组成与矿物特征

1. 酸解渣组成

因各生产企业酸解的矿源不同与酸解工艺的差异,酸解技术的钛回收率也不一致,其酸解渣中钛含量参差不齐。尽管工艺指标要求钛回收率大于 95%,从各大生产装置的钛资源消耗,最后归总到产品钛收率在 82%~87%(钛渣可达 89%),可以想象相差 5% 是什么结果,几乎可以是效益或成本(包括原料、能耗、人工及财务费用)的绝对值,所以提高钛的回收率,首先从酸解渣开始。

表 8-24 是具有代表性的攀西矿酸解渣组成,其中 TiO_2 含量 23.61%,最明显的是 SiO_2 含量 33.64%。表 8-25 为钛渣和钛矿酸解渣滤饼组成比较,钛渣 TiO_2 含量 39.96%,而钛矿 TiO_2 含量 31.30%,这是由于钛渣酸解液 TiO_2 浓度高,其滤饼持液量带来的含量高,但其 SiO_2 含量为 28.53%,少于攀西钛铁矿,如前述间歇沉降提到,钛渣的酸解渣量仅有其钛矿的一半不到。表 8-26 为进口钛矿的酸解渣组成,其特点是硅钙含量相对高。

表 8-24 攀西矿酸解渣组成

组分	TFe	FeO	TiO_2	V_2O_5	Cr_2O_3	MnO	SiO_2	Al_2O_3
含量/%	11.77	11.16	23.61	0.051	0.0099	0.27	33.64	3.5
组分	CaO	MgO	Cu	Co	Ni	S	P	SO_4^{2-}
含量/%	2.94	2.38	0.00024	0.0099	0.028	0.094	0.013	4.49

表 8-25 钛渣和钛矿酸解渣滤饼组成比较 单位:%

组分	TiO_2	SiO_2	Fe_2O_3	SO_3	ZrO_2	MgO	MnO_2	CaO	Al_2O_3	CuO	Na_2O
钛矿											
湿滤饼	31.30	33.69	21.75	4.96	0.11	1.14	0.36	3.91	2.49	0.30	—
钛渣											
湿滤饼	39.96	28.53	15.22	5.06	0.13	2.43	0.47	5.10	2.57	—	0.54
Sr、K、P、Cl 痕量											

表 8-26　进口钛矿的酸解渣组成

批号	检测指标										
	水分/%	灼烧减量/%	游离 H_2SO_4/%	可溶性 TiO_2/%	干基中 TiO_2/%	SiO_2/%	CaO/%	ΣFe/%	MgO/%	Na_2O/%	S/%	K_2O/%
11-8-A	29.4	49.6	3.4	4.0	22.7	45.8	5.5	12.9	3.1	0.4	0.65	0.09
11-9-A	24.5	43.5	2.9	3.6	23.0	44.7	5.4	12.5	3.2	0.43	0.73	0.07
11-10-A	25.2	56.5	3.2	3.2	22.9	45.1	6.1	11.3	3.1	0.43	0.97	0.06

2. 酸解渣的矿物特征

为了充分利用回收酸解渣中的钛资源，有必要对酸解渣的组成及元素的矿物特征进行研究。我们采用旋流分离器将酸解渣进行旋流分离，分离出颗粒较大的一部分（重相）和较细的一部分（轻相）。研究表明酸解渣的矿物成分与钛精矿的来源关系密切，其矿物成分比较简单。主要金属矿物为钛铁矿，微量钛磁铁矿、磁黄铁矿、黄铁矿。

脉石矿物，主要为含钛普通辉石，其次为角闪石、绿泥石、橄榄石和斜长石。

（1）酸解渣主要矿物的特征　酸解渣中钛铁矿主要呈细粒-微细粒溶蚀残留体，绝大多数钛铁矿颗粒受溶蚀，表面有不平整的细小坑洞；钛铁矿晶粒界面常呈锯齿状，颗粒内常有少量钛磁铁矿微片晶。由于钛精矿中所含 CaO 在硫酸的作用下生成硫酸钙，约有 $1/3 \sim 1/2$ 的钛铁矿颗粒表面不同程度地覆盖有乳白色石膏薄膜，在部分溶蚀较深的钛铁矿颗粒裂隙中还有乳白色石膏充填其中，生成相互浸染的疏松粒状。只有极少数钛铁矿颗粒溶蚀程度很低甚至基本未受溶蚀，仍保留光滑光亮的新鲜表面。

对于各酸解渣均分离提纯了钛铁矿单矿物，钛铁矿的 X 射线衍射分析表明，酸解渣中钛铁矿结构未发生明显变化，保留着钛铁矿主要的衍射峰特征。电子探针分析结果见表 8-27，说明由于酸解作用，钛铁矿化学成分是渐变的，生成了钛白石矿相。

表 8-27 为酸解渣中钛铁矿酸解生成的（残留）固性物（白钛石和榍石）的电子探针分析结果。

表 8-27　酸解渣中钛铁矿酸解生成的固性物的电子探针分析结果

测点	组分含量/%					
	TiO_2	SiO_2	FeO	CaO	MnO	SO_2
1	94.23	0.58	5.19	—	—	—
2	89.94	1.76	8.3	—	—	—
3	87.06	4.41	7.27	0.59	—	0.67
4	83.57	10.63	5.8	—	—	—
5	61.81	1.2	36.17	—	0.82	—
6	52.45	18.93	1.78	26.84	—	—
7	51.96	—	—	—	—	—

（2）酸解渣的矿物相分析

① 普通辉石。在该矿物中包裹有针状、板片状钛磁铁矿和钛铁矿微包体，受硫酸溶蚀，普通辉石碎屑棱角消失，呈次圆-次棱角状，它与钛精矿中普通辉石相比颜色略浅，颗粒圆度略高，磁性有所减弱。

② 角闪石。主要在-0.154mm～+0.10mm～+0.074mm粒级中角闪石含量较高。受硫酸浸蚀，角闪石已退色，呈白色或微带淡绿色调，已纤闪石化、绿泥石化、绢云母化。

③ 橄榄石。无色或淡黄色，等轴粒状晶粒，有很少量橄榄石较好地保留着钛精矿中的原有特征，其他样品中橄榄石多数已蛇纹石化、绿泥石化、非晶质化。

④ 泥质矿物。该类矿物呈土状，白色-灰白色-灰色，疏松粒状或扁圆豆粒状。X射线及红外光谱分析证明，该类矿物是以非晶质蛋白石（$SiO_2 \cdot nH_2O$）为主，并混杂有少量隐晶质绿泥石类矿物的集合体，应是由钛精矿中黏土矿物、斜长石、绿泥石、橄榄石、蛇纹石、伊丁石、绢云母、角闪石等化学稳定性较差的矿物经硫酸分解生成。

非晶质蛋白石属于胶体矿物，它在酸解渣中附着于其他矿物表面。由于附着力较强，以致哪怕在浸润性很好的酒精中筛分洗涤，均不能从附着矿物上较好地分离，从而使钛铁矿和脉石矿物分选性大大降低，表现出电磁-重砂分离效果都很差。

⑤ 钛磁铁矿。酸解渣中钛磁铁矿含量很低，它仍保留有其内部类质同象分解结构，以及强磁性的工艺特征。

⑥ 磁黄铁矿。碎屑粒状，强磁性，其在酸解渣中含量与钛精矿中磁黄铁矿含量相关。

⑦ 石英。上述各浸渣中均有石英存在，应属钛精矿中原有矿物。

表8-28为试验轻相酸解渣的粒度组成，0.03mm以下细粒级占70%左右。表8-29为试验酸解渣矿物组成，钛铁矿与脉石几乎各占一半。

表8-28　酸解渣的粒度组成

酸解渣编号	粒度					合计
	0.1	-0.1～0.074	-0.074～0.045	-0.045～0.03	-0.03	
4号	2.54	3.88	15.08	7.41	71.09	100
5号	1.94	5.25	21.47	9.02	62.32	100
6号	6.2		7.13	6.89	79.78	100

表8-29　酸解渣矿物组成

酸解渣编号	钛铁矿（包括钛白石）	脉石	其他	合计	备注
1号、2号	53.59	46.36	0.05	100	大、小样之分
3号	39.2	60.49	0.31（钛磁铁矿、硫化物等）	100	
4号	61.82	38.14	0.04	100	
5号	40.85	59.15	—	100	

根据以上对酸解渣矿物特征与组成的试验研究分析表明，对旋流重相样品，由于矿物相比较简单，分选性能较好，采用两段强磁工艺即可获得产率41.07%，精矿TiO_2品位49.04%，TiO_2回收率83.30%的技术指标。而对旋流轻相样品为全粒级试样，矿物相比较复杂，分选性能较差，物料的性质发生了重大变化，故强磁工艺已无选别效果。

（二）酸解渣钛资源回收利用

1．可溶性钛的回收利用

按酸解率96%计算，1t金红石型钛白粉产品需要1.1t TiO_2，则酸解渣中含有44kg不溶

的 TiO_2，其中另有三分之一为可溶性钛，通常酸解渣含 TiO_2 在 23%，则总 TiO_2 量 66kg（$44 \times 3 \div 2 = 66kg$），得到含水量 35% 的酸解渣，1t 产品共有约 440kg 湿滤饼酸解渣，按 1：2.5 的渣水比，需要提取液（水）875kg，可获得约 900kg 提取液，其中 TiO_2 浓度 30g/L，而钛铁矿的酸解钛液浓度在 125~135g/L，密度按 $1.48g/cm^3$ 计算，1t 产品需要 $5m^3$ 钛液，其作为小度水加入，势必影响小度水的平衡，所以最好是直接用于冲渣水，提高小度水中的钛回收量，且保证用水平衡。在连续沉降工艺中使用比间歇沉降工艺更适应，同样间歇沉降出渣与冲渣方式是在沉降槽中心还是旁边，也不一样，前者冲渣用水少，更利于酸解渣中可溶性钛提取液与小度水的平衡。

所以，酸解渣中可溶性钛经过深度提取后，优化工艺直接逆流返回小度水中，作为浸取液回到酸解中回收利用。可回收 1%~2% 的总钛含量。

2．不可溶钛的回收利用

在提取可溶钛的酸解渣后，进行高度分散，通过磁选分离其中的未分解钛矿资源，采用强磁选，使其回收率达到 70%，可回收 3%~4% 的总钛含量。尽管回收钛资源品位相对较低，但在酸解时占总投入钛原料比例低。其回用方法，可将磁选后的料浆经过压滤后，用提取可溶钛及混合的小度水进行打浆，专门作为酸解引发水使用，使其重新回到酸解工艺中去，节约钛原料消耗。

3．酸解渣钛资源回收工艺流程

中国硫酸法钛白粉生产，从 20 世纪 50 年末就开始起步，真正发展是在 2000 年之后，尤其是技术乃至创新技术均是站在过去欧美生产技术的基础上，结合中国的钛资源与广义的资源加工的具体条件而迅速发展壮大起来的。所以，在原材料消耗、生产设备效率上，不仅比肩国际，甚至让传统的国际同行刮目相看。作为酸解渣由于酸解钛液质量所限，传统的酸解率仅有 95%，加上可溶性钛的损失，酸解工序钛回收率不高。为此，酸解渣的分离与钛资源回收是国内工艺技术比国外进步的地方之一。如前所述对酸解渣组成、矿物特征的研究分析，尽管与第三章中钛资源的选矿有类似的技术特征，但因经过酸解后，矿物组成变化与未分解完的钛铁矿细小颗粒的形貌特征差异，如同颗粒矿物表面被硫酸溶蚀后，颗粒边缘形成锯齿状形貌，造成比表面积增大，且溶蚀微孔含有硫酸钙等非磁性化合物，尽管是一个选钛资源过程，但均与选矿存在较大的差异。尽管国内有不少大型钛白粉生产企业拥有自己开发的酸解渣钛资源回收利用技术，也有专门的磁选设备厂家提供成套回收服务。

为此，笔者进行了多年的研究与生产实践，其工艺流程如图 8-37 所示。经过沉降、过滤的酸解渣，加入工艺水（少量稀酸和酸解尾气吸收水等），按 1：2.5 比例进行打浆，打浆后的物料，送入压滤机进行压滤，滤液回收的酸解渣可溶性钛作为回收酸解渣的不溶性钛打浆液备用。从压滤机分离的滤饼，用工艺水（循环打浆液和污循环水及晶种制备钛酸钠废碱）进行打浆高速分散；分散后的物料送入强磁选机进行磁选分离含钛矿物，磁性物质被送入压滤机进行压滤，滤饼用提取酸解渣可溶钛的溶液加上部分生产小度水（或循环稀酸）洗涤，打浆后送去酸解用作酸解反应引发水备用，分离出的滤液返回磁选前打浆；磁选机分离出来的非磁性尾渣，送入压滤机进行压滤，滤饼送入渣场或并入污水钛石膏中作为建筑材料应用，滤液返回磁选机前用于高速分散打浆。

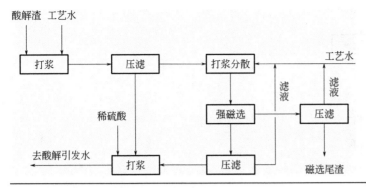

图 8-37　酸解渣钛资源回收利用工艺流程

四、酸性污水中和处理与资源利用技术

正如本节中废酸的来源所述，硫酸法钛白粉的废酸包含 5 类，除了第一类 20%左右的浓废酸外，其余四类因硫酸含量低均作为废水进行处理。传统的方法是采用石灰石粉（浆）进行预中和后，再用石灰乳进行精调，以沉淀生成石膏并分离进行处置。由于硫酸法钛白粉污水量大，需要按绿色可持续发展节水型生产模式进行处理，创新技术解决所谓的"达标"污水排放水资源利用率低的问题。

（一）硫酸法钛白粉污水处理工艺发展

1．传统污水处理工艺流程

硫酸法钛白生产废水主要来自偏钛酸一洗洗液、二洗滤液和洗液、酸解产生气体洗涤酸性污水、煅烧尾气冲洗水、污循环水排水、地坪冲洗、设备冲洗、脱盐水站再生污水及零星污水。其中因一些厂家没有废酸浓缩回用装置，一洗滤液（废酸）是采用碳酸钙与石灰中和分离后的含氧化铁石膏（钛石膏）排放。

钛白污水中主要污染物为 H_2SO_4、TiO_2、Fe^{2+}、Fe^{3+} 及少量 HSO_3^-、F^- 和 Cl^- 等有害物质。污水中几乎无有机物，测试水中 COD 数据大多是 Fe^{2+} 干扰产生。

钛白粉行业产生酸性污水，成分较单一，多是无机物。处理工艺简单，大多数工艺如图 8-38 所示，采用来自生产各工序不同类的酸性废水，进入调节池进行缓冲调解，用泵送到空气鼓泡搅拌和氧化的中和曝气池，加入石灰浆进行中和氧化曝气；中和氧化后的料浆送入压滤机进行固液分离，分离的滤饼即为含有氧化铁和少量氧化钛的石膏硫酸钙，生产习惯称之为"钛石膏"或"红泥"，送外利用或堆存处置，压滤滤液因含有少量的穿滤物进入澄清池澄清，少量清液返回石灰工序用于消化石灰，大量澄清液再进入 V 型滤池进一步过滤其中的细小悬浮物；V 型滤池排出的清液作为达到排放标准工业废水排放，澄清池和 V 型滤池的稠浆返回中和曝气池，并入料浆中再进行固液分离。

2．现有处理方法的不足

（1）设计参数取值范围小　因多数为间歇生产，瞬间污水量波动大，中和时间、氧化时间、沉降池停留时间不均衡。

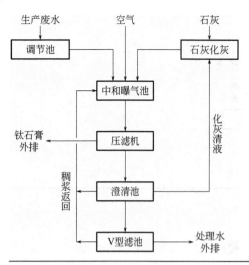

图 8-38　传统硫酸法钛白污水处理流程

（2）设备效率低　采用的处理设备还停留在常规中和沉淀、曝气氧化处理阶段，不仅处理工艺难以掌握，而且影响了处理效果及运行成本。

（3）瞬时处理污水量和质波动大　因前工序钛白粉生产是间歇流程设备多，进入污水站的污水量、污水浓度变化大，中和剂浓度、用量调整力量受限。

（4）空气搅拌兼曝气效率低　采用空气搅拌兼氧化曝气，不仅搅拌效率低，动力消耗大，且空气中氧气利用率低。搅拌不充分又导致中和剂反应不完全，中和剂利用率低下，还导致中和曝气池中硫酸钙沉淀淤积。

3．改进优化技术

（1）石灰石矿替代石灰作中和剂原料技术　早期的钛白粉污水处理几乎是采用石灰经过消化生成石灰乳作为中和剂，因污水含有 2%～4% 硫酸可以分解未经煅烧的石灰原料石灰石，采用石灰石湿磨料浆代替石灰利用稀硫酸的化学能（酸性）分解，减少了大量石灰的生产与使用，节约了石灰的加工过程与分解石灰石的能耗，原料成本大幅度降低，中和效率提高，更没有石灰的二次渣处理，原料利用率高。

（2）新型强力搅拌中和槽　中和剂分散高、反应完全，中和槽操作稳定，没有中和死区，无中和沉淀淤积，且适应钛白粉生产中各种污水浓度的变化。

（3）塔式曝气　节约能耗，提高氧化效率。

4．改进处理生产技术

（1）改进处理设备　包括中和槽搅拌与结构、曝气氧化二价铁离子的方式。

① 中和槽。由于污水处理量大，中和槽体积较大，在中和时物料中液、固、气多相物质混杂，尤其是固体中和剂碳酸钙和石灰乳需要溶解与分解，生成的硫酸钙、氢氧化铁沉淀需要析出。微观界面上过饱和度太大，造成结晶沉淀颗粒极小，并产生包裹，阻止该溶解的固体不能溶解，该沉淀的物质夹带。因此，中和设备不仅需要高搅拌强度，而且最大地消除了过饱和度，提高了流体湍流度与分散强度。中和设备设计结构机理，可参考第六章第四节无机物包膜技术，此处不再赘述。

② 氧化曝气塔。为了降低污水中和处理的曝气能耗，提高氧化能力与效率，有必要将氧化作用与目的进行综合考虑。通常污水中的硫酸根经过钙中和后得到硫酸钙，而硫酸亚铁中的铁元素，生产氢氧化亚铁，再经过曝气后得到氢氧化铁，其原理如下：

$$Fe(OH)_2 + \frac{1}{2}O_2 + H^+ \longrightarrow Fe(OH)_3 \tag{8-32}$$

在中和时不进行曝气，$Fe(OH)_2$ 不被氧化沉淀分离的石膏颜色为黑色。而堆放处置很快与空气接触，固体接触空气的效率远大于水中鼓入空气的效率；若是用于水泥缓凝剂及其他再利用产品用途，因要除去其中大量的游离水，无论风干还是加热烘干，一经接触空气就会氧化成高价铁，变为红色的石膏，除非绝氧除水。对分离沉淀后的水，其 COD（化学耗氧量）较高，是由于氢氧化亚铁的溶度积较大（$K_{sp} = 1.64 \times 10^{-14}$），沉淀的 pH 值（5.5）相对较高，而红色的氢氧化铁溶度积小（$K_{sp} = 1.1 \times 10^{-36}$），沉淀 pH 值（3.8）较低。这样分离出来的处理污水无法达到排放标准的 COD 要求。但是，节约了大量的压缩空气及产生压缩空气的能耗，先沉淀出硫酸钙和氢氧化亚铁，分离后再对滤液水进行曝气氧化。这样可节约因无效的压缩空气使用需要消耗的电耗，仅有极少的亚铁需要曝气氧化；同时采用塔式曝气方式，增加被氧化液体的高度，在高液柱的压力下，增大了气泡内的压力，提高了空气的氧化效率。

（2）改进工艺　如图 8-39 所示，采用石灰石湿磨浆进行一段中和维持 pH 值在 2.5，在第二段和第三段用石灰乳进行 pH 值调节后，送入压滤机进行压滤分离石膏滤饼，滤液送入曝气塔采用罗茨风机进行氧化曝气，再用压滤机或纤维一体化过滤器进行分离，分离固体返回第三段中和，分离液体为达标污水，外排或进行加工回用。

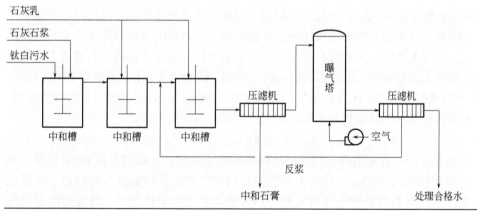

图 8-39　改进污水中和分离生产流程

（二）硫酸法生产污水的循环利用与全资源利用创新技术

1．中和污水难以利用的难点

中和沉淀后进行压滤过滤，滤液在过滤时，初期滤液和穿滤的少量固体，再经过澄清池或纤维过滤器过滤后，作为达到国家排放标准的工业废水向自然水体排放。由于处理水不能循环利用，钛白粉行业准入条件规定每吨硫酸法钛白粉处理废水排放量必须小于 $80m^3$，尽管采用了不少中间回用、复用和套用革新手段，如一洗涤水、二洗涤水套用等，最有效的生产装置每吨钛白粉排放处理废水量仍还在 $60m^3$ 左右。

如此之大的处理废水不能回用，其原因是硫酸法钛白粉废水采用上述石灰中和的反应原理，生成的石膏硫酸钙作为溶解度相对较大的沉淀，分离石膏后的处理废水中硫酸钙的饱和浓度较大。其硫酸钙的溶度积 K_{sp} 在25℃为 4.93×10^{-5}，由于受温度与其中的盐含量带来的"盐效应"影响，$1m^3$ 分离石膏后的处理废水中还含有约 $2\sim4kg$ 的饱和硫酸钙溶液，中和污水的组成见表8-30。除了少量用于化解石灰外，现有处理方法几乎是直接外排进入公共水体，不仅浪费了大量的水资源，而且影响水环境。然而，没有进行回用与复用的原因在于，直接回用对钛白粉生产十分不利，按传统水处理再净化回用技术不能过关。其核心缘由如下：

表8-30 中和污水主要组成

序号	名称	含量	序号	名称	含量
1	pH 值	7.5	6	Mg^{2+}	150mg/L
2	SS	50mg/L	7	SO_4^{2-}	7000mg/L
3	浊度	20NTU	8	TDS	8000mg/L
4	COD_{Cr}	30mg/L	9	Cl^-	900mg/L
5	Ca^{2+}	600mg/L	10	Na^+	3000mg/L

（1）直接返回钛白生产使用 若直接回用到钛白粉生产，则产生三个不利条件：一是用于污循环，即酸解、煅烧这些相对要求较低的喷淋冷却循环水，则析出大量的硫酸钙，堵塞管道与系统，致使生产不可持续，根本不可用。二是硫酸法钛白粉生产耗水量最大的是偏钛酸洗涤，同样因偏钛酸中持液量的硫酸浓度较高，产生"同离子效应"超出硫酸钙的饱和浓度，析出大量硫酸钙吸附在偏钛酸上，带入煅烧产品中，影响二氧化钛的含量及严重影响钛白粉的颜料性能；其中还有可溶性的盐类作为持液量按比例留在滤饼中，严重影响盐处理剂在煅烧时的作用及产品颜料性能，同样不能用。三是钛白粉生产中因制备金红石晶种（第四章）使用大量氢氧化钠和盐酸及后处理无机物包膜（第六章）引入的硅酸钠、铝酸钠及 pH 值调整使用的酸和碱，带来大量的硫酸钠和氯化钠，按 1t 钛白粉生产就有 $200\sim300kg$ 可溶性的硫酸盐和氯化钠隐藏在污水之中，不仅直接循环使其富集与积累，还会严重影响钛白粉生产。

（2）按原水净化处理回用 若按软水净化处理后再进行回用，则同样经济和技术上不能接受，其理由还是有三：一是采用离子交换法按通常的原水处理，1t 钛白粉按 $60m^3$ 计算，其中需要除去的饱和硫酸钙约 200kg，还有大量的因钛白粉生产过程辅助接入的钠盐（氢氧化钠）及因制造金红石晶种和后处理包膜带入的可溶性的硫酸盐和氯化钠等，需要使用对应当量的食盐和盐酸及氢氧化钠等阴阳离子交换剂原料几百千克，同时交换后仍外排出大量含氯化钙的浓盐水，不仅经济费用昂贵，而且增加了一倍的外排盐溶液质量，环境难以接受，也浪费了大量的化学物质资源。二是按通常的原水处理直接采用反渗透膜分离处理废水，由于膜分离浓盐水一侧在提高浓度超过硫酸钙的饱和浓度时，导致硫酸钙沉淀析出；因膜表面的浓度高且其表面能低，而过饱和硫酸钙析出的晶核（前驱体）表面能大，迅速沉积结垢在膜上面，阻止水分子通过，降低膜分离效率，清洗频繁、再生困难，几乎在较短的运行周期内就会造成反渗透膜报废，需要的投资大，运行费用高。三是采用在膜分离前进行超滤，超滤只是对超细固体颗粒有效，而对饱和溶液甚至过饱和溶液却毫无意义；因分离石膏后的处理废水中的硫酸钙饱和浓度相对较大，一旦超滤与膜分离在微观上受到压力、温度、流体对流、表面摩擦、表面能的变化，均会改变饱和浓度的稳定性引起沉淀析出，堵塞超滤介质和膜的水分子及离子通道，致使分离难以进行。

2．中和水循环利用与全资源利用方法

（1）生产原理　正如本章废酸浓缩消除硫酸钙的过饱和度一样，采用专有技术进行循环耦合利用，回收其硫酸钙、硫酸钠中的硫资源，生产氯化钠和硫酸钾衍生副产品等处理污水全回用的零排放技术。

（2）生产工艺　如图 8-40 工艺流程框图所示，硫酸法钛白粉生产产生的污水送入中和反应槽中，加入石灰乳中和到 pH 值为 7.0～7.5，进行曝气氧化（也可以不曝气）后送入压滤机①中进行压滤分离，压滤得到的滤饼作为钛石膏送去加工或处置。压滤的滤液即为中和水，生产上习惯又称中水。将中水送入沉淀槽加入经过碳化的碳酸钠溶液及沉降稠浆对中水中的饱和硫酸进行沉淀，沉淀料浆进入澄清槽进行澄清，稠浆分出三分之二返回沉淀槽沉淀饱和硫酸钙，余下三分之一回到污水中和反应槽；沉降清液送入膜过滤器，先进行纤维过滤除去超细的悬浮颗粒，再用反渗透膜进行过滤分离；分离出的稀相（净化水）作为循环回用水返回钛白粉生产装置，代替生产原水；分离出的浓相（盐水）为硫酸钠和氯化钠的混合盐水。

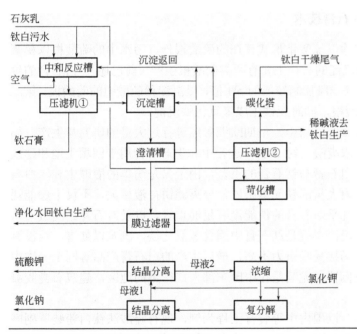

图 8-40　钛白中水全资源利用工艺流程框图

混合盐水根据生产品种和工艺的需要分为两部分：

一部分送入苛化槽根据其中的硫酸钠含量加入石灰乳进行 3～4 级苛化，使其中的硫酸钠部分转化成氢氧化钠和硫酸钙，直接进行压滤过滤；滤饼打浆送回污水中和槽参与污水的中和沉淀，滤液送入碳化塔利用钛白粉后处理干燥尾气或煅烧尾气进行碳化，制取碳酸钠溶液返回沉淀槽，用于沉淀中水中的饱和硫酸钙。

另一部分混合盐水，采用机械压缩蒸发（MVR）或多效真空蒸发达到硫酸钠溶液的饱和浓度，加入氯化钾进行复分解生成硫酸钾后分离母液，进行结晶分离氯化钠固体产品，得到

的母液再加入氯化钾后，进行结晶分离得到硫酸钾固体产品，母液返回浓缩工序。

（三）污水中和副产石膏的资源利用

1．工业副产石膏市场

如前所述，硫酸法钛白粉的废酸包含 5 类，除了第一类 20%左右的浓废酸外，其余四类因硫酸含量低均作为废水进行处理。目前技术条件下，污水中和处理，最实用经济的还是采用石灰石和石灰联合使用除去污水中的稀硫酸和大部分硫酸根。因此，不得不产生大量的中和副产石膏。由于中和处理工艺技术和设备的优劣，产生的石膏量也存在差异。

将硫酸法钛白粉直接中和副产的石膏经过适当的烘干去除其中 60%的游离水分，总游离水分低于 15%后，用于生产水泥缓凝剂，可为目前具有就近水泥厂和水泥厂周边又无工艺副产石膏来源的硫酸法钛白粉生产装置副产石膏的选择之一。但是，需要双方生产能力的匹配，通常水泥缓凝剂的添加量在 5%～7%；5 万吨钛白粉生产需要 1000 万吨水泥匹配。不过，由于价值太低（仅在 100 元/t 之下），受市场运输半径与附近是否拥有磷石膏和脱硫石膏等工业副产石膏竞争的"广义资源"制约，需要"一地一策"全市场全方位权衡。

2．现有钛白污水副产白石膏和红石膏技术

（1）现有生产概况　由于污水除以硫酸钠形式存在的硫酸根外，污水中的硫酸根以稀硫酸和硫酸亚铁为主要成分，而中和沉淀的石膏主要有两类硫酸根生产（前已述）。白石膏的生产是将钛白粉污水中和分为两段，第一段控制较低的 pH 值，以沉淀稀硫酸中的硫酸根，第二段提高 pH 值沉淀硫酸亚铁中的硫酸根，同时亚铁生成氢氧化铁沉淀。

但是由于在生产白石膏和红石膏的产品中，早期欧洲曾经进行过大量的研究与生产，如表 8-5 所示，早期国外一些公司将浓废酸（约 20%）进行中和生产石膏用于回填土地和建筑材料。国内近几年也采用废酸生产白石膏与红石膏的工艺，由于只是简单的酸碱中和，白石膏结晶粒度过细，比表面积大，吸附大量的铁元素杂质，分离滤饼持液量大，不仅干燥能耗高，而且白石膏颜色低劣；同时，几乎对石膏的性能没有足够重视，以及对石膏结晶机理研究甚少，造成白石膏市场定位不准确；再就是红石膏中因含氢氧化铁，既难以处置，也没有找到广义资源下的市场等，造成市场接受吸引力不高，最后生产的白石膏产品等同于一次中和处理的钛石膏，一些投资装置被搁置。尤其是在中国东部人口密集的地区，建筑石膏胶凝材料需求量大，不得不深感遗憾。

（2）现有生产石膏原料与成本　以国内中等装置工程为例，现有硫酸法钛白粉装置副产钛石膏的产量，以不同的钛矿含量的平均值统计，1t 钛白产品消耗硫酸量在 4.0t 左右，其中 1t 硫酸生成硫酸亚铁，除去七水硫酸亚铁带走的硫酸根 0.7t 外，因铁钛比留在系统中的硫酸亚铁对应 0.3t，0.3t 硫酸作为回用酸（稀酸返回酸解与浸取），余下 3.0t 硫酸进入污水处理站用石灰中和（不包括浓缩回用与再用），以 40%的含水钛石膏计算，平均约有 9～11t，需耗用 85%氧化钙石灰 2.1～2.3t，价格 300 元/t。并运到租用渣场堆放，平均费用 20～30 元/t，加上渣场的维护管理费 2～5 元/t（现已开征固体废物排放税 5 元/t），共计每吨钛白粉中和处理原材料费用（处理人工、电费等不计）690 + 10 × 30 + 10 × 4 = 1030 元。

因此，根据市场的需要对污水中和工艺进行改造升级，生产优质的白石膏和红石膏，将是硫酸法钛白粉污水全资源利用的又一创新，达到"天人合一"资源化工生产最佳技术。

3．改进提升的红石膏与白石膏生产工艺

如图 8-41 流程所示,钛白粉酸性污水与石灰石将一起送入一段中和槽进行石膏沉淀反应,控制 pH 值为 2.0～2.5,物料停留时间为 90min,并进入连续澄清槽进行澄清。

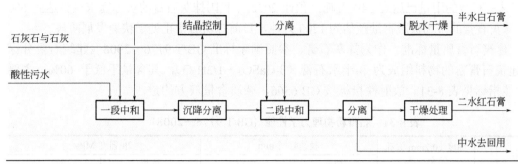

图 8-41　改进升级技术的白石膏与红石膏生产流程

澄清稠浆送入结晶控制槽中进行结晶晶体的增大,并将料浆的 pH 值控制在 2.0,并分出回浆比为 2 的料,返回一段中和槽作为晶种与污水和石灰石一并进行中和,从结晶控制槽结晶的物料按平衡生产物料送入离心机进行离心脱水,并用处理后的中水洗涤滤饼;分离的滤饼进行脱水干燥获得白石膏粉,可用作建筑石膏。

沉降清水与离心脱水的滤液一起送入二段中和槽,加入石灰进行二段中和沉淀,沉淀料浆经过沉降稠厚与压滤分离,滤饼送去烘干后再加工生产红石膏;滤液按前述方法［本小节(三)］进行中水全循环利用净化与回收其中的资源物质(如图 8-36 所示)。

4．红白石膏产品开发

如图 8-42 所示,2018 年国内建筑石膏消耗量在 1.2 亿吨左右,其中有 2200 万吨来自天然石膏矿。据市场统计,工业副产石膏 1.79 亿吨,有近 7000～8000 万吨的工业副产石膏没有市场出路。但是,因硫酸法钛白粉污水处理石膏可按市场的需要进行工艺生产及全资源利用,不失为一个解决钛石膏的经济途径。

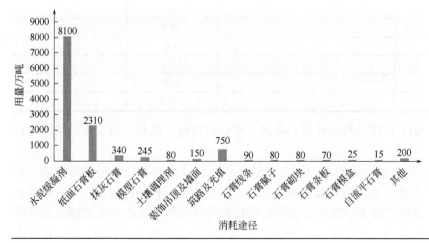

图 8-42　2018 年国内建筑石膏消耗量

（1）白石膏产品　根据石膏用途开发不同的品种。

① 建筑石膏粉。如图 8-42 所示，除去水泥缓凝剂和纸面石膏板以外，抹灰石膏每年用量 340 万吨，几乎是采用开采资源性的天然石膏生产。若采用钛白粉污水处理白石膏，不仅可以减少天然石膏的开采，节约资源，而且是钛白粉白石膏经济生产与市场进入的竞争力增长点。2017 年抹灰石膏的用量已达到 340 万吨，预计 2022 年我国抹灰石膏的实际需求量将达到 600 万吨。抹灰石膏的市场极限容量预估为 1200 万吨，目前抹灰石膏正处于快速发展阶段。

a. 建筑石膏质量标准。作为抹灰石膏，参照国家标准 GB/T 9776—2008《建筑石膏分标准》，建筑石膏粉的物料组成为 β-半水石膏（β-$CaSO_4 \cdot 1/2H_2O$），其含量不低于 60%。主要物理性能指标见表 8-31。放射性指标按 GB 6566，杂质含量双方约定。

表 8-31　石膏粉物理力学性能（GB/T 9776—2008）

等级	细度（0.2mm 方孔筛余）/%	凝结时间/min		2h 强度/MPa	
		初凝	终凝	抗折	抗压
3.0				≥3.0	≥6.0
2.0	≤10	≥3	≤30	≥2.0	≥4.0
1.6				≥1.6	≥3.0

b. 生产工艺。生产工艺如图 8-41 所示，干燥脱水采用斯德煅烧炉，与第六章后处理旋转闪蒸干燥机原理类似，只是需要脱水的温度更高，且产量能力大。

c. 主要生产设备（略）。

d. 投资估算。总投资估算人民币 2000 万元，现有污水站改造设计技术费 600 万元，共计 2600 万元。

生产线采用烟煤作为生产燃料，煤热值约 5500kcal/kg（1kcal＝4.186kJ）；煤耗为 75～80kg/t；电耗为 20～25kW·h/t；若采用天然气为 35m³，电耗为 18～20kW·h/t。

e. 生产费用。生产费用如表 8-32 所示，每吨 172.8 元。

表 8-32　生产费用

项目名称	单耗	单价/元	金额/元	备注
燃煤	80kg	1.0	80.0	
电	20kW·h	0.5	10.0	
折旧费			28.0	
维修费			2.0	
人工费			12.8	
包装费			40.0	
合计			172.8	

f. 经济效益。按 2018 年市场价格计算，不到一年收回投资。现有运出及堆场费用未计算在内。

② α-半水石膏。由于二水石膏脱水因压力和温度不同可以生成不同晶型结构的半水石膏，即 α-半水石膏和 β-半水石膏，前者如二氧化钛的金红石晶型结构一样致密，后者如锐钛型结构一样，离子半径松散，带来的应用性能及胶凝材料性能差别较大，通常的建筑石膏粉因仅是加热脱水，生成的是 β-半水石膏（目前晶型结构差异还没有统一的认识）；α、β-半水石膏的性能比较见表 8-33 所示。

表 8-33 α、β-半水石膏的性能比较

序号	性能		α-半水石膏	β-半水石膏
1	密度/（g/cm³）		2.74～2.76	2.60～2.64
2	折射率		Ng: 1.584 Np: 1.559	Ng: 1.556 Np: 1.550
3	比表面积 /（m²/g）	透气法①	0.3490	0.5790
		BET 法②	1.0	8.2
4	平均粒径/μm		0.940	0.388
5	凝结膨胀率/%		0.30	0.26
6	25℃水化热/（J/mol）		17200±85	19300±85
7	标准稠度用水量/%		30～45	65～85
8	凝结时间 /min	初凝	7～18	5～8
		终凝	<30	<30
9	干抗折强度/MPa		7～12	4～6
10	干抗压强度/MPa		25～100	7～20

①透气法测定的是外表面积。
②BET 法测定的是总表面积。

　　α-半水石膏是高强度石膏，广泛应用于玻璃纤加强石膏板（GRG）、自流平石膏、隧道加固、绷带石膏、牙科石膏、精密铸造石膏、轮胎石膏、陶瓷石膏、芯模石膏、船舶电缆密封等领域。并以高附加值、高适应性石膏著称。我国 α-半水石膏的产量及发展趋势预测到 2022年将达到 411 万吨。

　　传统 α-半水石膏生产是采用天然石膏经过两种工艺生产：一种是加压蒸煮工艺，用蒸汽加压蒸煮生石膏，再经干燥、粉碎而得；另一种是自压蒸煮工艺，利用石膏脱水时产生的蒸汽压力蒸煮，然后经过干燥、粉碎而得。

　　钛白污水中和副产石膏来自料浆，直接向二水石膏浆料中注入蒸汽提高温度（这一点与七水硫酸亚铁的湿法转晶雷同），维持压力，反应时间 3～10min 就可以了，蒸煮设备小，产物批次多、产量大，可控制晶体的特征，按要求制得针状或短柱状的晶体，有时也可以加入一些结晶促进剂，其主要工艺流程如图 8-43 所示。

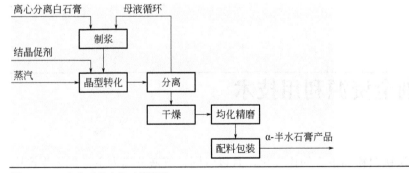

图 8-43 α-半水石膏生产工艺流程

　　（2）红石膏产品　生产白石膏后的红石膏用于石膏水泥制品、污水重金属吸附剂和有机挥发物分解剂。如日本石原生产的红石膏，其产品名称为 Fix-All-Heave，用于吸附和固定水

合土壤中的重金属。实验结果如表 8-34 所示，所有重金属含量下降到 0.01mg/kg。日本石原有机挥发物分解剂，其商品名为 MTV-Ⅲ，不同 VOCs 的分解速率如表 8-35 所示。

因此，红石膏不仅作为污水中除去重金属的吸附剂，也可以作为重金属污染严重的土壤修复剂和吸附剂，减少土壤中重金属涌入农作物的谷物中，减少镉大米等对人体的损害。

表 8-34　重金属吸附处理结果

重金属名称	砷（As）	硒（Se）	镉（Cd）	铅（Pb）
处理前/（mg/L）	20	20	20	20
处理后/（mg/L）	<0.01	<0.01	<0.01	<0.01

表 8-35　不同 VOCs 的分解速率

序号	VOCs 的被分解物质	分解速率常数/h^{-1}
1	四氯化碳	1.1×10^{-1}
2	1,1 二氯乙烷	1.7×10^{-2}
3	顺式-1,2-二氯乙烷	2.7×10^{-2}
4	四氯乙烯	1.5×10^{-2}
5	1,1,1-三氯乙烷	7.6×10^{-2}
6	1,1,2-三氯乙烷	3.5×10^{-2}
7	三氯乙烯	2.3×10^{-2}

五、尾气的处理与利用

硫酸法钛白粉生产产生的尾气包括酸解尾气、煅烧尾气和后处理干燥尾气三种。前两种主要含有氧化硫等酸性物质，采用碱液洗涤吸收即可，除了生产工艺中制备金红石晶种碱溶时分离钛酸钠的过量碱液可用，其量已经难以满足需要，若补充原料碱液，价高，经济上不合算，按第四章煅烧尾气节约碱液洗涤吸收的石灰液处理，也会造成硫酸钙结垢及喷嘴与管道时间一长产生堵塞。因此，采用如图 8-40 所示的工艺流程，可循环制备低价的稀碱液并进行循环处理与利用，此处不再赘述。

第三节
氯化钛白粉废副全资源利用技术

如第五章所述，氯化法钛白粉因生产的连续化，且以气固、气液分离为主，加之生产中的氯气直接进行循环，分离杂质采用气固与气液分离，相对硫酸法钛白粉生产的固液分离为主的废副处理、循环与利用没有那么复杂，这也是氯化法工艺试图淘汰硫酸法工艺的可比优势所在。氯化法生产同样有"气、液、固"三种形态的废副，废副主要有：氯化尾气、氯化渣和后处理滤液与洗液。

尽管氯化法钛白粉生产自问世以来，一直是以硫酸法钛白粉生产不可比拟的两个表观优点在生产和产品市场上进行"强势竞争"：一个是产品质量（需要全市场评价），一个是废副生产与环保（需要资源全生命周期评判），造成社会对氯化法技术的仰慕与敬畏。由于钛白粉产品中既没有氯化物，也没有硫酸根，无论硫酸法还是氯化法，只是借助氯气或硫酸的化学属性及化学能量，将二氧化钛从钛原料中分离出来并生成粒径为 200～350nm 的具有光学材料性能的微晶体颗粒。参与化学反应的硫酸和氯气，要么循环再用，要么变成副产化学品，如若没有市场消纳则成为废物。这是一个基本的具有逻辑的化学化工常识，因此，氯化法钛白粉生产与硫酸法生产一样，同样有"固、液、气"三副或三废，并非专业人士认识判定的清洁无废副的生产工艺。氯化法生产工艺中需要废副处理与循环的地方见第一章图 1-19 流程框图。

一、氯化钛白粉生产废气的资源利用技术

如图 1-19 所示，氯化法钛白粉生产因四氯化钛氧化产生的氯气直接循环回氯化工序，除开停车产生的少量废气需要吸收处理外，废气主要来自氯化工序的不凝气体和精馏净化的不凝气体，如图 5-22 氯化工艺流程和图 5-27 四氯化钛精制净化工艺流程所示，采用氢氧化钠进行吸收处理，这是现有的尾气处理方法。

由于氯化反应时，原料中的水分与其中的含氢组分，将与氯气反应生产盐酸；同样含硫化合物在还原气氛下，也将生成硫化氢气体；还有没有反应完全的氯气和一氧化碳与二氧化碳及冷凝不完全的四氯化钛。这些气体组分的多少，不仅与原料有关，而且与氯化工艺技术和设备密切相关。所以，氯化尾气与精制净化尾气等可以采用分级吸收回收其中的不同组分，作为资源回收。

（一）尾气资源回收原理

氯化法钛白粉氯化尾气及精制净化和开停车的尾气，主要含有 HCl、Cl_2、CO、CO_2、H_2S 和 $TiCl_4$，需要按资源反应进行分级回收，其回收的主要化学反应原理如下：

$$HCl(g) + H_2O \longrightarrow HCl(l) + H_2O \tag{8-33}$$

$$TiCl_4 + H_2O \longrightarrow TiOCl_2 + 2HCl \tag{8-34}$$

$$2Fe + 3Cl_2 \longrightarrow 2FeCl_3 \tag{8-35}$$

$$2H_2S + O_2 \longrightarrow 2S + 2H_2O \tag{8-36}$$

$$2CO + O_2 \longrightarrow 2CO_2 \tag{8-37}$$

按此原理第一步按反应式采用两级循环冷却吸收尾气中的氯化氢气体得到副产品盐酸，第二步用水吸收四氯化钛得到氯氧化钛，第三步用单质铁粉还原尾气中的氯得到三氯化铁副产品，第四步控制还原气氛燃烧尾气中的硫化氢气体回收硫黄，第五步焚烧尾气中的一氧化碳，回收热量。

（二）尾气资源回收生产工艺

氯化法钛白粉生产尾气的资源化回收流程如图 8-44 所示。

氯化尾气及精制净化和氧化尾气送入四氯化钛吸收塔 T1 中，利用四氯化钛吸收循环槽 V1 补充工艺水，用四氯化钛吸收循环泵 P1 进行循环吸收，吸收浓度合格的氯氧化钛溶液，作为产品外售与自用，被吸收后的气体送入一级盐酸吸收塔 T2。

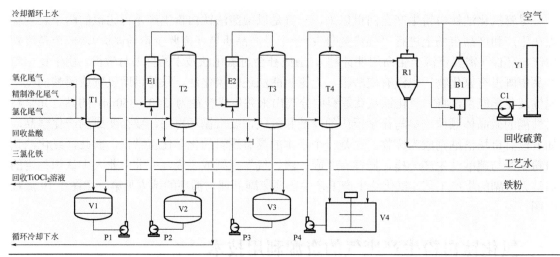

图 8-44　氯化法钛白粉生产尾气的资源化回收流程

B1—焚烧炉；C1—尾气风机；E1、E2—冷却换热器；P1—四氯化钛吸收循环泵；P2—盐酸一级吸收循环泵；P3—盐酸二级吸收循环泵；
P4—氯气吸收循环泵；R1—脱硫回收氧化炉；T1—四氯化钛吸收塔；T2—一级盐酸吸收塔；T3—二级盐酸吸收塔；
T4—氯气还原吸收塔；V1—四氯化钛吸收循环槽；V2—一级盐酸吸收循环槽；V3—二级盐酸吸收循环槽；V4—氯气还原吸收循环槽

　　来自四氯化钛吸收后的气体进入一级盐酸吸收塔 T2，用一级盐酸吸收循环槽 V2 的循环盐酸和二级盐酸吸收送来的低浓度盐酸吸收液，通过盐酸一级吸收循环泵 P2 经过冷却换热器 E1 后，进入一级盐酸吸收塔 T2 进行循环吸收，盐酸浓度到达 28% 后，作为回收盐酸送钛白粉生产后处理工序。

　　一级盐酸吸收后的气体进入二级盐酸吸收塔 T3，用二级盐酸吸收循环槽 V3 的循环盐酸和补充的工艺水，通过盐酸二级吸收循环泵 P3 经过冷却换热器 E2 后，进入二级盐酸循环吸收塔 T3 进行循环吸收，盐酸浓度到达 12% 后，作为稀盐酸送一级盐酸吸收循环槽 V2，作为循环吸收酸。

　　从二级盐酸吸收塔 T3 吸收后的气体进入氯气还原吸收塔 T4，用氯气还原吸收循环槽 V4 的循环氯化铁和加入的铁粉，通过氯气吸收循环泵 P4 送入氯气还原吸收塔 T4 进行循环反应吸收，三氯化铁浓度到达 30% 后，作为回收氯化铁产品外售或按后述氯化渣处理及氯化铁资源加工进行生产氧化铁和氯化铵副产品。

　　从氯气还原吸收塔 T4 排出的尾气，进入脱硫回收氧化炉 R1，加入空气将尾气中的硫化氢气体氧化为单质硫，作为硫黄副产品回收硫化合物。

　　回收硫黄后的尾气，送入焚烧炉 B1 中加入空气对尾气中的一氧化碳等气体进行燃烧，回收其中的燃烧热量或用作氯化渣资源化利用的干燥热源。

　　按此资源回收尾气工艺生产，几乎实现了尾气达标排放，甚至零排放有害物质，且回收了尾气的能源。

二、氯化法钛白粉废水的资源化利用技术

　　钛白粉生产正如许多其他的无机盐及氧化物生产一样，有"湿法"与"干法"之分，也如同传统冶金化工所分成的湿法冶金与干法冶金一样。简言之，硫酸法以固液分离为主，或

称之为湿法,而氯化法以气固和气液分离为主,可称之为干法。顾名思义,干法不以液体(酸或碱)水溶液为过程媒介,则需要产生和排出的液体(废水)几乎没有,或者少之又少。但是,除去氯化、精制和氧化以气体为主外,剩下的后处理与硫酸法别无差异。而硫酸法作为三洗除了滤液排入污水处理外,洗液可以分级套用于二洗水或黑区污循环补充水,且污水如本章第二节所述,经过创新技术也可以回收其中的资源,满足可持续发展与绿色生产之需。

作为氯化法钛白粉生产如前述尾气进行全资源利用后,几乎没有多少废水(循环冷却浓水除外)需要处理,唯一要进行资源化利用的是无机物包膜后处理滤液与洗液。传统生产方法几乎是将包括尾气与后面所述的氯化废渣处理废水和后处理包膜处理废水一起直接送入污水处理站,用石灰进行中和处理。由于后处理无机包膜的过滤与洗涤(见第六章第五节),无论是采用硫酸调节沉淀酸度还是用盐酸调节沉淀酸度,最后在钛白粉微晶体颗粒表面留下氢氧化物沉淀,所有无机包膜物带入钠离子全部生成硫酸钠盐和氯化钠盐,石灰中和后的污水中仍然是无机钠盐,既没有回收,也没有除去,全部进入环境水体中,恶化生态环境。

氯化法后处理包膜产生的废水,多数氯化法钛白粉生产厂家采用盐酸作为酸碱度调节剂,包膜硅铝化合物采用硅酸钠和铝酸钠,废水中的溶质几乎是氯化钠,若采用硫酸铝作为铝化合物包膜,废水中自然带入硫酸钠。而一些装置采用硫酸作为包膜酸碱度调节剂,自然与硫酸法的废水同质。但对仅采用氯化法生产钛白粉的装置而言,不可取,原因有二:

一是因为氯化法生产中从氯气生产开始到钛白粉生产结束,除化合价态的变化带来化学能的高低控制外,氯化钠的氯离子贯穿始终;

二是因为包膜的无机物,无论是偏铝酸钠还是硅酸钠中的原始钠离子来源于氯碱工业的主要原料氯化钠。

因此,无机包膜废水主要成分为氯化钠,采用现代的氯化钠溶液分离净化技术,在钛白粉生产上进行小循环与氯碱系统进行氯化钠的大循环耦合工艺,遵从最低能源利用原则,耦合回收再用其中的氯化钠资源,是氯化法钛白粉生产废水资源利用的有效途径,也是氯化法钛白粉全资源生产技术的发展方向。

(一)氯化法钛白粉废水来源与产量

如上所述,氯化法钛白粉生产废水,除了传统尾气净化与氯化废渣处理产生的废水外,主要是无机物包膜废水。因无机物包膜成分与包膜量及设计产品品种的不同,过滤洗涤效率有所不同,每吨钛白粉产品排出的单耗量略有差别。现有工艺技术已经采取分段套用降低排放量,尤其新型压滤机的使用,中心洗涤与洗涤尾期的低电导水(盐浓度低)的再用,现有先进工艺 1t 产品排放量在 6~8t。一个 100kt/a 的氯化法钛白粉生产装置,最大设计废水排放 100t/h,其主要组成见表 8-36。其中所含资源量,每小时回收 0.55t 氯化钠、4t 蒸馏水和 90t 脱盐水。

表 8-36 无机包膜废水主要组成

序号	组成名称	指标	测试方法
1	pH 值	7.6	pH 计
2	SS	500mg/L	超滤后烘干

序号	组成名称	指标	测试方法
3	Ca	40mg/L	
4	Fe	0mg/L	
5	Na	3660mg/L	ICP
6	Mg	37.5mg/L	（电感耦合等离子发射光谱）
7	Si	8.59mg/L	
8	Ba	0.45mg/L	
9	Ti	0.016mg/L	
10	Cl^-	4550mg/L	硝酸银滴定法
11	SO_4^{2-}	81mg/L	铬酸钡比色法
12	TDS	8197mg/L	烘干法

（二）氯化法钛白粉废水全资源化利用技术

1．生产原理

采用超滤分离其中的悬浮物，回收其中的二氧化钛及微量的硅和铝氢氧化物。

采用电渗析方法进行盐水提浓，电渗析是一种利用离子在直流电场下迁移作用的电化学分离过程，广泛应用于带电介质与不带电介质的分离。电渗析是在直流电场作用下，利用阴、阳离子交换膜对溶液中阴、阳离子的选择透过性，使溶液中呈离子状态的溶质和溶剂分离的一种物理化学过程。氯化法钛白粉生产废水经过电渗析后，分离出两股水，淡盐水和浓盐水。

采用反渗透膜将淡盐水进一步提浓分离，得到脱盐水和浓盐水，浓盐水返回电渗析进一步提浓，脱盐水返回钛白粉生产。反渗透具有的选择性为只能透过溶剂而截留离子物质，以膜两侧的静压差为推动力，克服溶剂的渗透压，使溶剂通过渗透膜而实现对液体混合物的分离。反渗透可以采用一级、多级、一级一段循环式和多级多段循环式进行膜组件排布，图8-45为反渗透三级两段循环盐水分离流程。因电渗析产生的淡盐水还有较高的盐含量，再进行反渗透膜分离得到直接回用于钛白粉无机包膜的脱盐水，分离的浓盐水返回到电渗析分离的进料水中。

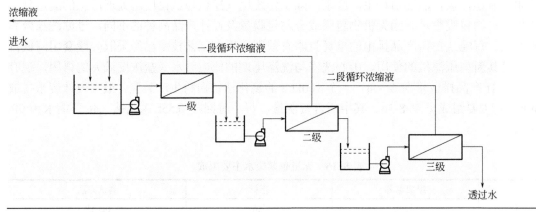

图 8-45　反渗透三级两段循环盐水分离流程

电渗析分离得到的浓盐水根据"广义资源"条件，若钛白粉生产装置与氯碱装置同在一起或近邻，直接返回氯碱装置进行化盐精制工序，若没有耦合的氯碱装置，应进行蒸发浓缩回收其中的氯化钠产品。

2. 主要生产工艺

氯化法钛白粉生产废水资源利用工艺流程框图见图 8-46。

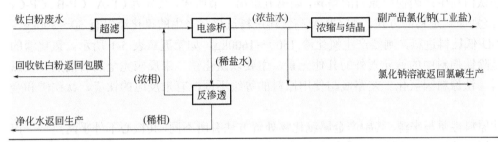

图 8-46　氯化法钛白粉生产废水资源利用工艺流程

来自氯化法钛白粉的生产废水，经过超滤膜过滤器单元，回收水中约 500mg/L 以钛白粉为主的固体悬浮物，悬浮物稠浆返回钛白粉无机包膜工艺。超滤膜过滤器分离的溶液进入电渗析（DE）浓缩分离器单元，将氯化钠盐浓度约 12.5g/L 浓缩至 150g/L 左右，在生产装置附近有氯碱工业时，直接将浓盐水送去氯碱装置作为溶解盐的化盐水使用，并代替部分氯化钠原料。在生产装置附近没有氯碱装置时，浓盐水经过 MVR 蒸发浓缩结晶分离得到工业级氯化钠产品，可用作氯碱领域生产原料。电渗析产出的稀盐水浓度为 10g/L，稀盐水经过反渗透（RO）浓缩分离器单元，分离至盐浓度 30g/L 左右的浓相返回至电渗析浓缩单元继续浓缩，而反渗透稀相则为电导率为 30μS/cm 的净化脱盐水，直接回用于钛白粉后处理中，取代原有生产专门制取的脱盐水。

如此，整个氯化法钛白粉生产废水资源回收工艺，分离得到的净化水全部回用，其中的盐溶质资源和钛白粉细小固体得到全资源利用与再用，实现污水零排放，满足绿色可持续发展的要求。

3. 主要生产控制参数

① 超滤控制固体含量从 500mg/L 降到 50mg/L。
② 电渗析浓盐水浓度 150g/L，稀盐水浓度 10g/L。
③ 反渗透浓相浓度 30g/L，稀相电导率 30μS/cm。
④ 氯化钠产品含量 96%。

4. 耦合说明

如果氯化法钛白粉生产装置靠近氯碱生产装置，根据钛白粉生产与氯碱装置的各自产量及化盐水的平衡和精制盐水的净化能力，可省去电渗析浓缩分离单元，直接在超滤之后用反渗透浓缩单元分离，达到 30g/L 的浓相盐水后直接送氯碱装置，可节约氯碱装置的氯化钠用量和工艺水用量，而大幅地降低氯化法钛白废水资源利用与回用的电渗析与浓缩结晶 MVR 等四分之三的投资费用，达到经济的运行费用并实现零排放，回用 1t 废水较之生产使用原水费用低。

三、氯化工艺副产氯化渣的资源利用技术

（一）副产氯化渣的组成与来源

氯化法钛白粉生产因使用原料的差异，如第五章第二节所述，共分为 CP-A、CP-B、CP-C、CP-D 四种级别原料进料的方式，如 CP-A 高钛料进料氯化，产生的氯化渣仅有 50～300kg，而采用 CP-D 低钛料进料，则要产生氯化渣 1500～1600kg，如第五章表 5-1 所示。氯化渣的组成主要是除钛原料中的钛元素外的其他元素，主要以氯化铁、未反应完全的石油焦和被氯化的钛原料，钛原料因氯化工艺路线与使用原料的等级不同，有未反应的钛渣、钛铁矿和金红石等。

根据钛原料性质与来源，其副产金属氯化物处置方法有所不同，其核心不外乎两点——市场与成本。氯化法的氯化废渣因选取钛原料的等级不同，采用第五章表 5-2 中的四种不同等级原料对应的处理方案。

美国前杜邦钛白粉公司认为，地下灌注是指通过严格建造和控制的深井将液体废物（灌注物）注入深层地下多孔岩石或土壤地层的污染物处置技术。美国使用该技术已经有近 60 年的经验，并制定了一整套比较完善的法规及相关管理条例，可有效防止对可饮用地下水的污染。依照灌注物性质的不同，美国环保局将深井分为五类，目前美国有用于危险废物处置的 I 类深井逾百口，美国通过土地处置的危险性废物中有 89%是通过 I 类灌注井进行处置的。美国环保局的研究结论是深井灌注是对人类和生物圈环境影响很小的一种安全的废液处置技术。作为一种第四维（陆地第四相）的环境容量，深井灌注的使用数量到应用范围都在不断发展。

（二）现有副产氯化渣的处理工艺技术

1. 采用高钛料副产的氯化渣处理的工艺技术

（1）处理化学原理 由于氯化渣是氯化反应工序所产生的渣，其中主要是反应生成的高沸点氯化物和没有反应完的固体反应物，即钛原料和石油焦及一些酸性化合物等。采用石灰进行中和处理的主要原理如下：

$$HCl + Ca(OH)_2 \longrightarrow CaCl_2 + H_2O \tag{8-38}$$

$$FeCl_2 + Ca(OH)_2 \longrightarrow CaCl_2 + Fe(OH)_2 \downarrow \tag{8-39}$$

$$2FeCl_3 + 3Ca(OH)_2 \longrightarrow 3CaCl_2 + 2Fe(OH)_3 \downarrow \tag{8-40}$$

$$TiCl_4 + 2Ca(OH)_2 \longrightarrow 2CaCl_2 + Ti(OH)_4 \downarrow \tag{8-41}$$

$$ZrCl_4 + 2Ca(OH)_2 \longrightarrow 2CaCl_2 + Zr(OH)_4 \downarrow \tag{8-42}$$

$$MnCl_2 + Ca(OH)_2 \longrightarrow CaCl_2 + Mn(OH)_2 \downarrow \tag{8-43}$$

同时未反应的钛原料和石油焦也一并进入反应分离的沉淀中。

（2）主要处理生产工艺 由于高钛料每吨钛白粉副产的氯化渣相对量较小，早期国内主要采用石灰中和处理，然后加入水泥固化后填埋。而现在引进一些技术时采用的工艺可分为两种模式：

一种是中和达标进行固体堆放填埋和中和水排放，处理流程见图 8-47。将氯化渣经过加水打浆后送入氯化渣中和槽 V1 中，加入石灰乳进行中和沉淀，控制物料 pH 值为 7，沉淀后的料浆用压滤泵 P1 送入压滤机 F1 中进行压滤分离，分离的固体滤饼经过皮带输送机 L1 送去陆地填埋，滤液作为处理后的达标污水经过处理液储槽 V2 后，再经过处理污水转料泵 P2 排放水体。

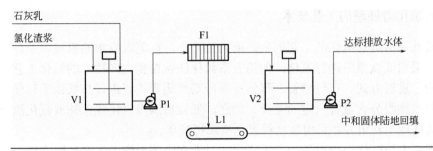

图 8-47　氯化渣处理达标排放流程

F1—压滤机；L1—皮带输送机；P1—中和压滤泵；P2—处理污水转料泵；V1—氯化渣中和槽；V2—处理液储槽

另一种是回收其中的石油焦和生产污水处理剂及处理水达标外排，处理流程见图 8-48。氯化渣送入溶解槽 V1 中加入工艺水进行打浆溶解，溶解后的物料经过泵 P1 送入压滤机 F1 中分离其中的不溶物质，滤饼为富集的石油焦和钛原料固体，经过皮带输送机 L1 送出，用于钢铁工业生产回收其中的石油焦能量，其中的钛原料可作为炼铁炉耐火材料的炉壁保护；压滤机分离出来的滤液进入氯化渣溶解分离转料槽 V2，再经过泵 P2 送出进行再处理加工和利用。包括三种方式，介绍如下。

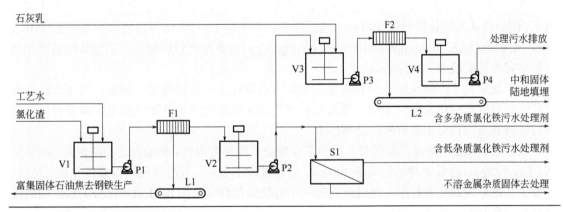

图 8-48　氯化渣回收与资源利用流程

F1—氯化渣溶解压滤机；F2—氯化物中和沉淀压滤机；L1，L2—皮带运输机；P1—氯化渣溶解压滤泵；
P2—氯化渣溶解液转料泵；P3—氯化溶液中和压滤泵；P4—处理污水排放泵；S1—金属杂质分离器；
V1—氯化渣溶解槽；V2—氯化渣溶解分离液转料槽；V3—溶解液中和槽；V4—污水转料槽

第一种方式，因其中主要为氯化铁和含少量 Ti、Zr、V、Nb、Cr、Mn 和 Ni 等金属杂质的溶液，直接作为污水处理剂（铁系絮凝剂）使用。

第二种方式，送入金属杂质分离器 S1 中，加入少量的沉淀剂沉淀其中一种少量的金属杂质，清液作为净化后氯化铁絮凝剂，用于污水处理，分离的固相金属杂质去固废处置。

由于氯化铁作为污水处理剂受市场局限与运输半径制约，氯化法钛白粉生产装置能力较大后，市场无法接纳，因此采用第三种处理方式。将分离不溶物的氯化物溶液送入溶解液中和槽 V3 中，加入石灰乳进行中和，控制料浆 pH 值为 7.0～7.5；再经过泵 P3 送入压滤机 F2 中进行固液分离，分离的滤饼固体废物经过皮带输送机送去陆地填埋；滤液处理污水进入污水转料槽 V4 后，再经过泵 P4 送入外界水体，达标排放。

2. 采用低钛料副产的氯化渣处理的工艺技术

众所周知，采用低钛原料进行氯化法工艺的生产商为数不多，据笔者收集的资料，全球仅有前杜邦和克朗斯可采用低钛原料进行氯化。如第五章氯化法钛白粉生产技术的氯化工艺所述，沸腾氯化炉结构、进料方式、烟气导管、气体冷却冷凝结构等均要进行高低钛原料使用的兼容，因为炉料与气体组分含量有一定的差异。加之，低钛料沸腾氯化就意味着氯化渣的产生量成倍增加，其处理与利用并非采用高钛料氯化渣那样简单。

美国前杜邦公司因亚太地区钛白粉市场的需求剧增，早期在中国台湾的生产装置产能已不能满足亚太市场的需求，为此寻求在中国大陆建设世界最大规模的氯化法钛白粉生产装置，2005 年 11 月与山东东营市政府正式签订协议，计划投资 20 亿美元，分两期建设 400kt/a 装置生产能力，一期 200kt/a，投资 10 亿美元，并于 2007 年 11 月国家环保总局通过环评报告。由于采用低钛原料氯化技术，大量的氯化渣采取与该公司在美国的生产装置处理氯化渣的方式一样，需要开凿 3000m 深井灌入地下。因此，该项目迟迟未能获得国土资源部和发改委等部门的批准。拖延到 2011 年 5 月 11 日，杜邦公司宣布，在原墨西哥生产基地的 Altamira 投资 5 亿美元新建 200kt/a 氯化法钛白粉生产装置，公司其他 5 个生产基地脱瓶颈挖潜扩能共增加 15kt/a 的生产能力，共计新增加生产能力 350kt/a。墨西哥新装置预计按计划 2014 投产，据报道于 2018 年才开始生产。不过，低钛料氯化渣的处理在美国早期均是采用深井灌注方式埋于地下，因企业认为低钛原料氯化渣属于选矿废物，1995 年 12 月美国环保局固废办公室（Office of Solid Waste U.S. Environmental Protection Agency）签署补充拟议规则，支持陆地第四相处置新鉴定的选矿废物（氯化渣）。

用低钛原料生产氯化法钛白粉的优劣见第五章氯化原料选择所述。但是，因随着环保要求和社会可持续绿色发展的要求，低钛原料产生的大量氯化渣也开始或被迫采取多种工艺处理与资源利用，目前主要有两种处理技术。

（1）深井灌注　据说在美国有几百种工业废副采用深井灌注，如前所述的陆地第四相（除水、陆、空外）。通常深井达到地下 3000m，已越过地下水层，同时地质结构条件允许、可控。主要工艺流程为氯化渣打浆，经过选回其中不溶物钛原料（见图 8-43 前半部分）后，用高压泵直接向打好的深井进行灌注。

（2）纯碱中和生产融雪剂　由于深井灌注受到越来越多的限制，且造成了不少环保麻烦，一些知名的氯化法钛白粉生产装置，采用纯碱中和沉淀金属氢氧化物，分离后滤饼采取陆地堆存与填埋，滤液氯化钠进行蒸发浓缩结晶生产融雪剂，又称为路面盐，可减少冬季低温路面结冰从而降低行车困难，同时开拓了氯化渣中氯离子市场去路。

① 生产原理。采用纯碱进行中和处理的主要原理如下：

$$2HCl + Na_2CO_3 \longrightarrow 2NaCl + H_2O + CO_2 \uparrow \qquad (8-44)$$

$$FeCl_2 + Na_2CO_3 + H_2O \longrightarrow 2NaCl + Fe(OH)_2 \downarrow + CO_2 \uparrow \qquad (8-45)$$

$$2FeCl_3 + 3Na_2CO_3 + H_2O \longrightarrow 6NaCl + 2Fe(OH)_3 \downarrow + 3CO_2 \uparrow \qquad (8-46)$$

$$TiCl_4 + 2Na_2CO_3 + H_2O \longrightarrow 4NaCl + Ti(OH)_4\downarrow + 2CO_2\uparrow \qquad (8\text{-}47)$$

$$ZrCl_4 + Na_2CO_3 + H_2O \longrightarrow 4NaCl + Zr(OH)_4\downarrow + CO_2\uparrow \qquad (8\text{-}48)$$

$$MnCl_2 + Na_2CO_3 + H_2O \longrightarrow 2NaCl + Mn(OH)_2\downarrow + CO_2\uparrow \qquad (8\text{-}49)$$

反应的同时也要包裹一些金属碳酸盐，尤其是在酸度降低，pH 值升高后，一些碱式碳酸盐形成。

② 生产工艺。纯碱中和生产融雪剂的主要工艺流程如图 8-49 所示。氯化渣经过氯化渣打浆槽 V1 加水打浆后，由滤渣浆料泵 P1 送入组合旋流器 C1 中进行分离，分离的浓相进入沉降槽 S1 进行沉降，沉降清液连同组合旋流器分离的清液送入纯碱中和槽 V4-1,2 中；在浓浆中间槽 V2 沉降后经过泵 P2 送入二次旋流器 C2 进行分离，旋流清液也进入 V4-1,2 中和槽；旋流器底流进入螺旋重选机 C3 进行分离，回收的钛原料送回生产原料工序进行烘干再用。分离的轻相流入过滤进料槽 V3 后，经过滤料泵 P3 送入真空过滤机 F1 进行过滤，滤饼作为固体废副送外处理，滤液与前面组合旋流器 C1、沉降槽 S1 和旋流器 C2 及真空过滤机 F1 分离得到的清液一并进入纯碱中和槽 V4-1,2 中，加入纯碱进行中和沉淀金属化合物。中和料浆用泵 P4 送入离心机 F2-1,2 进行分离，分离的滤饼为铁和其他的氢氧化物沉淀，送外进行陆地填埋和堆放处置，滤液进入蒸发浓缩进料槽 V5 后，再经过中和滤液泵 P5 送入三效蒸发器 T3 中，利用二效蒸发器 T2 排出的蒸汽在蒸发换热器 E3 中进行换热蒸发，蒸发产生的蒸汽利用真空喷射泵 P6 进行负压蒸发；从三效蒸发器 T3 蒸发的溶液进入二效蒸发器 T2 的蒸发换热器 E2，利用一效蒸发器 T1 产生的蒸汽进行热交换，加热物料并在蒸发器 T2 中进行蒸发，闪蒸产生的蒸汽送 E3 蒸发换热器，浓缩的物料再继续进入一效蒸发器 T1 的蒸发换热器 E1，利用外来的生蒸汽对浓浆物料进行热交换，并在一效蒸发器 T1 中进行蒸发，闪蒸产生的蒸汽送蒸发换热器 E2，浓缩的晶浆送入冷却连续结晶器 S2 进行结晶，结晶后的物料送入离心机 F3 中进行离心分离，分离得到的氯化钠结晶体作为融雪剂（含杂质多）送入库房出售，滤液返回浓缩蒸发器。

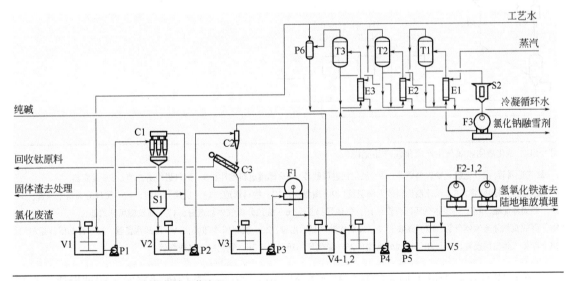

图 8-49　氯化废渣生产融雪剂氯化钠工艺流程

C1—组合旋流器；C2—二次旋流器；C3—螺旋重选机；E1～E3—蒸发换热器；F1—真空过滤机；F2-1,2—离心机；F3—离心机；P1—滤渣浆料泵；P2—浓浆料泵；P3—过滤料泵；P4—中和料浆泵；P5—中和滤液泵；P6—真空喷射泵；S1—沉降槽；S2—结晶器；T1—一效蒸发器；T2—二效蒸发器；T3—三效蒸发器；V1—氯化渣打浆槽；V2—浓浆中间槽；V3—过滤进料槽；V4-1,2—中和槽；V5—蒸发浓缩进料槽

（3）还原生成循环氯气和氧化铁　除此之外，前杜邦的科学家 Haack 和 Reeves 曾发明改进还原氯化渣制取循环氯气和氧化铁的专利技术（US4144316），将氯化产生的氯化渣在催化剂氯化钠和氧化铁的存在下，在流化床中 550～800℃氧化气氛下反应生成氯气和氧化铁，几乎与 Dunn 博士开发的 REPTILE 工艺双循环氯化氯化铁制取氯气和氧化铁一样。

①　反应原理。与四氯化钛氧化相似。

$$2FeCl_3 + 3O_2 \longrightarrow 3Cl_2 + 2Fe_2O_3 \tag{8-50}$$

②　生产工艺。生产工艺如图 8-50 所示，氧气进料管 1 供应氧气为 0.68MPa 的压力，从进料贮斗 2、3、4 采用氮气压送原料三氯化铁、氯化钠和燃料，冷却固体返料循环管 22 返回的氯化铁和氧化铁从反应器 6 底部进料，反应装置是由 6、7、8 和 9 组成。反应器被分成几段，O_2 从管道 1 进入陶瓷衬里的反应器 6，其直径 76cm，高 2.85m，包括 0.38m 球型封头，四个辅助氧气进料旁路管 5 置于 6 底部锥形中间，从 6 出来陶瓷管 7，直径 22.9cm，高度 1.83m，反应后的料再进入放大陶瓷管 8，其内径 61cm，长度 1.22m，再进入陶瓷管道 9，陶瓷管 9 与陶瓷管 7 具有相同的直径，但高度为 8.54m。

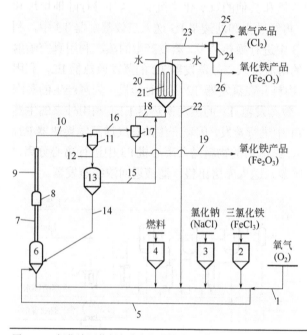

图 8-50　氯化渣回收氯气生产氧化铁产品流程

1—氧气进料管；2—三氯化铁进料贮斗；3—氯化钠进料贮斗；4—燃料进料贮斗；5—氧气进料旁路管；6—反应器；

7—反应器出料陶瓷管；8—反应器出料放大陶瓷管；9—陶瓷管；10—物料管道；11—旋风分离器；12—旋风分离器下料管；

13—热固体储罐；14—热固体循环返料管；15—气体导料管；16—旋风分离气体输送管；17—高效旋风分离器；

18—高效旋风分离气体导管；19—高效旋风分离氧化铁产品输出管；20—流化床冷却器；21—冷却水盘管；22—冷却固体返料管；

23—冷却气体出料接管；24—精细旋风分离器；25—氯气产品送料管；26—氧化铁产品送料管

　　在反应器 6 从管道 1 加入的物料被加热到 550～800℃，氯化铁被蒸发，碳被燃烧，在反应器 6 反应并接着在反应段 7、8、9 生成氯气和氧化铁，反应物经过长度为 21.3m 管道 10 后，再进入旋风分离器 11 进行气固分离；从旋风分离器 11 分离的粗颗粒氧化铁经过管道 12 进入热固体储罐 13 后，再经过循环管道 14 返回反应器 6，气体与轻相细小的氧化铁经过管道 16 进入高效旋风分离器 17 进行分离，分离没有分离尽的固体氧化铁作为产品氧化铁经管道 19

送出；分出的气体经过管道 18 从流化床冷却器 20 的底部送入冷却器 20 中，用冷却水盘管 21 将气体冷却降温到 150℃，在冷却器 20 中，来自热固体颗粒储罐 13 未反应的氯化铁气体经过管道 15 进入管道 18 一并送入流化床冷却器 20 冷凝冷却，冷凝的氯化铁和氧化铁固体经过管道 22 送入管道 1 与原料一道回到反应器 6 中继续反应。

从流化床冷却器 20 冷却的气体产品经过管道 23 进入精细旋风分离器 24 分离残余的固体，作为氧化铁产品经管道 26 送出，分离制取的氯气产品经过氯气产品输送管直接回到钛铁矿氯化炉流化床中作为原料。

③ 氯化渣组成。氯化渣组成如表 8-37 所示，$FeCl_3$ 含量达到 87%，$FeCl_2$ 为 5%，还有 3% 的 $TiCl_4$。

表 8-37 氯化渣组成

组分	$FeCl_3$	$FeCl_2$	$TiCl_4$	$AlCl_3$	$MgCl_2$	$MnCl_2$	微量杂质
含量/%	87.0	5.0	3.0	2.0	2.0	0.6	0.4

④ 流化床反应工艺参数。流化床反应工艺参数如表 8-38 所示。

表 8-38 流化床反应工艺参数

序号	参数名称	参数指标
1	反应温度/℃	55~800
2	反应进口压力/MPa	0.3~0.7
3	氯化渣进料量/(kg/h)	1360~6820
4	氧气过量/%	1~70
5	碳基燃料进料/(kg/h)	68~180
6	氯化钠进料/(kg/h)	23~136
7	氧化铁循环量/(kg/h)	6800~27200

⑤ 试验结果。技术开发试验结果如表 8-39 所示，氯化铁转化成氧化铁的转化率达到 95% 以上，催化剂氯化钠与燃料的用量随反应温度、氧气过量及氧化铁的循环量而变化，连续运行时间达到 15h。

表 8-39 技术开发试验结果

操作条件	试验 1	试验 2	试验 3	试验 4
反应器温度/℃	700~720	710~780	680~720	640~740
反应器进口压力/MPa	0.48	0.54	0.54	0.54
进料速率				
氯化渣/(kg/h)	3520	1150~1820	2270~3180	1360~1820
氯化钠/(kg/h)	50	50	90	300
燃料/(kg/h)	114	91~114	91	68~91
氧气/(kg/h)	860	820	730~860	730
氮气/(kg/h)	0~230	450	230~860	450
过量氧气/%	23	69~101	15~71	71~310
氧化铁循环量/(kg/h)	9060~13640	7270	10000	10000
燃料				

操作条件	试验 1	试验 2	试验 3	试验 4
氢含量/%	0.7	2.2	3.0	0.3～0.4
燃点/℃	400	390	390	570
氯化铁转化氧化铁率/%	98	95	95	95
运行时间/h	15	7	2.5	4.0

注：1. 温度测量点在第一个旋风出口。

2. 氮气进入是原料压力罐送料进入。

3. 过量氧使所有氯化铁转化为氯气和氧化铁，所有的碳转化为二氧化碳，所有的氢转化为水。

4. 燃料中的氢是来自碳氢物质，固定碳含量 70%，其余为残渣。

3. 氯化渣全资源利用创新技术

（1）氯化渣中的资源与传统处理技术的不足　无论采用 CP-A 富钛原料进行氯化法钛白粉生产，还是采用 CP-D 低钛原料进行氯化法钛白粉生产，在氯化工序产生的氯化渣均是来自钛矿中的金属铁元素及其中少量的其他金属元素形成的氯化物及没有利用完的石油焦。

氯化渣中的铁资源，按前述氯化渣的处理方法，仅作为污水处理剂三氯化铁才实现了资源的利用，但三氯化铁应用市场有限，且因其中的氯离子易腐蚀管道及设备，几乎被前述硫酸法钛白粉稀酸生产的聚合硫酸铁挤出市场。本身 20 世纪 80 年代日本人开发聚合硫酸铁生产就是取代三氯化铁为前提的研究工作。而作为铁资源，市场缺口非常之大，中国每年进口十几亿吨的铁矿石用于钢铁生产，钛铁矿中的铁需按铁资源对待。

若氯化渣采用石灰乳进行中和处理，产生氢氧化铁和氯化钙溶液，氢氧化铁中夹带大量的氯化钙和一些不溶钙化合物，不仅无法利用，且仅能堆放填埋。大量的稀氯化钙排入水体，既浪费资源又污染环境，已经完全落伍，跟不上可持续绿色发展的步伐，需要改变与淘汰此技术。

再就是采用纯碱中和生产融雪剂，沉淀氢氧化铁中氯化钠含量高，也是仅能堆放与陆地填埋，铁金属资源难以利用；而浓缩蒸发结晶产生氯化钠融雪剂，只是利用了氯化渣中的氯离子，而将纯碱生产成为氯化钠是生产纯碱的一个相反过程，使用了纯碱的化学能，但是降低钠离子的资源与化学价值属性，可以说是赔本的"买卖"。但是，正如第五章氯化钛原料所述，牺牲了氯化渣的处理费用，但换来了氯化原料的成本大幅度降低（最具成本竞争力），并有助于氯化法氯化工艺的最佳生产效益（利于大型沸腾氯化炉稳定控制）。

所以，为了克服现有氯化法钛白粉和钛金属等工业在四氯化钛生产中氯化反应产生的氯化废渣，因难以处理而靠固化填埋和深井灌注及生产融雪剂等化学能与资源属性倒挂，不能将其作为资源利用。笔者发明了名称为"氯化废渣的资源化处理"专利技术方法（CN104874590B）。该方法是将氯化废渣用工艺水进行打浆溶解；打浆溶解后的料浆经过稠厚器进行稠厚分级；从稠厚分级器出来的重相料浆进入重相料浆固液分离机分离，分离的固体经过干燥打散后返回氯化工序替代部分原料；从稠厚分级器出来的轻相料浆进入轻相料浆固液分离机分离，分离的固体经过干燥后作为生产中的燃料使用；从重相和轻相料浆两个固液分离机分离出来的液体合并在一起，加入氨气进行中和沉淀反应，沉淀出氢氧化铁沉淀；再经过固液分离，分离的固体进行烘干煅烧生产氧化铁产品及深度还原生成金属铁产品，液体进行冷却结晶并分离，得到肥料级氯化铵，结晶母液循环返回用于氯化废渣的打浆溶解。

与前述现有的所有氯化废渣处理技术相比，本技术解决了氯化法钛白粉和金属钛等工业四氯化钛生产中的氯化废渣靠废物固化填埋和深井灌注的昂贵处理方法，其中所具有的钛、铁和石油焦资源没有全面利用的难题。且不仅将氯化废渣中未参与反应的有效成分回收并返回生产中，提高了氯化生产时钛原料和还原剂石油焦的利用率，降低了原料的投入量，节约了原料生产成本；也由于将难以处理的可溶成分氯化铁和盐酸等混合物质，加工成市场容量大的产品，克服了现有采用固化埋填和深井灌注的消极落后处理方法的不足，提高了资源的利用和再用率，增加了生产者的经济效益，消除了现有氯化废渣处理带来的环境保护隐患。达到了绿色可持续氯化渣资源经济利用的目的。

　　（2）主要生产原理　随氯化沸腾炉氯化烟道气排出的氯化渣中不溶物主要包括未反应的钛原料和石油焦，采用固液分级分离的方式回收其中的原料资源。而其中分离出以氯化铁为主的金属氯化物，加入氨水进行中和反应，其反应原理如下：

$$FeCl_2 + 2NH_3 + 2H_2O \longrightarrow 2NH_4Cl + Fe(OH)_2\downarrow \tag{8-51}$$

$$FeCl_3 + 3NH_3 + 3H_2O \longrightarrow 3NH_4Cl + Fe(OH)_3\downarrow \tag{8-52}$$

$$HCl + NH_3 \longrightarrow NH_4Cl \tag{8-53}$$

$$TiCl_4 + 4NH_3 + 4H_2O \longrightarrow 4NH_4Cl + Ti(OH)_4\downarrow \tag{8-54}$$

$$ZrCl_4 + 4NH_3 + 4H_2O \longrightarrow 4NH_4Cl + Zr(OH)_4\downarrow \tag{8-55}$$

$$MnCl_2 + 2NH_3 + 2H_2O \longrightarrow 2NH_4Cl + Mn(OH)_2\downarrow \tag{8-56}$$

　　用工艺水对氯化废渣进行打浆，不溶的固体为没有反应掉的钛原料和石油焦，进行分级分离，返回作为生产原料使用；分离的液体用氨进行中和反应，在化学反应式（8-51）与式（8-52）中，氨与氯化亚铁或氯化铁反应生成氯化铵溶液和氢氧化亚铁或氢氧化铁沉淀。其中少量的盐酸在反应式（8-53）中与氨反应生成氯化铵；其他少量金属氯化物杂质按反应式（8-54）～式（8-56）生成氯化铵和金属氢氧化物沉淀。经过固液分离得到滤饼氢氧化铁，干燥脱水得到氧化铁产品；氯化铵滤液经过冷却结晶分离出固体氯化铵产品作为含氮肥料使用，分离母液返回生产用于氯化废渣的打浆溶解。

　　（3）生产工艺流程　如工艺流程图 8-51 所示，将氯化废渣用洗液转料泵 P5 将洗液储槽 V5 的洗液在氯化渣打浆槽 V1 中进行打浆溶解；打浆溶解后的料浆经过旋液分离器进料泵 P1 送入组合旋流器 C1 中进行稠厚分级。

　　从组合旋流器 C1 出来的重相料浆进入重相储槽 V2 后再经过钛原料回收压滤泵 P2 送入回收钛原料压滤机 F1 进行分离，洗涤分离后的固体滤饼经过富钛原料干燥机 D1 干燥打散后进入干燥袋滤器 F4 进行气固分离回收氯化渣中未反应完全的钛原料，分离尾气经过干燥尾气风机 C2 排空；回收的钛原料返回四氯化钛生产工序替代部分原料；回收钛原料压滤机 F1 分离的滤液进入氨中和槽 V4，洗液进入洗液储槽 V5。

　　从组合旋流器出来的轻相料浆进入轻相储槽 V3 后再经过石油焦回收压滤泵 P3 送入回收石油焦压滤机 F2 进行分离，洗涤分离后的固体滤饼经过富集细末石油焦干燥机 D2 干燥后进入干燥袋滤器 F5 进行气固分离回收氯化渣中未反应完全的细末石油焦，分离尾气经过干燥尾气风机 C3 排空；富集细末石油焦作为生产燃料使用，也可以作为干燥氧化铁的部分热源燃料。回收石油焦压滤机 F2 分离的滤液进入氨中和槽 V4，洗液进入洗液储槽 V5。

　　在氨中和槽 V4 将压滤机 F1 和 F2 分离的滤液进行氨中和沉淀反应，沉淀出氢氧化铁沉淀，至 pH 值为 5.5 后用氢氧化铁压滤机泵 P4 送入氢氧化铁分离压滤机 F3 进行固液分离；洗涤分离后的固体滤饼送入氧化铁干燥机 D3 中进行干燥脱水后进入干燥袋滤器 F6 进行气固分离回收氯化渣中的铁元素资源，分离尾气经过干燥尾气风机 C4 排空，生产出氧化铁产品；滤液进入中和氯化铵溶液储槽 V6，再用氯化铵溶液转料泵 P6 送入氯化铵浓缩结晶生产工序；洗液进入洗液储槽 V5 作为氯化渣打浆液使用。

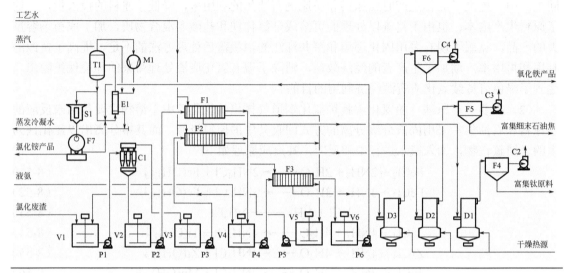

图 8-51　氯化废渣全资源利用工艺流程

C1—组合旋流器；C2～C4—干燥尾气风机；D1—富钛原料干燥机；D2—富集细末石油焦干燥机；D3—氧化铁干燥机；
E1—浓缩换热器；F1—回收钛原料压滤机；F2—回收石油焦压滤机；F3—分离氢氧化铁压滤机；F4～F6—干燥袋滤器；
F7—氯化铵分离离心机；M1—蒸发蒸汽压缩机；P1—旋流分离进料泵；P2—钛原料回收压滤泵；P3—石油焦回收压滤泵；
P4—氢氧化铁分离压滤机；P5—洗液转料泵；P6—氯化铵溶液转料泵；S1—氯化铵结晶器；T1—氯化铵蒸发室；V1—氯化渣打浆槽；
V2—旋液分离重相储槽；V3—旋液分离轻相储槽；V4—氨中和槽；V5—洗液储槽；V6—中和氯化铵溶液储槽

将中和氯化铵溶液储槽 V6 的氯化铵溶液，经过氯化铵溶液转料料泵 P6 送入机械压缩蒸发浓缩系统（MVR）中，经浓缩换热器 E1 将氯化铵与循环蒸发的氯化铵溶液进行加热，加热后的循环蒸发料液进入氯化铵蒸发室 T1 进行闪蒸，闪蒸蒸发产生的蒸汽经过压缩机 M1 将蒸汽压缩增温后，回到浓缩换热器 E1，继续加热氯化铵浓缩料浆，换热后的蒸汽冷凝水去水回收使用。

从 T1 蒸发的料液，进入结晶器 S1 进行氯化铵结晶，结晶后的物料进入离心机 F7 进行连续分离，得到农用级氯化铵肥料产品，离心母液返回浓缩蒸发器。

主要工艺操作指标：氯化废渣与工艺水打浆浓度比为 1:1.4；打浆溶解温度为 55℃；组合旋流器重相为料浆总量的 10%，轻相为料浆总量的 90%；液氨中和沉淀的 pH 为 5.5～7.0；氨中和料浆温度为 80℃；冷却结晶温度为 15℃。

与现有传统技术相比，由于将氯化废渣进行打浆溶解，将渣中的不溶解固相物质分级回收，其中的重相含有未反应完的相对粗粒钛原料 75% 以上和相对粗粒石油焦 35% 以上，经过分离干燥后返回四氯化钛生产氯化工序用作进料的钛和石油焦原料，氯化钛原料利用率提高近 3%～5%，氯化石油焦利用率提高 10%；而轻相含有未反应完的细末石油焦 60% 以上，经过分离干燥后用作其他燃料或自身氧化铁干燥脱水燃料，加上返回氯化工序利用的粗粒石油焦其利用率与再用率接近 100%，减少了四氯化钛生产石油焦能量用量近 30%。分离后用氨进行中和沉淀反应，沉淀出氢氧化铁及金属氢氧化物，再进行固液分离并洗涤，得到的氢氧化铁固体经过干燥脱水即为产品氧化铁。分离氧化铁产品后的溶液，送入浓缩器浓缩和冷却结晶器进行冷却结晶出氯化铵，再经过离心分离氯化铵结晶体，得到肥料级氯化铵产品。

采用此氯化废渣全资源利用处理技术，解决了氯化法钛白粉和钛金属等工业生产四氯化钛时产生的氯化废渣靠废物固化填埋和深井灌注的昂贵处理方法，以及其中所具有的钛、铁和石油焦资源没有全面利用的问题。且不仅将氯化废渣中未参与反应的有效成分回收并返回生产中，提高了原料的利用率，减少了5%钛原料和30%石油焦的用量，降低了生产的原料成本。用氨作中和剂沉淀氯化废渣中的铁元素，制取氧化铁产品，同时生产市场销路大的肥料氯化铵，解决了氯元素的资源市场问题，既做到了资源利用与再用，又增加了生产者的经济效益，克服了现有采用固化埋填和深井灌注的消极落后处理方法的不足。特别是利用液氨的资源属性和化学能（碱）属性，取代石灰中和处理与氢氧化钠和碳酸钠中和处理，只是用了其化学能属性（碱性），而牺牲了钙、钠元素的资源属性，降低了"身段"，浪费了其资源与市场价值；而液氨不仅提供了碱性化学能，而且氯化铵中作为肥料的氮元素资源属性却没有变，而且市场容量相对较大。其实，现有纯碱生产技术所依靠的化学能来源为：一是液氨的化学能，二是煅烧重碱的能量。所以，氯化废渣再用石灰和纯碱中和已不能满足绿色可持续发展要求，需要创新技术注入新的动力。

同时借用此技术，加上我们创新的另一"用盐酸法人造金红石生产废液的综合利用生产方法"的授权发明专利技术（专利号：ZL 201410234053.X），将为液-液分离有机溶剂萃取的"盐酸法钛白粉生产工艺"装置，解决因使用盐酸代替硫酸分解钛铁矿带来的大量氯化亚铁及氯化铁固废难以经济加工的难题，奠定世界全资源耦合技术的新型钛白粉生产工艺技术模式的坚实基础。

参考文献

[1] 龚家竹. 全球钛白粉生产现状与可持续发展技术[C]//2014 中国昆明国际钛产业周会议论文集. 昆明：瑞道金属网(WWW.Ruidow.com), 2014: 116-149.

[2] 龚家竹. 论中国钛白粉生产技术绿色可持续发展之趋势与机会[C]//首届中国钛白粉行业节能绿色制造论坛会刊. 龙口：中国涂料工业协会钛白粉行业分会, 2017: 78-106.

[3] 龚家竹. 中国钛白粉绿色生产发展前景[C]//第37届中国化工学会无机酸碱盐学术与技术交流大会论文汇编, 大连：中国化工学会无机酸碱盐专委会, 2017: 14-23.

[4] 龚家竹, 吴宁兰, 陆祥芳, 等. 钛白粉废硫酸利用技术研究开发进展[C]//第三十九届中国硫酸技术年会论文集. 兰州：全国硫与硫酸工业信息总站, 2019: 36-48.

[5] 龚家竹. 硫酸法钛白生产废硫酸循环利用技术回顾与展望[J]. 硫酸工业, 2016, 1: 67-72.

[6] 龚家竹, 李欣. 硫酸法钛白粉生产技术面临循环经济促进法存在的问题与解决办法[J]. 无机盐工业, 2009, 41(8): 15-17.

[7] 龚家竹. 化解钛白粉产能的技术创新途径[C]//2016 全国钛白粉行业年会论文集. 德州：中国涂料工业协会钛白粉行业分会, 2016: 59-78.

[8] 龚家竹. 钛白粉生产现状与发展趋势[C]//第十届中国钨钼钒钛产业年会会刊. 厦门：亿览网(WWW.comelan.com), 2017: 106-125.

[9] 龚家竹. 浅析我国钛白粉生产装置的进步与差距[C]//2012 国家化工行业生产力促进中心钛白粉分中心会员大会论文集. 济南：国家化工行业生产力促进中心钛白粉分中心, 2012: 72-80.

[10] 龚家竹，硫酸法钛白面临循环经济促进法的挑战与机遇[C]//2009 年全国钛白行业年会论文集、无锡：国家化工行业生产力促进中心钛白分中心, 2009: 133-137

[11] Griebler W D, Schulte K, Hocken J. Sulfate route TiO₂ heading for the next millennium[J]. European Coatings Journal, 1998(1-2). 34-39.

[12] Griebler W D, Schulte K, Hocken J. 硫酸法钛白工艺引领新千年[J]. 涂料工业, 2004, 34(4): 58-60.

[13] 龚家竹, 江秀英, 袁风波. 硫酸法钛白废酸浓缩技术研究现状与发展方向[J]. 无机盐工业, 2008, 40(8): 1-3.

[14] 龚家竹. 钛白粉生产工艺技术进展[J]. 无机盐工业, 2003, 35(6): 5-7.

[15] 龚家竹. 钛白粉生产工艺技术进展[J]. 无机盐工业, 2012, 44(8): 1-4.

[16] 龚家竹. 硫酸法钛白粉酸解工艺技术的回顾与展望[J]. 无机盐工业, 2014, 46(7): 4-7.

[17] 龚家竹. 钛、磷、氯耦合原料生产钛白粉项目前瞻[C]//第三届中国钛氯化技术与原料应用研讨会论文集. 焦作: 中国涂料工业协会钛白粉行业分会, 2015: 153-189.

[18] 宁延生. 无机盐工艺学[M]. 北京: 化学工业出版社, 2013.

[19] 龚家竹, 中国钛白粉行业三十年发展大记事[C]//无机盐工业三十年发展大事记. 天津: 中国化工学会无机酸碱盐专委会, 2010: 83-95.

[20] 龚家竹, 于奇志. 纳米二氧化钛的现状与发展[J]. 无机盐工业, 2006, 38(7): 8-10.

[21] 龚家竹. 固液分离在硫酸法钛白粉生产中的应用[C]//2010 全国钛白粉行业年会论文集. 上海: 国家化工行业生产力促进中心钛白分中心, 2010: 49-51.

[22] 龚家竹. 硫酸法钛白废酸浓缩技术存在的问题与解决办法[C]//第二届(2010 年)中国钛白粉制造及应用论坛论文集. 龙口: 中国化工信息中心, 2010: 1-6.

[23] 龚家竹, 江秀英. 硫酸法生产钛白粉过程中稀硫酸的浓缩除杂方法: ZL200810045143. 3[P].

[24] 龚家竹, 池济亨, 郝虎, 等. 一种稀硫酸的浓缩除杂方法: ZL02113704. 8[P].

[25] 毛明, 周晓东, 胡享烈, 等. 硫酸法钛白生产中废酸浓缩回收利用的工业化方法: CN1724339[P].

[26] 龚家竹. 固液分离在硫酸法钛白粉生产技术中的作用[C]//第四届(2013)钛白粉装备会暨过滤与分离技术研讨会会刊. 德州: 国家化工行业生产力促进中心钛白粉分中心, 2013: 14-17.

[27] Haack D J, Reeves J W. Production of chlorine and iron oxide from ferric chloride: US4144316[P]. 1979-03-13.

[28] Dorr K H, Daradimos G, Grimm H, et al. Proces for producing sulfuric acid from waste acid and iron sulfate: US4163047[P]. 1979-07-31.

[29] Lailach G, Gerken R. Process for the prepartion of sulphur dioxide: US4824655[P]. 1989-04-25.

[30] 罗修才. 硫磺掺烧硫酸亚铁制酸装置生产实践与装置特点[C]//2013 年第三十三届中国硫酸工业技术交流年会论文集. 呼和浩特: 全国硫酸工业信息站, 2013: 84-86.

[31] 钟文卓, 魏属刚, 张华, 等. 40 万吨/年硫酸亚铁和硫磺、硫铁矿混合制酸工程设计[C]//2013 年第三十三届中国硫酸工业技术交流年会论文集. 呼和浩特: 全国硫酸工业信息站, 2013: 79-82.

[32] Winkler J. Titanium dioxide[M]. Hannover: Vincentz, 2003.

[33] 方晓明. 四氯化钛强迫水解制备金红石型纳米二氧化钛[J]. 无机盐工业, 2003, 34(6): 24-26.

[34] 吴坚懿. 硫酸钛低温水解中对原级粒子的控制研究[J]. 无机盐工业, 2004, 36(3): 29-30.

[35] 邓捷, 吴立峰. 钛白粉应用手册[M]. 北京: 化学工业出版社, 2003.

[36] 唐振宁. 钛白粉的生产与环境治理[M]. 北京: 化学工业出版社, 2001.

[37] 纳尔克维奇 И П, 佩奇科夫斯基 B B. 无机化工三废综合治理[M]. 北京: 化学工业出版社, 1990.

[38] Duyvesteyn W P C, Sabacky B J, Verhulst D E V, et al. Process titaniferous ore to titanium dioxide pigment: US6375923[P]. 2002-04-23.

[39] Duyvesteyn W P C, Sabacky B J, Verhulst D E V, et al. Process aqueous titanium chloride solution to ultrafine titanium Dioxide: US6440383[P]. 2002-08-27.

[40] Sander U, Daradimos G. Regenerating spent acid[J]. Chem Eng Progr, 1978, 74(9): 57-67.

[41] Pierre B. Phospates and phosphoric acid[M]. Marcel Dekker Inc, 1989.

[42] 龚家竹. 饲料磷酸盐生产技术[M]. 北京: 化学工业出版社, 2016.

[43] Meng X G, Dadachov M, Korfiatis G P, et al. Methods of preparing surface-activeted titanium oxide product and of using same in water treatment processes: US6919029[P]. 2005-07-19.

[44] Bygott C, Ries M R, Kinniard S P. Photocatalytic rutil titanium dioxide: US7521039[P]. 2009-04-21.

[45] Lamminmaki R J, Latva-Nirva E, Linho R. Methods of preparing well-dispersable macrocrystalline titanium doxide

product, the producte, and the use thereof: US8182602[P]. 2012-05-22.

[46] Kranthi K A. Synthesis of TiO₂ based nanoparticles for photocatalytic applications[M]. Gottingen: Cuvillier, 2008.

[47] 龚家竹. 一种石膏生产水泥联产硫酸的生产方法：ZL201310437466. 3[P].

[48] 龚家竹. 氯化法钛白粉生产"废副"处理技术与发展趋势[C]//第二届国际钛产业绿色制造技术与原料大会会刊. 锦州：亿览网(WWW.comelan.com), 2018: 65-85.

[49] 龚家竹. 氯化法钛白粉生产技术的思考与讨论[C]//2109 年全国钛白粉行业年会暨安全绿色制造及应用论坛会议论文集. 焦作：中国涂料工业协会钛白粉行业分会，2019: 25-42.

[50] 龚家竹. 分离技术在氯化法钛白粉生产中的地位与作用[C]//第一届全国过滤与分离学术交流会暨一届三次过滤与分离产业技术协同创新研讨会论文集. 德州：中国化工学会过滤与分离专业委员会，2019: 68-85.

[51] 龚家竹. 用盐酸法人造金红石生产废液的综合利用生产方法：ZL201410234053. X[P].

[52] 龚家竹. 氯化废渣的资源化处理：ZL201410069174. 3. [P]

[53] 龚家竹. 一种自拟合纳米催化污水处理剂的生产方法：ZL201910060630. 3[P]. 2019-01-23.

[54] GONG J Z. Production method of self-fitting nano catalytic wastewater treatment agent: US10781124[P]. 2019-02-19.

[55] 龚家竹，陆祥芳，吴宁兰，等. 自拟合纳米二氧化钛催化污水处理剂的研究与开发[J]. 无机盐工业，2020, 51(5): 58-64.